Schneider · Neutronenmeßtechnik

Neutronenmeßtechnik

und ihre Anwendung an Kernreaktoren

von

Wolfdietrich Schneider

Walter de Gruyter · Berlin · New York · 1973

Dr. rer. nat. Wolfdietrich Schneider ist Leiter der Gruppe Strahlenmeßtechnik am Zentralinstitut für Reaktorexperimente der Kernforschungsanlage Jülich GmbH.

Das Buch enthält 128 Abbildungen.

ISBN 3 11 00207 42

Printed in Germany.
Satz und Druck: Mercedes-Druck, Berlin

Vorwort

In meiner Tätigkeit in der zentralen Strahlenmeßgruppe unseres Kernforschungszentrums habe ich immer wieder festgestellt, daß wir die Kollegen, die mit Wünschen bezüglich der Neutronenmessung und -meßtechnik zum ersten Mal zu uns kommen, meist erst darüber informieren müssen, was und wie wir eigentlich messen können. Das darf bei der heutigen weitverzweigten Spezialisierung nicht verwundern. Denn zu unseren Interessenten zählen Kerntechniker wie Strahlentherapeuten, Metallurgen wie Plasmaphysiker, Dosimetrie- und Festkörper-Fachleute wie analytische und Nuklear-Chemiker, ferner theoretische Physiker so gut wie Botaniker. Bei den Besprechungen der vorhandenen Meßmöglichkeiten, aber auch bei der Einarbeitung junger Wissenschaftler und Techniker, vermißte ich ein zusammenfassendes Nachschlagewerk über die Methoden der Neutronenmeßtechnik, das besonders die kernverfahrenstechnischen Anwendungen berücksichtigt.

Zu einem solchen Nachschlagewerk sollte zunächst die Fülle der auf diesem Gebiet erschienenen Literatur gesichtet und geordnet werden. Das sollte eine katalogisierende Beschreibung und abwägende Beurteilung der gebräuchlich gewordenen Meßmethoden ermöglichen. Damit wiederum sollte der Grund gelegt werden für eine Klärung und Ordnung der in der Neutronenmeßtechnik eine Rolle spielenden Begriffe sowie für eine Abstimmung der Bezeichnungen. Dazu gehört aber auch das Aufzeigen der Lücken, die die Neutronenmeßtechnik heute noch aufweist, und die es zu schließen oder wenigstens zu verkleinern gilt. Eine solche Darstellung müßte erreichen, daß die Meßtechniker untereinander, aber auch diejenigen, die an der Ausführung der Messungen interessiert sind, begrifflich dieselbe Sprache sprechen lernen und daß sie eine zusammenfassende Informationsquelle über die Leistungsfähigkeit der Neutronenmeßtechnik zur Hand haben.

Diese Ziele habe ich mir bei der Abfassung der vorliegenden Monographie gestellt. Natürlich setze ich mich damit dem Vorwurf aus, daß selbst eine Monographie bei der Menge des laufend Erscheinenden und der daraus folgenden Schnelligkeit der heutigen Entwicklung von einem Einzelnen gar nicht mehr geschrieben werden könnte. Ich bin mir der Grenzen durchaus bewußt, die einem Autor gesetzt sind: einmal durch persönliche Leistungsfähigkeit; dann dadurch, daß das Buch in einer nicht zu weit auseinandergezogenen Zeitspanne entstehen darf; weiter durch die Aussage, die es enthalten muß und die sich selbst bei bestem Willen von Subjektivität nicht völlig wird frei halten lassen; und schließlich durch die (auch verlegerisch) notwendige räumliche Einschränkung, die mich zwangen, Herleitungen grundlegender Beziehungen einerseits und detaillierte apparative Beschreibungen andererseits meistens durch Literaturverweise zu ersetzen. Zur Rechtfertigung dieses meines Ein-Mann-Unternehmens kann ich nur anführen, daß es die genannten Ziele

– begriffliche Klärung und methodische Abwägung – waren, nach denen es mir geboten schien, eine Darstellung aus einheitlicher Sicht zu unternehmen. Dazu möchte ich Erfahrungen von wissenschaftlichen Kommissionen anführen, bei denen so oft „Ja – Aber –“ gesagt wurde, bis nach zahlreichen Oszillationen nur ein Nullabgleich herauskam. Und wenn ich in meiner Darstellung nicht immer eine Synthese im Urteil erreicht haben sollte, dann hoffentlich wenigstens eine These, die Gegenmeinungen herausfordert.

Natürlich konnte ich dieses Werk ohne vielfache fachliche und andere Unterstützung nicht zustande bringen. Zahlreiche Gedankengänge – insbesondere zur Entwicklung und Prüfung von Meßverfahren und zur Deutung von Meßergebnissen – entstammen gemeinsamen Diskussionen unserer Strahlenmeßgruppe im Zentralinstitut für Reaktorexperimente der Kernforschungsanlage Jülich, wobei ich die Kollegen G. Borchardt, H. B. Greiß, O. Krisch, H. Lang, Chr. Meixner, K. Schmidt und L. Weise nennen möchte, die mich auch durch kritische Durchsicht von Manuskriptteilen unterstützt haben. Meinem Institutsleiter Prof. Dr. M. Pollermann habe ich für sein Interesse und für wertvolle Ratschläge zu danken, mit denen er die Entstehung des Buchs begleitete. Mr. T. Barrett stellte mir (während seiner Beratertätigkeit an unserem Institut in Abordnung vom AERE Harwell, England 1967) freundlicherweise unveröffentlichte Notizen zur Verfügung, die unter den „Kerntechnischen Gesichtspunkten“ und der „Bestrahlungstechnologie“ im Abschnitt 5.2 Mitverwendung fanden. Gefördert wurde das Buch auch durch Überlassung einzelner Ergebnisse, kritische Durchsicht oder nützliche Hinweise von: H.-J. Bormann, B. Hasenclever, M. Heinzelmann, E. Jeltsch, F. J. Krings, H.-J. Leyers, H. Mühlensiepen, E. Münch, W. Porschen, M. Sekkal † und F. Stelzer (alle KFA Jülich) und außerdem in Einzelfragen von R. Bödege (KWL Lingen), D. von Haebler (Siemens AG), E. Schrüfer (AEG-Telefunken) und W. Stephan (KWO Obrigheim). Wesentliche Unterstützung im Streben nach einem umfassenden methodischen Überblick über unser Gebiet erfuhr ich durch die Mitwirkung unseres Zentrums bei internationalen Fachorganisationen (IAEA-Working Group on Reactor Radiation Measurements; EURATOM-Working Group on Reactor Dosimetry). Für Hilfe bei der Herstellung des Manuskripts habe ich Frau H. Nieden und Frau H. Schunck zu danken. Für die vorbildliche Arbeitsmöglichkeit, die oft ausschlaggebende Beschaffung schwer zugänglicher Literatur und weitere vielfältige Unterstützung danke ich der Zentralbibliothek der Kernforschungsanlage Jülich. Mein größter Dank gilt meiner Familie, die während der Entstehung des Buches viel Verständnis und Langmut aufbringen mußte. Ohne die zusätzliche häusliche Arbeitsmöglichkeit, viele praktische Ratschläge und die nie ermüdende Hilfe bei Ausarbeitung und Korrekturen, Literaturverzeichnis und Register vonseiten meiner Frau wäre das Buch nicht zustandegekommen.

Jülich, im Oktober 1973 W. Schneider

Inhaltsverzeichnis

Vorbemerkung

Meßtechnik (wie hier von Neutronen) hat die Aufgabe – wie wir es formulieren wollen –, Daten von realen Vorgängen bereitzustellen: Daten, die gebraucht werden zur Steuerung, Regelung und Überwachung technischer Anlagen; oder die (resultierende oder zusätzlich informierende) Aussagen bei Experimenten darstellen. Zur einwandfreien Erfassung solcher Daten durch bestimmte Messungen benötigt man ein Begriffssystem, eine Verfahrenstechnik und eine Zuverlässigkeitsanalyse. Deren Erlangung machen die Metrologie aus.

In der Neutronenmetrologie werden Entscheidungen über Zweckmäßigkeit anzuwendender Meßverfahren und ihre Zuverlässigkeit mit Hilfe von Überlegungen getroffen, die sich auf Wissen aus der Kern- und Neutronenphysik, chemischer und festkörperphysikalischer Dosimetrie, Nuklearelektronik und Statistik stützen. Es ist schwer, eine Darstellung über Neutronenmetrologie gegen jene Gebiete abzugrenzen. Andererseits sind über alle jene Gebiete kompetente Darstellungen erschienen. Deshalb wurde in der vorliegenden Monographie, die eine umfassende Darstellung der Neutronenmetrologie anstrebt, konsequent auf solche Herleitungen und Begründungen verzichtet, die nur in einer Mitbehandlung weiter Strecken aus jenen Disziplinen möglich gewesen wären. Im gleichen Sinn wurde auch nicht weiter eingegangen auf: Strahlenmeßtechnik anderer Teilchen als Neutronen, Strahlenschutzmeßtechnik zuzüglich weiterer biologisch-medizinischer Meßprobleme sowie die nukleare Sicherheitsinstrumentierung und verfahrenstechnische Instrumentierung von Kernreaktoren.

Die Monographie hat sich zum Ziel gesetzt, in die Arbeitsweise der geläufigen Meßmethoden einzuführen und diese in ihrer unterschiedlichen Eignung für verschiedene technische und experimentelle Gegebenheiten zu vergleichen. Die – absichtlich einen ziemlich breiten Raum einnehmende – Begriffsbildung stützt sich auf die Neutronenphysik und die allgemeine Meßtechnik. Die Neutronenforschung und ihre Geschichte werden nicht behandelt. Überholte Verfahren werden nur im Zusammenhang mit der Behandlung noch aktueller Meßaufgaben angeführt, um vor Irrwegen zu warnen, aber auch um einer kanonisierenden Erstarrung der Meßmethoden entgegenzuwirken. Die besprochenen Anwendungen beziehen sich weitgehend auf die Entwicklung und Technik von Kernreaktoren; demgemäß nehmen Hochfluß- und auch Langzeitmessungen einen breiten Raum ein. Dazu wird auf die Kernverfahrenstechnik eingegangen, soweit ihr Kenntnisstand für die Neutronenmeßtechnik an Reaktoren Vorbedingung zu sein scheint.

Zur Stoffeinteilung sei bemerkt, daß in Kapitel 1 die Begriffe aus der Kern- und Neutronenphysik erläutert werden, deren Kenntnis für Durchführung und Auswertung von Neutronenmessungen unerläßlich ist. In Kapitel 2 werden die gebräuchlichen Neutronendetektortypen in ihrer Wirkungsweise und mit ihren Vor- und Nachteilen besprochen. Die in Kapitel 3 behandelte Relativ- und Absolutmessung neutronenphysikalischer Meßgrößen knüpft an Beschreibungen von Neutronenquellen, Flußstandards und weiteren Experimentiereinrichtungen an. Den praktischen Meßanforderungen – insbesondere für Reaktoranwendungen – ist Kapitel 4 gewidmet. Die Monographie schließt mit der Besprechung des Einsatzes der Meßverfahren, d.h. der (insbesondere an Kernreaktoren) gestellten Aufgaben, des dabei erforderlichen Experimentieraufwands und zusammenfassend mit einem Überblick über die Leistungsfähigkeit der verschiedenen Meßverfahren.

Die Abschnitte sind innerhalb der Kapitel mit zunehmenden Voraussetzungen an Kenntnisstand angeordnet. Im Hinblick auf die eingestreuten Anwendungsbeispiele der Verfahren sei nochmals betont, daß wir eine starre Zuordnung von Meßaufgaben zu Verfahren nicht für richtig halten. Vielmehr sollte der Experimentator bzw. der Meßtechniker die Entscheidung für ein Verfahren in jedem Einzelfall frei treffen. Demgemäß unterscheiden wir auch nicht in der Anwendung von „Einzelmessungen" – wozu in den Abschnitten 4.2 bis 4.5 viele Beispiele aufgeführt sind – und von „Instrumentierungssystemen" – s. Abschnitt 4.6 –, denn voraussichtlich werden letztere künftig in wachsendem Maß eingesetzt werden.

Die Zitierweise der benutzten Literatur – gegliedert nach Sammelwerken oder nach den Abschnitten dieses Buches – wird am Anfang des Literaturverzeichnisses erklärt. Angestrebt wurde, in der getroffenen Literaturauswahl eine Art von repräsentativem Querschnitt zu bieten, wenn auch ein solcher Versuch angesichts der großen Fülle des Erschienenen nur unvollkommen gelingen kann. Zitiert wurde nach Möglichkeit jeweils die neueste Literatur, aber nicht immer, denn vor der Modernität wurde der Beispielhaftigkeit der Vorzug gegeben. Obwohl das Rohmanuskript Anfang 1970 abgeschlossen war, wurden für wesentlich gehaltene Neuerscheinungen bis Sommer 1971 berücksichtigt, in Einzelfällen auch noch jüngere Arbeiten.

In der Nomenklatur richteten wir uns möglichst nach den international und in der Bundesrepublik Deutschland empfohlenen Normbezeichnungen; fehlten solche, dann nach der neutronenphysikalischen und strahlenmeßtechnischen Literatur (besonders der in den Abschnitten 1.1 und 2.1 zitierten). In Einzelfällen sind wir nicht ganz ohne Neueinführung von Begriffen und Benennungen ausgekommen. Auf Definition und Verwendung der Fachausdrücke verweist das Sachverzeichnis. Die in der Monographie benutzten herkömmlichen physikalischen Einheiten werden infolge des kürzlichen Inkrafttretens [0-1, 2] des Internationalen Einheitensystems (SI) in absehbarer Zeit zum Teil überholt sein. Deshalb wurden zwei Tabellen beigefügt: in Tabelle O.A sind wichtige Einheiten im Internationalen System zusammengestellt, in Tabelle O.B ist die

Umrechnung ins Internationale System für solche Größen angegeben, die in dieser Monographie in zeitlich nur noch begrenzt zulässigen Einheiten ausgedrückt erscheinen. Beide Tabellen folgen einer Zusammenstellung von F. Stelzer, H. Külz, O. Otzen und E. Graudus (Zentralinstitut für Reaktorexperimente der KFA Jülich, 1971) auf der Grundlage von [0-1, 2]. In den nach diesen Tabellen geläufigen Einheiten sind auch die im Symbolverzeichnis (am Ende des Buchs) aufgeführten durchgängig benutzten Größen angegeben; dieses lehnt sich in seiner Darstellung daneben speziell an [0-3] oder auch an (im Literaturverzeichnis aufgeführte) Darstellungen der Neutronenphysik oder der Strahlenmeßtechnik an.

0.A. Wichtige verwendete Basis- und abgeleitete Einheiten des Internationalen Einheitensystems (SI)

Größe	Einheit (Kurzzeichen)	Bemerkungen
Länge	Meter (m)	Hier meist Centimeter (cm) benutzt
Masse	Kilogramm (kg)	Hier Gramm (g) benutzt
Zeit	Sekunde (s)	
Elektrische Stromstärke	Ampère (A)	
Thermodynamische Temperatur	Kelvin (K)	Daneben Grad Celsius (°C) benutzt
Ebener Winkel	Radiant (rad)	1° (d. i. 1 Grad) $= \pi/180$ rad
Räumlicher Winkel	Steradiant (sr)	
Druck, mechanische Spannung	Pascal (Pa)	$1\ \mathrm{Pa} = 1\ \mathrm{m^{-1}\ kg\ s^{-2}}$ $1\ \mathrm{bar} = 10^5\ \mathrm{Pa}$ (d. i. 1 Bar)
Energie, Arbeit, Wärmemenge	Joule (J)	$1\ \mathrm{J} = 1\ \mathrm{m^2\ kg\ s^{-2}} = 1\ \mathrm{Ws}$
Leistung, Energiestrom, Wärmestrom	Watt (W)	$1\ \mathrm{W} = 1\ \mathrm{m^2\ kg\ s^{-3}} = 1\ \mathrm{AV}$
Elektrische Spannung	Volt (V)	$1\ \mathrm{V} = 1\ \mathrm{m^2\ kg\ s^{-3}\ A^{-1}}$
Elektrischer Widerstand	Ohm (Ω)	$1\ \Omega = 1\ \mathrm{VA^{-1}}$
Elektrizitätsmenge, Ladung	Coulomb (C)	$1\ \mathrm{C} = 1\ \mathrm{As}$
Elektrische Kapazität	Farad (F)	$1\ \mathrm{F} = 1\ \mathrm{AsV^{-1}}$
Stoffmenge	Mol (mol)	
Teilchenmasse	Atomare Masseneinheit (u) – Atomphysikalische Einheiten	1 u ist der 12te Teil der Masse eines Atoms des Nuklids ^{12}C, $1\ \mathrm{u} = 1{,}659 \cdot 10^{-27}\ \mathrm{kg}$
Energie	Elektronenvolt (eV) – Atomphysikalische Einheiten	$1\ \mathrm{eV} = 1{,}602 \cdot 10^{-19}\ \mathrm{J}$
Molare (stoffmengenbezogene) Masse	$\frac{\text{Kilogramm}}{\text{Mol}}$ (kg/mol)	
Energiedosis, Äquivalentdosis	$\frac{\text{Joule}}{\text{Kilogramm}}$ (J/kg)	
Energiedosisleistung	$\frac{\text{Watt}}{\text{Kilogramm}}$ (W/kg)	
Ionendosis	$\frac{\text{Coulomb}}{\text{Kilogramm}}$ (C/kg)	
Ionendosisleistung	$\frac{\text{Ampère}}{\text{Kilogramm}}$ (A/kg)	

O.B. Umrechnungstabelle abgeschaffter in der Neutronenmeßtechnik noch benutzter Einheiten in Einheiten des Internationalen Einheitensystems (SI)

Die hier angegebenen abgeschafften (alten) Einheiten sind noch bis zum 31. 12. 1977 zulässig.

Größe	Alte Einheit	Einheitenzeichen und Umrechnung	Neue Einheit	Bemerkungen
Druck	Torr	1 Torr = $1{,}33 \cdot 10^2$ Pa = 1,33 mbar = $1{,}33 \cdot 10^{-3}$ bar	Pascal Millibar Bar	
	technische Atmosphäre	1 at = 0,981 bar	Bar	„at" bezeichnet Differenzdruck „ata" absoluten Druck u. „atü" Überdruck, alle in gleichen Einheiten
Energie	Erg	1 erg = 10^{-7} J	Joule	
Wärmeenergie	Kalorie	1 cal = 4,1868 J	Joule	
Energiedosis	Rad	1 rd = 0,01 J/kg	$\frac{\text{Joule}}{\text{Kilogramm}}$	
Energiedosisleistung	Rad durch Stunde	1 rd/h = $2{,}78 \cdot 10^{-6}$ W/kg	$\frac{\text{Watt}}{\text{Kilogramm}}$	
Äquivalentdosis	Rem	1 rem = 0,01 J/kg	$\frac{\text{Joule}}{\text{Kilogramm}}$	
Äquivalentdosisleistung	Rem durch Stunde	1 rem/h = $2{,}78 \cdot 10^{-6}$ W/kg	$\frac{\text{Watt}}{\text{Kilogramm}}$	
Ionendosis	Röntgen	1 R = $0{,}258 \cdot 10^{-3}$ C/kg	$\frac{\text{Coulomb}}{\text{Kilogramm}}$	
Ionendosisleistung	Röntgen durch Stunde	1 R/h = $7{,}16 \cdot 10^{-8}$ A/kg	$\frac{\text{Ampère}}{\text{Kilogramm}}$	
Wirkungsquerschnitt	Barn	1 b = 10^{-28} m^2 = 10^{-24} cm^2	Quadratmeter bzw. Quadratcentimeter	
Aktivität	Curie	1 Ci = $3{,}7 \cdot 10^{10}$ s^{-1}	Reziproke Sekunde	

1. Grundlagen der Neutronenmeßtechnik

1.1. Neutronenreaktionen

Kernreaktionen – Neutronenspektrum – Energieabhängigkeit der Wirkungsquerschnitte – Energietönungen von Neutronenreaktionen – Makroskopische Materialdaten – Wichtige Neutronen-Nachweisreaktionen

Die Grundlagen der Kernphysik werden hier als bekannt vorausgesetzt. Wir erinnern daran, daß die Wechselwirkung von Neutronen mit Materie über Reaktionen mit einzelnen Atomkernen erfolgt (wenn man von kohärenten Interferenz- und Beugungserscheinungen sowie von der dabei eine Rolle spielenden chemischen Bindung absieht). Bei den **Kernreaktionen** tritt das stoßende Teilchen (Neutron) mit einem Atomkern in enge Berührung. Dann finden Energie- und Impulsaustausch statt, und im allgemeinen Fall werden nach der Reaktion ein, zwei oder mehrere gegenüber den ursprünglichen veränderte Atomkerne bzw. Kernbausteine zurückbleiben, wozu noch weitere Teilchen kommen können. Denken wir uns ein Materiestück, enthaltend das Nuklid X, einem Fluß bewegter Geschoßteilchen (Neutronen n) ausgesetzt, dann können wir die entstehende Kernreaktion folgendermaßen symbolisch darstellen:

$$X(n, a\,b\,\ldots)Y\,. \qquad (1.1.1)$$

Das Materiestück enthält nach der Reaktion auch Kerne eines anderen Nuklids (Y), und unter Umständen fliegen ein (a) oder mehrere (a, b, . . .) Teilchen weg. Aus vorhandenen Tabellen (z. B. [11-1]) kann man sofort entnehmen, welches Nuklid Y aus dem (Ausgangs-)Nuklid X bei Neutronenbeschuß (unter Wegfliegen einer bestimmten Teilchenart a) entsteht.

Wird auf einen X-Kern ein Neutron pro Fläche (z. B. 1 cm^2) geschossen, nennt man die Wahrscheinlichkeit für eine Neutronenreaktion des X-Kerns (z. B. seine Umwandlung in einen Y-Kern) den Wirkungsquerschnitt σ. Wir nennen σ im Gegensatz zum makroskopischen Wirkungsquerschnitt den atomaren Wirkungsquerschnitt; σ stellt die Fläche dar, die das Atom den auftreffenden Neutronen bietet und wird in $10^{-28}\,m^2 = 10^{-24}\,cm^2$ (alter Ausdruck dafür: 1 Barn, Symbol b) ausgedrückt. Anschaulich ist der Wirkungsquerschnitt darstellbar als Querschnittsfläche einer Kugel, die den (X-)Kern umgebend gedacht wird. Der Erwartungswert der mit dem Atomkern stattfindenden Reaktionen ist dann gleich dem Erwartungswert der Anzahl der Neutronen, die die gedachte Kugel treffen. Der (totale, d. h. alle Reaktionen umfassende) Wirkungsquerschnitt σ_T müßte in diesem einfachsten

Bild, das die Neutronenbeugung nicht berücksichtigt, gleich der Querschnittsfläche des beschossenen Atomkerns sein und demnach (für Massenzahlen $A_r = 1$ bis 250) Größen zwischen $4{,}5 \cdot 10^{-26}$ und $2{,}8 \cdot 10^{-25}$ cm^2 haben. Tatsächlich können die Wirkungsquerschnitte sehr viel größer sein, schwanken stark von Nuklid zu Nuklid sowie von Reaktion zu Reaktion und hängen in verwickelter Weise von der Energie der stoßenden Neutronen ab. Die Größen und Energieabhängigkeiten von Wirkungsquerschnitten für Neutronenreaktionen lassen sich nicht durch ein einfaches kernphysikalisches Bild beschreiben. Wir beschränken uns hier auf eine knappe Zusammenstellung der verschiedenartigen (unterhalb von 20 MeV Neutronenenergie wichtigen) Reaktionen und verweisen im übrigen auf die Literatur [11-2, 3, 4, 5, 6]; dort findet man auch Angaben über die Methoden der Wirkungsquerschnittsbestimmung.

Man unterscheidet zwei Arten von Reaktionen:
A. *Direkte Reaktionen* laufen ohne Bildung eines Zwischenkerns ab. Für die hier betrachteten Neutronenenergien ist die wichtigste direkte Reaktion die äußere oder *Potentialstreuung* (Wirkungsquerschnittssymbol $\sigma_{s(Pot)}$):

$$^{m}X(n, n)\,^{m}X\,. \qquad (1.1.2)$$

Sie entsteht durch Ablenkung eines Neutrons im Kernkraftfeld eines Atomkerns. Der (X-)Kern wird dabei nicht umgewandelt, behält seine Masse(nzahl m) und bleibt im Grundzustand.
B. *Zwischenkern- (Compound Nucleus-)Reaktionen.* Dabei vereinigt sich das einfallende Neutron mit dem getroffenen Kern, und es entsteht ein relativ langlebiger ($\gtrsim 10^{-17}$ s) Zwischenkern, der auf verschiedene Weise zerfallen kann, was im folgenden in einer auseinandergezogenen Schreibweise symbolisch dargestellt wird. Entweder wird ein Neutron von gleicher Energie wie das eingefangene emittiert; dieser Prozeß heißt innere oder *Resonanzstreuung* (Wirkungsquerschnittssymbol $\sigma_{s(Res)}$):

$$^{m}X(n, -) \rightarrow {}^{m+1}X^* \rightarrow (-, n)\,^{m}X\,. \qquad (1.1.3)$$

Oder die (durch * angedeutete) Anregungsenergie des Zwischenkerns kann durch Emission eines – oder mehrerer – Gammaquanten abgegeben werden im *Strahlungseinfang* (Wirkungsquerschnittssymbol σ_γ):

$$^{m}X(n, -) \rightarrow {}^{m+1}X^* \rightarrow (-, \gamma) \begin{cases} ^{m+1}X \\ ^{m+1}X^{(*)} \xrightarrow{\beta(+\gamma)} {}^{m+1}Y \end{cases} \qquad (1.1.4)$$

Dieser Vorgang kann also zu einem stabilen oder zu einem radioaktiven Nuklid ^{m+1}X führen. Übersteigt die Neutronenenergie einen für den Auffängerkern ^{m}X typischen Schwellenwert, kann der Zwischenkern Nukleonen oder Kernbruchstücke emittieren, wie bei den folgenden *Schwellenreaktionen:*

$$^{m}X(n,-) \rightarrow {}^{m+1}X \left\{ \begin{array}{c} (-,p) \\ (-,\alpha) \\ (-,n') \\ (-,2n) \\ \ldots\ldots \\ \text{u. a.} \end{array} \right\} {}^{l}Y^{(*)} . \qquad (1.1.5)$$

Y ist hier in der Regel radioaktiv.
Bei den leichtesten Atomkernen kann die (n, p)- bzw. (n, α)-Reaktion schon bei niedrigsten Energien einsetzen. n' bezeichnet ein Neutron mit gegenüber dem einfallenden verringerter Energie; bei solchen inelastischen Streuprozessen bleibt der Restkern in angeregtem Zustand zurück, von dem aus er unter Gammastrahlenemission in den Grundzustand übergeht. Eine wichtige Rolle bei den schwersten Kernen spielt bekanntlich die *Spaltreaktion:*

$$^{m}X(n,-) \rightarrow {}^{m+1}X(-,f) \rightarrow \left\{ \begin{array}{l} \text{Spaltfragmente (angeregt, radioaktiv)} \\ +\ 2 \text{ bis } 3\,n\ . \end{array} \right. \qquad (1.1.6)$$

Während Potentialstreuung immer vorkommen kann, ist die Zwischenkernbildung als Resonanzreaktion davon abhängig, ob die Summe der Bindungsenergie und der kinetischen Energie des einfallenden Neutrons einem angeregten Zustand des Zwischenkerns entspricht. Die Wirkungsquerschnitte setzen sich deshalb zusammen aus dem als Energiefunktion langsam veränderlichen Potentialstreuquerschnitt und dem Wirkungsquerschnitt für Zwischenkernreaktionen, der an Resonanzstellen scharfe Maxima zeigt. Der oben genannte totale Wirkungsquerschnitt σ_T des Auffängeratomkerns ^{m}X für Neutronen setzt sich dann additiv zusammen aus den folgenden Beiträgen:

$$\sigma_T = \sigma_{s(Pot)} + \underbrace{(\sigma_{s(Res)} + \sigma_\gamma + \ldots)}_{\text{Zwischenkernreaktionen}} . \qquad (1.1.7)$$

Die beiden Arten von Streuquerschnitten σ_s sind – zumindest als Summe – als Richtungsverteilungen $\sigma_{\Omega,s}$ in Abhängigkeit vom Raumwinkel Ω angebbar oder als (räumlich integrierte) totale Streuquerschnitte:

$$\sigma_s = \int_{4\pi} \sigma_{\Omega,s}\, d\Omega\ . \qquad (1.1.8)$$

Im Verlauf des **Neutronenspektrums** verhalten sich die Neutronen in ihrer Wechselwirkung stark verschieden. Innerhalb bestimmter Energiebereiche kann man jedoch in groben Zügen Gemeinsamkeiten in ihrer Wechselwirkung mit Materie feststellen. Danach pflegt man das Neutronenspektrum einzuteilen. Eine Einteilung des Spektrums wie etwa die im folgenden beschriebene ist zwar allgemein üblich, beruht jedoch nicht auf exakten Daten, sondern auf Übereinkunft. Je nachdem, auf welche Gemeinsamkeiten im Verhalten der Neutronen besonderer Wert gelegt wird, verschieben sich die Grenzen der zu definierenden Energiebereiche. Die im folgenden angegebene Einteilung orientiert sich am Kernspaltungsreaktor als der wichtigsten Neutronenquelle; Literaturbezüge sind jeweils beigefügt.

Hochenergetisch nennen wir Neutronen oberhalb von 20 MeV. Oberhalb dieser Energie kommen Neutronen in Kernreaktoren praktisch nicht vor [11-2], sondern (außer in der kosmischen Strahlung) nur im Zusammenhang mit Hochenergieteilchenbeschleunigern. Außerdem ist im Bereich höherenergetischer Neutronen die Zwischenkerntheorie allmählich nicht mehr anwendbar, weil dort die mittlere freie Weglänge einfallender Neutronen im Auffängerkern mit dessen Ausdehnung vergleichbar ist [VIII-45].

Als *schnelle* Neutronen bezeichnen wir solche mit Energien von 20 MeV abwärts bis 1 MeV. Abgesehen von Kernreaktoren werden sie durch radioaktive und Beschleunigertarget-Quellen (Neutronengeneratoren) erzeugt. Zur Wahl der unteren Energiegrenze sei folgendes bemerkt: In Kernreaktoren folgt die spektrale Flußdichte (als Meßgröße der Energieverteilung des Neutronenfeldes) zunächst angenähert dem Spaltspektrum. Nach niedrigeren Energien hin kommen zu den (ungebremsten) Spaltneutronen Bremsneutronen hinzu. Im Energiegebiet zwischen 1 und 0,1 MeV beginnt der Anteil der Bremsneutronen in der spektralen Flußdichte zu überwiegen. Die Energiegrenze dieses Übergangs ist je nach dem Ort (d. h. nach dem umgebenden Medium) und nach dem Typ des Reaktors verschieden, ist aber in der Regel bei 0,1 MeV überschritten. Bis ungefähr 1 MeV herunter bildet also das Spaltspektrum den wesentlichen Anteil an der spektralen Flußdichte im Kernreaktor. Außerdem können bis zu dieser Energiegrenze herunter einigermaßen zuverlässige absolute Flußdichten mit Hilfe von (endothermen) Schwellenreaktionen angegeben werden.

Den Energiebereich zwischen der unteren Grenze für die schnellen und der oberen für die langsamen nennen wir den der *intermediären* Neutronen. Diese entstehen (von unmittelbarer Erzeugung in einigen Neutronenquellen abgesehen) im wesentlichen durch Bremsung schneller (und hochenergetischer) Neutronen. Der Ausdruck *intermediär* lehnt sich an den internationalen Sprachgebrauch an [IX-13, XIV], während das früher dafür gebräuchliche *epithermisch* heute meist auf den engen Bereich unmittelbar oberhalb des thermischen, d. h. auf den der chemischen Bindungsenergien, beschränkt wird [11-7]. Die spektrale Flußdichte φ_E der intermediären Neutronen folgt in einem (genügend einwandfreien und ausgedehnten) Moderator recht gut dem 1/E-Spektrum:

$$\varphi_E = \varphi_{ep}/E \,. \tag{1.1.9}$$

Die Wechselwirkungen zwischen Neutronen und Materie erfolgen im intermediären Bereich über elastische Streuung sowie – zunehmend nach niedrigeren Energien hin – über Strahlungseinfang (und andere Absorptionen wie (n, p)- oder (n, α)-Reaktionen bei den leichtesten Kernen). Die Wirkungsquerschnitte dieser Reaktionstypen enthalten zahlreiche Resonanzen.

Den Energiebereich unterhalb des intermediären nennen wir den der *langsamen* Neutronen. Eine besonders wichtige Rolle in diesem Bereich spielen die *thermischen* Neutronen, bei denen die mit den Atomen des umgebenden Mediums in Stößen ausgetauschte Energie mit deren Wärmeenergie im Gleichgewicht ist. Thermische Neutronen treten auf in thermischen Reaktoren sowie in anderen (genügend guten und ausgedehnten) Moderatoren, wo dafür gesorgt wird, daß hinreichend viele Neutronen bis in den langsamen Bereich heruntergebremst werden. Die spektrale Flußdichte thermischer Neutronen folgt der Maxwell-Verteilung:

$$\varphi_E = \varphi_{wt} \frac{E\, e^{-E/kT_n}}{(k\,T_n)^2}$$

mit der Normierung (1.1.10)

$$\varphi_{wt} = \int_0^\infty \varphi_E \, dE \, .$$

(Konventionelle thermische Flußdichte φ_{th} s. Gleichung (1.3.17).) In guten Moderatoren (*Wohlmoderierten Systemen*) setzen wir als Energiegrenze zwischen den Bereichen der langsamen und der intermediären Neutronen die Grenzenergie E_g an. Dabei findet der Übergang zwischen den Bereichen – d.h. zwischen dem *Brems*-(1/E- oder Fermi-)*Spektrum* und dem *thermischen* (Maxwell-)*Spektrum* – in einem Energiegebiet statt, das wegen der Annäherung an thermische Energien als das der *Neutronenthermalisierung* bezeichnet wird; mathematisch läßt sich dieser Übergang mittels der Anschlußfunktion (Joining Function) beschreiben. Für die *Grenzenergie* erhält man damit (s. Abschnitt 4.3):

$$E_g = \mu\, k\, T_n \, , \tag{1.1.11}$$

wobei

$$T_n = m_n\, v_T^2 / 2\,k \tag{1.1.11a}$$

die (durch die wahrscheinlichste Geschwindigkeit v_T in der Maxwell-Verteilung bestimmte) *Neutronentemperatur* darstellt.

Die Neutronen folgen (im langsamen Energiebereich) nur unter bestimmten Voraussetzungen der thermischen Verteilung. Auch lassen sich Grenzenergie bzw. die thermische Flußdichte nicht in jedem Fall einfach berechnen oder messen. Trotzdem halten wir an unserer Definition der Energiegrenze durch E_g fest, weil sie auf die Mehrheit der (reaktormetrologischen) Meßprobleme zugeschnitten ist. Denn die in der Reaktormeßtechnik geläufige Kennzeichnung des Neutronenspektrums durch Spektralparameter über eine gruppenspektrometrische Methode geht in der Regel von wohlmoderierten Referenzspektren aus, für die eine physikalische Definition der Grenzenergie im obigen Sinn möglich ist. Da andererseits das Moderationsverhältnis $M (\approx \varphi_{th}/\varphi_{ep})$ in der Reaktormetrologie sehr unterschiedlich und kleiner als zehn sein kann, erscheint die Einführung einer von Moderator und Neutronentemperatur unabhängigen starren Energiegrenze wegen des unterschiedlichen 1/E-Anteils nicht eindeutig. Dasselbe gilt für den Vorschlag des Anschlusses der Energiegrenze an eine bestimmte Filtergrenzenergie (z. B. von Cadmium), da diese von verschiedenen Parametern abhängt, wobei ebenfalls die Neutronentemperatur eingeht. Die Bestimmung der Grenzenergie nach Gleichung (1.1.11) hat freilich den Nachteil, daß der Zahlenfaktor μ erst für wenige Moderatoren gut bekannt ist; es sieht aber so aus, als ob μ im wohlmoderierten System nicht stark mit dem Medium variiert. Liegt kein wohlmoderiertes System vor, hat die Einführung der Grenzenergie nach Gleichung (1.1.11) keinen Sinn; in diesem Fall muß man eine starre Energiegrenze – z. B. 0,5 eV – zwischen dem intermediären und dem langsamen Energiebereich benutzen. – Eine besondere Gruppe der langsamen (thermischen) bilden die *subthermischen (kalten)* Neutronen mit besonders niedriger Energie, die aus einem Bündel langsamer Neutronen herausgefiltert werden.

Wir wollen noch auf die abweichende Wahl von Energiegrenzen durch andere Autoren zwischen dem schnellen, intermediären und langsamen Energiebereich eingehen. Argumente, die für eine niedrigere Energiegrenze (als 1 MeV) zwischen dem schnellen und intermediären Bereich sprechen, basieren auf der spektralen Verteilung von Strahlenschäden in wichtigen Werkstoffen wie Graphit und Stahl bei Reaktorbestrahlungen, die sich im Reaktorspektrum ab rund 0,1 MeV aufwärts voll auswirken. Oder man bezieht sich auf die untere Energiemeßbereichsgrenze des wasserstoffgefüllten Proportionalzählers (bei rund 0,01 MeV). Demgemäß wurden als untere Grenze des Energiebereichs der schnellen Neutronen empfohlen: 0,1 MeV [IV-25401] und 0,01 MeV [XIV-85, 11-7]. ICRU läßt die Grenze zwischen 0,01 und 1 MeV unbestimmt [IX-13]. Als Energiegrenze zwischen dem intermediären und dem langsamen Bereich sind neben E_g (s. z. B. [11-2]) noch vorgeschlagen worden: 0,5 eV [IX-13, XIV-85] und 0,55 eV [11-9]. Diese starren Energiewerte wurden gewählt, weil sie in der Gegend der variablen Filterdurchlaßgrenz- oder Abschneideenergie E_{Cd} von Cadmium liegen (jedoch die oben angeführten Schwierigkeiten bei der E_g-Bestimmung vermeiden). Cadmium dient als das meist benutzte Filtermaterial zum Durchlassen von Neutronen mit Energien $E > E_{Cd}$. Die Bestimmung der Neutronenflußdichte innerhalb der drei Energiebereiche schneller, intermediärer und langsamer Neutronen werden in Abschnitt 1.3 behandelt.

Energieabhängigkeit der Wirkungsquerschnitte. Das tatsächliche Verhalten der Wirkungsquerschnitte $\sigma(A_r, E)$ als Funktionen der Neutronenenergie und der Massenzahl A_r der von Neutronen durchsetzten Substanzen ist von Fall zu Fall äußerst verwickelt. Das erkennt man beim Studium der eingehenden Kompilationen neutronenspektrometrischer Messungen wie [I, 11-10]. Da sich Funktionsverläufe für $\sigma(A_r, E)$ selten theoretisch bis in die Einzelfälle entwickeln lassen, besitzt man gegenüber lücken- oder fehlerhaft vorliegendem Zahlenmaterial kaum kritische Maßstäbe. Deshalb kommt der Weiterführung solcher Kompilationen (z. B. in [11-11]) nach wie vor hohe Bedeutung zu. Zur theoretischen Deutung sei auf die zu den Kernreaktionen genannte Literatur verwiesen, ferner auf [11-7, 12]. Auf die Energieabhängigkeit bei einzelnen Reaktionen wird unten bei Besprechung wichtiger Neutronen-Nachweisreaktionen eingegangen.

Die Gesamttendenz für die im totalen Wirkungsquerschnitt σ_T enthaltenen Effekte läßt sich grob angeben durch:

$$\sigma_T(A_r, E) \approx 2\pi[R(A_r) + (\lambda(E)/2\pi)]^2 , \qquad (1.1.12)$$

wobei $R = R_N A_r^{\frac{1}{3}}$ (mit $R_N \approx 1{,}4 \cdot 10^{-13}$ cm) der „geometrische" Kernradius und λ die Neutronenwellenlänge ist. Allgemein gilt also, daß σ_T mit zunehmender Energie ab- und mit zunehmender Massenzahl zunimmt. Der Faktor zwei rührt davon her, daß σ_T sich aus zwei gleich großen Wirkungsquerschnitten für Zwischenkernreaktion und für Neutronenbeugung am Kernpotential zusammensetzt. Für Neutronenenergien weit unterhalb der Resonanzen ist die Potentialstreuung die dominierende Streureaktion (und bei abnehmender Massenzahl die vorherrschende Reaktion überhaupt); für den Streuquerschnitt gilt dann bei niedrigen Neutronenenergien E:

$$\sigma_s(A_r, E) = 4\pi R^2(A_r) . \qquad (1.1.13)$$

Zwischen dem Gebiet überwiegender Potentialstreuung und dem Kontinuumbereich liegt das Gebiet der Resonanzen.

Bei den Wirkungsquerschnitten für Streuung und für Strahlungseinfang und andere Absorptionen (abgesehen von den Schwellenreaktionen) kann man folgende Tendenzen feststellen. Ein leichter Atomkern (mit Massenzahlen $A_r \lesssim 25$) hat nur wenige, weit auseinander liegende Zustände angeregter Energie. Sein Wirkungsquerschnitt zeigt nur vereinzelte weit voneinander entfernte Streuresonanzen oberhalb etwa 0,5 MeV. Im Bereich niedriger Energien ist die Potentialstreuung die vorherrschende Neutronenreaktion. Der Wirkungsquerschnitt eines mittleren Atomkerns (mit Massenzahlen zwischen $25 < A_r \lesssim$ $\lesssim 80$) zeigt Resonanzen, die bei wesentlich niedrigeren Energien (unter 1 keV) beginnen und im Mittel einige keV auseinander liegen. Die vorherrschende Reaktion ist elastische Streuung, und zwar gegenüber den leichten Kernen eher Resonanz- als Potentialstreuung. Bei schweren Atomkernen (mit $A_r > 80$) herrscht der Strahlungseinfang vor. Die Einfangresonanzen setzen etwa ab 0,1 eV ein, liegen sehr eng beieinander und überlappen sich ab etwa 1 keV aufwärts so stark, daß sie (infolge der Begrenzung des Auflösungsvermögens der Neutronenspektrometer) nur noch als Kontinua erscheinen. Bei den mittleren Atomkernen setzen diese Kontinua erst von etwa 1 MeV aufwärts ein.

Der Absorptionsquerschnitt (für Strahlungseinfang sowie für Teilchenemission oder Spaltung, soweit diese Reaktionen schon bei niedrigsten Neutronenenergien einsetzen) verläuft unterhalb des Resonanzbereichs reziprok zur Neutronengeschwindigkeit:

$$\sigma_a \sim 1/v \sim 1/\sqrt{E} \,. \tag{1.1.14}$$

Die intuitive Erklärung für dieses Verhalten besagt, daß die Absorptionswahrscheinlichkeit eines Neutrons der Zeitdauer proportional ist, die es in Kernnähe verbringt. Im Resonanzbereich kann man den Verlauf einer isolierten (Absorptions- oder Streu-)Resonanz nach der Breit-Wigner-Formel angeben; sie wird in der notwendigen Ausführlichkeit in der eingangs genannten Literatur behandelt. Bezüglich der gegenseitigen Beeinflussung benachbarter Resonanzen und hinsichtlich der Interferenzen zwischen Resonanz- und Potentialstreuung verweisen wir auch auf [11-8].

Wie oben erwähnt, findet nach Neutronenabsorption bei einigen der leichtesten Kerne Emission geladener Teilchen schon bei den niedrigsten Neutronenenergien statt. Mit zunehmender Kernladungszahl Z (und Massenzahl A_r) trifft man diesen Emissionstyp nur noch als Schwellenreaktion, selbst wenn eine exotherme Reaktion (mit positiver Reaktionsenergie Q, s. u.) vorliegt. Denn die mit Z wachsende Coulombschwelle des Kernpotentials verringert das Durchdringungsvermögen geladener Teilchen aus dem Kern. Dementsprechend steigt die effektive Schwellenenergie im Spektrum schneller Neutronen für die Emission geladener Teilchen mit Kernladungs- und Massenzahl stark an, so daß diese Schwellenreaktionen dort nur bis zu mittelschweren Kernen ($A_r < 80$) merklich auftreten. Zu den Schwellenreaktionen zählen außerdem solche, bei denen ein Neutron mit verringerter Energie (durch inelastische Streuung) oder zwei Neutronen bzw. Nukleonen emittiert werden. In letzterem Fall muß das einfallende Neutron größere Energie haben als die Bindungsenergie eines Nukleons im Kern. Die Wirkungsquerschnitte dieser Reaktionen nehmen unter statistischen Fluktuationen mit wachsender Energie rasch zu bis zu einem Maximalwert, den sie annähernd beibehalten, bis sie langsam wieder abnehmen infolge des Auftretens weiterer Schwellenreaktionen und weil für den totalen Wirkungsquerschnitt Gleichung (1.1.12) gilt.

Die endothermen Spaltreaktionen verlaufen ähnlich, nehmen aber darüber hinaus in Stufen zu, die der Bindungsenergie je eines (abdampfenden) Neutrons entsprechen. Für Neutronen mit den höchsten im Reaktor vorkommenden Energien überwiegen in der Regel die inelastische Streuung (n, n') und die (n, 2 n)-Reaktion, da mit wachsender Energie eine größere Zahl von Anregungszuständen im Restkern zur Verfügung steht. Der Wirkungsquerschnitt $\sigma_f(E)$ für die Kernspaltung der Neutronen verläuft bei exothermen Reaktionen so, wie es oben für den Absorptionsquerschnitt skizziert wurde; im schnellen Bereich überlagert sich ihm der Querschnittsverlauf einer Schwellenreaktion wie er für eine endotherme Spaltreaktion bereits beschrieben wurde. Nach niedrigsten Energien hin verläuft der Streuquerschnitt in kristallinen Medien wie Be, Bi und C nicht mehr der Potentialstreuung entsprechend – s. Gleichung (1.1.13) – sondern nimmt in Stufen ab und unterhalb der Stufen wieder zu (proportional 1/v). Sobald die Neutronenwellenlänge:

$$\lambda = h/\sqrt{2\, m_n E} \qquad (1.1.15)$$

die doppelte Länge des Kristallgitterabstands überschritten hat, kann kohärente (Bragg-)Streuung nicht mehr stattfinden; die Kristalle zeigen dann sprunghaft erhöhte Neutronendurchlässigkeit. Dieser Vorgang wird in der Neutronenphysik zur Energiesortierung bzw. zur Spektrometrie ausgenutzt. Treffen Neutronen auf eine chemische Verbindung, dann ist ihr Wirkungsquerschnitt durch die Summe der Wirkungsquerschnitte der atomaren Liganden gegeben. Sind die Energien der einfallenden Neutronen jedoch kleiner als die chemische Bindungsenergie der Liganden – also etwa unterhalb 1 eV –, dann ist der Streuquerschnitt für eine Verbindung wie z. B. H_2O größer als für die Summe der Liganden.

Energietönung bei Neutronenreaktionen. Wegen eingehenderer Behandlung einschließlich der Winkelbeziehungen der Reaktionspartner verweisen wir auf die kernphysikalische Literatur (z. B. [VIII, 11-13, 14, 15]). Hier soll der Zusammenhang zwischen der Energie E des stoßenden Neutrons und den Energien $E_s^{(1)}, \ldots$ der Sekundärteilchen betrachtet werden; *Sekundärteilchen* nennen wir die bei den Reaktionen zurückbleibenden Teilchen, also Y und a, b, . . . in Gleichung (1.1.1). In die Energietönung geht außerdem die Reaktionsenergie Q ein, die bei der Reaktion entsteht oder verbraucht wird, je nachdem, ob eine *exotherme* oder eine *endotherme Reaktion* vorliegt. Wenn wir von Aktivierungsreaktionen und von physikalischen und chemischen Effekten absehen, die durch Neutronen induziert werden, dann ist die Kenntnis von E_s aus zwei Gründen von Bedeutung. Einmal werden durch E_s die untere Nachweisgrenze und die Diskriminierung gegen den Untergrund wesentlich bestimmt. Und zum anderen muß man bei (echten oder mehrkanaligen) Messungen der spektralen Neutronenflußdichte φ_E die gesuchte Neutronenenergie E aus E_s erschließen.

Die allgemeine Schreibweise einer Neutronenreaktion sei ausführlich und unter Einschluß der Reaktionsenergie Q am Beispiel der wichtigen ^{10}B-Reaktion angegeben:

$$^{10}B + {}^{1}n \rightarrow {}^{7}Li + {}^{4}He + Q \tag{1.1.16}$$

mit Q = 2,78 MeV. Die Sekundärteilchen ^{7}Li und ^{4}He ermöglichen bei dieser Reaktion den Neutronennachweis. Ist Q positiv, dann kann die Reaktion mit langsamen Neutronen stattfinden. Ist Q negativ, dann sind zur Auslösung der Reaktion Neutronen aus dem schnellen Energiebereich nötig; denn die Energietönungen liegen in deren Energiebereich. Die Energie Q ist zu berechnen aus den unterschiedlichen Energiegehalten der Kerne X und Y in Gleichung (1.1.1). Durch Differenzbildung der zugehörigen Massen m_X, m_Y, . . . erhält man unter Anwendung der Massen-Energie-Beziehung den Energiebetrag

$$\Delta E = Q_m (m_Y + m_a + m_b + \ldots - m_X - m_n) , \tag{1.1.17}$$

mit der Energie-Massen-Umrechnungskonstanten Q_m (Q_m = 931,2 MeV · u^{-1}, wenn die Massen m in atomaren Masseneinheiten angegeben werden). Die Schwellenenergie E_T des einfallenden Neutrons, oberhalb derer eine endotherme Reaktion (mit negativem Q) eintreten kann, ist nach den von der klassischen Mechanik bekannten Gesetzen des elastischen Stoßes entsprechend dem Massenunterschied zwischen Geschoßkern (Massenzahl A_r) und Zwischenkern (A_r + 1) gegeben durch $|Q|$ $(A_r + 1)/A_r$. Bei Absorption eines Neutrons der (kinetischen) Energie E wird die kinetische Energie Q + E auf die Sekundärteilchen verteilt. Handelt es sich um thermische Neutronen, dann ist wegen der Größe der Q-Werte $E \approx 0$ zu setzen, und die Energien der Sekundärteilchen sind – speziell für den Übergang mit $Q = Q^* \equiv 2{,}30$ MeV in der ^{10}B(n, α)-Reaktion, s. Gleichung (1.1.34) –:

$$E_{Li} = \frac{Q^* m_\alpha}{m_\alpha + m_{Li}} = 0{,}835\ \text{MeV};$$

$$E_\alpha = \frac{Q^* m_{Li}}{m_\alpha + m_{Li}} = 1{,}465\ \text{MeV} . \tag{1.1.18}$$

Erfolgt der Neutronennachweis nicht über eine Absorptionsreaktion, sondern über eine Streureaktion, dann ist Q = 0, und E_s ist eine Funktion von E und vom Emissionswinkel ϑ zwischen der Austrittsrichtung des Sekundärteilchens und der Einfallsrichtung des Neutrons. Nach den klassischen Gesetzen des elastischen Stoßes gilt (im nichtrelativistischen Fall):

$$E_s = E \frac{4 m_n m_s}{(m_n + m_s)^2} \cos^2 \vartheta , \tag{1.1.19}$$

wobei m_n bzw. m_s die Masse des Neutrons bzw. des Sekundärteilchens bezeichnen; dieser nichtrelativistische Zusammenhang ist erst für Neutronenenergien der Größenordnung 100 MeV und darüber durch den relativistischen Zusammenhang zu ersetzen. Um gute Diskriminierbarkeit gegen den Untergrund und gute Energieauflösung zu erhalten, ist es wünschenswert, möglichst hohe Sekundärteilchenenergien E_s zu erhalten; dazu muß man m_s möglichst wenig verschieden von m_n wählen. Am besten geeignet als Sekundärteilchen sind dann Protonen, die man infolge der Streureaktion $^1H(n, n)^1H$ bei Verwendung wasserstoffhaltiger Substanzen im Neutronendetektor erhält. Ist die Neutroneneinfallsrichtung bekannt und einheitlich, kann man mit einem Protonenrückstoß-Neutronenspektrometer gemäß Gleichung (1.1.19) aus der Messung von E_s und ϑ die Neutronenenergie E ermitteln.

Bei unbekannter Neutroneneinfallsrichtung muß man zunächst den Zusammenhang zwischen dem Sekundärteilchenspektrum $f(E_s)$ und der Neutronenenergie E kennen und dazu die Energieabhängigkeit des Wirkungsquerschnitts der betreffenden Neutronenreaktion (s. [11-2, 16]). Dieser verhält sich im Schwerpunktsystem – im Gegensatz zum Laborsystem – bei Streuung von Neutronen mit $E \lesssim 10\,\text{MeV}$ (d. h. nahezu für alle Reaktorneutronen) an ^1H-Kernen isotrop. Im Schwerpunktsystem ruht bekanntlich der Schwerpunkt der Reaktionspartner, im Laborsystem der gestoßene Kern. Bei schwereren Kernen nimmt die obere Grenzenergie, bis zu der hinauf die Neutronenstreuung noch als isotrop betrachtet werden kann, langsam ab. Da nach den Stoßgesetzen zwischen β (dem Cosinus des Streuwinkels im Schwerpunktsystem) und der Änderung der Neutronenenergie beim Stoß von E nach E_β folgender Zusammenhang besteht:

$$\beta = [2\,E_\beta/E - (1 + a)]/(1 - a) \tag{1.1.20}$$

mit der Abkürzung

$$a \equiv (A_r - 1)^2/(A_r + 1)^2\ , \tag{1.1.21}$$

ergibt sich für die Wahrscheinlichkeitsverteilung der Neutronen bei Energieänderung von E nach E_β bzw. für die Wahrscheinlichkeit des Auftretens von β:

$$g(E \to E_\beta)\,dE_\beta = P(\beta)\,d\beta = dE_\beta/E(1 - a)\ , \tag{1.1.22}$$

d. h. die Wahrscheinlichkeitsverteilung ist von der Endenergie der Neutronen nach dem Stoß unabhängig oder mit anderen Worten: alle Endenergien sind gleich wahrscheinlich. In einem Rückstoßprotonenspektrometer ist dann das Protonenspektrum $f(E_p)$ gegeben durch:

$$f(E_p)\,dE_p \sim \begin{matrix} dE_p/E \\ 0 \end{matrix} \quad \text{für} \begin{Bmatrix} E_p \leqslant E \\ E_p > E \end{Bmatrix}\ . \tag{1.1.23}$$

Wird eine wasserstoffhaltige Substanz von Neutronen mit inhomogener Energieverteilung getroffen, kann man aus dem Spektrum der Rückstoßprotonen auch bei nicht einheitlicher Einfallsrichtung der Neutronen deren Spektrum ermitteln (s. Abschnitt 2.5).

Bisher haben wir nur von den atomaren Wirkungsquerschnitten σ gesprochen. Zur Beschreibung des Neutronenfelds benötigt man jedoch **makroskopische neutronenphysikalische Materialdaten**; sie liefern Erwartungswerte für Reaktionen mit einem makroskopischen Materiestück bezogen auf ein auftreffendes Neutron und solche für den Verlauf des Neutronenfelds.

Als *makroskopischen* (oder wie wir lieber sagen wollen: *volumenbezogenen*) *Wirkungsquerschnitt* bezeichnet man die Summe der Wirkungsquerschnitte für eine Kernreaktion eines bestimmten Typs über alle Atome in einem betrachteten räumlichen Bereich, dividiert durch dessen Volumen V

$$\Sigma = \frac{N}{V} \sigma \, . \tag{1.1.24}$$

Für die Atomanzahldichte $\frac{N}{V}$ wird in der Regel die Anzahl Atome in cm^3 genommen; dann wird Σ in cm^{-1} angegeben. Spezielle volumenbezogene Wirkungsquerschnitte, die nach bestimmten Größen differentiiert sind, oder solche, die sich auf bestimmte Reaktionstypen beziehen, werden analog zu den betreffenden atomaren Wirkungsquerschnitten bezeichnet: $\Sigma(E)$ ist also der volumenbezogene spektrale Wirkungsquerschnitt, Σ_S der volumenbezogene Streuquerschnitt usw. Enthält der betrachtete Raumbereich V_0 mehrere Nuklide $i = 1, \ldots, I$ mit den Atomanzahldichten $\frac{N_i}{V_0}$ und den atomaren Wirkungsquerschnitten $\sigma^{(i)}$, dann ist:

$$\Sigma = \sum_{i=1}^{I} \frac{N_i}{V_0} \sigma^{(i)} \, . \tag{1.1.25}$$

Man definiert Σ (wie σ) auch als *Gruppenquerschnitt* für bestimmte Energiegebiete:

$$\Sigma_j = \int_{E_j}^{E_{j+1}} \Sigma(E) \, dE \, . \tag{1.1.26}$$

Der volumenbezogene Wirkungsquerschnitt Σ stellt einen *differentiellen* Erwartungswert dar, der als räumliche und spektrale Konstante für ein betrachtetes Medium und eine betrachtete Energiegruppe in die Feldgleichung eingesetzt wird. Σ wird rechnerisch unter Benutzung gemessener atomarer Wirkungsquerschnitte σ ermittelt.

Im Unterschied dazu ist der *Schwächungskoeffizient* μ ein *integraler* Erwartungswert des Feldes. Wir verstehen unter dem Schwächungskoeffizient die relative räumliche Änderung der spektralen Netto-Stromdichte $\vec{j}$ der Neutronen in einem bestimmten Volumen $V = V_0$:

$$\mu_x(E) = -\frac{1}{j_{E,x}} \frac{d j_{E,x}}{d x} \tag{1.1.27a}$$

als (spektralen) richtungsabhängigen Schwächungskoeffizienten,

$$\mu(E) = -\frac{\operatorname{div} \vec{j}_E}{j_E} = \mu_x + \mu_y + \mu_z \tag{1.1.27b}$$

als (spektralen) rauminvarianten Schwächungskoeffizienten.

Der richtungsabhängige Schwächungskoeffizient (μ_x) gibt die relative Schwächung bzw. das Verschwinden des Neutronenstroms pro Längeneinheit in einer bestimmten (X-)Richtung wieder, der rauminvariante Schwächungskoeffizient dasselbe in einem Volumenelement. Sonderdefinitionen des Schwächungskoeffizienten (für Differentiation für bestimmte Reaktionstypen) werden wie bei Σ analog zum atomaren Wirkungsquerschnitt bezeichnet. Liegt eine Neutronen-Energieverteilung vor, ist über das Spektrum zu integrieren:

$$\mu_{x,j} = -\int_{E_j}^{E_{j+1}} \frac{(d j_{E,x}/d x)}{j_{E,x}} \, d E \tag{1.1.28a}$$

bzw.

$$\mu_j = -\int_{E_j}^{E_{j+1}} \frac{\operatorname{div} \vec{j}_E}{j_E} \, d E \tag{1.1.28b}$$

mit analogen Bedeutungen wie in den Gleichungen (1.1.27a, b).

Der Schwächungskoeffizient μ ist demnach grundsätzlich verschieden vom makroskopischen Wirkungsquerschnitt Σ definiert. μ kann dem experimentell gefundenen Verlauf des Neutronenfelds entnommen werden, was für Σ nur unter idealisierten Bedingungen möglich ist. Während Σ als Parameter und Erwartungswert der (durch eine bestimmte Feldgleichung beschriebenen) Klasse von Neutronenverteilungen zugehört, spielt μ dieselbe Rolle für ein individuelles Neutronenfeld. Die rechnerische Bestimmung von μ zum Vergleich mit einem experimentell gefundenen Wert ist demnach in der Regel wesentlich komplizierter als bei Σ. Denn zur μ-Bestimmung muß die individuelle Lösung der Gleichung des Neutronenfelds mit ihrer Energie-, Raum- und Richtungs-Abhängigkeit bekannt sein.

Die mittlere freie Weglänge für Neutronen (in Bezug auf die Reaktionsart W) wird auf folgende Weise definiert:

$$\lambda_W = 1/\Sigma_W \, . \tag{1.1.29}$$

Wenn sich ein Neutron mit konstanter Geschwindigkeit v bewegt, kann man dementsprechend als mittlere Zeit zwischen (W-)Reaktionen angeben:

$$\tau_W = \lambda_W / v \,. \qquad (1.1.30)$$

Die Einführung der Größen λ_W und τ kann nach dem vorher Gesagten nur Aufschlüsse über das räumlich und energiemäßig differentielle Verhalten der Neutronen geben.

Zum Neutronennachweis setzt man bestimmte Substanzen dem zu messenden Neutronenfeld aus. In diesen Nachweissubstanzen entstehen Neutronenreaktionen, deren Reaktionsprodukte (Sekundärteilchen) man nachweisen kann. Im Folgenden sollen **wichtige Neutronennachweisreaktionen** aufgeführt werden. Zum Neutronennachweis z. B. mit den Reaktionen

$$^{197}Au\,(n, \gamma)\ ^{198}Au \overset{\beta(\gamma)}{\rightarrow} {}^{198}Hg \quad \text{bzw.} \quad ^{10}B\,(n, \alpha)\ ^{7}Li \qquad (1.1.31)$$

enthält der ins Neutronenfeld gebrachte Detektor die Nuklide ^{197}Au bzw. ^{10}B in den Nachweissubstanzen. Aus diesen Ausgangsnukliden entsteht bei Neutronenbestrahlung ein Radionuklid (im obigen Fall ^{198}Au) bzw. ein Sekundärteilchen (α), die zur Messung geeignet sind. Bei anderen zum Nachweis brauchbaren Neutronenreaktionen wird die Entstehung von Rückstoßkernen (durch Neutronenstoß oder beim Strahlungseinfang) ausgenutzt, die meßbare chemische oder physikalische Veränderungen in der Nachweissubstanz hervorruft. Bei einer Neutronenreaktion interessieren für den Nachweis Größe und Energieabhängigkeit ihres Wirkungsquerschnitts. Vom zu messenden Neutronenfeld aus gesehen interessiert noch die *(Detektor-)Ansprechfunktion* $r_E^{(D)}$. Unter der letzteren (Detector) Response Function [11-7, 17] versteht man das Produkt Wirkungsquerschnitt mal spektrale Flußdichte:

$$r_E^{(D)} = \sigma^{(D)}(E)\,\varphi_E \,. \qquad (1.1.32)$$

Die Ansprechfunktion ist also auf ein Atom des Ausgangsnuklids in der Nachweissubstanz eines Detektors (D) bezogen. Mit Hilfe von $r_E^{(D)}$ kann man die Erfassung der Flußdichte in bestimmten Energiebereichen (graphisch oder zahlenmäßig) darstellen und für verschiedene Detektortypen vergleichen. Das Integral der Ansprechfunktion über alle Energien nennt man Ansprechintegral (Response Integral [11-7]):

$$r^{(D)} = \int_0^\infty r_E^{(D)}\, dE \,. \qquad (1.1.33)$$

In den Abbildungen 1.1.I bis IV sind Beispiele von gemessenen spektralen atomaren Wirkungsquerschnitten $\sigma(E)$ für eine Reihe wichtiger Neutronennachweisreaktionen zusammengestellt. Abbildung 1.1.I zeigt Wirkungsquerschnitte für Detektoren für direkte Anzeige. In allen Fällen entstehen Schwere

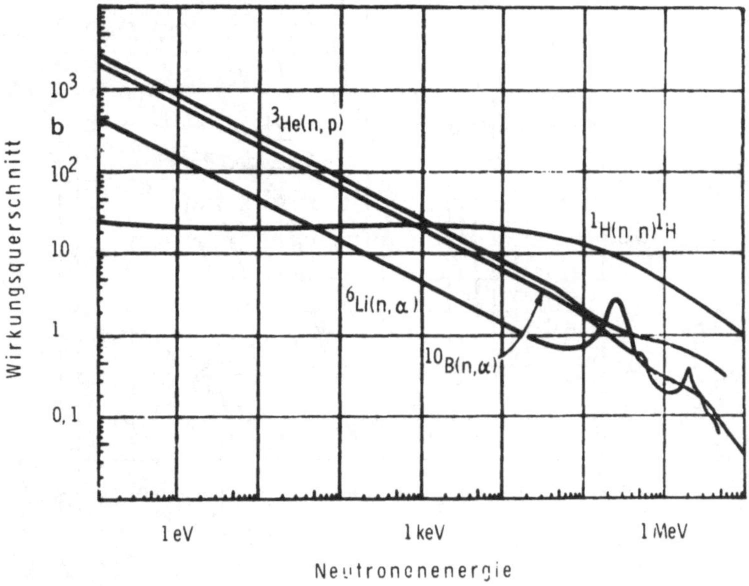

Abb. 1.1.I
Wichtige Wirkungsquerschnitte für direktanzeigende Detektoren, nach [I, 21–3].

geladene Teilchen. Die dargestellten (n, p)- und (n, α)-Reaktionen sind exotherm, mit folgenden Reaktionsenergien:

$$^3\text{He} + \text{n} \rightarrow {}^3\text{H} + \text{p} + 0{,}770\,\text{MeV}$$

$$^6\text{Li} + \text{n} \rightarrow {}^3\text{H} + \alpha + 4{,}76\,\text{MeV} \qquad (1.1.34)$$

$$^{10}\text{B} + \text{n} \begin{cases} \rightarrow {}^7\text{Li} + \alpha + 2{,}78\,\text{MeV} \\ \rightarrow {}^{7m}\text{Li} + \alpha + 2{,}30\,\text{MeV} \\ \qquad \downarrow \\ \quad {}^7\text{Li} + \gamma + 0{,}48\,\text{MeV}. \end{cases}$$

Die Wirkungsquerschnitte dieser drei Reaktionen betragen im thermischen Bereich: 5327, 953 und 3837b. Die genannten Reaktionen sind im thermischen und epithermischen Bereich besonders empfindlich, im schnellen Bereich sind sie zur Spektrometrie geeignet. Abbildung 1.1.II faßt die für den Neutronennachweis Bedeutung habenden Spaltquerschnitte zusammen. Sie werden in Aktivierungs-, direktanzeigenden und optisch anzeigenden Detektoren verwendet. In Abbildung 1.1.III sind typische Beispiele für Einfangreaktionen zusammengestellt. Sie unterscheiden sich durch die Lage der ersten (oder Haupt)-Resonanz, die im ersten Fall an der Grenze des langsamen

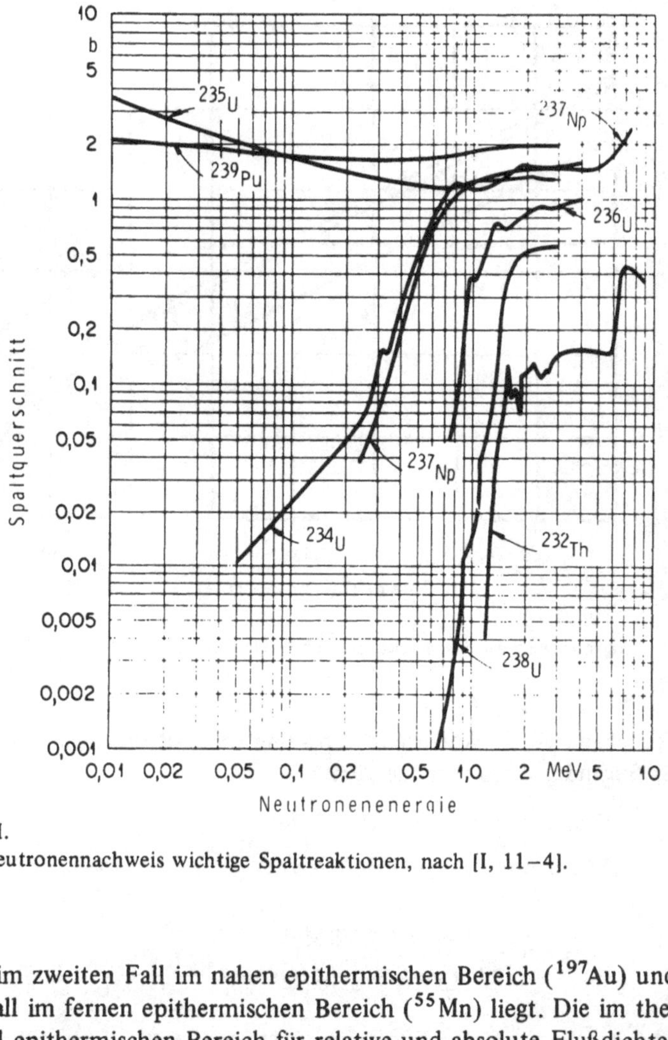

Abb. 1.1.II.
Für den Neutronennachweis wichtige Spaltreaktionen, nach [I, 11–4].

(^{113}Cd), im zweiten Fall im nahen epithermischen Bereich (^{197}Au) und im dritten Fall im fernen epithermischen Bereich (^{55}Mn) liegt. Die im thermischen und epithermischen Bereich für relative und absolute Flußdichtebestimmungen besonders wichtigen Einfangreaktionen werden in Aktivierungsdetektoren genutzt. Abbildung 1.1.IV bringt charakteristische Beispiele für Schwellenreaktionen, die im schnellen Energiebereich als Aktivierungsdetektoren Anwendung finden.

Zusammenfassend ist über die wichtigsten Nachweisreaktionen in den verschiedenen Energiebereichen zu sagen: im Bereich schneller Neutronen erfolgt der Nachweis weitgehend durch Reaktionen mit Schwellenenergien (bei Flußdichtemessungen mit Sonden) oder über Sekundärteilchen (bei spektrometrischen Messungen). Der Nachweis intermediärer Neutronen findet vorzugsweise

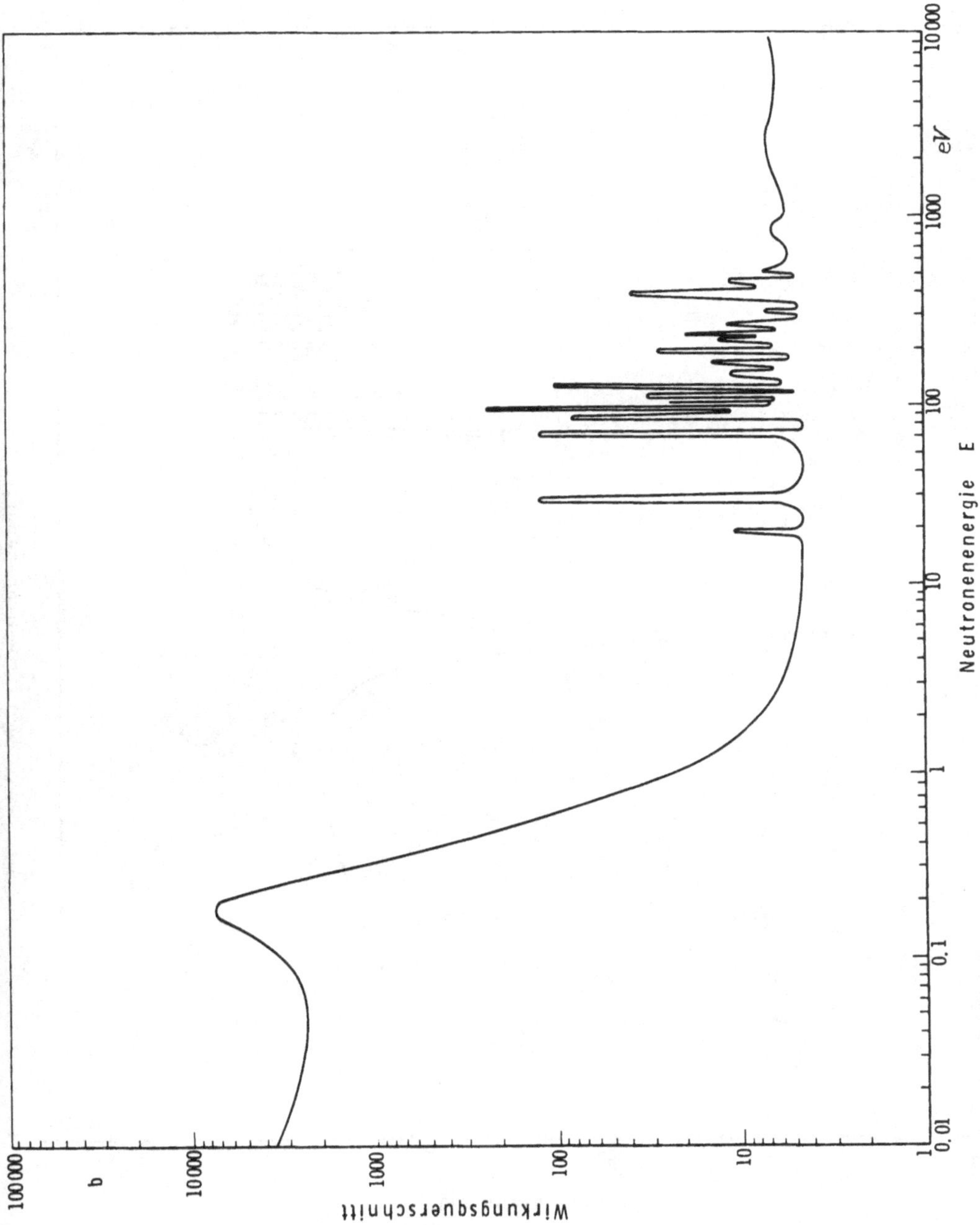

Abb. 1.1.III.
Typische Wirkungsquerschnittsverläufe für Elemente in Aktivierungssonden und Filtern im thermischen und intermediären Bereich, nach [I]:
a) totaler Wirkungsquerschnitt σ_T (E) für Cadmium (Einfangquerschnitt vorherrschend).

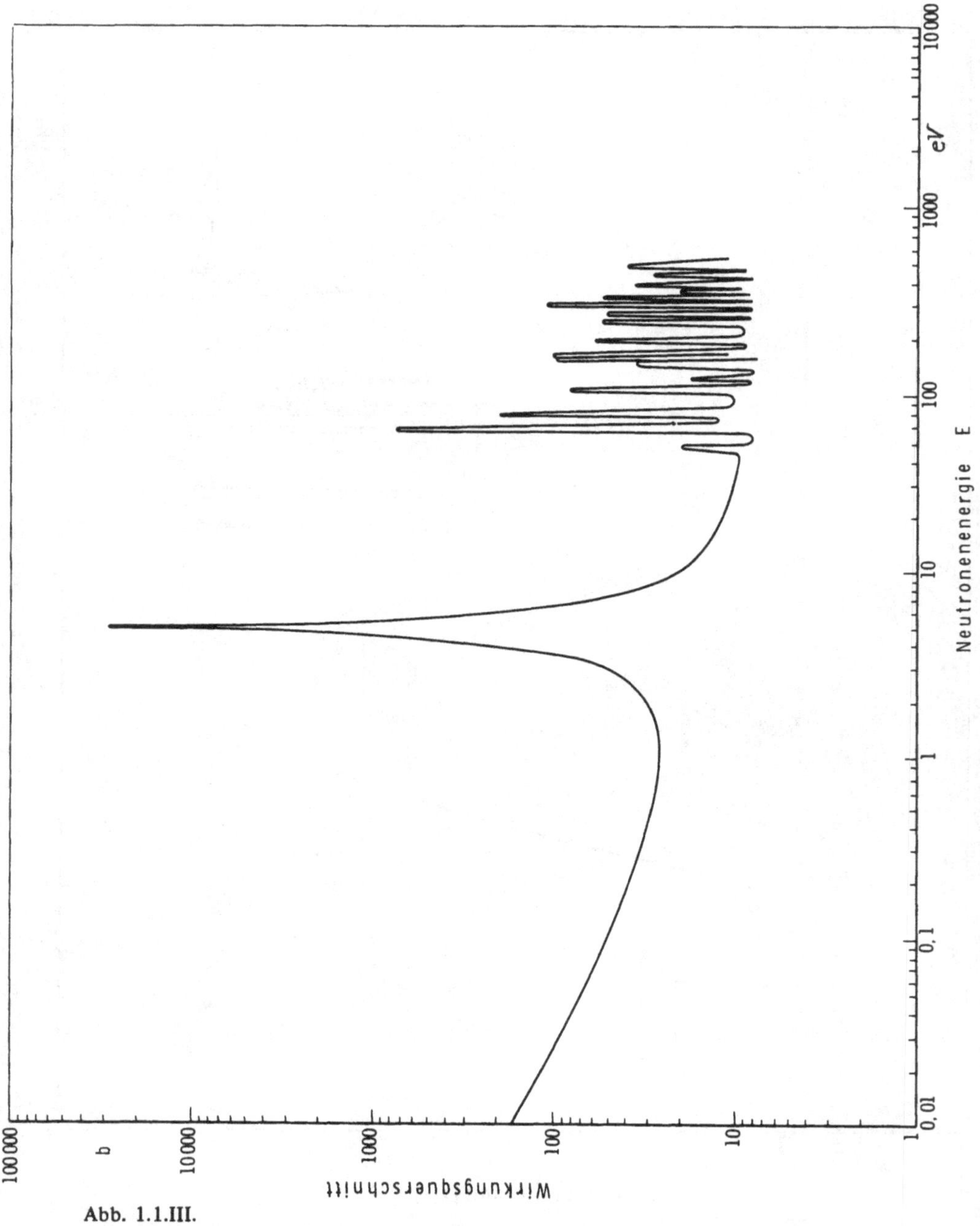

Abb. 1.1.III.
Typische Wirkungsquerschnittsverläufe für Elemente in Aktivierungssonden und Filtern im thermischen und intermediären Bereich, nach [I]:
b) Einfangquerschnitt $\sigma_\gamma(E)$ für $E \leqslant 10$ eV, totaler Wirkungsquerschnitt $\sigma_T(E)$ für $E > 10$ eV (wobei Einfangquerschnitt vorherrscht) bei Gold.

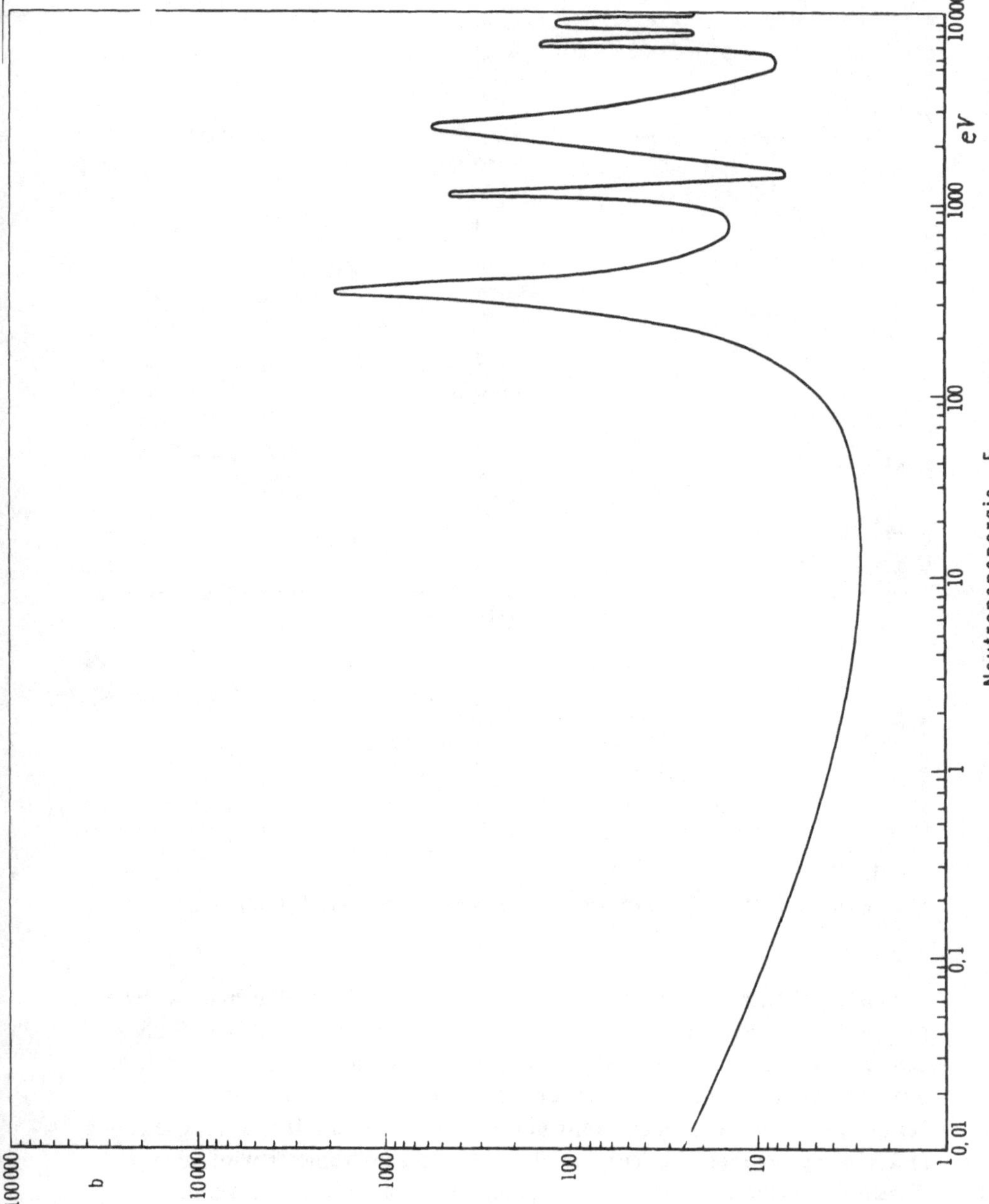

Abb. 1.1.III.
Typische Wirkungsquerschnittsverläufe für Elemente in Aktivierungssonden und Filtern im thermischen und intermediären Bereich, nach [I]:
c) totaler Wirkungsquerschnitt σ_T (E) für Mangan (Einfangquerschnitt vorherrschend).

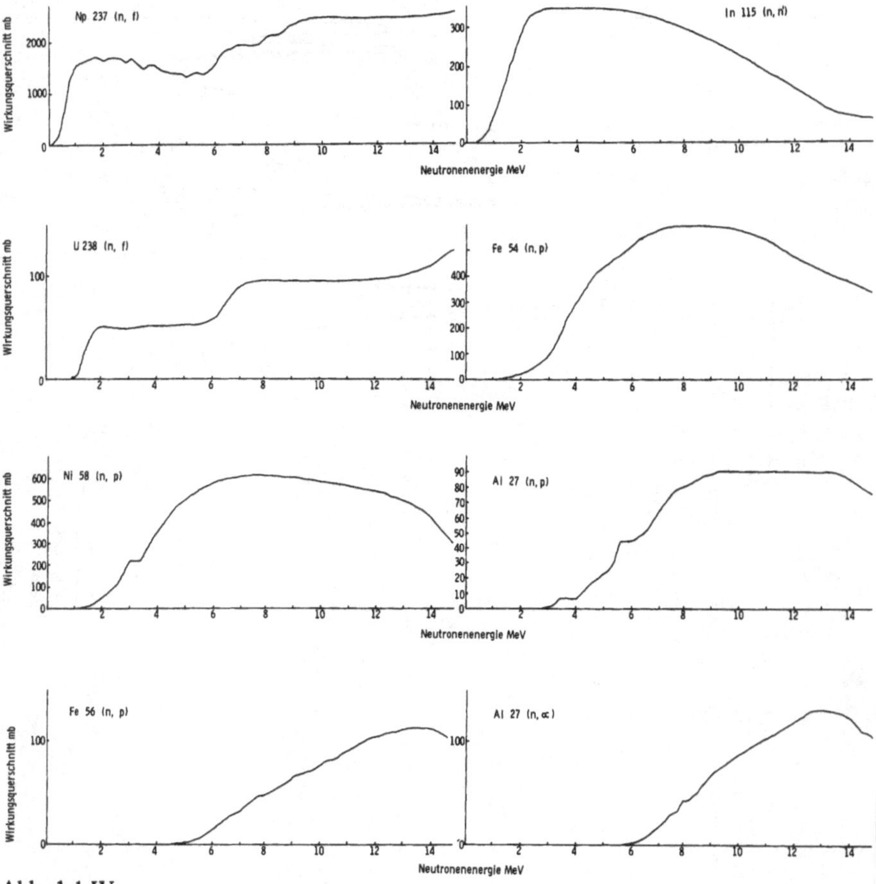

Abb. 1.1.IV.
Wirkungsquerschnitte einiger wichtiger Schwellenreaktionen, nach [11-22].

mittels elastischer Streuung (im oberen) und durch Absorption bzw. Aktivierung in Resonanzen (im unteren Teil des Energiebereichs) statt. Die Flußdichte langsamer Neutronen wird fast ausschließlich mit Hilfe von Absorptions- oder Aktivierungsreaktionen gemessen. Meist benutzt man 1/v-*Detektoren*, bei denen der Wirkungsquerschnitt der Nachweisreaktion den durch Gleichung (1.1.14) angedeuteten Verlauf hat. Beim Kristallspektrometer wird auch in diesem Energiebereich die elastische Streuung angewendet. Auf die unterschiedliche Eignung der verschiedenen Einzel-Reaktionen bzw. Nachweissubstanzen wird in Kapitel 2 eingegangen.

In Abbildung 1.1.V ist eine Darstellung von Ansprechfunktionen wiedergegeben, und zwar für Schwellenreaktionen im Spaltspektrum (nach Watt).

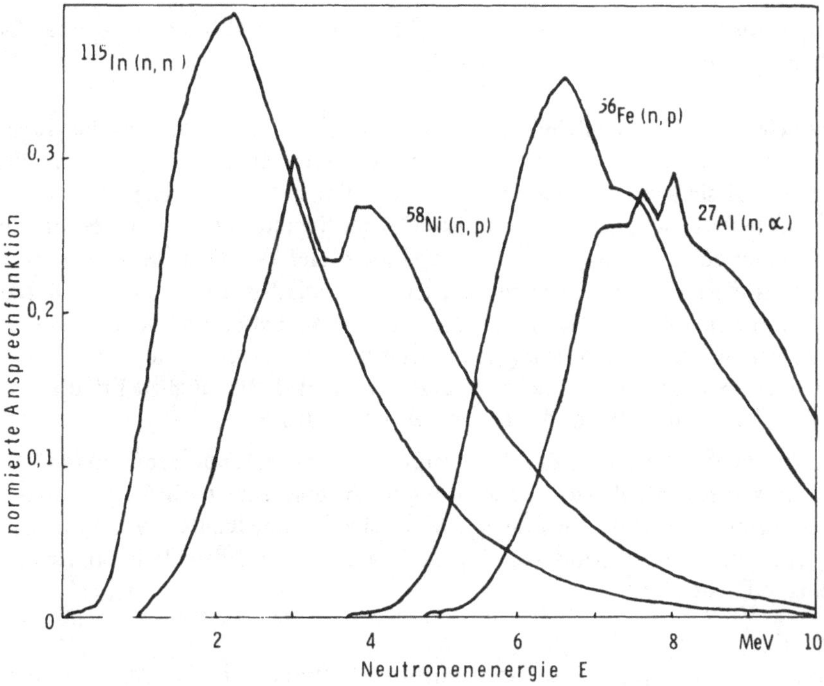

Abb. 1.1.V.
Ansprechfunktionen einiger wichtiger Schwellenreaktionen nach [11–22].

* Normierte Ansprechfunktionen sind hier die auf den gemittelten Wirkungsquerschnitt normierten Funktionen $\sigma^{(i)}(E)\ \varphi_{E,f}/\bar{\sigma}^{(i)}_{(f)}$ der Reaktionen i im Spaltspektrum $\varphi_{E,f}$ entsprechend Gleichungen (1.3.12a, b).

Die Kurven sind auf den effektiven Wirkungsquerschnitt $\bar{\sigma}^{(i)}_{(f)}$ im Spaltspektrum normiert. Man erkennt, daß die hier dargestellten (n, p)-Reaktionen nahezu die gleiche effektive Schwellenenergie haben, während diese bei der ^{27}Al (n, α)-Reaktion wesentlich höher liegt, wodurch ein Loch in der Hüllkurve der Ansprechintegrale entsteht. Solche Löcher lassen sich auch durch Hinzunahme weiterer noch gut brauchbarer Schwellendetektoren nicht recht schließen, und keiner davon spricht im Spaltspektrum unter 0,9 MeV effektive Schwellenenergie an. Das so entstehende breite Loch zwischen den Schwellenreaktionen und den Einfangreaktionen verursacht, daß Strahlenschädigungsraten zwischen dem schnellen und intermediären Bereich nur mit beträchtlicher Unsicherheit bestimmt werden können. Kompilationen nuklearer und neutronenphysikalischer Daten findet man in: [I, II, XII, 11-1, 7, 10, 11, 18, 19, 20, 21].

1.2. Das Neutronenfeld und seine Meßgrößen

Beispiele von Neutronenfeldern – Ortsabhängige Feldbeschreibung – Energieabhängige Feldbeschreibung – Meßgrößen

Beispiele von Neutronenfeldern. Als *Neutronenfeld* bezeichnet man die Gesamtheit von Neutronen in einem Medium, die so zahlreich sind, daß sich statistische Gesetze auf sie anwenden lassen. Zur Beschreibung des Neutronenfeldes gebrauchen wir dreierlei Größen: Erstens Koordinaten, für die die Koordinaten des Phasenraums (Ortsvektor $\vec{r}$, Impulsvektor $\vec{p}$ und Zeit t) zu nehmen sind. Zweitens die für das betreffende Feld charakteristischen Konstanten (Materialkonstanten, die das räumliche und das zeitliche Verhalten der Neutronen kennzeichnen) und Randbedingungen. Und drittens die den Feldverlauf angebenden Feldgrößen; als solche benutzt man so weit als möglich Erhaltungsgrößen, für die man Bilanzgleichungen aufstellen kann.

Je nach dem vorliegenden Problem wählt man eine passende Erhaltungsgröße für das Neutronenfeld. Zum Beispiel beschreibt man eine zeitlich konstante punktförmige isotrope Neutronenquelle in einem ausgedehnten homogenen Medium durch die *Neutronenquellstärke* B, für die sich folgende Bilanzgleichung aufstellen läßt:

$$B = \text{Abs} + W\,. \tag{1.2.1}$$

Nach dieser Gleichung kann B experimentell bestimmt werden. Abs stellt die Absorptionshäufigkeit im Medium dar, einen Erwartungswert, der sich angeben läßt durch:

$$\text{Abs} = \int_{V_M} [n(\vec{r})/\tau]\, dV\,, \tag{1.2.1a}$$

falls die Neutronen einheitliche Geschwindigkeit besitzen oder ihren stationären Endzustand erreicht haben und dann (im Volumen V_M des Mediums) absorbiert werden. n bezeichnet die Neutronenanzahldichte und τ die mittlere Neutronen-Lebensdauer als die das zeitliche Verhalten beschreibende Materialkonstante. W ist die Entweichwahrscheinlichkeit der Neutronen aus der Oberfläche O_M des Mediums. Für monoenergetische Neutronen in einem kugelförmigen Medium mit Radius R läßt sie sich angeben durch:

$$W = \int_{O_M} \vec{j}_r(R)\, R^2\, d\vec{\Omega} = 4\pi R^2 j_r(R)\,. \tag{1.2.1b}$$

Dabei bedeuten $\vec{j}_r$ die radiale Neutronenstromdichte und Ω den Raumwinkel.

Betrachten wir nun ein weiteres Beispiel: es liege eine ausgedehnte Neutronenquellverteilung vor wie etwa in einem Reaktorkern. Dann stellen wir zweckmäßig eine zu (1.2.1) entsprechende Bilanzgleichung auf für die *Neutronen-Quelldichte* q_0. Sehen wir den Reaktorkern stark vereinfacht als ein unendlich ausgedehntes Medium an, in dem eine ortsunabhängige (gemittelte) Quelldichte $q_0(E_0)$ von Neutronen der Energie E_0 herrscht und in dem Neutronen nur gebremst, nicht absorbiert werden. Dann muß aus Gründen des stationären Gleichgewichts die Anzahl der Neutronen im Volumenelement, die in der Zeitspanne unter eine Energie $E < E_0$ heruntergebremst werden, gleich der Quelldichte sein:

$$q(E < E_0) = q_0 \,. \qquad (1.2.2)$$

Wir werden im folgenden den Zusammenhang zwischen der *Bremsdichte* $q(E < E_0)$ und anderen Neutronenfeldgrößen skizzieren, soweit er für die Neutronenmeßtechnik von Bedeutung ist.

Als drittem Beispiel wollen wir uns einem Neutronenfeld im Innern einer evakuierten Röhre mit Querschnitt f und mit völlig absorbierenden Wänden zuwenden; die Röhre soll von Neutronen durchsetzt werden, die von einer entfernten isotropen Quelle stammen, was näherungsweise für die Strahlrohre eines Forschungsreaktors weit entfernt vom Kern gelten kann. Dann läßt sich die Stromdichte $\vec{j}_r$ in Richtung der Rohrachse an der Stelle $R_E < R < R_A$ im Rohr (R ist der Abstand von der Quelle, R_E bei Eintritt und R_A bei Austritt ins bzw. aus dem Rohr) angeben durch den Bruchteil an Neutronen, der von der Quasi-Punktquelle in R_E nach R gelangt:

$$\vec{j}_r(R) = \frac{f}{4\pi R^2}\, \vec{j}_r(R_E) \,. \qquad (1.2.3)$$

An Literatur zur Neutronenphysik bzw. zur Theorie der Neutronenfelder seien genannt: [XI, 11-2, 16, 12-1, 2].

Ortsabhängige Beschreibung von Neutronenfeldern

Wir wollen jetzt die Neutronen-Transportgleichung anschreiben als die allgemeinste derartiger Bilanzgleichungen in Neutronenfeldern. Zunächst wollen wir einige wichtige Begriffe erläutern, die sich bei der Darstellung von Neutronenfeldern eingebürgert haben. Anstelle der Impulskoordinaten im Phasenraum benutzt man meist folgende Koordinaten:

$$\vec{\Omega} = \vec{p}/p \equiv \vec{p}/|\vec{p}| \quad \text{und} \quad E = E(p) \,, \qquad (1.2.4)$$

E ist die (kinetische) Neutronenenergie. Die charakteristischen Feldkonstanten schreibt man als makroskopische (d.h. auf ein Volumenelement des Feldmediums bezogene) Wirkungsquerschnitte Σ. Bei den Feldgrößen definiert man drei Arten von *Neutronenanzahldichten* (d.i.: Anzahl Neutronen im Volumenelement des Feldmediums): von der integralen $n(\vec{r})$ bis zur richtungsabhängigen spektralen $n_{E,\Omega}(\vec{r})$, zwischen denen folgender Zusammenhang besteht:

$$n(\vec{r}) = \int_0^\infty n_E(\vec{r})\, dE = \int_0^\infty \int_{4\pi} n_{E,\Omega}(\vec{r})\, d\Omega\, dE \,. \qquad (1.2.5)$$

Mit der Neutronenanzahldichte ist über die Neutronengeschwindigkeit $\vec{v} = v\vec{\Omega}$ die Neutronenflußdichte verknüpft:

$$\varphi(\vec{r}) = n(\vec{r})\bar{v} = \int_0^\infty n_E(\vec{r})\, v(E)\, dE = \int_0^\infty \varphi_E(\vec{r})\, dE \; ; \qquad (1.2.6a)$$

$$\vec{F}(E, \vec{r}, \vec{\Omega}) = n_{E,\Omega}(\vec{r})\, v(E)\, \vec{\Omega} \; ; \quad \varphi_E(\vec{r}) = \int_{4\pi} \vec{F}(E, \vec{r}, \vec{\Omega})\, d\vec{\Omega} \, . \qquad (1.2.6b)$$

Eine anschauliche Vorstellung dieser Größen erhalten wir, wenn wir uns eine Kugel mit Radius R denken, deren Mittelpunkt vom Koordinatenursprung den Abstand r hat (Abbildung 1.2.I). Dann stellt $\vec{F}\, d\vec{\Omega} \equiv \varphi_{E,\Omega}\, d\Omega$ diejenige Anzahl Neutronen dar, die in der Zeitspanne den Kugelquerschnitt πR^2 in Richtung $\vec{\Omega}$ durchsetzen und in das Raumwinkelelement $d\vec{\Omega}$ eintreten. $\varphi_{E,\Omega}$ heißt spektrale Flußdichte-Richtungsverteilung. Wir werden der kürzeren Schreibweise wegen anstelle von $\varphi_{E,\Omega}\, \vec{\Omega}$ die von früher geläufige Bezeichnung *Vektorflußdichte* F beibehalten. In Gleichung (1.2.6b) sind beide Bezeichnungen vergleichend aufgeführt. Die (skalare) *Flußdichte* $\varphi(\vec{r})$ – wir nennen sie gelegentlich kurz: Fluß – ist definiert als das Integral über das skalare Produkt $\vec{F}\cdot(\vec{r})\, d\vec{\Omega}$ im Ortspunkt $\vec{r}$ im Neutronenfeld, wobei der Mittelpunkt der ebengenannten Kugel festgehalten und der Kugelquerschnitt πR^2 in alle Richtungen gedreht wird. Ferner versteht man unter der *Stromdichte* (genauer: Netto-Neutronenstromdichte) $\vec{j}_x$ den Differenzvektor zwischen der auf die x-Richtung projizierten und der auf die Gegenrichtung projizierten Flußdichte φ.

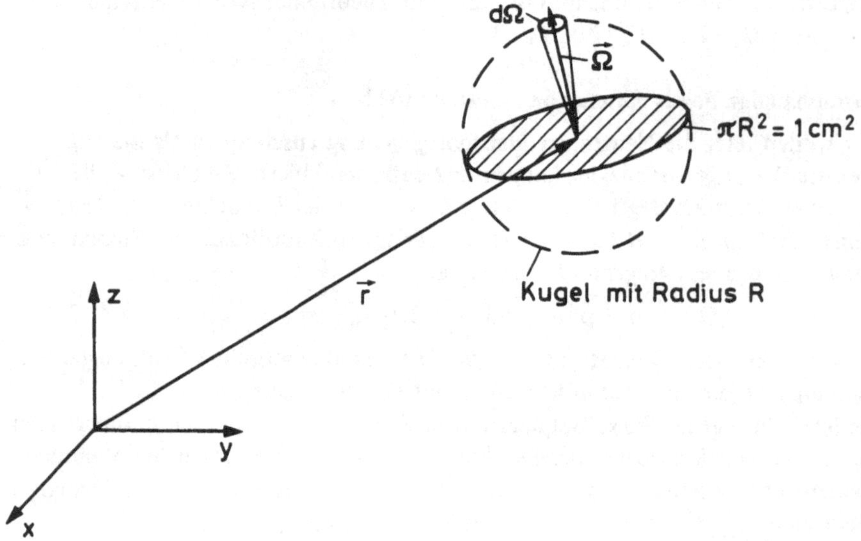

Abb. 1.2.I.
Zur Einführung der Flußdichte-Richtungsverteilung (oder Vektor-Flußdichte).

Die allgemeinste *Neutronen-Transportgleichung* lautet, für den Betrag $F = |\vec{F}(E, \vec{r}, t, \vec{\Omega})|$ der Vektorflußdichte als Feldgröße geschrieben:

$$\frac{1}{v(E)} \frac{\partial F}{\partial t} = q_0(E, \vec{r}, t, \vec{\Omega}) + \int_0^{\infty} \int_{4\pi} \Sigma_s(\vec{\Omega}' - \vec{\Omega}, E' \to E) \vec{F}(E', \vec{r}, t, \vec{\Omega}') \, d\vec{\Omega}' \, dE'$$

$$- \vec{\Omega} \operatorname{grad} F - \Sigma_T(E) F \, . \tag{1.2.7}$$

Diese (auf ein Volumenelement im Abstand $\vec{r}$ vom Koordinatenursprung bezogene) Gleichung besagt: die lokale und zeitliche Änderung von F ist darzustellen durch zwei positive und zwei negative Glieder; die positiven Glieder rühren von Neutronen her, die mit der Quelldichte entstehen und die mit dem Streuquerschnitt Σ_s aus allen Richtungen und von allen Energien E' ins Volumenelement hereingestreut werden; die negativen Glieder in der Neutronenbilanz werden gebildet aus den Leckverlusten der Neutronen aus dem Volumenelement sowie aus den Reaktionen der Neutronen im Volumenelement.

In der allgemeinen Form (1.2.7) läßt sich die Neutronen-Transportgleichung nicht lösen. Wir werden – vor allem im Hinblick auf einfache Interpretation von Meßergebnissen – bestrebt sein, solche Voraussetzungen zu finden, die auf elementare Teillösungen der Transportgleichung führen. Dabei beschränken wir uns auf zwei besonders wichtige Sonderfälle. Beim ersten setzen wir voraus: keine Zeitabhängigkeit, monoenergetische Neutronen, räumlich eindimensionales Problem, isotrope Quelle, isotropes Medium und Rotationssymmetrie um die einzige Bewegungsrichtung. Lassen wir letztere mit der x-Achse zusammenfallen, nennen $\zeta \equiv \cos\vartheta$ den Richtungscosinus gegen diese Achse und $\zeta_0 \equiv \cos\vartheta_0$ den Cosinus des Streuwinkels (der durch die Richtungen $\vec{\Omega}'$ und Ω eingeschlossen wird), dann vereinfacht sich Gleichung (1.2.7) zu:

$$\zeta \frac{\partial F(x, \zeta)}{\partial x} + \Sigma_T F(x, \zeta) = \frac{1}{(2\pi)^2} \int_0^{2\pi} \int_0^{2\pi} \int_{-1}^{+1} \Sigma_s(\zeta_0) F(x, \zeta_0) \, d\zeta_0 \, d\chi' \, d\chi + q_0(x) \, . \tag{1.2.8}$$

Mit dem bekannten Lösungsansatz nach der Momentenmethode:

$$F(x, \zeta) = \sum_l \frac{2l+1}{2} F_l(x) P_l(\zeta), \quad \text{also} \quad F_l(x) = \int_{-1}^{+1} F(x, \zeta) P_l(\zeta) \, d\zeta \, , \tag{1.2.9}$$

$$\Sigma_s(\zeta_0) = \sum_l \frac{2l+1}{2} \Sigma_{sl} P_l(\zeta_0), \quad \text{also} \quad \Sigma_{sl} = \int_{-1}^{+1} \Sigma_{sl}(\zeta_0) P_l(\zeta_0) \, d\zeta_0 \tag{1.2.10}$$

und mittels der Orthogonalitätsrelationen für die Kugelfunktionen $P_l(\zeta)$ erhält man aus Gleichung (1.2.8) das folgende System linearer Differentialgleichungen für die Koeffizienten $F_l(x)$ mit $l \geqslant 1$:

$$\frac{l}{2l+1}\frac{dF_{l-1}}{dx} + \frac{l+1}{2l+1}\frac{dF_{l+1}}{dx} = -(\Sigma_T - \Sigma_{sl})F_l \qquad (1.2.11a)$$

und speziell für $l = 0$:

$$\frac{dF_1}{dx} = -(\Sigma_T - \Sigma_{s0})F_0 + q_0 \, . \qquad (1.2.11b)$$

Nur für $l = 0$ und $l = 1$ haben die Koeffizienten F_l und Σ_{sl} eine anschauliche Bedeutung. Diejenigen mit $l = 0$ sind die isotropen Beiträge, d.h. es ist $F_0(x)$ gleich der Flußdichte $\varphi(x)$ und Σ_{s0} ist gleich dem integralen Streuquerschnitt Σ_s. Dabei muß man beachten, daß die vom Raumwinkel Ω abhängigen Größen F und Σ_s in Gleichung (1.2.7) wegen des Übergangs zur Rotationssymmetrie in Gleichung (1.2.8) den 2π-fachen Wert annehmen. Dadurch haben die in den Gleichungen (1.2.6b) und (1.2.9) – hier für $l = 0$ – jeweils rechts stehenden Integrale gleichen Wert; analoges gilt für die Integrale in den Gleichungen (1.1.8) und (1.2.10). Die Koeffizienten mit $l = 1$ stellen die auf eine Richtung bezogenen Beiträge dar. Entsprechend dem eben gesagten ist:

$$F_1(x) = \int_{-1}^{+1} F(x, \zeta)\, \zeta \, d\zeta = \int_{4\pi} \vec{F}(x, \vec{\Omega})\, \vec{\Omega}_x \, d\Omega = j_x(x) \qquad (1.2.12a)$$

die in x-Richtung fließende Stromdichte und:

$$\Sigma_{s1} = \int_{-1}^{+1} \Sigma_s(\zeta_0)\, \zeta_0 \, d\zeta_0 = \int_{4\pi} \Sigma_{s,\Omega} \, d\Omega_0 = \bar{\zeta}_0 \, \Sigma_{s0} = \bar{\zeta}_0 \, \Sigma_s \qquad (1.2.12b)$$

der mit dem gemittelten Cosinus $\bar{\zeta}_0$ des Streuwinkels multiplizierte räumlich integrierte (oder: totale) Streuquerschnitt.

Die Neutronenverteilung nähert sich um so mehr dem isotropen Zustand, je mehr Koeffizienten F_l und Σ_{sl} mit abnehmendem l verschwinden. Der atomare Streuquerschnitt σ_s allein besitzt nur eine geringe Anisotropie: bei schwersten Kernen genügen die Glieder $l = 0$ und $= 1$ in der Entwicklung nach Kugelfunktionen entsprechend Gleichung (1.2.10) bis zu 1 MeV Neutronenenergie hinauf; für leichtere Kerne liegt diese Grenze noch höher [11-16]. Der auf das Volumenelement bezogene Streuquerschnitt Σ_s zeigt dagegen bei Annäherung an Grenzflächen zunehmende Anisotropie [12-3]. Analog dazu weicht die Vektorflußdichte $F(x, \zeta)$ um so stärker vom isotropen Fall ab, je näher der betrachtete Aufpunkt x an einer Grenzfläche liegt; wachsende Anisotropie von F kann aber auch durch abnehmenden Abstand von (inhomogen verteilten) Neutronenquellen sowie durch zunehmende Neutronenabsorption im Feldmedium verursacht sein. Abbrechen der Reihenentwicklungen (1.2.9) und (1.2.10) mit l = 1 führt auf die *Diffusionsnäherung* als einfachste nichttriviale Lösungsmöglichkeit der Transportgleichung. Für sie gilt das Ficksche Gesetz:

$$\vec{j} = - D \operatorname{grad} \varphi \, , \qquad (1.2.13)$$

das (für den eindimensionalen Fall) leicht aus den Gleichungen (1.2.11) hergeleitet werden kann. Gleichung (1.2.13) stellt einen elementar anschaulichen Zusammenhang zwischen der Flußdichte φ und der Stromdichte j her; der Diffusionskoeffizient D ist (mit $\Sigma_T = \Sigma_a + \Sigma_{s0}$) definiert durch:

$$D = 1/3 \, [\Sigma_{s0} - \Sigma_{s1} + \Sigma_a] = 1/3 \, [\Sigma_s (1 - \bar{\zeta}_0) + \Sigma_a]. \qquad (1.2.14)$$

Die oben angestellten Plausibilitätsbetrachtungen für kleine l in den Lösungsansätzen (1.2.9) und (1.2.10) lassen sich bei strengerer Formulierung als Gültigkeitsbedingungen für die Diffusionsnäherung der Transporttheorie ausdrücken:

1. Flächenquellen sowie Grenzflächen anderer Medien müssen vom Aufpunkt $\vec{r}$ weit entfernt sein,
2. in jedem Medium muß der Absorptionsquerschnitt Σ_a viel kleiner sein als der Streuquerschnitt Σ_s,
3. räumlich verteilte Quellen müssen isotrop strahlen.

Wir müssen noch auf die *Randbedingungen* eingehen, die für die Transportgleichung und ihre Diffusionsnäherung gelten. Die Ebene $x = x_0$ begrenze zwei Medien, die durch positives bzw. negatives Vorzeichen indiziert seien. Dann verlangt die Stetigkeitsforderung in $x = x_0$ folgende Randbedingung für die Lösung der Transportgleichung (1.2.8):

$$F^+ (x_0, \zeta) = F^- (x_0, \zeta) \, . \qquad (1.2.15)$$

Bei Entwicklung nach Kugelfunktionen entsprechend Gleichung (1.2.9) folgt daraus:

$$F_l^+ (x_0) = F_l^- (x_0) \quad \text{für alle } l \, . \qquad (1.2.16)$$

Gleichung (1.2.16) gilt (mit l = 0 und = 1) auch für die Diffusionsnäherung, doch hat man zu beachten, daß nach den oben angeführten Gültigkeitsbedingungen 1 und 2 strenggenommen die Diffusionsnäherung nicht bis an die Grenzfläche zwischen unterschiedlichen Neutronenabsorbern angewendet werden darf [12-1, 3].

Wenn wir einen Körper mit Wirkungsquerschnitt Σ und mit dem Volumen V als Meßsonde in ein Neutronenfeld mit der Vektorflußdichte F bringen, dann ist die *Reaktionsrate* des Körpers gegeben durch:

$$R(\vec{r}) = \Sigma \int_V \int_{4\pi} F(\vec{r}, \vec{\Omega}) \, d\vec{\Omega} \, dV \, . \qquad (1.2.17)$$

Im umgebenden Feldmedium soll die Diffusionsnäherung gelten mit:

$$F(x, \zeta) = \frac{1}{2} \{\varphi(x) + 3 \, \zeta \, j(x)\} \qquad (1.2.18)$$

nach Gleichung (1.2.9). Gehen nun in der Sonde durch Absorption oder Streuung praktisch keine Neutronen verloren, dann ist die austretende Stromdichte gleich der eintretenden, und die Flußdichte in der Sonde ist konstant; für den Detektor mit Wirkungsquerschnitt $\Sigma^{(D)}$ der Nachweissubstanz beträgt also die Reaktionsratendichte:

$$R_V^{(D)} = \Sigma^{(D)} \varphi . \qquad (1.2.19)$$

Auf die Beziehung (1.2.19) hat man die Messung in Neutronenfeldern gegründet. R_V stellt die Wahrscheinlichkeit für das Eintreten der Nachweisreaktion in der Zeitspanne im Volumenelement der Nachweissubstanz des Detektors dar (der hier als Sonde gedacht ist). Den Randbedingungen der Transporttheorie zufolge ist die Flußdichte φ stetig an der Grenze zwischen Feldmedium und Detektor-Nachweissubstanz – im Unterschied zur Neutronenanzahldichte n, für die das nicht gilt [12-2].

Energieabhängige Beschreibung von Neutronenfeldern. Als zweiten Sonderfall der Vereinfachung der allgemeinen Transportgleichung (1.2.7) betrachten wir hier den Fall bloßer Energieabhängigkeit, d. h. wir beschränken uns auf die Beschreibung räumlich gemittelter zeitunabhängiger Feldgrößen in einem unendlich ausgedehnten Medium:

$$\Sigma_T \varphi_E (E) = \int_0^\infty \Sigma_s (E' \to E) \varphi_E (E') \, d E' + q_0 (E) . \qquad (1.2.20)$$

Zu dieser Gleichung suchen wir eine Lösung, die das Verhalten der Neutronen von ihrer Entstehung (zum Beispiel als Spaltneutronen) bis zu ihrem Verschwinden (durch Absorption, meist im thermischen Bereich) in einer einfachen Bilanzbeziehung darzustellen gestattet. Die Lösung soll abgesehen von Absorptionsverlusten möglichst unabhängig von lokalen Neutronenverdichtungen oder -verdünnungen sein, wie sie durch unterschiedliche Neutronenwechselwirkungen in verschiedenen Substanzen entstehen können, die zum Beispiel innerhalb eines (als unendliches Medium gedachten) Reaktors vorkommen können. Da die Quelldichte der Neutronen in einem unendlich ausgedehnten Medium eine solche Größe ist, so muß dies auch für ihre Reproduktion durch Bremsung der Neutronen unter irgend eine Energie E unterhalb des Energiebereiches der Quell- bzw. Spaltneutronen gelten. Diese Reproduktion heißt *Bremsdichte* und ist definiert als die spektrale Neutronenanzahldichte, die in der Zeitspanne unter die Energie E heruntergebremst wird.

Um die Bremsdichte zu finden, müssen wir zunächst die Anzahl von Reaktionen für jede Energie E kennen, die zur Bremsung führen. Die Häufigkeit dieser Reaktionen wird durch die Stoßdichte

$$\psi (E) = \Sigma_T (E) \varphi_E (E) \qquad (1.2.21)$$

ausgedrückt, die in Gleichung (1.2.20) einzusetzen ist. Dazu schreiben wir:

$$\Sigma_s (E' \to E) = \Sigma_s (E') \, g(E' \to E) \, , \qquad (1.2.22)$$

wobei g die durch den elastischen Stoß bedingte Energieverteilungsfunktion bedeutet. Um sie zu finden, betrachten wir den elastischen Stoß eines Neutrons (als Massenpunkt mit der Massenzahl 1) mit der Energie E_1 auf einen in Ruhe befindlichen Atomkern (als Massenpunkt mit der Massenzahl A_r). Die Energie E_2 des Neutrons nach dem Stoß ist im Schwerpunktsystem gegeben durch:

$$E_2 = \frac{E_1}{2} \left[(1 + a) + (1 - a)\beta\right] . \qquad (1.2.23)$$

Dabei ist β der Cosinus des Neutronenstreuwinkels im Schwerpunktsystem, und es wird die Abkürzung

$$a \equiv [(A_r - 1)/(A_r + 1)]^2 \qquad (1.2.24)$$

eingeführt. Nehmen wir isotrope Winkelverteilung $P(\beta)\,d\beta$ für die Streuung im Schwerpunktsystem an, was wir bei genügend leichten Atomkernen im Medium (also in Moderatoren) dürfen, dann folgt aus Gleichung (1.2.23):

$$g(E_1 \to E_2)\, d E_2 = P(\beta)\, d\beta = d E_2 / E_1 (1 - a) \, . \qquad (1.2.25)$$

Hier ist noch der mittlere logarithmische Energieverlust pro Stoß einzuführen:

$$\xi \equiv \ln E_1 - \overline{\ln E_2} = \int_{aE_1}^{E_1} \ln \left(\frac{E_2}{E_1}\right) g(E_1 \to E_2)\, d E_2 = 1 + \frac{a}{1 - a} \ln a \, . \qquad (1.2.26)$$

Die Größe ξ ist von Bedeutung als energieunabhängige Materialkonstante, die die Berechnung der mittleren Anzahl von Stößen ermöglicht, die ein Neutron in einem Medium bei Bremsung von E_0 nach E erleidet:

$$j(E_0 \to E) = \ln(E_0/E)/\xi \, . \qquad (1.2.27)$$

Das nach Gleichung (1.2.26) angegebene ξ enthält keine Korrektur für anisotrope Streuung, die meist vernachlässigt werden kann; weiter müßte zur genauen Bestimmung der Stoßzahl j das Neutronenspektrum während der Bremsung berücksichtigt werden.

Um Bremsprozesse in verschiedenen Medien vergleichen zu können, hat man zwei Parameter eingeführt: das *Moderationsvermögen* (Slowing-Down Power) und das *Moderationsverhältnis (Moderating Ratio)*. Das Moderationsvermögen ist definiert durch $\xi \Sigma_s$; sein reziproker Wert stellt die Relaxationslänge jener Neutronen dar, deren Energie E innerhalb eines logarithmischen Energieintervalls $\frac{E_1}{e} \leqslant E \leqslant E_1$ $\left(\text{auch Lethargieeinheit } \Delta u = 1 \text{ genannt mit } u = \ln \frac{E_1}{E}\right)$ liegen; dabei nimmt man für den Streuquerschnitt Σ den konstanten Wert, den dieser im Energiebereich von 1 eV bis 10^3 eV in der Regel behält. Von einem guten Moderator erwartet man neben hohem Moderationsvermögen auch noch möglichst kleine Absorption; um ein Gütekriterium für den Moderator zu finden, setzt man deshalb das Moderationsvermögen in Beziehung zum Absorptionsquerschnitt $\Sigma_a(v_0)$ für thermische Neutronen (der Referenzgeschwindigkeit $v_0 = 2200$ m/s) und erhält so das Moderationsverhältnis

$$M \equiv \xi \Sigma_s/\Sigma_a \,. \tag{1.2.28}$$

Diese Größen sind für einige ideale Moderatorsubstanzen in den Tabellen 1.2 A, B tabuliert.

Wir wenden uns nun wieder der Gleichung (1.2.20) zu, nach der wir die Bremsung der Neutronen beschreiben wollen. Wir können darin die Absorption und das Vorhandensein von Quellen, d. h. q_0, vernachlässigen, wenn wir voraussetzen, daß die höchstmögliche Neutronenenergie E/α, von der aus ein Neutron in einem Stoß unter E heruntergebremst werden kann, weit unter der

Tabelle 1.2.A Wichtige Parameter zur Neutronenbremsung

Element	H	D	He	Li	Be	C	O	U
$A_r \approx$	1	2	4	7	9	12	16	238
α	0	0,111	0,360	0,562	0,640	0,716	0,778	0,983
ξ	1,000	0,725	0,425	0,268	0,209	0,158	0,120	0,00838

Tabelle 1.2.B. Wichtige Materialkonstanten in Neutronenmoderatoren (nach [11–2] u. a.)

Medium	Dichte cm^3	τ cm^2	$\Delta\tau$ cm^2	$\xi\Sigma_s$ cm^{-1}	M	$\lambda_{tr}(v_0)$ cm	$L(v_0)$ cm
H_2O	1,00	27,9 ± 0,1	0,8	1,35	71	0,431	2,755
D_2O, rein	1,10			0,176	5670	2,43	161
D_2O, 99,8 Mol-%	1,10	109 ± 3	14	0,178	2540	2,41	107
Be	1,85	80,2 ± 0,2	10	0,158	143	1,48	21,2
BeO	2,96	93,4 ± 4,7				1,41	29,8
C (Reaktorgraphit)	1,60	312,5 ± 0,5	40	0,060	192	2,574	52,5
Paraffin	0,87					0,327	2,19
Plexiglas®	1,18					0,411	2,80
$ZrH_{1,7}$	3,48	25,83 f. ZrH_2				0,699	3,93

Die Definition der in Tabelle 1.2.B enthaltenen Größen τ und $\Delta\tau$ ist nach Gleichung (1.2.46a) angegeben.

Mindestenergie liegt, von der an ein merklicher Beitrag zu den entstehenden (Spalt-)Neutronen geliefert wird. Dieser asymptotische Fall, der für Wasserstoff (mit $A_r = 1$, wegen der Gleichung (1.2.24)) nicht gelten kann, liefert:

$$\psi(E) = \int_{E}^{E/\alpha} \psi(E')\, g(E' \to E)\, dE' . \qquad (1.2.29)$$

Daraus erhält man dann die Bremsdichte durch

$$q(E) = \int_{E}^{E/\alpha} \psi(E')\, G(E', E)\, dE' , \qquad (1.2.30)$$

wobei die Wahrscheinlichkeit dafür, daß ein Neutron der Energie $E' > E$ nach dem Stoß eine Energie $E'' < E$ hat, gegeben ist durch:

$$G(E', E) = \int_{\alpha E'}^{E} g(E' \to E'')\, dE'' . \qquad (1.2.31)$$

Der Ansatz $\psi(E') = \text{const}/E'$ liefert $q = \text{const} \cdot \xi$. Da im stationären Fall bei Fehlen von Leck- und Absorptionsverlusten in der Zeiteinheit eine gleichgroße Neutronendichte unter E heruntergebremst werden muß wie sie entsteht, folgt daraus mit Gleichung (1.2.21)

$$q(E) = q_0 \; ; \quad \psi(E) = \frac{q_0}{\xi E} \; ; \quad \varphi_E = \frac{q_0}{\xi \Sigma_s E} . \qquad (1.2.32)$$

Dabei pflegt man die Konstante in φ_E zu bezeichnen mit:

$$\frac{q_0}{\xi \Sigma_s} = \int_{E}^{eE} \varphi_E\, dE = \int_{U}^{U+1} \varphi'(u)\, du = \varphi_{ep} . \qquad (1.2.33)$$

φ_{ep} stellt die Flußdichte pro Lethargieeinheit dar.

Gleichung (1.2.32) gilt auch bei Bremsung in Wasserstoff, obwohl wir diesen Fall bei der Herleitung jener Gleichung zunächst ausgeschlossen hatten. Im Wasserstoff kann ein Neutron wegen $\alpha = 0$ – s. Gleichung (1.2.24) – in einem Stoß von der Quellenenergie E_0 bis auf die Energie Null heruntergebremst werden. Für unendlich hohe Quellenenergie erhält man auch hier Gleichung (1.2.32) mit dem dort verwendeten Ansatz $\psi = \text{const}/E$ und dem für Wasserstoff gültigen $\xi = 1$. Für endliche Quellenenergien muß man berücksichtigen, daß bei Wasserstoff im Gegensatz zu allen anderen Moderatoren innerhalb des zu einem beliebigen E führenden Energieintervalls $E/\alpha \geqslant E' \geqslant E$ auch die Quellenneutronen einen Beitrag liefern, der gegeben ist durch die Stoßdichte ψ der Neutronen beim ersten Stoß:

$$\psi_0(E) = \Sigma_s(E_0 \to E)\, q(E_0)/\Sigma_s(E_0) = \frac{q_0}{E} . \qquad (1.2.34)$$

Wir erhalten dann in Wasserstoff bei endlicher Quellenenergie E_0 anstelle von Gleichung (1.2.29):

$$\psi(E) = \int_E^{E_0} \psi(E') g(E' \to E) \, dE' + \psi(E_0) . \qquad (1.2.35)$$

Die Lösung führt wieder auf Gleichung (1.2.32).

Um aus der Transportgleichung im unendlich ausgedehnten Medium das Verhältnis der thermischen zur intermediären Flußdichte zu erhalten, definieren wir eine Anschlußstelle $E = E_g$, unterhalb derer die Neutronen im Mittel nicht mehr an Energie verlieren und die Absorption nicht mehr gegenüber der Streuung vernachlässigt werden kann. Dann gilt nach Gleichung (1.2.20) im asymptotischen Fall:

$$\int_0^{E_g} [\Sigma_a(E) + \Sigma_s(E)] \varphi_E \, dE = \int_0^{E_g} \int_E^{E/a} \psi(E') g(E' \to E) \, dE' \, dE . \qquad (1.2.36)$$

Im thermischen Bereich ist die Anzahl der Stoßprozesse, die von E nach allen $E'' \neq E$ führen, gleich der Anzahl, die von allen E'' nach E führen; deshalb heben sich in Gleichung (1.2.36) alle Stöße im Bereich der Energien unter E_g heraus. Die linke Seite in Gleichung (1.2.36) ist dann gleich $\Sigma_a(v_0)\varphi_{th}$; vgl. Gleichung (1.3.17). Für die rechte Seite ergibt sich:

$$\int_{E_g}^{E_g/a} \psi(E') G(E', E_g) \, dE' = q(E_g) = q_{th} . \qquad (1.2.36a)$$

Da wir Absorptions- und Leckverluste ausgeschlossen hatten, muß sein:

$$q_{th} = q_{ep} . \qquad (1.2.36b)$$

Setzen wir die epithermische Bremsdichte entsprechend Gleichung (1.2.32) ein, erhält man mit Gleichung (1.2.33) für das Moderationsverhältnis:

$$M = \varphi_{th}/\varphi_{ep} . \qquad (1.2.37)$$

Sind im Neutronenfeld Absorber vorhanden, dann tritt folgende Gleichung anstelle von Gleichung (1.2.32):

$$q(E) = p(E) \cdot \left(\frac{\Sigma_s}{\Sigma_s + \Sigma_a}\right)_{E_Q} \cdot q_0 . \qquad (1.2.38)$$

Darin bedeutet die dimensionslose Größe $p(E) \leq 1$ die Resonanzentkommwahrscheinlichkeit der Neutronen für den Energiebereich $E_0 \geq E' \geq E$. p gibt also an, ein wie großer Prozentsatz von Neutronen bei der Bremsung von der Quellenergie E_0 herunter bis E der Absorption entkommt. Für intermediäre Neutronen findet diese Absorption überwiegend in Resonanzstellen des Absorptionsquerschnitts statt. Näherungsweise gelten in einem Absorber:

$$p(E) = \exp\left\{-\int_{E}^{E_0} \frac{\Sigma_a}{\xi(\Sigma_s + \Sigma_a)} \frac{dE'}{E'}\right\}; \quad \varphi_E = \frac{q(E)}{\xi(\Sigma_a + \Sigma_s) E}, \tag{1.2.39}$$

die sich für $\Sigma_a \ll \Sigma_s$ reduzieren auf:

$$p(E) = \exp\left\{-\int_{E}^{E_0} \frac{dE'}{M(E')E'}\right\} \tag{1.2.39a}$$

und φ_E wie in Gleichung (1.2.32). Diese Näherung gilt streng in Wasserstoff.

Nachdem wir vereinfachend zuerst ein rein ortsabhängiges, dann ein rein energieabhängiges Neutronenfeld betrachtet haben, wenden wir uns nun einer einfachen Näherung zu, die Orts- und Energieabhängigkeit zusammen enthält und besonders anfangs zu Absolutbestimmungen von Neutronenverteilungen z. B. in Standards benutzt wurde: die *Fermische Alterstheorie*. Dabei wird der zeitliche Bremsvorgang eines Neutrons, der in Wirklichkeit eine unregelmäßige Treppenfunktion der Energie ist, durch eine kontinuierliche Kurve für ein mittleres $\frac{du}{dt}$ ersetzt. Diese Ersetzung gilt um so besser, je zahlreicher und je kleiner die Treppenschritte sind, was wiederum um so besser erfüllt ist, je weniger Energie im Mittel beim Stoß übertragen wird, d.h. je größer die Massenzahl A_r des vom Neutron getroffenen Atomkerns ist. Die Alterstheorie gilt herunter bis zum Beryllium, für die wichtigen Moderatoren D_2O und H_2O gilt sie nicht. Weiter wird die Gültigkeit der Diffusionsnäherung vorausgesetzt. Zunächst sei das Feldmedium unendlich ausgedehnt angenommen. Führt man das *Fermi-Alter* $\tau(E)$ ein (als Funktion der Neutronenenergie E für eine monoenergetische Quelle der Energie E_0):

$$\tau(E) = \int_{E}^{E_0} \frac{dE'}{3E'\xi\Sigma_s^2(1 - 2/3A_r)}, \tag{1.2.40}$$

dann lautet die Bremsdichte als Funktion des Abstandes $\vec{r}$ von der Quelle, mit Quellstärke B:

$$q(\vec{r}, \tau(E)) = B f(\vec{r}, \tau(E)). \tag{1.2.41}$$

Für eine isotrop strahlende Punktquelle in homogenem Medium ohne Absorber ist das (orts- und energieabhängige) Verhältnis zwischen Bremsdichte und Quellstärke gegeben durch:

$$f(r, \tau) = e^{-r^2/4\tau}[4\pi\tau]^{-\frac{3}{2}}. \tag{1.2.42}$$

Sind schwache Absorber vorhanden, dann gilt gegenüber Gleichung (1.2.42), wenn man das dortige $f = f_{nabs}$ nennt,

$$q(\vec{r}, \tau(E)) = B\, f_{nabs}\, p(E) \tag{1.2.43}$$

mit p(E) nach Gleichung (1.2.39a). Wegen der exakten Gültigkeitsbedingungen sei auf die zu Anfang des Abschnitts genannte Literatur verwiesen. Um aus den bisher erwähnten Lösungen für unendlich ausgedehnte Feldmedien solche für endlich ausgedehnte zu finden, muß die Bremsdichte q durch Überlagerung mehrerer Lösungen so dargestellt werden, daß für ihre Summe analoge Randbedingungen wie in der energieunabhängigen Diffusionsnäherung gelten [IX].

Das Fermi-Alter ist keine rein rechnerische Größe, sondern spielt auch eine wichtige Rolle bei experimentellen und meßtechnischen Abschätzungen, wenn man nach der mittleren *Bremslänge* der Neutronen fragt, die unter die Energie E heruntergebremst werden. Das mittlere Quadrat der Bremslänge für Neutronen, die von einer Punktquelle in unendlich ausgedehntem Medium erzeugt werden, ist definiert durch:

$$\overline{r_E^2} = \frac{\int_0^\infty r^2\, q(r, E)\, 4\pi r^2\, dr}{\int_0^\infty q(r, E)\, 4\pi r^2\, dr} = 6\,\tau_E\ . \tag{1.2.44}$$

Für eine Flächenquelle B_F gilt analog zu Gleichung (1.2.41) f:

$$q(x, \tau(E)) = B_F\, e^{-x^2/4\tau}\, [4\pi\tau]^{-\frac{1}{2}}\ ; \tag{1.2.45}$$

daraus folgt:

$$\overline{x_E^2} = 2\,\tau_E\ . \tag{1.2.45a}$$

Tabelle 1.2.B gibt τ-Werte für das Flußdichte-Alter:

$$\tau_E^* = \overline{r_E^{*2}}/6 \tag{1.2.46a}$$

für die Indium-Resonanzenergie E = 1,46 eV bei Bremsung von Spaltneutronen im betreffenden Medium an; ferner ist dort $\Delta\tau = \tau_{th} - \tau_{1,46eV}$ bei Neutronentemperatur $T_n = 20°C$ ($\approx T_0$). Bei dem Zusammenhang (1.2.46a) zwischen den gestirnten Größen ist anstelle von q in Gleichung (1.2.44) die Flußdichte φ_E unter die Integrale zu setzen; der (meist geringe) Unterschied beträgt:

$$\overline{r_E^{*2}} - \overline{r_E^2} = 2/\Sigma_s^2(E)\ . \tag{1.2.46b}$$

Das Alter τ wird experimentell üblicherweise so bestimmt wie eben für Tabelle 1.2.B erläutert. Die nach Gleichung (1.2.44) mit Benutzung von Gleichung (1.2.41) erhaltene Größe τ_E stimmt nur dann mit der Rechengröße τ(E) nach Gleichung (1.2.40) überein, wenn die Voraussetzungen der Alterstheorie gelten. Analog zu $\overline{r_E^2}$ definiert man das mittlere Quadrat $\overline{r^2}$ der Weglänge von Neutronen, die als schnelle Neutronen in einer punktförmigen Quelle in unendlich ausgedehntem Medium erzeugt werden. Diese Größe setzt sich bei einem Medium, in dem die Diffusionsnäherung und die Alterstheorie gültig sind, zusammen aus:

$$\overline{r^2} = 6\,(L^2 + \tau_{th}) = 6M^2 \tag{1.2.47}$$

mit dem Alter τ_{th} für thermisch gewordene Neutronen und der Diffusionslänge L für thermische Neutronen. Die Größe M^2 heißt Wanderfläche (Migration Area).

Unsere flüchtige Skizzierung der Bremstheorie, die nur dem für die Meßtechnik erforderlichen allgemeinen Verständnis dienen soll, überging schwierigere Spezialprobleme wie die Behandlung der ersten Stöße – z. B. mit dem Auftreten der Placzek-Oszillationen – oder des Übergangs in den thermischen Energiebereich (Thermalisierung).

Meßgrößen des Neutronenfeldes. Wie bei jeder Beschreibung eines physikalischen Vorgangs oder Zustands geht man auch bei der des Neutronenfelds von Erhaltungsgrößen aus. Für die theoretische Behandlung wählt man als Erhaltungsgröße die Quell- bzw. Bremsdichte q (E), d. i. die Anzahl Neutronen im Volumenelement, die in der Zeitspanne mit der Energie E erzeugt werden bzw. unter E heruntergebremst werden. Gehen in einem Neutronenfeld keine Neutronen durch Absorption oder Leckverluste verloren, dann ist q eine Konstante für alle Energien E, also eine Erhaltungsgröße des Feldes. Treten Absorptions- und Leckverluste auf, dann sind sie zum räumlichen Integral über die Bremsdichte zu addieren, um die Quellstärke als Erhaltungsgröße zu erhalten. Für Neutronen im Reaktor während des Bremsprozesses ist es zweckmäßig, alle weiteren Feldgrößen aus der Bremsdichte zu berechnen. Das gilt auch für die Neutronenflußdichte φ_E.

Die Flußdichte φ ist die geeignete Meßgröße des Neutronenfeldes, erstens weil das Produkt $\sigma\varphi$ unmittelbar die Reaktionswahrscheinlichkeit pro Atom für aus beliebigen Richtungen einfallende Neutronen angibt und zweitens weil φ eine Feldgröße ist, die an der Grenzfläche zwischen dem Meßgegenstand und der messenden Sonde erhalten bleibt. Wie man die Flußdichte mit Hilfe von Reaktionsraten nachweisen kann, wird in Abschnitt 1.3 behandelt. Für die ungebremsten Neutronen ergibt sich als spektrale Flußdichte:

$$\varphi_E = q_0\,(E)/\Sigma_s\,(E), \tag{1.2.48}$$

wobei q_0 die Quelldichte (zum Beispiel der Spaltneutronen in einem Reaktor) und Σ_s^{-1} die mittlere Relaxationslänge bis zum ersten Bremsprozeß bedeuten. Entsprechend hat man im Bereich der thermisch gewordenen Neutronen für die spektrale Flußdichte φ_E die in Gleichung (1.1.10) eingeführte Maxwell-Verteilung einzusetzen. Im Bereich der intermediären Neutronen ist die spektrale Flußdichte theoretisch aus der Bremsdichte herzuleiten, wie das im einfachsten Fall in Gleichung (1.2.32) gezeigt wurde. Überlagerungen von Neutronen aus verschiedenen Energiebereichen werden uns noch beschäftigen. Anschaulich verstehen läßt sich die Flußdichte als die mittlere Spurlänge der Neutronen aus einem Volumenelement, die sie innerhalb einer Zeitspanne erreichen [11-16, 12-2]. Bei konstanter Quell- bzw. Bremsdichte verhalten sich also die Flußdichten φ_1, φ_2 in zwei verschiedenen Medien oder Energiebereichen bei vernachlässigbarer Ortsabhängigkeit wie die mittleren Spurlängen, also wie die reziproken Wirkungsquerschnitte:

$$\varphi_1 : \varphi_2 = \Sigma_T^{(2)} : \Sigma_T^{(1)} \text{ bei } q_1 = q_2 \,. \tag{1.2.49}$$

Gleichung (1.2.37) gibt hierzu ein Beispiel.

Wir sahen in Abschnitt 1.1: fallen Neutronen bestimmter Energien auf eine Substanz, dann können durch Kernreaktionen Sekundärteilchen der unterschiedlichsten Energien E_s ausgelöst werden. Noch verwickelter werden die Verhältnisse bei Aktivierungsreaktionen, wo zur Energie des unmittelbar emittierten Sekundärteilchens die Energie der von den radioaktiven Kernen emittierten Strahlungen hinzukommt. Bei der Wechselwirkung von γ-Strahlung mit Materie sind dagegen die Energiezusammenhänge leichter zu klassifizieren. Vor allem kann die Energie der Sekundärteilchen (Sekundärelektronen) nie größer sein als die der einfallenden γ-Strahlung. Für die Beschreibung der Wechselwirkung von γ-Strahlung mit Materie wird deshalb die Energieflußdichte benutzt, die als die Summe der Energien der γ-Quanten definiert ist, die in der Zeitspanne in eine Elementarkugel eintreten [IV-6814, 11-13]. Die entsprechend benutzte Neutronenfeldgröße wird als Teilchenflußdichte ausgedrückt und gibt a priori keine Auskunft über die von den Neutronen transportierte Energie. Da die Transportgleichung in ihrer allgemeinen Form (1.2.7) nicht experimentell interpretierbar ist, bezeichnet man die Richtungsabhängigkeit, die sich im Punkt $\vec{r}$ innerhalb oder am Rand eines Neutronenfelds einstellt, durch Angabe der Flußdichte $\varphi(\vec{r})$ zusammen mit der Stromdichte $\vec{j}(\vec{r})$. Weitere Teillösungen der Transportgleichung in der Kugelfunktionsdarstellung, die höhere als lineare Abhängigkeit in $\zeta \equiv \cos\vartheta$ haben, sind nicht anschaulich; sie sind deshalb als Meßgrößen ungeeignet.

Die in der Neutronenmeßtechnik gebräuchlichen Meßgrößen sind (mit den Variablen Energie E und Zeit t – die Ortskoordinate ist hier weggelassen):

die *spektrale* Flußdichte $\varphi_E(E, t)$,

die *Flußdichte* (über den Energiebereich E_1 bis E_2)

$$\varphi(E_1, E_2, t) = \int_{E_1}^{E_2} \varphi_E(E, t)\, dE \,,$$

die *spektrale Fluenz* (über die Bestrahlungszeit t_B integriert)

$$\Phi_E(E, t_B) = \int_0^{t_B} \varphi_E(E, t)\,dt\,,$$

die *Fluenz* (über Energie und Zeit integriert)

$$\Phi(E_1, E_2, t_B) = \int_0^{t_B}\int_{E_1}^{E_2} \varphi_E(E, t)\,dE\,dt\,. \qquad (1.2.50)$$

Die (analog einzuführende) *Stromdichte* $\vec{j}$ kann außer in gerichteten Feldern nur mit Hilfe von streng richtungsabhängigen Detektoren bestimmt werden.

1.3. Reaktionsraten

Die Reaktionsrate als Funktion der Meßgröße (Flußdichte) – Direkt und Indirekt anzeigende Detektoren – Geläufige Idealisierungen für die Meßpraxis – Detektorkonstanten.

Die Reaktionsrate als Funktion der Meßgröße (Flußdichte)

Die Feldgröße des Neutronenfelds, die mit einem Detektor gemessen wird, ist im allgemeinen Fall die spektrale *Flußdichte-Richtungsverteilung* $\vec{\varphi}_{E,\Omega}$. Sie wird meist noch von der Meßposition $\vec{r}$ und der Zeit t abhängen. Von trivialen Fällen abgesehen entzieht sich aber die Größe $\vec{\varphi}_{E,\Omega}$ der unmittelbaren Anschaulichkeit und demgemäß auch der meßtechnischen Bestimmung. Als die am bequemsten zugängliche Meßgröße des Neutronenfelds hat sich deshalb die skalare Flußdichte:

$$\varphi_E(\vec{r}, t) = \int_{4\pi} \vec{\varphi}_{E,\Omega}(\vec{r}, t)\,d\vec{\Omega} \qquad (1.3.1)$$

eingebürgert, vgl. Gleichung (1.2.19). Wegen des Nichtvorkommens der Richtungsabhängigkeit in der skalaren Flußdichte hat diese den Vorteil, keiner näheren Beschreibung der Meßanordnung zu bedürfen. Durch $\varphi(\vec{r})$ wird also das Neutronenfeld unabhängig vom Vorhandensein des Detektors oder einer experimentellen Anordnung in der Meßposition $\vec{r}$ beschrieben. Da beim Neutronennachweis jedoch strenggenommen die vektorielle Größe $\vec{\varphi}_\Omega$ gemessen wird, muß man von der Meßanordnung verlangen, daß das Feld durch ihr Einbringen nicht zu stark verändert wird. Demnach darf eine Anordnung zur Messung langsamer Neutronen nicht zu stark absorbieren und eine zur Messung schneller Neutronen nicht zu stark streuen. Andererseits wächst die im Detektor entstehende relative Reaktionsrate R/φ mit der darin stattfindenden Neutronenwechselwirkung; deshalb muß man einen Kompromiß schließen – etwa durch die Forderung: die wahre Meßgröße $|\vec{\varphi}_\Omega|$ sei mathematisch darstellbar durch das Produkt $K\varphi$, wo K einen Korrekturfaktor für die Flußstörung durch die Meßanordnung bedeutet, den wir hier nicht betrachten. Im Interesse der Auswertbarkeit sollte man vernünftigerweise für K fordern:

$$0{,}1 \lesssim K \lesssim 1\ . \tag{1.3.2}$$

Die Anzahl neutroneninduzierter Reaktionen in der Zeitspanne in einem bestimmten Körper wird als seine Reaktionsrate bezeichnet. *Die experimentell bestimmbare Reaktionsrate* eines Neutronendetektors *ermöglicht die Ermittlung* der Meßgrößen des Neutronenfelds, also insbesondere *der Flußdichte* φ. Die zeitabhängige Reaktionsrate für Reaktionen mit dem Nuklid i in einem Körper $\mathfrak{K}$ (in der Umgebung $\mathfrak{U}$), die ausgelöst wird durch Neutronen aus der j-ten Energiegruppe $E_j \ldots E_{j+1}$, beträgt:

$$R_j^{(i)}(\vec{r}, t) = N_i \int_{E_j}^{E_{j+1}} \sigma^{(i)}(E)\, \varphi_E(\vec{r}, t)\, K_{\mathfrak{K},\mathfrak{U}}(E)\, dE\ . \tag{1.3.3}$$

Ist der betreffende Körper $\mathfrak{K}$ ein Neutronendetektor mit Ausgangsnuklid i, dann ist $N_i = N_D$ die Anzahl der Atome, mit denen die Nachweisreaktion stattfindet (N_D wird auch Detektorkonstante genannt). R ist dann die Nachweisreaktionsrate. Die Reaktionsrate $R^{(D)}$ ruft im Detektor eine Nachweiseffektrate $\dot{J}_D$ hervor, deren Signal am Ausgang des Detektors nicht ohne weiteres rechnerisch als proportional zu $R^{(D)}$ bestimmbar ist: Im allgemeinen Fall hängt $\dot{J}_D$ noch von der (später erläuterten) Registrierwahrscheinlichkeit $p_D(E)$ ab.

Die in Gleichung (1.3.3) unter dem Integral stehende Ansprechfunktion $\sigma(E)\,\varphi_E$ wird herkömmlicherweise in dieser Form angegeben. Weil die Änderungen, die sich im Neutronenfeld für die Flußdichte φ ergeben, jedoch makroskopischer Art sind, muß man genaugenommen in der Ansprechfunktion statt σ den makroskopischen Querschnitt Σ einsetzen. Denn über Neutronenfelder und deren Feldgrößen (vgl. Abschnitt 1.2) lassen sich ihrer Natur nach nur makroskopisch-statistische Aussagen machen. Wir können aber – wie in Gleichung (1.3.3) vorausgesetzt –

$$V_{\mathfrak{K}}\, \Sigma^{(i)}(E) = N_i\, \sigma^{(i)}(E) \tag{1.3.4}$$

annehmen, solange wir im Innern homogener Medien messen; genau genommen gilt Gleichung (1.3.4) am Rand von Medien nicht, weil der makroskopische Wirkungsquerschnitt Σ dort seine Ortsunabhängigkeit verliert [12-3]. Dieses Ungültigwerden der Gleichung (1.3.4) am Rand (homogener) Medien ist zu unterscheiden vom Ungültigwerden der Diffusionsnäherung für die Feldgrößen in Randnähe, obwohl beide Effekte ähnlich wirken. Zur Bestimmung der Beziehung zwischen Reaktionsrate R und Flußdichte φ geht man im einfachsten Fall von der Annahme konstanter *Reaktionsratendichte* R_V aus, s. Gleichung (1.2.19). Sie ist definiert als die auf das Volumenelement des betreffenden Körpers bezogene Reaktionsrate. Bei der Bestimmung der Reaktionsratendichte sind in Gleichung (1.3.3) zu ersetzen:

$$R \text{ durch } R_V \text{ und } N_i \text{ durch } N_{V,i} = \frac{k_i N_A}{A_i} \rho_i \,. \qquad (1.3.5)$$

Bei Körpern, in denen die Flußabschirmung nicht vernachlässigbar ist, ist es sinnvoll, Reaktionsraten auf ein Flächenelement zu beziehen; denn bei räumlich konstanter Neutronenflußdichte ist die Reaktionsrate proportional zur Eintrittsfläche des Körpers, wegen der Flußstörung aber nicht proportional zum Volumen oder der Masse des Körpers. Die *Reaktionsratenflächendichte* R_F ist definiert als die auf ein Element der Eintrittsfläche des betreffenden Körpers bezogene Reaktionsrate. Bei der Bestimmung der Reaktionsratenflächendichte sind in Gleichung (1.3.3) zu ersetzen:

$$R \text{ durch } R_F \text{ und } N_i \text{ durch } N_{F,i} = \frac{k_i N_A}{A_i} \delta_i \,. \qquad (1.3.6)$$

An Literatur zu diesem Themenkreis seien genannt: [11-2, 7, 8, 16, 12-2].

Gleichung (1.3.3) stellt die Lösung einer Nuklidumwandlungsgleichung dar. Sonderfälle davon sind Aktivierungsgleichungen wie (1.5.2). Dabei wird innerhalb der betrachteten Energiegruppe dem Wirkungsquerschnitt ein konstanter Wert $\sigma(E_c)$ zugeschrieben. Damit erhält auch die Flußdichte einen konstanten Wert:

$$\varphi_E \approx \left(\frac{\Delta \varphi}{\Delta E}\right)_{E=Ec} \quad \text{für } E < E_c < E + \Delta E \,. \qquad (1.3.7)$$

Man spricht dann von der Näherung des konstanten Wirkungsquerschnitts bzw. der Ein-Gruppen-Theorie (im Energieintervall ΔE). – Die durch Gleichung (1.3.3) gegebene Reaktionsrate R kann aber auch auf andere Anzeige-Größen führen, die durch andere Meßverfahren erhalten werden: R kann z. B. eine Impulsrate hervorrufen, die durch einen direktanzeigenden Neutronen-Impulszähler nachgewiesen wird, oder eine elektrische Stromstärke am Ausgang einer stromanzeigenden Sonde. Weiter kann es eine Spurenzahl (z. B. von Protonen) sein, die durch die Anzahl von Neutronenreaktionen verursacht wird, die in der Sekunde in einer Kernspuremulsion stattfinden. Oder R löst die mittels eines Thermoelements nachweisbare Temperatur aus, die durch nukleare Aufheizung in einer Kalorimetersonde mit der Wärmekapazität $\sim E_M$ entsteht, wobei E_M die Energie bedeutet, die bei der Meßreaktion freigesetzt und in der Sonde absorbiert wird. Und schließlich kann die Häufigkeit der Änderung von mechanischen, elektrischen oder optischen Eigenschaften oder die Änderung chemischer Zustände (Wertigkeiten) eine Wiedergabe für R sein.

Wir unterscheiden **direkt- und indirektanzeigende Detektoren.** Ein direktanzeigender Neutronendetektor ermöglicht während der ganzen Dauer seiner Exposition im Neutronenfeld zu jedem Zeitpunkt t einen direkten (kontinuierlichen) Neutronennachweis. Die im Detektor entstehenden Nachweiseffekte führen zur Nachweiseffektrate

$$\dot{J}_j^{(D)}(\vec{r}, t) = N_D \int_{E_j}^{E_{j+1}} \sigma^{(D)}(E)\, \varphi_E(\vec{r}, t)\, K_{D,u}(E) \mathcal{J}_D(E)\, dE\,. \quad (1.3.8)$$

$\dot{J}$ kann z. B. eine elektrische Stromstärke sein, dann ist der Nachweiseffekt pro Nachweisreaktion gegeben durch $\mathcal{J}_D(E) = e\, E_s\, p_D(E)/w$, vgl. Gleichung (2.3.1). – Ein indirekt anzeigender Neutronendetektor gestattet erst am Ende einer (Mindest-)Bestrahlungszeit t_B einen (kumulierenden) Nachweis. Das Zeitintegral der in ihm ausgelösten Nachweiseffekte lautet:

$$\int_0^{t_B} \dot{J}_j^{(D)}(\vec{r}, t)\, dt =$$

$$N_D \int_0^{t_B} \int_{E_j}^{E_{j+1}} \sigma^{(D)}(E)\, \varphi_E(\vec{r}, t)\, K_{D,u}(E) \mathcal{J}_D(E, t, \varphi_E(t))\, dE\, dt\,. \quad (1.3.9)$$

Bezeichnet z. B. das oben stehende Integral die Bildung von $N_1(t_B)$ radioaktiven Kernen und nehmen wir an: 1) Abbrand sei vernachlässigbar und 2a) die Flußdichte sei zeitlich konstant, dann erhalten wir:

$$N_{1,j}(\vec{r}, t_B) = N_D \int_0^{t_B} e^{-\lambda_1 t} \int_{E_j}^{E_{j+1}} \sigma^{(D)}(E)\, \varphi_E(\vec{r})\, K_{D,u}(E)\, p_D(E)\, dE\, dt\,. \quad (1.3.10)$$

Dabei ist:

$$\int_0^{t_B} \mathcal{J}_D(E, t)\, dt = \int_0^{t_B} e^{-\lambda_1 t} p_D(E)\, dt = \frac{1 - e^{-\lambda_1 t_B}}{\lambda_1} p_D(E) = \frac{\tau}{\lambda_1} p_D(E) \quad (1.3.10a)$$

unter Einführung des Zeitfaktors τ und der Registrierwahrscheinlichkeit $p_D(E)$ der betreffenden Meßeinrichtung. Setzen wir statt 2a) voraus: 2b) die Bestrahlungszeit t_B sei kurz gegenüber der zum Erreichen des Sättigungszustands nötigen Zeit, dann ist:

$$N_{1,j}(\vec{r}, t_B) = N_D \int_{E_j}^{E_{j+1}} \sigma^{(D)}(E)\, \Phi_E(\vec{r}, t_B)\, K_{D,u}(E)\, p_D(E)\, dE$$

$$\text{mit } \mathcal{J}_D = p_D(E)\,. \quad (1.3.10b)$$

Festzustellen ist, daß direktanzeigende Detektoren unmittelbar zur Flußdichtemessung dienen. Indirekt anzeigende sind – je nach der Schnelligkeit, in der sie ihre Sättigung erreichen – entweder zur Messung einer (zeitlich nahezu konstanten) Flußdichte oder zur Fluenzmessung geeignet; im allgemeinen Fall ist ihre Reaktionsrate ein Zeitintegral über die Flußdichte und den Sättigungszustand des Detektors. Die Zeitabhängigkeit der Flußdichte soll im folgenden (mit Ausnahme von Abschnitt 4.5) immer vernachlässigt werden. Abgesehen davon kann die Reaktionsrate aus verschiedenen Gründen zeitabhängig sein: durch Sättigungseffekte, Abbrand oder unterbrochene Detektorexpositionen (Abschnitt 1.5).

Die Gleichung (1.3.3) erweist sich nur unter besonderen Voraussetzungen als lösbar für φ_E bzw. $\Delta\varphi/\Delta E$. Um einfache Ausdrücke für Neutronenflußdichten und -Fluenzen in wichtigen Energiebereichen (sogenannte Gruppenflüssen) anzugeben, sind **Idealisierungen** *für die spektrale Flußdichte für die Meßpraxis* geläufig, die natürlich mindestens grob richtig sein müssen. Die für Flußmessungen an Reaktoren und anderen Neutronenfeldern naheliegendsten Annahmen dazu gründen sich auf die gebräuchlichen *Idealisierten Spektraldarstellungen* innerhalb der Energiebereiche der schnellen, intermediären und langsamen Neutronen. Allgemein nehmen wir für den j-ten Energiebereich an:

$$\int_{E_j}^{E_{j+1}} \sigma(E)\,\varphi_E(\vec{r}, t)\,K^{(D)}(E,\mathfrak{U})\,dE \approx K_j^{(D)}(\mathfrak{U}) \int_{E_j}^{E_{j+1}} \sigma(E)\,\varphi_E^{(I)}(\vec{r}, t)\,dE\,. \quad (1.3.11)$$

Die Flußstörungskorrektur K_j wird dabei für sich bestimmt und beschäftigt uns hier nicht weiter. Im Bereich schneller Neutronen setzt man in Reaktoren für die spektrale Flußdichte als Idealisierte Spektraldarstellung häufig das *Spaltspektrum* (oberhalb einer unteren Energiegrenze E_u) an:

$$\varphi_E^{(I)}(E) = \varphi_{E,f}\,,\quad \varphi_f(E_u) = \int_{E_u}^{\infty} \varphi_{E,f}\,dE \quad (1.3.12)$$

in der nach [11-7] bevorzugten Darstellung nach B. E. Watt [13-1]:

$$\varphi_{E,f}(E) = \varphi_f(0)\,c_E \exp[-E] \sinh\sqrt{2E}\,, \quad (1.3.12a)$$

wobei E in MeV zu rechnen ist; dann ist:

$$c_E = 0{,}484\,\text{MeV}^{-1} \quad \text{für} \quad \int_0^{\infty} \frac{\varphi_{E,f}(E)}{\varphi_f(0)}\,dE = 1\,. \quad (1.3.12b)$$

Beim Neutronennachweis über eine Reaktion mit Schwellenenergie E_T ist der Wirkungsquerschnitt $\sigma = 0$ für $E \leqslant E_T$ und wächst für $E > E_T$ rasch zu einem nahezu konstanten Wert σ_{max} an. Liegt keine Abhängigkeit von weiteren Parametern vor, dann kann man setzen [13-2]:

$$\int_{\substack{\text{schneller}\\ \text{Bereich}}} \sigma(E)\,\varphi_E^{(I)}(E)\,dE = \sigma_{max} \int_{E_{eff}}^{\infty} \varphi_E^{(I)}(E)\,dE = \bar{\sigma}_{(f)}\,\varphi_f(E_u)\,. \quad (1.3.13)$$

$E_{eff} > E_T$ und $\bar{\sigma}_{(f)} < \sigma_{max}$ stellen für wichtige Nachweisreaktionen im Spaltspektrum tabulierte Konstanten dar.

Im intermediären Bereich führt man als Idealisierte Spektraldarstellung ein:

$$\varphi_E^{(I)} = \frac{\varphi_{ep}}{E} . \tag{1.3.14}$$

Mit der Definition des Resonanzintegrals I_{res} erhält man dann:

$$\int\limits_{\substack{\text{intermediärer}\\ \text{Bereich}}} \sigma(E)\,\varphi_E^{(I)}\,dE = I_{res}\,\varphi_{ep} . \tag{1.3.15}$$

Je nach Nuklid setzt sich der Verlauf des Resonanzintegrals aus unterschiedlichen Beiträgen des 1/v- und des Resonanzanteils zusammen:

$$I_{res} = \int\limits_{E_g}^{\infty} \sigma(E)\,\frac{dE}{E} = I_{res}^{(1/v)} + I_{res}^{(R)} . \tag{1.3.15a}$$

Ohne Flußstörung lautet der 1/v-Anteil entsprechend Gleichung (1.1.14):

$$I_{res}^{(1/v)} = \int\limits_{E_g}^{\infty} \sigma(E)\,\frac{dE}{E} = \sigma_0\,v_0\sqrt{\frac{m_n}{2}}\int\limits_{E_g}^{\infty}\frac{dE}{E^{3/2}} = 2\,\sigma_0\,\sqrt{kT_n/E_g} . \tag{1.3.15b}$$

Zur Bestimmung des Resonanzanteils $I_{res}^{(R)}$ verweisen wir auf die in Abschnitt 1.1 genannte Literatur. In den Tabellen ist I_{res} in der Regel einschließlich des 1/v-Anteils und für unendlich verdünnte Absorber (d.h. für Flußstörungskorrektur K = 1) angegeben. Gleichung (1.3.15) setzt voraus, daß die Resonanzenergien E_R genügend weit oberhalb der Grenzenergie E_g zum Thermischen liegen. Bei Absorbern mit Resonanzstellen E_R unter 100 eV überwiegt der Resonanzanteil den 1/v-Anteil meist erheblich.

Im langsamen Bereich wird die in Gleichung (1.1.10) eingeführte Maxwell-Verteilung als Idealisierte Spektraldarstellung $\varphi_E^{(I)}$ benutzt. Der Absorptionsquerschnitt besteht hier ebenfalls aus einem 1/v- und einem Resonanz-Anteil, letzterer setzt bei vielen wichtigen Nukliden jedoch erst im intermediären Bereich ein. Ist dies der Fall, dann haben wir einen thermischen 1/v-Absorber vor uns, mit folgendem Querschnittsverlauf:

$$\sigma_a(E) = \sigma_0\,v_0/v(E) = \sigma_0\,\sqrt{kT_0/E} , \tag{1.3.16a}$$

wobei

$$v_0 = \sqrt{2kT_0/m_n} , \tag{1.3.16b}$$

(vgl. Gleichung (1.1.11a)). Für die das Integral des Maxwell-Spektrums wiedergebende Flußdichte haben sich zwei Darstellungsweisen eingebürgert. Die *wahre thermische Flußdichte* φ_{wt} stellt das Integral über die spektrale Flußdichte dar, vgl. Gleichung (1.1.10):

$$\varphi_{wt} = \int_0^\infty \varphi_E^{(I)}\, dE = \int_0^\infty n_v^{(I)}\, v\, dv = n^{(I)} \bar{v}\,. \qquad (1.3.17a)$$

Die *konventionelle thermische Flußdichte* φ_{th} hat man zur festen Neutronengeschwindigkeit $v_0 = 2200\,m/s$ und damit zur Neutronentemperatur $T_0 = 293{,}6\,K = 20{,}4°\,C$ definiert:

$$\varphi_{th} = n^{(I)} v_0\,. \qquad (1.3.17b)$$

φ_{th} hängt mit der zu einer beliebigen Neutronentemperatur T_n gehörigen wahren thermischen Flußdichte wie folgt zusammen:

$$\frac{\varphi_{th}}{\varphi_{wt}} = \frac{n^{(I)} v_0}{n^{(I)} \bar{v}} = \frac{v_T}{\bar{v}} \frac{v_0}{v_T} = \frac{\sqrt{\pi}}{2} \sqrt{\frac{T_0}{T_n}}\,. \qquad (1.3.17c)$$

Die mittlere Geschwindigkeit $\bar{v}$ im Maxwell-Spektrum ist wegen dessen asymmetrischen Verlaufs um den Faktor $2/\sqrt{\pi}$ größer als die zum maximalen Wert $\varphi_E^{(I)}(E = k\,T_n)$ gehörige $v_T = \sqrt{2\,k\,T_n/m_n}$. Als *thermische Wirkungsquerschnitte* sind durchgängig die Werte

$$\sigma_0 = \sigma(v_0) = \sigma(k\,T_0) \qquad (1.3.17d)$$

tabuliert. Deshalb benutzen wir ständig φ_{th} als thermische Flußdichte. – Unter Voraussetzung der Gültigkeit der Idealisierten Spektraldarstellungen und mit geeigneten Wirkungsquerschnittsverläufen liefern also gemessene Ansprechintegrale $r^{(i)}$ in allen drei genannten Energiebereichen – von unbedeutenden Vernachlässigungen abgesehen – die integralen Flußdichten (im thermischen Bereich immer für $v_0 = 2200\,m/s$).

Zur Berechnung der Reaktionsraten R in Gleichung (1.3.3) muß man die **Detektorkonstante** N_D in meßbaren bzw. tabulierten Größen ausdrücken. Für eine elementare feste Substanz, die mehrere Isotope enthält – z. B. Indiumblech mit der Nachweisreaktion $^{115}In(n,\gamma)\,^{116m}In$ –, beträgt:

$$N_D = k_M^{(I)}\, m_D\, \frac{N_A}{A} \qquad (1.3.18)$$

(vgl. Symbolverzeichnis). Für eine feste Substanz, die eine Mischung aus mehreren Elementen in bekanntem Verhältnis darstellt – z. B. eine Mn-Ni-Legierung mit $^{55}Mn(n,\gamma)\,^{56}Mn$ als Nachweisreaktion – ist:

$$N_D = k_M^{(M)}\, m_D\, \frac{N_A}{A}\,. \qquad (1.3.19)$$

In einem Gemisch idealer Gase ist – z. B. für Luft, mit $^{40}Ar(n,\gamma)\,^{41}Ar$ als Nachweisreaktion –:

$$N_D = k_M^{(V)}\, p\, V_D / kT\,. \tag{1.3.20}$$

Liegt eine feste oder flüssige Verbindung vor – z. B. $[Ca(PO_3)_2]_n$-Glas mit $^{31}P(n,p)\,^{31}Si$ oder eine $MnSO_4$-Lösung mit $^{55}Mn(n,\gamma)\,^{56}Mn$ als Nachweisreaktion –, dann ist:

$$N_D = k_M^{(L)}\, m_D\, N_A / A_M\,. \tag{1.3.21}$$

Liegt eine gasförmige Verbindung vor, wobei das Ausgangsnuklid zu einem Element mit mehreren Isotopen gehört – z. B. BF_3 mit der Nachweisreaktion $^{10}B(n,\alpha)\,^{7}Li$ –, dann hat man

$$N_D = n_M\, k_M^{(I)}\, p\, V / kT\,. \tag{1.3.22}$$

Korrekturen für den örtlichen Flußverlauf in der Meßanordnung bzw. für dessen Zeitabhängigkeit werden in den Abschnitten 1.4 bzw. 1.5 und 4.5 besprochen. Die hier angeführten Idealisierten Darstellungen für die Spektren und die Wirkungsquerschnitte der Nachweisreaktionen gelten nur innerhalb begrenzter neutronenphysikalischer Voraussetzungen. In Ermangelung besserer Kenntnisse werden sie häufig auch darüber hinaus geltend angenommen.

1.4. Flußstörungen durch die Meßanordnung

Begriffsbestimmungen – Theoretische Untersuchung des isolierten Absorbers – Experimentelle Untersuchung des isolierten Absorbers – Verallgemeinerungen, z. B. für (Mehrfach-)Sonden-Filter-Anordnungen – Sonderfälle

Begriffsbestimmungen. *Flußstörung (Flux Perturbation)* [14-1, 23] bezeichnet die (intensitätsmäßige, energiemäßige oder richtungsmäßige) Störung der Neutronenflußdichte in einem bestimmten Ort ($\vec{r}$), hervorgerufen durch Einbringen eines Körpers $\mathfrak{K}$ (z. B. eines Neutronendetektors) an diese Stelle.

Der *Flußdichte-Störungskorrekturfaktor* $K(\vec{r})$ bezeichnet eine dimensionslose Größe, die zur Umrechnung zwischen der in der eben genannten Weise gestörten und der ungestörten Flußdichte φ_0 in $\vec{r}$ (und dessen Umgebung) benutzt wird; K ist definiert durch folgende Volumenfunktion:

$$K_{\mathfrak{K},u}(E,\vec{r}) = \frac{\int\limits_{V_{\mathfrak{K}}} dV \int\limits_{\Omega} \varphi_{E,\Omega}^{(u)}(\vec{r})\, d\Omega}{V_{\mathfrak{K}}\, \varphi_{0E}(E,\vec{r})}\,, \tag{1.4.1}$$

die sich bei Unabhängigkeit von E und $\vec{\Omega}$ vereinfacht zu:

$$K_{\mathfrak{K},u}(\vec{r}) = \left[\frac{\overline{\varphi}}{\varphi_0}(\vec{r})\right]_{\mathfrak{K},u}\,. \tag{1.4.2}$$

Der Korrekturfaktor K ist unabhängig vom Ort $\vec{r}$, falls ein unendlich ausgedehntes homogenes isotropes Umgebungsmedium $\mathfrak{U}$ für den eingebrachten Körper $\mathfrak{K}$ vorausgesetzt werden kann. Unter den in Gleichung (1.4.2) eingeführten Voraussetzungen läßt sich die Flußstörung durch die beiden Teileffekte der Fluß-Abschirmung und -Depression ausdrücken. Zu diesen Begriffen bildet man (entsprechend zu K) Korrekturfaktoren G und H. Es ist:

$$K = \frac{\overline{\varphi}}{\varphi_0} = G \cdot H = \left(\frac{\overline{\varphi}}{\varphi_a}\right) \cdot \left(\frac{\varphi_a}{\varphi_0}\right) . \qquad (1.4.3)$$

Wegen der (experimentell oder rechnerisch) schwierigen Bestimmung des Faktors K empfiehlt es sich, Neutronendetektoren so auszulegen, daß K Zahlenwerte oberhalb von rund 0,1 (und nicht viel größer als 1) annimmt. Dadurch vermeidet man zu große systematische Fehler. In Abbildung 1.4.I ist der relative ortsabhängige Flußdichteverlauf $\varphi(\vec{r}, x_{\mathfrak{K}})/\varphi_0$ bei Einbringung eines störenden Körpers $\mathfrak{K}$ qualitativ dargestellt für die beiden idealisierten Grenzfälle der *unidirektionalen* und der *isotropen Flußdichte;* angedeutet sind die Werte φ_0, $\varphi_{\mathfrak{K}}$, φ_a und $\overline{\varphi}^{\mathfrak{K}}$, die die Korrekturfaktoren bestimmen. $x_{\mathfrak{K}}$ stellt die Ortsvariable in Bezug auf den (eindimensionalen) Körper $\mathfrak{K}$ dar, $\vec{r}$ gibt die

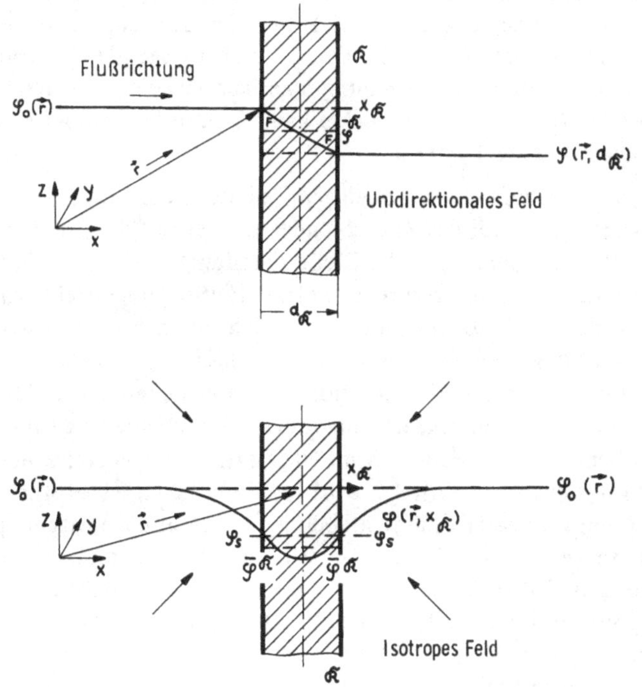

Abb. 1.4.I.
Ortsabhängiger (thermischer) Flußdichteverlauf $\varphi(\vec{r}, x_{\mathfrak{K}})$ und Flußstörungskorrekturfaktor $K = \overline{\varphi}^{\mathfrak{K}}/\varphi_0$ bei Einbringen eines Körpers $\mathfrak{K}$ in 2 verschiedene Felder.

Lage von 𝔎 bzw. 𝔘 im Neutronenfeld an, vgl. Gleichung (1.4.2). Bringt man einen flußstörungsfreien (zweiten) Probekörper als Detektor ins Feld, dann mißt man unterschiedliche Flußänderungen: Im unidirektionalen Fall sind die vom Probekörper gemessenen Flußdichten auf jeder Seite des Absorbers (d. h. des ersten Körpers) konstant, hinter dem Absorber aber kleiner als vor dem Absorber. Im isotropen Fall werden die Meßwerte des Probekörpers im Medium 𝔘 dagegen bereits bei Annäherung an den Absorber erniedrigt, sind jedoch auf beiden Seiten des Absorbers gleich groß.

Der Effekt der *Flußabschirmung* bezeichnet denjenigen Teileffekt der Flußstörung, der hervorgerufen wird durch Reaktionen innerhalb eines störenden Körpers (z. B. eines Neutronendetektors), der an die Stelle $\vec{r}$ ins Neutronenfeld eingebracht wird. Als *Flußdichte-Abschirmungskorrekturfaktor* $G(\vec{r})$ bezeichnet man eine dimensionslose Größe, die zur Umrechnung zwischen der in der eben genannten Weise gestörten und der ungestörten Flußdichte in $\vec{r}$ benutzt wird. Im langsamen und im unteren intermediären (dem sogenannten epithermischen) Energiebereich, wo die Absorption die überwiegende Neutronenreaktion ist, entsteht die Flußabschirmung durch Absorption innerhalb des ins umgebende Medium im Neutronenfeld eingebrachten störenden Körpers; in diesem Fall ist immer $G \leqslant 1$. Im schnellen und im oberen intermediären Energiebereich, wo die Streuung die überwiegende Neutronenreaktion darstellt, bewirkt die Streuung innerhalb des eingebrachten störenden Körpers eine Flußdichteänderung; dabei kann – je nach dem betrachteten Energieintervall – $G \leqslant 1$ oder auch $\geqslant 1$ sein.

Die *Flußdepression* bezeichnet denjenigen Teileffekt der Flußstörung, der dadurch hervorgerufen wird, daß ein störender Körper (𝔎) das Medium (𝔘) des betrachteten Neutronenfelds an der Stelle $\vec{r}$ verdrängt. Die in 𝔘 stattfindenden Reaktionen fallen innerhalb von 𝔎 aus; dieser Flußstörungseffekt wirkt sich demnach sowohl innerhalb wie außerhalb – d. h. in nächster Umgebung – von 𝔎 aus. Als *Flußdichte-Depressionskorrekturfaktor* $H(\vec{r})$ bezeichnet man eine dimensionslose Größe, die zur Umrechnung zwischen der in der eben genannten Weise gestörten und der ungestörten Flußdichte in $\vec{r}$ (und dessen Umgebung) benutzt wird. Falls sich im langsamen Energiebereich ein thermisches (Maxwell-)Spektrum einstellt, wird bei Einbringung eines störenden Absorbers 𝔎 ein geringerer Flußdichtebeitrag von 𝔎 in die Umgebung 𝔘 hinausgestreut, als wenn das Volumen von 𝔎 durch Materie von 𝔘 ausgefüllt würde; in diesem Fall ist immer $H \leqslant 1$. Im schnellen Energiebereich bewirkt die Flußdepression durch Einbringung eines Materials (in 𝔎) mit anderem Bremsvermögen (als im Medium 𝔘) eine Flußdichteänderung; dabei kann – je nach dem betrachteten Energieintervall – $H \leqslant 1$ oder $\geqslant 1$ sein. Literatur zu den Begriffen Flußstörung, Flußabschirmung und Flußdepression s. z. B. [X, XIV-72, XIV-85, 11-7, 8].

Theoretische Untersuchung des isolierten Absorbers. Die erste theoretische Behandlung durch Bothe [14-4] ging von folgenden Voraussetzungen aus: Im störenden Neutronenabsorber finden nur Absorptionsreaktionen statt; das umgebende Medium sei ein idealer Moderator mit gleichmäßig verteilten Quellen und mit isotroper Streuung im Laborsystem, und die Neutronen haben einheitliche Energie E_0. Der Absorber habe nur eine endliche Ausdehnung d und den Absorptionsquerschnitt $\Sigma_a(E_0)$.

Mit $$x = d\,\Sigma_a \quad \text{bzw.} \quad x_0 = d\,\Sigma_{a,0} \tag{1.4.4}$$

definiert man die Absorptionswahrscheinlichkeit $g(x_0)$ der Neutronen im Absorber. Der Flußabschirmungsfaktor lautet dann in einheitlich gerichteter (unidirektionaler) Flußdichte:

$$G_{uni} = \frac{1 - e^{-x_0}}{x_0} \equiv \frac{g(x_0)}{x_0} \tag{1.4.5}$$

und in isotroper Flußdichte:

$$G_{iso} = \frac{1 - 2\,E_3(x_0)}{2\,x_0} \equiv \frac{g(x_0)}{2\,x_0} \tag{1.4.6}$$

mit: $E_n(x) \equiv \int_1^\infty (e^{-ux}/u^n)\,d\,u$. Für Gleichung (1.4.6) kann man mit befriedigender Näherung schreiben [11-2]:

$$G_{iso} \approx [1 + 2\,x_0]^{-1}\ . \tag{1.4.6a}$$

Für die Flußdepression H im isotropen Fluß wurde der Absorber als negative Neutronenquelle in einem Medium aufgefaßt, in dem die Diffusionsnäherung gilt. Nach Modifizierung der Botheschen Theorie auf Grund experimenteller Befunde wurde erhalten [14-5]:

$$H = \begin{cases} \left[1 + \frac{g(x_0)}{2}\left(\frac{R}{\lambda_{tr}}\,\frac{L}{L+R} - 1\right)\right]^{-1} & \text{für } R > 2\,\lambda_{tr} \\ \left[1 + 0{,}34\,g(x_0)\,\frac{R}{\lambda_{tr}}\right]^{-1} & \text{für } R \ll \lambda_{tr}. \end{cases} \tag{1.4.7}$$

Dabei sind: R der Radius eines kreisscheibenförmigen Absorbers, λ_{tr} die Transportweglänge und L die Diffusionslänge im Medium; s. Gleichungen (3.3.4, 5). Die Flußstörung K erhält man in Produktdarstellung, wie in Gleichung (1.4.2) bzw. (1.4.3) angegeben. Diese Produktdarstellung wurde von den meisten Autoren übernommen, s. z. B. [14-1, 3, 5, 6]. Skyrme [14-7] hat dagegen für isotrope Flußdichte im Umgebungsmedium $\mathfrak{U}$ eine Störungsrechnung in erster transporttheoretischer Näherung durchgeführt, wobei er für K eine Summendarstellung benutzte:

$$K = 1 - x_0\,[E_1(x_0)/2 + A\,(R\,\Sigma_{a,0}) + D_1 - D_1']\ . \tag{1.4.8}$$

Der in Gleichung (1.4.6) angegebene Ausdruck für G_{iso} geht für $x_0 \ll 1$ über in $1 - x_0 E_1(x_0)/2$. Die Sondenradiusfunktion $A(R\Sigma_a)$ wurde von Skyrme graphisch dargestellt; für $R\Sigma_a \gtrsim 2$ ergab sich $A = 3/4$. Ebenso wurden Werte für D_1 (als Funktion der Sondenumgebung $\mathfrak{U}$) angegeben und gezeigt, daß das Korrekturglied $D_1' \ll D_1$ ist.

Im folgenden soll besprochen werden, wie sich die einschränkenden Voraussetzungen der Berechnungsverfahren für K auswirken. Hebt man bei der Berechnung der Flußabschirmung die Bedingung der Eindimensionalität auf – indem man etwa Aktivierungssonden von Scheibenform zuläßt anstelle von solchen, die in zwei Richtungen des Raums unendliche Ausdehnung haben – dann muß man den Beitrag der Neutronen in Betracht ziehen, die auf die Ecken des Absorbers fallen. Nach theoretischen [14-8] und experimentellen [14-9] Untersuchungen ändert sich dadurch die Korrektur nur wenig: z. B. um 1,5% bei einer im thermischen Neutronenfluß aktivierten Gold-Scheibensonde von 0,25 mm Dicke und 12 mm Durchmesser. In [11-2] findet man eine ausführliche Zusammenstellung von Formeln berechneter Flußabschirmungsfaktoren G für scheiben-, zylinder- und kugelförmige Neutronenabsorber. Der Fehler durch die Annahme einer isotropen Flußdichte wird selbst für dicke Absorber als klein bezeichnet [14-1, 4, 10]. Eher fraglich scheint es zu sein, ob die Produktdarstellung nach Gleichung (1.4.3) die Verhältnisse genügend richtig wiedergibt, und ob man für die Flußdepression sich auf die Flußänderung beschränken darf, die von der negativen Neutronenquelle des Absorbers kommt. Eine andere und experimentell leichter prüfbare Faktorenzerlegung von K lautet:

$$K_{\mathfrak{U}}(d, E) = K_{\text{Vakuum}}(d, E)\, h, \qquad (1.4.9)$$

wobei h das Verhältnis der mittleren Flußdichte im Medium $\mathfrak{U}$ zu dem im Vakuum bedeutet [14-11].

Bei der *Vertiefung der Theorie* haben Ritchie und Eldridge [14-6] ein Variationsverfahren auf die Integralgleichung für den Neutronentransport angewendet; sie erhielten in einer analytischen Fortsetzung der Lösung von Skyrme [14-7] für die Flußstörung eines scheibenförmigen Absorbers:

$$K = \frac{g(x_0)/2x_0}{1 + \frac{3g(x_0)}{4}\left\{L\Sigma_T S\left(\frac{2R}{L}\right) - \frac{2}{3}\mathscr{K}\left(2R\Sigma_T, \frac{\Sigma_s}{\Sigma_T}\right)\right\}} \frac{\kappa_v}{\kappa_s^\infty}. \qquad (1.4.10)$$

Die Funktion S, das Transport-Korrekturglied $\mathscr{K}$ und der für den Übergang zwischen endlichen und unendlichen Sondenradien R korrigierende Faktor κ_v/κ_s^∞ sind in Abbildung 1.4.II zusammengestellt. Die Funktion $S(w)\left(= \frac{4w}{3\pi} \text{ für kleine } w\right)$ strebt gegen Eins für große w und verläuft dazwischen angenähert wie $w/(2 + w)$. Das Glied $2\mathscr{K}/3$ ist immer kleiner als 0,1 und in der Regel vernachlässigbar. Der Korrekturfaktor κ_v/κ_s^∞ entfernt sich

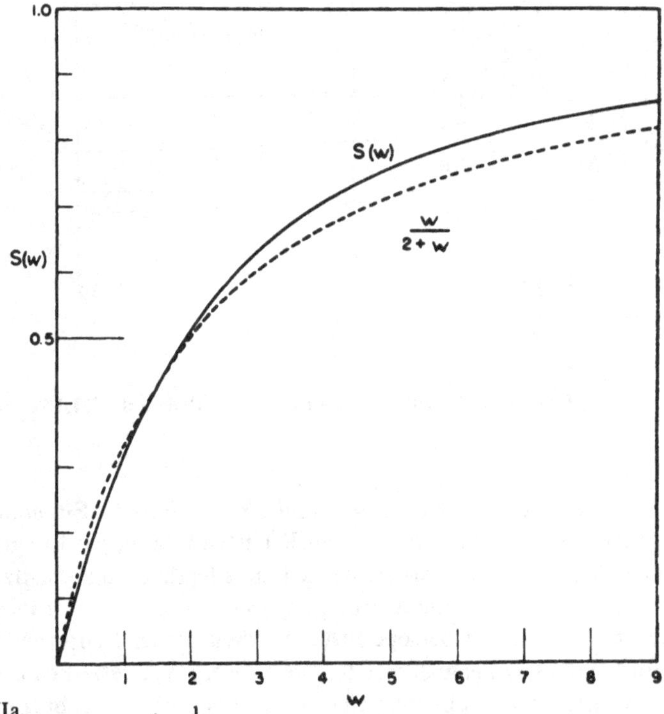

Abb. 1.4.IIa.
Die Funktion $S(w) \equiv 1 - \frac{4}{\pi} \int_0^1 e^{-tw} \sqrt{1-t^2}\, dt$ nach Ritchie und Eldridge [14–6], vgl. Gleichung (1.4.10) mit $w \equiv 2R/L$, und ihre Näherung $w/(2+w)$.

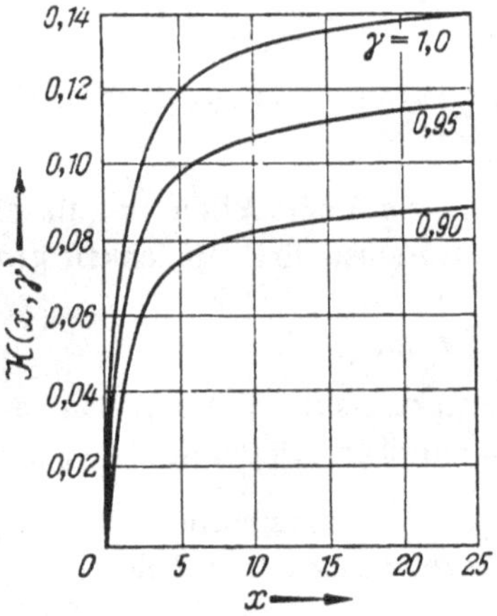

Abb. 1.4.IIb.
Funktion $\mathcal{K}(x, \gamma)$ nach Ritchie und Eldridge, vgl. Gleichung (1.4.10).

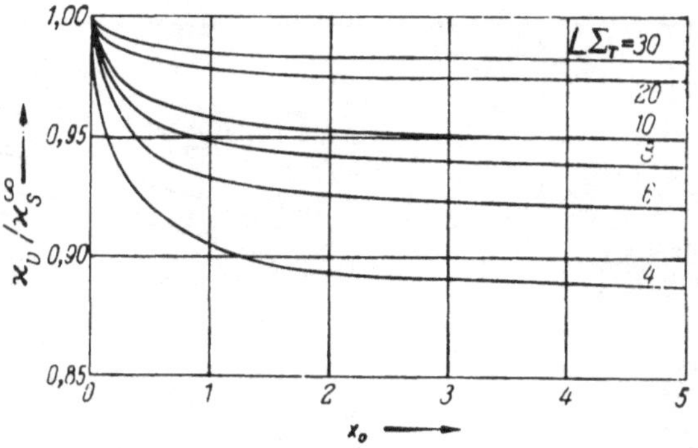

Abb. 1.4.IIc.

Funktion $\frac{\kappa_V}{\kappa_S^\infty}$ $(x_0, L\Sigma_T)$ nach Ritchie und Eldridge, vgl. Gleichung (1.4.10).

in praktischen Fällen um nicht mehr als rund 5% von Eins. – Ein anderes Verfahren [14-10, 12] zur Berechnung von K bestand darin, die Integralgleichung für den Neutronentransport numerisch zu integrieren und zu iterieren, wobei man sich zunächst auf die isotrope (P_0-)Näherung des Neutronenfelds beschränkte und dann die anisotrope Streuung thermischer Neutronen im Streumedium $\mathfrak{U}$ (Wasser) berücksichtigte. Dieses Vorgehen setzt keine Faktorenzerlegung von K voraus. Ein Vergleich der rechnerischen Ergebnisse nach [14-6] und [14-12] ergab im allgemeinen eine kleinere Abweichung als 1% [14-8].

Haben die Neutronen keine einheitliche Energie, dann ergibt sich infolge der Flußabschirmung für die über den Energiebereich $|E_0 - E_u|$ integrierte Reaktionsratendichte R_V:

$$R_V = \frac{1}{d} \int_{E_u}^{E_0} \frac{\Sigma_r(E)}{\Sigma_a(E)} g(\Sigma_a(E) d) \varphi_E \, dE = \overline{\Sigma_r \varphi} \cdot G \, . \qquad (1.4.11)$$

Darin ist Σ_r der Querschnitt der Meßreaktion, und für die in den Gleichungen (1.4.5, 6) eingeführte Absorptionswahrscheinlichkeit $g(d\,\Sigma_a)$ lautet der Grenzwert:

$$g \to d\,\Sigma_a \quad \text{für} \quad d\,\Sigma_a \to 0 \, . \qquad (1.4.12)$$

Der Flußabschirmungs-Korrekturfaktor G lautet dann als Funktion des Mittelwerts $\overline{g}$ der Absorptionswahrscheinlichkeit über den Energiebereich $|E_0 - E_u|$:

$$G = \begin{cases} \overline{g}/\overline{\Sigma}_a d & \text{im unidirektionalen Fall,} \\ \overline{g}/2\,\overline{\Sigma}_a d & \text{im isotropen Fall.} \end{cases} \qquad (1.4.13)$$

Die Flußdepression spielt praktisch nur im langsamen Bereich im nicht-unidirektionalen Fall eine Rolle. Für 1/v-Absorber kann man dort die Korrektur H als Funktion des übers Maxwell-Spektrum gemittelten Wirkungsquerschnitts wie folgt ansetzen – vgl. Gleichung (1.3.17):

$$H = H_{th} = H(\Sigma_a(\bar{v})d) . \tag{1.4.14}$$

Das mit Gleichung (1.4.11) angedeutete Berechnungsverfahren verliert seine Brauchbarkeit, wenn Streuung bzw. Bremsung im Absorber nicht vernachlässigbar sind oder wenn die Produktdarstellung (1.4.3) nicht angewendet werden darf.

Experimentelle Untersuchung des isolierten Absorbers. Für den *thermischen Bereich* hat Sola [14-1] zur Prüfung der Anwendbarkeit der Theorien zahlreiche Messungen mit Goldfolien verschiedener Abmessungen in Graphit ausgeführt (Tabelle 1.4.A). Wie zu erwarten, nimmt mit zunehmender Dicke $x \equiv \Sigma_a d$ die Übereinstimmung ab; auch wo sie gut ist, darf man sich nicht darüber täuschen, daß die Bestimmung experimenteller Flußstörungen schwierig ist und leicht zu unsicheren Ergebnissen führen kann, hauptsächlich aus drei Gründen: Fehler der Extrapolation für $x \to 0$, Einfluß des umgebenden Neutronenfelds, Wirkungen bzw. Änderungen des Neutronenspektrums [XIV-85, 14-3]. Die Anwendung theoretisch berechneter Formelausdrücke unter der Annahme einheitlicher Neutronenenergie setzt voraus, daß für die in den Formeln vorkommenden energieabhängigen Größen eine Näherung mit einheitlicher Energie anwendbar ist. Diese ist jedoch schwer anzugeben und besonders kritisch bei der Flußdepression, wenn ein 1/v-Absorber eine Aufhärtung des Neutronenspektrums hervorruft. Man mittelt also [14-6] z. B. die Größe g in den Gleichungen (1.4.5, 6) über die Gleichgewichtsgeschwindigkeitsverteilung der Neutronen; oder man nimmt eine effektive mittlere Energie an, für die der Reaktionsquerschnitt auszuwerten ist, gemäß den Gleichungen (1.3.17ff.):

$$\sigma(E_{eff}) = \frac{\sqrt{\pi}}{2} \sqrt{\frac{kT_0}{E_{eff}}}\, \sigma_0 . \tag{1.4.15}$$

Das erste Verfahren ist inkonsequent, weil Neutronen, die den Absorber passiert haben, sich nicht im thermischen Gleichgewicht mit dem Medium $\mathfrak{U}$ befinden. Das zweite Verfahren verlangt [12-2] eine nur kleine Anzahl von Absorptionsprozessen im Vergleich zu den Streuprozessen in einem System mit großen Abmessungen: das sind Voraussetzungen, die ebenfalls oft nicht hinreichend erfüllbar sind. Jedoch erscheint das zweite Verfahren mit der Benutzung des effektiven Wirkungsquerschnitts nach Gleichung (1.4.15) eher konsistent mit der Annahme einer einheitlichen Neutronengeschwindigkeit. Nach transporttheoretischen Untersuchungen ist dieses Vorgehen zulässig außer bei starker Energieabhängigkeit des Streuquerschnitts im Medium und nicht zu starker Abweichung von T_n gegenüber T_0 [14-13]. Der Fehler im Flußabschirmungs-

Tabelle 1.4.A. Korrekturfaktor K_{th} für Flußstörung bei Goldscheiben in Graphit im thermischen Bereich: Messungen (mit Standardabweichung unter 2%) von Sola [14-1] im Vergleich mit Rechnungen [14-4ff.], nach [XIV-85]

μm	25,4	50,8	76,2	101,6	127	254	481	508
Zoll	0,001	0,002	0,003	0,004	0,005	0,010	0,015	0,020
Scheibenradius 1/2 Zoll (1,27 cm)								
[14-1]	0,945	0,916	0,892	0,870	0,850	0,775	0,712	0,656
[14-4,5]	0,965	0,931	0,907	0,883	0,860	0,773	0,708	0,647
[14-7]	0,958	0,926	0,896	0,868	0,843	0,727	0,624	0,514
[14-6]	0,950	0,914	0,880	0,851	0,825	0,718	0,639	0,575
[14-12]	0,934	0,894	0,862	0,834	0,811	0,754	–	–
Scheibenradius 1/4 Zoll (0,635 cm)								
[14-1]	0,951	0,925	0,905	0,883	0,864	0,788	0,733	0,683
[14-4,5]	0,968	0,936	0,915	0,893	0,872	0,792	0,731	0,675
[14-7]	0,962	0,933	0,907	0,883	0,862	0,763	0,678	0,587
[14-6]	0,958	0,927	0,899	0,875	0,852	0,761	0,692	0,634
[14-12]	0,950	0,912	0,883	0,859	0,838	0,781	–	–
Scheibenradius 1/8 Zoll (0,318 cm)								
[14-1]	0,957	0,931	0,910	0,890	0,872	0,799	0,747	0,704
[14-4,5]	0,969	0,938	0,917	0,898	0,876	0,798	0,740	0,681
[14-7]	0,964	0,936	0,912	0,890	0,870	0,780	0,701	0,620
[14-6]	0,962	0,934	0,909	0,888	0,868	0,786	0,722	0,668
[14-12]	0,960	0,928	0,903	0,881	0,862	0,804	–	–
Scheibenradius 1/16 Zoll (0,159 cm)								
[14-1]	0,963	0,936	0,914	0,895	0,878	0,811	0,762	0,726
[14-4,5]	0,970	0,939	0,919	0,898	0,878	0,802	0,744	0,689
[14-7]	0,966	0,937	0,913	0,891	0,872	0,784	0,708	0,628
[14-6]	0,968	0,947	0,928	0,911	0,896	0,834	0,784	0,740
[14-12]	0,966	0,938	0,914	0,893	0,876	0,820	–	–

faktor G nach Gleichung (1.4.6), der von der Nichtberücksichtigung der Neutronenstreuung im Absorber herrührt, wurde mit $\Sigma_s/\Sigma_T < 0{,}1$ und $x_0 < 0{,}05$ kleiner als 1% gefunden [11-2].

Über experimentelle Bestimmungen der Störung K_{th} der thermischen Flußdichte sind viele Originalarbeiten, Vergleiche mit der Theorie und referierende Artikel erschienen, z. B. [11-2, 14-1, 2, 3, 4, 5, 8, 10, 11, 14]. In der Regel wurden die Versuchsbedingungen so gewählt, daß die oben genannten theoretischen Voraussetzungen zum Zweck des Vergleichs zwischen Theorie und Experiment möglichst gut erfüllt waren. Gemessen wurde entweder die gesamte Flußstörung K eines Absorbers in einem bestimmten Medium oder die Flußabschirmung G allein in einem Hohlraum, dessen Abmessungen die des Absorbers übertreffen. In der Regel wird K mit Absorbern wachsender Dicke oder mit Absorberpaketen als Funktion von x_0 gemessen, meist noch in Abhängigkeit von der Absorberausdehnung oder von weiteren Parametern. Um K entsprechend Gleichung (1.4.3) als das Verhältnis des gestörten zum ungestörten Fluß zu erhalten, muß auf die Absorberdicke Null ($x_0 = 0$) extrapoliert werden. Einige Experimentatoren gingen von folgenden Überlegungen aus: die genauesten theoretischen Berechnungen erhält man für $x_0 \to 0$, während die durch Neutronenabsorption hervorgerufene Aktivierung in Aktivierungssonden als Detektoren von einer bestimmten Dicke $x_0 > 0$ an am zuverlässigsten meßbar sind; in diesen Arbeiten wird deshalb auf die beste Gesamtanpassung zwischen Theorie und Experiment normiert. Andere Experimentatoren gehen von extrem dünnen Absorbern bzw. Aktivierungssonden aus, wobei die Normierung auf den ungestörten Fluß durch Interpolation der (spezifischen) Aktivitäten pro Masseneinheit unter den dünnsten Sonden gewonnen wird. Vergleiche zwischen berechneten und gemessenen K-Werten findet man in zahlreichen Arbeiten. Da sie aber hinsichtlich der Übereinstimmung zwischen Theorie und Experiment zu unterschiedlichen Ergebnissen kommen und offensichtlich nicht alle von den gleichen Voraussetzungen ausgehen, diskutieren wir sie hier nicht weiter. Wenn die vorliegende Flußdepression nicht stark ist (d. h. bei einer Herabsetzung von höchstens etwa 5%), dann stimmen die K-Werte nach Gleichung (1.4.3) mit Gleichung (1.4.6) und Gleichung (1.4.7) innerhalb der Meßfehlergrenzen mit den Meßergebnissen überein: z. B. für Goldscheibensonden von 1 cm^2 Fläche und $\lesssim$ 0,050 mm Dicke.

Im Bereich der intermediären Neutronen gehen wir aus von den Idealisierten Darstellungen des (1/E-)Spektrums und des integralen Wirkungsquerschnitts (Resonanzintegrals), die in den Gleichungen (1.3.14, 15) aufgeführt sind. Die Flußdepression H ist hier meist vernachlässigbar, weil der mittlere Energieverlust eines Neutrons bei einem Streuprozeß in der Regel größer ist als die Breite der Resonanz; ein Neutron, das den Absorber passiert hat, wird in den seltensten Fällen nach einer Streuung im Medium den Absorber wieder treffen mit einer Energie, die um weniger als die Resonanzbreite von der Energie vor der Streuung verschieden ist. Dagegen wirkt sich die Flußabschirmung G wesentlich stärker als im thermischen Energiebereich aus. Für einen Absorber mit einem Absorptionsquerschnitt, der eine einzelne Resonanz aufweist, erhält man, von der Näherung (1.4.6a) ausgehend:

$$K_{ep} = G_{ep} \approx [1 + 2x_{Rm}]^{-\frac{1}{2}} ; \qquad (1.4.16)$$

dabei ist σ_{Rm} in x_{Rm} der Wert des Querschnitts in der Resonanzspitze. Diese Näherung weicht von der von Gleichung (1.4.6) ausgehenden genaueren Theorie für $x_{Rm} < 25$ höchstens um etwa 10% ab [11-2]. Eine andere Rechnung genauerer Art im isotropen und im unidirektionalen Neutronenfeld findet man in [14-16].

Die bisherige Betrachtung bedarf einiger Ergänzungen [14-15, 16, 17]. Der Doppler-Effekt, herrührend von der thermischen Bewegung der Absorberkerne (mit A_r-facher Masse gegenüber dem Neutron) infolge ihrer Temperatur T, wurde vernachlässigt. Das ist zulässig, solange die Doppler-Breite Δ_D (mit der Boltzmann-Konstanten k) hinreichend klein gegenüber der Resonanzlinienbreite Γ bleibt:

$$\Delta_D \equiv 2\sqrt{E_R k T/A_r} \lesssim \Gamma/2 \,. \qquad (1.4.17)$$

Weitere Voraussetzungen der oben mitgeteilten Näherungsformel sind: Der Beitrag vom 1/v-Verlauf des Wirkungsquerschnitts soll gegenüber dem Beitrag der Einzelresonanz (bzw. mehrerer isolierter Resonanzen) vernachlässigt werden; die (erste) Resonanzenergie $E_{R(1)}$ liege nicht zu nahe an der Cadmium-Abschneideenergie; die Resonanzstellen liegen so weit voneinander isoliert – d.h. $|E_{R1} - E_{R2}|/(E_{R1} + E_{R2}) \gtrsim 2\xi$ –, daß die Flußdichten $\varphi_E(E_{R1})$ und $\varphi_E(E_{R2})$ sich nicht gegenseitig stören. Ferner soll der Streuquerschnitt in der Resonanz viel kleiner sein als der Absorptionsquerschnitt. Für diesen Effekt kann man korrigieren, falls die Resonanzlinienbreiten für den Strahlungseinfang (Γ_γ) und für die elastische Streuung (Γ_n) neben der Gesamtbreite $\Gamma = \Gamma_\gamma + \Gamma_n$ bekannt sind. Dann ist die Reaktionsrate im Absorber um den Faktor Γ_γ/Γ vermindert, und im Flußabschirmungsfaktor G_{ep} ist x_{Rm} um Γ/Γ_γ zu vergrößern.

Es sind zahlreiche Messungen von K_{ep} durchgeführt worden, s. z.B. [14-14, 15, 16, 17, 18]. Ähnlich wie bei den oben zitierten Messungen von K_{th} nimmt man K_{ep} als Funktion der Absorberdicke bzw. von x_{Rm} auf und extrapoliert für $x \to 0$, wobei man die Resonanzabsorber so auswählt, daß die oben genannten Voraussetzungen möglichst gut erfüllt sind. Große Schwierigkeiten ergeben sich dann, wenn der Anteil der Streuung in der Resonanz nicht genügend bekannt ist, was namentlich bei den höherliegenden Hauptresonanzen E_{R1} leichter Atomkerne (mit Massenzahlen $A_r < 80$) vorkommt. In solchen Fällen können große Abweichungen bestehen zwischen den rechnerisch aus Literaturwerten bestimmten Wirkungsquerschnitten in der Resonanzspitze und denjenigen, die aus Anpassung an einen theoretischen Verlauf für $K_{ep}(x_{Rm})$ gewonnen wurden, während der entsprechende Vergleich bei niederen E_R (z.B. für ^{197}Au(n, γ) und ^{186}W(n, γ)) gute Übereinstimmung ergibt. Für die praktische Messung intermediärer Neutronen mit Aktivierungssonden folgt daraus, daß man sich einstweilen noch weitgehend auf niedrige Resonanzenergien

E_R beschränken oder extrem dünne Resonanzabsorber verwenden muß. Schon für nur 20 μm starke Goldfolien beträgt der Flußstörungsfaktor K_{ep} rund 0,4, weicht also etwa um 60% vom ungestörten Fall ab.

Effektive Resonanzaktivierungsintegrale:

$$I_{res,act}^{(eff)} = G\, I_{res,act} \tag{1.4.18}$$

wurden für Aktivierungssondendrahtstückchen bis zu 1 mm Dicke mit den Ausgangsnukliden ^{98}Mo (E_{R1} = 467 eV), ^{103}Rh (1,26 eV) und ^{191}Ir (0,65 und 5,36 eV) im Vergleich mit ^{197}Au (4,906 eV) bestimmt; die theoretischen und experimentellen Ergebnisse stimmten außer für Ir innerhalb der Fehlergrenzen überein [14-19].

Verallgemeinerungen, z. B. für (Mehrfach-)Sonden-Filter-Anordnungen. Bisher haben wir uns in diesem Abschnitt auf isolierte Absorber beschränkt. Als *Meßanordnung* haben wir aber den Detektor (z. B. eine oder mehrere Aktivierungssonden) eventuell mit Neutronenfiltern und der Detektorhalterung zu betrachten. Flußstörungen, die von anderen Ursachen herrühren – z. B. von Absorberstäben und Experimentiereinbauten in Reaktoren oder von den besonderen Bedingungen an der Grenzfläche verschiedener Medien – sollen hier unberücksichtigt bleiben. Zur rechnerischen Bestimmung von Flußstörungskorrekturen für Mehrfach-Sonden s. insbesondere [11-8], für Sonden-Filter-Anordnungen [11-7].

Wir betrachten zunächst den Fall [11-2, 14-20, 21, 22], daß ein *Absorber* (Neutronendetektor) *von einem Neutronenfilter umgeben* ist. Rückstreuung und damit Flußdepression zwischen Filter und Absorber kann vernachlässigt werden. Für die – auf die Flußstörung $K_{ep}^{(s)} = 1$ des Absorbers (s) bezogene – Durchlaßwahrscheinlichkeit T des Filters ergibt sich:

$$T(d^{(Cd)}, d^{(s)}, E) = \frac{g(x_0^{(Cd)}(E) + x_0^{(s)}(E)) - g(x_0^{(Cd)}(E))}{K_{ep}} . \tag{1.4.19}$$

mit der in Gleichung (1.4.6) angegebenen Absorptionswahrscheinlichkeit g und mit der weiterhin gültigen Annahme des Idealisierten Spektrums und Querschnitts für den Absorber (s). Die untere Integrationsgrenze E_g in Gleichung (2.2.7) bezeichnet die Grenzenergie, unterhalb derer die durch Gleichung (1.3.14) gegebene intermediäre Flußdichte praktisch verschwunden und stattdessen thermische Flußdichte herrscht. Mit unseren Annahmen ist E_g nahezu allein abhängig von der Temperatur T_n der thermischen Neutronen und von den Moderationseigenschaften des Mediums. Die in Gleichung (3.6.7) definierte Filter-Abschneideenergie E_F wurde mit verschiedenen Absorberarten und

-formen in unterschiedlichen Neutronenfeldern berechnet. Für gegebene Absorberkonzentration liegt E_F am höchsten beim eindimensionalen ebenen Problem (Absorberschicht (s) zwischen zwei Filterschichten *d* (Cd), alle unendlich ausgedehnt), am geringsten für konzentrische Kugeln; Abbildung 1.4.III zeigt $E_F = E_{Cd}$ beim ersteren Fall für zwei Resonanzabsorber (^{115}In und ^{197}Au) und für einen auch im intermediären Spektrum reinen 1/v-Absorber bei der Referenztemperatur T_0. Anstelle der relativ stark veränderlichen E_{Cd}-Werte kann man auch den festen Wert $E_{Cd} = 0{,}5$ eV benutzen und muß dann Wirkungsquerschnittskorrekturen anwenden. Mit zunehmender Temperatur nimmt E_{Cd} ab, bei Resonanzabsorbern wie den genannten stärker als bei 1/v-Absorbern.

Der in Gleichung (2.2.7) eingeführte *Cadmium-Korrekturfaktor* F_{Cd} hängt außer vom Wirkungsquerschnitt $\sigma^{(s)}(E)$ des Absorbers und vom Neutronenfeld von der Absorber- und der Filterdicke ab. Da häufig eine konstante Filterdicke (z. B. 1,0 mm Cd) benutzt wird, interessiert man sich besonders für die F_{Cd}-Änderung mit der Absorberdicke $d^{(s)}$. Für einen Resonanzabsorber mit stark überwiegender Hauptresonanz wie ^{115}In kommt mit wachsendem $d^{(s)}$ die Absorptionswahrscheinlichkeit g in der Hauptresonanz rasch in die Sättigung, während die Nebenresonanzen noch ein langsames Weiterwachsen von F_{Cd}

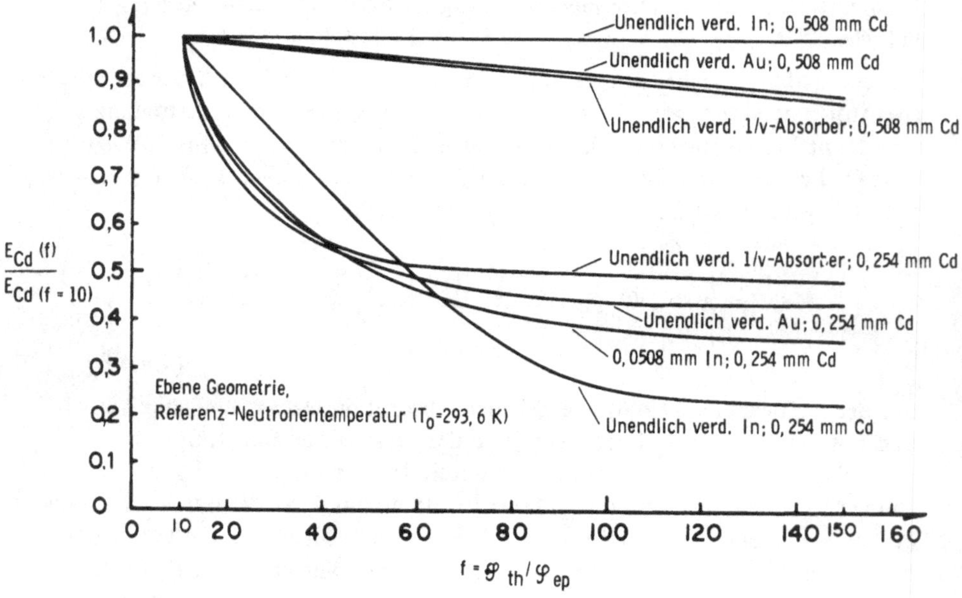

Abb. 1.4.III.
Cadmium-Filter-Abschneideenergie E_{Cd} in Abhängigkeit von Filterdicke, Neutronenspektrum und Sondenwirkungsquerschnitt [14–21].

bedingen, bis auch ihr g zur Sättigung gelangt. Bei Messung der β-Strahlung von aktivierten Resonanzabsorbern wie ^{115}In mißt man wegen der β-Selbstabsorption überwiegend die von den äußeren Sondenschichten kommenden Anteile, wodurch der Beitrag von der Hauptresonanz mit seiner geringeren Neutronen-Eindringtiefe bevorzugt wird. Bei Vernachlässigung der Nebenresonanzen muß nach dem vorhin gesagten F_{Cd} $(d^{(Cd)})$ praktisch konstant erscheinen, wie es in der Tat bei β-Messungen gefunden wurde [14-23]. In den eingehenden theoretischen Untersuchungen [11-2, 8] zum Korrekturfaktor F_{Cd} wird als untere Grenzenergie E_{Grenz} die der Thermalisierung – E_g, s. Gleichung (1.1.11) – eingesetzt. Bei manchen F_{Cd}-Bestimmungen [14-20, 23, 24] wurde dagegen ein höherer Wert ($E_{Grenz} = E_{Cd}$, d. i. die Cd-Filterabschneideenergie) genommen. Der Unterschied ist sogar bei Absorbern mit starker Erster Resonanz (wie ^{115}In und ^{197}Au) keineswegs vernachlässigbar, dess es ergibt sich z. B.:

$$F_{Cd} = \begin{cases} 1{,}11 \text{ für } E_{Grenz} = \mu\, k\, T_0 = 0{,}091\,\text{eV in } D_2O \\ 1{,}01 \text{ für } E_{Grenz} = E_{Cd} \quad = 0{,}4\,\text{eV}\,, \end{cases} \tag{1.4.20}$$

jeweils für 40 mg/cm^2 dicke Au-Scheiben in 1 mm starker Cd-Umhüllung.

Für die Flußstörung in *Aktivierungssondenpaketen* kann man die Flußabschirmung entsprechend Gleichung (1.4.19) berechnen, wozu noch die Flußdepression in den äußeren Schichten zu berücksichtigen ist. Die Flußstörungen zum Doppelsondenverfahren werden in der Regel experimentell durch Anschlußmessungen an die Filtermethode ermittelt. Für die Drei-Sonden-(Sandwich-)-Methode – bei der die Flußdepression wegen der Filterverwendung keine Rolle spielt – ist die Flußabschirmung untersucht worden [11-2, 14-25].

In einer Meßanordnung mit *mehreren Detektoren*, die in einem gewissen *Abstand voneinander* angebracht sind, muß man auch die (thermische) Flußdepression berücksichtigen, die durch die gegenseitige Beeinflussung der Detektoren hervorgerufen wird [11-2, 14-12, 26, 22-1]. Rechnerisch kann man die gegenseitige Störung scheibenförmiger Aktivierungssonden am einfachsten erfassen, indem man sich die Sonden längs ihrer Sondennormale als Achse aufgereiht denkt. Dann ist:

$$\kappa_\varphi (r = 0, z) = \frac{\varphi_0 - \varphi(r = 0, z)}{\varphi_a} \tag{1.4.21}$$

die maßgebende Größe für die Flußdepression, die auf eine Sonde von einer Nachbarsonde im Abstand z ausgeübt wird. Dabei ist φ_0 der zu messende ungestörte Fluß, φ_a der an der Oberfläche der Nachbarsonde und $\varphi(r = 0, z)$ der im Abstand z von ihr auf der Sondenachse (r = 0) herrschende Fluß. Mit dem Sondenradius R und den Diffusionsparametern L und λ_{tr} im umgebenden Medium erhält man bei Anwendung der elementaren Diffusionstheorie:

$$\kappa_\varphi (r = 0, z) = \frac{3}{4} \frac{L}{\lambda_{tr}} \left[e^{-\frac{z}{L}} - e^{-\frac{\sqrt{R^2 + z^2}}{L}} \right] \frac{g(x_0)}{1 - \frac{3}{4} g_1 (x_0)} \qquad (1.4.22)$$

mit g und x_0 nach den Gleichungen (1.4.4), (1.4.6) und $g_1 (x_0) = \frac{2}{3} - 2 E_4(x_0)$.
Für den Faktor F_d, um den der Fluß in r = 0, z gegenüber φ_0 erniedrigt ist, erhält man dann:

$$F_d (z) = 1 - \left(1 - \frac{g(x_0)}{2}\right) H \kappa_\varphi (r = 0, z) \qquad (1.4.23)$$

mit den Werten x_0, H für die störende Nachbarsonde. Für Goldsonden von 20 mm Durchmesser und 0,1 mm Dicke, die in Abständen von 1 cm angeordnet sind, beträgt dann die Depression durch gegenseitige Beeinflussung 7% in Leichtwasser und 2% in Schwerwasser oder Graphit. Dalton und Osborn haben mit ihren numerischen Integrationsverfahren der Neutronen-Transportgleichung Kurven für die Flußdepression auf der Achse von scheibenförmigen Goldsonden in Leichtwasser als Funktion von R und z berechnet. Abbildung 1.4.IV zeigt gemessene Korrekturen κ_φ für die Flußdepression H, die eine im Abstand z befindliche In-Sonde mit Radius R in Graphit ausübt, im Vergleich mit Kurven nach Gleichung (1.4.22). Die Messung erfolgte mit sehr kleinen Dysprosium-Sonden, deren eigener Beitrag zur Störung vernachlässigbar war. Man sieht, daß in unmittelbarer Nähe der In-Sonde Formel (1.4.22) viel zu kleine κ_φ-Werte liefert, was darauf zurückzuführen ist, daß für solche Abstände z, die kleiner als eine Streuweglänge sind, die Diffusionstheorie nicht angewendet werden darf. Für große z reicht die berechnete Näherung jedoch aus und liefert eine brauch-

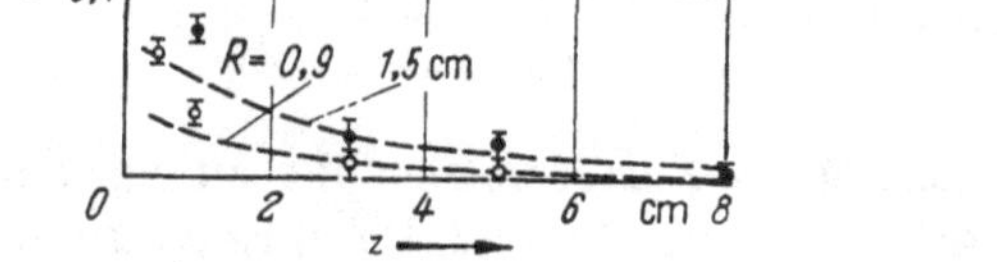

Abb. 1.4.IV.
Korrektur $\kappa_\varphi (z)$ zur Flußdepression durch im Abstand z befindliche In-Sonde mit Radius R in Graphit (nach [14–26]).

bare Abschätzung für den Mindestabstand z, von dem an der gegenseitige Einfluß mehrerer Detektoren in einer Meßanordnung vernachlässigt werden darf.
In diesem Zusammenhang seien noch zwei Arbeiten erwähnt, die bei der Bestimmung von Flußstörungen nützlich sein können, wenn eine Neutronen-Meßanordnung in einem Reaktor angebracht wird. In [14-27] wurde die Transmission thermischer Neutronen durch Cadmiumbleche verschiedener Dicke gemessen und mit rechnerischen Werten verglichen, wobei befriedigende Übereinstimmung festgestellt wurde. In [14-28] wurde der Einfluß der gegenseitigen Abschirmung resonanzabsorbierender Platten (z. B. aus Uran) theoretisch und experimentell untersucht.
Die in der Sonde induzierten Sekundärstrahlungen sollten nach unserer Voraussetzung beim Durchgang durch das Sondenvolumen so wenig gestört werden, daß die gesamte Störung sich durch das Produkt aus der Registrierwahrscheinlichkeit p_D der Sekundärstrahlung und der Neutronenflußstörung K darstellen läßt. Handelt es sich aber um eine Aktivierungssonde mit relativ großem Flächengewicht $\delta = d\rho$, deren sekundäre Beta-Strahlung gemessen werden soll, dann gilt wegen der Beta-Selbstabsorption in der Sonde für die gemeinsame Störung $K(n, \beta)$ für Neutronen und Beta-Teilchen nicht mehr der Produktansatz $p_D(\beta) \cdot K(n)$ [11-2]. In anisotropen Neutronenfeldern zeigt die Aktivierung dicker Sonden Abhängigkeit vom Orientierungswinkel der Sonde im Feld.
Da bei Beta-Strahlen-Messung unter Umständen eine beträchtliche Korrektur für die Selbstabsorption notwendig ist, die durch das exponentielle Schwächungsgesetz auch nur näherungsweise beschrieben werden kann, wird bei experimentellen Bestimmungen der Neutronen-Flußstörung K (und ebenso bei sonstigen Neutronenflußbestimmungen mit dickeren Aktivierungssonden) bevorzugt die in der Sonde entstehende Gammastrahlung gemessen; jedoch darf auch die (natürlich beträchtlich kleinere) Gamma-Selbstabsorption nicht völlig vernachlässigt werden. Inwiefern Beta- und Gamma-Messungen der Sondenaktivitäten bei Filteranwendung zu abweichenden Ergebnissen führen können, wurde oben bei Besprechung experimenteller Bestimmungen des Cadmium-Korrekturfaktors F_{Cd} angegeben. Unter Umständen muß man auch für die Schwankung der Zählausbeute über die Sondenfläche korrigieren [14-29]; man erwartet im allgemeinen eine verminderte Ausbeute in Nähe der Sondenecken. Die daraus entstehende Überbewertung der Zentralregion, wo die Aktivität am stärksten reduziert ist, würde auf fälschlich zu kleine K-Werte führen.

Sonderfälle. Die praktischen Beispiele bzw. die bekannten Arbeiten zu diesem Abschnitt bezogen sich alle auf Aktivierungssonden, bei denen die Flußstörungskorrektur regelmäßig gebraucht wird. Natürlich muß diese Korrektur sinngemäß auch auf andere Neutronendetektortypen mit entsprechend großem Flächengewicht Anwendung finden.

Die Absorptionsquerschnitte für schnelle Neutronen sind so klein, daß in ihrem Energiebereich neben der Flußdepression auch die Selbstabschirmung praktisch immer vernachlässigt werden kann. Man muß aber dafür sorgen, daß nicht Streuprozesse im Detektorhalter unter Umständen zu einer Verfälschung des zu messenden Neutronenspektrums führen können. Der Detektorhalter soll deshalb entweder eine relativ kleine Wandstärke haben oder aus einem Material mit kleinem Streuquerschnitt Σ_s im betreffenden Energiebereich und mit kleinem mittleren Energieverlust pro Stoß bzw. kleinem ξ bestehen: also etwa aus Aluminium anstelle einer wasserstoffhaltigen Substanz. Im Gegensatz dazu wird man bei Messungen thermischer Flußdichten [X, 11-7, 14-5] einen Detektorhalter von ähnlicher chemischer Zusammensetzung wählen, wie sie das Medium besitzt: z. B. in Wasserumgebung Polymethacrylsäureester (z. B. Plexiglas®), wenn die erwarteten Neutronen- und Gammafluenzen nicht zu hoch sind.

1.5. Zeitabhängige Korrekturen

Zeitfaktor für Bestrahlungs-, Warte- und Meßzeit – Zerfall der Spaltproduktaktivität – Komplexe Korrekturen (zeitvariable Bestrahlung, Abbrand, Familienaktivierung)

Zeitfaktor für Bestrahlungs-, Warte- und Meßzeit. Bei der Reaktionsgleichung (1.3.10) hatten wir einen Zeitfaktor eingeführt. Er ist im allgemeinsten Fall abhängig von drei zeitlichen Variablen: der *Bestrahlungszeit* t_B, während der die Meßsonde der Neutronenbestrahlung ausgesetzt ist; der *Wartezeit* t_W, die vom Bestrahlungsende bis zum Beginn der Messung dauert; und der *Meßzeit* t_M, d. i. die Dauer der Messung für die betreffende Meßsonde. Bequemlichkeitshalber normieren wir den Zeitfaktor τ so, daß

$$\tau = 1 \tag{1.5.1}$$

ist, falls keine Abhängigkeit von den drei genannten Zeitintervallen vorliegt. Keine Abhängigkeit haben wir z. B. bei den direktanzeigenden Sonden, bei denen die gemessene Reaktionsrate R entsprechend Gleichung (1.3.8) der zu bestimmenden Flußdichte direkt proportional ist. Anders ist es bei solchen Meßverfahren, bei denen ein zeitabhängiger physikalischer oder chemischer Vorgang stattfindet: z. B. der Aufbau und Zerfall einer Radioaktivität oder die Änderung von mechanischen, elektrischen oder optischen Materialkonstanten oder die Zersetzung einer chemischen Verbindung. Nach der Normierung in Gleichung (1.5.1) ist $\tau = 1$ zu setzen für den Fall, daß die Nachweiseffektrate (mit genügend guter Näherung) ihr *Sättigungsgleichgewicht* während der Bestrahlung erreicht hat und daß sich die Anzahl der eintretenden Effekte während der darauffolgenden Wartezeit und Meßzeit – z. B. durch radioaktiven

Zerfall oder durch Ausheilen von Störstellen in Festkörpern usw. – nicht (merklich) ändert.

Wir beschränken uns hier auf die Betrachtung solcher Neutronenreaktionen, die auf *radioaktive Zerfälle* führen. Im einfachsten Fall führt das betrachtete *Ausgangsnuklid* einer Meßsonde mit dem Wirkungsquerschnitt $\sigma^{(0)}$ in der Flußdichte φ zur Aktivierung von N_1 Kernen einer einzigen Nuklidart mit der Zerfallskonstanten λ_1. Strahlenabsorption in der Sonde und Flußstörungen seien hier vernachlässigt. Die Anzahlen der vorhandenen Atomkerne N_0 des Ausgangsnuklids und der Kerne N_1 des erzeugten Meßnuklids sollen bei Exposition in der Flußdichte φ zunächst unverändert bleiben; wir setzen also voraus, daß kein Abbrand stattfindet. φ bleibe konstant während der Bestrahlungszeit t_B. Dann gilt während $0 \leqslant t \leqslant t_B$:

$$N_1'(t) = N_0 \sigma^{(0)} \varphi - \lambda_1 N_1(t) \qquad (1.5.2)$$

mit der Lösung:

$$N_1(t) = \frac{N_0 \sigma^{(0)} \varphi}{\lambda_1} [1 - e^{-\lambda_1 t}]. \qquad (1.5.3)$$

Die Aktivität A des Radionuklids (mit Index 1) beträgt bekanntlich:

$$A_1 = \lambda_1 N_1(t) , \qquad (1.5.3a)$$

sie ist also gleich der Zerfallswahrscheinlichkeit eines Kerns pro Zeiteinheit mal der Anzahl der vorhandenen Kerne. Für $t_B \leqslant t \leqslant t_B + t_W$ erhält man mit $\varphi = 0$ in Gleichung (1.5.2)

$$N_1(t) = N_1(t_B) e^{-\lambda_1 t} . \qquad (1.5.4)$$

Der Zeitfaktor $\tau(t_B, t_W)$ setzt sich multiplikativ zusammen aus den Einzelfaktoren $\tau_B(t_B)$ und $\tau_W(t_W)$ nach Gleichungen (1.5.3) und (1.5.4). Den Zeitfaktor für die Meßzeit $\tau_M(t_M)$ bestimmen wir nun so, daß er ebenso als Einzelfaktor in den gesamten Zeitfaktor $\tau(t_B, t_W, t_M)$ eingeht. Waren ursprünglich (bei $t_W = 0$) N_{10} radioaktive Kerne vorhanden, so sind es nach t_W noch $N_{10} e^{-\lambda_1 t_W}$ und nach $t_W + t_M$ noch $N_{10} e^{-\lambda_1(t_W+t_M)}$. Innerhalb des Zeitraums t_M zerfallen also (s. Abbildung 1.5.I):

$$\Delta N_1 = N_{10} \{e^{-\lambda_1 t_W} - e^{-\lambda_1(t_W+t_M)}\} = N_{10} e^{-\lambda_1 t_W}(1 - e^{-\lambda_1 t_M}) \qquad (1.5.5)$$

Atomkerne. Nun ist aber die mittlere Aktivität während t_M gleich $\bar{A}_1 = \Delta N_1/t_M$ und $A_1(t) = \lambda_1 N_1(t)$. Also ist:

$$\bar{A}_1 t_M = \frac{A_1(t_W)}{\lambda_1} (1 - e^{-\lambda_1 t_M})$$

und (1.5.6)

$$\tau_M(t_M) = \frac{\bar{A}_1}{A_1(t_W)} = \frac{1 - e^{-\lambda_1 t_M}}{\lambda_1 t_M} .$$

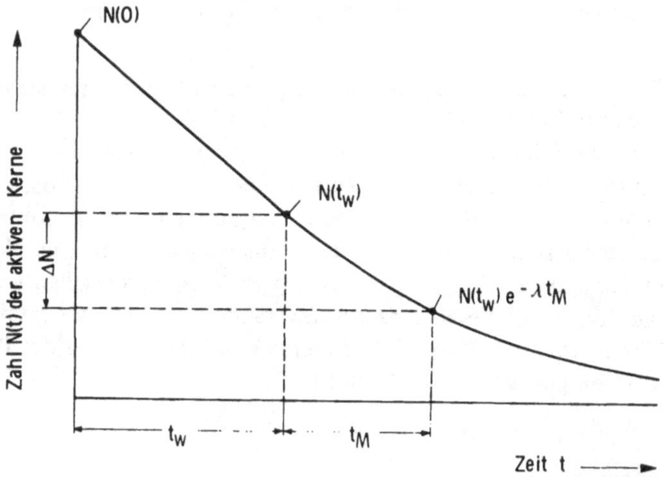

Abb. 1.5.I.
Veranschaulichung der Zeitfaktoren für Warte- und Meßzeit. N (0): Anzahl radioaktiver Kerne bei Bestrahlungsende

τ_W bzw. τ_M gehen beide für $t_W = 0$ bzw. $t_M = 0$ in 1 über, für $t_W > 0$ bzw. $t_M > 0$ sind sie immer < 1. Der Zeitfaktor für die Radioaktivität einer Neutronenmeßsonde lautet also, wobei nach Gleichung (1.5.1) $N_0\, \sigma^{(0)}/\lambda_1 = 1$ zu normieren ist:

$$\tau(t_B, t_W, t_M) = \tau_B(t_B)\, \tau_W(t_W)\, \tau_M(t_M)$$

mit:

$$\tau_B(t_B) = 1 - e^{-\lambda_1 t_B}, \quad \tau_W(t_W) = e^{-\lambda_1 t_W}, \quad \tau_M(t_M) = \frac{1 - e^{-\lambda_1 t_M}}{\lambda_1 t_M}\,. \qquad (1.5.7)$$

Es ist $0 \leqslant \tau(t_B, t_W, t_M) \leqslant 1$. Die drei Zeitfaktoren τ_B, τ_W und τ_M findet man tabuliert z. B. in [11-1] (nach leichten Umrechnungen). Hingewiesen sei noch auf folgende Veröffentlichungen: [15-1] enthält eine Tabelle der Aktivitäten aller wichtigen Radionuklide nach verschiedenen vorgegebenen Aktivierungsdauern im thermischen oder Spalt-Neutronenfluß; [15-2] beschreibt zwei Rechenstäbe, mit deren Kombination man die Gleichung (1.5.3) auswerten kann.

Zerfall der Spaltproduktaktivität. Der Abfall der β- oder γ-Emission von Spaltprodukten nimmt nach Stattfinden des Spaltprozesses ab proportional $t_W^{-1,2}$ (für $10\,s \lesssim t_W \lesssim$ mehrere Wochen), wobei t_W in Tagen zu rechnen ist [15-3]. Bestrahlt man eine Folie, die N_0 spaltbare Kerne (z. B. ^{235}U) mit dem Spaltquerschnitt $\sigma^{(0)}$ enthält, mit der Flußdichte φ über den (ebenfalls in Tagen zu rechnenden) Zeitraum t_B, dann beträgt die β- bzw. γ-Aktivität der Spaltprodukte nach der Wartezeit t_W:

$$A = N_0\, \sigma^{(0)}\, \varphi\, \tau(t_B, t_W) \quad \text{mit} \quad \tau = 5\, A_0\, t_0^{1,2}\, [t_W^{-0,2} - (t_B + t_W)^{-0,2}]\,. \qquad (1.5.8)$$

Darin ist die (auf ein Teilchen oder Quant pro Spaltprozeß bezogene) Konstante $A_0 = 3{,}8 \cdot 10^{-6}\,s^{-1}$ oder $= 1{,}9 \cdot 10^{-6}\,s^{-1}$, je nachdem, ob durch A in Gleichung (1.5.8) die β- oder die γ-Emission der spaltbaren Substanz dargestellt wird. t_0 hat die Länge eines Tages. Die Messung von A kann z. B. durch die Messung der Radioaktivität auf Fangfolien geschehen, die einen bestimmten Bruchteil der in der Spaltfolie erzeugten Spaltprodukte auffangen.

Komplexe Korrekturen (Zeitvariable Bestrahlung, Abbrand, Familienaktivierung). Zunächst sei vorausgesetzt, daß die Flußdichte im Zeitintervall $0 < t_B^{(1)} \leqslant t \leqslant t_B^{(1)} + t_W^{(1)} < t_B$ verschwindet, im übrigen aber von $t = 0$ bis t_B konstant $= \varphi$ ist. Mit dem Anfangswert

$$N_1\,(t_B^{(1)} + t_W^{(1)}) = \frac{N_0\,\sigma^{(0)}\,\varphi}{\lambda_1}\,[1 - e^{-\lambda_1 t_B^{(1)}}]\,e^{-\lambda_1 t_W} \tag{1.5.9a}$$

gilt dann statt Gleichung (1.5.3) im Zeitintervall $t_B^{(1)} + t_W^{(1)} \leqslant t \leqslant t_B^{(1)} + t_W^{(1)} + t_B^{(2)} \equiv t_B$:

$$N_1\,(t) = \frac{N_0\,\sigma^{(0)}\,\varphi}{\lambda_1}\left\{1 - [1 - (1 - e^{-\lambda_1 t_B^{(1)}})\,e^{-\lambda_1 t_W^{(1)}}]\,e^{-\lambda_1 t_B^{(2)}}\right\}. \tag{1.5.9b}$$

Während des zweiten Bestrahlungszeitraums lautet der Zeitfaktor also:

$$\tau(t_B^{(1)}, t_W^{(1)}, t_B^{(2)}) = 1 - [1 - \tau(t_B^{(1)}, t_W^{(1)})]\,e^{-\lambda_1 t_B^{(2)}}, \tag{1.5.10}$$

wobei für $\tau(t_B^{(1)}, t_W^{(1)})$ die Zeitfaktoren nach Gleichung (1.5.7) einzusetzen sind. Der noch allgemeinere Fall, daß die Flußdichte während verschieden langer Zeitintervalle $t_B^{(1)}, \ldots, t_B^{(l)}, \ldots, t_B^{(n)}$ unterschiedliche konstante Werte $\varphi_1, \ldots, \varphi_l, \ldots, \varphi_n$ einnehmen und in den dazwischen liegenden verschieden langen Zeiträumen $t_W^{(1)}, \ldots, t_W^{(l)}, \ldots, t_W^{(n)}$ verschwinden soll, verlangt 2 n-maliges Auseinanderstückeln von Lösungen der Differentialgleichung (1.5.2). Dabei ist während der $t_B^{(l)}$ $\varphi = \varphi_l$ und während der $t_W^{(l)}$ $\varphi = 0$ einzusetzen und $N_1\,(t)$ an den Übergangsstellen stetig zu behandeln. Man erhält dann als *Zeitfaktor bis nach der nten Bestrahlungszeit,* in der der Fluß $\varphi = \varphi_n$ betrage [11-19, 15-4],

$$\tau(t_B^{(1)}, t_W^{(1)}; \ldots; t_B^{(l)}, t_W^{(l)}; \ldots; t_B^{(n)}, t_W^{(n)}) = \sum_{l=1}^{n} \frac{\varphi_l}{\varphi_n}\,(1 - e^{-\lambda_1 t_B^{(l)}})\,e^{-\lambda_1 t_{W,l}} \tag{1.5.11}$$

Darin bedeutet:

$$t_{W,l} = \sum_{k=l}^{n} t_W^{(k)} + \sum_{k=l+1}^{n} t_B^{(k)} \tag{1.5.11a}$$

die Zeit zwischen dem Ende der l-ten Bestrahlungszeit und dem Beginn der

Messung; eine durch $k > n$ gekennzeichnete leere Summe ist gleich Null zu setzen.

Eine andere Komplizierung gegenüber dem durch Gleichung (1.5.7) angegebenen Zeitfaktor entsteht beim Auftreten von *Abbrand* sowohl beim Ausgangsnuklid N_0 wie beim Meßnuklid N_1. Bezeichnen wir wie bisher das Ausgangsnuklid mit dem Index 0, das *Meßnuklid* mit dem Index 1 und das *Abbrandprodukt* des Meßnuklids mit dem Index 2, dann gelten für diese drei Nuklide folgende Differentialgleichungen:

$$\begin{aligned} N_0'(t) &= -\sigma^{(0)}\varphi N_0(t)\,, \\ N_1'(t) &= +\sigma^{(0)}\varphi N_0(t) - \lambda_1 N_1(t) - \sigma^{(1)}\varphi N_1(t)\,, \\ N_2'(t) &= \qquad\qquad\qquad + \sigma^{(1)}\varphi N_1(t) - \lambda_2 N_2(t)\,. \end{aligned} \tag{1.5.12}$$

Ihre Lösungen sind, wenn wir $N_0(t=0) \equiv N_{00}$ nennen,

$$\begin{aligned} N_0(t_B) &= N_{00}\, e^{-\sigma^{(0)}\varphi t_B}\,, \\ N_1(t_B) &= \frac{N_{00}\,\sigma^{(0)}\varphi}{\lambda_1 + (\sigma^{(1)} - \sigma^{(0)})\varphi}\left[e^{-\sigma^{(0)}\varphi t_B} - e^{-(\lambda_1 + \sigma^{(1)}\varphi)t_B}\right], \end{aligned} \tag{1.5.13}$$

$$N_2(t_B) = \frac{N_{00}\,\sigma^{(0)}\sigma^{(1)}\varphi^2}{\lambda_1 + (\sigma^{(1)} - \sigma^{(0)})\varphi}\left[\frac{e^{-\sigma^{(0)}\varphi t_B} - e^{-\lambda_2 t_B}}{\lambda_2 - \sigma^{(0)}\varphi} + \frac{e^{-(\lambda_1+\sigma^{(1)}\varphi)} - e^{-\lambda_2 t_B}}{\lambda_1 - \lambda_2 + \sigma^{(1)}\varphi}\right].$$

Der Bestrahlungszeitfaktor für das Meßnuklid lautet also, anstelle des in Gleichung (1.5.7) angegebenen Werts,

$$\tau_{B,Abbr}(t_B) = \frac{1}{1 + (\sigma^{(1)} - \sigma^{(0)})\varphi/\lambda_1}\left[e^{-\sigma^{(0)}\varphi t_B} - e^{-(\lambda_1+\sigma^{(1)}\varphi)t_B}\right]. \tag{1.5.13a}$$

In der Praxis ist die maximale Neutronenfluenz $\mathrm{Max}(\varphi t_B)$ interessant, bis zu welcher hinauf man den Abbrand noch vernachlässigen und τ_B nach Gleichung (1.5.7) auswerten kann. Wir führen die Abweichung:

$$f_{Abbr} \equiv (\tau_B - \tau_{B,Abbr})/\tau_B \tag{1.5.14}$$

ein, worin wir das in Gleichung (1.5.13a) angegebene $\tau_{B,Abbr}$ mit τ_B nach Gleichung (1.5.7) vergleichen. Unter der Voraussetzung $t_B \lesssim 0{,}65\, t_{1/2}^{(1)}$ gilt dann näherungsweise:

$$\mathrm{Max}(\varphi t_B) \approx \frac{2 f_{Abbr}}{\sigma^{(1)}}(1 - \lambda_1 t_B)\,. \tag{1.5.15}$$

Als f_{Abbr} muß man eine noch als tragbar erscheinende Fehlerschranke vorgeben. Ist die Abbrandkorrektur nicht mehr vernachlässigbar, dann schreiben wir:

$$\tau_{B,Abbr} = \tau_B(1 - f_{Abbr})\,. \tag{1.5.16}$$

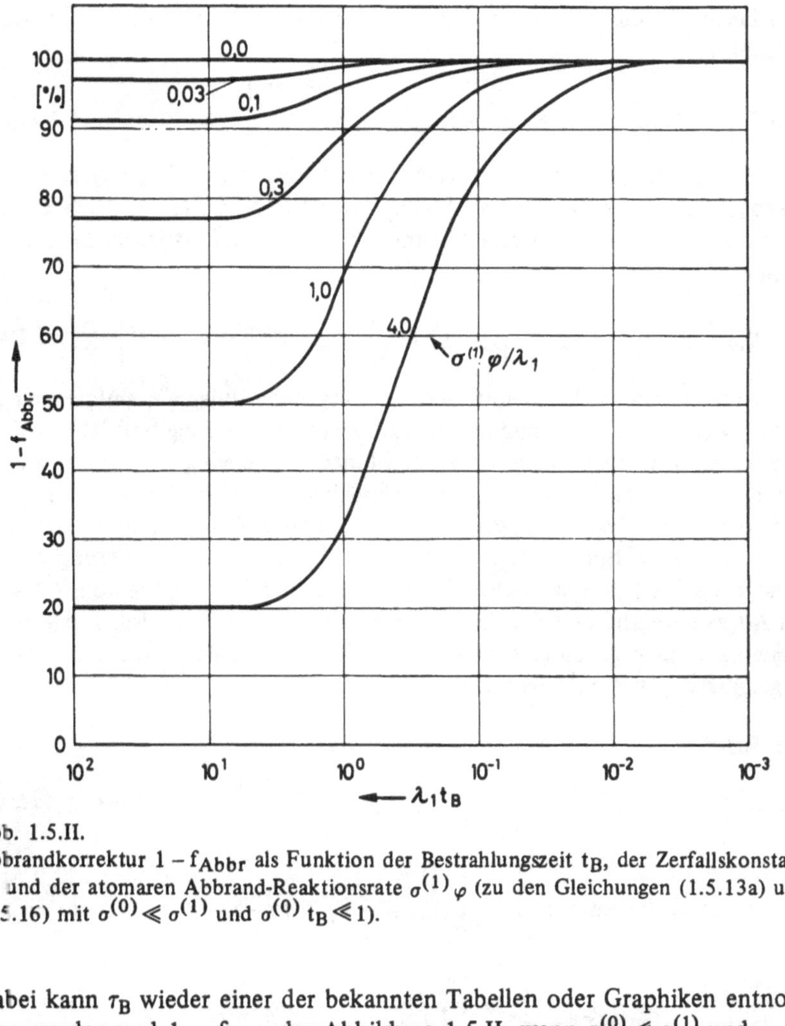

Abb. 1.5.II.
Abbrandkorrektur $1 - f_{Abbr}$ als Funktion der Bestrahlungszeit t_B, der Zerfallskonstanten λ_1 und der atomaren Abbrand-Reaktionsrate $\sigma^{(1)}\varphi$ (zu den Gleichungen (1.5.13a) und (1.5.16) mit $\sigma^{(0)} \ll \sigma^{(1)}$ und $\sigma^{(0)}\, t_B \ll 1$).

Dabei kann τ_B wieder einer der bekannten Tabellen oder Graphiken entnommen werden und $1 - f_{Abbr}$ der Abbildung 1.5.II, wenn $\sigma^{(0)} \ll \sigma^{(1)}$ und $\sigma^{(0)} \varphi\, t_B \ll 1$ vorausgesetzt werden.

Eine dritte öfter auftretende Komplizierung der einfachsten Betrachtung, die uns oben auf Gleichung (1.5.7) geführt hat, besteht darin, daß entweder das radioaktive Meßnuklid Tochteraktivität(en) hat, die die Aktivitätsmessung stören, oder daß das Meßnuklid bei der Aktivierung (teilweise) als Tochteraktivität eines isomeren Zwischenzustands entsteht. Das Mutternuklid habe den Index A, das Tochternuklid den Index B. Wird das Tochternuklid nur über das Mutternuklid aktiviert, dann gilt für ersteres:

$$N'_B(t) = N_0\, \sigma^{(0)} \varphi\, [1 - e^{-\lambda_A t}] - \lambda_B N_B(t)\,. \qquad (1.5.17)$$

Der Zeitfaktor für die Bestrahlungszeit lautet dann mit $N_0\,\sigma^{(0)}/\lambda_B = 1$ für das Tochternuklid:

$$\tau_B^{(B)}(t_B) = \frac{1}{1 - \lambda_A/\lambda_B}\left\{1 - e^{-\lambda_A t_B} - \frac{\lambda_A}{\lambda_B}\,[1 - e^{-\lambda_B t_B}]\right\}. \quad (1.5.18)$$

Für die Mutteraktivität (A) gilt natürlich die in Gleichung (1.5.7) angegebene Produktdarstellung des Zeitfaktors $\tau^{(A)}(t_B, t_W) = \tau_B^{(A)}\tau_W^{(A)}$. Für die Tochteraktivität erhält man jedoch, wenn wir uns auf den Verlauf während Bestrahlungs- und Wartezeit beschränken,

$$\tau^{(B)}(t_B, t_W) = \frac{1}{1 - \lambda_A/\lambda_B}\left\{\tau^{(A)}(t_B, t_W) - \frac{\lambda_A}{\lambda_B}\,[1 - e^{-\lambda_B t_B}]\,e^{-\lambda_B t_W}\right\}. \quad (1.5.19)$$

Eine Zusammenfassung der Komplizierungen gegenüber unserem einfachsten Fall nach Gleichung (1.5.7) müßte Mutter-Tochter-Aktivierung und Abbrand in beliebig vielen Generationen mit Bestrahlungen in beliebig schwankenden Flüssen mit beliebigen Unterbrechungen einschließen. Abgesehen von Flußschwankungen und Bestrahlungsunterbrechungen wird diese Verallgemeinerung in [15-5] behandelt. Ein wichtiges Beispiel für Nebeneinanderaktivierung und Abbrand eines Mutter- und Tochter-Isotops bietet die Bestrahlung von ^{58}Ni, das als Ausgangsnuklid zur Fluenzmessung vielfach verwendet wird. Das Reaktionsschema ist in Abbildung 1.5.III dargestellt. Vernachlässigt man λ_B und $\sigma_{th}^{(B)}$ gegenüber λ_A und $\sigma_{th}^{(A)}$, so erhält man [15-6, 7]:

$$\tau^{(B)}(t_B, t_W) =$$

$$\left\{\left(\frac{S_A}{X_A} + S_B\right)\frac{1 - e^{-X_B\lambda_B t_B}}{X_B} + \frac{\lambda_B}{\lambda_A}\,S_A\,\frac{X_A - 1}{X_A}\,\frac{1 - e^{-X_A\lambda_A t_B}}{X_A}\right\} e^{-\lambda_B t_W}\,. \quad (1.5.20)$$

Die Abkürzungen bedeuten: $S_A \equiv \dfrac{\bar\sigma_{(f)}^{(A)}}{\bar\sigma_{(f)}^{(A)} + \bar\sigma_{(f)}^{(B)}}, S_B \equiv 1 - S_A,\; X_i \equiv 1 + \dfrac{\sigma^{(i)}\,\varphi_{th}}{\lambda_i}$.

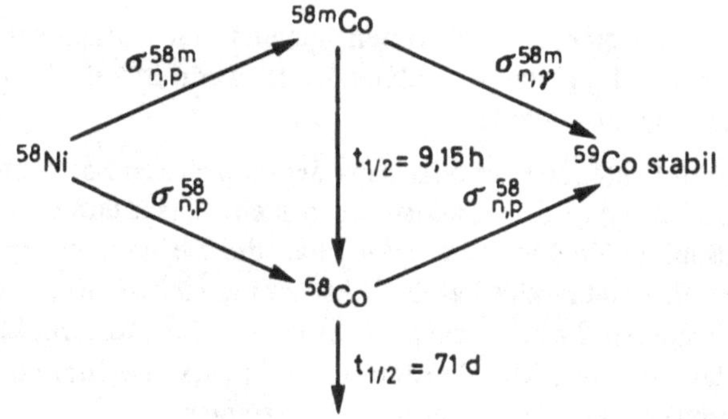

Abb. 1.5.III.
Reaktionsschema für ^{58}Ni (n, p).

$X_i - 1 = \dfrac{\sigma^{(i)} \varphi_{th}}{\lambda_i}$ ist der in Abbildung 1.5.II auftretende Abbrandparameter.

Der in Gleichung (1.5.20) angegebene Zeitfaktor ist – normiert auf $\tau_B \tau_W$ nach Gleichung (1.5.7) – graphisch und numerisch tabuliert [15-6]. Wenn der isomere Zwischenzustand ^{58m}Co bis zur Sättigung aktiviert ist, kann man in Gleichung (1.5.20) noch das zweite Glied ($\sim \lambda_B/\lambda_A$) vernachlässigen. Diese Vernachlässigungen zusammen führen zu einem Fehler $\lesssim 2\%$, wenn man ^{58}Ni für $t_B \gtrsim 1$ d in der thermischen Flußdichte $\varphi_{th} \leqslant 5 \cdot 10^{13}$ cm^{-2} s^{-1} bestrahlt und dann während $t_W \gtrsim 2$ d abklingen läßt.

2. Die wichtigsten Neutronendetektoren

2.1. Neutronen-Nachweisverfahren

Alle Neutronen-Nachweisverfahren werden durch die Ausnutzung geeigneter Neutronenreaktionen ermöglicht. Wir sahen in Kapitel 1, welche Neutronenreaktionen es gibt und welche für den Neutronennachweis brauchbar sind; wir besprachen dort weiter die Meßgrößen des Neutronenfelds, in welchem Zusammenhang diese mit den Reaktionsraten stehen, über die der Nachweis erfolgt; und schließlich, welche Korrekturen bei der Formulierung dieses Zusammenhangs von Bedeutung sind. Als *Neutronen-Nachweis* wollen wir jede Art einer technischen Möglichkeit verstehen, mit deren Hilfe Neutronen registriert werden können. Die Anwendbarkeit einer der verschiedenartigen Nachweismöglichkeiten beruht außer auf einer bestimmten *Nachweisreaktion* noch auf einem bestimmten *Nachweiseffekt*. Da Neutronen *indirekt ionisierende Teilchen* [IV-6814] sind, benutzt man am häufigsten Nachweisreaktionen, bei denen direkt ionisierende Teilchen oder Gammaquanten als Sekundärteilchen erzeugt werden. (Neutronen-)Nachweiseffekte nennen wir alle die physikalischen oder chemischen Effekte, die den Nachweis von (Sekundär-)Teilchen ermöglichen. Ionisierende Teilchen können als Sekundärteilchen zum Beispiel in einem Gasraum oder einem Festkörper freie Elektronen und Ionen entstehen lassen, wodurch bei Anlegung eines elektrischen Feldes Ladungen gesammelt werden können. Oder angestoßene Teilchen können Elektronen-Löcher-Paare in Festkörpern erzeugen, wodurch (über Sekundärreaktionen) Spuren sichtbar gemacht werden können oder Änderungen physikalischer Eigenschaften des Festkörpers (Verfärbung, Widerstandsänderung u. a.) eintreten. Die bekannten Nachweiseffekte findet man in Darstellungen der Strahlenmeßtechnik zusammengestellt und beschrieben. Auf ihre neutronenmeßtechnischen Anwendungen gehen wir in diesem Kapitel ein.

Beim (Neutronen-)Nachweis wird die *Meßgröße* in eine *Anzeige* umgewandelt. Letztere ist zum Beispiel ein ablesbarer Ausschlagwinkel an einem Zeigerinstrument oder eine digital dargestellte Impulszahl. Als (Neutronen-)Nachweis [21-1] (englisch Detection [21-2]) verstehen wir nach dem bisher Gesagten allgemein die Möglichkeit zur Registrierung von Strahlungsteilchen (in unserem Fall Neutronen). Man unterscheidet (mit Benennungen nach [VIII-45] und [21-3]) Nachweis mit angebbarer Standardabweichung – hier als *Messung* bezeichnet (englisch *Measurement*) – und Nachweis ohne angebbare Standardabweichung – *Überwachung* genannt (englisch *Survey* oder *Indication*).

Wir sprechen in dieser Monographie vorzugsweise von der (im ebengenannten Sinn verengernd gemeinten) *Meßtechnik*, d. h. wir betrachten solche Nachweisverfahren, die für eine der Meßgrößen – absolut oder relativ – kalibriert sind. (Neutronen-)Nachweis- bzw. *Meßeinrichtung* (englisch *Detection System*) soll eine Einrichtung genannt werden, die zum Nachweis von Neutronen dient und dazu „das Auffinden einer quantitativen Beziehung zwischen physikalischen Größen" [IV-1319] in experimentellen Verfahren erlaubt. Jede Meßeinrichtung wird als zusammengesetzt betrachtet aus einem (oder mehreren) Detektor(en), die dem Strahlen- bzw. Neutronen-Feld ausgesetzt werden, und der dem Detektor nachgeschalteten Meßapparatur (Measuring Apparatus).

Dieses Kapitel soll in Wirkungsweise und Eigenschaften der wichtigsten Neutronendetektoren einführen und einige weitere untersuchte Typen erwähnen. Grundtypen der Neutronendetektoren sind: *Aktivierungssonden* (s. Abschnitt 2.2), *direktanzeigende Detektoren* und solche nach *chemischen und physikalischen Verfahren* (behandelt in den Abschnitten 2.5 und 2.6). Bei den direktanzeigenden Detektoren unterscheidet man *stromanzeigende (Mean-Level* resp. *Current-Type Detectors)* und *impulsanzeigende (Pulse-Type Detectors);* bei ersteren wird eine gemittelte elektrische Stromstärke, bei letzteren werden einzelne Impulse registriert (s. Abschnitte 2.3, 2.4). Während die Detektoren für die Neutronenmeßtechnik spezifisch sind, können wir die (auch anderwärts verwendeten) Meßapparaturen als bekannt voraussetzen. Fragestellungen der Neutronenmeßtechnik behandeln wir vertieft in den folgenden Kapiteln (3 bis 5). An zusammenfassender Literatur über Neutronen- bzw. Strahlen-Detektoren nennen wir die älteren Darstellungen [11-2, 4, 21-2, 3, 5, 6, 7] und die neueren [11-7, 21-8, 9]. Eine (ältere) Bibliographie ist enthalten in [21-10].

2.2. Aktivierungsdetektoren

Anwendbare Reaktionen und Annahmen über die Meßmedien – Messung in verschiedenen Energiebereichen (Verwendung von Filtern und Paketen) – Spektrale Aussagen (im thermischen Bereich) – Detektoren und Filter: Auswahl und Technologie – Aktivitätsmessung

Anwendbare Reaktionen und Annahmen über die Meßmedien. Das Prinzip der Neutronenflußmessung mit Aktivierungs-Detektoren oder -Sonden – allgemeine Literatur darüber z. B. [11-2, 7, 8, 22-1, 2] – ist denkbar einfach: man bestrahlt in der zu messenden Flußdichte φ ein Stückchen Materie, wodurch eine Radioaktivität A induziert wird. Wenn A der Flußdichte φ proportional ist, kann man durch Bestimmung der Aktivität A (bzw. einer zu A proportionalen Größe) den Wert von φ absolut (bzw. relativ) angeben. Den rechnerischen Zusammenhang zwischen A und φ findet man für den einfachsten aber häufig zutreffenden Fall dargestellt durch Gleichung (1.5.3) mit den dazugehörigen Erläuterungen. Das erwähnte „Stückchen Materie" wird gewöhnlich als *Aktivierungssonde* bezeichnet. Das Nuklid, dessen Aktivierung in der Flußdichte φ vorgesehen ist, nennen wir *Ausgangsnuklid*. Das erwartete Radionuklid, das bei der Bestrahlung des Ausgangsnuklids entsteht, soll *Meßnuklid* heißen. Die Neutronenreaktion, die vom Ausgangsnuklid zum Meßnuklid führt, soll Nachweis- oder Meßreaktion heißen. Alle übrigen Neutronen-Absorptionsreaktionen, die in der Sonde auftreten, sind *Störreaktionen*. Diese sind natürlich nicht auf das Ausgangsnuklid beschränkt, sondern können mit allen in der Sonde ursprünglich vorhandenen oder durch die Bestrahlung gebildeten Nukliden stattfinden. Man reduziert die Zahl der Störreaktionen, wenn man Aktivierungssonden benutzt, die in möglichst großer Reinheit nur das Ausgangsnuklid enthalten. Grundsätzlich unvermeidlich sind mögliche Störreaktionen mit dem Ausgangsnuklid oder dem Meßnuklid. Dabei kann es sich um andere Reaktionstypen handeln – z. B. (n, p) neben (n, γ) – oder um Abbrandreaktionen, um Reaktionen, die zu isomeren Nukliden führen sowie um Sekundärreaktionen (Mutter-Tochter-Aktivierungen) des Meßnuklids.

Die Brauchbarkeit eines Materials als Aktivierungssonde wird durch seine neutronenphysikalischen, radiologischen und technologischen Eigenschaften bestimmt. Über die neutronenphysikalischen Eigenschaften entscheiden die Reaktionsgleichungen (1.3.9) bzw. (1.3.10); innerhalb eines bestimmten Energiebereichs ist auf die spektrale Ansprechfunktion $r_E^{(D)}$ des Detektors D zu achten, s. Gleichung (1.1.32). Bei Aktivierungsreaktionen ist das *Ansprechintegral* r identisch mit der atomaren (d. h. auf ein Atom des Ausgangsnuklids bezogenen) *Aktivierung oder Sättigungsaktivität* a (mit Zeitfaktor $\tau = 1$; s. Gleichung (1.5.1) ff.)

$$a \equiv r \,. \tag{2.2.1}$$

Im thermischen und intermediären Bereich kommt als Meßreaktion nur der Strahlungseinfang in Frage. Zur Flußdichtebestimmung schneller Neutronen ist er ungeeignet; denn sein Wirkungsquerschnitt ist im schnellen Bereich um mehrere Zehnerpotenzen kleiner als für thermische Neutronen, so daß eine geringe Zahl ebenfalls vorhandener thermischer Neutronen die Aktivierung merklich verfälschen würde. Deshalb benutzt man zum Nachweis schneller Neutronen Schwellenreaktionen, die erst im Bereich schneller Neutronen einsetzen; einige wichtige Beispiele sind in Abbildung 1.1.IV zusammengestellt. Durch Nebeneinanderverwendung von Aktivierungssonden mit Einfang- und Schwellenreaktionen kann man also den thermischen und intermediären Bereich einerseits und den schnellen Bereich andererseits gleichzeitig erfassen. Die Trennung der zum thermischen und zum intermediären Bereich gehörigen Neutronen geschieht mittels des Differenz- oder des Paketverfahrens und wird unten behandelt.

Zur *Messung schneller Reaktorneutronen* wird über das Spektrum im einfachsten Fall vorausgesetzt, daß die Flußdichte von einem *Idealen Konvertor* stammt. Die vom Detektor registrierte Flußdichte ist dann gleich der aus dem Konvertor als Flächenquelle austretenden Stromdichte und damit gleich der Spaltneutronen-Quellstärke pro Flächeneinheit. Für die atomare Aktivierung a gilt dann gemäß Gleichung (1.3.13):

$$a = \int_0^\infty \sigma(E)\, \varphi_{E,(f)}\, dE = \bar{\sigma}_{(f)}\, \varphi_f \;. \tag{2.2.2}$$

Entsprechend dem Konzept des Idealen Konvertors als Quelle schneller Neutronen wird für die *Messung der intermediären und thermischen Neutronen* das Konzept des *Idealen Moderators* angenommen. Die intermediären Neutronen folgen im Idealen Moderator der bekannten 1/E-Verteilung (1.3.14). Für die atomare Aktivierung gilt demgemäß analog Gleichung (1.3.15):

$$a = \varphi_{ep} \int_{\substack{\text{interme-}\\\text{diärer}\\\text{Bereich}}} \sigma(E)\, \frac{dE}{E} = \varphi_{ep}\, I_{res} \;. \tag{2.2.3}$$

Die Tabellenwerte für I_{res} enthalten in der Regel die von den höhergelegenen Nebenresonanzen stammenden Beiträge mit; meist sind zwei Werte angegeben: mit und ohne Einschluß des vom 1/v-Verlauf stammenden Beitrags. Als obere Energiegrenze für I_{res} setzt man gewöhnlich unendlich statt 0,1 bzw. 1 MeV. Bei einer isolierten Resonanz (mit Resonanzenergie $E_R \ll 0{,}1$ MeV) ist dieser Fehler zu vernachlässigen, bei einem 1/v-Absorber macht er etwa + 0,1% aus. Genügend weit entfernt von den Quellen messen wir im Idealen Moderator – angenähert in der Thermischen Säule eines Reaktors – schließlich nur noch thermische Neutronen. Im thermischen Bereich haben zahlreiche gut verwendbare Aktivierungsreaktionen Wirkungsquerschnitte mit 1/v-Verlauf. Deren atomare Aktivierung a ist der (übers Spektrum integrierten) Neutronenanzahldichte n proportional: damit ist a (und das Ansprechintegral r) von der Neutronenenergie E bzw. von der Neutronentemperatur T_n unabhängig. Mißt man also die thermische Flußdichte bei beliebiger Temperatur T_n mit einem 1/v-Absorber, dann ist:

$$a = \int_{\substack{\text{Thermischer}\\\text{Bereich}}} \sigma(E)\, \varphi_E\, dE = \int_{\substack{\text{Thermischer}\\\text{Bereich}}} \sigma(v)\, \varphi_v\, dv = \int_{\substack{\text{Thermischer}\\\text{Bereich}}} \frac{\sigma_0 v_0}{v}\, n_v\, v\, dv \,, \tag{2.2.4a}$$

also:

$$a = \sigma_0 v_0 n = \sigma_0 \varphi_{th} \;. \tag{2.2.4b}$$

$\sigma_0 v_0 n$ ist von T_n unabhängig; nimmt man wie üblich σ_0 als Wirkungsquerschnitt für thermische Neutronen, erhält man nach Gleichung (2.2.4b) die konventionelle Flußdichte φ_{th}; vgl. Gleichungen (1.3.17). Zu Berechnungen des Ansprechintegrals für thermische Neutronen integriert man gewöhnlich über das Maxwell-Spektrum mit $0 \leqslant E < \infty$ (statt $< E_g$, vgl. Gleichung (1.1.11)); auch dieser Fehler beträgt nur wenige Promille.

Die Grenzen der Anwendbarkeit des einfachen Aktivierungssondenverfahrens werden durch die Wirkungsquerschnitte und Zerfallsschemata der Nachweisreaktionen gezogen und dadurch, ob das Ausgangsnuklid in technologisch geeigneter Substanz erhältlich ist. Zu den Wirkungsquerschnitten von Einfang· reaktionen ist zu beachten, daß häufig nicht sie, sondern nur die totalen Wirkungsquerschnitte σ_T angegeben sind (z. B. in Abbildung 1.1.III); diese können wegen der in ihnen mitenthaltenen Resonanzstreuung beträchtlich größer sein als die Aktivierungsquerschnitte σ_{act}, namentlich bei Ausgangsnukliden mit niedrigen Kernladungszahlen bzw. mit höher gelegenen Ersten Resonanzstellen. Für die Messung spektraler Flußdichten φ_E eignen sich Aktivierungsdetektoren nur in sogenannten Gruppenverfahren, bei denen mehrere Detektoren i = 1, . . ., n (gegebenenfalls unter Anwendung von Gruppenquerschnitten $\sigma_j^{(i)}$) zur Bestimmung der Flußdichten φ_j in j = 1, . . . , m Energieintervallen herangezogen werden. Zur Brauchbarkeit der in den Gleichungen (2.2.2–4) angenommenen Idealisierten Spektraldarstellung ist zu sagen, daß man die Gültigkeit des 1/E-Spektrums auch in heterogenen Reaktoren als brauchbare Näherung annehmen kann [22-1, 3]. Die Messung schneller (Reaktor-)Neutronen (mit ihrem vom Spaltspektrum abweichenden Energieverlauf) mittels Schwellensonden wird in Abschnitt 4.4 behandelt. Wie man feststellen kann, ob die Flußdichte der langsamen Neutronen der in Gleichung (1.1.10) angegebenen Maxwell-Verteilung folgt, behandeln wir in Abschnitt 4.3 – ebenso die Frage der Messung intermediärer Neutronen in Nicht-Moderatoren (Absorbern). Während die durch den Detektor bedingte Flußstörung (von schwer erfaßbaren Streueffekten aus der Detektorumgebung abgesehen) bei Messungen schneller Flußdichten wegen des kleinen Aktivierungsquerschnitts der Schwellensonden praktisch immer vernachlässigt werden kann, ist sie bei der Messung der intermediären Flußdichte in isolierten Resonanzen beträchtlich und muß eigentlich immer berücksichtigt werden; im thermischen Bereich erreicht die Flußstörung in der Regel bei weitem nicht die Größe der Abweichung vom ungestörten Fluß wie bei der Messung des intermediären Flusses mit Resonanzsonden, darf aber bei genaueren Messungen mit 1/v-Sonden auch nicht vernachlässigt werden (Abschnitt 1.4). Die Auswirkung von unvermeidlichen – weil durch das Ausgangselement der Sonde miterzeugten – Störreaktionen auf die Aktivität des Meßnuklids wird in Abschnitt 1.5 behandelt. Wenn kein merklicher Abbrand vorliegt, besteht keine ins Gewicht fallende Abweichung von der Proportionalität zwischen der Meßaktivität A und der zu bestimmenden Flußdichte φ. Zeitabhängigkeiten in der Flußdichte $\varphi = \varphi(t)$ während der Aktivierung werden in Abschnitt 4.5 betrachtet.

Messung in verschiedenen Energiebereichen. Bei der elementaren Behandlung, die die Aktivierungssondenmessung und ihre Auswertung in diesem Abschnitt finden, gehen wir weiterhin von den Idealisierungen des Spektrums und der Energieabhängigkeit der Wirkungsquerschnitte aus, wie sie in den Gleichungen (1.3.12 bis 17) eingeführt wurden. Bei Einfangreaktionen beschränken wir uns auf solche Nachweisreaktionen, die im thermischen Bereich einen reinen 1/v-Verlauf und im intermediären Bereich eine isolierte Resonanz haben, der gegenüber alle weiteren Resonanzen und ebenso der 1/v-Verlauf im Intermediären als vernachlässigbar anzusehen sind (mit befriedigender Näherung erfüllt dies die wichtige Reaktion $^{197}Au(n, \gamma)\ ^{198}Au$, s. Abbildung 1.1.III). Damit klammern wir zunächst die Frage nach Art und Lage des spektralen Übergangs an der Energiebereichsgrenze aus, denn wir setzen voraus, daß wir immer *genügend weit* von den Energiebereichsgrenzen entfernt messen. Auch in guten Moderatoren hat man aber in der Regel mit Neutronen aus allen drei Energiebereichen zu rechnen. Aktivierungssonden mit Schwellenreaktionen („Schwellensonden") sprechen praktisch nur auf schnelle Neutronen an, während Sonden mit (n, γ)-Reaktionen diese beim Vorhandensein langsamerer Neutronen praktisch nicht registrieren. Die *Trennung des thermischen vom intermediären Neutronen-Energiebereich* kann nicht so einfach erfolgen; man verwendet dazu das Filter- oder das Sondenpaket-(Sandwich-)Verfahren. *Neutronenfilter* werden in Form von Hülsen (z. B. wie in Abbildung 2.2.I) zum Umschließen von Aktivierungssonden bei Flußmessungen benutzt. Für ein ideales Filter soll gelten:

$$\varphi_{th}\,(\text{innen}) = 0\ ; \qquad \varphi_{ep}\,(\text{innen}) = \varphi_{ep}\,(\text{außen})\ . \tag{2.2.5}$$

Diese Bedingungen werden in guter Näherung von Cadmium erfüllt. Der Absorptionsquerschnitt des Cadmiums bedingt für ein Neutronenfilter aus diesem Material nur relativ geringe Abweichungen vom idealen Filter. Wegen der Abweichungen muß man für die Sondenaktivierung in der Cd-Hülse schreiben:

$$A_{Cd} = f_M\, A_{th} + f_F\, A_{ep}\ . \tag{2.2.6}$$

A_{th} bzw. A_{ep} bedeuten die Aktivierung im rein thermischen bzw. im rein intermediären Fluß. Die Faktoren $0 \leqslant f_M,\ f_F \leqslant 1$ hängen von der Cadmiumdicke ab.

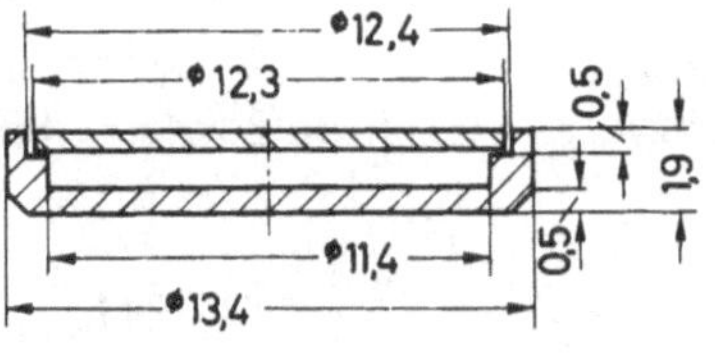

Abb. 2.2.I.
Cadmium-Hülse zur Aufnahme von Scheibensonden (mit 1 cm² Fläche).

Man wählt die Dicke zweckmäßig so, daß von vorhandener thermischer Flußdichte φ_{th} ein genügend großer Prozentsatz weggefiltert, also $f_M \simeq 0$, wird. Um die Meßergebnisse gut vergleichen zu können, ist die einheitliche Anwendung von $d_{Cd} = 1{,}0\,\mathrm{mm}$ Cadmiumdicke empfohlen worden. Mit der gewählten Cd-Dicke und der meßtechnisch gegebenen Detektordicke *d* bekommt man für die verbleibende Größe f_F die als *Cadmium-Korrekturfaktor* definierte Größe F_{Cd}:

$$F_{Cd} = 1 + \int_{E_g}^{E_{Cd}} \sigma_{act}(E) \frac{dE}{E} \Big/ \int_{E_{Cd}}^{\infty} \sigma_{act}(E) \frac{dE}{E} \qquad (2.2.7)$$

für ideal dünne Sonden, d. h. $K_{ep} = 1$. Die *Abschneideenergie* E_{Cd} ist außer von Cadmium- und Sondendicke und Sondenform abhängig von der Winkelverteilung des Neutronenfelds, vgl. Gleichung (3.6.9). Der Cadmium-Korrekturfaktor $F_{Cd} \geqslant 1$ weicht um so mehr von Eins ab, je größer der im Zähler in Gleichung (2.2.7) stehende Anteil des Resonanzintegrals (von der Grenzenergie E_g zwischen dem thermischen und dem intermediären Bereich bis E_{Cd}) im Verhältnis zu dem im Nenner stehenden Anteil (von E_{Cd} bis Unendlich) ist: so ist für einen 1/v-Absorber F_{Cd} größer als für ^{197}Au mit seiner starken (n, γ)-Resonanz bei $E_{R1} = 4{,}906\,\mathrm{eV}$, während für ^{115}In F_{Cd} größer ist als für Au, weil durch die tieferliegende In-Resonanz bei $E_{R1} = 1{,}456\,\mathrm{eV}$ der Wirkungsquerschnitt noch unterhalb der Abschneideenergie erhöht wird. Über Bestimmungen der Filter-Korrekturgrößen F_{Cd} und E_{Cd} wird im Zusammenhang der Gleichungen (1.4.19, 20) referiert.

Hat man die thermische und die intermediäre Flußdichte nebeneinander zu messen, so aktiviert man zwei Sonden gleichen Typs (d. h. aus gleichem Material, von gleicher Gestalt und von möglichst gleicher Masse) am selben Meßort einmal mit und einmal ohne Cadmium-Umhüllung: räumlich und zeitlich möglichst eng benachbart, aber ohne daß das Filter die nichtumhüllten Sonden stören darf (Abschnitt 1.4). Dann bildet man das *Cadmium-Verhältnis* der gemessenen Aktivierungen:

$$R_{Cd} = \frac{\text{Aktivierung der Sonde ohne Cd-Hülle}}{\text{Aktivierung der Sonde mit Cd-Hülle}} . \qquad (2.2.8)$$

Für die Aktivierung des betreffenden Sondentyps im thermischen bzw. im intermediären Fluß allein erhält man dann nach den Gleichungen (1.3.15), (1.3.17), (2.2.7) und (2.2.8):

$$A_{th} = A(1 - F_{Cd}/R_{Cd}) \quad \text{bzw.} \quad A_{ep} = A\,F_{Cd}/R_{Cd} . \qquad (2.2.9)$$

Unter Mitberücksichtigung der Korrekturen für die thermische bzw. intermediäre Flußstörung K_{th} bzw. K_{ep} für dicke Sonden erhält man dann als Flußwerte:

$$\varphi_{th} = \frac{A(1 - F_{Cd}/R_{Cd})}{N\,\sigma_{act,o}\,K_{th}} \quad \text{und} \quad \varphi_{ep} = \frac{A_{Cd}\,F_{Cd}}{N\,I_{act,res}\,K_{ep}} . \qquad (2.2.10)$$

Verwendung von Cadmium-Filtern verlangt keine allzu großen Korrekturen.

Andere Verfahren zur Nebeneinandermessung des thermischen und des intermediären Neutronenflusses kann man unter dem Namen *Sondenpaket- oder Sandwich-Verfahren* zusammenfassen. Dabei werden mehrere Meßsonden zusammen aktiviert, die auf verschiedene Neutronen-Energiebereiche ansprechen. Im Unterschied zur Filtermethode wird hier Wert darauf gelegt, daß die Sonden keine zu starke Flußstörung hervorrufen und daß ihre Aktivierung auf bequem meßbare Nuklide führt. Dadurch können Flußstörungen in einem Reaktorexperiment vermieden werden, wenn die Sonden zu dessen Monitierung eingesetzt werden. Außerdem spart man die beim Filterverfahren notwendigen lästigen Doppelbestrahlungen von Meßsonden.

Beim *Doppelsondenverfahren* werden in einem Paket zwei aneinanderliegende Sonden aus verschiedenen Materialien bestrahlt. Sonde 1 enthält ein Ausgangsnuklid mit kleinem Resonanzintegral I_{res} (Sondenmaterial z. B. Kupfer oder Mangan), Sonde 2 enthält ein Ausgangsnuklid, dessen Resonanzintegral groß ist im Vergleich zu seinem thermischen Aktivierungsquerschnitt (z. B. Gold). Dann sind die Aktivierungen der Sonden i = 1,2:

$$A_i = a_{i1}\,\varphi_{th} + a_{i2}\,\varphi_{ep} \tag{2.2.11}$$

und die Flußdichten:

$$\varphi_{th} = b_{11}\,A_1 + b_{12}\,A_2\,, \quad \varphi_{ep} = b_{21}\,A_1 + b_{22}\,A_2$$

mit:

$$b_{11} = a_{22}/(a_{22}\,a_{11} - a_{12}\,a_{21})\,,$$

$$b_{12} = -\,a_{12}/(a_{22}\,a_{11} - a_{12}\,a_{21}) \text{ usw.} \tag{2.2.12}$$

Die Koeffizienten a_{ik}, b_{ik} können aus den Daten der Meßreaktionen rechnerisch bestimmt werden, jedoch wäre ein solches Vorgehen mit zu vielen Korrekturen und Fehlern behaftet. Man bevorzugt deshalb ihre experimentelle Bestimmung in einem zum Thermischen Flußstandard ausgebauten Moderator durch Anschluß an Cadmium-Differenzmessungen. Infolge dieses Anschlusses an Filtermessungen und wegen der notwendigen Korrekturen ist das Doppelsondenverfahren weniger genau als das Filterverfahren.

Die *Dreisonden-Paketmethode* tritt nicht anstelle des Filterverfahrens, sondern benutzt es, um seine Anwendbarkeit zu erweitern. Wir hatten oben vorausgesetzt, daß die Aktivierung durch den intermediären Fluß in einer einzigen Resonanz des Ausgangsnuklids der Meßsonde stattfindet, wie etwa in der Ersten Resonanz von ^{197}Au (Abbildung 1.1.III). Dieses Verfahren ließe sich ohne große Korrekturen auch auf Ausgangsnuklide ausdehnen, deren Hauptresonanz die Nebenresonanzen weniger stark überwiegt (wie z. B. bei ^{55}Mn, s. Abbildung 1.1.III), wenn es gelänge, die Sondenaktivierung in den Nebenresonanzen zugunsten von der in der Hauptresonanz zu schwächen. Das gelingt in der Tat bei Verwendung eines Drillings von Sonden aus demselben

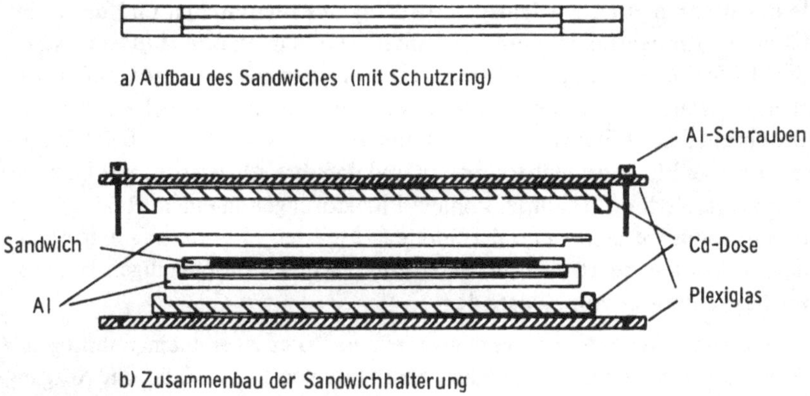

Abb. 2.2.II.
Drillingssondenpaket nach [14–25].

Material [22-4, 5], wobei die drei gleich dicken Sonden wie in Abbildung 2.2.II gezeigt verpackt werden. In den äußeren Sonden wird der Fluß aus dem Energiebereich um die Hauptresonanz stärker geschwächt als der aus den Gegenden der Nebenresonanzen. Differenzmessungen der Aktivierungen der inneren gegen die der äußeren Sonden des Drillings verstärkt also den von der Hauptresonanz herrührenden Effekt. Die Transmissionsverluste in den (notwendigerweise dicken) äußeren Sonden und die Flußstörung in der inneren Sonde sind bestimmt worden [14-25], ebenso die Beiträge der Hauptresonanzen zur Differenz der Aktivierungen für fünf Materialien mit ziemlich gleichmäßig verteilten Hauptresonanzenergien zwischen 1 und 500 eV (mit den Ausgangsnukliden: ^{115}In, ^{197}Au, ^{186}W, ^{139}La, ^{55}Mn) als Funktion der Sondendicke, wofür recht günstige Ergebnisse erhalten wurden. Die Methode kann jedoch ihre Brauchbarkeit weitgehend einbüßen, wenn bei höher gelegenen Hauptresonanzen ein nicht ausreichend bekannter Anteil des totalen Resonanzintegrals nicht von Einfang-, sondern von Streureaktionen herrührt (d. h.: wenn die Linienbreite Γ_n für Streuung nicht mehr vernachlässigbar ist gegenüber der totalen Linienbreite Γ). Zunehmende Hauptresonanzenenergien findet man aber verbunden mit abnehmender Massenzahl A_r des Ausgangsnuklids. Beide Tendenzen sind mit wachsenden Streuanteilen in der Resonanz (d. h. mit wachsenden Γ_n/Γ) verknüpft.

Als eine besondere Art des Sondenpaketverfahrens sei noch das *Fangfolienverfahren* (s. z. B. [22-2, 6, 7]) erwähnt. Dabei wird (Abbildung 2.2.III) eine auf einer (Aluminium-)Unterlage aufgedampfte Folie verwendet, die ein möglichst reines spaltbares Nuklid enthält. Um die höchste Ausbeute zu erhalten, wählt man die Dicke der (Spalt-)Folie gleich der doppelten Reichweite R_m der Spaltfragmente. Die unter Neutronenbeschuß entstehenden Spaltreaktionen lassen

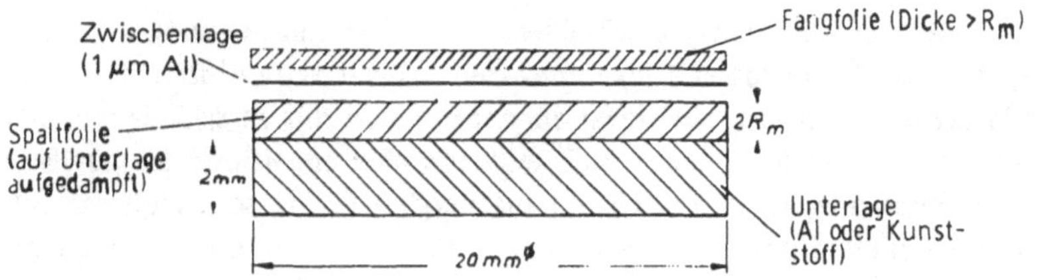

Abb. 2.2.III.
Zum Fangfolienverfahren.

aus der Spaltfolie Spaltfragmente austreten, die man mit einer davor angebrachten Fangfolie aus Aluminium oder Kunststoff auffangen kann. Die Aktivität A der Fangfolie nach Bestrahlungszeit t_B und Wartezeit t_W ist dann der Spaltungsdichte (der Häufigkeit von Spaltungen pro Volumen- und Zeiteinheit) in der Spaltfolie proportional; A mit dem dazugehörigen Zeitfaktor findet man in Gleichung (1.5.8) ausgedrückt. Das Fangfolienverfahren läßt sich danach auch zur Flußdichtemessung verwenden. Das ist jedoch unüblich, weil hierbei verschiedene besondere Vorsichtsmaßnahmen und Korrekturen angebracht werden müssen. Zunächst müssen Spalt- und Fangfolie in großer Reinheit vorliegen, um Störreaktionen möglichst zu vermeiden. Dasselbe gilt für die Zwischenlage (s. Abbildung 2.2.III), die zur Vermeidung radioaktiven Abriebs zwischen Spalt- und Fangfolie anzubringen ist. Wesentlich ist ferner peinlich genaue Positionierung der Folien, da wegen der geringen Reichweite der Spaltfragmente schon kleine Verschiebungen – z. B. durch verknitterte Folien – merkliche Fehler bewirken. Deshalb benutzt man die schwere Unterlage und umhüllt das Paket mit einer Neutronenfilterdose und einer Aluminiumdose aus genau gleichen Abmessungen. Genaue Absolutvergleichsmessungen mit aufgelösten Uranfolien ergaben bis zu 25% Diskrepanz von den Fangfolienmessungen, die auf unebene Folienoberflächen und auf Selbstabsorptionsverluste zurückgeführt wurden. Wegen dieser Schwierigkeiten schränkt man die Verwendung des Fangfolienverfahrens auf Messungen solcher reaktorphysikalischer Daten ein, bei deren Bestimmung andere Methoden versagen: z. B. zur Bestimmung des Schnellspaltverhältnisses von ^{238}U zu ^{235}U sowie zur Bestimmung des Einfangverhältnisses für Epi-Cadmium- zu Sub-Cadmium-Neutronen in ^{238}U.

Cadmium wird als Filtermaterial seines niedrigen Schmelzpunkts wegen bei Hochfluß- bzw. Hochtemperatur-Bestrahlungen durch Gadolinium ersetzt. Neutronenphysikalisch hat es sich mindestens so geeignet wie Cadmium gezeigt, da sein Absorptionsquerschnitt ähnlich steil abfällt mit einer Abschneideenergie bei 0,2 eV, die – gegenüber der bei etwa 0,6 eV bei Cd – noch näher bei der Grenzenergie E_g zwischen thermischem und intermediärem Bereich liegt [14-22, 22-8, 9]. – Die oben skizzierte Paketmethode aus drei Sonden gleicher Art läßt sich als *Selbstindikation* unter geeigneten Voraussetzungen mithilfe umfangreicher Auswertungsrechnungen zur Bestimmung von Resonanzflußdichten

φ_{ep} (E_R) und von Resonanzquerschnitten verwenden; zur Messung kann man Sonden bequem hantierbarer Dicke einsetzen. Als *Gegenindikation* bezeichnet man Einsatzverfahren mit zwei ideal dünnen Sonden mit verschiedenen Ausgangsnukliden, deren Resonanzen sich teilweise überlappen und die zur Bestimmung von Resonanzparametern (Resonanzenergien E_R, Resonanzquerschnitte $\sigma(E_R)$ und Linienbreiten Γ) dienen kann. Selbst- und Gegenindikation werden eingehend in [11-8] behandelt. – Über Anwendung und Fehlerquellen beim Fangfolienverfahren wird in [22-10] berichtet.

Spektrale Aussagen (im thermischen Bereich). Mit Aktivierungssonden kann man Neutronenflußdichten integral in den drei Energiebereichen schneller, intermediärer und thermischer Neutronen messen. Über Flußdichten schneller Neutronen kann man mittels des Energiedifferenzverfahrens mit Schwellensonden auch gewisse spektrale Aussagen machen; in ähnlicher Weise über intermediäre Flußdichten mittels isolierter (n, γ)-Resonanzen. Inwieweit kann man nun spektrale Aussagen über den thermischen Fluß mit Aktivierungssonden machen? Wir setzen dabei weiterhin ein thermisches Maxwell-Spektrum voraus. Wie oben erwähnt wurde, bestimmt man mit einem 1/v-Absorber die Flußdichte thermischer Neutronen unabhängig von der Lage ihres Geschwindigkeitsmaximums v_T, also unabhängig von der tatsächlichen Neutronentemperatur T_n. Um T_n (oder v_T) mittels Aktivierungssonden zu ermitteln, macht man eine Doppelsondenmessung. Dabei möge Sonde 1 ein reiner 1/v-Absorber sein, Sonde 2 dagegen möge einen Aktivierungsquerschnitt haben, der neben einem 1/v-Anteil noch einen Anteil mit einer anderen v-Abhängigkeit besitzt, also z. B. von v unabhängig ist; die Aktivierungsquerschnitte der beiden Sonden verlaufen dann wie folgt:

$$\sigma_{act}^{(1)} = \sigma_0^{(1)} \frac{v_0}{v} \;; \quad \sigma_{act}^{(2)} = \sigma_0^{(21)} + \sigma_0^{(22)} \frac{v_0}{v} \,. \qquad (2.2.13)$$

Das Verhältnis der thermischen Aktivierungen ist dann durch folgende Gerade in der gesuchten Größe v_T gegeben:

$$\frac{A_{th}^{(2)}}{A_{th}^{(1)}} = \frac{N^{(2)}}{N^{(1)}} \left[\frac{\sigma_0^{(22)}}{\sigma_0^{(1)}} + \frac{\sigma_0^{(21)}}{\sigma_0^{(1)} v_0} v_T \right] . \qquad (2.2.14)$$

Dieses Verfahren zur Neutronen-Temperaturbestimmung ist um so besser brauchbar, je steiler die v_T-Gerade ansteigt, d. h. je größer $\sigma_0^{(21)}/\sigma_0^{(1)}$ ist. In der Praxis heißt das: während Sonde 1 ein möglichst idealer 1/v-Absorber sein soll, ist für Sonde 2 eine möglichst breite Resonanz im (oder möglichst nahe beim) thermischen Bereich zu fordern.

Nach dem eben skizzierten elementaren Verfahren hat man in der Anfangszeit der Neutronenmeßtechnik Neutronentemperaturen bestimmt. Neuere Verfahren, bei denen tabulierte Sondenparameter zu ermitteln sind, werden in Abschnitt 4.3 referiert. Ausführliche Behandlung zur Neutronentemperaturbestimmung s. [11-8], zum Spektrum im langsamen Bereich [11-7].

Detektoren und Filter: Auswahl und Technologie. Für den zu vermessenden Energiebereich (z. B. der schnellen Neutronen) sucht man eine Nachweisreaktion (in diesem Fall eine Schwellenreaktion) mit geeignet großem Aktivierungsquerschnitt und passender Halbwertszeit, die auf eine β- oder γ-Strahlung mit möglichst bequem meßbarer Energie führt (z. B.: $^{31}P(n, p)\ ^{31}Si \xrightarrow[1{,}5\,MeV]{\beta-} {}^{31}P$).

Das Ausgangsnuklid soll in einer für Aktivierungssonden brauchbaren Substanz erhältlich sein (in unserem Beispiel: als Calciummetaphosphatglas). In der Sondensubstanz sollen möglichst wenige bzw. leicht eliminierbare Störstrahlungen entstehen (im Beispiel ^{47}Ca, durch Wegfilterung der thermischen Neutronen bzw. durch seine große Halbwertszeit zu beseitigen). Das Ausgangsisotop soll im Ausgangselement in ausreichender Isotopenhäufigkeit – $k_M^{(I)}$ in Gleichung (1.3.18) – vertreten sein (^{31}P mit $k_M^{(I)} = 1{,}00$ im elementaren Phosphor vorhanden). Das Ausgangsnuklid soll möglichst wenige Nebenreaktionen mit Neutronen aufweisen ($^{31}P(n, \gamma)^{32}P$ wenig störend bei Wegfilterung der thermischen Neutronen und durch einfache Differenzmessung des restlichen durch epithermische Neutronen erzeugten langlebigen ^{32}P). Die Nachweisreaktion selbst soll zu einem Strahler mit möglichst einfachem Zerfallsschema führen.

Die Halbwertzeiten der *Meßnuklide* sollen für Flußdichtemessungen möglichst zwischen einer Stunde und vierzehn Tagen liegen, um nach dem Bestrahlungsende nicht zu rasch Aktivität zu verlieren und um gegebenenfalls kalibrierte Sonden nach diskutablen Wartezeiten wieder verwenden zu können; für Fluenzmessungen sollen die Halbwertszeiten natürlich möglichst lang sein; die Wirkungsquerschnitte der Meßreaktionen sollen möglichst gut bekannt sein und sollen für mehrere brauchbare Ausgangsnuklide sich um mehrere Zehnerpotenzen unterscheiden, da man mit einer Meßreaktion nicht den gesamten Fluß- oder Fluenz-Meßbereich von maximal etwa zehn Zehnerpotenzen überdecken kann. In den Tabellen 5.3.C, D, E wurden zur Meßbereichsangabe Bestrahlungszeiten zwischen 10^2 und 10^5 s angenommen. Um Aussagen über das Neutronenspektrum machen zu können, sind noch Forderungen an die Energieabhängigkeit der Wirkungsquerschnitte zu stellen. So suchen wir im Bereich schneller Neutronen solche Schwellenreaktionen, deren (effektive) Energieschwellen möglichst gleichmäßig über den Bereich von 0,1 bis 10 MeV Neutronenenergie verteilt liegen, und entsprechend für die (n, γ)-Resonanzen im Bereich intermediärer Neutronen. Für den thermischen Bereich fordern wir neben möglichst reinen 1/v-Absorbern solche mit prominenten Resonanzen zur Neutronen-Temperaturbestimmung nach Gleichung (2.2.14). Für alle der so ausgesuchten Aktivierungssonden-Ausgangsnuklide sollten außerdem noch bestimmte Forderungen an die Materialbeschaffenheit erfüllt sein, die unten aufgeführt werden.

Leider lassen sich nicht alle diese Erwartungen befriedigen: die effektiven Schwellenenergien drängen sich bei 3 MeV, bei 6 MeV und über 10 MeV zusammen, und geeignete Resonanzsonden zu finden wird mit zunehmender Neutronenenergie schwieriger und oberhalb einiger keV ganz erfolglos. Um überhaupt spektrale Aussagen machen zu können, muß man deshalb oft geringere Meßgenauigkeiten in Kauf nehmen. Die höchsten Meßgenauigkeiten erreicht man im thermischen und im niederenergetischen intermediären (dem epithermischen) Bereich, da dort die aufgezählten Forderungen am besten erfüllt werden; jedoch können hier durch die notwendige Differenzmessung zur Trennung der thermischen und epithermischen Aktivierung meßtechnische Schwierigkeiten entstehen. Tabelle 2.2.A zeigt, wie verschieden das Cadmium-Verhältnis R_{Cd} bei Meßsonden mit unterschiedlicher Lage der Ersten Resonanz im Aktivierungsquerschnitt ausfällt; die Werte gelten für einen Reaktorkern mit $\varphi_{th}/\varphi_{ep} \approx 20$. Außerhalb des Kerns steigen alle R_{Cd} wegen des steigenden Verhältnisses $\varphi_{th}/\varphi_{ep}$ (hierzu s. z. B. [13-2]). Für die Auswertung wäre ein reiner 1/v-Absorber mit gut bekanntem Aktivierungsquerschnitt am einfachsten, denn man spart dann die Resonanzkorrekturen und kann die Korrektur F_{Cd} leichter bestimmen. Das hohe Cadmium-Verhältnis macht auch in manchen Fällen, in denen mit einem *Thermischen* 1/v-*Absorber* (dessen Erste Resonanzenergie hoch im Intermediären liegt) gemessen wird, die Cadmium-Differenzmessung überflüssig. Wegen des unbekannten φ_{ep} bleibt die Genauigkeit solcher Messungen jedoch beschränkt. Reine 1/v-Absorber gibt es leider praktisch nicht, und bei den Nahezu-1/v-Absorbern (z. B. ^{59}Co, ^{63}Cu, ^{55}Mn) bringen unter Umständen die nicht genau bekannten Streuanteile der Resonanzen neue Korrekturen herein. Liegt die Erste Resonanz dagegen im (oder sehr nahe beim) Thermischen Bereich, so verkleinert sich wegen des noch größeren R_{Cd} der Fehler durch φ_{ep} zwar noch mehr, andererseits wird aber die F_{Cd}-Korrektur groß, und es tritt entsprechend Gleichung (2.2.13) eine temperaturabhängige Korrektur zum ~ 1/v-Aktivierungsquerschnitt. Genaueste Bestimmungen der thermischen Fluß-

Tabelle 2.2.A. Cadmiumverhältnis (R_{Cd})-Werte im Reaktorkern

Absorber	Lage der Ersten Resonanz eV	R_{Cd}	R_{Cd} erhalten durch (bei $\varphi_{th}/\varphi_{ep} \approx 20$):
$\sigma_a \sim 1/v$	(∞)	~ 40	Rechnung
Dy	im thermischen Bereich	~100	Messung [22-2]
Au	im epitherm. Bereich (4,906 eV)	~ 3	Rechnung nach Gleichungen (2.2.9,10) für Au-Folien von 20 μm Stärke und 1 cm² Kreisfläche

dichte φ_{th} erhält man mittels Cadmium-Differenzmessungen mit einer Meßreaktion, deren Querschnitt im Thermischen ~ 1/v verläuft und im Epithermischen eine starke Erste Resonanz hat: denn sie gestattet wegen ihres kleinen Cadmiumverhältnisses die genauesten φ_{ep}-Messungen. Die Korrekturen sind dann gut abschätzbar, wenn die Erste Resonanz nahe – aber nicht zu nahe – bei der Cadmium-Grenzenergie liegt, weil sonst F_{Cd} zu groß und eventuell noch Abweichungen vom 1/v-Querschnitt im Thermischen auftreten. Unter anderem aus diesem Grund wurde die $^{197}Au\,(n, \gamma)$-Reaktion mit E_{R1} = 4,906 eV anstelle der $^{115}In\,(n, \gamma)$-Reaktion mit E_{R1} = 1,456 eV als wichtigste Standardreaktion ausgewählt.

Für die Auswahl der *Sondenmaterialien* gelten natürlich entsprechende Gesichtspunkte wie für die Elemente, die die Ausgangsnuklide enthalten: so sollen die Sondensubstanzen nach der Bestrahlung neben dem Meßnuklid nur solche Aktivitäten enthalten, die meßtechnisch leicht vom Meßnuklid trennbar sind. Weiter sollen die Sonden außer dem Ausgangsnuklid keine merklichen Neutronenabsorber enthalten. Die gebrauchsfertigen Sonden sollen mechanisch stabil und chemisch beständig sein; sie sollen in geringen Dicken herstellbar sein, die möglichst wenig Korrekturen für den zu messenden Neutronenfluß sowie für die austretende Strahlung nötig macht, und sie sollen eine möglichst einfache, preiswerte und gut reproduzierbare Massenherstellung ermöglichen. Um zu diesen Forderungen Stellung zu nehmen, wollen wir einige Bemerkungen zur Technologie der Aktivierungssonden machen, was bei ihnen – im Gegensatz zu den übrigen Detektoren – notwendig erscheint, da darüber nur spärlich und schwer zu findende Literatur existiert. Nach den aufgezählten Forderungen scheiden in der Regel Präparate in Form von Lösungen aus, die wegen der Kleinheit der bei ihnen notwendigen Korrekturen besonders günstig zur Messung von Beta-Strahlern wären. Als wichtigste Aktivierungssondenmaterialien haben sich einerseits Metalle und andererseits Preß-, Guß- oder Sinterkörper eingeführt.

Metalle – meist in Form von Folien oder Drähten – erfüllen die genannten Forderungen besonders leicht. Von der Selbstherstellung in verschiedenen Materialstärken und -formen aus einem Rohmaterial ist abzuraten, da die dazu erforderlichen Präzisions-Zieh- und Walzvorrichtungen in Anschaffung und Betrieb sehr teuer sind. Außer für Kalibriermessungen zu Korrekturbestimmungen sollte man sich zur Vereinfachung der Lagerhaltung und der Auswertung auf möglichst wenige Standardmaße bei den Aktivierungssonden beschränken. Man erhält heute praktisch alle Materialien in den gewünschten Stärken, Sorten und Reinheiten auf dem Markt. Oft legt man Wert auf nicht zu weiches Material – dann scheidet z. B. Reinst-Indium aus –, auf Korrosionsfreiheit oder einfache Korrosionsbeseitigung – weshalb man Edelmetalle benutzt, sowie der besseren Hantierbarkeit wegen auf nicht zu dünne Sonden. Aus diesen Gründen wird man öfters nach Legierungen suchen, bei denen dann wieder auf möglichste Freiheit von Störaktivitäten geachtet werden muß. Legierungen mit niedrigprozentiger Beimischung gut meßbarer Nuklide (z. B. Au, Co) haben sich in der Hochflußmeßtechnik eingeführt. Das zähe und weiche Halbedelmetall Cadmium für Filterzwecke läßt sich (mit der nötigen Vorsicht) gut bearbeiten und in ammoniakalischer Lösung leicht entkorrodieren. Das äußerst spröde Gadolinium wird nicht bearbeitet, sondern für Hochflußmessungen in sehr dünnen Schichten kulissenartig in Bestrahlungskapseln (z. B. Zircaloy, Abbildung 5.2.VIII) eingerollt.

Die *Sondengröße* (Fläche der Folienscheibe oder Drahtlänge) wählt man nach dem Meßzweck, der besseren räumlichen Auflösung zuliebe, möglichst klein. Zur Herstellung solcher Draht- oder Scheibensonden mit einem kleineren Volumenfehler als 0,5% benötigt man gehärtete Schneidvorrichtungen bzw. Präzisionsstanzen mit flächengeschliffenen Stempeln. Vor ihrer Verwendung müssen die Sonden durchmustert werden. Zu ihrer Wägung ist zumindest eine bis auf 10 μg genaue Halbmikrowaage erforderlich; muß man genauer wägen, dann benötigt man eine Mikrowaage – entweder eine elektrische oder eine mechanische mit Klimatisierung – mit erheblich größerem finanziellem Aufwand. Oft ist auch eine optische Durchmusterung erwünscht, die durch Projektion des Schattenbilds der Sonde auf eine Schablone oder genauer mit einem Meßmikroskop [22-11] erfolgen kann. In manchen Fällen – z. B. zur Prüfung von Legierungsgehalten oder auf Korrosion – wird man die Sonden mittels einer schwachen Probeaktivierung in bekannter Neutronenflußdichte durchmustern.

Nicht alle geeigneten Ausgangsnuklide lassen sich in Aktivierungssonden *in metallischer Form* einsetzen. Der einfachste Weg ist dann, das Ausgangsnuklid in einer pulverförmigen Substanz zu beschaffen und daraus mittels bestimmter Verfahren beständige Sondenkörper herzustellen. Dazu muß in der Regel ein Bindemittel zugegeben werden, das auf Eignung für Reaktorbestrahlungen (hinsichtlich Temperatur- und Strahlenbelastbarkeit und Freiheit von entstehenden Störaktivitäten) zu untersuchen ist. Häufig – namentlich bei Schwellensonden mit ihren kleinen Aktivierungsquerschnitten – strebt man das Mischungsverhältnis mit größtmöglichem Massenprozentgehalt des Ausgangsnuklids an. In Frage kommen Gieß-, Preß- und Sinterverfahren. Dabei muß nach sorgfältiger Durchmischung (erst grob von Hand, dann fein mittels Kugelmühle) der Härtungsvorgang so rasch vor sich gehen, daß keine merkliche Entmischung mehr stattfinden kann. Das Gießverfahren hat sich besonders bewährt, wobei man bis 150 °C beständige Gußkörper erhält. Für die Massenherstellung ist die mechanische Nachbehandlung der Einzelsonden lästig, die notwendig ist, weil man zur Vermeidung von Korrekturen eine einheitlich glatte geometrische Sondengestalt wünscht, die Gießformen aber wegen der unvermeidlichen Formänderung beim Härten etwas abgerundet und nach innen verjüngt sein müssen. Zum Pressen benötigt man eine Laborpresse (etwa mit 10 t Druckkraft und mit

Heiz- und Kühlvorrichtungen). Als Bindemittel zur Herstellung von Preßlingen zeigten sich geeignet: Zelluloidpulver (das bis 80 °C beständige Preßlinge gibt) und Polymethacrylsäureester-Pulver (bis 110 °C). Mittels einer Preßmatrix mit gehärteten Stempeln kann ein einziger Arbeitsgang eine größere Zahl fertiger Sonden liefern. Strahlen- und Temperaturbeständigkeit der Kunststoff-Bindemittel reichen jedoch nur bis unterhalb 10^8 rd bzw. 10^{16} cm^{-2} schnelle Fluenz bzw. 200 °C aus. Für höhere Belastungen verwendet man keramische Körper oder Umkleidungen von Metallsonden. Mit derartigen Maßnahmen einschließlich der Herstellung von Sonderlegierungen ließen sich bisher wegen unkontrollierbarer Diffusion des Nachweisnuklids Aktivierungssonden nur bis höchstens rund 1200°C als Hochtemperatur-Fluenzmonitoren brauchbar herstellen.

Es seien noch einige andere Verfahren zur Herstellung von Aktivierungssonden aufgezählt: Aufdampfen auf Kunststoffolien; Sedimentieren; elektrolytisches Abscheiden; Einschließen eingetrockneter Lösungen unter Lackschichten oder eingeschweißt in Metalldosen; Abpipettieren von Lösungen auf Löschpapier u. a. Solche Verfahren sind für Reaktormeßsonden fast immer ungeeignet, haben aber gelegentlich Bedeutung für Kalibrierungen – z. B. für Neutronen-Temperatur-Messungen, bei denen geringe Flußstörungen schon erhebliche Fehlmessungen bewirken könnten. Zur Detektorauswahl verweisen wir noch auf [IX-72, 85, 11-7]. Zur Sondentechnologie nennen wir besonders den umfassenden Bericht [22-12], zur Technologie von Cobalt- bzw. Eisen-Sonden [22-13] bzw. [22-14]. Eine chemische Dekontaminierung bestrahlter Hochfluenz-Monitoren hat sich praktisch als kaum durchführbar erwiesen.

Aktivitätsmessung. Die Praxis des Fangfolienverfahrens wurde oben schon vorweggenommen. *Vermessung von Flußdichteverläufen* mit Aktivierungssonden in Reaktoren, (unter-)kritischen Anordnungen, Flußstandards usw. ist auf zwei Arten ausführbar: entweder man aktiviert eine Substanz über die ganze Ausdehnung des zu vermessenden Gebiets, oder man benutzt zu aktivierende kleine Einzelkörper. Die erste Methode ist in den Anfängen viel angewendet worden und hat den Vorteil, die Flußdichteverteilung ununterbrochen und ohne Positionierungsfehler innerhalb der Sonde wiederzugeben. Nachteilig ist, daß man für laufende Meßaufgaben Sonden und Halter in verschiedenen Größen bereithalten und eine besondere Meßapparatur haben muß, die eine genaue Positionierung der Sonden zum Meßdetektor ermöglicht und die ein gutes räumliches Auflösungsvermögen für die ausgedehnte Aktivität der Sonden besitzt. Aus diesen Gründen bevorzugt man heute kleine Aktivierungssonden in möglichst einheitlichen Typen.

Wo fortlaufend viele Neutronenflußmessungen anstehen, wird man ein entsprechend großes Lager an Aktivierungssonden anlegen, in dem die Lebensgeschichte jeder einzelnen Sonde mit Durchmusterungsbefunden, Voraktivierungen (wegen Abbrand und Störaktivierungen) usw. verzeichnet ist; das gilt mindestens für jede kurzlebige Sonde, die wieder verwendbar ist, ist aber in jedem Fall wünschenswert, wenn man nach Einzelsonden geordnete Daten unmittelbar automatischen Auswerteprogrammen beifügen will [22-15]. Nach erfolgter Bestrahlung muß man beim Ausbau der Detektoranordnung darauf achten, daß Halter und Kapseln komtaminiert und viel aktiver sein können als die Sonden selbst. Für In-Pile-Messungen sucht man deshalb nach Möglichkeit Meßnuklide mit solchen Halbwertszeiten aus, die das Abklingen der Störaktivitäten überdauern. Bei Öffnung höher aktivierter Sondenkapseln führt man zweckmäßig Prüfungen der γ-Dosisleistung (zur Strahlenüberwachung), Wischproben (zur Kontaminationsprüfung) und γ-spektrometrische Durchmusterungen der Sonden (zur Störaktivitätskontrolle) durch.

Als *Meßnuklide* finden (vom Fangfolienverfahren abgesehen) fast nur Beta-Strahler Anwendung. Diese sind großenteils auch Gamma-Strahler, wenige Meßnuklide haben nur (isomere) Gamma-Übergänge. Kann man zwischen Beta- oder Gamma-Messung wählen (s. Tabelle 5.3.C, D, E), dann sprechen von den Aktivierungssonden als Meßobjekten her gesehen folgende Überlegungen für die Gamma-Messung: da bei der Beta-Messung schon sehr kleine Dickenunterschiede des Meßobjekts eine Korrektur für Selbstabsorption verlangen, muß für genauere Messungen neben der Durchmusterung der einzelnen Sonden die Selbstabsorptionskorrektur als Funktion der Dicke für jeden Sondentyp bestimmt und bei der Auswertung berücksichtigt werden; bei der Gamma-Messung kann diese Korrektur fast immer wegfallen. Weiter sind bei der Beta-Messung die Zählausbeuten für Bestrahlung der selben Sonde mit intermediären oder thermischen Neutronen verschieden, bei der Gamma-Messung sind sie praktisch gleich. Die Verschiedenheit rührt her von unterschiedlich weitem Eindringen von Neutronen mit verschiedenen Wirkungsquerschnitt (für dieselbe Reaktion). Neutronen mit großen Resonanzquerschnitten bewirken grob gesehen nur eine Oberflächenaktivierung der Sonde: die induzierte Beta-Strahlung kann dann ungehindert die Sonde verlassen. Dagegen bewirken thermische Neutronen bei kleinerem Wirkungsquerschnitt eine räumliche Aktivierung: die überall in der Sonde induzierte Beta-Strahlung wird dann durch die Selbstabsorption in der Sonde geschwächt. Bei gegossenen, gepreßten und gesinterten Sonden würde eine eventuelle ungleichmäßige Verteilung des Meßnuklids eine individuelle Beta-Selbstabsorptionskorrektur für jede Einzelsonde verlangen. Und bei einigen Metallsonden wird durch die allmählich einsetzende Korrosion (z.B. durch Bildung von oberflächlichen Oxyd- oder Hydroxydbelägen) mit der Zeit eine Änderung der anfangs benutzten Beta-Selbstabsorptionskoeffizienten notwendig.

Auf die bekannten *Strahlenmeßverfahren* für die von Aktivierungssonden emittierten Strahlungen gehen wir nicht ein. Verfahren zur Ausmessung von Sondenpaketen sind z. B. in [22-16] beschrieben. Namentlich bei hohen Sondendurchsätzen bedient man sich der Automatisierung und der elektronischen Datenverarbeitung. – Zur Vermessung größerer Mengen bestrahlter Aktivierungssonden kann man industriell gefertigte automatisierte Probenwechsler verwenden. Man hat auch Band- und Draht-Durchmusterungsanlagen (Wire Scanner) gebaut [22-17]. Jedoch konnten sich solche Anlagen noch weniger durchsetzen als die Aktivierungssonden in Form von ununterbrochenen langen Bändern oder Drähten überhaupt. Denn die meist als γ-Messung ausgeführte Strahlenmessung der Sondenaktivitäten verlangt (besonders wenn letztere über einen größeren Meßbereich streuen) zur Erzielung ausreichender räumlicher Auflösung gute Kollimierung. Werden lange zusammenhängende Bänder oder Drähte aktiviert, so ist es meist am rationellsten, sie nach der Bestrahlung auf einheitliche Länge zu zerschneiden und wie die übrigen kurzen Sonden zu vermessen.

Als eine Automatisierte Mehrfach-Zähl- und Datenauswurf-Einrichtung nennen wir zuerst die von Little [22-18].

Ihr Bau erfolgte wegen des starken Anwachsens der Zahl der im MTR-ETR-Reaktorzentrum notwendigen Messungen. Mit dieser Einrichtung wurden bis zu 500 ^{198}Au-Sonden in einem Durchlauf gemessen und die Ergebnisse ausgeworfen. Das System verarbeitet zwei Meßproben gleichzeitig, in einem dritten Zählkanal findet eine Referenzsondenmessung statt, die als Zeitgeber für die übrigen Messungen und zur Eliminierung der Zerfallskorrekturen dient. – Die automatisch ausgegebenen Meßprotokolle enthalten folgende Angaben: Nummer der Zählung, Wartezeit t_W, Meßzeit t_M, Impulszahlen in den beiden Proben- und im Referenzkanal.

Auf die weitere Verarbeitung der von seiner Apparatur ausgeworfenen Daten geht Little nicht ein. Dagegen wird in zwei neueren Tagungsberichten [22-17, 19] die Einrichtung einer ähnlichen Apparatur für den großen Datenanfall bei Kritischen Experimenten im Argonne National Laboratory beschrieben, wobei die auf Lochkarten ausgeworfenen Aktivierungssondenmeßergebnisse mittels verschiedener mitgeteilter Rechenprogramme weiter verarbeitet werden; eines davon ist in Abbildung 2.2.IV dargestellt. Rechenprogramme dieser Art machen die Verwendung des Referenzsondenverfahrens überflüssig; dieses bringt nur dann Vorteile, wenn man ohne Maschine auswerten muß, und ist grundsätzlich nur in den Fällen anwendbar, wenn alle zu einer Meßreihe gehörigen Sonden dieselbe Meßaktivität enthalten wie die Referenzsonde (und möglichst auch alle gleichzeitig mit ihr bestrahlt wurden). Die in den Rechenprogrammen ermittelten Zerfallskorrekturen werden in [22-17] ausführlich diskutiert. Die bei dieser Einrichtung durchgeführte Aufspaltung der Detektorsignale auf mehrere Signalkanäle bis hin zum Datenauswurf erscheint umständlich und nicht ganz gerechtfertigt. Dasselbe gilt von der Überprüfung durch die getrennte Ausgabe der Impulszahlen der zwei – beidseitig der Meßprobe angebrachten – Detektoren, wobei die Datenkombination mit subjektiven Gewichtsfunktionen in einem besonderen Rechenprogramm ausgewertet werden kann: es hat sich gezeigt, daß einfache elektronische Addition der Signale von zwei beidseitig der Meßprobe angebrachten Detektoren für vertikale Probenverschiebungen innerhalb gewisser Grenzen durchaus korrigieren kann [22-20].

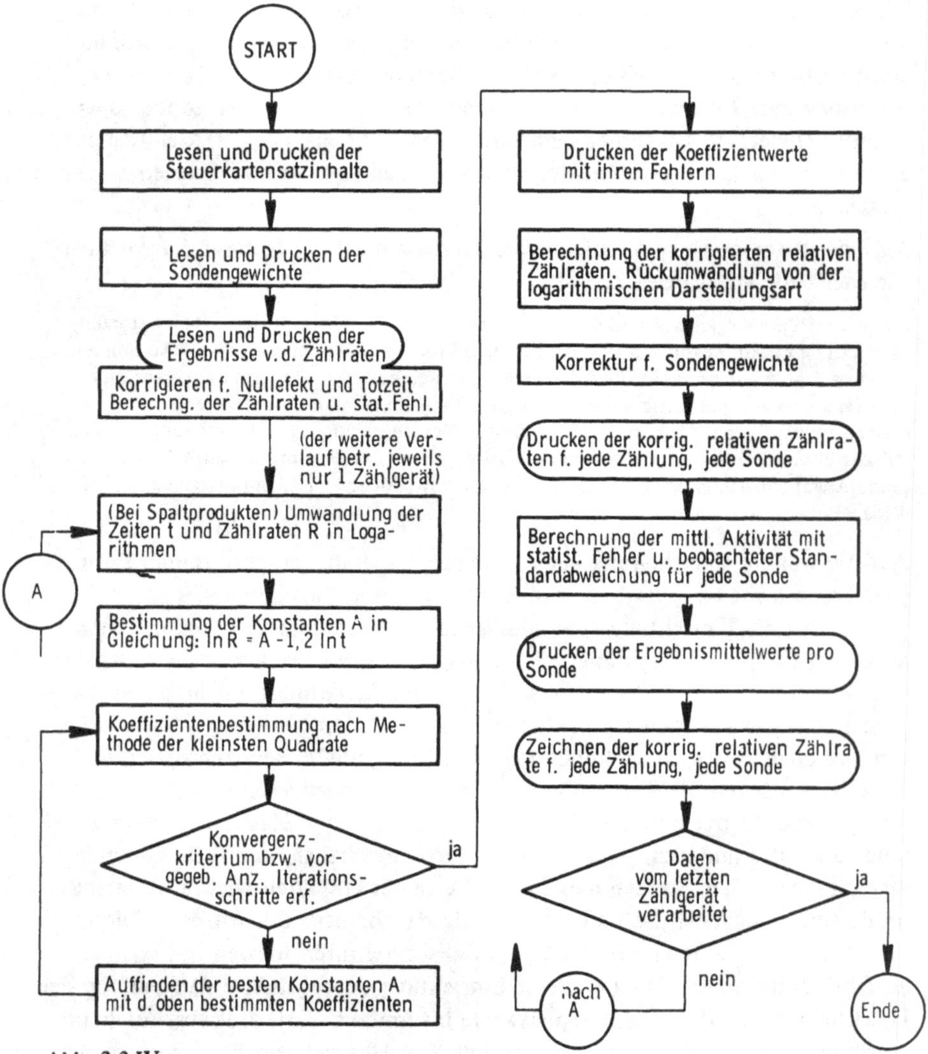

Abb. 2.2.IV.
Rechenprogramm-Flußdiagramm für Aktivierungssondenmessung, insbesondere für Spaltprodukte (-folien), nach [22–19].

Deshalb wurden bei einer dritten ähnlichen Anordnung die Signale der oberhalb und unterhalb angebrachten Detektoren unmittelbar elektronisch kombiniert [22-15].

Probentransport und -wechsel erfolgen bei dieser Meßeinrichtung besonders einfach, indem die Proben durch Schwerkraft bewegt und jeweils vor der nächsten Zählung durch Magnetsteuerung freigegeben werden (Abbildung 2.2.V). Da die Sonden vom (oberen) Einlaufmagazin durch die drei (Doppeldetektor-)Zählkanäle in unveränderter Reihenfolge in (untere) Auslaufmagazine gelangen, erübrigt sich das Umstapeln der Sonden nach der Messung für eventuelle Wiederholungsmessungen. Der Gesamtfehler des Zählvorganges ist bei dem gleichmäßigen automatischen Einsetzen der Proben um 1 bis 2% kleiner als bei Handbetrieb, der Gesamtfehler unter Wiederholungsbedingungen ist praktisch rein durch die Zählstatistik bestimmt. – Die Abweichungen zwischen den Ergebnissen von den drei Kanälen bei der eben beschriebenen Meßeinrichtung werden mit dem statistischen Fehler der Zählungen verglichen und zur Überprüfung der Kanalanzeigen benutzt: zur weiteren Prüfung der Zählkanäle werden in regelmäßigen Abständen zwischen den Meßproben der Nulleffekt sowie Referenzsondenaktivitäten mitvermessen [22-21]: die Impulszahlen dieser besonderen Messungen werden abgesehen von ihrer Prüffunktion vom Rechenprogramm zur Nulleffekt-Korrektur und zur Absolutbestimmung von Aktivitäten, Fluß- oder Fluenzwerten verarbeitet.

Mit dieser automatisierten Meßeinrichtung konnte die Vorbereitungs-, Meß- und Auswertezeit (ohne die Zeit für den eigentlichen Meßversuch und die Nachbehandlung der bestrahlten Anordnungen) für eine Aktivierungssonde von vorher 60 Minuten bei nichtautomatischem Betrieb auf 20 Minuten gesenkt werden.

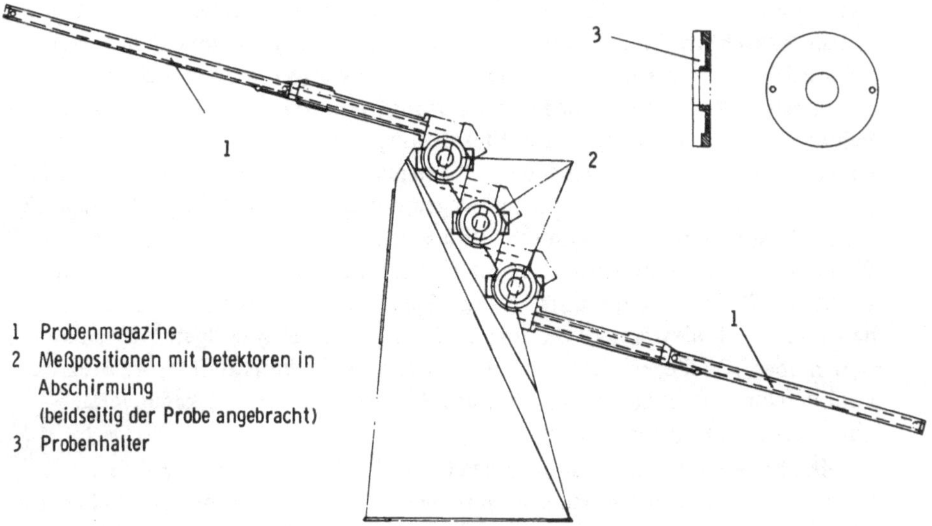

Abb. 2.2.V.
Probenwechsler für automatisierte Mehrfach-Zähl- und Datenauswurf-Einrichtung nach [22–15].

An dieser Stelle sollen noch die besonders bei Flußdichtemessungen in Reaktoren möglichen *Fehler* und Meßdatenverfälschungen aufgezählt werden: Positionierungs- und Zeitfehler bei der Bestrahlung, die man bequem unter 1% halten kann; Fehler der (durch den nuklearen Leistungskanal gemessenen) angezeigten Reaktorleistung gegenüber der wahren (thermischen) Leistung, die unter Umständen mehr als ein bis zu einigen Prozent betragen können; Flußwertänderungen durch zeitlich veränderliche Absorption (verursacht durch Brennstoffabbrand, Spaltgasvergiftung, Regelstabbewegung oder Ein- oder Ausbau von Experimenten mit hoher negativer Reaktivität in der Nachbarschaft der Meßstelle): diese Änderungen wirken sich natürlich besonders im Reaktorkern aus, wo man vorzugsweise Aktivierungssonden als Neutronendetektoren einsetzt, und können dort in Einzelfällen bis etwa 30% betragen. Von den Aktivierungssonden selbst kommen Fehler durch ungenau bekannte Wirkungsquerschnitte oder Korrekturgrößen und durch die Sondendurchmusterung. Die thermischen Aktivierungsquerschnitte sind für häufig benutzte Meßreaktionen mit Fehlern zwischen 0,2 und 10% bekannt [I]. Die Korrektur für die thermische Flußstörung weicht für die gebräuchlichen Sondenmaße um weniger als 10% von Eins ab, ist aber selbst nur bis auf etwa 10% genau bekannt. Resonanzaktivierungsquerschnitte sind wesentlich weniger genau bekannt als thermische Querschnitte, wobei größere Abweichungen als 10% von Autor zu Autor und als die vom Autor angegebenen Fehlergrenzen häufig sind; für den ^{197}Au (n, γ)-Resonanzquerschnitt haben Abweichungen und Fehlergrenzen den kleinsten Wert von 4% [11-20]. Der Flußabschirmungs-Korrekturfaktor weicht sehr viel stärker (bis zu 90% bei gängigen Sondendicken) als der thermische Korrekturfaktor K von Eins ab und ist – abgesehen von Reaktionen mit niedrigen Hauptresonanzenergien – viel schwieriger widerspruchsfrei zu bestimmen [14-18]. In die oben definierte Filterkorrektur F_{Cd} gehen die Fehler der Wirkungsquerschnitte, Flußstörungskorrekturen und der Energiebereichs- und Filterabschneideenergie-Grenzen ein; der resultierende Fehler für F_{Cd} macht bei Cadmium-Messungen wegen der Größe des Cadmium-Verhältnisses bei Bestimmung der thermischen Flußdichte höchstens 2 bis 3% aus. Für die intermediäre Flußdichte ist dieser Fehler natürlich erheblich größer. Die effektiven Wirkungsquerschnitte für das Spaltspektrum des idealen Konvertors haben einen Mindestfehler von etwa 5%, der selbst bei wichtigen Meßreaktionen über 10% liegen kann [11-19]. Für falsche Flußdichte-Interpretationen infolge fehlerhafter Annahmen über das Spektrum lassen sich keine verallgemeinernden Angaben machen.

Bei den Sondendurchmusterungen liegen die Fehler für optische Flächenbestimmungen und für Wägungen meist bei 0,1% oder darunter. Die Fehler für Probeaktivierungen sind natürlich größer und liegen bei 1% oder darüber für Relativanschlüsse und günstigstenfalls bei 2% für Massenbestimmungen des Ausgangsnuklids über eine Kernstrahlungs-Absolutmessung.

2.3. Detektoren für Stromanzeige

Wirkungsweise – Ionisationskammern für Gleichstrommessung – Stromschwankungs-(Campbell-Signal-)Messung mit Ionisationskammern – β/γ-Emissions-Neutronendetektoren – Kalorimetrische Detektoren – Anwendungen

Wirkungsweise. Unter *Detektoren im Betrieb mit gemitteltem Strom* [VIII-45] – oder wie wir kürzer sagen wollen: *Detektoren für Stromanzeige* – verstehen wir die Neutronendetektoren, die die von der Zeit t abhängige Flußdichte $\varphi(t)$ so umwandeln, daß eine elektrische Stromstärke I(t) registriert wird. Das am Detektorausgang abgenommene und mittels der nachgeschalteten Meßapparatur angezeigte elektrische Signal soll dabei dem Mittelwert der Wechselwirkungen der anzuzeigenden Strahlung mit dem Detektor möglichst gut proportional sein. Die Stromstärke eines kontinuierlich anzeigenden Detektors – z. B. einer Ionisationskammer – läßt sich aus dessen Reaktionsrate aus den Gleichungen (1.3.4) und (1.3.8) herleiten:

$$I_j(\vec{r}, t) = e\frac{E_s}{w} k_M V_D \int_{E_j}^{E_{j+1}} \Sigma^{(D)}(E)\varphi_E(\vec{r}, t) p_D(E)\, dE \,. \qquad (2.3.1)$$

Hierbei bedeutet e die elektrische Elementarladung und w die zur Erzeugung eines Ionenpaares aufzuwendende Energie; vorausgesetzt ist, daß bei jeder Nachweisreaktion gerade ein Sekundärteilchen der Energie E_s entsteht und daß alle Detektorspuren ganz im Detektorinnern verlaufen (letzteres heißt: Gültigkeit des Bragg-Gray-Prinzips). Wie Gleichung (2.3.1) für andere stromanzeigende Detektorarten abzuändern ist, wird bei deren Besprechung jeweils angegeben. Grundsätzlich werden hier alle Detektoren als ideal dünn angesehen, womit sich Flußstörungskorrekturen erübrigen.

Aus Gleichung (2.3.1) ersieht man, daß die Anzeige dem Produkt Flußdichte mal Sekundärteilchenenergie proportional ist. Stromsignale erlauben im Unterschied zu Impulssignalen keine Diskriminierung – wenn man von der Diskriminierbarkeit der Sekundärteilchenart mit Campbell-Signal-Messung absieht. Daher liefern stromanzeigende Detektoren nur in solchen Strahlenfeldern eine brauchbare Anzeige für die gesuchte Teilchenflußdichte φ (über einen vorgegebenen Energiebereich $E_j \ldots E_{j+1}$), in denen die Sekundärteilchenenergie E_s (wenigstens im Mittel $\overline{E}_s$) dieselbe ist wie in dem zur Kalibrierung benutzten Feld; zur Messung spektraler Flußdichten φ_E sind sie nicht brauchbar.

Meist verwendet man stromanzeigende Detektoren zur kontinuierlichen Registrierung hoher Neutronenflüsse, da diese Detektoren verhältnismäßig unempfindlich sind. Nach ihrer Wirkungsweise unterteilt man sie in folgende Typen: Ionisationskammern im Strombetrieb, β/γ-Emissions-Neutronendetektoren und kalorimetrische Detektoren. Eine zusammenfassende Darstellung ihrer Einsatzmöglichkeiten besonders im Hinblick auf Reaktoranwendungen gibt [23-1]. Bei reaktorinternen Messungen muß daran gedacht werden, daß nicht nur die Detektoren selbst, sondern auch ihre Zuleitungen mechanisch, kalorisch und gegen Strahlungseffekte genügend belastbar sind. Zur Anzeige und Auswertung der Detektorsignale verweisen wir auf Werke der allgemeinen Strahlenmeßtechnik.

Bei **Ionisationskammern für Gleichstrommessung** [VIII-45, 21-2, 3, 4, 5] erfolgt der *Neutronennachweis* auf folgende Weise: die Kammer enthält eine Substanz, die beim Neutroneneinfang schwere geladene Teilchen – z. B. Protonen, α-Teilchen oder Spaltprodukte – emittiert. Die Kammer ist mit einem Gas gefüllt und enthält zwei Elektroden, an die die Spannung V gelegt wird. In einer vielgebräuchlichen Ausführung bildet die eine Elektrode das metallische zylindrische Kammergehäuse, die zweite dient als Zentralelektrode zur Sammlung der Ladungen q (Abbildung 2.3.I). Die abgegebene Spannungsänderung pro Teilchen beträgt dann:

$$u = \frac{q}{C_0} = \frac{e}{C_0}\frac{E_s}{w}. \tag{2.3.2}$$

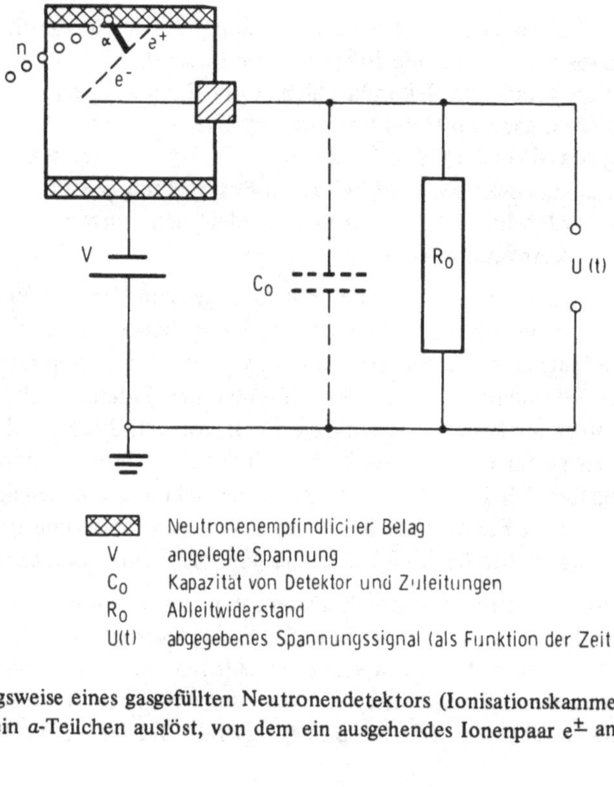

Abb. 2.3.I.
Zur Wirkungsweise eines gasgefüllten Neutronendetektors (Ionisationskammer, in der ein Neutron n ein α-Teilchen auslöst, von dem ein ausgehendes Ionenpaar $e^{\pm}$ angedeutet ist).

Nehmen wir an, ein durch die Neutronenreaktion $^{10}B(n, \alpha)$ ausgelöstes α-Teilchen mit $E_s = 2{,}30$ MeV Energie werde in einer argongefüllten Kammer registriert. In diesem Gas beträgt der zur Bildung eines Ionenpaars erforderliche Energieverlust des α-Teilchens rund $w = 26$ eV. Man erhält dann etwa 88 000 Ionenpaare, $q \approx 1{,}4 \cdot 10^{-14}$ C als gesammelte Ladung und mit $C_0 = 10$ pF (Kapazität von Kammer und Zuleitung) $u \approx 1{,}4$ mV als Spannungsänderung, die durch das α-Teilchen hervorgerufen wird. Zum Nachweis so kleiner Spannungsimpulse benötigt man entweder eine beträchtliche Verstärkung oder – was wir hier betrachten wollen – hohe Impulsraten, d. h. hohen Neutronenfluß oder hohen Neutronen-Reaktionsquerschnitt für die neutroneneinfangende Substanz, um die mittlere Stromstärke I am Ableitwiderstand R_0 messen zu können. Um zu erreichen, daß ein möglichst großer Prozentsatz der erzeugten Ionen in der Kammer erfaßt wird, müssen die *Kammereigenschaften* (Maße, Füllgas und dessen Druck) so gewählt werden, daß die Reichweite der ionisierenden Teilchen möglichst vollständig im Kammerinnern verläuft. Dazu muß die Kammer – etwa durch Anbringung von Schutzringen – ein wohldefiniertes empfindliches Volumen haben, innerhalb dessen alle Ionen an den Elektroden gesammelt werden können. In der Regel will man alle gebildeten Ionen sammeln, d. h.: man will in der Sättigung arbeiten. Um zu vermeiden, daß gebildete Ionen auf dem Weg zur Elektrode durch Rekombination positiver und negativer Ladungsträger verloren gehen, muß man eine (genügend hohe) Sättigungsspannung $V = V_s$ an die Elektroden legen. In einem bestimmten Bereich um V_s hat die Kammer unter sonst gleichen Umständen immer gleiche Empfindlichkeit und zeigt keine Richtungsabhängigkeit in ihrer Anzeige. Das gilt nicht, wenn man, um die Empfindlichkeit herabzusetzen, unterhalb der Sättigung arbeitet. Wenn sehr viele geladenen Teilchen die Kammer durchsetzen, kann es infolge entstehender ortsabhängiger Raumladungen in der Kammer zu beträchtlichen zusätzlichen Diffusionsströmen kommen, die die Sättigung als vollständige Sammlung der entstandenen Ionen verhindert. Sättigung wird begünstigt durch die Wahl solcher Füllgase, in denen Elektronen und nicht Ionen die negativen Ladungsträger sind: also z. B. die Edelgase Argon und Helium, Wasserstoff (H_2) und Kohlenwasserstoffe (wie CH_4, C_2H_6 und C_3H_8) sowie CO_2.

Zum Neutronennachweis *benutzbare Kernreaktionen* müssen auf Schwere Teilchen führen, da Detektoren für direkte Anzeige auch für Gammastrahlung empfindlich sind, die (namentlich im Reaktorinnern) praktisch immer vorhanden ist. Schwere Teilchen lassen sich bei der Strahlungsmessung leicht von Gammaquanten unterscheiden. Denn letztere geben im Mittel nur einen kleinen Teil ihrer Energie E_γ im Detektor ab, im Gegensatz zu Schweren Teilchen, die nahezu ihre ganze Energie E_s abgeben, entsprechend Gleichung (2.3.2). Es kommen also (n, p)-, (n, α)- und (n, f)-Reaktionen in Betracht; außerdem zum Nachweis schneller Neutronen speziell elastische (n, n)-Stöße in wasserstoffhaltigen Materialien, in denen die angestoßenen Protonen einen merklichen Anteil der Energie des stoßenden Neutrons übernehmen. Unter den verwendbaren Nachweisreaktionen wählt man oft die $^{10}B\,(n,\alpha)$-Reaktion mit ihrem großen Querschnitt, denn die Sekundärteilchenenergien E_s sind groß genug, daß Gammasignale (von sehr hohen Gammaenergieflußdichten abgesehen) gegenüber den Neutronen-Signalen keine Rolle spielen; weiter läßt sich Bor im Gegensatz zu Lithium in gasförmigen Verbindungen als Füllgas gebrauchen und ist dabei weniger kostspielig als ^{3}He, das für die Neutronenspektroskopie Bedeutung erlangt hat. Die unmittelbare Verwendung der mit Neutronen reagierenden Substanz als Füllgas hat den Vorteil, daß man prozentual mehr Impulse maximaler Größe bekommt als wenn man eine mit Neutronen reagierende Substanz als feste Schicht in der Kammer anbringt. Zur ausreichenden γ-Signalunterdrückung darf man solche Schichten nicht dicker machen als etwa ein Zehntel der Reichweite der darin emittierten Schweren Teilchen; das sind bei borhaltigen Schichten oder solchen, die spaltbare Substanzen enthalten, etwa 1 bis 2 mg/cm^2.

Unter den Bor-Verbindungen wird BF_3 am meisten *als Füllgas* verwendet. Wegen der chemischen Aggressivität des BF_3 verlangen die damit gefüllten Detektoren (s. auch [23-2, 3]) große Sorgfalt bei der Fertigung. BF_3-Detektoren können nur in γ-Flüssen bis etwa 100 rd/h eingesetzt werden, da oberhalb dieser Grenze die Gefahr der Zerstörung durch Dissoziation des Gases besteht. Weiter vertragen BF_3-Detektoren keinen Einsatz in so hohen Temperaturen wie die Spaltkammern (vgl. auch Abschnitt 2.4) und zeigen Verschlechterung ihrer Zähleigenschaften nach Einsatz in Fluenzen über 10^{12} cm^{-2}. Für die Reaktorinstrumentierung – besonders für reaktorinterne Messungen bei höherer Leistung – kommen sie deshalb kaum in Betracht. Verwendet werden sie an Reaktoren in der Regel zur Umgebungsüberwachung und zur Monitierung oder zur Flußprofilmessung an Strahlrohrenden. Zur Reaktorinstrumentierung werden borbelegte Kammern eingesetzt, und zwar γ-kompensierte im Leistungskanal und unkompensierte im Sicherheitskanal.

Eine einfache nichtelektronische Möglichkeit zur *Herabsetzung des γ-Störuntergrunds* in der Meßeinrichtung besteht darin, daß man den Detektor mit einer Schicht aus γ-abschirmendem Material umgibt. Bleidicken bis zu 10 cm setzen das Empfindlichkeitsverhältnis $S_\gamma : S_n$ (für Reaktor-γ-Strahlung gegenüber derjenigen für die zu messenden Neutronen) etwa bis zum Faktor hundert herab. Reicht diese Schwächung nicht aus, um die zu messende Neutronen-Strahlung in Gegenwart der γ-Strahlung nachzuweisen, dann nützt eine weitere Verstärkung der Abschirmung wenig, weil die Neutronen sonst zu stark geschwächt oder gebremst werden, während die innerhalb der Abschirmung gestreuten γ-Quanten (außer mit elektronischer Impulsanalyse) nicht von der Registrierung ausgeschlossen werden können. Das Verhältnis der Empfindlichkeiten

$S_\gamma : S_n$ kann also bei der γ-Unterdrückung mittels Abschirmung ein gewisses Maß nicht unterschreiten.

Eine andere einfache Möglichkeit zur Unterdrückung des (γ-)Störuntergrunds bietet das Kompensationsverfahren: man denke sich eine Doppel-Ionisationskammer, die aus zwei möglichst gleichen Einzel-Kammern mit gemeinsamer Sammelelektrode besteht; die Spannungselektrode der einen Kammer sei mit der Spannung + V, die der anderen mit – V verbunden. Wird die Doppelkammer der γ-Strahlung ausgesetzt, dann sollten sich die in den beiden Einzelkammern entstehenden Ionisationsströme an der Sammelelektrode zu Null kompensieren. Ist jedoch eine der beiden Einzelkammern neutronenempfindlich (z. B. durch Belegung mit einer Borschicht, siehe Abbildung 2.3.II), und wird die Doppelkammer gleichzeitig der Neutronen- und γ-Strahlung ausgesetzt, dann sollte der gemessene Strom allein der Neutronenstrahlung entsprechen. In Wirklichkeit arbeitet das Kompensationsverfahren nicht so ideal, weil weder die empfindlichen Volumina in den beiden Einzeldetektoren genau gleich sind – wodurch sich etwas unterschiedliche γ-Ausbeuten ergeben – noch

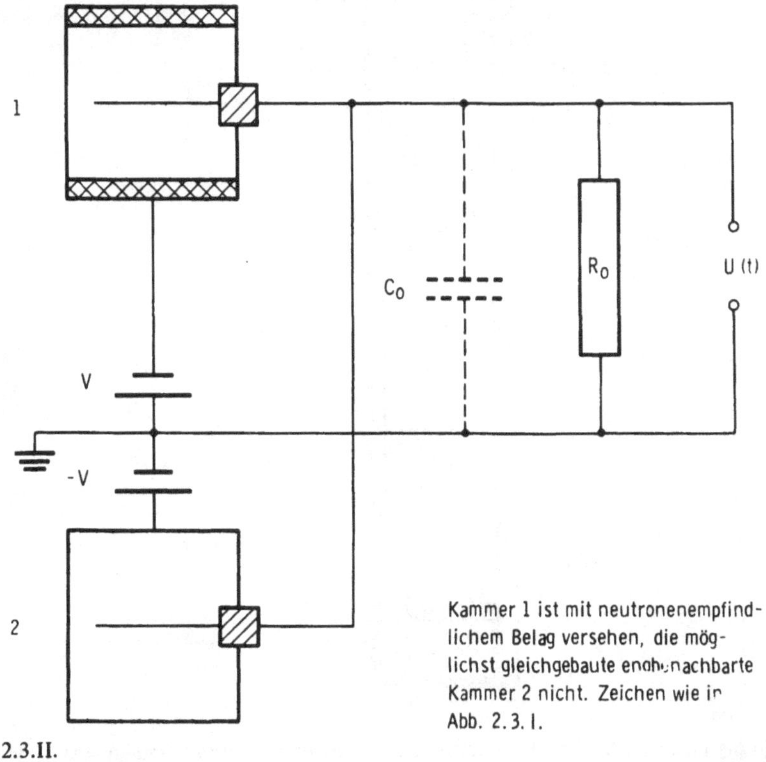

Abb. 2.3.II.
Zur Wirkungsweise einer Neutronen-Ionisationskammer in Kompensations-Schaltung.

die Bauteile in den Einzeldetektoren ganz genau dieselben sind – wodurch etwas abweichende Detektorkennlinien resultieren. Die Wirkungen dieser beiden möglichen Abweichungen überlagern sich, falls γ-Strahlen unterschiedlicher Energien auf den Doppeldetektor treffen. Von der Reaktorinstrumentierung ist als Faustregel bekannt, daß man durch eine Kompensationsschaltung das Empfindlichkeitsverhältnis $S_\gamma : S_n$ in gleicher Größenordnung wie durch eine Abschirmung bis zum Faktor hundert herabsetzen kann. Dabei ist das Kompensationsverfahren natürlich vorzuziehen, wenn – wie meist bei reaktorinternen Messungen – wenig Raum am Meßort zur Verfügung steht. γ-kompensierte

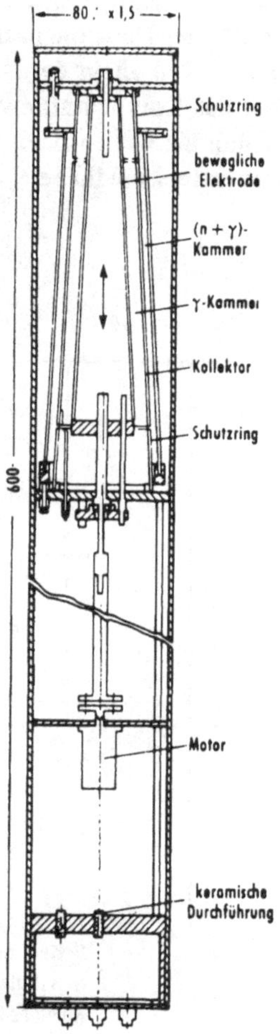

Abb. 2.3.III.
Ausführung einer mechanisch kompensierten Neutronen-Ionisationskammer (nach Beck, J., Kerntechnik 7, 445, 1965, entspr. [23–2]).

Ionisationskammern finden ihre wichtigste Anwendung im Leistungskanal der Reaktorinstrumentierung.

Eine mechanisch kompensierte Ionisationskammer mit *Borbelegung*, bei der der Abgleich für die Gamma-Anzeige durch eine bewegliche Elektrode hergestellt wird, zeigt praktisch gleichen Kennlinienverlauf für beide Kammerteile und gleichmäßige Änderung des Kompensationsvolumens [23-2] (Abbildung 2.3.III); als Füllgas kann ein Edelgas oder z. B. ein Ar-CO_2-Gemisch dienen; Ionisationskammern mit Borschichtbelegung haben geringere Neutronenempfindlichkeit, aber auch geringere Gamma-Empfindlichkeit als BF_3-Kammern: für beide Typen beträgt das Verhältnis der Gamma-Strahlen – zur Neutronen-Empfindlichkeit je nach Bauart rund 10^2 bis 10^4 $(rd/h)^{-1}/(cm^{-2}\,s^{-1})^{-1}$. Die Gamma-Belastbarkeit von Borschichtkammern liegt wesentlich über der von BF_3-Kammern; sie wird für die in Abbildung 2.3.III wiedergegebene Kammer mit 10^5 rd/h angegeben, kann aber noch wesentlich höher sein (bei Miniaturkammern, s. unten). Ähnliches gilt für *Spaltkammern*, die eine dünne Schicht von spaltbarem Material (z. B. ^{235}U) enthalten. Einen wesentlichen Vorteil bei den Spaltkammern bildet die leichte Eliminierbarkeit des Gamma-Untergrunds wegen der hohen mittleren Energie von rund 80 MeV und im Mittel Z = 21 Kernladungen für ein Spaltfragment. Spaltkammern vertragen ziemlich hohe Gammastrahlen- und Temperatur-Belastung; sie sind robuster als die in der Regel etwas empfindlicheren Borkammern. Spaltkammern werden oft als Impuls-Ionisationskammern (Abschnitt 2.4) verwendet. Ionisationskammern zur Neutronenflußmessung mittels der *(n, n)-Reaktion* sind nur bei schnellen Neutronen anwendbar, weil die zum Nachweis benutzten Sekundärteilchen (Protonen) höhere Energien als etwa 0,1 MeV haben müssen, um über dem Verstärkerrauschen zu liegen. Man benutzt wasserstoffhaltige Füllgase. Zum Ausgleich des Effekts der Protonen, die ihre Energie teilweise außerhalb des Empfindlichen Detektorvolumens abgeben, wird die Kammerwandung mit einem Material gleicher chemischer Zusammensetzung wie das Füllgas beschichtet (Beispiel: Abbildung 2.4.IV).

Als *Materialien für Ionisationskammern* für Neutronenflußmessungen an Reaktoren kommen wegen der dort herrschenden starken Neutronen- und Gamma-Strahlung solche in Frage, die eine kleine Kernladungszahl Z (und damit kleine Wechselwirkung mit Gamma-Strahlung) sowie einen kleinen Neutronen-Einfangquerschnitt haben, wobei entstehende Radionuklide möglichst kurzlebig sein sollten. Neben Aluminium in möglichst reiner Form kommen Magnesium sowie Al-Mg-Legierungen zur Anwendung. Bei hohen Temperatur- und Druckanforderungen werden rostfreie Spezialstähle oder Zircaloy benutzt. Unter der hohen Strahlenbelastung leiden besonders die Isolatoren der Kammer, und zwar hinsichtlich mechanischer Festigkeit und im elektrischen Widerstand. Deshalb verwendet man Isolatoren aus Sinterkeramik (Al_2O_3), die man zum Schutz vor

Feuchtigkeit mit einem Silikonüberzug versieht; zur Verringerung der Empfindlichkeit gegen Übertragungsstörungen nimmt man Kabel, die ohne Steckverbindungen direkt mit den Detektoren verbunden sind und keramische Isolierung enthalten [23-2].

Der *Untergrund* (Nulleffekt) in unbestrahlten Ionisationskammern stammt vorzugsweise von natürlichen α-Strahlern im Kammermaterial und von der kosmischen Strahlung; in den Meßbereichen, in denen Ionisationskammern zu Neutronenflußmessungen in Reaktoren eingesetzt werden, sollten sich Maßnahmen zu seiner Erfassung oder Unterdrückung erübrigen (Abbildungen 2.3.VI, 4.6.III, 4.6.VI). Für die *interne Instrumentierung von Reaktoren* braucht man Detektoren mit möglichst kleinen Abmessungen, die nicht nur den höchsten Neutronen- und Gammaflüssen ausgesetzt werden können, sondern unter Umständen auch hohen Temperaturen und Drucken. Dafür wurden Ionisationskammern mit Bor- oder Uran-Belägen in Miniaturgrößen gefertigt (bis herab zu etwa 2 mm Durchmesser und 8 mm Länge) [23-4, 5].

Bei In-Core-Messungen im Kernkraftwerk Dresden (USA) sind damit über zwei Millionen Betriebsstunden Erfahrungen gesammelt worden. Die Kammern sind bis rund 400° C einsetzbar. ^{10}B-Kammern zeigten 10^{19}, Kammern mit Uran-Oxyd-Belag 10^{21} cm^{-2} Lebensdauer (bis zu 50% Abbrand). Die Kammern waren aus Edelstahl bzw. Titan gefertigt und bis 175 atü Außendruck verwendbar. Die Kammerempfindlichkeiten waren bei ^{10}B- und ^{235}U-Belag etwa gleich groß.

Für eine Kammer der oben genannten Kleinheit wird $3 \cdot 10^{-18}$ A/cm^{-2} s^{-1} Empfindlichkeit angegeben. Die Kammern sind für hohe Strahlenbelastungen und Temperaturen mit festverbundenem starren Kabel versehen. Die Kabelisolation besteht aus Oxydkeramik, die bei Zimmertemperatur rd. 10^{16} Ohm × cm spezifischen Widerstand hat; dieser nimmt pro 100 K Temperaturerhöhung rund um eine Zehnerpotenz ab. Bei niedrigen Temperaturen gestatten solche Miniaturkammern Messungen ab 10^8, bei hohen Temperaturen und nach mehrtägiger Bestrahlung (mit Sättigungsaktivierung von ^{56}Mn) des Kammernmaterials in 10^{14} cm^{-2} s^{-1} wegen der Isolationsverluste im Kabel erst ab etwa 10^{10} bis 10^{11} cm^{-2} s^{-1} (jeweils thermische Flußdichte). Die Empfindlichkeit für Gammastrahlen liegt für die Miniaturkammer bei $4 \cdot 10^{-4}$ A/(rd/h); deshalb macht die Gammastrahlen-Anzeige zum Beispiel im Kern des FRJ-2 mit $2 \cdot 10^9$ rd/h Gammaenergiedosisleistung bei 1 bis 2 mal 10^{14} cm^{-2} s^{-1} thermischer Flußdichte rund bis 20% der Neutronen-Anzeige aus. ^{238}U-belegte Miniaturkammern weisen zur integralen Messung schneller Flußdichten rund tausendfach geringere Empfindlichkeit auf als ^{235}U-Kammern gleicher Bauart zur thermischen Flußdichtemessung.

Berichtet wird ferner über Strom-Spaltkammern für hohe Temperaturen (400 °C), schnelles Ansprechen (0,2 μs) und hohen Gammauntergrund (10^6 rd/h), die bis $\Phi_{th} = 10^{19}$ cm^{-2} thermische Fluenz und $D_\gamma = 10^{10}$ rd

Gammadosis einsetzbar sind [23-6]. Im französischen Reaktorzentrum Saclay sind neuerdings besonders kleine Spaltkammern (mit 1,5 mm Durchmesser) konstruiert worden. Eine kommerzielle Strom-Spaltkammer zur internen Instrumentierung in Siedewasserreaktoren wurde erprobt [23-7], die in thermischen Flußdichten zwischen 10^{12} und $10^{14}\,cm^{-2}\,s^{-1}$ für 5 Jahre Lebensdauer vorgesehen ist. Das zulässige Verhältnis von Neutronenflußdichte zu Gammadosisleistung beträgt $0{,}84 \cdot 10^5\,cm^{-2}\,s^{-1}/Rh^{-1}$, der Korrekturfaktor für Flußstörung durch Kammer und Halterung $K = 0{,}65$. Als Betriebstemperatur sind 300 °C, als zulässiger Druck 70 atü vorgesehen.

Stromschwankungs-(Campbell-Signal-)Messung mit Ionisationskammern. Benutzung von Abschirmungen oder Kompensationsschaltungen bieten, wie wir sahen, keine ausreichende Möglichkeit zur Störuntergrundbeseitigung bei direktanzeigenden Meßverfahren. Speziell bei den stromanzeigenden Verfahren, die bei der Reaktorinstrumentierung und zur Hochflußmonitierung wichtig sind, wirken sich neben γ-Störsignalen noch apparativ bedingte Änderungen des Gleichspannungsniveaus (infolge der Drift des Gleichspannungsverstärkers) und Leckströme infolge des Betriebs bei höheren Temperaturen störend auf das registrierte Meßsignal aus. Glücklicherweise hat man eine weitere und wirkungsvolle Möglichkeit zur Störuntergrundbeseitigung bei stromanzeigenden Verfahren gefunden: das *Campbell-Verfahren,* bei dem die Signale der statistischen Schwankungen des abgegebenen Gleichstroms registriert werden [23-8, 9, 10, 11].

Zur Erläuterung des *Campbell-Signals* betrachten wir zunächst den Stromkreis einer Ionisationskammer mit angelegter Spannung V, Parallelkapazität C_0 und Ableitwiderstand R_0. Selbst in zeitlich konstanter Flußdichte φ ist die Spannung $U(t)$, die sich am Ableitwiderstand R_0 bildet, nur in erster Näherung konstant gegenüber der Registrierzeit t (Abbildung 2.3.IVa): da die Wechselwirkungen zwischen Neutronen und dem Elektrodenbelag sowie die Ionisationsprozesse in der Kammer zeitlich statistisch verteilt sind, sind sie auch statistischen Schwankungen unterworfen. Im Gleichstromverfahren wird der Erwartungswert für $U(t)$:

$$\langle U(t) \rangle = k\varphi \int_{-\infty}^{t} u(T - t)\, dT \qquad (2.3.3)$$

(mit Kammerkonstante k, Flußstörung weiter vernachlässigt) als Meßwert für die Flußdichte φ ausgewertet. In der Schreibweise nach Gleichung (1.3.8) lautet dieser Meßwert:

$$\langle U(t) \rangle = N_D \langle \mathscr{I}_D(t) \rangle \int \sigma^{(D)}(E)\, \varphi_E\, dE\,. \qquad (2.3.3a)$$

$u(T - t)$ ist der Spannungsimpuls, der durch ein zur Zeit T eintreffendes Neutron hervorgerufen und zur Zeit t registriert wird. Demgegenüber wird der Meßwert beim Campbell-Verfahren gebildet durch das Quadrat der Standardabweichung der Spannung U(t):

$$\sigma^2(t) = \langle U^2(t) \rangle - \langle U(t) \rangle^2 = \langle U_1^2(t) \rangle \,. \tag{2.3.4}$$

Abbildung 2.3.IV zeigt den Unterschied zwischen den Meßsignalen des Gleichstrom- und des Campbell-Verfahrens. Bei Ausführung der Messungen unterdrückt man die Gleichstromkomponente, indem eine Kapazität C_k zum Signalpfad in Reihe geschaltet wird (Abbildung 2.3.V). Unter Anwendung des Campbell-Theorems erhält man dann als Meßwert:

$$\sigma_j^2(\vec{r}, t) = \langle U^2(t) \rangle_j$$

$$= N_D \int_{E_j}^{E_{j+1}} \sigma(E) \varphi_E(\vec{r}) \int_{-\infty}^{t} u^2(T-t)\, dT\, dE \,. \tag{2.3.5}$$

Anhand von Gleichung (2.3.5) lassen sich die wesentlichen Eigenschaften des Campbell-Verfahrens erläutern:

I. Das hinter C_k in Abbildung 2.3.V abgenommene Spannungssignal $U_m(t)$ ist proportional zur Quadratwurzel aus der Flußdichte:

$$U_m(t) = \sqrt{\langle U^2(t) \rangle} \sim \sqrt{\varphi \int_{-\infty}^{t} u^2(T-t)\, dT} \,. \tag{2.3.6}$$

Sollen sechs Flußdekaden logarithmisch angezeigt werden, so ist beim Campbell-

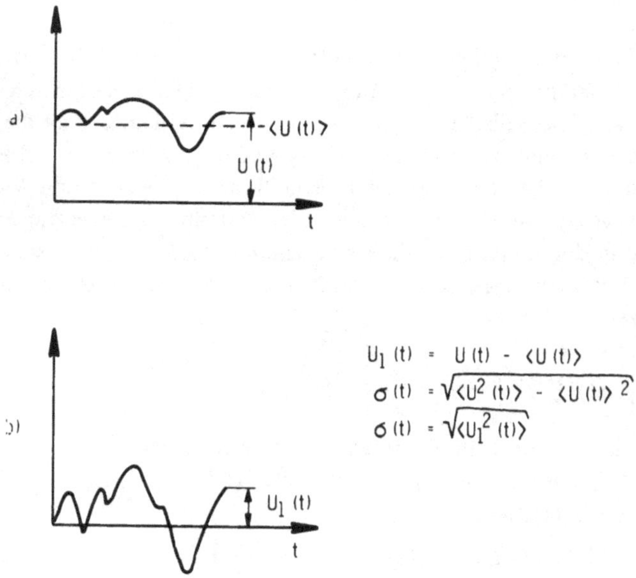

Abb. 2.3.IV.
Meßsignal: a) nach dem Gleichstrom-Verfahren, b) nach dem Campbell-Verfahren.

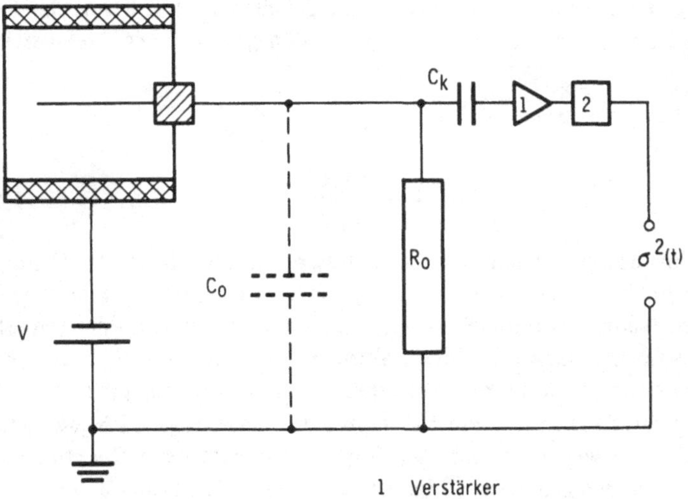

Abb. 2.3.V.
Neutronen-Ionisationskammer in Campbell-Schaltung.

Verfahren das Logarithmierglied nur auf drei Dekaden auszulegen (gegenüber sechs beim Gleichstromverfahren); andererseits muß für Messungen des linearen Flusses mit dem Campbell-Verfahren ein zusätzliches Quadrierglied eingeschaltet werden.

II. Durch Eliminierung der Gleichstromkomponente werden die Störungen ausgeschlossen, die auf Leckstrom zurückzuführen sind. Leckströme entstehen durch Verschlechterung der Isolation der Kammer und ihrer Zuleitungen unter Reaktorbetriebsbedingungen, wovon oben die Rede war. Aus diesem Grund können Ionisationskammern im Gleichstrombetrieb nur bis höchstens 400 °C, im Campbell-Betrieb jedoch bis etwa 800 °C hinauf eingesetzt werden.

III. Ein am Kammerausgang auftretender hoher Strom aus vielen kleinen (γ-)Störimpulsen läßt sich sogar gegenüber einem niedrigeren Meßstrom aus größeren (Neutronen-)Signalen diskriminieren. Denn das Gleichstromverfahren liefert als Meßwert:

$$\langle U(t)\rangle = k\,q\,R_0\varphi\,, \tag{2.3.7}$$

das Campbell-Verfahren hingegen:

$$\langle U^2(t)\rangle = k\,q^2\,\frac{R_0}{2C_0}\,\varphi \tag{2.3.8}$$

für die bei Neutronenabsorption entstandene Ladung q; die übrigen Größen sind den Abbildungen 2.3.I, 2.3.V zu entnehmen.

Liegt ein *gemischtes Strahlungsfeld* zweier Teilchenarten a, b vor, dann lauten die Verhältnisse der gefundenen (a + b)- zu den gesuchten (a)-Meßwerten:

$$\frac{\langle U_{a+b}(t)\rangle}{\langle U_a(t)\rangle} = 1 + \frac{k_b \varphi_b}{k_a \varphi_a} \frac{q_b}{q_a} \tag{2.3.9}$$

bzw.:

$$\frac{\langle U_{a+b}^2(t)\rangle}{\langle U_a^2(t)\rangle} = 1 + \frac{k_b \varphi_b}{k_a \varphi_a} \left(\frac{q_b}{q_a}\right)^2 . \tag{2.3.10}$$

Die von Eins abweichenden Störglieder lassen sich also durch das Campbell-Verfahren gegenüber dem Gleichstromverfahren wesentlich verkleinern, falls $q_b \ll q_a$ ist. Neutronenflußmessungen sind demnach mit Hilfe des Campbell-Verfahrens noch in einem um den Faktor $q_n : q_\gamma$ höheren γ-Fluß ausführbar als mit dem Gleichstromverfahren. Mit einer bor- bzw. uranbelegten Ionisationskammer gewinnt man rund den Faktor hundert bzw. tausend in der γ-Diskriminierung. Denn wegen der geringen Ionisationsdichte bei γ-Reaktionen macht das in der Kammer gebildete q_γ im Mittel größenordnungsmäßig nur ein Prozent von $e\,E_\gamma/w$ aus. Die γ-Diskriminierung läßt sich ausnutzen in Kammern mit Spaltreaktionen im schnellen Bereich mit ihren kleinen Wirkungsquerschnitten (Abbildung 1.1.II). Damit läßt sich der Einsatzbereich stromanzeigender Detektoren auf die Messung schneller Neutronenflüsse in Kernen von Reaktoren im Leistungsbetrieb erweitern.

Bei der *Entwicklung einer Campbell-Meßeinrichtung* hat man zu beachten:

I. Die Erzeugung der Ladungen q im Detektor: hierbei muß ein Kompromiß zwischen größter Impulshöhe und kürzester Sammelzeit geschlossen werden.

II. Die Bandbreite: der Umfang der Frequenzen ω der Campbell-Signale bildet ein weißes Spektrum von $\omega_u = 0$ Hz bis zu ein zwei oberen Grenzfrequenzen ($\omega_o = 10^4$ bzw. $= 2 \cdot 10^6$ Hz), die den Sammelzeiten der Ionen bzw. Elektronen entsprechen.

III. Die Größe des Campbell-Signals ist bestimmt durch die Ladungserzeugung im Detektor, die Bandbreite und die Impulsrate.

IV. Störungen werden außer durch Leckströme und γ-Flüsse durch Aktivitäten des Materials im Detektor verursacht (siehe unten).

V. Rauschsignale sind beim Campbell-Verfahren nicht ohne weiteres von Meßsignalen zu unterscheiden: man muß deshalb das System möglichst von parasitären Störungen freihalten.

VI. Die Sättigungsforderung an die Ionisationskammer ist dieselbe wie im Gleichstrombetrieb; jedoch muß man, um eine möglichst flache Sättigungskurve zu erhalten, darauf achten, daß die obere Grenzfrequenz ω_o der Meßapparatur unter derjenigen der Ionisationskammer liegt.

VII. Hohe statistische Genauigkeit – exakter ausgedrückt: kleine Standardabweichung der Standardabweichung, die hier den Meßwert darstellt – erhält man, wenn die Gesamt-Grenzfrequenz der Meßeinrichtung groß ist gegenüber der Impulsrate (je in s^{-1}).

VIII. Die Zeitverzögerung im Ansprechen ist gegenüber derjenigen beim Gleichstromverfahren um so weniger verzerrt, je größer das Produkt $C_0 R_0 \omega_u \omega_o$ aus Zeitkonstante mal Grenzfrequenzen gemacht werden kann.
IX. Bei nichtstatistischem Eintreffen der Signale läßt sich das Campbell-Theorem nicht anwenden.

Als *Detektoren* werden beim Campbell-Verfahren in der Regel Ionisationskammern benutzt. Proportionalzähler eignen sich weder für das Gleichstrom- noch für das Gleichstromschwankungs-(Campbell-)Verfahren, weil sie mit Gasverstärkung arbeiten; die an ihrem Ausgang abgegebene Impulsgröße q hängt deshalb wesentlich von der Detektorspannung V ab. Unter den Ionisationskammer-Typen kommen besonders die Spaltkammer und die borbelegte Ionisationskammer in Betracht. In der Spaltkammer gibt es zwei Ursachen für die Entstehung unerwünschter Impulse: die natürliche Alpha-Aktivität des spaltbaren Materials und die Beta-Aktivität durch Detektoraktivierung und von den Spaltprodukten (neben dem äußeren γ-Fluß). Die in der borbelegten Kammer durch die (n, α)-Reaktion freigesetzte Ladung q_n ist um eine Größenordnung kleiner als die entsprechende Ladung q_n in der Spaltkammer, jedoch entstehen in der Bor-Kammer unerwünschte Impulse nur von der β-Aktivität der Detektoraktivierung (neben den hier etwas stärker ins Gewicht fallenden Störungen durch äußeren γ-Fluß und das am Verstärkereingang auftretende Rauschen).

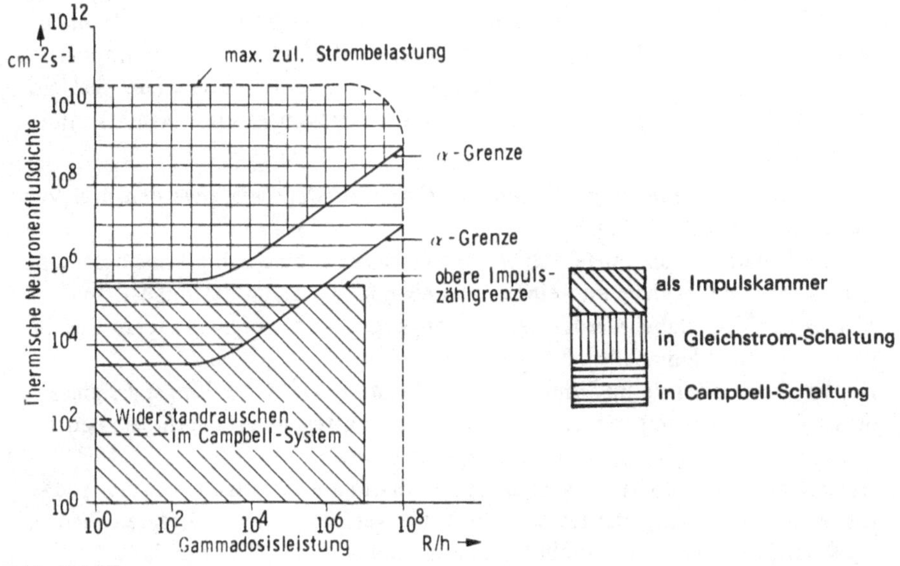

Abb. 2.3.VI.
Neutronenflußmeßbereiche für dieselbe Spaltkammer in verschiedenen Schaltungen (nach [23–8])
Die unteren Grenzkurven der Strommeßbereiche grenzen gegen mehr als 10% Störanteil im Signal ab

In Abbildung 2.3.VI sind verschiedene Neutronenfluß-*Meßbereiche* dargestellt, die mit einem bestimmten Spaltkammertyp in verschiedenen Schaltungsarten in Abhängigkeit vom gleichzeitig vorhandenen γ-Fluß erfaßt werden können. Die Meßbereiche sind nach unten durch die α-Aktivität des spaltbaren Materials bzw. durch die vorhandene γ-Flußdichte bestimmt. Unterhalb der ausgezogenen Linie liegt die erwartete Anzeige um mehr als 10% über der Anzeige, die dem Neutronenfluß allein entsprechen würde. Nach oben ist der Meßbereich in jedem Fall durch den höchstzulässigen Strom (im betrachteten Fall 2 mA) eingeschränkt, der durch die Forderung nach Kammersättigung bis zur höchstmöglichen Detektorspannung V bestimmt wird. Für borbelegte Kammern kann man ähnliche Meßbereichsflächen aufzeichnen, jedoch lassen sich Bor-Kammern in der Reaktormeßpraxis nicht als Impulszähler einsetzen; außerdem liegen die untere sowie die obere Meßbereichsgrenze – im Gleichstrombetrieb nur wenig, im Campbell-Betrieb dagegen merklich – höher als bei der Spaltkammer. Kleinere ^{235}U-Spaltkammern lieferten bei reaktorinternen Messungen nach dem Campbell-Verfahren lineare Flußanzeigen für thermische Flußdichten von 10^8 bis über $10^{14}\,\mathrm{cm}^{-2}\,\mathrm{s}^{-1}$ hinaus; soll der Meßbereich noch weiter nach oben erweitert bzw. verschoben werden, so besteht neben der Verringerung des Gasdrucks bzw. der Wahl eines anderen Kammergases zur Herabsetzung der Ionisationsdichte und damit auch der Rekombination beim Campbell-Verfahren die Möglichkeit, weniger spaltbare Substanz zu verwenden, weil die Verbesserung der Störuntergrundbeseitigung eine Verminderung der Neutronenempfindlichkeit zuläßt [23-13, 14]. Durch Kombination der Campbell- mit der Impulszählschaltung läßt sich der Meßbereich soweit nach unten ausdehnen, daß ein einziger Detektor zehn Zehnerpotenzen des Neutronenflusses erfassen kann [23-8, 15].

Zur *Verarbeitung und Registrierung der Campbell-Meßsignale* werden drei Verfahren benutzt [23-8, 15]:

I. Eine Schaltung, die mittels Operationsverstärkern eine echte kontinuierliche Quadrierung des Signals und eine anschließende Mittelung des quadrierten Signals ausführt; dabei werden die Ausgangssignale des vorgeschalteten Signalverstärkers in jedem Zeitpunkt quadriert.

II. Mit einem Thermoumformer wird die Leistung U^2/R des Eingangssignals durch die im Heizdraht erzeugte Stromwärme mittels eines Thermoelements mit Anzeigegerät gemessen. Außerdem gibt es noch

III. Mittelungsverfahren („Average-magnitude-square systems"), bei denen das Eingangssignal gleichgerichtet und der Mittelwert des gleichgerichteten Signals registriert wird. Da das Campbell-Theorem Gleichung (2.3.5) nur für echte Quadriersysteme gilt, liefern von diesen drei Signalveränderungsverfahren nur die echt quadrierenden I oder II exakt die richtigen Ergebnisse. Für hohe Impulsraten, bei denen sich die Impulse im Mittel genügend überlagern – d. h.: wenn das Produkt aus Impulsrate (in s^{-1}) und Impulslänge (in s) den Wert

Eins übersteigt – kann die einfachere Signalveränderung nach III benutzt werden. Ein Quadrierkreis (I) oder ein Gleichrichter-Mittelungskreis (III) ist zu benutzen, wenn kurze Ansprechzeiten (von 10 bis 100 ms) verlangt werden; kommt man mit längeren Ansprechzeiten (von etwa 500 ms) aus, kann ein Thermoumformer (II) verwendet werden.

Mit dem Campbell-Verfahren lassen sich zahlreiche *Aufgaben* bewältigen, die bisher den direktanzeigenden Messung unzugänglich waren. So erscheint es wegen seiner gegenüber den übrigen stromanzeigenden Verfahren stark verbesserten γ-Signalunterdrückung gut geeignet zur Registrierung schneller Neutronenflüsse mit Ionisationskammern. Ferner ermöglicht das Campbell-Verfahren Messungen bei hohen Temperaturen, wovon schon die Rede war. Auch für extrem hohe Fluß-Exkursionen oder -Impulse, bei denen Gleichstromkammern nicht mehr in der Sättigung arbeiten oder zu stark aufgeheizt werden, ist das Campbell-Verfahren mit Kammern geringer Uran-Belegung anwendbar: die dabei resultierenden geringen Ladungsdichten und Wärmeflüsse lassen die Kammern dann noch unter zulässigen Betriebsbedingungen arbeiten. Als höchstzulässige Flußdichten bzw. Fluenzen erscheinen Werte um $10^{19}\,cm^{-2}\,s^{-1}$ bzw. $10^{22}\,cm^{-2}$ noch denkbar. Ortsfeste Meßeinrichtungen nach dem Campbell-Verfahren können längere Lebensdauern erreichen als solche nach dem Gleichstromverfahren; denn die Lebensdauer der Gleichstrom-Spaltkammer ist durch den Uran-Abbrand begrenzt, der höhere Gamma- zu Neutronen- sowie Leckstrom- zu Neutronen-Signal-Verhältnisse hervorruft. Durch die viel kleineren Stör- zu Meßsignalverhältnisse beim Campbell-Verfahren lassen sich die Kammerlebensdauern beträchtlich vergrößern.

Schließlich kann man an Stelle des Quadrats noch höhere Potenzen des Detektorsignals zur Registrierung benutzen. Sind die Ladungsverhältnisse ($q_{\text{Störimpuls}} : q_{\text{Meßimpuls}}$) kleiner als Eins, dann erhält man – zumindest theoretisch – mit genügend hoher n-ter Potenz des Detektorsignals analog Gleichung (2.3.10) ein Diskriminierverhältnis ϵ von jeder gewünschten Kleinheit

$$\epsilon = (q_{\text{Störimpuls}} : q_{\text{Meßimpuls}})^n \,. \qquad (2.3.11)$$

Natürlich müssen mit zunehmenden Potenzen n der zu verarbeitenden Detektorsignale kompliziertere Signalverarbeitungsverfahren angewendet werden.

Weil statistische Rauschimpulse aus den elektrischen Anlagen zum mittleren Spannungsquadrat am Ausgang der Campbell-Apparatur beisteuern können, muß ihr Einstreuen sorgfältig vermieden werden. Reichen die geläufigen Methoden der elektrischen Abschirmung, Erdung oder Isolation nicht aus, was bei Reaktorinstrumentierung vorkommen kann, bietet sich bei kombinierten Zähl- und Campbell-Meßeinrichtungen im Meßbereich der Impulszählung die Impulsformdiskriminierung an. Im allgemeinen wird der Meßbereich der Spaltkammer mit ^{235}U-Belag, wie Abbildung 2.3.VI zeigt, durch die natürliche

α-Aktivität des ^{235}U nach unten begrenzt. Bei der mit ^{10}B belegten Ionisationskammer findet der Meßbereich nach unten seine Grenze erst durch das Widerstandsrauschen, wobei der Eingangswiderstand des Vorverstärkers den größten Störanteil liefert. Eine Verkleinerung des Widerstandsrauschens um etwa drei Zehnerpotenzen wird durch die von Weiss [23-16] vorgeschlagene Kreuzkorrelationsmessung ermöglicht, die im „Wechselstromkanal" der Fa. AEG angewendet wird [23-17]. Im Unterschied zum üblichen Campbell-Verfahren wird dabei nicht nur ein Signal S_1 an der Zentralelektrode abgegriffen, sondern auch ein zweites Signal S_2 an der Mantelelektrode. S_1 und S_2 enthalten das Meßsignal je in gleicher Höhe, aber mit entgegengesetzter Polarität $+U(t)$ und $-U(t)$. Daneben enthalten S_1 und S_2 noch das Widerstandsrauschen $R_1(t)$ und $R_2(t)$ in den beiden Meßkanälen sowie eventuelle weitere statistische Störungen $Z_1(t)$ und $Z_2(t)$, also:

$$S_1(t) = + U(t) + R_1(t) + Z_1(t) ,$$
$$S_2(t) = - U(t) + R_2(t) + Z_2(t) . \qquad (2.3.12)$$

Die Signale S_1 und S_2 werden getrennt verstärkt und einem Korrelator zugeführt, in dem der Erwartungswert aus dem Produkt von S_1 und S_2 gebildet wird:

$$\langle S_1(t) \cdot S_2(t) \rangle = \lim_{T \to \infty} \int_{-T}^{+T} S_1(T) \cdot S_2(T) \, dT = \langle U^2(t) \rangle . \qquad (2.3.13)$$

Dieser Erwartungswert resultiert daraus, daß in den beiden Signalen nur die Größen $U(t)$ korreliert sind. Durch die Kreuzkorrelation werden also die nichtkorrelierten Störbeiträge eliminiert. In Kreuzkorrelationsschaltung sollte man für den Meßbereich einer ^{10}B-Kammer theoretisch bis zu neun Zehnerpotenzen erwarten und würde damit fast den Umfang des Meßbereichs einer kombinierten Spaltkammer-Zähl-Campbell-Meßeinrichtung erreichen.

Bei den verzögert anzeigenden **β/γ-Emissions-Neutronendetektoren** [11-7, 23-1, 41] wird der elektrische Strom gemessen, der in einer Anordnung mit einem Neutronenabsorber hervorgerufen wird, in dem eine β-Aktivität oder prompte γ-Strahlung entsteht. Der Detektor (schematisch s. Abbildung 2.3.VII) besteht aus Emitter, Isolator und Kollektor und ist als Platten- oder koaxialer Zylinderkondensator aufgebaut. Der Emitter lädt sich positiv gegen den Kollektor auf, wenn möglichst viele der im Emitter entstehenden β-Teilchen oder der bei (n, γ)-Reaktionen entstehenden Sekundärelektronen im Kollektor absorbiert werden. Die β-Aktivität A des Emitters:

$$A(t) = \lambda N(t) = N_0 \, \sigma^{(0)} \varphi \tau_B(t) \qquad (2.3.14)$$

ist der zu messenden Flußdichte φ proportional, $N = N_1(t)$ läßt sich im einfachsten Fall nach Gleichung (1.5.3) ausdrücken. Der Bestrahlungszeitfaktor τ_B gibt die Verzögerung der Stromanzeige gegenüber der zu messenden Flußdichte

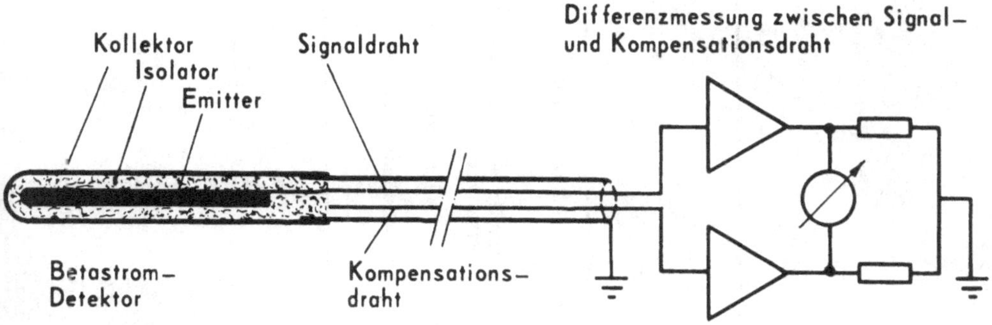

Abb. 2.3.VII.
β- (oder γ-)Emissions-Neutronendetektor, schematisch.

an. Als angezeigte Stromstärke erhält man nach den Gleichungen (1.3.4), (1.3.9):

$$I_j(\vec{r}, t) = A_j e\, p_D \approx e\, k_M V_D \tau_B \int_{E_j}^{E_{j+1}} \Sigma^{(D)}(E) \varphi_E(\vec{r}, t)\, p_D(E)\, dE \,. \tag{2.3.15}$$

Für den Nachweiseffekt pro Nachweisreaktion wurde gesetzt: $\mathscr{I}_D = e\, p_D(E)\, \tau_B$. Bei Anzeige prompter γ-Strahlung statt β-Strahlung tritt anstelle des Zeitfaktors τ_B ein Faktor $\kappa < 1$ vor das Integral, der die Umwandlungswahrscheinlichkeit eines γ-Quants in ein Sekundärelektron angibt. Die Registrierwahrscheinlichkeit p_D ist kleiner als Eins, d.h.:

$$I < I_{max} = A\, e \tag{2.3.15a}$$

wegen der β-(bzw. Elektronen-)Selbstabsorption im Emitter, der β-Absorption im Isolator und der β-Rückstreuung im Kollektor.

Eine einheitliche Kurzbezeichnung für diesen Detektortyp hat sich noch nicht eingebürgert: benutzt werden u. a. die Bezeichnungen „Self-Powered Neutron Detector" [23-18], „β-Strom-Detektor" und „Neutrocoax Detector" (Bezeichnung der Firma Sodern). Ein möglichst empfindlicher Detektor wird einen dünnen Emitter möglichst großer Masse enthalten, der zum Zweck einer räumlich gut auflösenden Flußverteilungsmessung möglichst eng angeordnet werden muß. Den Neutronenabsorptionsquerschnitt des Emitters wird man dem Flußmeßbereich und der Bestrahlungszeit des Detektors so anpassen, daß kein merklicher Abbrand auftritt. Die Halbwertszeit des β-Emitters muß so klein sein, daß die durch den Zeitfaktor τ_B bestimmte Anzeige bei zeitlich rasch veränderlichen Neutronenflüssen nicht zu stark verzögert erscheint, wobei in der Regel eine 99%ige (vielfach auch eine geringere) Sättigung gegenüber $\tau_B = 1$ ausreicht. Tabelle 2.3.A bringt eine Zusammenstellung von Materialien, die als Emitter geeignet sind. Emitter wie Kollektoren müssen aus leitendem oder halbleitendem Material bestehen und sollen in Reaktoren hohe Temperaturen ver-

Tabelle 2.3.A. Für β/γ-Emissions-Neutronendetektoren geeignete Nachweisnuklide

Nuklid	Nachweisreaktion und registriertes Teilchen	Für Entstehung der registrierten Teilchen: Übergangshäufigkeit i. Element %	Halbwertszeit	Rel. Empfindlichkeit (Rh = 100)	Abbrand in $\varphi_{th} = 10^{14}\ cm^{-2}\ s^{-1}$ %/Jahr	Schmelzpunkt des metall. Emitters	Bemerkungen
^{103}Rh	$(n, \gamma)\xrightarrow{\underline{\beta}}$	100	42 s	100	27	1970 °C	th. + Res.-Absorber; $E_{R1} = 1{,}257$ eV
^{107}Ag	$(n, \gamma)\xrightarrow{\underline{\beta}}$	51,35	2,4 min	zwischen Rh und V		960 °C	Im Handel nicht (mehr) erhältlich
^{109}Ag	$(n, \gamma)\xrightarrow{\underline{\beta}}$	48,65	24,4 s				
^{51}V	$(n, \gamma)\xrightarrow{\underline{\beta}}$	99,76	3,75 min	7	1,5	1800 °C	~ 1/v-Detektor
^{59}Co	$(n, \underline{\gamma})$	100	prompt	1,4	10	1490 °C	auch Fluenz-Monitor
^{113}Cd	$(n, \underline{\gamma})$	12,26	prompt	13	13%/Monat	320 °C	

tragen können. Der Kollektor sollte zur Vermeidung von Störaktivitäten einen möglichst niedrigen Neutronenabsorptionsquerschnitt haben sowie einen möglichst kleinen β-Rückstreu-Koeffizienten. Den Isolator wählt man so dünn, wie es der Isolationswiderstand erlaubt; sein spezifischer Widerstand ρ muß also möglichst hoch sein. Danach wären Kunststoffe (z. B. Teflon mit $\rho = 10^{18}$ Ohm x cm) am geeignetsten. Da Detektoren für Stromanzeige meist für hohe Fluenzen Φ bestimmt sind, muß jedoch vom Isolator hohe Strahlenfestigkeit verlangt werden. Kunststoffe besitzen nur eine geringe – Teflon wird bei $\Phi = 10^{17}\,cm^{-2}$ brüchig –, keramische Isolatoren dagegen eine hohe Strahlenbelastbarkeit ($\Phi > 10^{21}\,cm^{-2}$ bei BeO). Aus Gründen der Temperaturverträglichkeit sind ebenfalls keramische Isolatoren vorzuziehen, während Polyäthylen nur bis ca. 100 °C und Teflon bis 250 °C einsetzbar sind. Jedoch nehmen die spezifischen Widerstände von Oxydkeramiken (Al_2O_3, MgO, BeO) mit der Temperatur stark ab.

Erste experimentelle Untersuchungen mit diesem Detektortyp wurden 1961 durchgeführt [23-19] mit Rh-Emitter, Polyäthylen-Isolator und Al-Kollektor. In thermischer Flußdichte $10^{12}\,cm^{-2}\,s^{-1}$ wurde $I = 4{,}2 \cdot 10^{-8}$ A gemessen; das Verhältnis I/I_{max} erreichte 70%. Kurz darauf [23-18] wurde in einem handelsüblichen Amphenol-Kabel der Zentralleiter durch einen Rhodiumdraht von 31 mm Länge und 0,51 mm Durchmesser ersetzt und einem mehrtägigen Test bei $10^{13}\,cm^{-2}\,s^{-1}$ thermischer Flußdichte ausgesetzt, wobei $I/I_{max} = 36\%$ erreicht wurde. Im thermischen Flußbereich $7{,}2 \cdot 10^8$ bis $6{,}6 \cdot 10^{12}\,cm^{-2}\,s^{-1}$ zeigte die Anzeige keine größeren Abweichungen als dem Meßfehler (3%) entsprach. Für In-Core-Messungen bei Volleistung (40 MW) des Reaktors NRX wurden Detektoren mit Rhodium oder Vanadium als Emitter und mit MgO-Isolatoren eingesetzt, die über ein Jahr in $10^{14}\,cm^{-2}\,s^{-1}$ thermischer Flußdichte und bei 400 °C einwandfrei arbeiteten. Mit einem plattenförmigen Rhodiumdetektor wurde die Empfindlichkeit $2{,}16 \cdot 10^{-20}\,A/cm^{-2}\,s^{-1}$ bei $I/I_{max} < 40\%$ erreicht [23-20]; damit wurde der Flußverlauf in einem Kanal des D_2O-moderierten FR-2 in Karlsruhe gemessen.

Ein Störeffekt bei dieser Art von Detektoren wird dadurch verursacht, daß durch Gammastrahlung im Emitter und im Zuleitungskabel und durch Neutronenstrahlung in letzterem störende Sekundärelektronen bzw. β-Teilchen erzeugt werden können. Für ein 1 mm dickes Kabel, das sich über 200 cm Länge im Reaktorkern befindet, wurde bei einem Rh-Emitter von 5 cm Länge und 0,5 mm Durchmesser ein Störstromverhältnis $I_s/I = 2\%$ gemessen [23-18]. Zur weitgehenden Ausschaltung dieses Störeffekts kann man ein Kabel mit einem zweiten Leiter benutzen und mißt das Differenzsignal (Abbildung 2.3.VII).

Die Industrie bietet mineralisolierte Detektoren mit Rh-, V-, Cd- und Co-Emittern mit Empfindlichkeiten für thermische Neutronen zwischen 10^{-21} und $10^{-23}\,A/cm^{-2}\,s^{-1}$ pro cm Länge an [23-21]. Rhodium hat den Nachteil starken Abbrands, Vanadium zeigt erhebliche Störsignale im Gammafeld; zusammen eingesetzt sollten sie mit ihren unterschiedlichen Ansprechfunktionen $r_E \equiv \sigma(E)\,\varphi_E$ eine grobe Charakterisierung des Neutronenspektrums gestatten. Der Nachweis in Cadmium- und Cobalt-Detektoren erfolgt durch die

Sekundärelektronen der prompten Einfang-Gammastrahlung. Unsicherheit besteht noch über die Langzeitauswirkung von Strahlenschäden im Isolator.

In den **kalorimetrischen Detektoren** wird die Wärmeaufnahme einer Substanz gemessen, die stattfindet, wenn in ihr eine durch Neutronen eingeleitete Kernreaktion ausgelöst wird. Wir besprechen weder allgemeine Konstruktionsgesichtspunkte für Kalorimeter noch die Aufgabe der Messung nuklearer Aufheizungen – hierzu s. z. B. [23-22, 23, 24] –, sondern beschränken uns auf Neutronenflußdichtemessungen. Dann muß für jedes Neutron ein fester Energiebetrag E_s freigesetzt werden, denn wir messen ja nicht die Energieflußdichte, sondern die Teilchenflußdichte der Neutronen. Die mit einem Thermoelement gemessene Spannung U beträgt dann:

$$U_j(\vec{r}, t) = \kappa \, E_s k_M \, V_D \int_{E_j}^{E_{j+1}} \Sigma^{(D)}(E) \, \varphi_E(\vec{r}, t) \, p_D(E) \, dE \qquad (2.3.16)$$

(mit der Materialkonstanten κ, die die thermoelektrische Spannung des Thermoelements mal Wärmedurchlaßwiderstand von der aufgeheizten Schicht darstellt). Ein allgemeinerer Ausdruck für die spezifische Wärmeleistung oder Aufheizrate wird bei Behandlung der physikalischen Effekte der Reaktorstrahlungen in Abschnitt 5.2 angegeben. Der Energiebetrag E_s darf nicht zu klein sein, denn die durch Neutronen hervorgerufene nukleare Aufheizung muß als Meßeffekt die in Reaktoren gleichzeitig vorhandene nukleare Aufheizung durch Gammastrahlen und die Aufheizung durch andere Wärmequellen in Reaktoren hinreichend stark überwiegen. Z. B. wird bei der Reaktion $^{10}B(n, \alpha)^7Li$ mit thermischen Neutronen die Energie 2,78 MeV frei, das sind etwa 10^{-7} cal. Die Messung erfolgt in der Regel thermoelektrisch; die warme Lötstelle eines Thermoelements wird dabei von der durch Neutronen zu erwärmenden Schicht – die in unserem Beispiel borhaltig sein müßte – umgeben, s. Abbildung 2.3.VIII.

Ein solcher Kalorimeterdetektor wurde zu zeitsparenden Vermessungen des thermischen Flusses in den Bestrahlungspositionen des Kerns nach Umbauten sowie zur regelmäßigen Messung von Leistungsgewichtfaktoren zur Abbrandbestimmung für einen Schwimmbadreaktor entwickelt [23-5].

Der Detektor wird an einem langen Aluminiumrohr in den Tank hinabgelassen und besitzt ein Distanz- und Führungsstück aus Aluminium, wodurch der Detektor leicht in reproduzierbare Meßpositionen zwischen den Brennstoffplatten geschoben werden kann. Der eigentliche Detektor besteht aus einem 0,2 mm starkem Cu-Konstantan-Thermopaar, dessen warme Lötstelle von 11 mg Brennstofflegierung (Al + 45 Gewichts-% U, zu 20% angereichert) umgeben ist. Die kalten Enden des Thermopaars sind an den Zuleitungsdrähten angelötet und haben nur 30 mm Abstand von der warmen Lötstelle, wodurch die Störungen durch Gamma-Aufheizung u. a. Ursachen weitgehend ausgeschaltet werden. Die Flußdichte-Empfindlichkeit liegt bei 10^{-16} V/cm^{-2} s^{-1}, der Anzeigefehler bei 10%. Die Anzeige wurde von 50 kW bis 1000 kW als linear mit der Reaktorleistung festgestellt. Eine Beein-

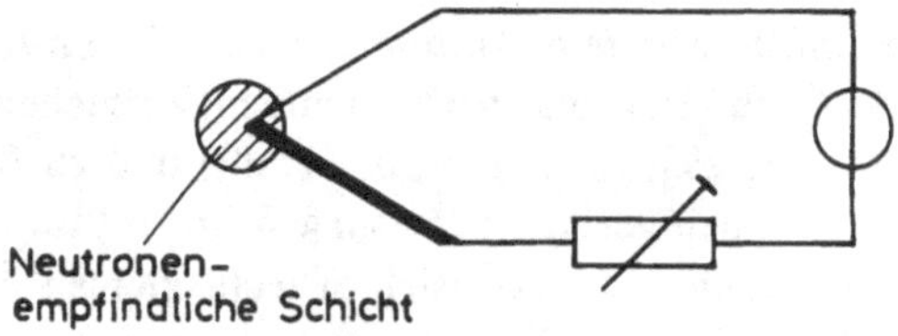

Abb. 2.3.VIIIa.
Neutronennachweis mittels Thermoelement

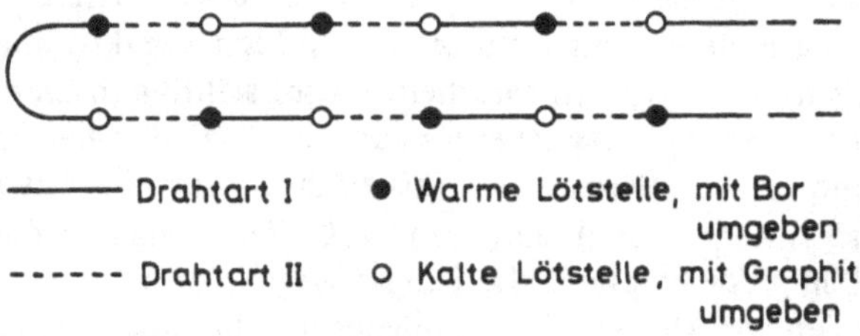

Abb. 2.3.VIIIb.
Thermoelementreihe nach [23–26].

flussung der Anzeige durch die Gamma-Leistung wurde (nach dem Abschalten des Reaktors) nicht beobachtet. Ein Dauertest der Anordnung über 120 MWh Reaktorbetrieb zeigte keine größeren Abweichungen als etwa 5%, die der Unsicherheit der angegebenen Reaktorleistung und der Meßposition zugeschrieben werden können. Die mit der Anordnung erreichbare Mindeszeitkonstante, die durch die Temperatureinstellung des Neutronenabsorbers bedingt ist, wird mit kleiner als 5 s angegeben.

Bei einer von Rispoli [23-26] entwickelten Meßeinrichtung sind sechs Thermoelemente in Reihe geschaltet (Abbildung 2.3.VIII).

Die Drähte sind 0,1 bis 0,2 mm stark und aus Chromel bzw. Alumel. Je zwei verschiedene Lötstellen sind paarweise dicht beieinander in rund 3 mm Abstand angeordnet und sind beide von gleich großen Zylinderchen von rund 4 mm Länge und 1 mm Durchmesser umgeben. Der die warme Lötstelle umgebende Zylinder ist ein Harzkörper aus Borpulver in Araldit, bei der kalten Lötstelle wird statt Borpulver Graphitpulver verwendet, das nahezu denselben Gamma-Absorptionskoeffizienten sowie dieselbe Wärmekapazität besitzt. Diese Anordnung sorgt dafür, daß die zu messende Thermospannung nur durch Neutronenaufheizung, aber nicht durch Gamma-Aufheizung oder Erwärmung hervorgerufen wird. Die Elementreihe von Rispoli ist eingeschlossen in einem Rohr aus eloxiertem Aluminium mit 6,3 mm Durchmesser; die empfindliche Länge beträgt 70 mm. Die Flußdichte-Empfindlichkeit beträgt ungefähr $5 \cdot 10^{-15}$ V/cm^{-2} s^{-1} und wurde von 1 kW Leistung aufwärts linear gefunden. Die Gesamt-Zeitkonstante der Apparatur liegt bei 30 s, was mit den Angaben anderer Autoren übereinstimmt. Andererseits ist die Empfindlichkeit dieses multiplen Detektors besonders hoch: als Durchschnittswert wird $3 \cdot 10^{-16}$ V/cm^{-2} s^{-1} angeführt [21-2].

Anwendungen. *Ionisationskammern* (I), *β/γ-Emissionsdetektoren* (II) und *Thermoelementdetektoren* (III) sind in eingehenden Versuchen erprobt worden, z.B.: zu I. [23-1, 27, 28, 29], zu II. [23-30, 31, 32] und zu III. [23-33, 34, 35, 36]. Alle drei Detektortypen gestatten Messungen im reaktormetrologisch interessierenden Flußmeßbereich und lassen sich in recht kleinen Abmessungen verwenden (mit wenigen mm Gesamt-Durchmesser und wenigen cm empfindlicher Länge). Ionisationskammern sind zur Vermeidung von Leckströmen im Campbell-Verfahren bis höchstens 800 °C brauchbar und in der Schnelligkeit ihres Ansprechens weit überlegen (in der Größenordnung von 0,01 s gegenüber rund 1 s bei Thermoelementsonden und gegenüber der Halbwertszeit des benutzten β-Strahlers, siehe Tabelle 2.3.A). Die bis 500 °C verwendbaren β/γ-Emissions-Detektoren zeigen ein von ihrer Vorgeschichte (den Voraktivierungen bzw. γ-Bestrahlungen) abhängiges Ansprechen: Dieses stellte sich unter genau bekannten Versuchsbedingungen zwar als gut reproduzierbar heraus, bei weniger bekannten und verwickelteren Verhältnissen dürfte sich die Auswertung aber nicht mehr so sicher durchführen lassen. Außerdem verlangen diese Detektoren verhältnismäßig große empfindliche Längen wegen der bei ihnen höheren Gefahr von Störsignalen von kleinen Verunreinigungen. Thermoelement- oder kalorimetrische Detektoren arbeiten dann einwandfrei, wenn ihr Wärmeübergang bzw. das in ihnen herrschende Temperaturgefälle eindeutig bestimmt sind. Anderenfalls treten Änderungen in der Größe des abgegebenen Signals auf, die nach hohen Temperaturen und langen Bestrahlungszeiten hin zu sehr verwickelten Kennlinien führen, wie eine Erprobung bis 1000 °C und bis 1000 Stunden gezeigt hat. Sichere Voraussagen für einen bestimmten Wärmeübergang bzw. Temperaturverlauf im Detektor kann für Reaktor-Meßkanäle und -Einbauten keineswegs gegeben werden. Reaktormetrologische Gesichtspunkte bei der Detektorauswahl sind in Abschnitt 5.2 zusammengestellt. Im Gleichstrom- oder Campbell-Betrieb arbeitende Ionisationskammern müssen den höchsten Strahlenbelastungen und Temperaturen widerstehen; sie werden mit fest verbundenen Kabeln versehen, deren metallummantelte Keramikisolation keine stärkere Biegung als mit etwa 60 cm Krümmungsradius erlaubt. Über Thermoelemente zur In-Core-Instrumentierung liegt die oben genannte Untersuchung von Rolstad [23-27] vor, die die Verwendung von Al_2O_3-isolierten Inconel-ummantelten Kabeln mit 1 mm Außendurchmesser zum Ergebnis hatte.

Zur teilautomatisierten Flußvermessung in Reaktorkanälen bei Leistungsbetrieb wurde das Traversing-In-core-Probe-System entwickelt [23-29, 38] (Fahrkammerverfahren [23-29]), das mit kleinen stromanzeigenden Detektoren (Spaltkammern) an festverlöteten Koaxialkabeln arbeitet. Seine Vorteile gegenüber der Anwendung von (zusammenhängenden oder unterteilten Draht-, Band- oder scheibenförmigen) Aktivierungssonden liegen auf der Hand:

I. Unmittelbare Ablesung und dadurch auch leichtere Nachprüfung von Relativflußwerten,

II. beliebige (diskontinuierliche oder kontinuierliche) Wahl der Meßpositionen, während die Anordnung für eine Aktivierungssondenmessung im voraus festgelegt werden muß,
III. die Nachbehandlung (mit Zerlegung, Dekontamination, Nachwägung und Kapselung) und die nachträgliche Aktivitätsmessung verlangen bei Aktivierungssondenmessung mehr Arbeitsaufwand.
IV. Da die Flußwerte unmittelbar zur jeweiligen Meßposition des Detektors angezeigt werden, sind relative Positionsfehler nur höchstens so groß wie bei Aktivierungssondenmessungen.

Zur Ermittlung von Flußstörungen, Abbrand bzw. Stör-Reaktionen und -Effekten in dem direktanzeigenden Detektoren und zu deren Flußkalibrierung kann man natürlich auf Aktivierungssondenmessungen nicht verzichten. In Abbildung 4.6.VII findet man Ausführungsmöglichkeiten des Fahrkammer-Verfahrens skizziert. Der Detektor mit dem festverbundenen halbstarren Koaxialkabel wird mittels einer um das Kabel gewundenen Schraubenfeder innerhalb eines Fingerhutrohrs im Meßkanal geführt. Ein außerhalb der Reaktorabschirmung angebrachter Motor dient zum Antrieb der Schraubenfeder. Verwendet wurden Ti-ummantelte Spaltkammern von 4 mm Außendurchmesser mit Kabeln bis 33 m Länge, die eine Quarz- bzw. -Glas-Isolierung und Edelstahl-Ummantelung hatten; sie fanden Einsatz zur Messung von thermischen Flußdichten von $5 \cdot 10^{11}$ bis $10^{14}\,cm^{-2}\,s^{-1}$. Die Meßwerte wurden mittels XY-Schreiber automatisch aufgezeichnet als relative Flußdichte bezogen auf relative Kammerpositionen im Reaktorkern. Ein Transportmechanismus ermöglicht die Hintereinandermessung von Flußprofilen in bis zu acht Kanälen, die auf eine (neunte) Referenzposition bezogen werden können. Dabei muß die unterschiedliche nukleare Aufheizung der Anordnung in den Meßpositionen beachtet und gegebenenfalls entsprechend korrigiert werden.

Zusammenfassend und vergleichend ist zu den besprochenen Typen festzustellen: Ionisationskammern überdecken den größten Meßbereich; ihr Vorzug liegt nicht in der Empfindlichkeit, vielmehr in Robustheit, geringer Störanfälligkeit, genauer und schneller Anzeige. Mit dem Campbell-Verfahren in Kreuzkorrelationsschaltung konnte die zeitabhängige Flußdichte $\varphi_{th}(t)$ nach einer Reaktor-Sofortabschaltung über mehr als 7 Zehnerpotenzen verfolgt werden, während das Signal des zum Vergleich eingesetzten Gleichstromverfahrens schon nach 3 Dekaden im wesentlichen nur noch der verzögerten Gammaflußdichte $\varphi_\gamma(t)$ folgt [23-11]. – Zur Eliminierung des Gammastöreffekts erprobt man abgesehen vom Campbell-Verfahren Nanosekunden-Zählverfahren mit Pile-up-Rejection. γ-Emissionsdetektoren, die mit prompter γ-Strahlung – also mit $\tau_B = 1$ in Gleichung (2.3.15) – z. B. von Co-Emittern [23-40] arbeiten, sprechen natürlich ebenso rasch wie Ionisationskammern an. Kalorimetrische Detektoren zeigen bei kleiner Wärmekapazität hohe Meßgenauigkeit bei vergleichsweise geringem Aufwand für Herstellungskosten und Anzeigeapparaturen; nachteilig ist ihr für Sicherheitssysteme zu langsames Ansprechen und ihre gelegentlich unzuverlässige Anzeige infolge von Wärmeabstrahlung.

2.4. Detektoren für Impulsanzeige

Wirkungsweise und Anwendungen – Gasgefüllte Detektoren – Szintillationszähler – Halbleiterdetektoren

Wirkungsweise und Anwendungen. Unter Detektoren im Impulsbetrieb [VIII-45] oder *Detektoren für Impulsanzeige* sollen die Neutronendetektoren verstanden werden, die die spektrale (φ_E) bzw. energieintegrale (φ) Neutronenflußdichte als Folge zeitlich getrennter Impulse registrieren. Am Detektorausgang abnehmbare und mittels der nachgeschalteten Meßapparatur anzeigbare elektrische Signale sollen für alle Sekundärteilchen der Neutronennachweisreaktion entstehen, die im Detektor den Nachweiseffekt auslösen können. Dann ist die zeitabhängige Impulshäufigkeit oder *Impulsrate* Z(t) der zeitabhängigen Flußdichte $\varphi(t)$ proportional und darüber hinaus unter Umständen die in einem Impuls enthaltene Ladungsmenge der Sekundärteilchenenergie: $q \sim E_s$, woraus man gegebenenfalls auch die Neutronenenergie E bestimmen kann. Setzen wir die Nachweissubstanz des Detektors als ideal dünn voraus – also K = 1 in Gleichung (1.3.8) – dann beträgt die Impulsrate im j-ten Energieintervall:

$$Z_j(\vec{r}, t) = k_M V_D \int_{E_j}^{E_{j+1}} \Sigma^{(D)}(E) \varphi_E(\vec{r}, t) p_D(E) \, dE \, . \qquad (2.4.1)$$

Der Nachweiseffekt pro Nachweisreaktion ist beim Impulszähler gegeben durch die mit Gleichung (3.6.3) eingeführte Registrierwahrscheinlichkeit des Zählers, also: $\mathscr{I}_D(E) = p_D(E)$. Ist eine Sortierung nach Sekundärteilchenenergien E_s möglich, werden die nach Impulshöhen (-Intervallen) E_s bis $E_s + \Delta E_s$ bzw. nach Impulsformen (l) sortierten Impulsraten $Z_l(E_s, t) \, dE_s$ für sich gezählt. Im allgemeinen gilt, daß sich für diese Neutronendetektoren, die aus der Kernstrahlungsmeßtechnik als geläufig vorausgesetzt werden können, die Werte der Gasverstärkung, Lichtausbeute und Arbeitsspannung in üblichen Grenzen halten, so daß man die am Detektorausgang abgegebenen Signale unter Zwischenschaltung üblicher Impuls- oder Linearverstärker registrieren kann.

Vor Messungen in Strahlenfeldern sollte man sich grundsätzlich (neben der mechanischen und Temperatur-Belastbarkeit) über die zu erwartende Strahlenbelastung und -Belastbarkeit der ins Auge gefaßten Detektoren und Zuleitungen vergewissern. Bei impulsanzeigenden Detektoren steht dieser Gesichtspunkt weniger im Vordergrund. Denn diese Detektoren mit ihrer besonders hohen Empfindlichkeit für Neutronenflußdichten und Untergrund finden Anwendung in schwächeren Strahlenfeldern: an Neutronenquellen einschließlich Neutronengeneratoren, zur Strahlenüberwachung, an Reaktoren bei Anfahrmessungen bzw. an Niedrigleistungsreaktoren, in den Anfahrkanälen der Reaktorinstrumentierung und zur Experimentmonitierung insbesondere bei Strahlrohrexperimenten. Zur Ausmessung von Neutronenfeldern in Reaktoren und an anderen Neutronenquellen, die von γ-Feldern begleitet sind, eignen sie sich wegen ihrer relativ hohen Störanfälligkeit weniger gut. Spektrometrische Anwendungen sind in Abschnitt 4.2 abgehandelt. Sortierung nach Impulshöhen oder -Amplituden zur Energiebestimmung setzt deren Energieproportionalität voraus. Dazu müssen Prüfmessungen und notwendigenfalls Korrekturen vorgenommen werden, worauf wir nicht näher eingehen.

Unter den **gasgefüllten Detektoren im Impulsbetrieb** fassen wir zusammen: Ionisationskammern im Impulsbetrieb, Proportional- und Auslösezähler. Da die zu messenden Neutronenfelder meist von mehr oder weniger starken Gamma-Feldern begleitet sind, muß die Gamma-Anzeige der Detektoren wegdiskriminiert werden. Da Auslösezähler (Geiger-Müller-Zähler) keine Gamma-Diskriminierung erlauben, werden sie nicht zur Neutronenflußmessung benutzt. Zur Wirkungsweise von Ionisationskammern im Impulsbetrieb und von Proportionalzählern sei auf die ausführlichen Darstellungen [VIII-45, 21-3, 5, 23-1] verwiesen, an Literatur zum Neutronennachweis mit ihnen seien genannt: [11-2, 4, 21-2, 4].

Die Arbeitsweise von *Ionisationskammern im Impulsbetrieb* beruht grundsätzlich wie bei der in Abschnitt 2.3 behandelten Ionisationskammer für gemittelten Strom auf der Sammlung von Ionenpaaren, die beim Durchgang ionisierender Strahlung durch die Kammer erzeugt werden. Bei der Impulskammer spielen jedoch die Einzelheiten bei der Ladungssammlung eine größere Rolle. Zunächst ist zu unterscheiden, ob man mit der Impulskammer nur Mengen von Einzelteilchen zählen oder auch ihre Energie messen will. Im ersteren Fall brauchen nur einfache Anforderungen an die Impulse gestellt zu werden, nämlich: der vom Durchgang des zu registrierenden Teilchens herrührende Spannungsimpuls am Ausgang des dem Detektor nachgeschalteten Verstärkers muß höher sein als die eingestellte Diskriminatorschwelle; ferner muß das Detektorausgangssignal einen zeitlichen Verlauf haben, das (mittels geeigneter Impulsformung) eine mit anderen Detektortypen vergleichbar schnelle Impulsfolge zu messen gestattet. Bei der Messung von Teilchenenergien muß die Proportionalität zwischen der Anzahl der vom Teilchen erzeugten Ladungen und der Signalgröße (Ladungsmenge am Detektorausgang, Spannungsamplitude am Verstärkerausgang) der wesentliche Gesichtspunkt sein. Bei Ionisationskammern im Impulsbetrieb ist es besonders günstig, Elektronen statt Ionen zu registrieren, denn die viel kürzere Elektronensammelzeit führt zu viel kürzeren Auflösungszeiten und vermeidet damit die Überlagerung („Pile-up“) von Impulsen. Mit der Elektronensammlung ist jedoch ein Nachteil verbunden: die Impulshöhe ist abhängig vom

Entstehungsort des Elektrons, und zwar dadurch, daß die Ionenspur je nach ihrer Lage ein unterschiedliches Zusatzfeld auf der Sammelelektrode induziert. Zur Vermeidung dieses Induktionseffekts kann nach Frisch ein Gitter in der Elektronenbahn angebracht werden, wodurch nur noch eine konstante Spannungsdifferenz U registriert wird, die entsteht, wenn ein im Kammergas abgelöstes Elektron die Strecke vom Gitter zur Sammelelektrode durchfliegt. Die Anzahl der abgelösten Elektronen bestimmt dann die Ladungsmenge im Impuls, die der zu messenden Teilchenenergie proportional sein soll.

Ein Vorteil der Impulsionisationskammer besteht darin, daß bei ihr der Unterschied in der Impulsgröße zwischen Schweren und Leichten Teilchen besonders hoch ausfällt: damit lassen sich die kleinen Impulse eines noch relativ starken Gammafeldes gegenüber den hohen Impulsen von Spaltfragmenten zur Neutronenflußdichtemessung diskriminieren. Ein Nachteil der Ionisationskammer ist ihr relativ enger Energiemeßbereich. Dessen untere Grenze wird anschließend mit der des Proportionalzählers verglichen; für Teilchen großer Reichweite sind wegen der bei hohen Gasdrucken auftretenden unvollständigen Sättigung Szintillationszähler oder Teleskopanordnungen vorzuziehen. In Proportionalzählern herrscht eine höhere elektrische Feldstärke. Deshalb werden die beim Durchfliegen eines ionisierenden Teilchens abgelösten Elektronen so stark beschleunigt, daß sie zusätzliche Ionisation hervorrufen, wodurch die gesammelte Ladungsmenge um einen bestimmten Faktor M (Gasverstärkungsfaktor) gegenüber der Ladungsmenge in einer gleichartigen Ionisationskammer vergrößert wird. In der Regel werden M-Faktoren zwischen 10 und 100 benutzt, für Teilchen sehr geringer Energie kann M bis 10^6 reichen. Die obere brauchbare Grenze der Gasverstärkung ist durch das Aufhören der strengen Proportionalität zwischen der Zahl der vom ionisierenden Teilchen erzeugten (primären) Ionenpaare und der Impulsgröße q am Verstärkereingang gekennzeichnet. Die Gasverstärkung ermöglicht die Registrierung eines bestimmten Teilchens mit geringerer nachfolgender elektronischer Verstärkung als sie bei der Impulsionisationskammer nötig wäre. Dementsprechend können mit dem Proportionalzähler noch Teilchen mit wesentlich niedrigerer Energie über dem Rauschuntergrund der Meßapparatur registriert werden als mit der Ionisationskammer: während für die Ionisationskammer die untere Energie-Nachweisgrenze für geladene Teilchen bei 0,1 MeV liegt, kommt man mit dem Proportionalzähler 2 Größenordnungen weiter herunter. Ein zweiter Vorteil des Proportionalzählers gegenüber der Ionisationskammer besteht darin, daß die Lage der Primärionenspur im Zähler keine Rolle spielt, denn neben der Gasverstärkung ist der Induktionseffekt zu vernachlässigen. Zur Energiemessung sowie zur Diskriminierung verschiedener Teilchenarten (z. B. α- in Gegenwart von β-Teilchen) muß man im Bereich der strengen Proportionalität arbeiten.

Der *Proportionalzähler* bietet zwei Meßmöglichkeiten: erstens die spektrale, bei der zu jeder Gasverstärkung eine bestimmte Energie der ionisierenden Teilchen gerade die Impulshöhe liefert, die die Schwelle des dem Detektor folgenden Diskriminators überschreitet; zweitens die (energie-)integrale, bei der oberhalb einer gewissen Gasverstärkung mehr oder weniger alle ionisierenden Teilchen im Füllgas erfaßt werden. Die Gasverstärkung wächst mit der an den Zähler gelegten Spannung V. Für spektrale Messungen muß diese auf rund 0,1% konstant gehalten werden, während für integrale Messungen geringere Anforderungen an die Spannungskonstanz gestellt werden. Bei spektralen Messungen hängt die Energieauflösung kritisch von der Konstanz der Gasverstärkung ab. Das verlangt einen Zähldraht (der bei der meist zylindrischen Bauweise des Proportionalzählers die Anode darstellt) von möglichst gleichmäßiger Dicke. Außerdem darf das elektrische Feld über die Länge des Zähldrahts und besonders an seinen Enden keine Verzerrungen aufweisen. Die einfachste Methode zur Vermeidung der sogenannten Endeffekte besteht nach Cockroft und Curran [24-2] darin, über die Drahtenden leitende Rohre (Feldrohre) zu schieben, die auf dem Potential gehalten werden, das ihrem Radius im Feld zwischen Anode und Kathode entspricht. Wird die neutronenempfindliche Substanz als Radiatorfolie in den Proportionalzähler gebracht, dann genügen jedoch ziemlich einfache Zählrohrkonstruktionen, da die Spuren der ionisierenden Teilchen nur in einem begrenzten Volumen auftreten, so daß Endeffekte vermieden werden können. Die für Energiemessungen zu fordernde Bedingung, daß die Impulshöhe der Teilchenenergie proportional sei, ist in Wirklichkeit schwer erfüllbar. Dafür sind hauptsächlich die sogenannten Wandeffekte verantwortlich. Sekundärteilchen, die näher an der Zählerwand erzeugt werden als ihre Reichweite beträgt, geben nur einen Teil ihrer Energie im Füllgas ab.

Wie schon bei den Gleichstrom-Ionisationskammern (s. Abschnitt 2.3) erwähnt, müssen die zum Neutronennachweis *benutzten Kernreaktionen* auf Schwere geladene Teilchen führen, um gegen den Gammauntergrund diskriminieren zu können. Damit kommen die Neutronenreaktionen aus den Abbildungen 1.1.I, 1.1.II in Frage. Verwendet werden:

In Impuls-Ionisationskammern: die Reaktion (n, f) je nach Größe bzw. Verlauf des Wirkungsquerschnitts zur integralen Messung thermischer, epithermischer oder schneller Neutronen,

in Proportionalzählern: die Reaktion $^{10}B(n, \alpha)\,^{7}Li$ zur integralen Messung thermischer (oder epithermischer) Neutronen, die Reaktion $^{3}He(n, p)\,^{3}H$ zur spektralen Messung intermediärer und schneller Neutronen (sowie zur integralen Messung thermischer Neutronen), die Reaktion $^{1}H(n, n)\,^{1}H$ zur (integralen oder spektralen) Messung schneller Neutronen.

Für einen mit BF_3-Gas gefüllten Zähler beträgt die mit Gleichung (3.6.1) eingeführte Ausbeutefunktion (in Abhängigkeit von der Neutronenenergie E, für die spektrale Flußdichte φ_E als Meßgröße).

$$\epsilon(E) = n_M k_M^{(I)} \frac{pV}{kT} \frac{\sigma_0}{s_D} \sqrt{\frac{kT_0}{E}}\,, \tag{2.4.2}$$

vgl. Gleichung (1.3.22). Dabei wurde ein 1/v-Absorber angenommen, der mit ^{10}B (n, α) als Nachweisreaktion für $E \lesssim 30\,\mathrm{keV}$ vorliegt. s_D stellt die der Meßgröße von der Nachweissubstanz gebotene Oberfläche (Volumen pro Dicke) dar. Die auf die thermische Flußdichte bezogene Empfindlichkeit lautet dann:

$$S_{th} \approx \frac{Z(E_{th})}{\varphi_{th}} = \frac{R_F(E_{th})\, s_D\, \mathscr{I}_D(E_{th})}{\varphi_{th}} = p_D(E_{th})\, s_D\, \epsilon(E_{th}) \tag{2.4.3}$$

$$= n_M\, k_M^{(I)} \frac{pV}{kT} \sigma_0\, p_D(E_{th}) \; .$$

Die Empfindlichkeit S wird streng als Quotient der Anzeigenänderung durch die Meßgrößenänderung definiert, s. Gleichung (3.6.2). Unter Berücksichtigung der Registrierwahrscheinlichkeit p_D und innerhalb der eingeschränkten Meßbedingungen (s. Abschnitt 3.6) kann man S näherungsweise wie oben abschätzen. ^{10}B-haltige Zähler werden entsprechend dem Wirkungsquerschnittsverlauf der ^{10}B (n, α)-Reaktion zum integralen Nachweis langsamer Neutronen verwendet. Umgibt sie mit Moderatormaterial (z. B. Paraffin), dann sind sie auch zum integralen Nachweis schneller Neutronen geeignet. Derartige Zähler sind wegen ihrer großen Abmessungen und ihrer sehr hohen Empfindlichkeit pro Fluenzeinheit ($S \approx 1\ 1/\mathrm{cm}^{-2}$) für Überwachungsaufgaben wichtig, spielen aber zur Ausmessung stärkerer Neutronenfelder keine Rolle. Der bekannteste Zähler dieser Art ist der Long Counter nach Hanson und McKibben (ausführlich z. B. in [XIV-72, 11-3, 4], der für ein möglichst gut energiekonstantes Energieansprechvermögen gebaut wurde. Dessen Konstanz wurde jedoch nur sehr grob erreicht. Das tatsächliche Ansprechvermögen (als Erwartungswert dafür, daß ein die Nachweissubstanz treffendes Neutron in Abhängigkeit von einer Variablen – hier: von der Neutronenenergie – den Nachweiseffekt auslöst) schwankt nach Angabe verschiedener Autoren beträchtlich. Zur Richtungsabhängigkeit des Long Counters s. Abbildung 3.6.II.

Proportionalzähler mit ^{3}He als Füllgas können zur Energiemessung benutzt werden (s. Tabelle 5.3.F). Dazu dient die Bestimmung der Amplitudensumme der gleichzeitig ausgelösten Impulse der Sekundärteilchen der Reaktion ^{3}He (n, p) ^{3}H mit den Energien $E_p + E_t$. Die Reaktionsenergie 770 keV ist von dieser Energiesumme abzuziehen, und die Genauigkeit dieses Differenzverfahrens bestimmt die untere Meßgrenze für E. Die obere Energiegrenze (etwa 1 MeV) ist dadurch gegeben, daß der ^{3}He-Kern bei der konkurrierenden Reaktion ^{3}He (n, n) ^{3}He selbst merklich kinetische Energie übernimmt, so daß die Energiebestimmung nicht mehr eindeutig erfolgen kann. Mittels Impulsformdiskriminierung läßt sich der Energiemeßbereich im ^{3}He-Zähler bis auf $0{,}9 < E \lesssim 8\,\mathrm{MeV}$ hinaufschieben [24-3].

Impuls-Ionisationskammern mit spaltbarer Substanz – genannt *Spaltkammern (Fission Chambers)* – werden zu integralen Messungen von Neutronenflüssen über die Zählung der in ihnen ausgelösten gegen Gammastrahlung diskriminierten Spaltproduktimpulse benutzt. Messungen von Neutronenspektren sind mit Spaltkammern wegen der hohen Energien der entstehenden Spaltfragmente an sich nicht möglich, doch lassen sich rohe Abschätzungen von Neutronenspektren mit Spaltkammern nach der Differenzmethode für Schwellenreaktionen vornehmen, da einige Spaltreaktionen endoergische Reaktionen sind mit effektiven Energieschwellen in der Gegend um E = 1 MeV (Abbildung 1.1.II). Dadurch wird die direktanzeigende Messung schneller Neutronen in Gegenwart von thermischen und intermediären Neutronen ermöglicht. Die zur Messung thermischer Neutronen verwendeten Reaktionen mit den spaltbaren Nukliden ^{233}U, ^{235}U und ^{239}Pu haben Wirkungsquerschnitte, die mehr oder weniger proportional 1/v verlaufen; deshalb kann man die Empfindlichkeit dieser Detektoren näherungsweise analog zu Gleichung (2.4.2) abschätzen.

Die Anwendung der $^1H(n, n)\,^1H$-Reaktion hat den Vorteil, daß ihr Wirkungsquerschnitt beträchtliche Größe und einen wohlbekannten Verlauf hat. Die Energie E_p des unter dem Winkel ϑ gegenüber der ursprünglichen Neutronenrichtung emittierten Rückstoßprotons beträgt (s. bei Energietönungen in Abschnitt 1.1):

$$E_p = E \cos^2 \vartheta \, , \qquad (2.4.4)$$

d. h. E_p liegt zwischen Null und der Neutronenenergie E. Diese Beziehung erlaubt die Bestimmung des Neutronenspektrums aus dem Spektrum der Rückstoßprotonen. Für Energien E kleiner als 10 MeV ist die Neutronenstreuung isotrop im Schwerpunktsystem. Die Reaktionsrate $R_{E_p} \cdot d\,E_p$ der Rückstoßprotonen mit Energie E_p, die bei elastischer Streuung der monoenergetischen Flußdichte $\varphi_E(E)$ an Wasserstoff im Volumen V entstehen, ist (gemäß Abschnitt 1.1 a. a. O.) gegeben durch:

$$R_{E_p}\,d\,E_p = V\,\Sigma_s(E \rightarrow E - E_p)\,\varphi_E(E)\,d\,E_p = V\,\frac{\Sigma_s(E)}{E}\,\varphi_E(E)\,d\,E_p \qquad (2.4.5)$$

(mit $V\,\Sigma_s = N_H\,\sigma_s^{(H)}$ bei Streuung an N_H H-Atomkernen). Den Zusammenhang zwischen der Neutronenflußdichte und der am Detektorausgang erhaltenen Impulsrate bekommt man durch Betrachtung des Anteils $0 < p_D(E) \leqslant 1$ (Registrierwahrscheinlichkeit) der Rückstoßprotonen, die den Detektor ansprechen lassen. Analoge Überlegungen gelten auch für den Szintillationszähler, die Ionisationskammer im Strombetrieb und die Kernspuremulsion. Wenn wir Proportionalität zwischen der Protonenenergie E_p und der Impulshöhe am Verstärkerausgang voraussetzen, lautet die – zur monoenergetischen Flußdichte φ_E und zur eingestellten Energieschwelle (Diskriminatorschwelle) E_T gehörige Impulsrate nach Gleichung (2.4.5):

$$Z(E, E_T) = \int_{E_T}^{E} R_{E_p}\,d\,E_p = N_H\,\sigma_s^{(H)}(E)\,\varphi_E(E)\left[1 - \frac{E_T}{E}\right], \qquad (2.4.6)$$

d.h. die Detektorempfindlichkeit beträgt dann:

$$S = N_H \sigma_s^{(H)}(E) \left[1 - \frac{E_T}{E}\right] \qquad (2.4.7)$$

und die Registrierwahrscheinlichkeit des Detektors $p_D(E) = 1 - \frac{E_T}{E}$. Die Wahl von E_T ist dadurch bestimmt, daß bei kleineren Impulshöhen der praktisch immer anwesende Gamma-Untergrund merklich werden kann.

Im folgenden wollen wir etwas näher auf praktische *Ausführungen von gasgefüllten Neutronendetektoren* für Impulsanzeige eingehen. Beim Bau von Detektoren zur integrierenden Flußanzeige über die $^{10}B(n, \alpha)^7Li$-Reaktion muß man dafür sorgen, daß die Reichweite der geladenen Teilchen möglichst ganz im Füllgas verläuft, um gut gegen Gammastrahlung diskriminieren zu können. Bei BF_3-Zählern können Empfindlichkeitsverluste durch Reichweitenverluste klein gehalten werden; die Registrierwahrscheinlichkeit p_D für die Sekundärteilchen liegt bei geeigneten Zählerabmessungen nur wenig unter Eins, denn die Diskriminatorschwelle E_T ist in der Regel so viel niedriger als die Reaktionsenergie s. Gleichung (1.1.34), daß in Randnähe des Detektors entstehende Sekundärteilchen noch zur Impulsrate Z in Gleichung (2.4.1) beitragen. Das kann man der Abbildung 2.4.I entnehmen; ihr flaches Plateau für die Impulsrate Z als Funktion der an den Zähler gelegten Spannung V zeigt an, daß praktisch alle im Zähler entstehenden Sekundärteilchen gezählt werden. (Der Weiteranstieg von Z mit V oberhalb des Plateaus rührt her vom Gammauntergrund und vom Rauschen des Verstärkers.) In mit borhaltigen Schichten

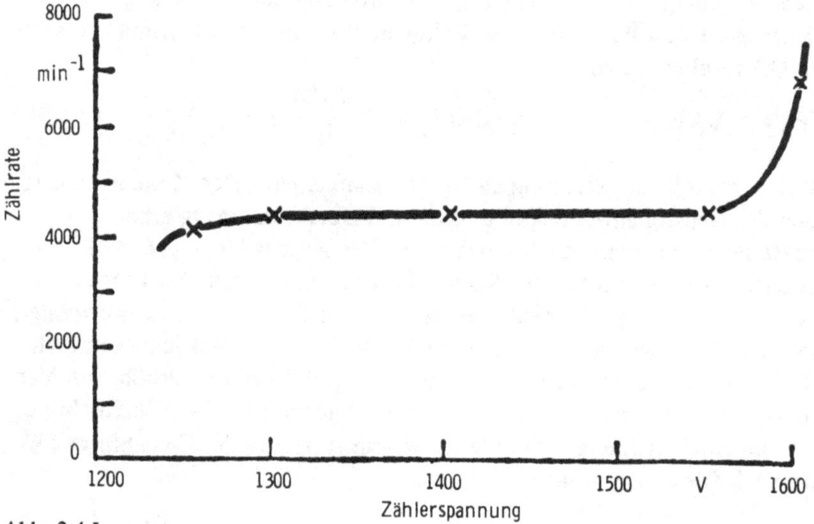

Abb. 2.4.I.
Kennlinie für einen BF_3-Proportionalzähler (nach [21–3]).

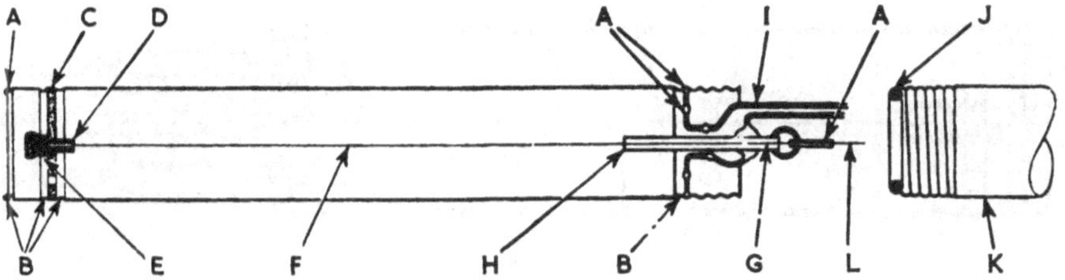

Abb. 2.4.II.
Schnitt durch ein BF_3-Zählrohr nach Abson [21–2].

Zählrohrkörpermaterial: Kupfer

A Ag-Cu-Hartlötung
B Einschnürungen zur Anbringung der Endkappen und der Quarzscheibe
C Quarzscheibe, verriegelt durch B
D Feldrohr, unter Federspannung
E Inconel-Feder zu D
F Zähldraht, aus Wolfram oder Inconel
G Punktschweißung des Zähldrahts
H Schutzringelektrode
I Glas-Metall-Dichtung
J O-Ring-Dichtung
K Endkappe, luftdicht an Zählrohr anschraubbar
L Anschlußdraht

belegten Proportionalzählern sind Empfindlichkeitsverluste durch Reichweitenverluste größer, dafür vertragen Zähler mit Borbelegung die Verwendung in viel stärkeren Gammafeldern als BF_3-Zähler, vgl. Abschnitt 2.3. BF_3-Proportionalzähler (Abbildung 2.4.II) zeigen je nach Anreicherungsgrad des Isotops ^{10}B, Größe und Gasdruck experimentell gemessene Empfindlichkeiten als Impulsraten pro thermische Flußdichten zwischen 0,01 bis 5 $1/cm^{-2}$. Bei kommerziellen BF_3-Zählern beträgt die mittlere Impulshöhe für ein Gammaquant von 1 MeV Energie rund 1/100 der maximalen Neutronen-Impulshöhe und ermöglicht dadurch leichte Gamma-Diskriminierung [24-4, 5]. Die Lebensdauer solcher Zählrohre – definiert als die Fluenz, in der die Empfindlichkeit um weniger als 10% abnimmt – liegt bei $10^{17}\,cm^{-2}$. Für drei Typen dieses Zählrohrs mit 5, 12 und 28 cm aktiver (empfindlicher) Länge wurden die Registrierwahrscheinlichkeiten im Bereich $0{,}78 \leqslant p_D \leqslant 0{,}94$ gefunden [24-6]. Mit wachsender Temperatur zeigen BF_3-Zähler schlechtere, d.h. steilere Plateaus als in Abbildung 2.4.I wegen Freisetzung negativer Ionen von den Zählerwänden [24-7]. Auch bei hohen Impulsraten (mehr als einige $10^4\,s^{-1}$) in längerem Betrieb tritt Verschlechterung ein [21-7, 24-8], nach längerer Ruhepause erholen sich die Zählrohre jedoch teilweise wieder.

Bei Proportionalzählern mit Bor-Belägen verlaufen die Plateaus wegen der Reichweitenverluste in den Bor-Schichten weniger flach als bei BF_3-Zählern. Bei borbelegten Zählern beträgt die Empfindlichkeit S höchstens 10 $1/cm^{-2}$. Abbildung 2.4.III zeigt den Typ eines borbelegten Proportionalzählers mit S = 2 bis 3 $1/cm^{-2}$ bei 20 cm aktiver Länge und 3 cm Durchmesser, der zum Einsatz im Anfahrkanal der Reaktorinstrumentierung im Meßbereich 10 bis $10^4\,cm^{-2}\,s^{-1}$ gedacht ist [23-2]. (Der Gammafluß ist im Anfahrbereich bei vergiftetem Kern

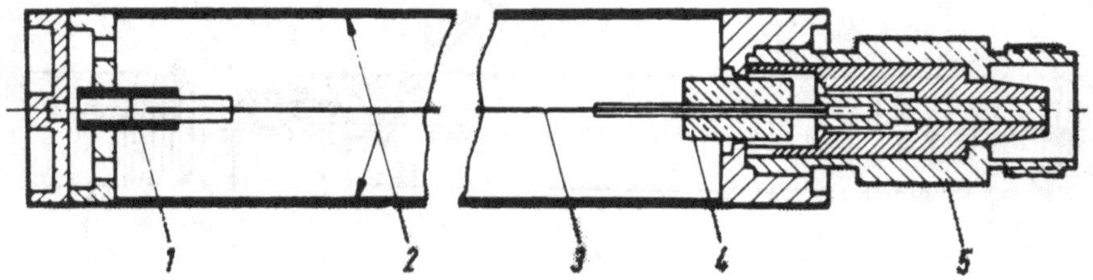

Abb. 2.4.III.
Schnitt durch ein Bohrschichtzählrohr |23–2|.

relativ hoch gegenüber dem Neutronenfluß; deshalb sind Ionisationskammern im Strombetrieb, die keine Impulshöhendiskriminierung ermöglichen, in diesem Meßbereich ungeeigneter als Proportionalzähler.) Hinsichtlich des Störuntergrunds, zur Auswahl des Wandmaterials, der Isolatoren und Kabelzuleitungen sei auf das verwiesen, was in Abschnitt 2.3 über borbelegte Ionisationskammern gesagt wurde. Als Füllgas kann ein Edelgas oder z. B. ein Ar-CO_2-Gemisch genommen werden.

In den Spaltkammern werden die als Radiatoren dienenden spaltbaren Substanzen nur in Form von Belägen verwendet; gasförmige spaltbare Verbindungen sind als Zählerfüllungen ungeeignet, da sie negative Ionen erzeugen und Korrosion hervorrufen. Wegen der Selbstabsorption der Spaltprodukte dürfen die Radiatorfolien nicht dicker sein als etwa 1 mg/cm^2, wodurch man wesentlich (etwa zehn- bis hundertfach) niedrigere Empfindlichkeiten erhält als bei gleichgebauten Zählern mit reinem ^{10}B als Nachweissubstanz; man kann aber Radiatorflächen bis rund 100 cm^2 verwenden. Als Füllgas kann Argon dienen. Darüber und über die Vorteile der Spaltkammern wird in Abschnitt 2.3 referiert: in ihnen entstehen hohe Ladungsmengen für ein registriertes Teilchen, die Impulse von 10 bis 100 mV am Arbeitswiderstand R_0 der Kammer liefern und deshalb nur einfache Impulsverstärker ohne hohen Verstärkungsfaktor in der nachgeschalteten Meßapparatur verlangen. Nachteilig ist, daß die Spaltkammern – wie schon erwähnt – nicht zu spektralen Messungen geeignet sind. Dafür erübrigt sich aber auch besondere Präzision beim Kammerbau wie etwa Anbringung eines Frisch-Gitters. Impuls-Spaltkammern werden zur Reaktorinstrumentierung außerhalb des Cores und für Messungen im Core benutzt; sie sind bei Gammaenergiedosisleistungen $\leqslant 10^5$ rd/h einsetzbar und vertragen als maximale Impulsrate $5 \cdot 10^5\,s^{-1}$. Man baut die Kammern in der Regel kleiner als die Reichweite der Spaltprodukte; dadurch vermeidet man Störimpulse durch die Alpha-Emission der spaltbaren Substanzen und andere leichte Kerne.

Bei kommerziellen Kammern [24-4, 5] mit 2,47 cm Länge und 0,257 cm Radius des Radiatorzylinders wurden für 1 mg/cm² ^{235}U- bzw. 0,3 mg/cm² ^{239}Pu-Folien Empfindlichkeiten zwischen 10^{-2} und 10^{-3} 1/cm^{-2} gemessen und für 1 mg/cm² starke ^{238}U- und ^{232}Th- bzw. 0,3 mg/cm² ^{237}Np-Folien Empfindlichkeiten zwischen 10^{-5} und 10^{-6} 1/cm^{-2}; die berechneten Empfindlichkeiten lagen im Mittel etwas höher, d. h. es ergaben sich Registrierwahrscheinlichkeiten $p_D \gtrsim 0{,}6$ [24-6]. Baer und Bayard haben eine ^{235}U-Spaltkammer mit hoher Empfindlichkeit ($S \approx 0{,}7$ 1/cm^{-2} für thermische Neutronen) zur reaktorexternen Instrumentierung angegeben [24-20]. – Spaltkammern mit viererlei Radiatoren – enthaltend ^{235}U, ^{234}U, ^{236}U und ^{238}U – wurden zur Untersuchung des Spektrums einer Schnellen Kritischen Anordnung eingesetzt [24-9]; die spektrale Flußdichte wurde mit Hilfe eines linearen Gleichungssystems in vier Energiegruppen zerlegt und mit dem ^{nat}U-Konversionsspektrum (von einer Thermischen Säule) verglichen. Die Kammern wurden zur Messung durch die Anordnung gefahren. Für die gefundenen Spektralen Indizes werden Fehler zwischen 10 und 15% angegeben. Zum Vergleich werden Flußdichten von theoretischen Berechnungen und von Kernspuremulsionsmessungen derselben Neutronenspektren mitgeteilt, die mit den gefundenen Spektralen Indizes befriedigend übereinstimmen; die Auswertungsmethode wird in Abschnitt 4.4 besprochen.

Bei Anwendung der Reaktion ^{1}H(n, n)^{1}H werden Proportionalzähler benutzt, die mit kommerziell erhältlichem Wasserstoffgas oder mit gasförmigen Kohlenwasserstoffen gefüllt werden können. Wasserstoff hat den Vorteil, daß nur Protonen als Sekundärteilchen auftreten, und daß das Verhältnis der damit erreichbaren Impulshöhen zu der von Elektronen (bzw. Gammaquanten) besonders hoch ist. Kohlenwasserstoffe hingegen verlangen geringeren Gasdruck bei gegebener Wasserstoffkonzentration und gegebenem Bremsvermögen. Außer in gasförmiger Form kann der Wasserstoff in fester Form in den Zähler gebracht werden; geeignete Materialien dafür sind Paraffin, Polyäthylen und Glyzerintristearat. Das kleine Bremsvermögen von Wasserstoff für Protonen kann durch Zufügen eines schweren Edelgases verbessert werden. Abbildung 2.4.IV zeigt schematisch eine kommerzielle Ausführung eines Rückstoßprotonen-Zählrohrs zum Nachweis schneller Neutronen.

Es besteht aus einer Anzahl Polyäthylen-Zellen als Radiatoren, die hintereinander um einen gemeinsamen Anodendraht angeordnet sind. Die Anzahl der Zellen ist durch die verlangte Empfindlichkeit bestimmt. Die Zellen sind so gebaut, daß das Ansprechvermögen des Zählers von der Einfallsrichtung der Neutronen möglichst unabhängig sein soll; sie sind von einem vakuumdicht verschweißten Cu-Mantel umgeben, der von Glas-Metall-Dichtungen begrenzt wird. Als Füllgas dient ein CH_4-Ar-Gemisch. Als mittlere Empfindlichkeit für ein Drei-Zellen-Zählrohr wurde $S = 2{,}8 \cdot 10^{-2}$ 1/cm^{-2} für die in Luft gemessenen Neutronen einer 20 mCi-Ra-Be-Quelle gefunden, die Abhängigkeit von der Einfallsrichtung lag innerhalb des Meßfehlers von ± 4%; die Rückstoßprotonen-Impulse der Ra-Be-Neutronen wurden dabei im Ra-Gammafeld bis 10 rd/h hinauf noch einwandfrei diskriminiert [24-6].

Wasserstoffgefüllte Proportionalzähler kann man entsprechend der Reichweite der Rückstoßprotonen im Energiebereich von unter 10^{-2} bis über 1 MeV ohne allzu hohen Gasdruck benutzen. Spektrale Messungen verlangen genaue Korrekturen für End- und Wandeffekte. Eine befriedigende Lösung wurde gefunden,

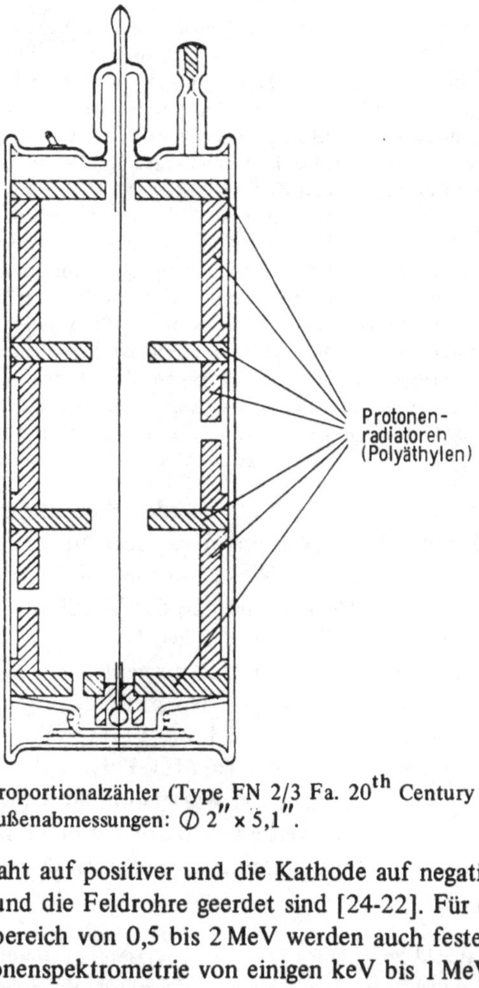

Abb. 2.4.IV.
Rückstoßprotonen-Proportionalzähler (Type FN 2/3 Fa. 20th Century Electronics Ltd., England [24–4]). Außenabmessungen: Ø 2" x 5,1".

indem der Zähldraht auf positiver und die Kathode auf negativer Spannung gehalten werden und die Feldrohre geerdet sind [24-22]. Für den Rückstoßprotonen-Energiebereich von 0,5 bis 2 MeV werden auch feste Radiatoren benutzt. Zur Neutronenspektrometrie von einigen keV bis 1 MeV (Abbildung 5.3.I) wurde das in Abbildung 2.4.V dargestellte kugelförmige Proportionalzählrohr mit Wasserstoff-Füllung entwickelt [24-10]. Die obere Grenze bei 1 MeV ist durch Wandeffekte bedingt, die untere Grenze ist hauptsächlich durch die Gammaempfindlichkeit des Zählrohrs gegeben, läßt sich aber mittels Impulsformdiskriminierung bis etwa 2 keV herabsetzen [24-11], wo die Energieauflösung allzu schlecht wird infolge der statistischen Schwankungen der Anzahl der im Zähler ausgelösten Ladungsträger, die mit der Protonenenergie abnimmt. Das Zählrohr mit dem kleinen Durchmesser von 4 cm ist auch in Reaktorkanälen einsetzbar. Seine (Mindest-)Energieauflösung beträgt 4.7% (für monoenergetische Protonen von der Reaktion thermischer Neutronen mit Stickstoff als Zählerfüllung); sein Ansprechvermögen hängt nicht von der Neutroneneinfallsrichtung ab.

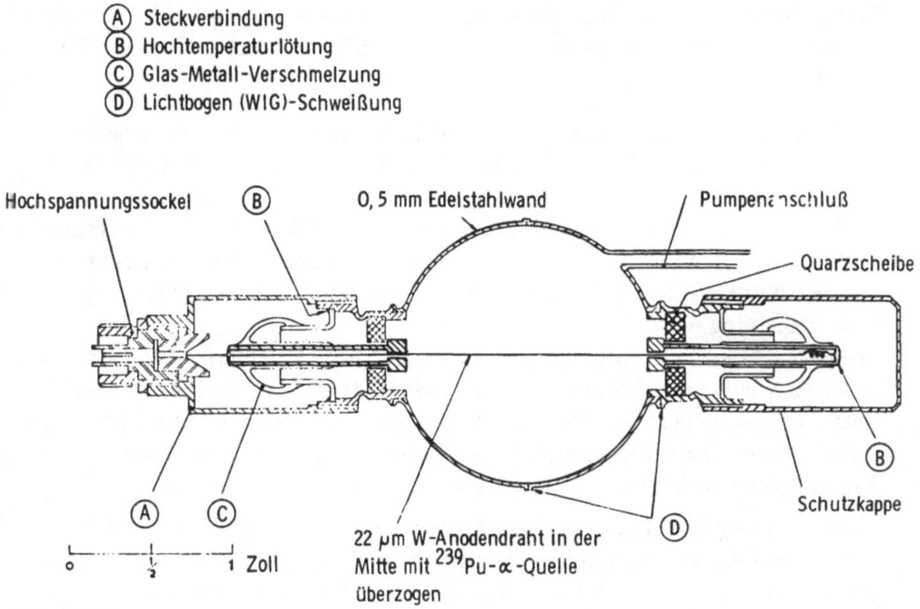

Abb. 2.4.V.
Kugelförmiger H_2-Proportionalzähler für Neutronenspektrometrie [24–10].

Heiberg bevorzugt den Hochdruck-^{3}-He-Zähler (4 ata) gegenüber BF_3-Zähler und einem borbeladenen Szintillator als Detektor bei Flugzeitmessungen wegen seiner hohen Ausbeute und seiner (bei schmaler Ausführung) hohen räumlichen Auflösung für ein Choppersystem; die verhältnismäßig große Gammaempfindlichkeit des ^{3}He-Zählers läßt sich vorteilhaft zur Erzeugung von Zeitmarken bei den Flugzeitmessungen ausnutzen [24-12].

Szintillationszähler [11-2, 4, 21-3, 6]. Ihre Wirkungsweise beruht auf der Entstehung von Szintillationen, d.h. Emission von Lichtquanten, die beim Durchgang ionisierender Teilchen in bestimmten festen, flüssigen oder gasförmigen Substanzen – die Szintillatoren genannt werden – ausgelöst werden. Dabei findet Anregung neben Ionisation statt, und die Lichtquanten werden bei der Rückkehr von den angeregten bzw. Ionisations-Zuständen in den Grundzustand emittiert. Die aus vielen Lichtquanten bestehenden zeitlich koinzidierenden Lichtblitze werden in Photomultipliern (Sekundärelektronenvervielfachern) registriert, in denen sie in Sekundärelektronen umgewandelt und dann vervielfacht werden. Die Ladungsmenge am Ausgang des Photomultipliers ist unter bestimmten Voraussetzungen der im Szintillator entstehenden Lichtmenge und damit der Energie des ionisierenden Teilchens proportional. Dadurch ermöglicht der Szintillationszähler neben der Zählung auch die Messung der Energie ionisierender Teilchen, wie dies auch Ionisationskammern im Impulsbetrieb und

Proportionalzähler tun. Gegenüber diesen gasgefüllten Detektoren hat die Verwendung des Szintillationszählers zu Neutronenflußmessungen folgende *Vor- und Nachteile:*

a) Gasgefüllte Detektoren haben meist geringere Zählausbeute und längere Auflösungszeiten. Szintillationszähler haben also einen nach unten bzw. nach oben größeren Meßbereich.
b) Szintillatoren besitzen höhere Gamma-Empfindlichkeit; Szintillationszähler sind deshalb nur in schwächeren Gamma-Feldern verwendbar, und man muß größeren konstruktiven oder elektronischen Aufwand treiben zur Gamma-Diskriminierung.
Grund b schränkt die Anwendbarkeit von Szintillationszählern für Neutronenmessungen in Gammafeldern stark ein, verhindert sie z. B. im Inneren von Reaktoren, besonders bei oder nach Leistungsbetrieb. Wir wollen im folgenden trotzdem die verschiedenen erprobten Szintillationszählertypen für Neutronenflußmessungen aufführen, um ihre Verwendbarkeit kennenzulernen.

Neben den in gasgefüllten Detektoren *verwendeten Kernreaktionen* zum Neutronennachweis wird in Szintillationszählern auch die (n, γ)-Reaktion benutzt. Das Material, in dem die Neutronenreaktionen stattfinden, kann entweder ein Bestandteil des Szintillators – z. B. ^{6}Li im LiJ-Szintillator – oder eine dem Szintillator zugesetzte Substanz – z. B. ^{10}B in flüssigen Szintillatoren – sein.

Der Hauptvorteil des *LiJ-Detektors* ist seine sehr hohe Ausbeute für thermische Neutronen. Da der Szintillator aber ungefähr gleich empfindlich ist für Alphateilchen und Elektronen, kann das Pile-up von Gamma-Impulsen schon in niedrigen Gamma-Flüssen zu ernsten Schwierigkeiten führen: z. B. darf die Energiedosisleistung für Gammaquanten von höchstens 3 MeV Energie (wegen der ^{6}Li(n, α)-Reaktionsenergie) 20 mrd/h nicht überschreiten. Zur Korrektur für den Gamma-Untergrund kann man mit der Einschränkung der Ungleichheit zweier Detektoren gleichen Typs Differenzmessungen machen mit einem möglichst genau gleich gammaempfindlichen Szintillationszähler, dessen Szintillator angereichertes neutronenunempfindliches ^{7}Li enthält.

Einen weiteren Typ stellen die ^{10}B- oder ^{6}Li-haltigen *Glasszintillatoren* dar. In dünnen Gläsern (von etwa 1 cm Stärke) lassen sich 5 mrd/h Co-60-Gamma-Strahlen gut, d. h. mit nur 10% Verlust an Neutronenimpulsen, durch Impulshöhenanalyse eliminieren. Die Szintillatoren lassen sich in Temperaturen von – 180° bis + 250 °C verwenden [24-13].

Die Anwendung *flüssiger organischer Szintillatoren* geschieht entweder durch Zufügung von Bor- oder Lithium-Verbindungen oder durch Zufügung von Nukliden mit hohen (n, γ)-Reaktionsquerschnitten. Erstere weisen hohe Neutronenausbeute auf; die Gamma-Diskriminierung ist hier jedoch besonders schwierig, weil die Umwandlung von Kernstrahlungsenergie in eine Anzahl von

Lichtquanten (auch *Conversion Efficiency* [21-3] oder *Technische Ausbeute* genannt) für Elektronen bei diesen Szintillatoren mehrmals so groß ist wie die für Alpha-Teilchen. Man muß deshalb Impulsformdiskriminierung auch schon in schwachen Gamma-Feldern anwenden. Nur kleinste Ausführungen derartiger Szintillatoren, die in Form riesiger Tanks zu Elementarteilchenuntersuchungen verwendet werden, können zu Messungen in Reaktoren bei minimalen Leistungen benutzt werden. Ähnliches gilt für die Cd- oder Gd-beladenen Flüssigszintillatoren für (n, γ)-Reaktionen, gegen deren prompte Gammaquanten mit rund 8 MeV Gesamtenergie sich der Gamma-Untergrund relativ leicht diskriminieren läßt.

Wegen ihres hohen Alpha- : Beta-Verhältnisses in der Conversion Efficiency haben Bor- und Li-Beimischungen zu den für Alphastrahlen-Messungen bekannten *ZnS-Szintillatoren* Anwendung zu Neutronenflußmessungen gefunden. In Abbildung 2.4.VI wird gezeigt, daß dieser Detektortyp verhältnismäßig befriedigende Gamma-Impulshöhendiskriminierung ermöglicht. Solche Szintillatoren sind in 1 mm Dicke auch zur Neutronen-Radiographie verwendbar [24-13]; da die Szintillatorschicht nicht hygroskopisch ist, kann sie unmittelbar vor der Photoplatte angebracht werden.

Gas-Szintillatoren sind als Neutronendetektoren interessant wegen ihrer niedrigen Gamma-Empfindlichkeit und ihrer kurzen Auflösungszeit (rund 1 ns). Man hat sie verwendet in Zählern, die spaltbare Substanzen enthalten, oder mit $^3He + {}^4He$ als Füllgas zur Neutronenspektrometrie [24-14].

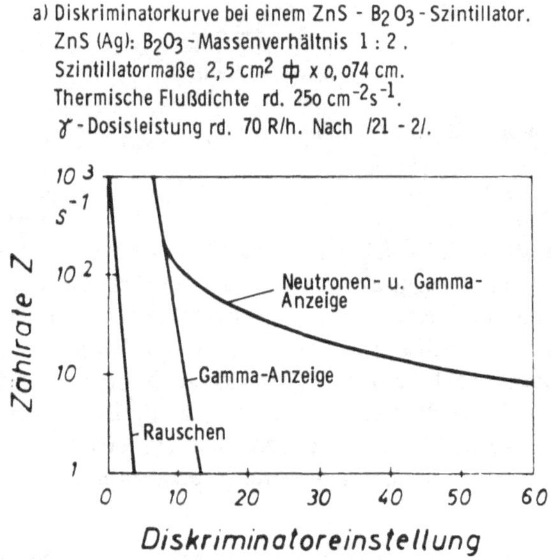

Abb. 2.4.VI.
Diskriminatorkurven für ZnS-Neutronenszintillatoren.

b) Diskriminatorkurven für Neutronenquellen gleicher Stärke B aber verschiedener Quellenergien E_0, gemessen mit HORNYAK-Button enthaltend 1,5 g ZnS (Ag) in 10 g Lucite /24 - 20/.

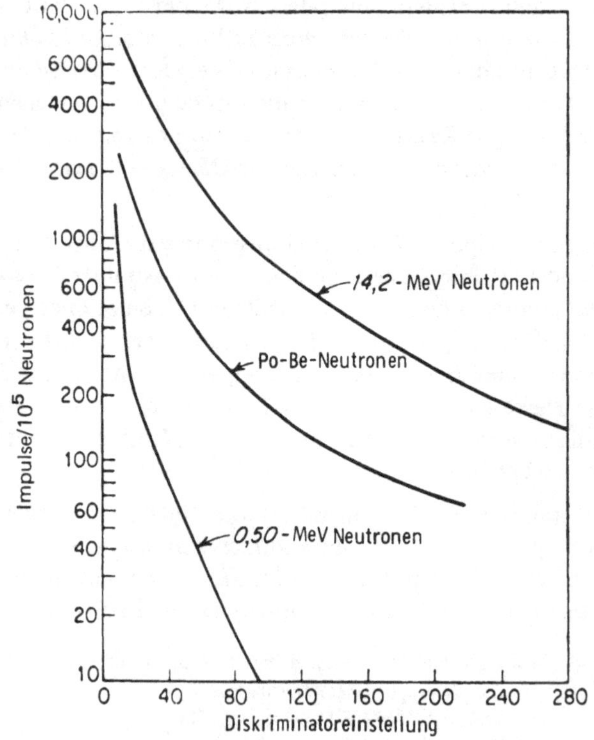

Abb. 2.4.VI.
Diskriminatorkurven für ZnS-Neutronenszintillatoren.

Eine Suspension von ZnS(Ag)-Körnern in Paraffin oder besser in durchsichtigem Kunststoff (z. B. Lucite®) als wasserstoffhaltiger Substanz dient als Detektor für schnelle Neutronen durch Registrierung der Rückstoßprotonen über die Reaktion $^1H(n, n)\,^1H$; konzentrische Lichtleiter zwischen den Szintillatorschichten erhöhen den Prozentsatz der auf die Photokathode des Multipliers gelangenden Lichtquanten. Die Empfindlichkeiten solcher – häufig für Strahlenschutzmessungen benutzten – Szintillatoren, die man nach dem ersten Erfinder Hornyak-Buttons nennt, sind in Abbildung 2.4.VI für Neutronen und Gammaquanten zusammengestellt.

Alle organischen Szintillatoren sprechen mit ihrem Wasserstoffgehalt durch die in ihnen erzeugten Rückstoßprotonen auf schnelle Neutronen an. Wegen ihrer

c) Diskriminatorkurven für γ-Quellen mit gleicher Stärke B (auch gleich wie Abb. b) aber verschiedenen Quellenenergien E_γ, gemessen mit demselben HORNYAK-Button-Typ wie in Abb. b /24 - 20/.

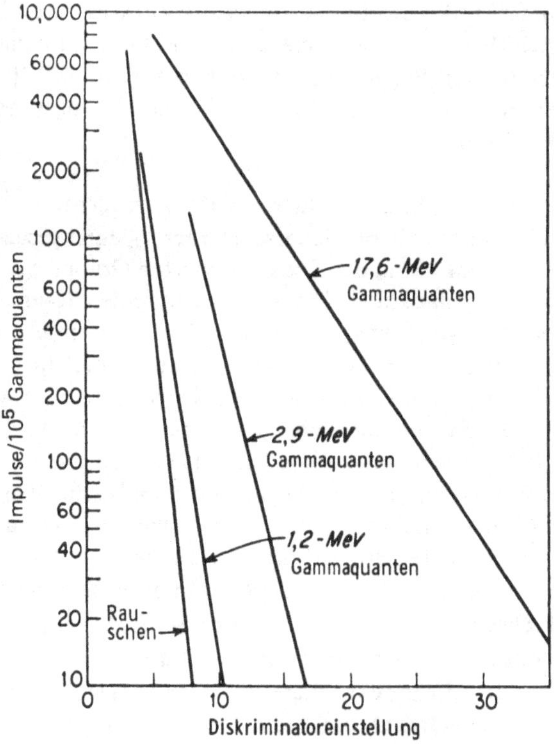

Abb. 2.4.VI.
Diskriminatorkurven für ZnS-Neutronenszintillatoren.

hohen Conversion Efficiency für Elektronen können diese Detektoren nur dann in Gamma-Feldern zur Messung von Neutronenflußdichte verwendet werden, wenn die Neutronen wesentlich höhere Energien haben als die Gammaquanten. Ein organischer flüssiger Szintillator (NE-Type 213, bestehend aus Xylol, Naphthalin und Zusätzen) wurde – neben einem wasserstoffgefüllten Rückstoßprotonen-Proportionalzähler und Kernspuremulsionen – zur Messung des Spektrums schneller Neutronen in einer Kritischen Anordnung benutzt [24-15]. Solche Szintillatoren eignen sich besonders gut zur Impulsformdiskriminierung von Neutronen gegen Gammaquanten. Das 0,5 cm^3 große Detektorvolumen war am Ende einer 62 cm langen Stange aus Silica als Lichtleiter angebracht und erwies sich als geeignet zur Messung von Neutronen im Energiebereich von 1 bis 5 MeV bei einer Neutronenfluenz von $10^7\,cm^{-2}$ und in Gegenwart einer Gamma-Energiedosis von 250 mrd. Die Energieauflösung betrug ± 15%, der Energiemeßbereich war nach unten durch Mehrfachstreuvorgänge, nach oben durch Störreaktionen begrenzt.

Die Ausbeute eines ^{6}Li-Glas-Szintillator-Detektors, enthaltend 14 Einzelzähler (mit Lithiumglasschichten von etwa 5 cm Dicke und 6 cm Durchmesser) wurde rechnerisch und mit Sekundärkalibrierung bestimmt [21-9]; sie wurde dargestellt für den Bereich von 100 eV bis 1 MeV, die Methoden ergaben maximal 20% Abweichung.

Halbleiterdetektoren [21-3, 8, 24-16] haben wohl noch nicht ihren endgültigen Entwicklungsstand erreicht; die Halbleitersubstanzen – durchgesetzt haben sich praktisch nur die Elemente Si und Ge aus der Vierten Gruppe des Periodischen Systems der Elemente – müssen als Einkristalle von großer Reinheit vorliegen. Durch Zusätze sehr geringer Konzentrationen anderer Elemente – meist aus den benachbarten Gruppen des Periodischen Systems – erreicht man, daß deren Atome in das chemisch vierwertige Kristallgitter eingebaut werden, wobei pro Atom je ein Elektron bzw. ein Loch zusätzlich frei wird. In den so dotierten Halbleitern, die man dementsprechend als Überschuß- (n-) bzw. Mangel- (p-)Halbleiter bezeichnet, ist die Zahl der im Halbleiter vorhandenen freien Elektronen bzw. Löcher beträchtlich erhöht. Im folgenden soll nur von den Sperrschichtzählern die Rede sein, die man heute generell Halbleiterdetektoren nennt. Bei ihnen werden ein p- und n-Halbleiter in enge Berührung gebracht, wodurch in einer engen Grenzschicht auf beiden Seiten Verarmung an Ladungsträgern eintritt, d. h. der p-Halbleiter wird dort negativ, der n-Halbleiter positiv aufgeladen. Im so entstehenden Spannungsgefälle werden Elektronen-Löcherpaare getrennt, die durch (in einem aufgebrachten Radiator entstehende) ionisierende Teilchen erzeugt werden (Abbildung 2.4.VII). Um genügend große Verarmungsbereiche l_V bzw. Spannungsimpulse zu erhalten, legt man eine äußere Spannung V in gleicher Polung wie die Diffusionsspannung an die p-n-Grenzschicht an. Die Impulsanstiegszeit wird durch die Laufzeit der Ladungsträger durch den Verarmungsbereich bestimmt und liegt zwischen 1 ns und 1 μs. Die Anzahl Ladungsträger $\mathcal{N}$, die von einem ionisierenden Teilchen in der p-n-Verbindung frei gesetzt werden, ist gegeben durch

$$\mathcal{N} = E_s/w \tag{2.4.8}$$

(mit: E_s Energie des ionisierenden Teilchens, w Ionisationspotential des Halbleiters). E_s setzt sich bei von Neutronenreaktionen stammenden Sekundärteilchen zusammen aus der Reaktionsenergie Q und dem auf das Sekundärteilchen übertragenden Bruchteil der Neutronenenergie E. Man kann solche Halbleiterdetektoren wie andere Detektoren im Impulsbetrieb zur Neutronenspektrometrie benutzen, falls die Energie E der zu messenden Neutronen nicht sehr viel kleiner ist als die Reaktionsenergie Q.

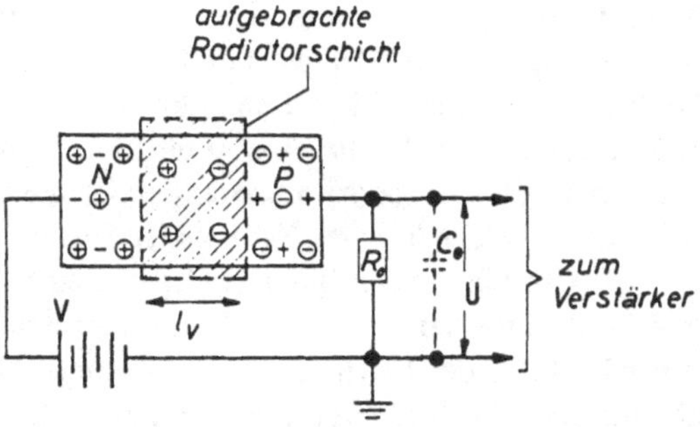

V angelegte Sperrspannung
R_0 Ableitwiderstand
l_V Breite der Verarmungszone
U Spannungsimpuls
N bzw. P Überschuß- bzw. Mangel-Halbleiter
C_0 Detektor- und Zuleitungs-Kapazität

Abb. 2.4.VII.
Zur Wirkungsweise eines Halbleiter-Sperrschichtzählers.

Der Transformationsfaktor – d. h. der Prozentsatz dafür, daß das Stattfinden einer Nachweisreaktion tatsächlich zur Umwandlung ins Detektorsignal führt – wird beim Halbleiterdetektor ausgedrückt durch die Ladungssammlung:

$$\eta = q/\mathcal{N}e \ , \qquad (2.4.9)$$

wobei q die an der Sammelelektrode des Detektors gesammelte Ladung und $\mathcal{N}e$ die Menge der vom betreffenden Teilchen erzeugten Ladungen bedeutet. Als Empfindliches Detektorvolumen ist hier der Verarmungsbereich (Depleted Region) anzusehen, d. i. der an Ladungsträgern verarmte Bereich in der Grenzschicht zwischen zwei Substanzen verschiedener Leitfähigkeit, z. B. im pn-Übergang eines pn-Detektors. Gegenüber Szintillationszählern haben Halbleiterdetektoren geringere Nachweiswahrscheinlichkeit (als Erwartungswert dafür, daß irgendein die Nachweissubstanz treffendes Neutron den Nachweiseffekt auslöst). Demgegenüber besitzen Halbleiterdetektoren eine bedeutend bessere Energieauflösung. Je nach Kristallgröße und -Güte lassen sich die Relativanteile der störenden Nebeneffekte (in der γ-Spektrometrie mit unterschiedlich befriedigendem „Peak-to-Compton-Ratio") verschieden gut herabsetzen.

Man hat drei *Typen von Sperrschichtzählern* entwickelt, von denen nur noch die beiden letzten käuflich sind:
1. *Diffused-Junction-Zähler*, bei denen der p-n-Übergang durch Eindiffundieren in einen dotierten Halbleiter-Einkristall – in der Regel Phosphor in p-Si – bei 800° bis 1300 °C erzeugt wird. Im Gegensatz zu diesem Detektortyp kann
2. bei den *Surface Barrier-(Oberflächengrenzschicht-)Zählern* die Homogenität des Kristalls nicht leiden, da deren Herstellung keine solche Erhitzung verlangt.

Hierbei entsteht der p-n-Übergang dadurch, daß sich auf n-Kristallen durch spontane Oxydation eine p-Schicht (Barriere) bildet. Auf diese wird eine (etwa 10 nm) dünne Au-Schicht aufgedampft, die den Ohmschen Kontakt herstellt.
3. Die Herstellbarkeit von *Li-gedrifteten (oder p-i-n-)Detektoren* beruht auf der Ionendrift, worunter man die Fähigkeit ionisierender Atome versteht, unter dem Einfluß eines elektrischen Feldes in einer Vorzugsrichtung zu diffundieren. Dazu läßt man zunächst Li bei einigen hundert Grad in einen p-Halbleiter diffundieren, bis sich ein p-n-Übergang bildet. Dann wird eine äußere Spannung angelegt und bei rund 100 °C der Driftprozeß durchgeführt. Nach diesem Verfahren lassen sich empfindliche Schichten recht großer Dicke herstellen.

In Tabelle 2.4.A sind diese drei Detektortypen mit ihren wichtigsten Eigenschaften zusammengestellt; die Preise sind etwa dem Detektorvolumen proportional. Die Lebensdauer ist bei allen Typen etwa gleich groß. In der angegebenen Energieauflösung ist der Beitrag vom Verstärker mitenthalten. Die Ge-Zähler verlangen (außer bei extrem hoher Reinheit) Kühlung auf Flüssige-Luft-Temperatur und sind deshalb in Reaktoren praktisch kaum einsetzbar. Zum Neutronennachweis bevorzugt man ohnehin Si-Detektoren, da Ge mit seiner höheren Kernladungszahl stärker auf die störende Gammastrahlung anspricht.

Als *Kernreaktionen zum Neutronennachweis* kommen die uns von den übrigen Detektoren für direkte Anzeige her geläufigen in Betracht, d. h. vorzugsweise die in Abbildung 1.1.I aufgeführten und die Spaltreaktionen. Die flächenbezogene Masse δ der aufgebrachten Radiatorschicht wählt man nach dem für die vorgesehenen Meßaufgaben günstigsten Kompromiß zwischen optimaler Ausbeute (d. h. Sättigungsdicke) und optimaler Energieauflösung (d. h. Dicke nur so groß, daß die Energieverluste darin noch gut tolerierbar sind). Die Radiatorschicht wird auf das Detektorfenster aufgedampft oder aufgewalzt. ^{3}He als Radiator wird mit dem Detektor zusammen gasdicht verschlossen.

Die *Einsatzfähigkeit* von Halbleiterdetektoren für Neutronenflußmessungen in Reaktoren ist einerseits wegen ihrer geringen Strahlenbelastbarkeit und andererseits wegen ihres gegenüber den Aktivierungssonden hohen Preises stark eingeschränkt. Dazu kommt, daß die Reproduzierbarkeit bei größeren Stückzahlen als nicht besonders gut zu erwarten ist. Die Detektoren sind sehr empfindlich gegen Berührung, haben sich jedoch über ein Jahr als lagerfähig erwiesen. Zu den in Tabelle 5.3.A aufgeführten Angaben über Halbleiterdetektoren seien noch folgende Bemerkungen angebracht. Die untere Grenze des Flußdichtemeßbereichs ist durch das Produkt aus Detektorfläche s_D mal flächenbezogene Radiatormasse δ gegeben. Nach oben ist der Flußdichtemeßbereich durch die Toleranzgrenze für Strahlenschäden im Detektor (s. Tabelle 2.4.A) begrenzt. Für Neutronenfluenzmessungen wurden SiC-p-n-Detektoren vorgeschlagen (s. auch [24-17]); man hat festgestellt, daß der Sperrstrom nach Bestrahlung mit einer Fluenz schneller Neutronen von $10^{15}\,cm^{-2}$ zunimmt – wodurch

Tabelle 2.4.A. Vergleich verschiedener Typen von Halbleiterdetektoren. (Die Ge-Detektoren verlangen meist Kühlung auf flüssige Luft-Temperatur)

Detektor-type	Rohmaterial Elemente	Rohmaterial spez. Widerstand	Tiefe der Feldzone mm	Erhältliche Detektorflächen in mm^2	Beste bekannte Energieauflösung	Einschränkungen	Beste Eignung für	Tolerierbare Strahlenbelastung	Bemerkungen
1) Diffused junctions	Ge, Si	hoch	$\leqslant 1$	4...200	20 keV für 5 MeV-α	Dicke beschränkt durch spez. Widerstand, Auflösung durch Stromrauschen i. Anordnungen m. kleiner u. durch Inhomogenitäten i. solchen m. großer Fläche	Überwachungsmessungen, wo Robustheit wichtiger als Auflösung	Schnelle Neutronen: $10^{12}...10^{13}$ cm^{-2}	
2) Surface barrier	Ge, Si	hoch	$\leqslant 2$	7...450	3,8 keV f. ^{137}Cs-β 11 keV f. 6 MeV-α	wie bei 1)	Spektrometrie geladener Teilchen, Anwendungen mit bes. Geometrie	γStrahlen: 10^8 rd	Hauptschwierigkeiten durch Forderung nach niedrigem Rauschen u. guter Materialauswahl. Kapselung nur mit Kunstharzen
3) Li-Ionen-gedriftet	Ge, Si	mittel	$\leqslant 15$	Empfindl. Volumen bis 100000 mm^3	Ge: $\geqslant$2,2 keV für 1,33 MeV-Co-60-γ (bei 3% rel. Photopeakausbeute) Si: 3,8 keV f. ^{137}Cs-β, 15 keV f. 6 MeV-α	Dicke beschränkt durch experimentelle Verfahren, Auflösung durch Stromrauschen bei β/γ-Strahlung bzw. durch Wiedervereinigung b. Schweren Teilchen	Ge: γ-Spektrometrie, auch Schwere gelad. Teilchen Si: Hochauflösende Spektrometrie geladener Teilchen b. hohen Energien, Röntgenspektrometrie	Schnelle Neutronen: 10^{11} cm^{-2} γ-Strahlen: 10^5 rd	Hauptschwierigkeiten durch Steuerung des Driftprozesses, bei Ge außerdem in Erhaltung der Betriebs-Stabilität

jedenfalls die Grenze der Anwendbarkeit für Neutronenflußmessungen erreicht ist – und daß der spezifische Widerstand der gesamten Anordnung nach $10^{16}\,cm^{-2}$ stark steigt. SiC ist bei höheren Temperaturen (bis 500 °C) z. B. in Reaktoren anwendbar.

Der große Vorteil der Halbleiterdetektoren liegt – neben ihrer Kleinheit, d. h. gutem räumlichen Auflösungsvermögen – darin, daß das Ionisationspotential w in Gleichung (2.4.8) um rund eine bzw. zwei Zehnerpotenzen kleiner ist als bei den gasgefüllten bzw. bei den Szintillationsdetektoren. Dadurch erhält man eine große Anzahl von Sekundärteilchen für ein einfallendes Teilchen, d. h. die Energieauflösung wird statistisch verbessert. Nach unten ist der Neutronen-Energiemeßbereich wie bei den übrigen Detektoren im Impulsbetrieb durch die Radiatordicke begrenzt. Die obere Energiegrenze ist gegeben durch die unten besprochene Fremdstörung im Detektor.

Störeffekte in Halbleiterdetektoren sind:
1. Nebenreaktionen durch geladene Teilchen im Detektor, 2. Gamma-Untergrund, 3. Lichtempfindlichkeit, 4. Rauschen, 5. Rückstoßprotonen, die von außen eingestreut werden.

Nebenreaktionen durch geladene Teilchen lassen sich bei nicht zu hohen Neutronenenergien ausschalten durch eine Differenzschaltung mit zwei gleichgroßen Detektoren auf der selben Si-Grundschicht, wodurch beide nahezu gleichen Strahlungsuntergrund registrieren (Abbildung 2.4.VIII). Einer der Zwillingsdetektoren trägt einen wasserstoffhaltigen Radiator und registriert deshalb neben dem Untergrund die infolge der $^{1}H(n, n)\,^{1}H$-Reaktion ausgelösten Rückstoßprotonen. Wir haben hier wieder eine der schon mehrfach erwähnten Differenz- oder Kompensationsmethoden vor uns, die meistens darunter leiden, daß es schwierig ist, zwei Detektoren zu einem Zwilling mit ideal gleichen Charakteristiken zu finden. Das eben angegebene Verfahren versagt bei Neutronenenergien oberhalb etwa 8 MeV, weil die störenden Neutronenreaktionen im Silizium des Detektors dann vorherrschend werden. Solche Detektoren können zu Flußmessungen schneller Neutronen mit großem Einfallswinkel, dh. großer Ausbeute, benutzt werden, während man zur Neutronenspektrometrie mit der $^{1}H(n, n)\,^{1}H$-Reaktion ihrer besseren Energieauflösung wegen Teleskopanordnungen bevorzugt.

Der Gammastrahlen-Untergrund in der Anzeige kann klein gehalten werden, indem man die Sperrspannung V möglichst niedrig beläßt, was auch einem guten Energieauflösungsvermögen zuliebe empfehlenswert ist. 10^9 ^{60}Co-Gammaquanten mit $10^9\,cm^{-2}s^{-1}$ Flußdichte lassen sich gegen die Alphastrahlen-Impulse der $^{10}B(n, \alpha)\,^{7}Li$-Reaktion sogar in Ge-Detektoren noch diskriminieren [24-18]. Wegen ihrer Lichtempfindlichkeit müssen die Detektoren lichtdicht gehalten werden. Das Rauschen wächst mit dem Sperrstrom bzw. mit dessen Schwankungen, weswegen man die Sperrspannung nicht zu hoch wählen darf. Häufig eliminiert man Nebenreaktionen durch geladene Teilchen sowie den Gammastrahlenuntergrund zusammen mit Anwendung von d E/d x-Zählern, die allerdings relativ geringe Zählausbeuten ϵ und relativ große Abmessungen haben. Energieverluste im Radiator und im Eintrittsfenster des Detektors („Dead Layer“) könnte man – z. B. beim Neutronennachweis durch die Reaktionen mit ^{10}B oder ^{6}Li – vermeiden, indem man unmittelbar ^{10}B als Dotierung in n-Halbleiter oder ^{6}Li in p-Halbleiter diffundieren läßt. Die tolerierbare obere Grenze für solche Dotierungen beschränkt aber die Zählausbeute für thermische Neutronen auf etwa 1%. Werden dagegen ^{10}B oder ^{6}Li als Radiatoren angebracht, so kann man statt dessen Zählausbeuten bis zu 30% erhalten.

Wegen ihrer Kleinheit sind Halbleiterdetektoren zur raschen direktanzeigenden Vermessung von Neutronenflußverläufen geeignet. Babcock u. a. [24-18] haben mit Si-Detektoren, die mit $^{235}UO_3$-Schichten überzogen waren, Feinprofile der thermischen Neutronenflußdichte in einer Kritischen Anordnung im Bereich von 10^7 bis $10^8\,cm^{-2}\,s^{-1}$ gemessen.

Die Detektoren waren Plättchen mit 1 mm Kantenlänge, ihre Empfindlichkeit betrug 10^{-6} bis 10^{-7} $1/cm^{-2}$, die tolerierbare thermische Fluenz lag unter $10^{14}\,cm^{-2}$. Wegen der von den Spaltprodukten hervorgerufenen großen Impulshöhen konnten die Detektoren unmittelbar über 30 m lange Kabel an den Verstärker angeschlossen werden. Die erhaltenen Flußverläufe zeigten gute Übereinstimmung mit theoretischen Berechnungen sowie mit experimentellen Verteilungen, die mit Aktivierungssonden erhalten worden waren.

Eine Bank von 20 kleinen Halbleiterdetektoren mit ^{6}LiF-Konvertorschicht wurde zu Nullleistungsexperimenten eingesetzt [24-19]; die Messung ging mit einer Stunde Meßzeit für 20 Vertikalverteilungen bedeutend schneller als mit Aktivierungssonden von statten. Die Empfindlichkeit in thermischer Flußdichte betrug $2 \cdot 10^{-3}$ $1/cm^{-2}$. Jeder Detektorkanal wurde zur Vermeidung von Ausfällen und zur Erreichung einer (im Vergleich zum Vielkanalanalysator) geringen Totzeit an eine eigene Zähleinheit angeschlossen. Die Detektoren zeigten jedoch im Verlauf der Untersuchung keine gut reproduzierbare Anzeige, so daß Nachkalibrierungen mit Goldfolien erforderlich wurden.

Zur Spektrometrie schneller Neutronen werden in Halbleiterdetektoren die Reaktionen $^{1}H(n, n)$, $^{3}He(n, p)$ und $^{6}Li(n, \alpha)$ angewendet. Über solche

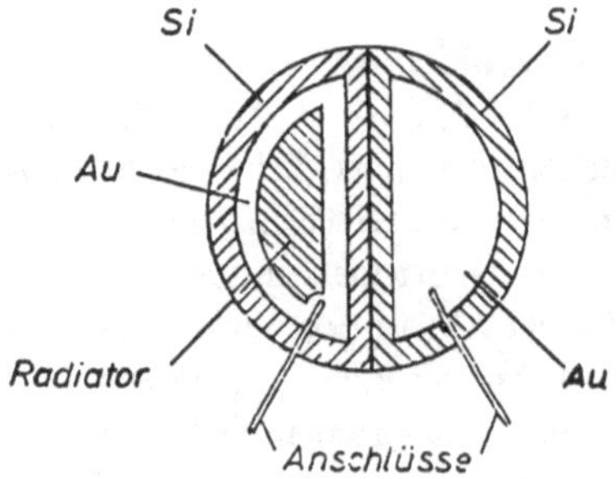

Abb. 2.4.VIII.
Aufbau einer Halbleiter-Grenzschichtdiode, schematisch.

Spektrometer wird in Abschnitt 4.2 berichtet. Die Anwendung der Reaktion $^{10}B(n, \alpha)^7Li$ scheidet hierbei aus; denn brauchbar zu spektralen Messungen sind nur solche Reaktionen, bei denen die Reaktionsprodukte einheitlich in den Grundzustand gelangen, um eine eindeutige Zuordnung zwischen der Energie der Reaktionsprodukte und der Neutronenenergie zu ermöglichen.

2.5. Detektoren für optische Registrierung

Allgemeines – Kernspuremulsionen – Nebelkammern – Anwendung der Neutronenradiographie – Festkörperspurendetektoren – Anwendungsmöglichkeiten

Allgemeines. Detektoren für optische Registrierung sind solche, bei denen der Nachweiseffekt zu optisch registrierbaren Spuren führt, z. B. in Photoplatten. Dabei finden natürlich die bekannten Neutronen-Nachweisreaktionen Anwendung. Die Auswertung der Spuren erfolgt je nach der gestellten Aufgabe durch einfache *Zählung bzw. Schwärzungsmessung* oder durch *Längenmessung;* die Längen der Spuren entsprechen den Reichweiten der Sekundärteilchen im betreffenden Medium und damit ihrer Energie. Wenn die Energie der Sekundärteilchen eine eindeutige Funktion der Neutronenenergie ist, kann man das Neutronenspektrum aufnehmen. Die erstgenannten bloßen Zählverfahren sind bei geringerem Aufwand recht unzuverlässig, die letztgenannten Längenmeßverfahren sind dagegen bis heute nicht ohne sehr zeitaufwendigen Einsatz speziell ausgebildeter menschlicher Arbeitskräfte ausführbar. Die Verfahren haben Anwendung in großem Umfang gefunden zur Strahlenüberwachung und zur zerstörungsfreien Werkstoffprüfung; in der Neutronenmeßtechnik haben sie infolge der eben genannten Gründe immer nur eine Nebenrolle gespielt. Sie sollen deshalb hier nur kurz gestreift werden. An Literatur verweisen wir auf die Standardwerke der allgemeinen Strahlenmeßtechnik und auf die neuere Darstellung [25-1].

Kernspuremulsionen sind sowohl zur Messung schneller wie langsamer Neutronen verwendbar [IX-13, XIV-72, 25-2, 3, 4]. In allen Fällen werden die Spuren Schwerer geladener Teilchen registriert. Schnelle Neutronen weist man nach über die bei elastischer Streuung an wasserstoffhaltigen Substanzen entstehenden Rückstoßprotonen; langsame Neutronen entsprechend mittels der α-Teilchen und Schweren Kerne, die bei Absorptionsreaktionen entstehen. Dazu tränkt („beladet") man die Emulsion mit einer bor- oder lithium-haltigen Verbindung. Eine Energiemessung der langsamen Neutronen über die Reichweite der Sekundärteilchen ist nicht möglich, da die positive Reaktionsenergie in jedem Fall sehr viel größer ist als die Neutronenenergie E.

Zur *Bestimmung der Energieverteilung schneller Neutronen* mißt man die Spurlänge der Rückstoßprotonen in der photographischen Emulsion. Die Auswertung – s. Gleichung (2.4.4)f – wird am einfachsten, wenn die Neutronen einheitliche Richtung haben: man beobachtet dann die Protonen, deren Richtung im Laborsystem mit der der Neutronen einen festen Winkel ϑ bildet und kann unmittelbar E aus der Protonenenergie E_p bestimmen. Da wir im Schwerpunktsystem isotrope Neutronenstreuung voraussetzen dürfen, hängt die spektrale Verteilung der Rückstoßprotonen mit der Stromdichte unidirektionaler Neutronen wie folgt zusammen, vgl. Gleichung (1.1.20)ff:

$$R_{E_p}\,dE_p = N_H\,\sigma_s^{(H)}(E)\,j_E\,\frac{dE_p}{E}\,dE \quad \text{für} \quad E_p \leqslant E\,. \qquad (2.5.1)$$

N_H ist die Anzahl der Wasserstoffkerne, $\sigma_s^{(H)}(E)$ der Neutronenstreuquerschnitt an Wasserstoff bei der Energie E. Gleichung (2.5.1) gilt natürlich auch für monoenergetische Neutronen nicht einheitlicher Richtung, mit φ_E statt j_E. Bei einem Neutronenspektrum (mit $E < E_{max}$) ergibt sich für das Rückstoßprotonenspektrum:

$$R_{E_p} \sim \int_{E_p}^{E_{max}} \sigma_s^{(H)}(E)\,\varphi_E\,\frac{dE}{E}\,. \qquad (2.5.2)$$

Daraus folgt für die absolute spektrale Neutronenflußdichte:

$$\varphi_E(E) = -\frac{E}{N_H\,\sigma_s^{(H)}(E)}\left(\frac{dR_{E_p}}{dE_p}\right)_{E_p=E}\,. \qquad (2.5.3)$$

Zur Absolutbestimmung muß man die Größe des analysierten Volumens – d.h. den ausgenutzten Raumwinkel – kennen und für die Spurenverluste korrigieren. Zur Detektorvergleichstabelle 5.3.A ist zu ergänzen, daß die Emulsionsmethode vorteilhaft ist, wenn man mehrere Reaktionen nebeneinander untersuchen will oder wenn eine besonders schwache Neutronenquelle vorliegt.

Wir beschränken und auf die Diskussion einiger wesentlicher Gesichtspunkte für die *Emulsionsauswahl* und der Einschränkungen, denen die Verwendung der Emulsionen unterliegt. Um Kernspuren möglichst zusammenhängend und – speziell die Spuren Schwerer Teilchen – in ganzer Länge sichtbar machen zu können, müssen an Kernspuremulsionen andere Anforderungen als an gewöhnliche Photoplatten gestellt werden. Dementsprechend werden Kernspuremulsionen in viel größeren Schichtdicken (≈ 100 bis $> 1000\,\mu$m) und mit höherem Gewichtsgehalt (bis zu 80%) an Silberhalogenid hergestellt; die Korngröße der unentwickelten Silberhalogenidkörper liegt zwischen 0,1 und 0,6 μm. In diesen weiten Bereichen werden heute Kernspurenemulsionen industriell gefertigt, um alle Anwendungsbereiche zu überdecken; für eine bestimmte Emulsionstype wird jedoch die Einhaltung bestimmter Eigenschaften streng überwacht, was für die Praxis ihrer Verwendung entscheidend ist. Zur Messung der spektralen Flußdichte φ_E schneller Reaktorneutronen mittels Rückstoßprotonen kommt man mit geringen Schichtdicken aus. Dabei muß die Empfindlichkeit für ionisierende Teilchen, die die obere Energiegrenze bestimmt und mit zunehmender Korngröße und Korndichte wächst, noch Protonen bis zu 20 MeV nachweisen lassen. Die Korngröße bestimmt die untere Energiegrenze der spektralen Messung und muß entsprechend klein sein: ganz grob erhält man für die Neutronenenergie E = 0,4 MeV bei rund 4 μm Protonen-Reichweite und bei 0,13 μm Korngröße 30 Körner, d. h. einen mittleren statistischen Fehler von mindestens ± 16%, wenn im günstigsten Fall entsprechend Gleichung (2.4.4) $E_p \approx E$ angenommen werden darf. Hohe Empfindlichkeit und große Schichtdicke rufen verstärkten Untergrund hervor, der von Störreaktionen in der Schicht oder von Gammastrahlung (aus dem Reaktor) herrühren kann. Deshalb begnügt man sich auch mit einer relativ kleinen Schichtdicke, obwohl man z. B. bei 200 μm die eintretenden Protonen im vollen Raumwinkel und voller Reichweite nur bis etwa 5,5 MeV hinauf erfaßt. Der Fadingeffekt der exponierten Emulsionen verlangt Durchführung des komplizierten Entwicklungsgangs etwa innerhalb einer Woche. Davon abgesehen sind die wichtigsten Störeffekte die Schrumpfung der Emulsion beim Entwicklungsvorgang und der Untergrund. Trifft man keine besonderen Vorkehrungen, dann ist man durch die Schrumpfung gezwungen, sich bei der Auswertung auf ein Teilvolumen der exponierten Emulsion zu beschränken. Die Behandlung des Gammauntergrunds verlangt spezielle Entwicklungsverfahren. Ohne besondere Maßnahmen kann höchstens ein Gamma-Untergrund von 5 rd – mit entsprechenden Vorkehrungen annähernd zehnmal soviel – unterdrückt werden.

Diese Zahl muß in Beziehung gesetzt werden zur Nachweiswahrscheinlichkeit für Neutronen in Kernspuremulsionen. Sie beträgt rund 10^{-3} bis 10^{-4} und hängt ab von der Neutronenenergie, der Emulsionstype und dem Untergrund. Um aus Rückstoßprotonenspuren ein Neutronenspektrum herleiten zu können, braucht man mindestens dreitausend Spuren. Daraus folgt, daß die zur Energiemessung mit Kernspuremulsionen erforderliche Mindestfluenz an Neutronen bei $3 \cdot 10^7\,cm^{-2}$ liegt. Wegen des Untergrundes und um den statistischen Fehler vernünftig klein zu halten, sucht man eine Fluenz von 1 · bzw. $2 \cdot 10^8\,cm^{-2}$ zu bekommen. Im Reaktorkern eines Forschungsreaktors wie des FRJ-2 beträgt die Dosisleistung der prompten Spaltungsgammastrahlung rund 30 m rd/Ws: um einerseits den zulässigen Gamma-Untergrund nicht zu überschreiten und andererseits die Bestrahlungszeit wegen des Zeitfehlers beim Be- und Entladen nicht kürzer als etwa 100 s zu nehmen, muß die Reaktorleistung auf die Größenordnung von höchstens 1 W beschränkt bleiben; bei rund $3 \cdot 10^6\,cm^{-2}\,s^{-1}$ Flußdichte schneller Neutronen bei 1 W Reaktorleistung erhalten wir dann eine Neutronenfluenz mit noch vertretbar kleinem statistischen Fehler.

Derartige Messungen sind nur entweder an einem Nulleistungsreaktor oder während der Reaktor-Anfahrperiode ausführbar. Wurde ein Reaktor schon längere Zeit auf höherer Leistung gefahren, dann wäre der von den Spaltprodukten herrührende γ-Untergrund auf in ihm bestrahlten Emulsionen nicht mehr zu unterdrücken, vgl. Tabelle 4.1.C. Eine wichtige charakteristische Fehlergröße ist die Energieauflösung: Ihre Fehlerbreite (Halbwertsbreite) beträgt für ein aus Rückstoßprotonen in Kernspuremulsionen erhaltenes Neutronenspektrum etwa 50 bis 100 keV und ist bei isotroper Richtungsverteilung der Neutronen wegen des zusätzlichen Fehlers durch die Differentiation nach Gleichung (2.5.3) noch größer.

Bisher haben wir stillschweigend angenommen, daß die Rückstoßprotonen (oder andere zum Neutronennachweis dienende Sekundärteilchen) in der Emulsion selbst bzw. in der Gelatine darin entstehen. Bei geringen Flußdichten bevorzugt man in der Tat dieses Verfahren. Hat man dagegen starke oder gerichtete Neutronenflüsse zu messen, so läßt man die Sekundärteilchen in einer sogenannten *Radiatorfolie* entstehen, von wo aus sie unter festen Winkeln zur Emulsion fliegen. Man hat dann also nur Spuren mit nahezu gleicher Richtung zu vermessen, was einfacher ist. Zur Erzeugung von Rückstoßprotonen verwendet man Radiatorfolien aus Kunststoffen (z. B. Polyäthylen), die neben Wasserstoffkernen praktisch nur solche Atomkerne enthalten, die weder Neutronen beträchtlich absorbieren noch die Neutronenenergie merklich bremsen. Je nach dem Meßproblem wählt man für gute Energieauflösung dünne und für hohe Ausbeute dicke Folien, die bis zur Reichweite der mittleren Protonenenergie (rund 150 mg/cm^2 im Spaltspektrum) hinaufreichen können. Selbst dünne Radiatorfolien beeinträchtigen schon das Energieauflösungsvermögen. Dicke Radiatoren verfälschen die Richtungsverteilung und verlangen zur Bestimmung des Neutronenspektrums φ_E die Anwendung der Gleichung (2.5.3).

Benutzt wurde die Kernspurmethode z. B. zur Bestimmung des Spektrums im Schnellen Reaktor EBR [25-5].

Dabei mußte große Sorgfalt für das Herausziehen eines repräsentativen Neutronenstrahls aus dem Core aufgewendet werden. Ein leeres Rohr, bis zur Coremittelebene mit genau demselben Material gefüllt wie die Brennelementrohre, wurde sorgfältig senkrecht zwischen das Brennelementrohrbündel einjustiert. Das Neutronenspektrum wurde durch Bestimmung Spektraler Indizes mit verschiedenen Aktivierungssondenpaaren (^{238}U/^{235}U, ^{31}Si/^{198}Au, ^{115m}In/^{198}Au) geprüft und nicht erheblich abweichend gefunden vom Spektrum im Innern des vollen Cores. Das mit Kernspuremulsionen gemessene Spektrum reicht von 0,8 bis 4 MeV Neutronenenergie und wurde am oberen Energieende, wo die Spurenzahl zu gering wurde, an das Spaltspektrum angeschlossen.

Verwiesen sei auch auf neuere japanische Messungen [25-6]. Die Auswertung von Kernspuremulsionen verlangt viel Mühe sowie zeitlichen und apparativen Aufwand. Eine vollautomatisierte Apparatur, die die Anzahl vorhandener Protonenspuren durch Schwärzungsmessung mittels Photozellen erfaßt [25-7], kann nur einfache Ja-Nein-Informationen über das Vorhandensein von Spuren liefern, wie es vor allem für die biologische Dosimetrie verlangt wird, aber keine mehrkanalige (spektrometrische) Sortierung.

Die Anwendungsmöglichkeit von **Nebelkammern** [25-8] zur Neutronenflußdichtemessung beruht darauf, daß durch Neutronen in einem Gasraum ionisierende Teilchen ausgelöst werden, deren Spurenzahl der Neutronenflußdichte proportional ist. In dem Gas, das leichten Wasserstoff enthält, entstehen durch elastische Streuung Protonen, aus deren Spurenlängen die Energien der stoßenden Neutronen bestimmt werden können; diese Anwendungsmöglichkeit der Nebelkammer soll hier ausschließlich betrachtet werden. Der Bau einer Nebelkammer sowie die Durchführung und Auswertung von Neutronenflußdichtemessungen mit ihr verlangen einen vergleichsweise beträchtlichen Aufwand, der nur gerechtfertigt ist, wenn man dadurch entscheidende Informationen erhält, die von anderen Neutronendetektoren nicht geliefert werden können. In den Anfangszeiten der Neutronenspektrometrie war das im Energiebereich von rund 10 bis 500 keV der Fall; inzwischen hat sich dort der Wasserstoffgefüllte Proportionalzähler durchgesetzt.

Praktische Verwendung zur Neutronenspektrometrie an Reaktoren hat nur die Expansionsnebelkammer gefunden. Denn die einfachere aber ungenauer messende Diffusionsnebelkammer wäre wegen des am Reaktor immer vorhandenen Gammauntergrunds auch nicht ohne Zeitschaltvorrichtung verwendbar. Wegen des hohen Gammauntergrunds und wegen des Raumbedarfs für die Kammer und die Zusatzeinrichtungen kann die Anordnung nur mit Hilfe eines Kollimators (Strahlrohrs) eingesetzt werden. Auch die Kammer selbst darf bekanntlich nicht beliebig klein gemacht werden, weil sonst die Spuren durch Nachverdampfung oder Wärmeleitungseffekte verzerrt werden [25-9]. Die Bestimmung der gesuchten Neutronenenergie E aus der Energie des Rückstoßprotons E_p erfolgt nach Gleichung (2.4.4). Für eine Niederdruck-Nebelkammer von 10 cm Durchmesser [25-10] wurde mit 50 Torr (Wasserstoff- und Wasserdampf-)Druck eine Ausbeute $\epsilon = 5 \cdot 10^{-3}$ festgestellt, bezogen auf die intermediäre Fluenz pro Neutronenimpuls über drei Lethargieeinheiten bei 20 mm Strahlquerschnitt. Das führt auf bequem auswertbare Spurenzahlen für rund 10^4 bis $10^6\,cm^{-2}\,s^{-1}$ epithermische Flußdichte (pro Lethargieeinheit), wie sie an Strahlrohrenden großer Forschungsreaktoren vorkommt. Bei nicht zu kleinen Kammern machen sich keine wesentlichen Störeffekte bemerkbar. Abbildung 2.5.I zeigt die Meßeinrichtung am Reaktorstrahlrohr.

Als Gammadosisleistung wurden 146 R/h bei offenem und rund $5 \cdot 10^{-3}$ R/h bei geschlossenem Verschluß gemessen. Zwischen den Impulsen kann man den Spurenuntergrund durch ein elektrisches Reinigungsfeld absaugen. Die Rückstoßprotonenspuren wurden während der Empfindlichkeitsdauer von 10 ms photographiert (Abbildung 2.5.II). Der Kammerdruck lag zwischen 50 und 500 Torr, der Bereich der meßbaren Neutronen-

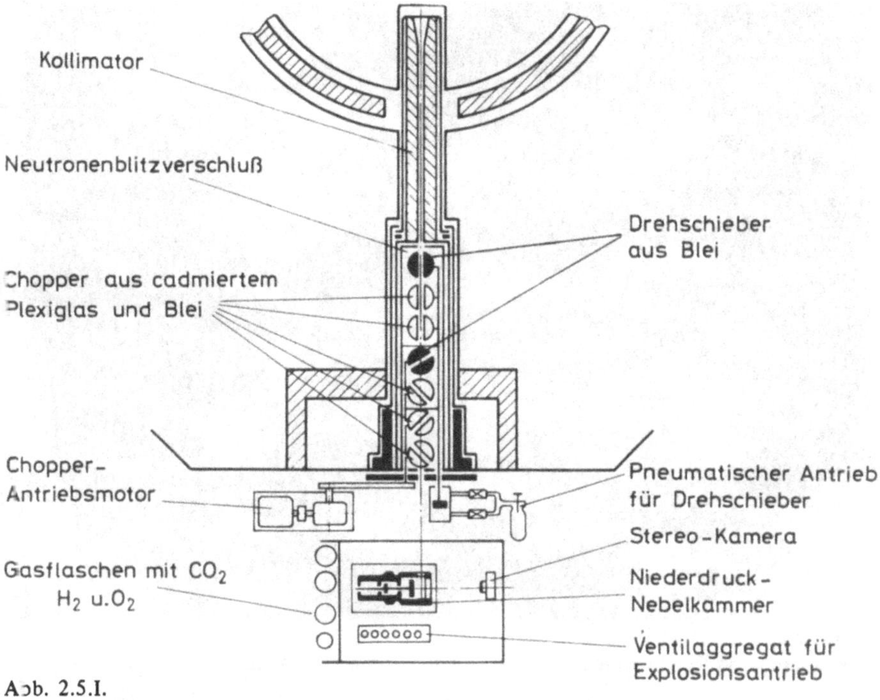

Abb. 2.5.I.
Nebelkammer-Anordnung zur Messung des Neutronenspektrums am Strahlrohr E 5 des Reaktors FRJ-1 [25–10].

energien zwischen 20 und 1000 keV. Die Spuren wurden stereoskopisch photographiert, die Stereobilder auf eine Mattscheibe projiziert. Die Spurenkoordinaten wurden mit Winkelschrittgebern abgetastet und auf Lochstreifen gestanzt (Abbildung 2.5.III). In Abbildung 4.2.IX ist das durch Streukammermessungen ergänzte gemessene Spektrum wiedergegeben.

Anwendung der Neutronenradiographie [25-1, 12, 13]. Auf zerstörungsfreie Werkstoffprüfung mittels Radiographie gehen wir nicht ein; sie erfolgt in großem Maßstab zur Untersuchung von Brennelementen, anderen starken Neutronen-Absorbern und -Streuern an Reaktoren und an Beschleunigern. In der Neutronenmeßtechnik dient die Radiographie als Hilfsmittel für Strahlrohrexperimente zur Lokalisierung und Ausmessung von Neutronenstrahlbündeln, praktisch unabhängig vom Gammauntergrund. Man hat verschiedene Neutronen-Nachweismaterialien untersucht, die auf Photoplatten (in einer sogenannten Neutronenkamera) angebracht waren, wobei eine ^{6}LiF-ZnS(Ag)-Plastikschicht die höchste Empfindlichkeit, starke (n, γ)-Absorber wie Cd die höchste lineare Auflösung ($< 50\,\mu$m) zeigten [25-14]. Die bei einer ^{6}LiF-ZnS(Ag)-Schicht entstehenden Lichtblitze können als Schwärzungspunkte auf einer Photoplatte mit

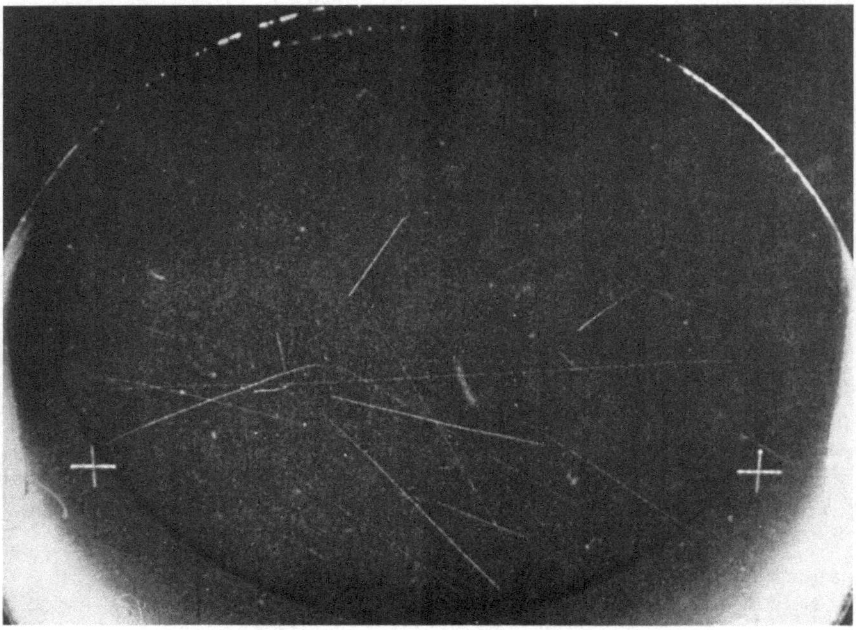

Abb. 2.5.II.
Nebelspuren von Rückstoßprotonen bei 50 Torr Kammerdruck, nach [42–22].

besser als 3% Genauigkeit quantitativ ausgezählt werden; für 1,3 MeV-Neutronen ergab sich rund 30% Nachweiswahrscheinlichkeit [25-15].

Festkörper-Spurendetektoren [25-16]. Schwere ionisierende Teilchen wie Spaltfragmente, aber auch α-Teilchen, erzeugen Strahlenschädenspuren in Festkörpern. In Glimmer, Gläsern oder organischen Kunststoffen können diese Spuren nach Ätzung unter dem optischen Mikroskop sichtbar gemacht werden. Die Nachteile des zeitraubenden und mühsamen Spurenzählverfahrens gelten hierbei auch. Man versucht sie zu umgehen durch Messung der Lichtdurchlässigkeit (der optischen Dichte) z. B. in silberaktiviertem Phosphatglas [25-17]. Als Nachweissubstanzen, die in hinreichend dünnen Schichten auf das Festkörpermaterial gebracht werden, fanden neben Spaltstoffen vor allem ^{10}B und ^{6}Li Anwendung. Zur Trennung zwischen Neutronen aus verschiedenen Energiebereichen benutzt man Filter bzw. Detektorpakete, z. B. zur Neutronentemperaturbestimmung ^{239}Pu und ^{235}U [25-18]. Die Detektoren sind wegen Sättigungserscheinungen nur in niedrigeren Fluenzen einsetzbar. Mit Spaltfolien in Kontakt mit einem Kunststoff wurde als Empfindlichkeit $1{,}2 \cdot 10^{-5}$ Spaltfragmentspuren/cm^2, bezogen auf das Fluenz-Ansprechintegral (hier $k_M \int \sigma(E)\, \Phi_E \, dE$, mit $k_M\, \sigma$ in 10^{-24} cm^2 und Φ in cm^{-2}), gefunden; angegeben werden (mit befriedigender

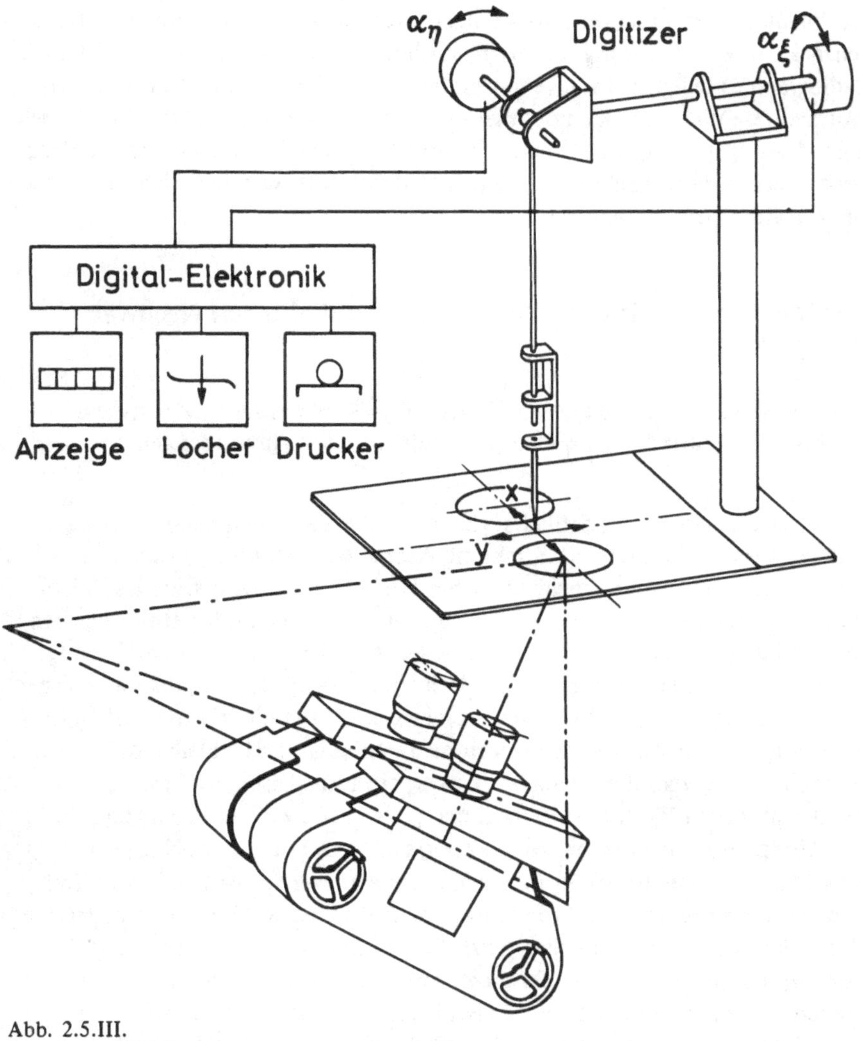

Abb. 2.5.III.
Reprojektions- und Auswertegerät für Nebelspuren, nach [25–11].

relativer Meßgenauigkeit) Meßbereiche zwischen 10^5 und 10^{12} für die thermische bzw. 10^8 bis 10^{15} für die schnelle Fluenz [25-19, 26-1]. Bei einer Reaktorleistungsbestimmung mit UO_2-Tabletten wurde als Standardabweichung des Mittels aus 64 Messungen ± 2% bei 70 Spuren/cm² · MWh Empfindlichkeit mitgeteilt [25-20].

Anwendungsmöglichkeiten finden Detektoren für optische Registrierung – abgesehen von Werkstoffprüfungen und Dosimetrie – in der Neutronenmeßtechnik nur für niedrigere Fluenzen, die weniger interessieren. Bestimmung von Neutronenspektren erlauben die Festkörperspurdetektoren (und noch begrenzter die Radiographie) lediglich nach (energieintegralen) Gruppenverfahren. Die Kernspurmethode und Nebelkammern gestatten dagegen mehrkanalige (echte) spektrale Messungen. Wegen des vergleichsweise enormen Aufwands, den die dazu erforderlichen Meßverfahren und die zugehörige Auswertung verlangen, werden die Verfahren selten eingesetzt.

2.6. Detektoren mit chemischen und physikalischen Nachweiseffekten

Wirkungsweise – Beurteilung der Verfahren – Kalibrierung – Chemische Detektoren – Festkörperphysikalische Detektoren – Anwendungen

Wirkungsweise. Übersichtsartikel s. [26-1, 2]. Bei den chemischen Nachweiseffekten versetzt ionisierende Strahlung Atome oder Moleküle bestimmter Substanzen in angeregte Zustände. Dabei können Ionen oder freie Radikale gebildet werden, die miteinander oder mit anderen Ionen oder Molekülen reagieren können. So entstehen die als strahlenchemisch bezeichneten Veränderungen im betreffenden Medium. Da Neutronen nicht selbst ionisieren, werden hier wie bei den anderen Neutronen-Nachweiseffekten die Wechselwirkungen registriert, die von den bei den Neutronenreaktionen zurückbleibenden Sekundärteilchen hervorgerufen werden. Festkörperphysikalische Nachweiseffekte erzielt man durch Wechselwirkungen energiereicher Teilchen in Stoffen, die eine Kristallstruktur besitzen. *Nachweiseffekte* setzen, um zum Nachweis eines Teilchens (Neutrons) zu führen, immer eine *Nachweisreaktion* des Teilchens im betreffenden Detektor voraus. Zum Beispiel werden durch elastische oder inelastische Stöße schneller Neutronen Gitteratome von ihren Plätzen gestoßen; durch Zusammenstöße dieser energiereichen Rückstoßatome mit anderen Gitteratomen entstehen Zwischengitteratome und Leerstellen, mit deren Zahl und Anordnung sich die festkörperphysikalischen Eigenschaften verändern. Langsame Neutronen lassen sich durch Beifügung von z. B. Lithium, Bor oder Silber nachweisen. Durch die großen Einfangquerschnitte dieser Elemente für langsame Neutronen werden zahlreiche ionisierende Sekundärteilchen erzeugt, deren Wechselwirkungen mit dem Festkörpergitter die Nachweiseffekte hervorrufen.

Die Verwendung dieser Nachweiseffekte in Neutronendetektoren bringt begriffliche sowie einige meßtechnische Schwierigkeiten mit sich. Zu den begrifflichen Schwierigkeiten ist zu sagen, daß mit solchen nichtnuklearen Nachweiseffekten keineswegs eindeutig Teilchen-Flußdichten bzw. -Fluenzen gemessen werden, sondern in vielen Fällen *Energieflußdichten* bzw. *Energiefluenzen:*

$$\Psi(E_u, t_B) \equiv \int_0^{t_B} \int_{E_u} E \varphi_E(t) \, dE \, dt \,. \tag{2.6.1}$$

Als Meßgröße benutzt man [IX-11, 26-3] in nichtnuklearen Detektoren – d.h. in solchen mit chemischen oder physikalischen Nachweiseffekten – anstelle der Fluenzen in der Regel die *Energiedosis* D, die definiert ist durch den Energiebetrag, der durch die ionisierende Strahlung auf ein Massenelement eines bestimmten Stoffes übertragen wird. Für *indirekt ionisierende Teilchen* wie Neutronen- und Gamma-Strahlungen, die erst über Kernreaktionen direkt ionisierende Teilchen auslösen, mußte noch ein weiterer Begriff eingeführt werden: Das *Kerma;* darunter versteht man die Summe der kinetischen Energien, die in den geladenen Teilchen unmittelbar nach ihrer Freisetzung durch indirekt ionisierende Teilchen im Massenelement des betreffenden Stoffes enthalten ist. Im vollständigen Gleichgewicht sind die beiden Größen Energiedosis und Kerma überall numerisch gleich; in begrifflicher Hinsicht hat man jedoch zwischen ihnen zu unterscheiden. Die Schwierigkeit bei der Messung der Neutronenflußdichte durch die Energiedosis D beruht nun darauf, daß die im Detektor gebildete Anzahl von nachweisbaren (registrierbaren) Effekten:

$$J(t_B) = \int_0^{t_B} \dot{J}(t) \, dt \tag{2.6.2}$$

mit der auf einen Stoff mit Dichte ρ übertragenen Dosis wie folgt zusammenhängt:

$$J_V = D G \rho \,, \tag{2.6.3a}$$

wobei der Proportionalitätsfaktor G *(G-Wert)* im allgemeinen von Stoff zu Stoff verschieden und von der Energie der auslösenden Strahlung abhängig ist. Die *Nachweiseffektanzahldichte* J_V und die *Nachweiseffektratendichte:*

$$\dot{J}_V = \dot{D} G \rho \tag{2.6.3b}$$

mit der *Dosisleistung* $\dot{D} \equiv \frac{dD}{dt}$ sind definiert als die im Volumenelement des Stoffs ausgelöste Anzahl bzw. Häufigkeit von Nachweiseffekten. $\dot{J}_V$ stellt z.B. die im Mittel in der Zeitspanne erzeugte Anzahl von Gitterdefekten in einem bestimmten Festkörpervolumen dar.

Man kann nun Energiedosen D schlecht miteinander vergleichen, die durch die gleiche Neutronenflußdichte φ, jedoch mit unterschiedlichen Spektralverteilungen $\varphi_E(E)/\varphi$ oder in verschiedenen Stoffen hervorgerufen werden. Dasselbe Problem stellt sich umgekehrt, wenn man zu empfangenen Strahlenschäden bestrahlter Werkstoffproben die Fluenz monitieren will. Nun bestünde der einfachste Weg zur Bestimmung der Energiedosis in einem zu bestrahlenden Werkstück darin, ein kleines Probestück aus demselben Material als „Dosimeter“

mitzubestrahlen und anschließend dessen Energiedosis zu messen, wobei der G-Wert in Gleichung (2.6.3) herausfiele. Da diese „Selbstdosimetrie" in der Praxis aber häufig undurchführbar ist, benutzt man zum Zweck des einheitlicheren Vergleichs als Meßgröße die Neutronenflußdichte bzw. Neutronenfluenz. Wir beschränken uns hier auf die Betrachtung solcher Dosimeter, bei denen aus der gemessenen Gesamtdosis – die sich z. B. im Reaktorstrahlenfeld aus Gamma- und Neutronen-Dosis zusammensetzt – die uns interessierende Neutronenfluenz ermittelt werden kann. Ausführlicher besprechen wir hier nur die Meßverfahren für höhere Fluenzen, in Einklang mit den in Abschnitt 4.5 aufgezählten gebräuchlichen Fluenzmeßverfahren.

Meßtechnische Schwierigkeiten – siehe auch [21-3, 26-4, 5, 6] – entstehen bei den chemischen Detektoren dadurch, daß man die Mechanismen, die die chemischen Veränderungen hervorrufen, noch nicht völlig versteht. Gelegentlich rufen Teilchen verschiedener Art denselben Effekt hervor, wenn gleiche Energiebeträge auf die durchsetzte Substanz übertragen werden, gelegentlich liefern leichte Teilchen jedoch eine unterschiedliche Anzahl von Nachweiseffektanzahldichten J_V. Die Beherrschung dieser Effekte ist für die Unterscheidung der neutroneninduzierten Effekte von den durch andere Teilchenarten hervorgerufenen wichtig. Bei den Festkörpereffekten kann mit zunehmender Teilchenfluenz eine Sättigung eintreten sowie eine Erholung bei Erreichen bestimmter Temperaturwerte, die ihrerseits mit der Defektkonzentration variieren: Es besteht somit nicht stets ein linearer Zusammenhang zwischen der zu messenden Neutronenfluenz und der Nachweiseffektanzahl J. Bei einer Fluenzbestimmung nach dieser Methode muß man deshalb eine spezielle Meßvorschrift (z. B. thermische Behandlung) und eine Kalibrierkurve benutzen. Man ist daher meist auf *Relativmethoden* beschränkt, d. h. auf einen Vergleich der zu untersuchenden mit einer Standard-Probe.

Beurteilung der Verfahren. Wir betrachten zwei wichtige idealisierte Grenzfälle für einen (durch Index d gekennzeichneten) Detektor. Dabei hängt die erzeugte Anzahl $J = J_d$ von Nachweiseffekten bzw. die im Detektor hervorgerufene Dosis D mit der Nachweisreaktionsrate R (und damit der Neutronen-Flußdichte bzw. -Fluenz) folgendermaßen zusammen:

$$J_d(t_B) = V_d \int_0^{t_B} \dot{J}_{V,d}\, dt \approx \begin{cases} E_s \int_0^{t_B} R_d(t, \varphi(t))\, dt \cdot G_d(E_s)\,, & (2.6.4a) \\[2ex] \dfrac{E \int_0^{t_B} R_d(\varphi_E(E, t))\, dt}{2\overline{(1/G_d)}}\,. & (2.6.4b) \end{cases}$$

Gleichung (2.6.4a) gilt z. B. für eine Absorptionsreaktion (i) thermischer Neutronen, entsprechend Gleichung (1.3.3) ff. mit:

$$\int_0^{t_B} R_d \, dt = \sigma_0^{(i)} \int_0^{t_B} N_d(t) \varphi_{th}(t) \, dt \; . \tag{2.6.5a}$$

Gleichung (2.6.4b) gilt dagegen für elastische Streureaktionen (e), speziell an Wasserstoffatomen (H) mit:

$$\int_0^{t_B} R_{E,d} \, dt = \sigma_e^{(H)}(E) \int_0^{t_B} N_H(t) \varphi_E(t) \, dt \; . \tag{2.6.5b}$$

Wie in Abschnitt 1.3 betrachten wir die Detektoren als ideal dünn, d. h. frei von Flußstörungen. Abbrand- bzw. Sättigungserscheinungen sowie (die in Abschnitt 3.6 eingeführte) Registrierwahrscheinlichkeit sind ebenfalls nicht berücksichtigt. Im Fall b (elastische Streuung) ist für den in Gleichung (2.6.3) eingeführten dosimetrischen G-Wert wie folgt über das Neutronenspektrum zu mitteln:

$$\overline{(1/G_d)} = 2 \int_0^E \frac{E' \, dE'}{G_d(E')} / E^2 \; . \tag{2.6.6}$$

Betrachtet man zum Beispiel die Ionisation in einem Gasraum als Nachweiseffekt, dann gehen Gleichung (2.6.4a, b) über in Gleichung (2.3.1) mit (2.3.2); in diesem speziellen Fall erhält man eine enorme Vereinfachung in der Auswertung der Meßergebnisse dadurch, daß $G \approx e/w$ in guter Näherung material- und energieunabhängig ist. Im übrigen sind in Gleichung (2.6.4) wie in Abschnitt 2.3 vorausgesetzt: es existiert nur eine Nachweisreaktion, d. h. es werden in Gleichung (2.6.4a) nur Teilchen der Energie E_s erzeugt bzw. im elastischen Fall nur Protonen, und das Bragg-Gray-Prinzip gilt, d. h. der Detektor ist in das sehr viel größere Medium, in dem gemessen werden soll, allseitig so eingebettet, daß die Reaktionsrate im Detektor keine Ortsabhängigkeit aufweist.

Im allgemeinen ist der G-Wert in verwickelter Weise von der Energie abhängig. Weiter ist Gleichung (2.6.4b) natürlich zu modifizieren, wenn Neutronen auf schwerere Teilchen als Wasserstoffatome stoßen. In einem monatomaren Gitter mit Massenzahl A_r überträgt ein Neutron der Energie E beim ersten Stoß auf ein Gitteratom die Energie E', die im Bereich $0 \leqslant E' \leqslant (1-a)E$ mit a nach Gleichung (1.2.24) liegt. Wenn E_i die Energie bezeichnet, die den Energiebereich überwiegender Ionisationsverluste solcher von Neutronen angestoßener Teilchen bei hohen Energien vom Bereich bevorzugter Gitterdefekterzeugung im Festkörper trennt, dann gilt nach der Theorie von Harrison und Seitz bei Annahme rein elastischer Streuung für die Erzeugung von Gitterdefekten [26-7]:

$$J(E) \sim \begin{cases} \sigma_e(E) E & \text{für } (1-a)E \leqslant E_i \, , \\ \sigma_e(E) \left[1 - O\left(\frac{E_i}{(1-a)E}\right) + O\left(\left[\frac{E_i}{(1-a)E}\right]^2\right)\right] & \text{für } (1-a)E > E_i \, . \end{cases} \tag{2.6.7}$$

Daraus folgt: Um Festkörper-Neutronen-Detektoren mit einfacher Energieabhängigkeit zu erhalten, können einerseits *Gitter leichter Kerne* herangezogen werden, deren Empfindlichkeit praktisch nur über σ_e (E) und damit meist nur geringfügig von der Neutronenenergie abhängt. Dieses Verhalten wird durch Mitanwesenheit schwerer Kerne beträchtlich gestört: ein Sauerstoffgitter z. B. läßt sich in diesem Sinn nur in Form von Leichtmetalloxyden und nicht in den an sich recht interessanten Oxyden schwerer Metalle ausnutzen. Als Beispiele hierzu werden unten Festkörper-Detektoren mit Al_2O_3- und SiO_2-Gittern besprochen. Andererseits kann man *Gitter schwerer Kerne* in Detektoren verwenden, deren Empfindlichkeit in einem weiten Energiebereich proportional σ_e(E) E ist. Hierbei macht sich umgekehrt aber ein Vorhandensein leichter Kerne in Mischgittern störend bemerkbar. Für diesen Detektortyp kommen metallische Gitter schwerer Kerne in Frage, wie Wolfram, Rhenium, Gold oder Platin; die beiden ersteren sind am günstigsten, Gold wird unbequem radioaktiv, Platin ist sehr wenig empfindlich.

Wir wollen nun die *Gesichtspunkte* zusammenstellen, nach denen *die Detektoren zu beurteilen* sind: Neben der Angabe des Fluenz-Meßbereichs, der sich bei der Gesamtheit dieser Detektoren von 10^3 (für die Strahlenüberwachung) bis über $10^{20}\,cm^{-2}$ (zur Monitierung von Strahlenschäden) erstreckt, ist bei den hier betrachteten Detektoren die Auswirkung von Störeffekten besonders wichtig. Al_2O_3-, SiO_2- und W-Dosimeter zeigen echte Gitterdefekte, sind deshalb relativ wenig gamma-empfindlich und insofern prinzipiell für Hochfluenzmessungen geeignet. Viele Detektoren sind jedoch stark gamma-empfindlich; um ihre Meßergebnisse auf andere Substanzen als die im Detektor vorhandenen zu übertragen, ist man dann selbst für dosimetrische Zwecke gezwungen, Differenzmessungen durchzuführen: s. z. B. [X, 26-8, 9, 10] für chemische und [26-11] für festkörperphysikalische Detektortypen. Von der Energieabhängigkeit der Detektorempfindlichkeit S (E) $\approx J/\Phi_E$ war bereits die Rede; man wählt sie am bequemsten so, daß sie der Energieabhängigkeit der Empfindlichkeit der zu monitierenden Probe (z. B. biologische Gewebe, chemisches oder festkörperphysikalisches Bestrahlungsgut) möglichst gut entspricht. Bei Hochfluenz-Bestrahlungen zur Untersuchung des Verhaltens von Metallen, Legierungen oder Graphit muß die spektrale Flußdichte φ_E bekannt sein, die örtlich bzw. von Reaktortyp zu Reaktortyp beträchtlich variieren kann. Wichtig ist, inwieweit der Nachweiseffekt J durch andere Größen beeinflußbar ist wie z. B. durch die Konzentration des Reaktionspartners oder des Reaktionsprodukts oder vom pH-Wert in einer chemischen Detektor-Lösung. Ferner ist zu achten auf eventuelle Abhängigkeiten von der Menge des im Detektor entwickelten Gases sowie darauf, ob eine Lösung gegen Zutritt von Licht und Luft stabil ist. Wichtig ist auch die Beachtung einer Abhängigkeit von der eingestrahlten Gamma-Dosisleistung oder von der Neutronenflußdichte und von der Bestrahlungstemperatur. Einige Detektortypen – wie Farbglas-Detektoren – zeigen Fading (Entfärbung), das sich im Anschluß an die Bestrahlung stärker, später schwächer auswirkt und wofür korrigiert werden muß. Andererseits gibt es Detektoren, die die bei der Bestrahlung gebildeten Nachweiseffekte unter geeigneter Kapselung und Lagerung sehr lang speichern können; bei Löschung der Nachweiseffekte lassen sich solche Detektoren unter Umständen bis zu Hunderten von Malen wieder verwenden (s. z. B. [26-12]). Weiter muß darauf geachtet werden, ob die Anzeige richtungsabhängig ist. Schließlich spielen auch praktische Überlegungen eine Rolle: Nämlich ob Messung und Auswertung schnell, einfach und mit nicht zu hohem Aufwand (an Nachweisapparaturen) vorgenommen werden können. Speziell bei chemischen Detektoren lautet dann die Frage, wie einfach die erforderlichen analytischen Meßmethoden sind und ob sich normale analytische Reagentien verwenden lassen.

Bei der Auswertung ist wesentlich, ob und wie genau daraus absolute Dosis- bzw. Fluenzwerte ermittelt werden können; das hängt einmal vom Detektortyp ab, dann vom Verhalten der Detektorsubstanz im Vergleich mit dem Verhalten der Substanz der zu monitierenden Probe im Strahlenfeld, also auch von der bereits besprochenen Energieabhängigkeit der Strahleneffekte im Detektor und in der Probe. Da die Genauigkeit unter Vergleichsbedingungen (Accuracy) bei den hier behandelten Meßverfahren häufig zu gering ist, sollte man wenigstens ausreichende Genauigkeit unter Wiederholbedingungen (Precision) fordern. Über die Reproduzierbarkeit der Meßergebnisse bei Anbringung verschiedener Detektoren im gleichen Strahlenfeld sowie im Fall der Anbringung desselben Detektors in verschiedenen Strahlenfeldern ist schwer objektiv zu diskutieren. Die seit langem bekannten Methoden der Messung mit Ionisationskammern, kalorimetrischen und chemischen Detektoren sind hierin den komplexen und weniger gut durchschauten Effekten in Festkörper-Detektoren überlegen. Die idealen Forderungen an einen Strahlendetektor: Robustheit, Präzision und Einfachheit in der Verwendung lassen sich bei den in diesem Abschnitt besprochenen Detektortypen besonders schwer verwirklichen.

Danach kann man auch an die *technologische Reproduzierbarkeit* der hergestellten Detektortypen keine besonders hohen Ansprüche stellen. Meist hängt der Kalibrierfaktor auch bei chemischen Detektoren vom Kalibrierverfahren im betreffenden Laboratorium ab, wo die Nachweiseffektanzahl J mit einem bestimmten Fluenz- bzw. Dosiswert verglichen wird, der mittels anderer (z. B. kalorimetrischer oder Aktivierungs-)Detektoren erhalten wurde. Die Detektorausbeuten schwanken je nach dem chemischen Milieu, z. B. entsprechend der Menge der entwickelten Gase oder der Lösungsbestandteile. Entsprechendes gilt für die Festkörperdetektoren, wo die Fehlstellenerzeugung verschiedene konkurrierende Ursachen haben kann, die noch nicht genügend sicher unterschieden werden können. Während einige der unten besprochenen chemischen

Detektoren – mit gewissen Einschränkungen, was die Austauschbarkeit von Labor zu Labor betrifft – als Standard-Detektoren betrachtet werden können, sind Festkörper-Detektoren bis heute keineswegs zu Absolutmessungen zu gebrauchen, sondern bestenfalls zu relativen Fluenz- bzw. Dosisanzeigen für praktische Zwecke. Für die Reproduzierbarkeit der Nachweiseffekte bei Festkörperdetektoren werden teilweise recht befriedigende Werte referiert [26-12]. Besondere Vorteile bei den Festkörperdetektoren stellen ihre Kleinheit (oft nur wenige mm^3), ihre Robustheit und ihre von Zuleitungen freie Beweglichkeit dar. Die gute räumliche Auflösung zusammen mit der erwähnten Informationsspeicherfähigkeit über größere Zeiträume machen Festkörperdetektoren geeignet zur Monitierung von Bestrahlungsgut bei Langzeitbestrahlungen in Reaktoren, vorausgesetzt, daß ihre geringe Absolutgenauigkeit in Kauf genommen werden darf. Neben dieser örtlichen Monitierung sind diese Detektoren natürlich auch zur Ausmessung relativer Flußdichteverteilungen in Strahlenfeldern einsetzbar, z. B. bei der Planung von Bestrahlungsanordnungen in Reaktoren.

Die **Kalibrierung** in Werten der Neutronendosis D_n bzw. der Neutronenfluenz Φ bereitet wegen der Störeffekte einige Schwierigkeiten. Für Oxalsäuredetektoren als chemische Dosimeter wird eingehend ein Kalibrierverfahren angegeben [26-9]. Dabei werden die verschiedenen Anteile zur Gesamtdosis:

$$D = D_\gamma + D_{n_s} + D_{n_{th}} \tag{2.6.8}$$

berücksichtigt, die von Gammastrahlen, schnellen und thermischen Neutronen stammen können. Das Zusammenwirken mehrerer Reaktionen- wie Neutronenabsorption neben elastischem Stoß mit Neutronenenergieübertragung – beeinträchtigt natürlich die Anwendung derartiger Methoden. Will man mit einem solchen Dosimeter die Dosis schneller Neutronen D_{n_s} für sich ermitteln, so sollte man zur Kontrolle die Neutronenfluenz mindestens mit einem Aktivierungsdetektor monitieren: so kommt man zur Verwendung von Detektorpaketen, wie sie auch in der Aktivierungssondenmeßtechnik geläufig sind.

Bei den im folgenden besprochenen Einzeldetektortypen führen wir jeweils die vom Autor angegebene Meßgröße Φ in cm^{-2} oder D_n in rd an, wodurch der Vergleich leider erschwert wird. Eine Umrechnung ist jedoch ohne genaue Kenntnis der Detektorbestandteile unmöglich. Für die Umrechnung von Äquivalentdosen in rem in Fluenzwerte in cm^{-2} wurden folgende Beziehungen benutzt: $D_{n_s} = 1\,\text{rem} \mathrel{\hat{=}} \Phi_s \approx 2{,}6 \cdot 10^7\,cm^{-2}$ für Neutronenenergien $E \geqslant 1\,\text{MeV}$; $D_{n_{th}} \mathrel{\hat{=}} 1\,\text{rem} = \Phi_{th} \approx 9{,}6 \cdot 10^8\,cm^{-2}$ für thermische Neutronen.

Zur Umrechnung von Kerma bzw. Energiedosis in Neutronenfluenz sei auf die Beiträge von Nachtigall sowie von Williamson und Mitacek in [XVI] verwiesen.

Bei den **Chemischen Detektoren** ist die Trennung des Nachweiseffekts nach den auslösenden Strahlenarten (Gammastrahlen, schnelle oder langsame Neutronen) schwierig. Öfters begnügt man sich mit der Kenntnis der Gesamtdosis, weshalb wir uns mit der Aufzählung der wesentlichen Typen begnügen. Darunter sind die mit *wäßrigen Systemen* arbeitenden am bekanntesten und zuverlässigsten [26-25]: Als Nachweisreaktionen finden statt der altbekannten Oxydationen (wie von Ferro- zu Ferri-Ionen im Fricke-Dosimeter) oder Reduktionen (z. B. von Ceri- zu Cero-Ionen), die besonders in der Gammastrahlen-Dosimetrie benutzt werden, vorzugsweise Konzentrationsänderungen in Säuren Anwendung. Mit diesem Effekt wurden besonders oxalsäurehaltige Detektoren auf ihre Anwendbarkeit in Reaktoren untersucht [X, 26-9, 10]. Der chemische Vorgang bei der Konzentrationsänderung ist offenbar recht komplexer Natur und erlaubt unter Wiederholungsbedingungen keinen kleineren Fehler als ± 10 bis 15%; andererseits genügen analytisch-reine Substanzen, und bei der Bestrahlung entstehen keine merklich störenden Radioaktivitäten. Die Meßbereiche für Gammastrahlen- und Neutronen-Dosen liegen bei 10^6–10^8 rd. Die Notwendigkeit der gesonderten Kalibrierung für die Proportionalitätsfaktoren G_n und G_γ wurde bereits erwähnt. Während die Gammastrahlen-Anzeige J_γ für Detektorsubstanzen mit niedriger Kernladungszahl Z spektral weitgehend unabhängig ist, muß die Abhängigkeit der Neutronenanzeige J_n von der Neutronenenergie E berechnet werden. Die Anzeige ist bei höheren Säurekonzentrationen (niedrigeren pH-Werten) von diesen Größen unabhängig, ebenso für Dosisleistungen $< 10^{10}$ rd/s bzw. Temperaturen $< 80\,^\circ$C. Die Temperaturbedingung behindert die Reaktoranwendung des Oxalsäuredetektors, ebenso die LET-Abhängigkeit der Anzeige. Als LET-Linear Energy Transfer oder Lineares Energieübertragungsvermögen bezeichnet man die mittlere Energie, die durch geladene (Sekundär-)Teilchen bestimmter Energie beim Durchfliegen eines Längenelements in einem Medium auf dieses übertragen wird [IX-11]. Solche Detektoren sollen als Dosimeter in der Strahlenchemie dienen. Zur Messung werden Titrationsverfahren oder Spektralphotometrie benutzt.

Ein weiterer untersuchter Nachweiseffekt ist die *Freisetzung von Gasen*. Praktisch untersucht wurden z. B.: Die Radiolyse von Wasser in einer KJ-Lösung, der ^{10}B als auf Neutronen reagierendes Nuklid beigesetzt ist [26-13], die Entwicklung von Tritium in LiF nach der Reaktion $^6\mathrm{Li}(n, a)^3\mathrm{H}$, wobei die ^{3}H-Aktivität zu messen ist [26-14] oder die massenspektrometrische Bestimmung des in einem Berylliumdraht unter Neutronenbestrahlung entwickelten ^{4}He hauptsächlich nach der Reaktion $^9\mathrm{Be}(n, 2n)\,2\,a$, wozu Schmelzen im Vakuum erforderlich ist (Abbildung 2.6.I zeigt schematisch eine dazu benutzte Meßeinrichtung [26-15]). Nachteilig sind im LiF-Dosimeter die Wasserstoff-Adsorption und in dem Beryllium-Dosimeter die Giftigkeit des Berylliums sowie die Störreaktion Be(n, γ), die die Anwendung dieses Dosimetertyps auf solche Fluenzen schneller Neutronen Φ_s beschränkt, in denen das Flußdichtever-

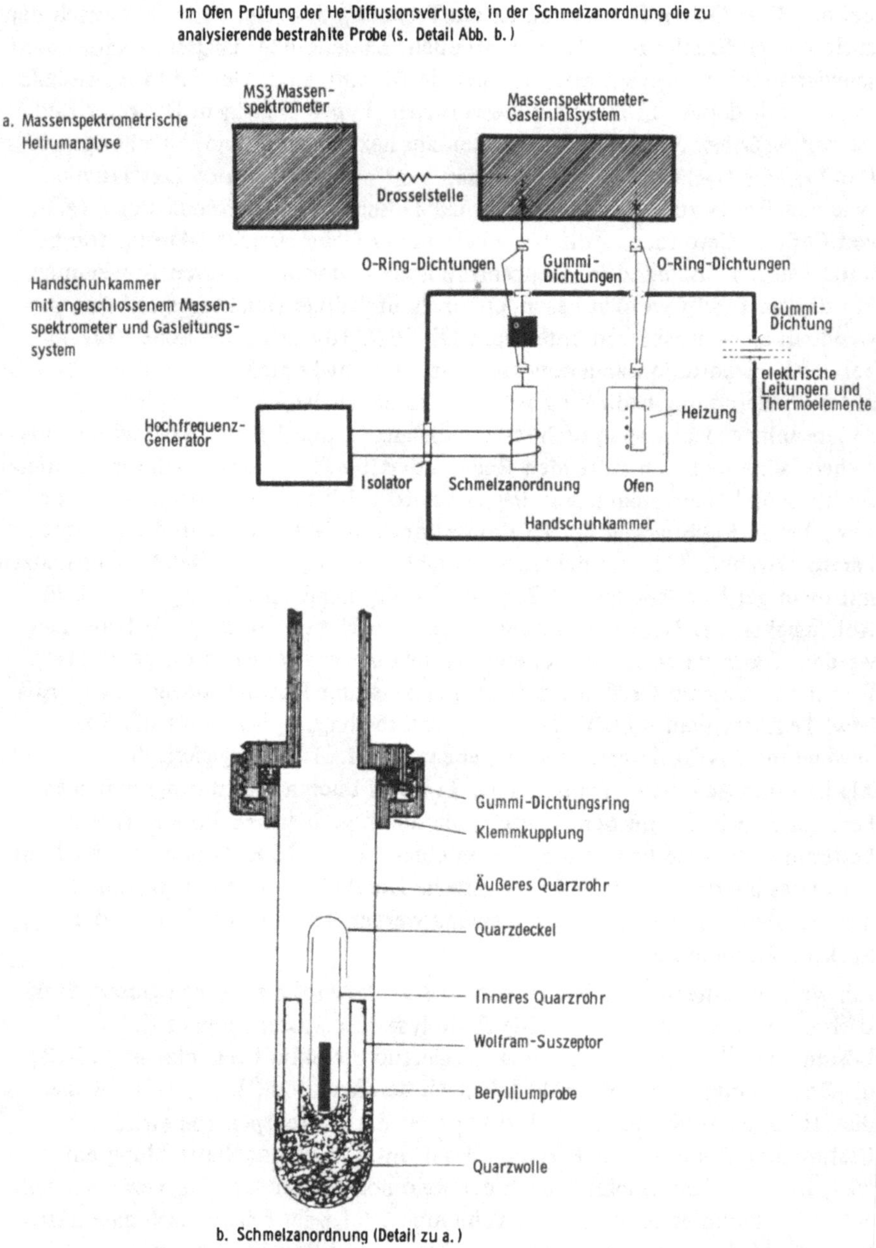

Abb. 2.6.I.
Fluenzmessung schneller Neutronen mittels Heliumfreisetzung in Beryllium [26–15].

hältnis $\varphi_{th}/\varphi_s < 10$ beträgt. Das KJ-Lösungs-Dosimeter gestattet kontinuierliche Anzeige und somit Flußdichtemessung in einem Bereich von $10^{11} \leqslant \varphi_{th} \leqslant$ $\leqslant 10^{15}\,cm^{-2}\,s^{-1}$, der Meßbereich des LiF-Dosimeters beginnt bei $\Phi_{th} >$ $> 10^{16}\,cm^{-2}$ und der des Be-Dosimeters bei $\Phi_s > 10^{16}\,cm^{-2}$. Die Anzeige des letzteren zeigt merkliche Abhängigkeit vom Neutronenspektrum. Für das LiF-Dosimeter wird geringer Meßwertrückgang (gute „Storage Stability") berichtet. Mit dem Beryllium-Dosimeter gemessene Dosisverteilungen im Windscale Advanced Gas Cooled Reactor lassen sich einigermaßen befriedigend vergleichen mit einer mit Nickel-Aktivierungssonden gemessenen Fluenzverteilung.

Für die Auswertung sind genauere Kenntnisse der Energieabhängigkeit der verschiedenen Neutronenreaktionen des Berylliums nötig, die zur α-Emission führen. Für dieses Dosimeter wird bis zu 10^{16} He-Atomen herunter ein kleinerer Relativfehler als $\pm 1\%$ berichtet; der systematische Fehler wird um 10 bis 20% angenommen. Bis zu 750 °C Bestrahlungstemperatur und über 1 Jahr Bestrahlungszeit soll der Heliumverlust kleiner als 1% sein [26-15].

Unter den chemischen Dosimetern sind ferner noch solche mit *organischen Substanzen* zu erwähnen. Untersucht wurde z. B. die Wasserstoffentwicklung bei Radiolyse in Zyklohexan; darüber wurde Unabhängigkeit der Anzeige innerhalb von 5% vom Verhältnis des schnellen Neutronenflusses zum Gammafluß berichtet (Boyd in [X]).

Festkörperphysikalische Detektoren. Ein vielfach untersuchter festkörperphysikalischer Nachweiseffekt ist die *Thermolumineszenz.* In einem Kristall werden durch ionisierende Strahlung metastabile Zustände erzeugt, die mehrere Tage beständig sein können und bei Erhitzen unter Lichtaussendung wieder verlassen werden. Als Kristalle kommen mit ^{10}B- und ^{6}Li-Schichten belegte $CaF_2(Mn)$-Kristalle in Frage oder LiF, das zum Nachweis schneller Neutronen mit einer wasserstoffhaltigen Substanz gemischt werden kann, was aber die Dosisinterpretation erschwert [26-1].

Thermolumineszenzdetektoren finden Anwendung im Niedrigfluenzmeßbereich z. B. zu Strahlenschutzmessungen in Reaktorabschirmungen, wobei die Anordnung mehrerer verschiedener Detektoren in einem Moderator auch gewisse Aussagen über das Spektrum der schnellen und der intermediären Neutronen erlaubt [26-16]. – Noch empfindlicher als die Thermolumineszenz-Dosimetrie arbeitet die thermisch angeregte Exoelektronenemission („Thermally Stimulated Exoelectron Emission") [26-17], mit einfacherer Präpariertechnik.

Ein anderer wichtiger festkörperphysikalischer Nachweiseffekt ist die *Radiophotolumineszenz* [26-1, 11, 18]. Dabei setzt die ionisierende Strahlung Elektronen frei, die von Silber-Ionen eingefangen werden, die in der Substanz vorhanden sind; als besonders geeignet zeigten sich silberaktivierte Phosphatgläser. Die Silber-Ionen werden zu atomaren Fluoreszenz-Zentren, die bei Anregung mit UV-Strahlung ein Fluoreszenzlicht aussenden, dessen Intensität proportional der Dosis der ionisierenden Strahlung ist. Radiophotolumineszenz-Dosimeter werden angewendet zur Personendosimetrie, zur Trennung von Neutronen- und Gamma-Dosen bei nicht zu hohen Werten ($\lesssim 2 \cdot 10^4$ rd) sowie zur Dosimetrie schneller Neutronen.

Als ein weiterer festkörperphysikalischer Nachweiseffekt hat die strahleninduzierte *Verfärbung* durchsichtiger Substanzen Anwendung gefunden. Z. B. wird ein Kobalt-Dosimeterglas auf seine Eignung zur Anzeige von Gammadosen und Fluenzen thermischer Neutronen in Gegenwart von schnellen Neutronen untersucht [26-19]. Die Verfärbung wurde als Funktion der Gamma- und Neutronen-Fluenz mittels Spektralphotometer gemessen und folgt diesem proportional über mehrere Zehnerpotenzen. Die Gammadosis ist dabei unter Wiederholbedingungen mit ± 1%, die Fluenz thermischer Neutronen unter Wiederholbedingungen mit ± 5% und unter Vergleichsbedingungen mit ± 10% Fehler bestimmbar. Zum Nachweis der thermischen Neutronen dienen die infolge des Borgehalts im Glas bei der $^{10}B(n, \alpha)$-Reaktion ausgelösten geladenen Teilchen. Der Gammadosis-Meßbereich erstreckt sich bis zu 10^7 rd hinauf, für thermische Neutronen wurden Gläser zusammen mit Gold-Aktivierungssonden kalibriert bis hinauf zu $\Phi_{th} < 6 \cdot 10^{13}\,cm^{-2}$, was der Dosis $2{,}5 \cdot 10^5$ rd entspricht; die Gläser dürften also nur bis zu $\Phi_{th} < 2{,}5 \cdot 10^{15}\,cm^{-2}$ brauchbar sein. Al_2O_3-Einkristalle [26-7, 20] zeigen bei Bestrahlung mit schnellen Neutronen eine kräftige Absorptionsbande bei 206 nm, wobei für eine im Reaktorstrahlenfeld gleichzeitig erzeugte gammainduzierte Verfärbung leicht korrigiert werden kann. Dadurch ist die Möglichkeit der Gamma-Diskriminierung gegeben. Bei Zimmertemperatur tritt nur geringe Entfärbung (Fading) ein, die mit wachsender Temperatur rasch ansteigt. Bei Temperaturen um 1800°C werden die strahleninduzierten Verfärbungen völlig abgebaut, wodurch eine Wiederverwendung möglich ist. Für ein Verhältnis der thermischen zur schnellen Neutronenflußdichte $\varphi_{th} : \varphi_s < 10^2$ ist nicht mit merklicher Störung des Nachweiseffekts durch thermische Neutronen zu rechnen. Zur Spektralabhängigkeit sei auf Gleichung (2.6.7) verwiesen; für die Al_2O_3-Einkristalle ist danach als Anzeige J für Neutronenenergien $E_u > 180$ keV:

$$J \sim \int_{E_u} \sigma(E)\, \varphi_E \, dE \qquad (2.6.9)$$

zu erwarten.
Die Messung der optischen Absorptionsspektren erfolgt mit Spektralphotometer. Die Extinktionsänderung wurde als Funktion der (im MeV-Bereich mit Aktivierungssonden monitierten) schnellen Fluenz Φ_s im Meßbereich $10^{16} <$ $< \Phi_s < 10^{20}\,cm^{-2}$ angegeben.

Eine Anzahl von Untersuchungen hat man der *Dichteänderung* gewidmet, die bei Bestrahlung von kristallinen Substanzen mit schnellen Neutronen durch die Verlagerung von Atomen aus dem Kristallgitter entsteht. Als Materialien kommen z. B. der kostspielige Diamant oder Quarz [26-6] in Frage. Die Dichte von Quarz nimmt bei Bestrahlung mit Reaktorneutronen maximal um etwa 15% ab; das entspricht der Differenz zwischen den Dichten des kristallinen und des amorphen (glasigen) Quarzes. Dieser Sättigungswert wird bei $\Phi(E_u = 0{,}1\,\text{MeV}) \sim$ $\sim 1{,}5 \cdot 10^{20}\,\text{cm}^{-2}$ erreicht. Die untere Grenze des Fluenzmeßbereichs liegt bei $10^{19}\,\text{cm}^{-2}$ und ist durch die Genauigkeit des Dichteänderungs-Meßverfahrens bestimmt.

Die erzeugte Dichteänderung bleibt bis zu 200°C erhalten. Quarzdetektoren können sehr klein gehalten werden: Man hat Untersuchungen mit Würfeln von 3 mm Kantenlänge und mit Scheibchen von 3 mm Durchmesser und 1 mm Dicke durchgeführt. Bei der Bestrahlung von Quarz mit Reaktorneutronen entstehen nur Radionuklide mit kurzen Halbwertszeiten.

Neutronenfluenzen, die Gitterschäden in Graphit verursachen, lassen sich durch die darin entstehende elektrische Widerstandsänderung nachweisen. Man hat dafür einen brauchbaren Fluenzmeßbereich $10^{15} < \Phi(E_u) < 3 \cdot 10^{16}\,\text{cm}^{-2}$ mit $E_u \approx 75\,\text{keV}$ gefunden, im Temperaturanwendungsbereich zwischen 30° und 60°C [26-21]. Neben den Effekten in Einkristallen hat man durch schnelle und intermediäre Neutronen hervorgerufene *Strahlenschäden in Schwermetallen* untersucht. Für diese sollte man entsprechend Gleichung (2.6.7) in erster Näherung ein lineares Anwachsen der Nachweiseffektanzahl mit der Neutronenenergie E erwarten, also eine Anzeige:

$$J \sim \int \sigma(E)\,\varphi_E\,E\,dE\,. \tag{2.6.10}$$

Bei metallischen Detektorsubstanzen wie Wolfram, Gold oder Platin ist im Unterschied zu den oben besprochenen Gläsern und Einkristallen die entstehende starke Radioaktivität störend. Untersucht wurde die Änderung des elektrischen Widerstands in Wolframdrähten (z. B. [26-7, 22, 23, 24]).

Sie wird hervorgerufen durch Gitterdefekte, die von Neutronen mit Energien größer als 25 eV in beträchtlich stärkerem Maß als von Gammastrahlen erzeugt werden: Die Methode eignet sich also gut zur Diskriminierung gegen Gammastrahlen und – über (n, γ)-Reaktionen wirkende – thermische Neutronen. Besonders merklich werden die Effekte (in Wolfram) erst ab rund 10 keV Neutronenenergie aufwärts. Abbildung 2.6.II zeigt eine Detektorausführung. Zum Fluenznachweis wird der Einfluß der erzeugten Strahlenschäden auf den elektrischen Widerstand untersucht, der nach einer konventionellen Methode gemessen werden kann. Fluenzkalibrierung erfolgt mittels Resonanz- und Schwellen-Aktivierungssonden. Die Kalibrierung bezieht sich jeweils auf eine bestimmte Materialcharge: Ein anderer Gehalt an Verunreinigungen kann eine beträchtliche Änderung der temperaturabhängigen Ausheilkurve für die Strahlenschäden bewirken. Wesentlich ist eine Vorbehandlung des Dosimeters durch Erhitzen auf 2700°C zur Stabilisierung des Widerstandswerts vor der Bestrahlung.

Solche Verfahren erwiesen sich als verhältnismäßig einfach anwendbar zur Messung schneller Fluenzen im Meßbereich $5 \cdot 10^{14} < \Phi < 10^{21}\,\text{cm}^{-2}$, mit Fehlern unter Wiederholungsbedingungen von nur wenigen Prozent. Die Zusammenset-

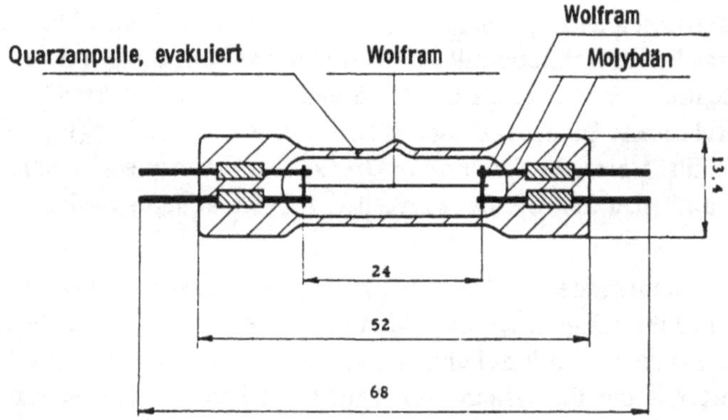

Abb. 2.6.II.
Wolfram-Dosimeter zur Messung der elektrischen Widerstandsänderung als Funktion der Dosis schneller Neutronen [26–22]. Widerstandsmessung nach klassischer Vergleichmethode.

zung des Neutronenspektrums ist (wegen Störeffekten durch thermische Neutronen u. a.) zu beachten. Die Methode arbeitet zuverlässig bei Bestrahlungstemperaturen zwischen 30° und etwa 100 °C; oberhalb von 100 °C setzt Ausheilen der Gitterschäden ein (mit Abnahme der Widerstandsänderung).

Anwendungen. Im Niedrigfluenzbereich (z. B. für Strahlenschutzzwecke) angewendete Meßverfahren mit chemischen und physikalischen Nachweiseffekten werden anderswo beschrieben. Im uns interessierenden Hochfluenzbereich (s. auch [11-7]) – insbesondere an Reaktoren – sind diese Verfahren nur sehr beschränkt einsetzbar: infolge der Ausheilungs-, Stör- und Sättigungseffekte und mit der notwendigen Beachtung der Energieabhängigkeit ihrer Anzeige kann man sie nur bei Einhaltung der häufig engen Temperaturtoleranzen und für Fluenzen bis höchstens 10^{21} cm^{-2} und unter Anwendung großer Sorgfalt bei der Kalibrierung verwenden.

3. Kalibrier- und Auswerteverfahren

3.1. Verarbeitung der Meßwerte

In den ersten beiden Kapiteln haben wir die wichtigsten Neutronen-Nachweis-Möglichkeiten und -Verfahren besprochen. Zum Nachweis wird, wie wir sahen, die *Meßgröße* in eine *Anzeige* umgewandelt. Die *Verarbeitung der Meßwerte* [IV-1319] oder *Auswertung* dient der erforderlichen Rückübertragung von der Anzeige in die Meßgröße: da das Meßexperiment die Meßgröße nicht unmittelbar zu erschließen gestattet, sondern nur eine Anzeige als experimentelle Zwischengröße, muß man dieser die gesuchte Meßgröße (rechnerisch oder auch mit Hilfe von Zusatzexperimenten) zuordnen. Prinzipiell setzt das die Bekanntheit der Reaktionsraten und der Nachweiseffektraten als Funktionen der Flußdichte voraus. Dazu sind die Kenntnis der Materialkonstanten sowie von Korrekturen und Absolutbestimmungen (z. B. der Aktivität einer Aktivierungssonde) erforderlich.

Zur Meßwertverarbeitung müssen bestimmte meßtechnische Forderungen – mehr oder weniger gut – erfüllt sein. Im Unterschied zu bloßen Überwachungseinrichtungen ist bei einer Meßeinrichtung (s. Abschnitt 2.1) *Kalibrierfähigkeit* zu verlangen. Eine Meßeinrichtung bzw. ein Meßverfahren ist dann kalibrierfähig, wenn der durch die Anzeige gegebene Meßwert mit hinreichend kleiner Meßunsicherheit meßbar und die Anzeige als Funktion der Meßgröße genügend gut reproduzierbar sind. Die Forderungen, die an eine (kalibrierfähige) Meßeinrichtung zu stellen sind, nehmen wir, soweit sie allgemeiner Art sind – wie: Einhaltung des Meßbereichs, Überprüfung der Empfindlichkeit und ihrer Abhängigkeit von Parametern usw. – als bekannt an. Wir wollen in diesem Kapitel die meßtechnischen Voraussetzungen und Gesichtspunkte behandeln, die für die Neutronenmeßtechnik spezifisch sind. So sollte die im Detektor erfaßte Anzeige der Meßgröße als einer Orts-, Zeit- und Energiefunktion in eindeutiger Weise zugeordnet werden können, was häufig nur näherungsweise und mit grober Fehlerabschätzung gelingt. Besondere Bedeutung hat die *Reproduzierbarkeit* einer Messung bzw. eines Meßwerts als eine Voraussetzung für die Kalibrierfähigkeit einer Meßanordnung. Ideale Reproduzierbarkeit liegt vor, wenn Störungen bei der Messung gar nicht vorhanden sind oder einen exakt korrigierbaren Untergrund bilden. Mit *Störung* bezeichnen wir alle durch die Meßeinrichtung, den Meßvorgang oder durch äußere Einflüsse hervorgerufenen Unregelmäßigkeiten, also Stör-Reaktionen oder -Effekte in Detektor oder Meßapparatur, Veränderungen des Neutronenfelds durch die Meßanordnung oder unabhängig davon, Auslösung des Nachweiseffekts durch andere als die zu messende Strahlung (z. B. durch Gammastrahlung oder durch Neutronen aus unerwünschten Energiebereichen). Ein Teil der Störungen läßt sich durch eine Korrektur- oder eine Fehler-Bestimmung erfassen. Eine wesentliche Aufgabe in der Meßtechnik besteht darin, Störungen zu beseitigen oder – falls sie unvermeidlich sind – sie möglichst weitgehend erfaßbar zu machen. Inwieweit die verschiedenen Nachweisverfahren nur zur *Relativmessung* oder auch zur *Absolutmessung* geeignet sind, wird mit der Eignung der Verfahren (in Abschnitt 5.3) besprochen. Zu einer Kalibrierung allgemein wird erstens die Anwendung eines genau festgelegten Meßverfahrens unter Benutzung einer bestimmten Meßeinrichtung vorausgesetzt; zweitens muß eine so durchgeführte Absolut- oder Relativbestimmung nachprüfbar und innerhalb zu vereinbarender Fehlergrenzen im Ergebnis wiederholbar sein.

Den Gegenstand dieses Kapitels bildet die *Kalibrierung* als Grundlage der *Auswertung* neutronenphysikalischer Messungen. Zuerst besprechen wir Neutronenquellen (Abschnitt 3.2), die außer als Hilfsmittel für Kalibrierungen zu neutronen- bzw. kernphysikalischen Untersuchungen angewendet werden. Zu Flußdichtekalibrierungen werden die Quellen in Flußstandards angebracht, die hinreichend exakt und gleichförmig aufgebaut sind, so daß sie gut reproduzierbare und durch neutronenphysikalische Rechnungen prüfbare Meßergebnisse liefern (Abschnitt 3.3). Verfahren zu absoluten Quellstärkebestimmungen, die unter anderem zur Flußdichtekalibrierung dienen, werden in Abschnitt 3.4 vergleichend beschrieben. In diesem Zusammenhang sei daran erinnert, daß man die (als Endprodukt der Auswertung erhaltene) Meßgröße in besonders wichtigen Fällen – z. B. bei Kalibrierungen – an anderweitig gefundene Meßgrößenwerte anzuschließen pflegt: entweder durch einfachen Ergebnisvergleich, wobei die fragliche Meßgröße unter vergleichbaren (gegebenenfalls variierten) Bedingungen bestimmt wird, oder durch Methodenvergleich, bei dem derselbe Wert einer Meßgröße nach unterschiedlichen Methoden gemessen wird. Zum Methodenvergleich sind auch die Kalibrier- und Standard-Vergleichsmessungen zu rechnen, die in den Abschnitten 3.3 und 3.4 angeführt werden. Die Brauchbarkeit einer Meßmethode untersucht man dabei mit Statistischen Prüfverfahren. Eine andere Möglichkeit der Zuverlässigkeitsprüfung von Meßwerten oder Meßgrößen besteht in der Untersuchung ihrer Abhängigkeit von Parametern (wie Meßort, Zeit, Temperatur und Strahlenfeldparametern). Zur Ausführung von Experimenten mit (kalibrierten) Messungen haben sich einige neutronenphysikalische Experimentiereinrichtungen besonders eingebürgert (Abschnitt 3.5). Auf auswertungsmäßige Probleme bei der Bestimmung neutronenphysikalischer Meßgrößen wird in Abschnitt 3.6 eingegangen. Als zusammenfassende Darstellungen zur Kalibrierung und Auswertung in der Neutronenmeßtechnik nennen wir: [11-2, 3, 13-2, 21-2, 31-1] und die Konferenzberichte [XV, XVIII].

3.2. Neutronenquellen

Wichtige Kernreaktionen zur Neutronenerzeugung – Natürliche Neutronenquellen – Beschleuniger als Neutronengeneratoren – Neutronengeneratoren mit (d, n)- und (p, n)-Reaktionen – Ausnutzbarkeit der verschiedenen Quellen

Wir beginnen mit den **Kernreaktionen,** die hauptsächlich zur Erzeugung von Neutronen für Standardquellen zur Flußkalibrierung Anwendung gefunden haben. Allgemein ist zu sagen, daß die leichten Atomkerne, die geeignetsten Ausgangsnuklide dazu liefern, denn Reaktionen geladener Teilchen mit schweren Kernen erlangen wegen deren höherer Coulomb-Potentialschwelle erst bei sehr hohen Energien eine gewisse Wahrscheinlichkeit. Zur Neutronenerzeugung durch den Kernphotoeffekt kommen in erster Linie ^{9}Be und ^{2}H als Ausgangsnuklide in Frage wegen ihrer niedrigen nuklearen Bindungsenergie im Kern. Zur erschöpfenden Behandlung der verschiedenen zur Neutronenerzeugung gebräuchlichen Reaktionstypen mit ihren Energietönungen sei auf die in Abschnitt 1.1 genannte Literatur verwiesen; allgemein über Neutronenquellen und ihre Anwendungen seien genannt: [XV, 11-2, 3, 4, 12, 21-2, 31-1, 32-1].

Wir betrachten hier (a, n)-, (d, n)-, (p, n)- *und* (γ, n)-*Reaktionen.* Das Schema einer (a, n)-Reaktion ist:

$$^{A}_{Z}X(a, n)^{A+3}_{Z+2}Y + Q\,. \qquad (3.2.1)$$

Beispiele für (a, n)-Reaktionen sind:

$$^{9}Be(a, n)\,^{12}C + 5{,}704\,MeV\;;\quad ^{11}B\,(a, n)\,^{14}N + 0{,}158\,MeV\,. \qquad (3.2.1a)$$

Die zur Neutronenerzeugung wichtigsten (d, n)-Reaktionen sind:

$$\left.\begin{array}{l} ^{3}H(d, n)\,^{4}He + 17{,}588\,MeV\;;\quad ^{2}H(d, n)\,^{3}He + 3{,}265\,MeV\;; \\ ^{7}Li(d, n)\,^{8}Be + 15{,}028\,MeV\;;\quad ^{9}Be(d, n)\,^{10}B + 4{,}362\,MeV\,. \end{array}\right\} \qquad (3.2.2)$$

Beispiele für (p, n)-Reaktionen sind:

$$^{3}H(p, n)\,^{3}He - 0{,}770\,MeV\;;\quad ^{7}Li(p, n)\,^{7}Be - 1{,}646\,MeV\,, \qquad (3.2.3)$$

und zu (γ, n)-Reaktionen:

$$^{2}H(\gamma, n)\,^{1}H - 2{,}225\,MeV\;;\quad ^{9}Be(\gamma, n)\,^{8}Be - 1{,}666\,MeV\,. \qquad (3.2.4)$$

Die Berechnung der resultierenden *Energie- und Winkelverteilungen* für die Neutronen geschieht nach den Gesetzen der klassischen Mechanik, wobei hier nichtrelativistische Behandlung ausreicht (vgl. Abschnitt 1.1, Energietönungen).

Nennen wir ϑ den (Neutronen-)Emissionswinkel bezogen auf die Richtung des Geschoßteilchens, E die Energie und m_n die Masse des emittierten Neutrons, E_G die Energie und m_G die Masse des Geschoßkerns und die Massen des Ziel- bzw. des zurückbleibenden Kerns m_z bzw. m_r, dann ist:

$$E = E_G \frac{m_G m_n}{(m_n + m_r)^2} \left\{2 \cos^2 \vartheta + \frac{m_r (m_r + m_n)}{m_G m_n} \left[\frac{Q}{E_G} + \left(1 - \frac{m_G}{m_r}\right)\right]\right.$$

$$\left. \pm 2 \cos \vartheta \sqrt{\cos^2 \vartheta + \frac{m_r (m_r + m_n)}{m_G m_n} \left[\frac{Q}{E_G} + \left(1 - \frac{m_G}{m_r}\right)\right]}\right\} . \qquad (3.2.5)$$

Endotherme Reaktionen setzen ein mit der Schwellenenergie:

$$E_T = - \frac{Q}{1 - \dfrac{m_G}{m_n + m_r}} \approx - Q \frac{m_G + m_z}{m_z} . \qquad (3.2.6)$$

Bei dieser Energie des Geschoßteilchens werden Neutronen produziert, die im Schwerpunktsystem die Energie Null haben und sich im Laborsystem in Vorwärtsrichtung mit der Geschwindigkeit des Schwerpunkts bewegen; ihre Energie beträgt:

$$E = E_T \frac{m_G m_n}{(m_n + m_r)^2} . \qquad (3.2.7)$$

Z. B. beträgt die Schwellenenergie für die $^7Li(p, n)$-Reaktion $E_T = 1{,}882$ MeV und für die $^3H(p, n)\,^3He$-Reaktion $E_T = 1{,}027$ MeV. Die Energie eines Neutrons, das bei einer exothermen Reaktion freigesetzt wird, beträgt (bei vernachlässigbarer Geschoßteilchen-Energie E_G)

$$E = Q/\left(1 + \frac{m_n}{m_r}\right) . \qquad (3.2.8)$$

Hat das Geschoßteilchen eine nicht vernachlässigbare Energie E_G, dann lautet die Neutronenenergie in den beiden Grenzfällen der Vorwärts- bzw. Rückwärtsemission ($\vartheta = 0°$ bzw. $180°$ in Gleichung (3.2.5), mit positivem bzw. negativem Vorzeichen):

$$E = \frac{Q}{1 + \dfrac{m_n}{m_r}} + E_G \frac{m_G m_n}{(m_n + m_r)^2} \left\{2 + \frac{m_r (m_n + m_r)}{m_G m_n} \left[1 - \frac{m_G}{m_r}\right]\right.$$

$$\left. \pm 2 \sqrt{1 + \frac{m_r (m_n + m_r)}{m_G m_n} \left[\frac{Q}{E_G} + \left(1 - \frac{m_G}{m_r}\right)\right]}\right\} . \qquad (3.2.9)$$

Angewandt auf die Reaktion $^3H(d, n)^4He$ ergeben sich: Für *d*-Energie $E_G = 0$ beträgt E = 14,048 MeV in allen Richtungen. Bei der *d*-Energie E_G = 0,2 MeV sind aber: E = 15,2 MeV in Vorwärts- und E = 13,2 MeV in Rückwärtsrichtung. Für die $^9Be(\alpha, n)$-Reaktion mit α-Teilchen von RaC′ (mit E_G = 7,688 MeV) erhält man folgende Neutronenenergien: E = 13,5 MeV in Vorwärts- und E = 8,0 MeV in Rückwärtsrichtung. Die Energien in den übrigen Richtungen liegen zwischen diesen Extremwerten.

Eine *kalibrierfähige Neutronenquelle* sollte in möglichster Annäherung die folgenden idealen Eigenschaften besitzen:
I. Ihre Quellstärke sollte genau reproduzierbar sein bei gegebenen Abmessungen und vorgeschriebener Komponentenzusammensetzung,
II. sie sollte (innerhalb der Größenordnung von zehn Jahren) keine merklichen zeitlichen Schwankungen aufweisen,
III. sie sollte eine möglichst geringe Masse haben, nicht durch Multiplikation Sekundär-Neutronen erzeugen (wie z. B. Spaltneutronen in einem Fluß thermischer Neutronen) und einen vernachlässigbar kleinen Einfangquerschnitt für thermische Neutronen haben,
IV. sie sollte ein Neutronenspektrum besitzen, das sich einfach mit anderen Quellen vergleichen läßt: z. B. wird man zur Standardisierung schneller Flußdichten in Reaktoren ein Spaltspektrum bevorzugen,
V. sie sollte aus meßtechnischen Gründen eine Neutronen-Quellstärke von mindestens $10^6\,s^{-1}$ und eine demgegenüber vernachlässigbare Gamma-Quellstärke besitzen,
VI. ihre Gestalt sollte nahezu punktförmig – in manchen Fällen stattdessen eine unendlich ausgedehnte unendlich dünne Ebene – sein.

Die *Ausbeute* einer Neutronenquelle (d. i. die Wahrscheinlichkeit der Entstehung eines Neutrons für ein das Target bzw. das Ausgangsnuklidmaterial treffendes Geschoßteilchen G der Energie E_1) beträgt:

$$s = N_V\, \sigma_{G,n}(E_1)\, \Delta x \qquad (3.2.10)$$

bei einem *dünnen Target* der Stärke Δx. N_V ist die Anzahl der reagierenden Atomkerne in einem Volumenelement im Target, $\sigma_{G,n}$ der Erzeugungsquerschnitt. In einem *dicken* Target werden die G-Teilchen bis auf Energie Null abgebremst. Darin beträgt die Teilausbeute von G-Teilchen, die auf die Energie $E_G < E_1$ abgebremst sind,

$$s = N_V\, \sigma_{G,n}(E_G)\, d\,x(E_G) = N_V\, \sigma_{G,n}(E_G)\, \frac{d\,E_G}{d\,E_G/d\,x} \qquad (3.2.11)$$

und die Gesamtausbeute aller Neutronen:

$$s = \int_0^{E_1} \frac{\sigma_{G,n}(E_G)}{\epsilon(E_G)}\, d\,E_G \qquad (3.2.12)$$

mit dem – auf die Atomanzahldichte im Target bezogenen – Bremsvermögen:

$$\epsilon(E_G) = -\frac{1}{N_V}\frac{d\,E_G}{d\,x}\,. \qquad (3.2.13)$$

Trifft die monoenergetische G-Teilchen-Flußdichte $\varphi_G(E_1)$ auf ein Target, das eine chemische Verbindung aus i = 1, . . . , I Liganden (mit n_i Atomen im Molekül) darstellt, so beträgt die auf den Raumwinkel Ω bezogene Neutronenquellstärke:

$$B_\Omega = \varphi_G(E_1)\int\limits_{\substack{\text{Target-}\\\text{volumen}}} \Sigma_{(G,n),\Omega}\,d\,V = \varphi_G(E_1)\,F\int\limits_0^{E_1}\frac{\sigma_{(G,n),\Omega}(E_G)}{\sum\limits_{i=1}^{I} n_i\,\epsilon_i(E_G)}\,d\,E_G\,. \qquad (3.2.14)$$

Für F ist der Strahlquerschnitt der Geschoß-(G-)Teilchen einzusetzen.

Wir besprechen nun die **natürlichen (oder radioaktiven) Neutronenquellen** und beginnen mit den (α, n)-Quellen. In der Frühzeit der Neutronenmeßtechnik wurden fast ausschließlich ^{226}Ra-Be(α, n)-*Quellen* verwendet. Eine Lösung bzw. Suspension eines Radiumsalzes wurde zusammen mit einer Beryllium-Pulver-Suspension gut gemischt und zur Trockne eingedampft, gepreßt und in einem (u. U. doppelten) Edelmetallgehäuse eingeschlossen (Abbildung 3.2.I) [32-2]. Um eine möglichst hohe Quellstärke zu erzielen, müssen die beiden Pulverarten so gut wie möglich gemischt werden, damit möglichst viele der vom Radium emittierten α-Teilchen im Beryllium ein Neutron auslösen können. Im Gleichgewicht mit seinen kurzlebigen Tochternukliden emittiert Radium vier α-Teilchen pro Zerfallsakt mit hoher mittlerer Energie, wodurch Ra-α–Be-Quellen besonders hohe Quellstärken haben: 1 bis $2 \cdot 10^7\,s^{-1}$ pro Ci Radium. Nachteile der Ra-Be-Quellen sind: Die zeitliche Veränderung der Quellstärke B(t), die mit dem Aufklingen der langlebigen Tochter ^{210}Po um rund 0,5% pro Jahr wächst (mit t in Jahren nach [32-3]):

$$B(t) = B(0)\,[1 + 0{,}18\,(1 - 1{,}018\,e^{-0{,}0314t} + 0{,}018\,e^{-1{,}82t})] \qquad (3.2.15)$$

sowie ihre hohe Gamma-Aktivität, die verhältnismäßig umfangreiche Strahlenschutzmaßnahmen erforderlich macht.

Der Mischprozeß sowie die kurze Reichweite der α-Strahlen bedingen, daß die auf die Massen der Bestandteile bezogene Quellstärke nicht genau reproduzierbar ist. Deshalb sind Ra-α-Be-Quellen für genaue Kalibrierungen weniger geeignet. Neben den (teuren) Ra-Be-Quellen werden bis heute die preiswerten ^{210}Po-Be-*Quellen* oft benutzt. Deren Gamma-Quellstärke ist bezogen auf gleiche Neutronen-Quellstärke um mehrere Zehnerpotenzen geringer, und ihre Abmessungen sind kleiner als bei der Ra-Be-Quelle, weil die α-Quellstärke pro Masseneinheit des Poloniums wegen der geringeren ^{210}Po-Halbwertszeit von rund

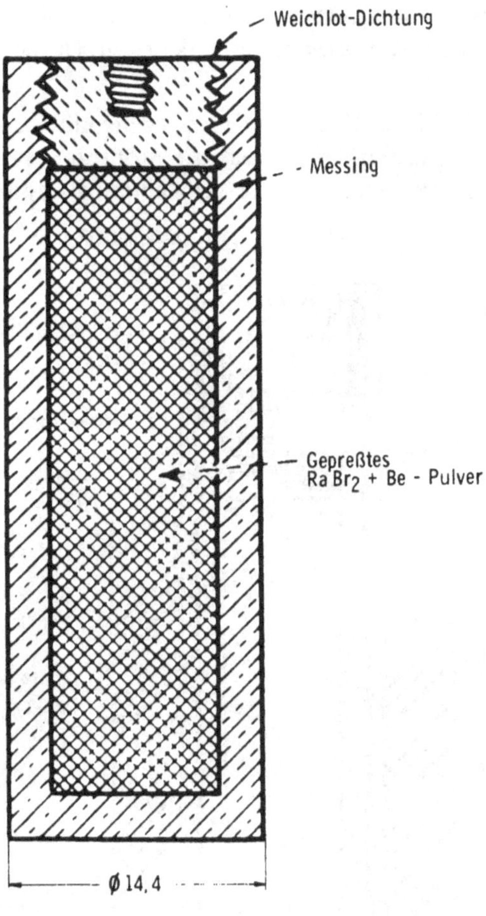

Abb. 3.2.I.
Ra-α-Be-Neutronenquelle nach [34–7].

138 Tagen größer ist. Letztere bedingt den entscheidenden Nachteil dieser Quelle, die für Kalibrierzwecke praktisch nicht verwendet werden kann: außerdem ist die Neutronen-Quellstärke (rund um den Faktor sieben) geringer als die der Radium-α-Be-Quelle. Neuerdings werden zunehmend *Quellen mit Transuranen* benutzt: z. B. mit ^{239}Pu (Halbwertszeit $2{,}44 \cdot 10^4$ a), das in einer Legierung ($PuBe_{13}$) rund $10^6\ s^{-1}$ Neutronenquellstärke bezogen auf 1 Ci ^{239}Pu liefert und fast keine Gammastrahlungen emittiert. ^{241}Am-Be-Mischungen (aus AmO_2 und Be-Pulver) liefern Quellen mit etwa doppelter Stärke bei geringerer Absorption für thermische Neutronen als Pu-Be-Quellen; die Halbwertszeit des ^{241}Am beträgt 433 a, sein thermischer Wirkungsquerschnitt 3,0 b gegenüber 742 b bei ^{239}Pu.

Durch (α, n)-Quellen entstehen überwiegend Neutronen mit Energien zwischen 1 und 10 MeV; zur Neutronenspektrometrie der (α, n)-Quellen, s. [11-2, 21-2, 32-4].

Der Wirkungsquerschnitt für die Neutronenerzeugung mit Gamma-Strahlern ist viel kleiner als mit Alpha-Strahlern, so daß die Ausbeute von (γ, n)-*Quellen* auch mit viel größeren Beryllium-Mengen geringer ist. Man pflegt die Gamma-

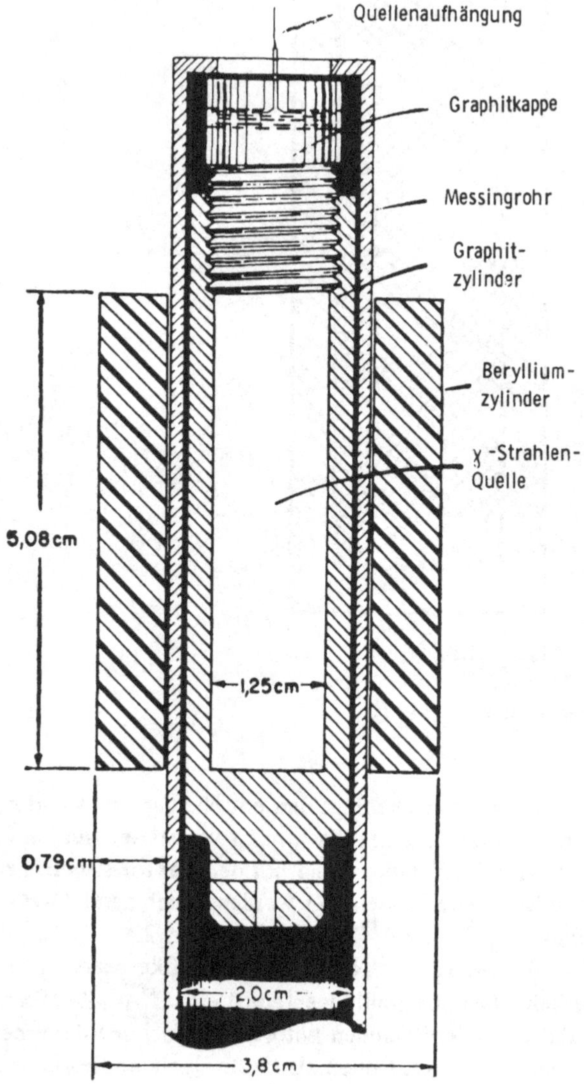

Abb. 3.2.II.
Ra-γ-Be-Neutronenquelle nach [32–5]: Anordnung zur Quellstärkebestimmung.

Quelle in der Mitte eines großen Beryllium-Volumens anzubringen, in dem die Neutronenbremsung aber nicht mehr vernachlässigt werden kann. Neben mehreren kurzlebigen Quellen zur Erzeugung monoenergetischer Neutronen für besondere Zwecke haben vor allem (γ, n)-Quellen mit ^{124}Sb-Be, ^{226}Ra-Be und MsTh (d. i. ^{228}Ra)-D_2O bzw. RdTh (d. i. ^{228}Th)-D_2O Anwendung gefunden. Sb-Be-Quellen sind weit verbreitet zum Anfahren von Kernreaktoren. Sie sind durch Bestrahlung im Reaktor billig herzustellen. Ihre niedrige Neutronen-Quellenenergie (25 keV) verlangt nur einen relativ kleinen Moderator zur Bremsung bis zum thermischen Energiebereich. Ihre kurze Halbwertszeit (60 *d*) verhindert jedoch ihre Anwendbarkeit für Neutronen-Flußstandards. Ra-γ-Be-Quellen wurden z. B. im National Bureau of Standards (USA) und in England eingehend untersucht und erprobt (Abbildung 3.2.II) [32-5]. Ihre Vorteile gegenüber der Ra-α-Be-Quelle sind die erzielbare bessere Quellstärke-Reproduzierbarkeit (bis auf 1%) sowie ihre zeitliche Konstanz; Einschränkungen sind durch ihre hohe Gamma-Aktivität und die geringe Neutronenausbeute (etwa $10^6\,s^{-1}$ Quellstärke pro Ci Ra in einer Beryllium-Kugel mit 4 cm Durchmesser) gegeben. Zu ihrem Neutronenspektrum siehe z. B. [21-2]. In einer RdTh-D_2O-Quelle wurden die Gamma-Strahlen des RdTh-Tochternuklids ThC″ mit ihrer hohen Gamma-Energie (2,61 MeV) ausgenutzt, die bei Reaktion mit ^{2}H Neutronen von rund 200 keV auslösen. Diese Quellen können ähnlich klein ausgeführt werden wie Ra-α-Be-Quellen und wurden zum Vergleich von Quellstärkebestimmungen verwendet [32-6]. Ihre kurze Halbwertszeit (1,91 a) macht sie allerdings ungeeignet zur Verwendung in Flußstandards.

Unter den Nukliden, die *Neutronenquellen mit spontaner Spaltung* liefern können, hat man in der Praxis angewendet:

^{252}Cf (Halbwertszeit 2,65 a; Neutronenquellstärke $2{,}7 \cdot 10^9\,s^{-1}mg^{-1}$) und

^{240}Pu (Halbwertszeit 6600 a; Neutronenquellstärke $1{,}1\,s^{-1}\,mg^{-1}$; daneben Emission von $1{,}9 \cdot 10^7$ Alpha-Teilchen pro Spaltung).

Da jedoch (mit Ausnahme von ^{252}Cf) alle in Frage kommenden Ausgangsnuklide Alpha-Strahler von nicht vernachlässigbarer Stärke sind, zeigen die Neutronenspektren dieser Quellen mehr oder weniger starke Verzerrungen, die von (α, n)-Reaktionen stammen. Eine Plutonium-Quelle von 3 cm Durchmesser – enthaltend eine Pu-Ce-Legierung mit auf 24% (etwa 51 g) angereichertem ^{240}Pu in Goldkapselung – wurde sehr genau kalibriert [32-7]; ihre Neutronenquellstärke liegt bei $6{,}6 \cdot 10^4\,s^{-1}$, deren zeitliche Änderung (Zunahme) bei 0,5% pro Jahr. Die Gamma-Strahlung dieser Quelle ist vernachlässigbar. Nachteilig sind bei ^{240}Pu-Quellen ihre relativ geringe Quellstärke, die dadurch notwendigen großen Abmessungen und (vor allem im natürlichen Plutonium) die infolge des Vorhandenseins von ^{239}Pu bedingte merkliche Quellstärkenveränderung im thermischen Neutronenfluß.

Neben Neutronenquellen, die die spontane Spaltung ausnutzen, hat man auch andere radioaktive Quellen zu dem Zweck hergestellt, das Spektrum der Spaltneutronen möglichst gut anzunähern: die Mock-Fission-Quellen. Dazu hat man eine Mischung aus Polonium, Fluor und Bor mit kleinen Zugaben von Lithium und Beryllium verwendet und die auftretenden (α, n)-Reaktionen ausgenutzt. Einen Vergleich gemessener und berechneter Spektren solcher Quellen mit dem Spaltspektrum findet man in [11-4].

Beschleuniger als Neutronengeneratoren [VIII-44, 11-2, 3, 4, 12, 32-1, 8, 9]. Die geladenen Teilchen treffen auf ein Targetmaterial, in dem Neutronen durch eine Kernreaktion erzeugt werden. Die am häufigsten zur Neutronenerzeugung

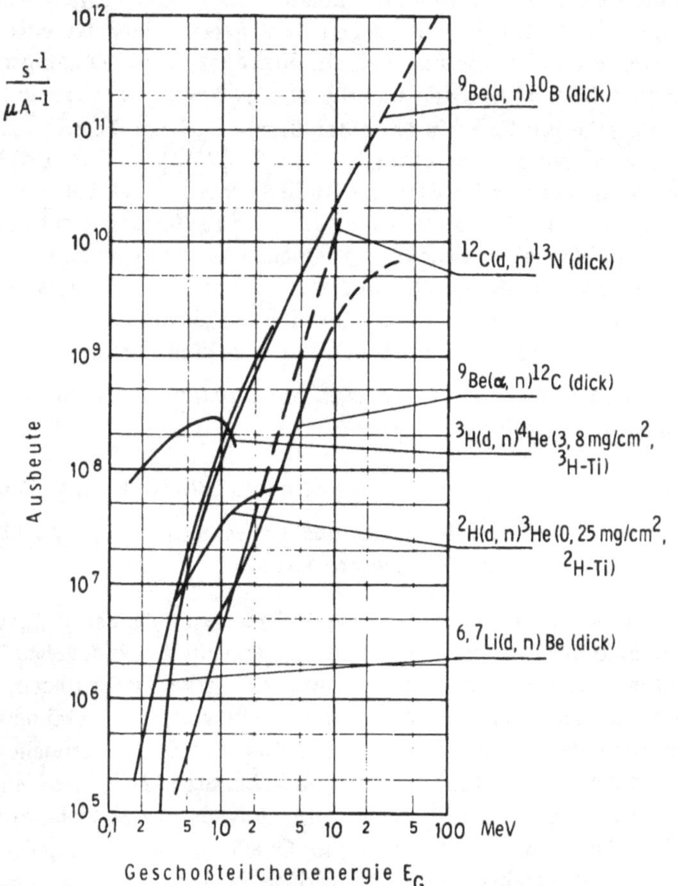

Abb. 3.2.III.
Neutronenausbeute pro Targetstromstärke für (α, n)- und (d, n)-Reaktionen und angegebene Targetdicken, nach einer von Fa. High Voltage Engineering (Europa) NV freundlicherweise überlassenen Darstellung [32–14].

verwendeten Kernreaktionen wurden oben zusammengestellt. Bei exothermen Reaktionen genügen schon Teilchenströme niedriger Energie. Beschleuniger mit Targets haben nicht allein wegen ihrer um Größenordnungen höheren Quellstärke (Abbildung 3.2.III) die radioaktiven Neutronenquellen bei kernphysikalischen und reaktorphysikalischen Untersuchungen völlig verdrängt: Sie gestatten nämlich, monoenergetische Neutronen von nahezu jeder gewünschten Energie mit guter Auflösung zu erzeugen; außerdem kann man die Quelle durch Unterbrechung des Strahlstroms pulsen, wodurch Flugzeitmessungen ermöglicht werden. Je nachdem, welcher dieser Gesichtspunkte im Vordergrund steht, verwendet man unterschiedliche Beschleunigeranlagen:

A. Eine hohe Neutronenausbeute erhält man durch die (d, n)-Reaktion bereits bei niedrigen Deuteronen-Energien (unter 1 MeV) mit ^{2}H, ^{3}H, ^{7}Li oder ^{9}Be als Targetmaterial (Abbildung 3.2.III). Mit Cockroft-Walton-(Kaskaden-)Beschleunigern für niedrige Teilchenenergien (einige hundert keV), die in gängigen kommerziellen Ausführungen Stromstärken bis rund 10 mA liefern können, ergeben diese Reaktionen starke kontinuierliche oder gepulste Neutronenquellen; in Sonderausführungen konnte man 0,5 A starke Deuteronenströme auf 140 keV beschleunigen und auf ^{3}H-haltige Ti-Targets schießen [32-10, 13].

B. Monoenergetische Neutronen lassen sich durch (p, n)- oder (d, n)-Reaktionen mit dem van de Graaff-Generator [32-11] erzeugen. Dazu werden gelegentlich auch Zyklotrons verwendet.

C. Die stärksten gepulsten Neutronenquellen erhält man durch Ausnutzung der bei Elektronen-Linearbeschleunigern entstehenden Bremsstrahlung zur Neutronenerzeugung über (γ, n)-Reaktionen. Auf diese Quellen werden wir nicht weiter eingehen. Sie werden hauptsächlich zur Flugzeitspektrometrie verwendet. Dazu werden manchmal auch Neutronen von (p, n)- und (d, n)-Reaktionen von Zyklotrons oder Synchrozyklotrons eingesetzt.

Zum Zweck der Neutronenfluß-Standardisierung verwendet man aus Wirtschaftlichkeitsgründen praktisch nur die oben unter A aufgeführten Beschleunigertypen. Die Neutronenenergieauflösung kann abhängen von: der Energieintervallbreite ΔE_1 der das Target treffenden Geschoßteilchen in Gleichung (3.2.10); der Verminderung der Energie E_G der Geschoßteilchen beim Durchsetzen eines dicken Targets gemäß Gleichung (3.2.13); der geometrischen Anordnung im Zusammenhang mit der Reaktionskinematik entsprechend Gleichung (3.2.5); der Neutronenbremsung – d.h. der elastischen und inelastischen Streuung im Target; und von der Entstehung unerwünschter Neutronen durch Reaktionen mit dem Material der Umgebung. Die rechnerische Behandlung, Tabellen und Nomogramme zur Ausbeutebestimmung und Reaktionskinematik, wie sie sich in der Beziehung (3.2.5) zwischen den Größen E_G, E und ϑ ausdrückt, ferner nukleare Daren (Wirkungsquerschnitte, Bremsvermögen der Geschoßteilchen im Targetmaterial usw.) findet man dargestellt in [11-2, 4, 12].

Als Beispiel für Neutronenquellen-Kalibrierung im Anschluß an eine kalibrierte 14,1 MeV-Neutronenquelle von der ^{3}H (*d*, n)-Reaktion sei genannt: [32-7]; als Beispiele für die Erzeugung monoenergetischer Neutronen variabler Energien mit einem van-de-Graaff-Generator zur Bestimmung von energieabhängigen Wirkungsquerschnitten und Ansprechfunktionen von Schwellendetektoren: [11-10, 17]. In der zuletzt genannten Arbeit werden Neutronen von 1 bis 5,5 MeV durch die Reaktion ^{3}H (p, n), von 5,5 bis 10 MeV durch ^{2}H (*d*, n) und darüber durch ^{3}H (*d*, n) erzeugt. Zur Untersuchung der Messung der schnellen Flußdichte nach der Methode des assoziierten Teilchens (s. Abschnitt 3.3) wurde eine Neutronenquelle mit der Reaktion ^{2}H (*d*, n) hergestellt [32-12]. Dazu wurde ein mit 100-keV-Deuteronen beschossenes ^{2}H-Selbsttarget in einer 0,5 mm dicken Aluminiumfolie erzeugt, das in der Mitte einer Targetkammer von 33 cm Durchmesser drehbar zur Deuteronen-Einfallsrich-

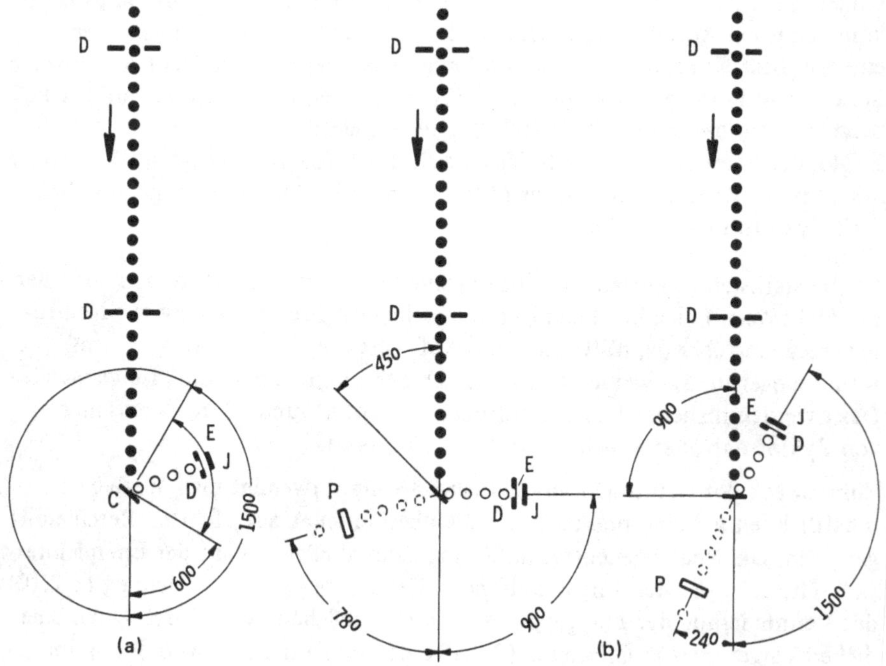

Abb. 3.2.IV.
Winkelverteilungsmessungen bei der ^{2}H (d, n)^{3}He- und ^{2}H (d, p)^{3}H-Reaktion [32–12].

C Target — J Halbleiterdetektor — P wasserstoffhaltiger Szintillator
D Blenden — E aluminisiertes Fenster aus VYNS

(a) Targetkammer für Messungen geladener Teilchen (^{3}He, ^{3}H, ^{1}H) ○○○
(b) Zwei Anordnungen für Messungen von Neutronen ○○○ und von geladenen Teilchen ○○○
●●●● einfallende Deuteronen.

tung angebracht war (Abbildung 3.2.IV). Der Oberflächengrenzschicht-Detektor für die geladenen Teilchen kann in 10 cm Abstand um das Target rotieren. Die Messungen der Winkelverteilung der Neutronen wurden durch einen wasserstoffhaltigen Szintillator monitiert, der in 17 cm Targetabstand angebracht war. Die Zentrierung des Deuteronenstrahls wurde durch Zählung in zwei zum Strahl symmetrischen Positionen überwacht.

Neutronengeneratoren mit Ionenbeschleunigern und Targets dienen nur nebenbei der Quellstärkenkalibrierung. In der Hauptsache werden sie zur Untersuchung von Kernreaktionen und deren Wirkungsquerschnitten für Neutronen bis hinauf zum Bereich hoher Energien verwendet. Daneben dienen sie in der Reaktorphysik zur Bestimmung von Neutronen-Transportparametern, zur Untersuchung von Neutronenspektren und zur Durchführung reaktorkinetischer Messungen.

Wir besprechen nun **Neutronengeneratoren mit den wichtigsten (d, n)- und (p, n)-Reaktionen.** Unter den *erstgenannten Reaktionen* sind die meisten stark exotherm. Bei einigen können bereits Deuteronenstrahlen von 50 keV aufwärts zur Neutronenerzeugung benutzt werden. Obwohl eine große Zahl von (d, n)-Reaktionen bekannt ist, stellten sich nur wenige als brauchbar für die Erzeugung monoenergetischer Neutronen heraus: tatsächlich sind sogar nur zwei dazu gut geeignet, nämlich die Reaktionen ^{3}H(d, n)^{4}He und ^{2}H(d, n)^{3}He. Andere (d, n)-Reaktionen – wie die ergiebige Reaktion ^{9}Be(d, n)^{10}B und ^{7}Li(d, n)^{8}Be mit ihren hohen Reaktionsenergien Q ergeben keine einfachen Neutronenspektren mit einzelnen Linien. Die ^{3}H(d, n)-*Reaktion* ragt wegen ihres hohen Q-Wertes heraus. Sie liefert im Bereich der Deuteronenenergien von rund 50 bis 700 keV Neutronen mit der höchsten Ausbeute und der höchsten Energie. Zur Erzeugung monoenergetischer Neutronen zwischen 2 und 13 MeV ist die *Reaktion* ^{2}H(d, n)^{3}He am vorteilhaftesten. Auch diese ebenfalls häufig verwendete Reaktion bietet hohe Neutronenausbeuten bei Deuteronenenergien unter 1 MeV. Entsprechend Gleichung (3.2.5) liefert die Reaktion ^{2}H(d, n) monoenergetische Neutronen in jeder Richtung für ein dünnes Target und zeigt eine starke Abhängigkeit der Neutronenenergie vom Emissionswinkel ϑ, die es gestattet, monoenergetische Neutronen in einem weiten Energieintervall selbst bei unveränderter Deuteronenenergie zu erhalten. Bei der Beschießung von Deuterium mit Deuteronen tritt neben der neutronenerzeugenden Reaktion mit ungefähr gleich großem Wirkungsquerschnitt die konkurrierende Reaktion ^{2}H(d, p)^{3}H auf. Da das Verhältnis der beiden Wirkungsquerschnitte gut bekannt ist, kann man die leicht nachzuweisenden Protonen von der Konkurrenzreaktion zur Monitierung der Neutronenausbeute benutzen. Erst für höhere Deuteronenenergien verwendet man auch die ^{3}He-Rückstoßteilchen zum Neutronennachweis (s. Methode des assoziierten Teilchens).

Als (dünne) Targets (für monoenergetische Neutronen) verwendet man z. B. Gasvolumina oder noch häufiger mit ^{3}H bzw. ^{2}H beladene Ti- oder Zr-Scheiben. ^{2}H-Targets werden auch häufig in Form einer Schicht Schweren Eises durch Einfrieren von Schwerwasser auf einer tiefgekühlten Metallunterlage hergestellt; diese muß während der Beschießung mit flüssiger Luft gekühlt werden. Ein gasförmiges Target mit reinem ^{2}H ist zwar vorteilhafter. Denn in erster Näherung verhält sich das Bremsvermögen $\epsilon \sim Z$ (d. h. proportional der Kernladungszahl), so daß ϵ (Sauerstoff) $\sim 8\,\epsilon$ (Deuterium). Bei Einsetzen in Gleichung (3.2.14) ergibt sich somit für ein dickes gasförmiges D_2-Target eine rund fünfmal höhere Quellstärke als für ein dickes Schwereistarget. Die Verwendung eines gasförmigen Targets verlangt jedoch die Einführung einer Folie, die das Target von der Vakuumkammer des Beschleunigers trennt (Abb. 3.3.IV). Die Deuteronenbremsung beim Durchgang durch eine Folie von erforderlicher Mindestdicke führt zu einer solchen Herabsetzung der Geschoßenergie E_G, daß bei einem Deuteronenstrahl niedriger Energie die Ausbeutevorteile des Gastargets überkompensiert werden. Deshalb benutzt man im Deuteronen-Energiebereich $200 \leqslant E_G < 500$ keV häufig Schwereistargets. Bei ^{3}H als Targetnuklid ergeben sich mit Gastargets weitere Probleme, die mit der Notwendigkeit einer sparsamen Verwendung dieses teuren Gases und mit der Gefahr der Inkorporierung des radioaktiven ^{3}H verbunden sind. Targets, die Wasserstoffgas (^{3}H oder ^{2}H) adsorbiert enthalten, werden hergestellt, indem eine dünne Ti- oder Zr-Schicht (auf einer anderen für Wasserstoff undurchlässigen metallischen Unterlage mit hohem Schmelzpunkt) nach sorgfältigem Entgasen durch langsames Abkühlen von hohen Temperaturen in einer ^{3}H- bzw. ^{2}H-Atmosphäre beladen werden. Dabei können bis zu 1,5 ^{3}H- bzw. ^{2}H-Atome pro Ti- oder Zr-Atom adsorbiert werden. Die Targets zeigen gute Ergiebigkeit und können bei entsprechender Kühlung hohe Ionenströme aushalten. Werden keine Neutronen einheitlicher Energie verlangt, dann läßt sich die Ausbeute noch erhöhen durch die Verwendung dicker Targets, deren Dicke größer ist als die Reichweite der Geschoßteilchen. Für die ^{3}H$(d$, n)-Reaktion hat man dicke ^{3}H-beladene Titan- oder Zirkonium-Targets eingesetzt, für ^{2}H$(d$, n)-Reaktion dicke Schwereis- oder Deuterium-Titan- oder -Zirkonium-Targets. Oft benutzt man für die ^{2}H-Reaktion auch Selbsttargets, das sind Metallfolien, in denen die Deuteronen-Beladung durch den Ionenstrom vom Beschleuniger erfolgt.

Abbildung 3.2.III zeigt die Ausbeute verschiedener $(d$, n)-Reaktionen mit dicken Targets in Abhängigkeit von der Deuteronenenergie. Man erkennt die hohe Ergiebigkeit der ^{3}H$(d$, n)- und der ^{2}H$(d$, n)-Reaktion schon bei niedrigen Deuteronenenergien. Ein gut gekühltes ^{3}H-Target hält bis zu mehreren hundert W/cm^2 Leistungsdichte aus. Im kontinuierlichen Betrieb fällt die Neutronenquellstärke schon nach Beaufschlagung des Targets mit rund 1 mAh Ladungsmenge an Deuteronen (von einigen hundert keV) merklich ab, im

Pulsbetrieb kann man (bei Deuteronen-Stromstärken um 1 mA) mit 50 bis 100 Stunden Targetlebensdauer rechnen.

Mit höheren Deuteronenenergien benutzt man häufig die *Reaktion* ^{9}Be$(d, n)^{10}$B. Diese Reaktion ist gebräuchlich zur Neutronenerzeugung mit Zyklotrons. Sie liefert ein breites Neutronenspektrum, da der ^{10}B-Kern in angeregtem Zustand zurückbleiben kann. Als Target wird reines Beryllium-Metall in Form von Platten oder Pulverschichten verwendet, die auf einer anderen Metallschicht (z. B. Kupfer) aufgepreßt sind. Das Target wird mit einer Kupfer-Unterlage fest verbunden, die während der Beschießung mit fließendem Wasser gekühlt wird. Zur Kühlung sei angemerkt, daß die Deuteronenstrahl-Leistung eines kleineren Zyklotrons größenordnungsmäßig 1 kW beträgt, die fast vollständig in einer Oberflächenschicht von rund 0,5 mm Stärke im Target abgegeben wird. Ein leicht schmelzbares Targetmaterial – wie z. B. Lithium, das mit der *Reaktion* ^{7}Li$(d, n)^{8}$Be als reines Element eine höhere Neutronenausbeute als Beryllium ergeben würde – ist deshalb für Zyklotrons ungeeignet. Das schwer schmelzbare und wenig zerstäubbare Metall Beryllium ist dagegen im Deuteronen-Beschuß gut beständig. Infolge der Schwierigkeit, beständige Targets zu erhalten, findet die ^{7}Li(d, n)-Reaktion nur selten Anwendung. Sie liefert schon bei niedrigen Deuteronenenergien hohe Ausbeuten, jedoch ebenfalls keine monoenergetischen Neutronen.

Wir betrachten nun die wichtigsten (p, n)-*Reaktionen*. Bei ihnen sind Ausgangs- und Endnuklid Isobaren. Da stabile Isobaren kaum vorkommen und meist ein stabiles Ausgangsnuklid genommen wird, ist das Endnuklid in der Regel radioaktiv und geht meist unter β^{+}-Emission oder K-Einfang wieder in das Ausgangsnuklid über. Dieser spontane Übergang muß exotherm sein, seine Umkehrung – die betrachtete (p, n)-Reaktion – demnach endotherm. Endotherme Reaktionen liefern geringere Ausbeuten als exotherme. Trotzdem werden (p, n)-Reaktionen auch häufig zur Neutronenerzeugung benutzt. Denn mit ihnen kann man monoenergetische Neutronen erhalten, deren Energien sich bequem über weite Intervalle und besonders auch nach kleinen Werten hin variieren lassen. Dazu wird vorwiegend ein van-de-Graaff-Beschleuniger verwendet. Die Technik der Monochromatisierung des Protonenbündels, der Messung, Stabilisierung und Regelung der Beschleunigungsspannung wird heute gut beherrscht: mit einem gut stabilisierten van-de-Graaff-Beschleuniger können Ionenströme erzeugt werden mit Energieschwankungen unter 1 keV (und mit Spezialenergiefiltern unter 250 eV). Außerdem kann man die Protonen-Energie und folglich auch die Neutronen-Energie stetig variieren. Neben einem Beschleuniger mit guten Eigenschaften sind besonders dünne Targets nötig, um eine genügend gute Energiehomogenität für die Neutronen auch bei niedrigeren Energien zu erhalten.

Die für die Erzeugung monoenergetischer Neutronen am häufigsten benutzte (p, n)-Reaktion ist ^{7}Li$(p, n)^{7}$Be. Bei ihrer oben angegebenen Schwellenenergie

E_T werden 30-keV-Neutronen in Vorwärtsrichtung emittiert. Bei Protonenenergien unmittelbar oberhalb E_T erhält man nach der Beziehung (3.2.5) zu kleineren Emissionswinkeln ϑ Neutronen mit zwei verschiedenen Energien E, in Richtungen mit größerem Winkel ϑ dagegen keine Neutronen. Erst von einer höheren Schwellenenergie (1,922 MeV) an werden monoenergetische Neutronen emittiert (bei E_G = 1,922 MeV mit E = 121 keV in Vorwärtsrichtung), oberhalb dieser Energie auch in alle Richtungen. Die Neutronenenergie wächst mit weiter zunehmender Geschoßteilchenenergie E_G bzw. mit abnehmendem Emissionswinkel ϑ. Wegen des Auftretens von Störreaktionen kann man mit dieser Reaktion in Vorwärtsrichtung monoenergetische Neutronen nur bis zu 650 keV hinauf erzeugen. In anderen Richtungen ϑ erhält man monoenergetische Neutronen niedrigerer Energie entsprechend Gleichung (3.2.5). Mit wachsendem Winkel ϑ fällt die Neutronenausbeute stark ab. Für Neutronenenergien unter 100 keV braucht man starke Protonenströme auf besonders dünnen Targets, und die ausgewählte Neutronenrichtung muß um rund 90° oder mehr von der Protonen-Einfallsrichtung abweichen. Die dazu notwendigen hohen Protonenströme machen die Anwendung eines rotierenden Targets empfehlenswert, um die Verdampfung des Lithiums durch die vom Strahl bewirkte Aufheizung herabzusetzen. Genügend dünne Targets erhält man durch sorgfältiges Aufdampfen von Lithium auf Tantal- oder Platin-Träger. Ihrer Kühlung unter Beschuß muß man besondere Aufmerksamkeit widmen. Ein gutes Vakuum (von rund 10^{-6} Torr) in der Targetkammer des van-de-Graaff-Beschleunigers ist eine Vorbedingung für die Verwendung solcher Targets. Pumpenölkondensate sind hier – ebenso wie bei den oben besprochenen ^{3}H-Zr-Targets – besonders störend.

Eine ebenfalls viel benutzte Reaktion ist ^{3}H(p, n)^{3}He. Ihre Schwellenenergie beträgt E_T = 1,027 MeV; dabei werden in Vorwärtsrichtung 64,4-keV-Neutronen emittiert. Die Schwellenenergie für die Emission monoenergetischer Neutronen – vgl. oben zu ^{7}Li(p, n)^{7}Be – beträgt 1,156 MeV; bei dieser Protonenenergie haben die in Vorwärtsrichtung emittierten Neutronen 290 keV Energie. Da ^{3}He keine angeregten Zustände besitzt, ermöglicht die Reaktion ^{3}H(p, n)^{3}He die Erzeugung monoenergetischer Neutronen bis zu rund 4 MeV Energie hinauf, von wo störende Sekundärreaktionen einsetzen. Die ^{3}H(p, n)-Reaktion liefert monoenergetische Neutronen erst von höheren Energien ab als die ^{7}Li(p, n)-Reaktion, sie bietet aber gegenüber dieser Reaktion auch Vorteile: erstens eine wesentlich niedrigere Schwellenenergie E_T, zweitens einen großen Wirkungsquerschnitt und drittens die Erzeugung monoenergetischer Neutronen in einem nach oben hin bedeutend breiteren Energieintervall. Für diese Reaktion sind dieselben Target-Herstellungsverfahren anwendbar, die oben bei der Beschreibung der Reaktion ^{3}H(*d*, n) erwähnt wurden. Man benutzt oft Gastargets, die mit einem extrem dünnen Fenster gegen den Beschleuniger abgedeckt sind (Abbildung 3.3.IV). Als Fenstermaterialien finden Aluminium-, Nickel- oder

Molybdän-Folien von 1 bis 10 mg/cm² Stärke Anwendung; sie halten Wasserstoff-Drucke bis zu 1 atü hinauf und Ströme bis zu mehreren μA hinauf aus. Der Energieverlust der Geschoßteilchen in einem solchen Fenster ist zwar beträchtlich (etwa 100 keV), die dadurch bewirkte Energieinhomogenität jedoch klein.

Abschließend wollen wir die **Ausnutzbarkeit der verschiedenen Neutronenquellen** betrachten. Die Kernreaktoren als Neutronenquellen schließen wir hier aus. In wenigen großen Eichlaboratorien werden Quellen mit (γ, n)-Reaktionen benutzt, im großen ganzen haben aber unter den radioaktiven Quellen die (α, n)-Quellen die viel größere Verbreitung gefunden: Zum einen wegen ihrer höheren Neutronenquellstärke (pro Quellstärke des Ausgangsnuklids) und zum anderen wegen ihrer relativ kleineren Gamma-Quellstärke. Spalt-Neutronenquellen finden stärkere Beachtung, seit man die bessere Eignung ihres Spektrums für reaktorphysikalische Untersuchungen richtig würdigt und etwas stärkere Quellen herstellen kann. Abgesehen von ihren genannten Nachteilen lassen sich (γ, n)-Quellen besonders genau kalibrieren, da die Resonanzentkommwahrscheinlichkeit ihrer Neutronen in einem guten Flußstandard praktisch Eins beträgt.

Neutronengeneratoren (als Teilchenbeschleuniger mit Targets für Neutronenreaktionen) liefern gegenüber den radioaktiven Quellen größere Quellstärken sowie die Möglichkeiten zur Erzeugung monoenergetischer Neutronen und zur Spektrometrierung nach der Flugzeitmethode.

Die notwendigen Vorkehrungen zum Strahlenschutz des Personals beim Betrieb von Neutronenquellen sind natürlich geringer als bei Reaktoren, dürfen aber nicht unterschätzt werden. Die von radioaktiven Quellen erzeugten Neutronen-Äquivalentdosisleistungen liegen höchstens bei etwa 0,1 rem/h in 1 m Quellabstand, verlangen also relativ wenig Abschirmung. Ra-α-Be-Quellen von dieser Neutronenquellstärke rufen aber im gleichen Abstand zusätzlich rund 5 rd/h Gammadosisleistung hervor. Ein Kaskadenbeschleuniger mit einem 300-keV-Deuteronenstrahl von 1 mA Stromstärke erzeugt rund 10^{11} s^{-1} Neutronenquellstärke, seine Äquivalentdosisleistung beträgt in 1 m Targetabstand rund 100 rem/h. Für die vom Ionenstrom ausgelöste Bremsstrahlung wurde bei einer solchen Anlage in 1 m Abstand schräg zur Targetachse 0,2 R/h gemessen. Auf den ersten Blick mögen Beschleuniger nicht ganz so anspruchsvoll in Bezug auf den Strahlenschutz erscheinen, als ihre Zahlen im Vergleich mit denen der radioaktiven Quellen erscheinen lassen, da Beschleuniger abschaltbar sind. Jedoch ist eine Beschleunigereinrichtung an sich so aufwendig, daß sich ihre Beschaffung nur für hohe zeitliche Auslastung lohnt. Aus diesem Grunde wird man schon einen kleinen Beschleuniger innerhalb einer starken Beton-Abschirmung in einer möglichst isolierten großen Halle aufbauen.

Wenn man die radioaktiven und die Beschleunigertargetquellen unter dem wirtschaftlichen Gesichtspunkt betrachtet, dann ergibt sich: die Beschaffungskosten für langlebige (α, n)-Quellen liegen etwa zwischen 10 000,– und 100 000,– DM für $10^7\,s^{-1}$ Quellstärke, für einen Beschleuniger dagegen eine Zehnerpotenz höher oder mehr. Dazu kommen beim Beschleuniger die beträchtlichen Kosten für ausgebildetes Betriebspersonal und die notwendige Wartung. Daneben fallen die Betriebskosten kaum ins Gewicht; ein einfaches ^{3}H-beladenes (Ti-)Target (mit 5 Ci ^{3}H-Aktivität) kostet einige hundert, ein rotierendes (mit 50 Ci) etwa 2000 DM. Als Aufstellungsort scheint aus Strahlenschutzgründen für einen Kaskadengenerator eine freistehende Halle, für einen van-de-Graaff-Generator ein Erdbunker besonders günstig zu sein. Da sich die wichtigsten Kalibrierungen schon mit den niedrigen Quellstärken der radioaktiven Quellen durchführen lassen, kann man sich für reine Kalibrieraufgaben auf radioaktive Quellen beschränken. Beschleuniger wird man als Neutronenquellen nur dort einsetzen, wo sie zu kern- oder reaktorphysikalischen Untersuchungen ohnehin verwendet werden.

3.3. Neutronenflußstandards

Kalibrierung von Flußdichten (und Quellstärken) – Standards: für thermische Neutronen – für schnelle Neutronen – für intermediäre Neutronen – Standardvergleiche und Sekundärstandards

Kalibrierung von Flußdichten (und Quellstärken). In der Neutronenmeßtechnik unterscheidet man Absolutbestimmungen von Quellstärken und Absolutbestimmungen von Flußdichten (in ausgedehnten Medien oder in freien Neutronenstrahlen). Beide hängen eng zusammen, besonders bei der Kalibrierung der Meßverfahren mit Flußstandards; Flußstandards werden zur Quellstärkenkalibrierung benutzt, kalibrierte Quellen umgekehrt zum Vergleich von Primärstandards und zum Anschluß von Sekundärstandards.
Absolute Flußdichtemessungen sind auch Voraussetzung bei Wirkungsquerschnittsbestimmungen über die Kenntnis von Reaktionsraten gemäß Gleichung (1.3.3) ff. und finden in der Reaktorphysik Anwendung – z. B. bei Untersuchungen in Kritischen Anordnungen zum Zweck der Optimalisierung der Flußdichte pro Reaktorleistung in bestimmten Positionen bei der Reaktorentwicklung.

Flußstandards als Einrichtungen zur Kalibrierung von Meßverfahren setzen reine und – zeitlich wie örtlich – ungestörte und einfach aufgebaute Meßmedien voraus. Die Neutronenfelder in Flußstandards sollen mit einfachen theoretischen Ansätzen beherrschbar, die nuklearen Daten der Standardmaterialien erschöpfend bekannt sein. Im Hinblick auf gut reproduzierbare Anbringung von Quellen und Detektoren sind Standards ausreichend präzise zu bearbeiten. Historisch gesehen als erste hat man Thermische Standards gebaut. Sie bestehen im Prinzip aus einer (punktförmigen) *Neutronenquelle*, einem *Idealen Moderator* und den *Detektorhalterungen*, die möglichst wenig stören sollen. Die Messung thermischer Flußdichten ist auch heute noch die wichtigste neutronenmeßtechnische Aufgabe an Reaktoren, da die Spaltreaktionen in den meisten Reaktoren (größtenteils) durch thermische Neutronen ausgelöst werden. Im letzten Jahrzehnt haben sich in der Absolutmeßtechnik thermischer Neutronen (abgesehen von ein paar Verfeinerungen) keine Neuerungen mehr ergeben. Dagegen ist die erst in jüngerer Zeit entscheidend geförderte Entwicklung von Flußstandards für den schnellen und den intermediären Energiebereich noch im Fortschreiten begriffen. Die Notwendigkeit zur Errichtung Schneller Standards hat sich bei der Entwicklung Schneller Reaktoren sowie bei Neutronen-Bestrahlungsexperimenten ergeben. Ihr Grundgedanke ist ein *Idealer Konvertor* (als Quelle), in dem ein möglichst reiner thermischer Fluß den zur Kalibrierung zu benutzenden Spaltneutronenfluß auslöst und der von einem möglichst streufreien Hohlraum (mit den möglichst wenig störenden Detektorhalterungen) umschlossen ist. Die Quellstärke wird berechnet, wozu der auslösende thermische Fluß monitiert wird. Diese Monitierung ist an den thermischen Flußstandard angeschlossen. Schließlich haben wir noch die Entwicklung intermediärer Flußstandards zu erwähnen. Ihre Einrichtung wird mit der Forderung begründet, die intermediären Neutronenspektren, die bei Untersuchungen zur Entwicklung Schneller Brüter auftreten, mit den einfacheren energieintegralen Methoden genügend genau bestimmen zu können. Die Kalibrierung eines solchen Standards, der zweckentsprechend eine Spaltneutronenquelle wie der schnelle Standard und – im Gegensatz zum thermischen Standard – nur unvollständig bremsende Medien enthält, schließt man sinngemäß durch Messung des ungebremsten Spaltneutronenflusses an den schnellen Standard und dadurch auch an den thermischen Standard an.

Standards für thermische Neutronen [XVIII, 11-2, 13-2, 31-1]. Standards zur Flußdichtekalibrierung richtet man zweckmäßigerweise so ein, daß die darin entstehenden Neutronenspektren der rechnerischen Nachprüfung zuliebe möglichst gut Idealisierten Spektraldarstellungen folgen. Für den langsamen Energiebereich stattet man den Standard dazu mit gut moderierenden Substanzen aus, worin die Neutronen dem thermischen (Maxwell-)Spektrum sowie dem epithermischen 1/E-Spektrum folgen. Die Reaktionsraten lassen sich dann den Gleichungen (1.3.14 bis 17) entsprechend einfach darstellen. Die Bedingungen, unter denen überhaupt ein thermisches Spektrum entstehen kann, sind in den Gleichungen (4.3.4) angegeben. Auszugehen hat man davon, daß Neutronen als schnelle Neutronen entstehen und langsam bzw. thermisch werden unter Energieabgabe durch Stöße auf Atomkerne ihrer Umgebung. Man erhält thermische

Neutronen mit den geringsten Verlusten – infolge Entweichen oder Absorption der Neutronen im intermediären Energiebereich –, indem man die Neutronenquelle im Flußstandard mit einem genügend großen Volumen aus einer guten Moderatorsubstanz (Tabelle 1.2.A, B) umgibt.

Zur *räumlichen und spektralen Verteilung gebremster Neutronen* s. Abschnitt 1.2 und die dort genannte Literatur: Vereinfachend wird die Bremsung durch die Fermische Alterstheorie beschrieben. Deren Lösung lautet in Abhängigkeit vom Abstand r und vom Alter $\tau(E)$ – s. Gleichung (1.2.40)f. – einer Punktquelle von Neutronen der Energie E_0 und der Quellstärke B für die Bremsdichte q(E, r):

$$q(E, r) = B\, e^{-r^2/4\tau}/(4\pi\tau)^{\frac{3}{2}} . \tag{3.3.1}$$

Die Alterstheorie setzt ersten die Gültigkeit der Diffusionsnäherung voraus und zweitens die Ersetzung der in Wahrheit diskontinuierlichen zeitlichen Funktion des Neutronen-Energieverlusts bei der Bremsung durch ihren Mittelwert. Diese Ersetzung ist um so besser erfüllt, je größer die Massenzahl A_r der Stoßpartner der Neutronen ist. Neben den thermischen Neutronen ist im Moderator immer ein mehr oder weniger großer Anteil an nicht voll gebremsten – epithermischen – Neutronen vorhanden. Die Bremslänge $[\overline{r_E^2}]^{1/2}$ als der statistische Mittelwert der Weglänge, innerhalb derer die Neutronen von ihrer Entstehungsenergie E_0 auf E gebremst werden, ist vom Moderator abhängig, s. Gleichung (1.2.45). Das Verhalten thermischer Neutronen in einem guten Moderator läßt sich durch die Diffusionsnäherung beschreiben. Mit einheitlicher Energie E_{th} formuliert gilt dann für die thermische Flußdichte φ_{th} im stationären Zustand entsprechend Gleichung (1.2.13)f:

$$\frac{1}{3[\Sigma_s(E_{th})(1-\overline{\zeta}_0) + \Sigma_a(E_{th})]}\, \Delta\varphi(\vec{r}) - \Sigma_a(E_{th})\,\varphi(\vec{r}) + q(E_{th}, \vec{r}) = 0 . \tag{3.3.2}$$

Darin sind Σ_a der (makroskopische) Absorptionsquerschnitt, Σ_s der Streuquerschnitt und q die Bremsdichte. Gleichung (3.3.2) gilt, wenn:

a. Grenzflächen und nicht räumlich verteilte Quellen weit entfernt sind,
b. räumlich verteilte Quellen isotrop strahlen, und wenn
c. $\Sigma_a \ll \Sigma_s$ erfüllt ist.

Der mittlere Cosinus $\overline{\zeta}_0$ des Streuwinkels ϑ_0 wird aus der elementaren Stoßtheorie übernommen:

$$\overline{\zeta}_0 = \overline{\cos\vartheta_0} \approx 2/3A_r . \tag{3.3.3}$$

A_r stellt die durch die Neutronenmasse dividierte Masse eines Atomkerns des Nuklids dar, mit dem die Neutronen reagieren.

Auch thermisch gewordene Neutronen haben je nach Moderator verschiedene Schicksale. Die Transportweglänge:

$$\lambda_{tr} = 1/[\Sigma_s(1 - \bar{\xi}_0) + \Sigma_a] \approx 1/\Sigma_s(1 - \bar{\xi}_0) \approx 1/\Sigma_s(1 - 2/3A_r) \qquad (3.3.4)$$

gibt den mittleren freien Abstand zwischen zwei Stoßprozessen, die Diffusionslänge:

$$L = \sqrt{\lambda_{tr}/3\,\Sigma_a} \qquad (3.3.5)$$

den mittleren freien Abstand bis zur Absorption eines thermischen Neutrons (s. Tabelle 1.2.B).

Diese elementare Theorie bildet die Grundlage der Standardisierung thermischer Flußdichten, weil erstens nur die idealen Bedingungen der elementaren Theorie die von der Absolutmessung verlangte Genauigkeit und Reproduzierbarkeit bieten, und weil zweitens mittels der elementaren Theorie die Meßergebnisse rechnerisch ohne zu großen Aufwand prüfbar sind. Zusammengefaßt lauten die theoretischen *Voraussetzungen für* die thermische Flußdichten-*Standardisierung:*

I. Aufbau eines Flußstandards mit – einer oder mehreren – konstanten Neutronenquellen, mit chemisch inertem Moderator und mit reproduzierbar einstellbaren Meßvorrichtungen.

II. Messung mittels in den Moderator eingebrachter Detektoren mit geeigneten Reaktionsquerschnitten.

III. Der Moderator soll möglichst gut die zu den „Neutronenenergieverteilungen und -flußdichten im Reaktor" in Abschnitt 4.1 formulierten Bedingungen für einen Idealen Moderator erfüllen, auf die wir anschließend eingehen. Zur Verwirklichung der dortigen Bedingungen 1) bis 4) (insbesondere: unendliche Ausdehnung; Homogenität und Isotropie; vernachlässigbare Neutronenabsorption) genügen folgende Forderungen:

a) Die Leardimensionen des Flußstandards sollen groß sein gegen: Die Abmessungen der Quelle, $\sqrt{\tau}$ (d.h. die Wurzel aus dem Neutronenalter), die Transportweglänge λ_{tr} und die Diffusionslänge L. Dadurch erreicht man möglichst vollständige Bremsung, wenig Anisotropie und geringe Leckverluste der Neutronen.

b) Der Flußstandard soll geometrisch möglichst symmetrisch aufgebaut sein zur Erreichung von möglichst geringer Neutronen-Anisotropie.

c) Der Absorptionsquerschnitt für thermische Neutronen soll wesentlich kleiner sein als deren Streuquerschnitt, beide auf die Volumeinheit des Moderators bezogen.

Bis auf etwa 1 eV herunter sind die Moderatoratome in Ruhe und chemisch nicht gebunden anzunehmen (was eine Bedingung für den Idealen Moderator darstellt). Treten die Neutronen bei ihrer Bremsung in das darunterliegende Energiegebiet der Thermalisierung – das ist das Übergangsgebiet zwischen fortgesetzter Bremsung und Annäherung an die thermische Gleichgewichtsverteilung – ein, dann spielen die in der Bedingung ausgeschlossenen Effekte bei der Wechselwirkung mit den Moderatoratomen eine Rolle. Sind aber die drei Forderungen a bis c erfüllt, dann erreichen die Neutronen vor ihrem Verschwinden (durch Absorption noch in genügender energiemäßiger Breite den thermischen Gleichgewichtsbereich. Berechenbarkeit der ortsabhängigen Energieverteilung erhält man schließlich, wenn man außerdem fordert:

d) Die Massenzahl A_r im Moderator soll groß sein. Von der Gültigkeit der Alterstheorie ausgehend könnte man Moderatorsubstanzen mit Massenzahlen von der des Be aufwärts verwenden.

IV. Damit der Detektor möglichst wenig den Flußverlauf stört und keine ortsabhängige Anzeige aufweist, fordert man:

e) Den Fluß in Detektorumgebung möglichst isotrop und konstant,

f) möglichst geringen epithermischen Fluß und

g) die Detektorabmessungen möglichst kleiner als die Diffusionslänge L im Moderator.

Wir betrachten nun *praktische Ausführungen* von thermischen Flußstandards. Auf die Verfahren zur Absolutbestimmung mit den erforderlichen Korrekturen wird unten eingegangen. Abbildung 3.3.I zeigt den ab 1946 langjährig zur Kalibrierung benutzten Argonne Standard Pile [33-1]. Er ist aufgebaut aus *Graphitblöcken* mit $10 \times 10\,cm^2$ Querschnitt. Einige davon, durch die die vertikale Mittelachse verläuft, sind herausnehmbar und enthalten kleine Hohlräume

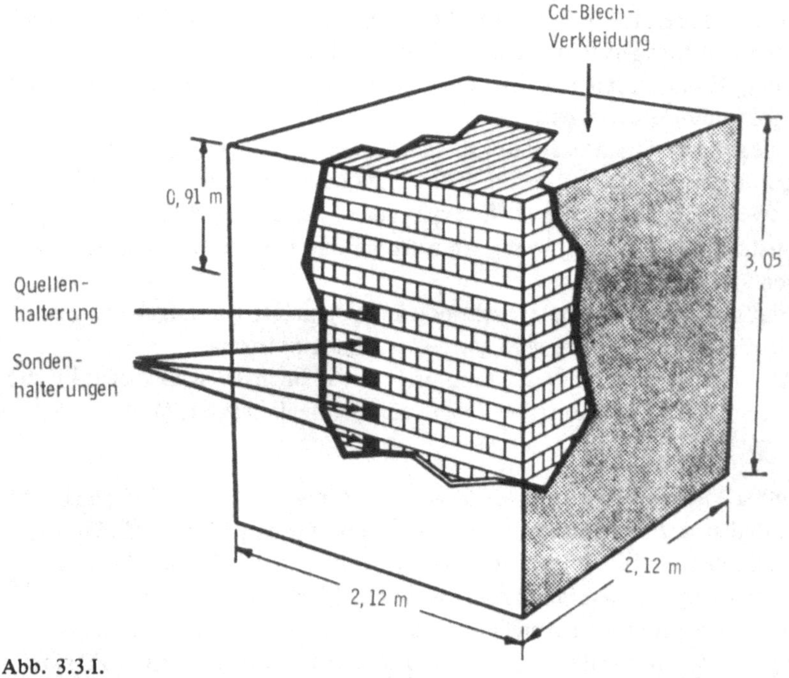

Abb. 3.3.I.
ARGONNE-Standard Pile als Beispiel eines Graphitmeilers [33–1a].

zur Aufnahme von Aktivierungssonden. Der Standardmeiler ist von einer 0,75 mm dicken Cadmiumhülle umschlossen, so daß der thermische Fluß im Innern nicht durch vom Außenraum zurückgestreute Neutronen verfälscht werden kann. Eine radioaktive Neutronenquelle ist auf der vertikalen Mittelachse in etwa 90 cm Abstand unterhalb der Meileroberkante positioniert. Eine solche Anordnung, die einer Thermischen Säule vergleichbar ist, liefert in genügend großem Quellabstand gerichteten und hinreichend konstanten thermischen Fluß und nur einen geringen epithermischen Beitrag, weil dort ein großes Moderationsverhältnis M herrscht (s. Tabelle 1.2.B). Standards aus (reinem) Graphit gestatten die Berechnung der Bremsdichte $q(E, \vec{r})$. Das gilt auch für die neuere Macklin-Graphitkugel von 180 cm Durchmesser [33-2], bei der eine Neutronenquelle in einer Horizontalachse eingeführt werden kann. Zur Flußmessung dienen acht BF_3-Zähler. Die berechnete Empfindlichkeit ermöglicht natürlich keine sehr hohe Absolutgenauigkeit: Bei einem Standardvergleich wurden 8,5% Abweichung gefunden. Die Macklin-Kugel wird jedoch als Sekundärstandard verwendet und hat sich wegen ihrer weithin energie- und winkelunabhängigen Empfindlichkeit besonders bewährt für Vermessungen von Ionenbeschleunigertargetquellen.

Eine andere Klasse von thermischen Flußstandards benutzt (mindestens teilweise) die Neutronenbremsung in *Leichtem Wasserstoff*. Diese Standards können kleiner und weniger kostspielig sein als die reinen Graphitstandards, gestatten aber nicht die Berechnung der Bremsdichte $q(E, \vec{r})$. Man erwartet von

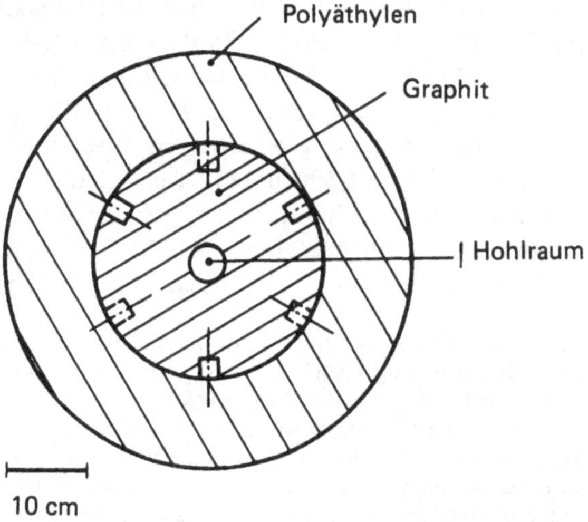

Abb. 3.3.II.
Der NRC-Standard [33–3]. Sein Leichtwasserstoff-Moderator enthält zur möglichst guten Flußkonstanz einen Graphitkern innerhalb der (in 2 Ebenen versetzt angeordneten) 6 Quellen.

ihnen Flüsse mit guter Isotropie. Dazu müssen sie sorgfältig symmetrisch aufgebaut sein. Oft enthalten sie zur Verbesserung der Isotropie einen Graphitkern. Standards, in denen die Moderation nur durch Wasserstoff erfolgt, führt man so groß aus, daß praktisch alle im Standard entstehenden Neutronen im Moderator absorbiert werden, so daß die räumliche Integration über die Flußdichteverteilung die Quellstärke liefern muß. Diese Integration kann mechanisch-geometrisch oder physikalisch erfolgen. Als Beispiel für die mechanische Integration betrachten wir den NRC-Standard [33-3], den man als eine Weiterentwicklung des NBS-Standards nach de Juren und Rosenwasser ansehen kann [33-4]. An diese Standards werden insbesondere die Forderungen nach konstanter Dichte der thermischen Neutronen über ein hinreichend großes Volumen und nach hohem Moderationsverhältnis M gestellt. Zur Sicherung der physikalischen Reproduzierbarkeit enthält der NRC-Standard ausschließlich feste Substanzen: Rein-Aluminium für die tragenden Teile, Graphit und Polyäthylen, aber kein Paraffin; Abbildung 3.3.II zeigt einen schematischen Querschnitt durch die zylindrische Anordnung mit ihrem Graphitkern und dem zentralen Bestrahlungshohlraum von 5 cm Durchmesser und 5 cm Höhe. Mittels des Hohlraumes und des Graphitkerns will man das Auftreten einer merklichen thermischen Flußdepression bei Einführung von Aktivierungssonden vermeiden. Sechs ^{241}Am-Be(α, n)-Quellen mit einer Gesamtquellstärke von rund $10^7\,s^{-1}$ sind längs des Umfangs des Graphitkerns verteilt, abwechselnd 1,3 cm über und unter der Mittelebene. Für den Zugang zum Bestrahlungshohlraum kann ein zylindrischer Teil herausgenommen werden. Die Flußdichte ergab sich konstant bis auf ± 0,5% innerhalb von 1 cm Abstand von der Mittelebene und innerhalb des Hohlraum-Durchmessers. Im Prinzip ähnlich sind der PTB-Standard [33-5] und der CEGB-Standard [33-6] ausgeführt. – Zu derselben Klasse von Flußstandards gehört das Ölbad (z. B. das Aldermaston Oil Bath [32-7]), das eine Weiterentwicklung des Wasserbads von Larsson [33-7] darstellt. Der Grundgedanke ist dabei die Kombination der geometrischen Integration mit der Methode des assoziierten Teilchens (siehe unten): Durch letztere wird die Neutronen-Zählausbeute der Anordnung bestimmt und ist man von eventuellen Ungenauigkeiten in der Angabe von Einfangquerschnitten unabhängig, die bei der Absolutbestimmung mittels geometrischer Integration eingehen.

Die Quelle – entweder eine ^{240}Pu-Spalt-Neutronenquelle oder eine ^{3}H$(d, n)^4$He-Quelle – ist im Zentrum des Ölbads (Abbildung 3.3.III) innerhalb eines kugelförmigen Hohlraums positioniert. Titantritid-Targets werden in der Quellhalterung unter 45° gegen den Deuteronenstrahl angebracht. Die Targettemperatur wurde auf 100 °C gehalten, um auf dem Target niedergeschlagene kohlenstoffhaltige Verunreinigungen auszutreiben. Der Quellhalter befand sich in einer kleinen Vakuumkammer. Drei Hohlarme dienen zur Aufnahme der Alpha-Detektoren und waren genau positioniert in Bezug auf den Deuteronenstrahl. Als Moderator wurde Öl mit der Summenformel CH_2 verwendet. Flußdichteverteilungsmessungen und ihre geometrische Integration wurden mit beweglichen BF_3-Zählern ausgeführt.

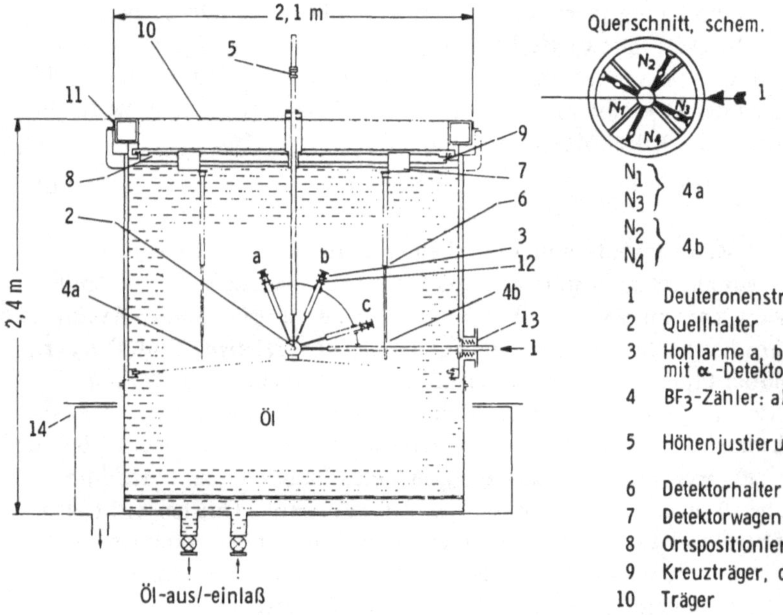

Abb. 3.3.III.
AWRE-Ölbad-Standard [32–7].

1 Deuteronenstrahl
2 Quellhalter
3 Hohlarme a, b, c mit α-Detektoren
4 BF_3-Zähler: a) d = 6/ b) d = 12 mm
5 Höhenjustierung des Quellhalters
6 Detektorhalter
7 Detektorwagen
8 Ortspositionierung in cm
9 Kreuzträger, drehbar
10 Träger
11 Höhenjustierung d. Trageteils
12 fernbetätigter Verschluß
13 Balgdichtung
14 Tankeinfassung

Einen Flußstandard mit physikalischer Integration stellt das Mangansulfat-Bad dar. Dabei ist die Quelle mit genauer Positionierung im Zentrum eines kugelförmigen Bades aufgehängt, das eine $MnSO_4$-Lösung in Leichtwasser enthält. Die Lösung wird ständig umgerührt, die Bestimmung der integrierten (mittleren) Flußdichte erfolgt durch Probenahme und Aktivitätsbestimmung des durch die Reaktion $^{55}Mn(n, \gamma)$ entstehenden ^{56}Mn. Zur Benutzung des Sulfats als Mangansalz siehe [33-8]. Bezüglich der Entscheidung zwischen Leicht- und Schwerwasser als Moderator: [33-9],Caswell u. a. in [XV].

In einer neueren Version des NPL-Standards wird die Lösung im geschlossenen Kreislauf vom Tank aus in den Nachbarraum, dort hintereinander durch zwei getrennte Meßeinrichtungen und wieder in den Tank gepumpt [32-9]. Die Meßeinrichtungen enthalten je einen 2″ mal 2″ Durchmesser NaJ-Szintillationszähler in 10 cm dickem Blei-Schloß, das von der $MnSO_4$-Lösung passiert wird. Die Volumina des Tanks und des Umwälzsystems sowie die Umlaufgeschwindigkeit müssen genau bekannt sein.

Zu dieser Klasse von Standards sind auch Borsäure-Bäder und Tanks mit (z. B. cadmiumhaltigen) Flüssigszintillatoren zu rechnen; in letzteren entspricht die gesamte Gamma-Ausbeute der Absorption der thermischen Neutronen und damit der Quellstärke.

Zur Absolutkalibrierung thermischer Neutronenflußdichten gibt es zwei Methoden: Die *erste* (ältere) *Methode* setzt voraus, daß ein *Flußstandard vorhanden* und die absolute *Neutronenquellstärke bekannt* ist. Dann liefern Relativmessungen der Reaktionsrate bei der Energie E als Ortsfunktion die relative Bremsdichte $q(E, \vec{r})$. Den Absolutwert ergibt:

$$p(E)\,B = \int_V q(E, \vec{r})\,dV\,. \tag{3.3.6}$$

Dabei ist die Resonanzentkommwahrscheinlichkeit $p(E)$ – s. Gleichung (1.2.39) – gesondert zu bestimmen. Das Standard-Volumen V wird so groß vorausgesetzt, daß am Rand $q(E) \to 0$ strebt für alle E. Eine zweite Relativmessung im thermischen Energiebereich führt auf den relativen Fluß $C\,\varphi_{th}(\vec{r})$. Den absoluten Fluß erhält man durch Lösung von Gleichung (3.3.2) mit Bremsdichte $q(E_{th})$ als Quelldichte. Mißt man $q(E > E_{th})$ – mit einem Resonanzdetektor, dessen Reaktionsrate proportional der Bremsdichte $q(E)$ bei der Resonanzenergie $E = E_R$ ist – sowie φ_{th} in vielen Punkten, kann man ihre rechnerischen Verläufe gut kontrollieren. Weil radioaktive Quellen nicht Neutronen einheitlicher Energie E_0 aussenden, muß q in mehrere Summanden der Art von Gleichung (3.3.1) zerlegt werden. Das erschwert die Rechnung, obwohl diese die Einhaltung der oben formulierten Bedingungen a bis c und weitere Vernachlässigungen verlangt. Dazu ist ein hochwertiger Moderator nötig, der am günstigsten aus Graphit besteht. Die Quellstärke kann nach beliebiger Methode bestimmt werden (s. Abschnitt 3.4). Der rasche Abfall von $q(E_R, \vec{r})$ mit $\vec{r}$ fordert entweder eine besonders hohe Quellstärke oder einen dickeren Detektor, der jedoch außer auf die Resonanzenergie E_R noch auf andere Neutronenenergien anspricht, Korrekturen erfordert und die Flußdichten verfälscht. Letzteres ist möglichst zu vermeiden; denn man will meist die zur Messung im Flußstandard benutzten Detektoren als Sekundärstandards (siehe unten) zur Kalibrierung von Flüssen in anderen Moderatoren verwenden. Flußstörungen, die je nach Moderator verschieden sind, erschweren dieses Verfahren.

Die *zweite Methode* zur Absolutkalibrierung thermischer Flußdichten setzt die *genaue Kenntnis des Reaktionsquerschnitts* σ_0 für den Neutronendetektor voraus. Die Reaktionsrate R ist absolut zu bestimmen (als Sättigungsaktivität einer Aktivierungssonde mit N_D Atomen des Ausgangsnuklids). Dann ist

$$\varphi_{th} = R_{th}/K_{th}\,N_D\,\sigma_{act,0}\;. \tag{3.3.7}$$

Zur Bestimmung der Flußstörung K_{th} wird auf Abschnitt 1.4 verwiesen. Die zweite Methode verlangt die *Absolutmessung von* R_{th} mit thermischen Sonden im Moderator, während die Quellstärkenbestimmung bei der ersten Methode vom Moderator unabhängig war. Andererseits ist die zweite Methode nicht an einen Moderator mit höherer Massenzahl A_r gebunden, da die Flußberechnung nach der Alterstheorie sich erübrigt. Graphit ist aber doch zu empfehlen, da der Fluß in Substanzen mit leichtem Wasserstoff wegen deren kleiner Diffusionslänge L schon gegen geringfügige räumliche Änderungen empfindlich ist. Die bei der zweiten Methode verlangte Kenntnis der Wirkungsquerschnitte ist heute für eine Reihe von Standardsubstanzen genügend genau erfüllt, und der Fluß kann danach auf wenige Prozent genau absolut bestimmt werden.

Als **Standards für schnelle Neutronen** verstehen wir hier nur solche für schnelle Reaktorneutronen. Als Standardspektrum hat man dafür einhellig das *Spaltspektrum* ausgewählt, s. Gleichung (1.3.12); dessen verschiedene semiempirische Darstellungen stimmen nur teilweise überein. Jedoch in erster Näherung lassen sich die Spektren schneller Reaktorneutronen – jedenfalls für Energien oberhalb von etwa 2 bis 3 MeV – durch das Spaltspektrum wiedergeben. Außerdem läßt sich ein Standard mit Spaltspektrum nach der Konvertormethode von Hughes, Spatz und Goldstein [13-2] verhältnismäßig leicht verwirklichen und kalibrieren Das Prinzip dieses Verfahrens (mit dem „Idealen Konvertor") wird in Abschnitt 4.4 beschrieben.

Ein Standardspektrum in einem Schnellen Flußstandard muß eine Anzahl *Bedingungen* erfüllen. Dierckx formulierte sie folgendermaßen [33-10]:
A. Zur Form des Spektrums: Sehr gut bekannt im interessierenden Neutronen-Energiebereich; kontinuierlich; zeitlich konstant; soll den mit Aktivierungssonden zu monitierenden Energiebereich schneller Reaktorneutronen überdecken.
B. Zur Quellstärke: gut bekannt; zeitlich konstant und reproduzierbar oder mindestens monitierbar; ausreichend stark, um in allen praktisch wichtigen Aktivierungsdetektoren hinreichend genau meßbare Aktivitäten zu erzeugen.
C. Zugänglichkeit: Sollte für jeden Interessenten ständig gegeben sein.
Gestellt wird die Forderung eines reinen ^{235}U-Spaltneutronenspektrums für einen Primärstandard, woran sich interessierte Institutionen mit Sekundärstandards (z. B. mit ^{nat}U-Spaltneutronenspektrum) anschließen können. Wir besprechen anschließend zwei Standardausführungen und ihre Kalibrierung: Nach Grundl [11-17, 33-11, 12] und beim CEN in Mol (Belgien) [33-13, 14]. Dabei soll gezeigt werden, wie weit die eben angeführten Standardbedingungen durch die Konvertormethode (heute) erfüllbar sind.

Zunächst berichten wir über einen früher von Grundl [33-11] verwendeten *Schnellen Standard.* Grundl stellte dazu folgende Überlegungen an: Um störenden nichtthermischen Neutronen zu entgehen, hatten Hughes und Mitarbeiter ihre Anordnung ans Ende der Thermischen Säule verlegt. Dort ist jedoch der erreichbare Spaltneutronenfluß für viele Meßzwecke zu klein. Andererseits verlangen die entstehenden schnellen Neutronen eine besonders sorgfältige Abschirmung, auch zum Schutz anderer Experimente am Reaktor.

Der danach entwickelte Standard bestand aus einem Hohlraum von etwa 10 cm Durchmesser, der mitten in einem D_2O-Tank in etwa 50 cm Abstand vom Reaktor HYDRO – einem wassergekühlten zylindrischen ^{nat}U-Metall-Core für niedrige Leistungen – angebracht war. Im Standard herrschte eine thermische Flußdichte von $2{,}5 \cdot 10^9\,\mathrm{cm}^{-2}\,\mathrm{s}^{-1}$, das Cadmium-Verhältnis für ^{235}U-Spaltung betrug etwa 800. Mitten im Hohlraum befand sich ein Aluminiumrohr, an dessen oberem und unterem Ende je eine Konvertorplatte und dazwischen die Cd-gekapselten Aktivierungssonden angebracht waren. Folgende Störeinflüsse wurden besonders berücksichtigt: Die positionsbedingte ungleiche Quellstärke der beiden Konvertoren; Rückstreuung der Spaltneutronen von den Hohlraumwänden (etwa 1%); Beeinflussung der Quellstärke durch nichtthermische Spaltungen, Flußhärtung und Ungleichmäßigkeiten im Konvertor. Mit dieser Anordnung wurden die Spektralen Indizes für acht Schwellendetektoren mit Schwellen von ^{237}Np (n, f) bis ^{63}Cu (n, 2 n) im Energiebereich von 0,6 bis 16 MeV gemessen.

Da der Vergleich von Spaltspektren einerseits und Spektren in Kritischen Anordnungen andererseits zu falschen Ergebnissen geführt hat, fand eine neue Untersuchung statt, deren erster Teil die Neukalibrierung derselben acht Aktivierungsdetektoren zum Inhalt hat [11-17]. Das erschien notwendig, weil die in Abschnitt 4.4 als „Störungsmethode" eingeführte Meßmethode zur energieintegralen Messung schneller Neutronenflußdichten nach Grundl vor allem erschwert wird im Fall einer nicht gut passenden Definition des Spektrums sowie durch ungenaue Kenntnis der Energieabhängigkeit der Wirkungsquerschnitte der Detektoren. Abbildung 3.3.IV zeigt die über die ganze Untersuchung unveränderte Kalibriereinrichtung. Die nuklearen und Material-Eigenschaften der Detektoren wurden unter kritischer Auswahl aus den vorliegenden nuklearen Daten ausgewertet. Die Reaktionen wurden so ausgewählt, daß sich ihre Ansprechfunktionen im Energiegebiet von 0,5 bis 16 MeV möglichst überdecken.

Gemessen wurden die Ansprechfunktionen $r_E^{(i)}$ für monoenergetische Neutronen zwischen 1 und 18 MeV von den drei Reaktionen ^{3}H (p, n), ^{2}H (*d*, n) und ^{3}H (*d*, n). – In der Fortsetzung [33-12] war die Kalibrierung der Neutronenflußmeßverfahren im (normierten) Spaltspektrum $\varphi_{E,f}(E)$ durchzuführen; dazu waren die auf ^{238}U (n, f) bezogenen relativen Wirkungsquerschnittsmessungen mit den Ansprechintegralen:

$$r^{(i)} = \int_0^\infty \sigma^{(i)}(E)\, \varphi_{E,f}\, dE \qquad (3.3.8)$$

zu vergleichen.

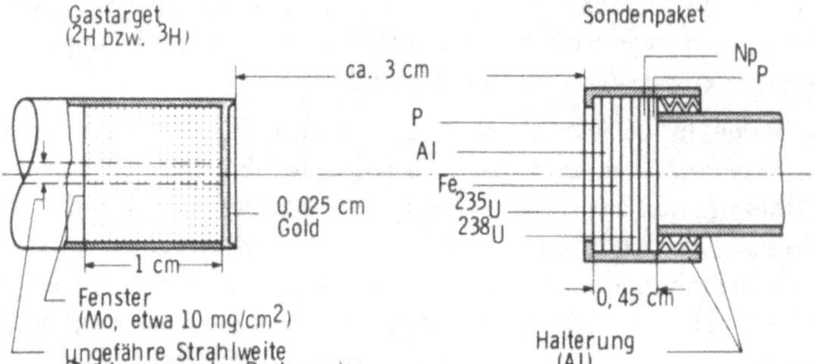

Abb. 3.3.IV.
Anordnung eines Ionenbeschleunigertargets mit einem zu kalibrierenden Aktivierungssondenpaket [11–17]

In [11-17] wurden die energieabhängigen Ansprechfunktionen

$$r_E/r^{(i)} = \sigma^{(i)}(E)\,\varphi_{E,f}(E) / \int_0^\infty \sigma^{(i)}(E)\,\varphi_{E,f}(E)\,dE$$

dargestellt, bezogen auf das Spaltspektrum $\varphi_{E,f}(E)$. Die relative Flußdichte in jeder Detektorposition wurde berechnet. Streueffekte wurden untersucht durch Anbringung identischer Detektoren vor und hinter dem zu kalibrierenden Detektorpaket aus acht Detektoren. Die dadurch entstehenden Korrekturen betragen 2 bis 5%, die Meßunsicherheit der Streueffekte rund 2%. In der Quelle treten Neutronen-Energieverluste ein durch Ionenabsorption im Mo-Targeteintrittsfenster sowie durch Absorption oder Streuung im Targetgas und schließlich durch die Winkelverteilung des Neutronenstrahls. Spezielle Energieverteilungen wurden für die verschiedenen Neutronen-Erzeugungsreaktionen mit Berücksichtigung der Ausdehnung von Quelle und Detektoren berechnet. Eine Schwierigkeit bildet dabei die lokalisierte Aufheizung im Targetgas.

Der in Mol benutzte Flußstandard [33-13, 14] ist ein von einer B_4C-Gießharz-Mischung umgebener zylindrischer Hohlraum mit etwa je 24 cm Länge und Durchmesser. Er ist am Ende eines Kollimators an einem Strahlrohr des BR 1 angebracht (Abbildung 3.3.V). Ist der Standard außer Betrieb, dann wird der Kollimator geflutet; während des Betriebs dient

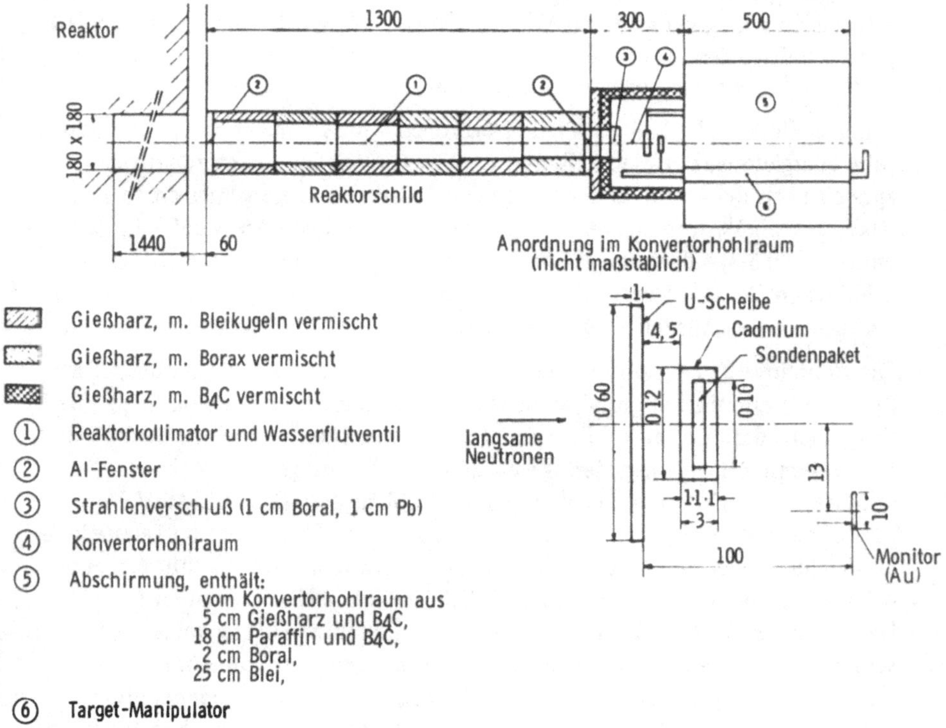

Abb. 3.3.V.
Schneller Flußstandard mit Kollimator und Abschirmung an Strahlrohr des Reaktors BR 1 Mol [33–13].

eine Blei-Boral-Platte als Schnellverschluß. Folgende Flußwerte werden berichtet: Reine Spaltneutronenflußdichte φ_f zwischen rund $3 \cdot 10^6$ und $1{,}5 \cdot 10^8 \mathrm{cm}^{-2}\mathrm{s}^{-1}$ bei φ_{th} von 10^7 bis $10^8 \mathrm{cm}^{-2}\mathrm{s}^{-1}$, Moderationsverhältnis M rund 750; dabei wird der Reaktor BR 1 nur mit niedriger Leistung gefahren. Der Konvertor ist in Hohlraummitte angebracht. Das Sondenpaket kann ohne merkliche Rückstreuung von den Hohlraumwänden in verschiedene Quellabstände verfahren werden. Die thermische Fluenz wird mittels einer Goldsonde monitiert. Die einfallenden thermischen Neutronen (mit Flußdichte φ_{th}) sind gut genug kollimert, so daß man die Spaltneutronenflußdichte $\varphi_f(x)$ im Abstand x von der Konvertorfolie mit folgender Beziehung erhalten kann:

$$\varphi_f(x) = \bar{\nu} d\, \Sigma_f(E_{th})\, \varphi_{th}\, G(x)\, f_{corr} \,. \tag{3.3.9}$$

Darin sind: $\bar{\nu}$ die mittlere Ausbeute an Spaltneutronen pro Spaltung, *d* die Schichtdicke und $\Sigma_f(E_{th})$ der makroskopische Spaltquerschnitt der Folie und G der geometrische Ausbeutefaktor einschließlich der thermischen Flußstörung in der Folie. Weitere Störeffekte sind in f_{corr} zusammengefaßt: Darin sind Abschätzungen von Streuung und Absorption für die Spaltneutronen im Konvertor, in der Detektorkapsel und im Zwischenraum enthalten.

Bei einer Prüfung von Darstellungen des ^{235}U-Spaltspektrums wurden fünf Aktivierungsdetektoren eingesetzt [33-14]. Deren Aktivitäten wurden außer im eigenen noch in zwei weiteren Meßlaboratorien absolut bestimmt (mit im ganzen befriedigender Übereinstimmung). Dabei stellte sich das Spaltspektrum härter heraus als nach bisherigen Darstellungen.

Primäre Flußstandards für schnelle Neutronen wurden eingerichtet zur Kalibrierung energieintegraler Meßverfahren für Flüsse schneller Reaktorneutronen, speziell nach der Methode der Spektralen Indizes. Weil sie gemessen an ihrer beschränkten Verwendbarkeit einen recht beträchtlichen Aufwand erfordern, wird es Primärstandards dieser Art nur wenige geben, an die man jedoch in zahlreichen Reaktorzentren Sekundärstandards – mit weniger strengen Anforderungen – anschließen kann. Von diesen wird noch die Rede sein.

Die Einrichtung und Anwendung schneller Flußstandards sind (zumindest zur Zeit noch) mit einigen grundsätzlichen *Schwierigkeiten* verbunden. So wurde festgestellt, daß die genaue Energiedefinition (im Standardspektrum) für die Messung mit Schwellensonden wegen deren steil ansteigenden Wirkungsquerschnitten ein nicht zu vernachlässigendes Problem darstellt: 0,15 MeV Verschiebung in der mittleren Energie $\bar{E}$ des Spaltspektrums – dessen Darstellung s. Gleichung (1.3.12) – bewirken eine Veränderung der Ansprechfunktion um etwa 10%, wodurch man eine beträchtliche Fehldarstellung erhalten kann. Das ist von Bedeutung in Anbetracht der festgestellten Diskrepanzen in Darstellungen des Spaltspektrums; deren Abweichungen sind immerhin so groß, daß bis zur Einigung auf eine einheitliche Spektralform angegeben werden sollte, welche Darstellung $\varphi_{E,f}(E)$ bei Anwendung eines empirischen Verfahrens zur Bestimmung des Spektrums schneller Reaktorneutronen benutzt wird. Auch die Messung des energieintegralen Flusses $\varphi(E_{eff})$ oberhalb der Schwellenenergie

E_{eff} erfordert neben Absolutbestimmungen von Reaktionsraten die (zumindest angenäherte) Kenntnis des Spektralverlaufs von φ_E (E), der in die energiegemittelten Wirkungsquerschnitte eingeht. Bei Anwendung der Störungsmethode sollte man die Aktivierungen a_i der Detektoren i = 1, . . . in einem Standardspektrum halibrieren, das vom Meßspektrum möglichst wenig verschieden ist; diese experimentelle Methode verlangt also konsequenterweise die Verwendung verschiedener Standards für unterschiedliche Standardisierungsaufgaben. Anwendung rechnerischer Verfahren setzt dagegen eine genauere mathematische Kenntnis des Standardspektrums voraus. Diskrepanzen wie die oben erwähnten verlangen auch bei sonst guter Übereinstimmung der energieintegralen Meßergebnisse (z. B. von Spektralen Indizes nach der Störungsmethode) nach echten spektrometrischen Vermessungen des Primärstandards, z. B. mit Kernspuremulsionen. Sicher stellt die Relativbestimmung der Wirkungsquerschnitte für einen Satz von Sonden als Funktion der monoenergetischen Flußdichte an Stelle eines angenommenen Standardspektrums eine beträchtliche Verminderung der Fehlerquellen dar: Für die Kalibrierung von Meßverfahren für Reaktorneutronen kann sie nur eine Vorstufe sein, und es kommt darauf an, wie gut reproduzierbar und wie gut bekannt das zu wählende Standardspektrum (Spaltspektrum) sein wird.

Mit der Einrichtung von **Standards für intermediäre Neutronen** beschäftigt man sich erst seit kurzem [33-15, 16]. Die Tendenzen der Reaktorentwicklung, insbesondere die Entwicklung großer Schneller Brüter, hat das Interesse für Hochflußbestrahlungen von Brennelementen in Neutronenprüfspektren geweckt, die den Spektren der Schnellen Brüter möglichst ähnlich sind. Als integrale Flußmeßmethode bietet sich die Störungsmethode mit Aktivierungssonden an. Da die spektralen Wirkungsquerschnitte der in Frage kommenden Nachweisreaktionen im intermediären Bereich noch nicht genügend genau bekannt sind, ist es wünschenswert, die Detektoren in einem Spektrum zu kalibrieren, das vom Prüfspektrum nicht zu stark abweicht. Dazu soll ein Standardspektrum dienen, das auch die Erprobung und Kalibrierung von Neutronenspektrometern ermöglicht, wie z. B. von Rückstoßprotonen-Proportionalzählern oder von $^6Li(n, \alpha)$-Spektrometern.

An einen Primärstandard für intermediäre Neutronen sind sinngemäß dieselben Forderungen zu stellen, wie sie oben für einen Schnellen Standard aufgeführt werden. Abgesehen davon ist es aber für die Neutronenflußstandards in den drei Energiebereichen für die Reaktormeßtechnik eigentümlich, daß die an ihr Spektrum gestellten Anforderungen in der hier gebrachten Reihenfolge (thermisch-schnell-intermediär) immer spezieller werden. Ein Thermischer Standard soll (nur) ein möglichst ideales thermisches Maxwell-Spektrum liefern (mit höherenergetischen Beiträgen, die mindestens gut meßbar und reproduzierbar und nicht zu groß sein sollten) und damit ein Spektrum, das in seiner Allgemeinbedeutung und Anwendbarkeit über die speziellen Bedürfnisse der Reaktorphysik hinausgeht. Ein Schneller Standard liefert Neutronen, die von einem möglichst reinen thermischen Maxwell-Fluß erzeugt werden und eine Spektralverteilung haben, die unter idealen Bedingungen der Verteilung der im Reaktor entstehenden Neutronen gleich ist. Für andere Spektren schneller Neutronen, die nicht durch die Spaltreaktion erzeugt werden, kann ein solcher Schneller Standard keine Bedeutung haben. Für intermediäre Neutronen in Reaktoren (und in anderen Bremsmedien) gibt es zwar einen idealen Spektralverlauf: Das wohlbekannte 1/E-Spektrum. Jedoch sind der energieabhängige Übergang von einem (unter realen Bedingungen mehr oder weniger deformierten) Spaltspektrum zum Fermi-Spektrum sowie dessen reale Deformationen stark von den Materialeigenschaften und der Geometrie des betrachteten Mediums abhängig.

Um die oben genannten reaktorphysikalischen Untersuchungen in brauchbarer Weise kalibrieren und ausführen zu können, kann man kein allen Reaktoren gemeinsames ideales Bremsspektrum verwenden. Man sollte vielmehr für jeden Meßpunkt in jedem Reaktortyp ein Standard-Bremsspektrum zur Verfügung haben, d. h.: für jede Meßaufgabe ein besonderes reales Standardspektrum. Dazu müßte man entweder eine ganze Klasse von intermediären Standards bereitstellen oder ein *flexibles Modell*, das sich in einfacher Weise umbauen läßt. Letzteres wurde verwirklicht, wobei man von einem möglichst idealen Spaltspektrum ausging, das analog wie oben geschildert erzeugt wird. Damit liegt zunächst ein Schneller Standard vor, der unüblich groß ausgeführt wird, um verschiedenartige Medien zur teilweisen Bremsung der vom Konvertor emittierten Spaltneutronen aufnehmen zu können, außerdem muß der Untergrund intermediärer Neutronen – z. B. vom Reaktor, wenn der Standard in einem Strahlrohr oder in einer Thermischen Säule aufgebaut wird – besonders niedrig gehalten werden ($\varphi_{ep} : \varphi_{th}$ höchstens 10^{-4}) [33-15, 16].

Die Anordnung wurde in Kugelgeometrie ausgeführt. Der im Mittelpunkt angebrachte Konvertor ist umgeben mit (von innen) Luft, Polyäthylen, Absorbermaterial (Uran, eventuell auch Bor), Luft, Graphit. Die Medien im Standard enthalten nur Substanzen mit im ganzen Energiebereich gut bekannten nuklearen Daten. Sie sind geometrisch so einfach angeordnet, daß sich das resultierende Spektrum mittels transporttheoretischer Rechnung nachprüfen läßt. Als Standardnachweisreaktionen dienen $^{1}H(n, n)$, $^{10}B(n, \alpha)$ und auch $^{197}Au(n, \gamma)$. Korrekturen – z. B. für Streuung an B- und C-Atomen – lassen sich infolge der einfachen Geometrie leicht bestimmen.

Wir müssen hier noch **Standardvergleiche und Sekundärstandards** erwähnen. Dazu haben wir kurz auf die *Fehler* bei der Flußdichtestandardisierung einzugehen. Abgesehen von den Schwankungen gemessener Impulsraten und von subjektiven Fehlern hängt die Meßunsicherheit eines Flußstandards von seinem Aufbau und vom angewendeten Kalibrierverfahren ab; in der Regel erreicht man 1% und in besonders günstigen Fällen etwa 0,3%. Eine Zusammenstellung der ermittelten zufälligen und systematischen Fehler und ihrer Zusammensetzung unter Benutzung von Gewichtsfaktoren gibt I. M. G. Thompson für einen Thermischen Flußstandard in [XVIII]. Die unter Benutzung von Flußstandards bei Neutronenquellstärkebestimmungen auftretenden Fehler werden in Abschnitt 3.4 besprochen.

Zur Sicherung der mit Standards gewonnenen Meßergebnisse führt man *Standardvergleiche* durch – entweder unter Anwendung verschiedener Absolutmeßverfahren mit demselben Standard oder umgekehrt. Standardvergleiche dienen nicht der Verkleinerung der ohnehin kleinen relativen Meßunsicherheiten, sondern der Beseitigung individuell unerkannter systematischer Fehler; damit meinen wir solche Fehler, die an einen bestimmten Standard oder an ein bestimmtes Meßverfahren geknüpft sind. Daneben gibt es auch allgemein unerkannte Fehler, die davon herrühren, daß der allgemeine Stand des Wissens und der Technik in dem betreffenden Arbeitsgebiet nicht vollkommen ist. Fehler der letzten Art lassen sich natürlich auch durch Standardvergleiche nicht ausschalten.

Durch Vergleich mit Primärstandards pflegt man auch *Sekundärstandards* zu kalibrieren. Während ein Primärstandard experimentell einen hohen Aufwand erfordert, weil er allein dem Zweck dient, möglichst genau reproduzierbare absolut bekannte Flüsse zu liefern, erwartet man von einem Sekundärstandard nur so genaue Flußwerte als zur Kalibrierung für einen vorgesehenen Zweck erforderlich ist – aber unter Umständen mit der Nebenbedingung, daß die Bauweise des Standards sowie die Stärke der Flußdichten zum Detektoranschluß bereits dem vorgesehenen Meßzweck besonders gut entspricht. Von einem Sekundärstandard kann man eine niedrige Meßunsicherheit lediglich in Bezug auf Wiederholungsbedingungen verlangen. Während Neutronenfluß-Primärstandards nur von den großen nationalen Eichlaboratorien und von einigen wenigen großen Reaktor- und Kernforschungszentren unterhalten werden, gibt es sekundäre Standards in vielen Forschungsanlagen und Instituten. Wir gehen im Folgenden auf Sekundärstandards zur energieintegralen Kalibrierung schneller und langsamer Reaktorneutronenspektren ein. In Abschnitt 3.4 werden noch zum Quellstärkevergleich benutzte Standardtypen besprochen.

Da man von einem Primärstandard in der Regel nur niedrige Flüsse erwarten kann, pflegt man als Reaktor-Sekundärstandards lediglich besonders sorgfältig vermessene Reaktorpositionen zu benutzen, die genügend hohe Flüsse liefern, um eine Relativkalibrierung aller praktisch verwendeten Detektoren zu gestatten, und die ein Neutronenspektrum abgeben, das sich – im Sinne der Störungsmethode – nicht wesentlich vom Spektrum eines Primärstandards – z. B. vom Spaltspektrum – unterscheidet. Reaktor-Sekundärstandards dienen als Monitorpositionen bei Flußmeßprogrammen, und zwar nicht nur bei Doppelverhältnismessungen. Denn der dort herrschende (genügend hohe) Fluß ermöglicht in der Regel eine Mitbestrahlung aller in den Meßpositionen eingesetzter Sondenarten bei den vorgesehenen Bestrahlungsbedingungen (Fluenzen). Natürlich müssen solche Sekundärstandards gewisse Mindestforderungen erfüllen. Schnelle Sekundärstandardpositionen wird man in der Regel im (möglichst streu- und absorptionsfreien) Innern von Brennelementen anbringen, thermische im Moderator (möglichst entfernt von Grenzflächen und Absorbern) – z. B. in einer Thermischen Säule, wo die epithermische Neutronendichte in guter Näherung zu vernachlässigen ist. Zur Einhaltung guter Reproduzierbarkeit des Neutronenspektrums in Schnellen Sekundärstandardpositionen im Reaktor werden in Abschnitt 4.4 eine Anzahl Bedingungen aufgeführt, die sinngemäß abgewandelt auf Thermische Positionen (entfernt vom Brennstoff) anzuwenden sind. Beispiele für Thermische bzw. Schnelle Reaktorsekundärstandardpositionen findet man in Abschnitt 4.3 bzw. 4.4 besprochen. Derartige Monitorpositionen zum Relativanschluß von Flußwerten in Reaktoren verdienen die Bezeichnung *Sekundärstandard* eigentlich nur dann, wenn ihre Reproduzierbarkeit genau untersucht wurde. Solche Untersuchungen sind in manchen Fällen mit beträchtlichen Schwierigkeiten verbunden, nämlich in Forschungsreaktoren, die mit hoher Ausnutzung an Betriebszeit und praktisch nur bei Volleistung gefahren werden, und vor allem nicht bei kleinen Reaktorkernen mit statistisch wechselnden Beladungen mit unterschiedlich abgebrannten Brennelementen und stark absorbierenden Einbauten. Dagegen bieten Kritische Anordnungen oder Niedrigleistungsreaktoren, deren Cores denen der Hochflußreaktoren angeglichen werden können, hierzu bequeme Möglichkeiten [43-9, 15, 44-10].

3.4. Neutronen-Quellstärkebestimmungen

Anwendungen – Absolutmeßverfahren – Vergleichsbestimmungen – Standardquellen

Neutronenquellstärkebestimmungen werden angewendet zur Kalibrierung von Flußstandards. Weiterhin sind Quellstärkebestimmungen die Voraussetzung für Ausbeutebestimmungen von Kernreaktionen, bei denen Neutronen entstehen, z. B. für die Bestimmung der mittleren Spaltneutronenausbeute (d. h. der Anzahl entstehender Neutronen) $\bar{\nu}$ pro Spaltung; in diesem Zusammenhang ist auch die Ermittlung der Einflußfunktion (Neutron Importance) zu nennen, die die Wirksamkeit der Neutronen bei der Aufrechterhaltung der Spalt-Kettenreaktion beschreibt und von der Lage, Emissionsrichtung und Emissionsenergie der Neutronenquelle in einem multiplizierenden Medium abhängt. Die Einflußfunktion kann über die Reaktivitätsänderung durch die Neutronenquelle (mit bekannter Quellstärke) bestimmt werden. An allgemein informierender Literatur über Neutronenquellstärkebestimmungen nennen wir: [XVIII, 11-2, 3, 21-2, 31-1, 32-7, 34-1, 2].

Die **Absolutbestimmung der Quellstärke** kann nach folgenden Methoden erfolgen:
I. Berechnung aus der Bremsdichteverteilung, die durch absolute Flußdichtemessung erhalten wird: Umkehrung des bei den Thermischen Standards besprochenen ersten Kalibrierverfahrens.
II. Integration über die absolut gemessene Flußdichteverteilung in einem Medium, das thermische Neutronen absorbiert: Anwendung des bei den Thermischen Standards besprochenen zweiten Kalibrierverfahrens.
III. Die Methode des assoziierten Teilchens.
IV. Vergleich der Reaktivität eines Reaktors mit und ohne Neutronen-Quelle bzw. -Absorber.
V. Für Schnelle und Intermediäre Standards: Vergleich der Konvertor-Quellstärken aus Absolutmessungen der Spalt-Neutronenflußdichte und aus der Reaktionsrate im Konvertor mit der die Spaltreaktion auslösenden absolut gemessenen thermischen Flußdichte. Darüber wurde bei den Schnellen Standards referiert.

Methode I findet bei der Güte der im Folgenden besprochenen übrigen Verfahren heute praktisch keine Anwendung mehr. Bei der Integrations-Methode (II) wird die Bremsung und anschließende Absorption aller Neutronen in einem genügend großen Moderatorvolumen V zur Bestimmung der Quellstärke B benutzt:

$$B = K \int_V \Sigma_{a,0}(\vec{r})\varphi_{th}(\vec{r})\, dV\,. \tag{3.4.1}$$

Hat man kugelsymmetrische Flußverteilung festgestellt, dann läßt sich schreiben (mit den unten näher besprochenen Faktoren der Korrektur K und mit Kugelradius R):

$$B = \frac{K_L(E)\,K_Q}{p(E_{th})}\, 4\pi \int_0^R \Sigma_{a,0}(r)\,\varphi_{th}(r)\, r^2\, dr\,. \tag{3.4.2}$$

Die Anwendbarkeit des Verfahrens bei unterschiedlichen Quellenenergien E_0 hängt ab vom Moderator, d.h. von seinem Beseitigungsquerschnitt („Removal Cross Section“; Definition s. z.B.: [XI]) und seiner Resonanzentkommwahrscheinlichkeit $p(E)$. Die Integration wird bei solchen Absolutbestimmungen entweder nach einem geometrischen oder nach einem physikalischen Verfahren ausgeführt.

Beim meistbenutzten unter den *geometrischen Integrationsverfahren* verwendet man ein *Leichtwasserbad*. Um die wahre thermische Flußdichte φ_{wt} bei der Neutronentemperatur T_n zu bestimmen, muß man nach den Gleichungen (1.3.17) anstelle des 2200-m/s-Absorptionsquerschnitts $\Sigma_{a,0}$ den Querschnitt:

$$\Sigma_a(T_n) = (\sqrt{\pi}/2)\sqrt{T_0/T_n}\;\Sigma_{a,0} \tag{3.4.3}$$

in die obigen Beziehungen einsetzen; Σ_a ist in H_2O sehr genau bestimmbar. Die Volumenintegration erfolgt geometrisch, und zwar am einfachsten mittels graphischer Integration der aufgetragenen Flußdichtewerte (siehe z. B. [34-3]) oder mittels mechanischer Detektorbewegung; dabei wird ein Detektorwagen entweder in festen Abständen von Meßpunkt zu Meßpunkt oder mit konstanter Geschwindigkeit während der Messung durch den Moderator bewegt [31-1, 33-7]. Zur Ausschaltung eventueller Anisotropien der Neutronenemission wird die Quelle während der Messung gedreht. In Quellabständen $0 < r \leqslant 3$ cm ist die Größe der Detektorabmessungen zu berücksichtigen, und die Neutronenemission der meist zylinderförmigen Quelle nicht mehr genügend sphärisch. Die bei der Messung erhaltene relative Zählrate Z(r) wird deshalb für $r \to 0$ durch eine Gauss-Verteilung extrapoliert. Andererseits wird die gemessene Zählrate für $r > 35$ cm zu klein für statistisch genügend hohe Genauigkeit. Für etwa $r > 20$ cm kann man aber

$$Z(r) \sim e^{-\mathrm{const} \cdot r}/r^2 \tag{3.4.4}$$

annehmen und danach extrapolieren. Die Fehler bei Anwendung der geometrischen Integration der relativen Flußwerte in einem (z. B. H_2O-gefüllten) Bad liegen heute etwas höher als bei der physikalischen Integration mittels des Mangansulfat-Bad-Verfahrens. Allgemein sind natürlich die Fehler solcher Absolutbestimmungen heute niedriger als früher, worauf wir noch eingehen. Merkliche Korrekturen bei der Anwendung von Gleichung (3.4.2) im Wasserbad sind: $K_L(E)$ [34-3] für Leckverluste von Neutronen (bei nicht genügend großem Moderatorradius R); K_Q für Absorption thermischer Neutronen in der Quelle (gewöhnlich unter 2,5% bei (α, n)-Quellen); die in Gleichung (1.2.39) definierte Resonanzentkommwahrscheinlichkeit p(E), die sich hier aus zwei Faktoren $p_1 p_2$ zusammensetzt. p_1 stammt von (n, α)- und (n, p)-Prozessen im Sauerstoff, p_2 von der Absorption epithermischer Neutronen im Wasserstoff. Zur p(E)-Bestimmung sei bemerkt, daß p_2 zwischen 0,98 und 0,99 liegt; das von der Quellenenergie E_0 abhängige p_1 ist für (γ, n)-Quellen gleich Eins, für Ra-Be-(α, n)-Quellen liegt es bei 0,98, für $^3H(d, n)$-Quellen bei 0,826.

Für Quellen höherer Energie wird man infolge dieser stark wachsenden Korrektur gegenüber dem Wasserbad einen organischen Moderator bevorzugen; das gilt natürlich auch für eventuelle Absorberzusätze wie H_3BO_3, $MnSO_4$ (siehe unten). Demgemäß wird in Aldermaston bei der Relativkalibrierung von Neutronenquellen mittels einer $^3H(d, n)$-Quelle ein *Ölbad* verwendet [32-7], das zur Kleinhaltung der Entweichkorrektur K_L (E = 14 MeV) eine beträchtliche Größe haben muß (Abbildung 3.3.III). Die Quellstärke der Targetquelle wird nach der Methode des assoziierten Teilchens bestimmt. Die Flußdichteintegration erfolgt mechanisch durch Detektorbewegung.

Als wesentliche Korrekturen werden angegeben: a) Für die 14 MeV- und die zu vergleichenden ^{240}Pu-Quellen: Abweichungen der Detektorlänge von der idealen Punktform (0,41 bzw. 1,21%), Flußstörungen durch die Detektoren (0,25% Unterschied für die beiden Quelltypen), Neutronenabsorption im Quellhalter (0,56 bzw. 2,52%); b) für die 14-MeV-Quellen allein: (n, α)-Reaktion im Kohlenstoff (3,07%) sowie verschiedene Korrekturen unter 1% durch Kernumwandlungen im Target und Untergrundneutronen von verschiedenen Reaktionen; c) für die ^{240}Pu-Quelle allein: Neutronenmultiplikation (1,66%).

Als der Absorptionsquerschnitt $\Sigma_{a,0}$ im Wasser noch weniger gut bekannt war, erwies sich das *Bor-Bad-Verfahren* als sehr nützlich [33-7]. Dabei benutzt man z. B. eine Borsäurelösung als Streusubstanz und mißt φ_{th} mit einem Borzähler. Mit $\Sigma_{a,0} = N_V^{(H)}\sigma^{(H)} + N_V^{(B)}\sigma^{(B)}$ lautet Gleichung (3.4.2) von den Korrekturen abgesehen:

$$B = 4\pi N_V^{(B)}\sigma^{(B)} \left\{1 + \frac{N_V^{(H)}\sigma^{(H)}}{N_V^{(B)}\sigma^{(B)}}\right\} \int_0^\infty \varphi_{th}(r)\, r^2\, dr\,. \qquad (3.4.5)$$

Der zur Flußdichtebestimmung dienende Borzähler habe das empfindliche Volumen V_Z und N_Z Boratome im Volumenelement; seine Zählrate ist:

$$Z(r) = N_Z V_Z \sigma^{(B)} \varphi_{th}(r)\,. \qquad (3.4.6)$$

Dann folgt:

$$B = 4\pi \frac{N_V^{(B)}}{N_Z V_Z} \left\{1 + \frac{N_V^{(H)}\sigma^{(H)}}{N_V^{(B)}\sigma^{(B)}}\right\} \int_0^\infty Z(r)\, r^2\, dr\,, \qquad (3.4.7)$$

worin Bor- und Wasserstoffquerschnitte nur noch im Korrekturglied $N_V^{(H)}\sigma^{(H)}/N_V^{(B)}\sigma^{(B)}$ auftreten, das entweder vernachlässigbar klein gemacht oder durch Variation der Größe $N_V^{(H)}/N_V^{(B)}$ eliminiert werden kann. Die Volumenintegration erfolgte bei diesem Verfahren mechanisch, seine erreichbare Genauigkeit lag bei 2%.

Die bevorzugte *physikalische Integrationsmethode* und heutzutage genaueste Absolutmeßmethode für Neutronenquellstärken überhaupt ist das *Mangansulfat-Bad-Verfahren*, über das schon in Abschnitt 3.3 bei den Standards für thermische Neutronen berichtet wurde. Die Relativmessung der durch die (n, γ)-Reaktion erzeugten ^{56}Mn-Aktivität erfolgt mit einem Gamma-Szintillationszähler. Zur Absolutkalibrierung wird $MnSO_4$ (in einem Reaktor) auf hohe Aktivität bestrahlt und anschließend zwei genau bekannte Mengen davon dem Bad zugesetzt zur Relativmessung bzw. auf einen dünnen Träger getropft zur absoluten Aktivitätsbestimmung mittels eines $4\pi\beta$-Zählers oder nach der $4\pi\beta$-γ-Koinzidenzmethode. Diese Methode ermöglicht genaue Absolutbestimmung von Neutronenquellstärken von 10^4 bis 10^9 s^{-1} [32-7, 33-8, 34-4]. An Korrekturen kommen zu den für das Wasserbadverfahren angegebenen hinzu: ca. 1,2% für Resonanzentkommwahrscheinlichkeit der schnellen Neutronen im Schwefel und ein kleinerer Betrag für Resonanzentkommwahrscheinlichkeit epithermischer Neutronen im Schwefel und im Mangan. In Tabelle 3.4.A sind die systematischen Anteile der Meßunsicherheiten zusammengestellt, die auf das Ergebnis einer Neutronenquellen-Kalibrierung mittels des Mangansulfat-Bad-Verfahrens einwirken; dabei wurde abgeschätzt, wieweit man den Fehler beim heutigen Stand der Korrekturerfassung herabdrücken kann [34-2].

Tabelle 3.4.A. Meßunsicherheit bei Kalibrierung einer Neutronenquellstärke nach dem $MnSO_4$-Bad-Verfahren, nach [34-2]

Die Meßunsicherheit setzt sich zusammen aus:	
Relativfehler der Messung des durch die Quelle aktivierten ^{56}Mn	0,1%
Absolutfehler der ^{56}Mn-Kalibrierung	0,1%
Relativfehler der quantitativ bestimmten hinzugegebenen ^{56}Mn-Menge	0,1%
Fehler der thermischen Einfangquerschnitte	0,2%
Fehler der $MnSO_4$-Konzentration sowie für Verunreinigungen im Bad	0,2%
Fehler der Resonanzaktivierung im Mn	0,2%
Fehler der Neutronen-Entkommwahrscheinlichkeit aus dem Bad	0,2%
Fehler für Absorption thermischer Neutronen in der Quelle	0,1%
Fehler für den Einfang schneller Neutronen (je nach Energieverteilung der Quellneutronen)	0,1 bis 0,5%
Betrag der gesamten Meßunsicherheit ohne statistische Fehler	0,5 bis 0,7%

Danach stammt der größte Fehlerbeitrag vom Einfang (mittel)schneller Neutronen, zu dessen Verringerung ebenso die Kenntnis der einschlägigen Wirkungsquerschnitte sowie des Neutronenspektrums notwendig wäre: Dazu sollten unmittelbare Messungen der Einfangkorrektur durch integrale Methoden ausgeführt werden. An Stelle der häufig verwendeten Lösung von $MnSO_4$ in H_2O wird die Lösung in D_2O diskutiert, die mit kleinerem Fehler für den Einfang thermischer Neutronen, aber mit einem größeren Fehler für die Entkommwahrscheinlichkeit (wegen des geringeren Bremsvermögens) verbunden ist; außerdem ist hierbei mit Photoneutronen über die Reaktion $^2H(\gamma, n)$ zu rechnen, falls die Neutronenquelle eine merkliche Gamma-Strahlen-Emission aufweist. Andererseits kommen neben ^{55}Mn kaum noch andere Ausgangsnuklide für die zu aktivierende Lösung bei der Bad-Methode in Betracht.

Quellstärkebestimmungen mit physikalischer Integration sind auch mit einem *Szintillatorbad* ausführbar. Bei ihnen ist die Meßunsicherheit hinreichend klein, wenn die Gamma-Strahlen-Emission der Quelle geringfügig ist oder keine Rolle spielt wie etwa bei der Bestimmung der mittleren Spaltneutronen-Ausbeute $\bar{\nu}$ pro Spaltung.

Bei der *Methode des assoziierten Teilchens* werden die bei Reaktionen zur Neutronenerzeugung mitentstehenden direkt ionisierenden Teilchen nachgewiesen. Absolutbestimmung von deren Quellstärke liefert dann zugleich die gesuchte absolute Neutronenquellstärke. Dieses Verfahren, das den Vorteil hat, von der Wirkungsquerschnittskenntnis unabhängig zu sein, arbeitet mit guter Genauigkeit: man erreicht Standardabweichungen um 1% für die ^{3}H (d, n)- und die ^{9}Be (γ, n)-Reaktion; sehr gute Ergebnisse erhielt man bei der Reaktion ^{2}H (γ, n) mit $\pm$ 0,3% Fehler unter Verwendung des Harwell Standard Boron Pile [32-7]. Die Methode des assoziierten Teilchens findet Anwendung bei der Absolutbestimmung von Photoneutronenquellen wie ^{9}Be (γ, n)^{8}Be $\rightarrow 2\,\alpha$ und ^{2}H (γ, n)^{1}H und bei Ionenbeschleunigertargetquellen wie ^{3}H (d, n)^{4}He, ^{2}H (d, n)^{3}He, ^{3}H (p, n)^{3}He [11-2, 4]. Hier soll noch auf zwei weitere Arbeiten verwiesen werden. In der einen wurde die Anisotropie der Verteilungen der Neutronen und der ^{3}He-Teilchen bei der Reaktion ^{2}H (d, n)^{3}He sowie die der Protonen und der ^{3}H-Teilchen bei der (konkurrierenden) Reaktion ^{2}H (d, p)^{3}H gemessen [32-12].

Über die Quelle mit der Meßanordnung wird in Abschnitt 3.2 berichtet (s. Abbildung 3.2.IV). Die Messungen dienten zur gegenseitigen Überprüfung der meßtechnischen Verfahren zum Zweck der Absolutbestimmung der Flußdichte von einer ^{2}H (d, n) ^{3}He-Neutronenquelle. Schwierigkeiten entstehen dadurch, daß ^{3}He erst von relativ hohen Teilchenenergien an gezählt werden kann und daß der Untergrund besonders durch Deuteronenstreuung am Targethalter relativ hoch ist. Die nach den ^{3}He- und nach den Neutronen-Messungen gefundenen Quellstärkenwerte differierten um weniger als 2%.

In einer anderen Arbeit [34-4] wird die Quellstärken-Absolutbestimmung einer ^{3}H (d, n)^{4}He-Quelle mittels der Methode des assoziierten Teilchens benutzt, um Quellstärken von Neutronenquellen anderer Typen über relative Flußdichtemessungen daran anzuschließen. Da bei dieser Reaktion die Neutronenemission isotrop ist – das gilt gut für Deuteronen mit Energien unter 200 keV im Schwerpunktsystem und näherungsweise bei gut bekannten Korrekturen im Laborsystem – kann man durch Absolutbestimmung der ^{4}He-Flußdichte unter festem Raumwinkel die Neutronenquellstärke ermitteln. In einem Moderator, in dem die Bremslänge der Neutronen kleiner als deren Diffusionslänge ist, kann man einen Abstand zwischen der Neutronenquelle und einem Neutronendetektor finden, bei dem die Detektorausbeute von der Quellenenergie E_0 unabhängig ist.

Als Moderator wurde eine Graphitkugel von 4 m Durchmesser aufgebaut, in deren Mitte die zu vermessende Quelle angebracht wird. Als Abstand mit konstanter Ausbeute ergab sich 82 cm (gemeinsam für Ra-Be-, Po-Be und ^{3}H (d, n)^{4}He-Quellen). Nach Kalibrierung der Kugel für monoenergetische Neutronen müssen zum Quellstärkeanschluß lediglich Messungen im Abstand mit konstanter Ausbeute durchgeführt werden. Das Quellstärkenverhältnis einer unbekannten ($_X$) zur Tritiumtarget-Quelle ($_T$) ist dann durch das Zählratenverhältnis in diesem Punkt bestimmt:

$$B_X = B_T \frac{Z_X}{Z_T} \quad . \tag{3.4.8}$$

Neben der (etwa 10% betragenden) Korrektur für Resonanzentkommwahrscheinlichkeit im Graphit sind die übrigen anzubringenden Korrekturen kleiner als 1%.

Das Verfahren eignet sich zur Bestimmung von Quellstärken von 10^3 bis $10^9\,s^{-1}$. Seine Nachteile sind der beträchtliche Kostenaufwand und die große erforderliche Mühe für Voruntersuchungen und Justierung.

Wir fügen hier noch die *Quellstärkebestimmung durch* die von der Quelle in einem Reaktor erzeugte *Überschußreaktivität* nach Littler [34-5] an, obwohl dieses in England bisher gebräuchliche Meßverfahren neuerdings aufgegeben wurde [XVIII]. Das Prinzip des Verfahrens besteht darin, daß die von der Quelle bei ihrer Einführung in den Reaktor hervorgerufene Neutronen-Überschußproduktion kompensiert wird durch die Neutronen-Absorptionsrate, die ein in den Reaktor eingeführter kalibirerter Absorber erzeugt.

Bei der praktischen Ausführung wurde die Quelle mittels eines Reaktorszillators periodisch von außen in den Meßort im Reaktorkern hinein- und wieder herausbefördert. Diese Bewegung bewirkt Oszillationen der Reaktorleistung infolge der von der Quelle gelieferten Überschuß-Reaktivität. Aufnahme der Inversproportionalität dieser beiden Größen bewies die Reproduzierbarkeit des Verfahrens. Die Kalibrierung erfolgte durch Bestimmung der negativen Überschuß-Reaktivität, die ein Standard-Absorber bei einer bestimmten Reaktorleistung bewirkt. Die Absorber enthielten für die Strahlungsmessung gut geeignete Elemente wie Natrium und Phosphor, die nur ein einziges stabiles Isotop enthalten; in reinem Material ist dann der Absorptionsquerschnitt gleich dem Aktivierungsquerschnitt, so gut wie beide bekannt sind. Für jeden Absorber, dessen Absorptionsrate durch seine Sättigungsaktivität gegeben ist, sollte das Verhältnis der gemessenen Sättigungsaktivität zu der durch seine Absorption erzeugten absoluten negativen Überschuß-Reaktivität in einem bestimmten Meßort des Reaktors gleich sein. Das ließ sich für Natrium und Phosphor im Rahmen der Meßgenauigkeit bestätigen [31-1].

Mit der so kalibrierten Standard-Absorptionsrate stellt der Relativanschluß einer Quellstärke eine in wenigen Stunden ausführbare Meßaufgabe dar. Allerdings verlangt dieses Verfahren zumindest stundenweise die Verfügbarkeit über einen Reaktor, und die Ungenauigkeiten der relativen Reaktorleistungsmessung gehen in den Meßfehler ein. Die Meßunsicherheit unter Wiederholbedingungen ist deshalb größer als bei den oben besprochenen Volumenintegrationsmethoden (Bad-Verfahren). Die Unsicherheit wächst erheblich, wenn die zu bestimmende Quellstärke $10^7\,s^{-1}$ unterschreitet, weil die Überschußreaktivität dann neben den statistischen Schwankungen der Reaktorleistung nicht mehr genügend genau bestimmbar ist. Für Neutronenquellen mit Quellenergien E_0, die von der der Spaltneutronen abweichen, mußte noch für Unterschiede in der Resonanzentkommwahrscheinlichkeit und in den Leckverlusten korrigiert werden.

Bei Absolutbestimmungen besteht die Gefahr des Auftretens von individuell unerkannten systematischen Fehlern; zu ihrer Vermeidung führt man **Vergleichsbestimmungen** durch und benutzt bei geringeren Genauigkeitsansprüchen Sekundärstandardquellen, die an einen Primärstandard angeschlossen sind (vgl. Abschnitt 3.3). Die Zuverlässigkeit einer Absolutbestimmung wird ja nicht nur durch die vom Autor selbst angegebenen Fehler bestimmt, sondern vor allem durch seine Sorgfalt bei der *Korrektur- und Fehlerermittlung* und schließlich dadurch, wie kritisch er seine Ergebnisse an übernommene Daten und Ergebnisse anderer Autoren angeschlossen hat: letzteres geschieht am zuverlässigsten im Rahmen einer vergleichenden Absolutbestimmung. Auf die Ergebnisse solcher Vergleichsbestimmungen gehen wir anschließend ein. Sie zeigen deutlich die mögliche Verfeinerung und auch die Grenzen der verschiedenen Absolutmeßmethoden. Im Jahrzehnt von 1950 bis 1960 sind entscheidende Verringerungen des Fehlers – rund um den Faktor zehn – erreicht worden [33-7, 34-6]. Verwendet wurden damals wie neuerdings verschiedene Meßmethoden, und wir wollen zur relativen Häufigkeit ihrer Anwendung, zu dem jeweils erforderlichen Aufwand sowie zur Leistungsfähigkeit der verschiedenen Methoden einige Bemerkungen machen.

1954 wurde bei einem *Internationalen Standardvergleich* von allen neun beteiligten Laboratorien die Wasserbadmethode benutzt [34-7]. Dagegen waren an drei Internationalen Standardvergleichen zwischen 1957 und 1960 18 Meßmethoden bzw. Flußstandards beteiligt, die sich auf folgende Arten verteilten: Wasserbad fünfmal, Mangansulfatbad fünfmal, Methode des assoziierten Teilchens viermal, H_3BO_3-Bad dreimal, Verwendung eines Graphitmeilers mit „negativer" Goldfolien-„Quelle" und Absolutmessung der Goldaktivität: einmal. Der Bericht [34-1] über diese Messungen bietet allerdings nur ungefähre Vergleichsmöglichkeiten, da einmal die relativen Quellstärken und ein ander-

Land	Laboratorium	Jahr der Absolutkalibrierung
Belgien	UMHK	1954
Canada	NRC	1955
Frankreich	CENS	1962
B.R. Deutschland	PTB	1959
Indien	AEET	1963
Israel	SRE	1963
Japan	ETL	1959
Niederlande	IKO	1965
Schweden	ABA	1954
Großbritannien	NPL	1965
USA	NBS	1963
UdSSR	IMM	1964
Euratom	BCMN	1963
International	BIPM	1964

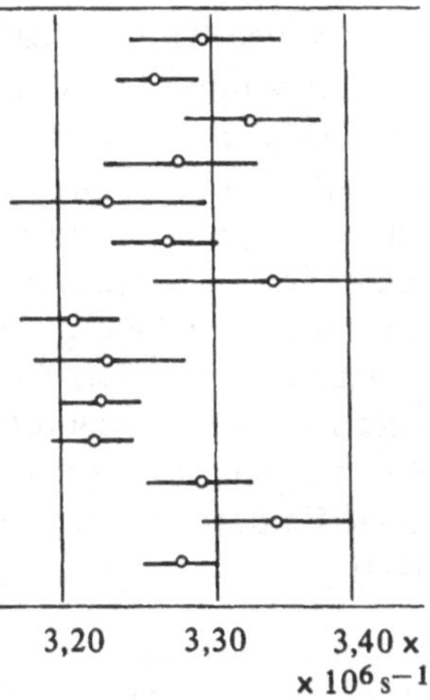

Abb. 3.4.I.
Standardvergleich einer Be (d, n)-Quelle unter 14 Laboratorien [34–2].

mal deren „beste Fehlerabschätzungen" und außerdem Quellen mit unterschiedlich guter Kalibrierfähigkeit – nämlich (α, n)- und (γ, n)-Quellen – miteinander verglichen werden.

In den sechziger Jahren wurden nur noch geringfügige Verbesserungen bei den Quellstärkebestimmungen erzielt; Abbildung 3.4.I zeigt das Ergebnis eines internationalen Vergleichs von Absolutmessungen einer ^{9}Be(α, n)-Quelle in vierzehn Laboratorien zwischen 1954 und 1965, wobei die Ergebnisse innerhalb der meisten der angegebenen (nicht näher bezeichneten) Vertrauensgrenzen lagen und die Gesamtstreuung der Ergebnisse knapp über 3% betrug. Deshalb liegt nun die Frage nahe, bis zu welchen Grenzen und speziell auf welchem Gebiet der Fehler bei solchen Kalibrierungen überhaupt noch verkleinert werden könnte bzw. sollte [34-2]. Neben dem Mangansulfat-Bad-Verfahren, das z. Zt. für Neutronenquellen die kleinste Meßunsicherheit liefert, muß man noch andere Verfahren im Auge behalten, um deren Verbesserungsmöglichkeiten weiter zu untersuchen und um die Messungen nach dem Mangansulfat-Bad-Verfahren zu überprüfen. Der Fehler der Badmethoden bei der Kalibrierung radioaktiver Neutronenquellen wird sich wegen deren verhältnismäßig hohen und im Spektralverlauf nicht besonders gut bekannten Neutronenenergien voraussichtlich nur noch unwesentlich weiter herabsetzen lassen.

Wir schließen hier noch eine *Übersicht* der zur Neutronenquellstärkekalibrierung verwendeten Verfahren bzw. Flußstandardtypen an. Der Graphitmeiler mit Quellstärkenberechnung ist ein Standardtyp aus der Anfangszeit, als die in die Bestimmung eingehenden Wirkungsquerschnitte noch weniger genau bekannt waren. Er ist experimentell und kostenmäßig aufwendig und liefert verhältnismäßig wenig genaue Flußwerte (mit ± 5% Fehler in Argonne Standard Pile [13-2] – vgl. die in Abschnitt 3.3 gemachten Bemerkungen zur Macklin-Kugel). Das Argonne National Laboratory verwendet inzwischen andere Primärstandards, neuerdings einen mit Mangansulfatbad [31-1]. Zur Entscheidung zwischen Wasser- und Mangansulfat-Bad ist zu erwägen, daß die im Mangansulfat-Bad erhaltene physikalische Integration (und damit auch die Sekundärkalibrierung mit diesem Verfahren) einfacher ist, während die Absolutbestimmung (durch Kalibrierung des Detektors für die relative ^{56}Mn-Aktivität) mehr Arbeitsgänge und ein größeres Maß an Sorgfalt verlangt als die entsprechenden Verfahren beim Wasser-Bad-Verfahren (mit geometrischer oder mechanischer Integration und Absolutbestimmung von Folienaktivitäten); die Mangansulfat-Bad-Methode ist die genaueste und ermöglicht Absolutbestimmungen von (sogar Ra-Be(α, n)-)Quellstärken mit Absolutfehlern unter 1% [32-7, 33-9, 34-4].

Der Absolutfehler der zeitraubenden aber sonst bequemen Wasserbad-Methode ist größer, bedingt hauptsächlich durch die geometrische oder mechanische Integration und ferner durch die Fehler bei der Absolutbestimmung massiver Aktivierungsfolien sowie durch

Abhängigkeit vom Wasserstoff-Einfang-Querschnitt, und läßt sich nicht unter 1,5% drücken. Andererseits ermöglicht das Wasserbad-Verfahren die genaue Absolutbestimmung von Quellstärken etwa im gleichen Meßbereich wie die Mangansulfat-Bad-Methode, nämlich von 10^5 bis $10^9\ s^{-1}$. Die Methode des assoziierten Teilchens, die einen größeren Absolutmeßbereich umfaßt – Quellstärken von 10^3 bis $10^9\ s^{-1}$ –, erlaubt Bestimmungen mit mindestens etwa 1% Absolutfehler, der durch die Unsicherheit der Korrekturen für Neutronenverluste durch (n, α)-Reaktionen bedingt ist. Ein neuerer Vergleich von Absolutbestimmungen mittels Mangansulfat-Bad, Boron-Pile und Ölbad im gleichen Laboratorium ergab als angegebene Absolutfehler 0,6%, 0,8% und 1,2%, die Abweichungen von gewogenen Mittel lagen bei 0,06%; 0,6% und 1,0%. Dabei war der Boron-Pile – ein großer Graphitmeiler, der 240 BF_3-Zähler enthält – in seiner Ausbeute für die Protonen-Impulse der $^2H(\gamma, n)$-Reaktion in einer C_2H_4-Kammer auf besser als 0,3% kalibriert, die energiereichen Gamma-Quanten wurden von verschiedenen Radionukliden oder von (p, γ)-Reaktionen mittels eines Ionenbeschleunigers erhalten. Die Genauigkeit der Ölbad-Methode war durch die oben genannten Fehler bei der Methode der assoziierten Teilchen begrenzt.

Zur Frage der zu verwendenden **Standardquellen**, Standarddetektoren und deren Erhältlichkeit beginnen wir mit einigen Hinweisen zur *Ausführung von Relativanschlüssen*. Mittels relativer Flußmessungen lassen sich Quellstärkevergleiche recht einfach durchführen, wenn die unbekannte Quelle das gleiche Neutronenspektrum und die gleiche Winkelverteilung der Neutronen hat wie eine vorhandene Quelle mit absolut bekannter Stärke. Stimmen die Spektren der zu vergleichenden Quellen nicht überein, dann verwendet man ein Meßverfahren mit Volumenintegration und energieunabhängigem Ansprechvermögen. Besonders genau und verhältnismäßig einfach läßt sich auch hier das Mangansulfat-Bad-Verfahren anwenden. Weitere (teilweise schon erwähnte) zur Sekundärkalibrierung verwendete Standardeinrichtungen sind: die Macklin-Kugel, der Harwell Boron Pile, paraffinummantelte BF_3-Zähler nach Hanson und McKibben („Long Counter") oder nach Marion und der (neuerdings nicht mehr benutzte) Reaktivitätsvergleich nach Littler. Quellstärkenvergleiche mittels Volumenintegration sind auch bei unterschiedlichen Quellenergien dann unmittelbar möglich, falls alle Neutronen durch Reaktionen mit 1/v-Wirkungsquerschnitten eingefangen werden; liegen jedoch (unterschiedlich viele) Resonanzen oder Energieschwellen von Schwellenreaktionen zwischen den Quellenenergien der zu vergleichenden Quellen, dann müssen (für die Resonanzentkommwahrscheinlichkeit, s. oben) Korrekturen angebracht werden.

Beim *Bezug von* radioaktiven *Neutronenquellen* oder Targets zur Neutronenerzeugung kann man auf Verlangen die Neutronenergiebigkeiten (Neutronenausbeuten bezogen auf die Targetstromstärke) von einem ans Internationale Absolutvergleichsnetz angeschlossenen Eichlabor mit gewünschter Meßgenauigkeit kalibriert erhalten. Eine andere Möglichkeit bietet der Austausch (von Labor zu Labor) oder der (kommerzielle) Bezug kalibrierter Detektoren. Aktivierungssonden sind seit den letzten Jahren im Handel sowohl inaktiv als auch aktiviert erhältlich, aktivierte bis an die Grenzen der heutigen Meßgenauigkeit.

Ihre Lieferung erfolgt weniger durch die Industrie als durch Eichlaboratorien (s. z. B. [34-8]). Jedoch ist die Initiative zur Bereitstellung kalibrierter Aktivierungsdetektoren nur zögernd in Gang gekommen und muß noch heute bei manchen Fachleuten Widerstände überwinden. Ein Grund dafür ist die Frage der Normung: Man muß sich über die (chemische bzw. metallurgische) Materialauswahl und über die Detektorabmessungen einigen. Einen zweiten Grund sehen wir darin, daß diejenigen Institutionen, die letzten Endes und mit größter Genauigkeit Kalibriermessungen von Quellstärken radioaktiver Substanzen durchführen, eine Abneigung dagegen haben (oder zumindest hatten), wegen der mit ihnen verknüpften größeren Ungenauigkeiten die Quellstärken „dicker" Substanzen zu bestimmen. Die Eichlaboratorien bevorzugen die Kalibrierung von Lösungspräparaten, deren Stärke der der ideal dünnen Schichten möglichst nahe kommen, und betrachten z. B. Kobaltfolien von 50 μm Stärke schon als „dick" (hinsichtlich der β-Selbstabsorption). Demgegenüber verlangt der Einsatz in Reaktormeßpositionen eine beträchtliche Widerstandsfähigkeit von den Detektoren, weshalb Lösungspräparate auf ihren empfindlichen dünnen Kunststoffträgern hier für unmittelbare Absolutmessungen ungeeignet sind. Die Notwendigkeit der Bereitstellung von Sätzen gut kalibrierter Aktivierungsdetektoren wird jedoch mehr und mehr erkannt und findet auch die erforderlichen Konsequenzen. Das um so mehr, als die übrigen Neutronendetektoren nur mit sehr bescheidenen Ansprüchen als kalibrierfähig anzusehen sind. Die unter gewissen Einschränkungen noch kalibrierfähigen strom- und impulsanzeigenden Detektoren werden von der Industrie allenfalls mit groben größenordnungsmäßigen Empfindlichkeitsangaben ausgeliefert. Von einem regelrechten Austausch kalibrierter Detektortypen kann man hier kaum und bei den übrigen Detektorarten noch gar nicht sprechen.

3.5. Neutronenphysikalische Experimentiereinrichtungen

Vorbemerkung – Einrichtungen zur Erzeugung und Wandlung von Neutronenstrahlen – Einrichtungen zur Erzeugung von Neutronenfeldern

Wir beschreiben hier Typen von neutronenphysikalischen Experimentiereinrichtungen, soweit das in meßtechnischer Hinsicht von Interesse erscheint. Wegen ausführlicherer Informationen darüber und über die Verwendung von Experimentier- und Bestrahlungseinrichtungen sei verwiesen auf [XI, 11-2, 4, 12, 13-2, 32-1, 35-1, 2, 3]. Auf neutronenmultiplizierende Anordnungen wird in den Abschnitten 4.1 und 5.1 eingegangen.

An erster Stelle sind die *Neutronenquellen* (einschließlich der Neutronengeneratoren) und die *Kalibriereinrichtungen* aufzuführen. Sie wurden in den Abschnitten 3.2 bis 3.4 behandelt. Monoenergetische Photoneutronenquellen radioaktiver Art oder mit Beschleunigern finden auch zur Messung der Wirkungsquerschnitte schneller Neutronen Anwendung. Unter Ausnutzung der in Abschnitt 3.2 genannten Beziehungen zwischen der Ionenenergie, der Neutronenenergie und dem Winkel des ausgenutzten Neutronenstrahls gegenüber der Ionenstrahlrichtung kann man mit elektrostatischen Beschleunigern und verschiedenen (*d*, n)- und (p, n)-Reaktionen schnelle Neutronen im ganzen für die Reaktorphysik wichtigen Energiebereich (bis über 20 MeV hinauf) erzeugen. Für den Neutronenenergiebereich unterhalb 120 keV bis zu 10 eV hinunter lassen sich monoenergetische Neutronen mittels der (unten kurz skizzierten) Flugzeitmethode aus dem Energiekontinuum heraussortieren, das vom Target eines Beschleunigers mit gepulster Teilchenstromquelle abgestrahlt wird. Die Impulserzeugung bei einer solchen periodisch gepulsten Quelle wird (hochfrequenz-)moduliert, so daß scharfe Teilchenimpulse (von größenordnungsmäßig 1 ns bis über 1 μs Länge) entstehen.

Einrichtungen zur Erzeugung und Wandlung von Neutronenstrahlen finden – an Neutronenquellen und Reaktoren – Anwendung für die verschiedensten Transmissions- und Streuexperimente in der Kern- und Festkörperphysik. Es gibt Untersuchungen, die eng gebündelte Strahlen schneller Neutronen verlangen. Dazu bringt man in der Abschirmung, die die Neutronenquelle umgibt, einen engen Kanal von höchstens etwa 3% Raumwinkelöffnung an. Ein solcher *Kollimator* hat häufig kreisförmigen Querschnitt und die Form eines Zylinders oder besser noch die eines (Doppel-)Kegels (mit einer im Wandinnern gelegenen Einschnürung). Er soll von einer möglichst gut geglätteten Wandung umgeben sein und besteht z. B. aus Gießharz (als Bremssubstanz), das innen mit einem Filtermaterial für Bremsneutronen (z. B. Borcarbid oder Bor-Metall) ausgekleidet wird, oder aus einem in Phenolharz mit Gewebeeinlage eingelassenen Metallkörper. Die Energieverteilung derart kollimierter schneller Neutronen ergab sich (innerhalb der Meßunsicherheit von wenigen Prozent) als unverändert gegenüber der der Quellneutronen [11-4].

An Forschungsreaktoren findet die Erzeugung (und – falls erforderlich – auch Wandlung) von Neutronenstrahlen in *Strahlrohren* oder in besonderen Kanälen wie z. B. in leergeräumten Teilen *Thermischer Säulen* statt (Abbildung 3.5.I). Strahlrohre sind Aluminiumrohre von etwa 10 bis 25 cm Durchmesser, die durch die Abschirmung des Reaktors hindurch bis auf etwa 1 cm an den Reaktorkern heran- oder tangential an ihm vorbeiführen; Thermische Säulen werden bei den Einrichtungen zur Erzeugung von Neutronenfeldern besprochen. Transmissions- und Streu-Experimente setzen ausreichende Flüsse voraus; diesem Wunsch steht oft (z. B. bei neutronenoptischen Versuchen) die Forderung nach möglichst enger Kollimierung entgegen. Die Verwendung von *Strahlenwandlern* und *-Filtern* wird dadurch notwendig, daß man an der Experimentieröffnung

1 Experimentierkanal, in den Kern ragend
2 Experimentierkanäle, in den Tank ragend
3 wie 2
4 Experimentierkanal, durchführend
5 wie 4
6 Rohrpost
7 Vertikaler Zentralkanal
8 Vertikale Neben-(Prüf-) Kanäle
9 Isotopenkanäle
10 Thermische Säule
11 Horizontalkanal } durch die Thermische Säule
12 6 Vertikalkanäle } durch die Thermische Säule
13 Meß-Säule
14 Reaktorkern
15 Reflektor
16 Aluminiumtank
17 Thermischer Schild
18 Magnetitbeton
19 Loop-Leitungsschacht
20 Dichtschieber
21 Strahlenschieber
22 Aluminium-Fenster
23 Stahl-Schieber
24 Blei-Boral-Schieber

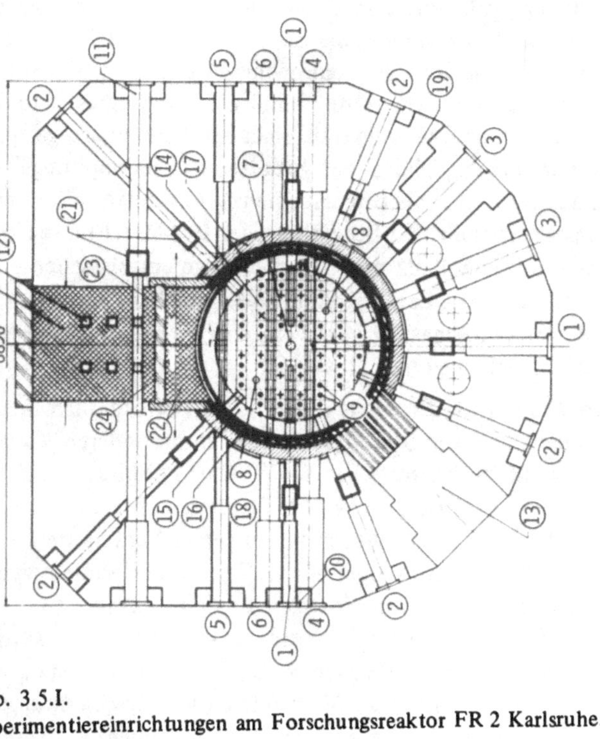

• 41 Isotopenkanäle
+ 16 Trimm-Abschalt-Stäbe
× 1 Feinregel-Stab
158 Brennelemente
29 Thorium-Stäbe

Abb. 3.5.I.
Experimentiereinrichtungen am Forschungsreaktor FR 2 Karlsruhe, nach [35–5, 41–25].

des Reaktors von dem gelieferten Strahlengemisch – aus Neutronen aller Energiebereiche sowie aus Gamma-Strahlen – nur einen Teil zu erhalten und den Rest zu eliminieren wünscht. So kann man die thermische Stromdichte mittels cadmium- oder bor-haltiger Filter verringern, die der (mittel-)schnellen Neutronen durch Bremssubstanzen und die der Gamma-Strahlen durch Blei- oder Wismut-Filter. Bei der Anwendung des Flugzeitverfahrens zur Untersuchung eines ausgedehnten Mediums bildet die einwandfreie Herausführung eines Neutronenstrahls, der das Spektrum im Medium treu wiedergibt, eine wesentliche Vorbedingung. Dazu benutzt man zwei Verfahren: entweder wird im Medium ein Fingerhutrohr angebracht, und man erwartet, am äußeren Ende die spektrale Flußdichte $\varphi_E(\vec{r})$ an der Stelle $\vec{r}$ der (inneren) Strahlrohrstirnfläche zu erhalten, weil man ein Neutronenfeld im Untersuchungsmedium voraussetzt, das nur wenig von einem isotropen Feld abweicht. Oder man versieht das Medium mit einem durchgehenden („tangentialen") Kanal, in dem an der Meßstelle $\vec{r}$ eine kleine Streusubstanz angebracht ist: diese sollte im Idealfall keine inelastische Streuung, jedoch möglichst isotrope elastische Streuung zeigen, ihr Absorptionsquerschnitt sollte möglichst klein und ihr Streuquerschnitt energieunabhängig sein. Da man bei solchen Strahlrohrexperimenten an Stelle der gesuchten Flußdichte die Stromdichte mißt, muß die Beziehung zwischen beiden bekannt sein; beim erstgenannten Verfahren ist sie durch die Diffusionsnäherung gegeben, beim zweiten kann man die Integralgleichung der Transporttheorie anwenden [11-2]. Natürlich kann die Anbringung eines Strahlrohrs (namentlich in heterogenen Systemen) das zu untersuchende Spektrum verfälschen; im allgemeinen bleiben die spektralen Veränderungen jedoch klein, wenn der Strahldurchmesser klein ist im Vergleich zur mittleren Weglänge der Neutronen.

In die Strahlrohre von Reaktoren werden in der Regel Kollimatoren eingebaut. Sie sollen sichern, daß nur vom Meßort $\vec{r}$ (bei einem Fingerhutrohr also von dessen Stirnfläche) ausgehende Neutronen den Detektor erreichen. Je nachdem, welche Neutronen-Energiebereiche man durchzulassen wünscht, müssen die Kollimatoren wie oben beschrieben, oder anders ausgestattet sein und gegebenenfalls noch Strahlenwandler enthalten. Für die Neutronenstromdichte, die einen Kollimator mit dem engsten Querschnitt f durchsetzt, gilt außerhalb dieser Stelle angenähert Gleichung (1.2.3). Reine Spaltneutronenflüsse erhält man mit Hilfe von Konvertoren, die zur Eliminierung von intermediären bzw. thermischen Neutronen z. B. in einer Thermischen Säule angebracht bzw. mit einem thermischen Neutronenfilter an der Austrittsöffnung versehen sind. – Intermediäre Neutronen sind im Reaktortank mit allen möglichen Energien vertreten. Neutronenphysikalische Untersuchungen z. B. von bestimmten Resonanzen verlangen dagegen das Vorhandensein von Bremsneutronen aus nur einem ganz bestimmten Energiegebiet. Auch diese wird man mittels eines Strahlrohrs mit Kollimator- und Filteranordnung (z. B. mit Filtern, die neben

Cadmium Bor in bestimmten Dicken enthalten) erzeugen. Die an der Experimentieröffnung des Strahlrohres erhältlichen Flußdichten sind zwar entsprechend Gleichung (1.2.3) überschlägig um den Faktor 10^4 geringer als im Reaktortank, jedoch wird diese Einbuße reichlich dadurch ausgeglichen, daß am Strahlrohrende Meßeinrichtungen eingesetzt werden können, die ungestört durch nukleare oder sonstige physikalische Effekte arbeiten können und eine viel höhere Empfindlichkeit und Energieauflösung besitzen als reaktorinterne Meßeinrichtungen. Bei Strahlrohrversuchen mit thermischen Neutronen muß man je nach den besonderen experimentellen Erfordernissen einen Kompromiß zwischen den Wünschen nach hohem Fluß, vollständiger Thermalisierung und guter Kollimierung schließen: durch Verbesserung der Thermalisierung sowie der Kollimierung wird der verfügbare Fluß verringert. Für einen großen Forschungsreaktor, an dem gleichzeitig viele Strahlrohrversuche stattfinden, muß jedes Experiment so abgeschirmt werden, daß der Neutronen-Untergrund für andere Experimente nicht unzulässig erhöht und daß im Normalbetrieb keine Abschaltungen nötig sind. Diese Forderungen haben manchmal umfangreiche Maßnahmen wie Anbringung von Strahlenfängern und dergleichen zur Folge. Zur Vermeidung schädlicher Streustrahlung kann auch die Evakuierung von Strahlrohren nützlich sein. Dabei ist zu beachten, daß in den üblichen Strahlrohren eines leichtwassermoderierten Reaktors die störenden Flüsse von schnellen Neutronen und γ-Strahlen gegenüber dem erwünschten thermischen Neutronenfluß relativ beträchtliche Größe annehmen. In einem Schwerwasser-Reflektor sind dagegen die Verhältnisse der Störflüsse gegenüber dem thermischen Neutronenfluß kleiner, und letzterer nimmt nach außen hin langsamer ab: eine hinreichende Verringerung der Störflüsse verlangt hier nur eine geringe Einbuße an thermischem Fluß. In diesem Fall sind tangentiale Rohre sehr nützlich, die durch das Maximum der thermischen Flußdichte im Reflektor hindurch und nicht auf den Reaktorkern hin führen. Durch Anbringung einer dünnen streuenden Substanz (aus Leicht- bzw. Schwerwasser oder Graphit) in einem Tangentialrohr kann man starke Strahlen thermischer Neutronen erzeugen.

Beispiele verschiedenartiger Anwendungen in Strahlrohrversuchen mit thermischen Neutronen findet man dargestellt in den Abbildungen 3.3.V, 3.5.II und 3.5.III. Abbildung 3.5.II gibt eine Anordnung mit einem Bestrahlungskäfig für biologische Versuche wieder, die keine besonderen Ansprüche an Thermalisierung bzw. Kollimierung stellt, aber einen niedrigen γ-Fluß verlangt. Abbildung 3.5.III zeigt eine Anordnung mit Beryllium-Filter und Chopper, die zur Untersuchung akustischer Schwingungen Anwendung findet. Solche Anordnungen litten unter dem hohen *Strahlenuntergrund* vom Reaktor. Inzwischen hat die Herstellung fein kollimierter reiner Strahlen von langsamen Neutronen durch die Einführung von *Neutronen-Leitern* – das sind Rohre mit totalreflektierenden Oberflächen – Fortschritte gemacht [35-2]: dabei benutzt

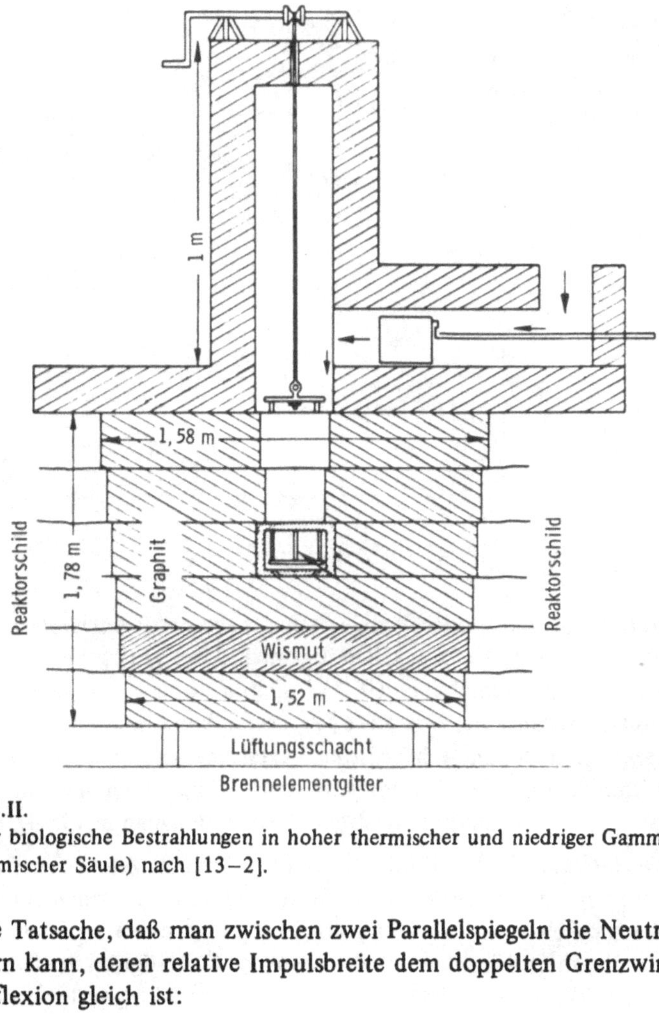

Abb. 3.5.II.
Käfig für biologische Bestrahlungen in hoher thermischer und niedriger Gamma-Flußdichte (in Thermischer Säule) nach [13–2].

man die Tatsache, daß man zwischen zwei Parallelspiegeln die Neutronen speichern kann, deren relative Impulsbreite dem doppelten Grenzwinkel der Totalreflexion gleich ist:

$$\frac{\Delta p}{p} = 2\gamma \,. \tag{3.5.1}$$

Von Reflexionsverlusten abgesehen bleibt die Phasenraumdichte der langsamen Neutronen am Ende eines langen Rohrs gegenüber der Austrittsstelle aus dem Reaktor erhalten. Durch (schwache) Krümmung des Neutronen-Leiters lassen sich die reflektierten Neutronen aus dem direkten Strahl herausleiten und von der übrigen Strahlung absondern. Brauchbare Ergebnisse erzielte man mit Glas als reflektierendem Material.

Da alle Quellen thermischer Neutronen ein kontinuierliches Spektrum aussenden, muß man für neutronenspektrometrische Untersuchungen häufig zuerst

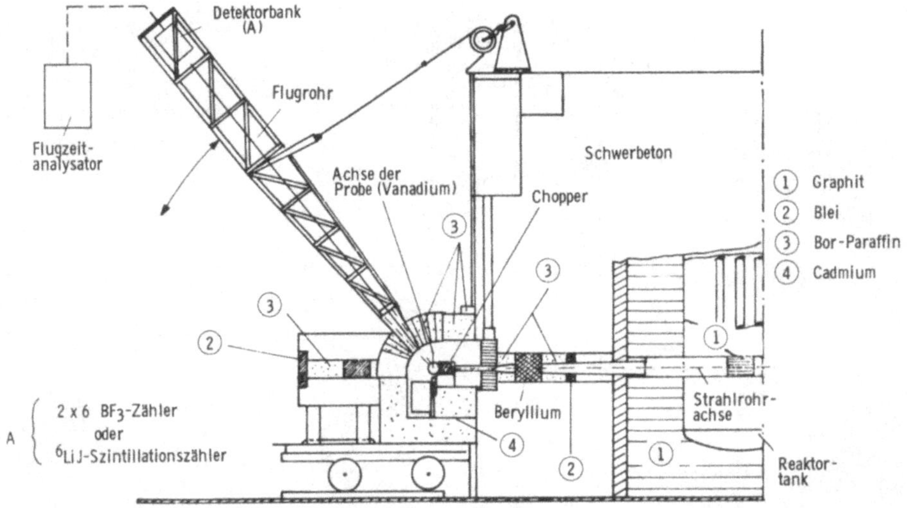

Abb. 3.5.III.
Berylliumfilteranordnung am CP 5-Type-Reaktor Ispra [35–2, 6].

Neutronenstrahlen mit mehr oder weniger genau *begrenzter Energiebreite* erzeugen. Je nach dem Versuchszweck benötigt man dabei eine grobe ($\Delta p/p = 0{,}5$), feine (0,01) oder sehr feine (10^{-4}) Impulsauflösung. Zur Energieauslese benutzt man Kristallfilter, Kristall- oder mechanische Monochromatoren oder die Flugzeitmethode. Diese bewährten Verfahren lassen sich in mannigfacher Weise kombinieren. Eine zusammenfassende Darstellung über die Energieauslese in Strahlen thermischer Neutronen findet man in [35-4].

Die *Braggsche Reflexion* läßt sich mit Benutzung räumlich geordneter (kristalliner) Substanzen in zweifacher Weise zur Wandlung von Neutronenstrahlen anwenden. Bekanntlich besagt die Braggsche Beziehung, daß eine Strahlung der Wellenlänge λ, die unter Winkel ϑ auf die einer der Kristallgitterebenen parallelen Oberfläche fällt, eine elastisch kohärente Streustrahlung unter gleichem Winkel austreten läßt, für die gilt:

$$2d \sin\vartheta = n\lambda = n h/\sqrt{2 m E_n}\,. \qquad (3.5.2)$$

Dabei sind: d der Abstand der Gitterebenen, n = 1, 2, . . . die Reflexionsordnung, h die Plancksche Konstante und E_n die zu n gehörige Neutronenenergie. Ein verhältnismäßig grob wirkendes Kristallfilter aus polykristallinem Material (z. B. eine Beryllium-Säule mit etwa 5 cm Durchmesser und 25 cm Länge) läßt nur derart langsame (energiearme) Neutronen nahezu vollständig hindurchtreten, deren Wellenlänge

$$\lambda > 2d \qquad (3.5.3)$$

ist, die also nicht mehr Bragg-gestreut werden. Dieses Verfahren wird zur Auslese sehr langsamer *(kalter)* Neutronen benutzt, und zwar mit Beryllium für Neutronen unterhalb von etwa 5 meV, mit Graphit bzw. Wismut unterhalb von 1,8 bzw. 1,3 meV. – Gegenüber diesem groben Kristallfilter benutzt der Kristallmonochromator die Bragg-Reflexion unmittelbar zur Auslese von Neutronen der Energie E_n. Die Energieauslese dieses Verfahrens ist sehr genau, wenn das einfallende Neutronenspektrum mit zunehmender Energie abnehmende Intensität aufweist, so daß eine zu gleichem Winkel ϑ gehörige Überlagerung eines Maximums durch Maxima mit höheren Reflexionsordnungen kaum noch stört, wie z. B. im intermediären Energiebereich gebremster Neutronen gemäß Gleichung (3.5.2) mit:

$$\varphi_E(E_n) \sim \frac{1}{E_n} \sim \frac{1}{n^2}\,. \tag{3.5.4}$$

Weniger vorteilhaft lassen sich Kristallmonochromatoren im niederenergetischen Teil des Maxwell-Spektrums verwenden, wo die Intensität mit zunehmender Energie zunimmt; zur Unterdrückung höherer Reflexionsordnungen verwendet man zusätzliche (mechanische oder Kristall-)Monochromatoren.

Eine weitere Filtereinrichtung ist schließlich das *Neutronenfenster*, eine (etwa 20 cm dicke) Wismut-Platte, die Gammastrahlung weitgehend zurückhält, aber Neutronen hindurchläßt. – Als *Mechanische Monochromatoren* bezeichnet man (meist mit Cadmium abgeschirmte) rotierende Strahlenverschlüsse, die mit schräg zur Strahlrichtung verlaufenden Schlitzen versehen sind, wobei die Geschwindigkeit der durchgelassenen Neutronen von der Umlaufgeschwindigkeit abhängt. Im Unterschied dazu sind die rotierenden Strahlenverschlüsse in Choppern so gebaut, daß zeitlich kontinuierliche Neutronenströme in zeitlich getrennte Impulse zerhackt werden, deren Neutronenenergien nach dem Flugzeitverfahren sortiert werden können. In langsamen Choppern wird wieder Cadmium als Abschirmungsmaterial benutzt, bei schnellen Choppern (für intermediäre Neutronen) besteht der Rotor dagegen aus Schwermetallen wie Eisen oder Nickel.

Einrichtungen zur Erzeugung von Neutronenfeldern werden bei Untersuchungen der Neutronen-Bremsung und -Diffusion gebraucht. Dazu gehören auch Standard-Moderatoren mit Neutronenquellen. Abgesehen von Kalibrierzwecken finden solche Medien Anwendung zur Bestimmung neutronenphysikalischer und reaktorphysikalischer Daten (z. B. makroskopische Wirkungsquerschnitte, Fermi-Alter, Bremslängen, Diffusions- und Transportweglängen usw.).

Die einfachste Einrichtung dieser Art wird durch eine (angenähert) *punktförmige Neutronenquelle in einem* (nahezu) *unendlich ausgedehnten Bremsmedium* gebildet; zur Erfüllung der letztgenannten Forderung muß das Medium so groß gemacht werden, daß kein nennenswerter Bruchteil an thermischen Neutronen heraustreten kann: das läßt sich nur mit einem Leichtwasserstoff-Moderator

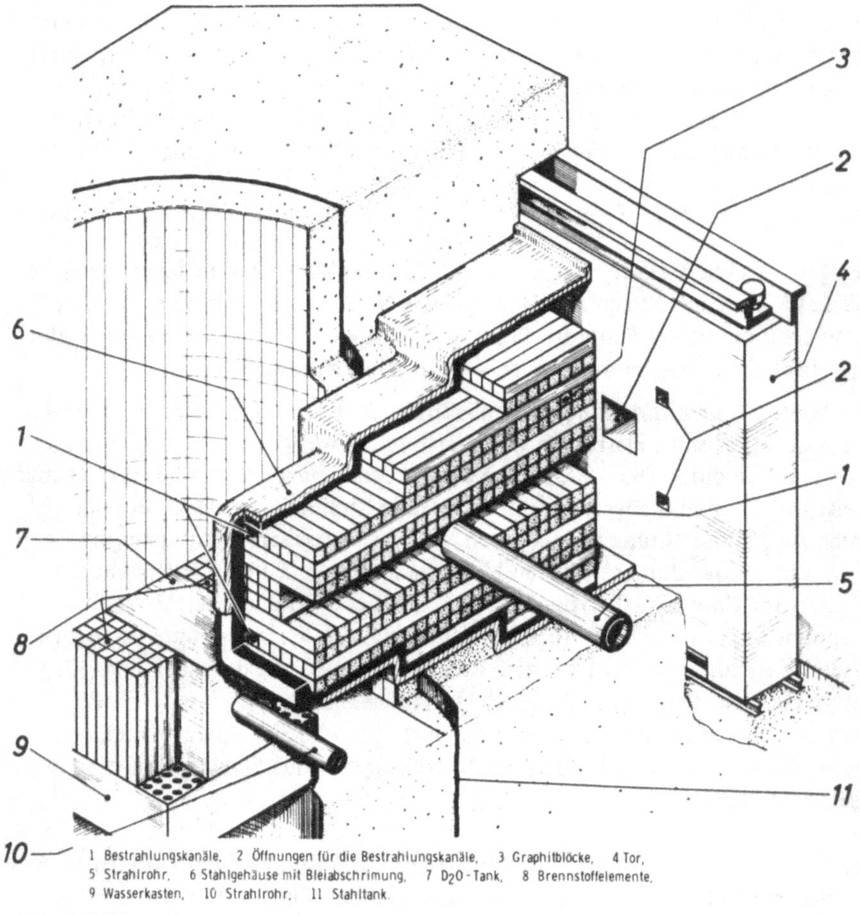

1 Bestrahlungskanäle, 2 Öffnungen für die Bestrahlungskanäle, 3 Graphitblöcke, 4 Tor, 5 Strahlrohr, 6 Stahlgehäuse mit Bleiabschrimung, 7 D_2O-Tank, 8 Brennstoffelemente, 9 Wasserkasten, 10 Strahlrohr, 11 Stahltank.

Abb. 3.5.IV.
Thermische Säule des FMRB-Braunschweig mit der Lage der Bestrahlungseinrichtungen [41–12].

verwirklichen. Als Anordnung für andere Bremssubstanzen dient der *Sigma-Pile*. Er hat – im Vergleich zur Diffusionslänge der thermischen Neutronen des darin enthaltenen bzw. zu vermessenden Mediums – „endliche" Ausdehnung und muß die Möglichkeit zur Korrektur für das Heraustreten thermischer Neutronen bieten. Dazu wird er – wie der in Abbildung 3.3.I gezeigte Argonne Standard Pile – geometrisch exakt z. B. in Quader- oder Säulenform aufgebaut, die Neutronenquelle wird punktförmig in der Mitte einer Begrenzungsfläche oder als Flächenquelle über diese verteilt angeordnet. Der thermische Flußverlauf im Innern läßt sich dann in brauchbarer Näherung nach der Diffusionstheorie (als Reihenentwicklung nach Exponentialfunktionen) berechnen. – Die Thermische Säule stellt einen Sigma-Pile dar, wobei die vom Reaktor her eintretenden Neutronen eine Flächenquelle bilden. *Thermische Säulen* bestehen aus Blöcken reinsten Graphits. Sie haben quadratischen Querschnitt von mindestens $1 \times 1\,m^2$ und sind bis 1,5 m lang. An Reaktoren als den stärksten Neutronenquellen lohnt es sich, Thermische Säulen mit viel größeren Abmessungen als die sonstigen Sigma-Piles zu bauen; die großen Abmessungen des Bremsmediums bewirken, daß man – im Gegensatz zu anderen Sigma-Piles – im Innern einer Thermischen Säule den Anteil an epithermischen Neutronen sowie die höheren Ordnungen der Exponentialfunktionen in der Verteilung der thermischen Neutronen nach der Diffusionstheorie vernachlässigen kann. Nach über 1 m Säulendicke vom reaktorseitigen Ende gerechnet sind praktisch nur noch thermische Neutronen vorhanden, deren Fluß mit etwa 30 cm Relaxationslänge nach außen abnimmt. Abbildung 3.5.IV zeigt Einzelheiten einer Thermischen Säule mit Kanälen und mit Strahlrohren für Bestrahlungen mit thermischen Neutronen.

3.6. Bestimmung neutronenphysikalischer Meßgrößen

Fragestellung – Messung der ortsabhängigen Flußdichte (und Fluenz) – Messung der spektralen Flußdichte – Messung von Richtungsverteilungen

In Abschnitt 1.3 wird die geläufige Bestimmung der neutronenphysikalischen Meßgrößen mittels Reaktionsraten behandelt, die in Neutronendetektoren ausgelöst werden. An dieser Stelle wollen wir die **Fragestellung** bei der Bestimmung neutronenphysikalischer Meßgrößen grundsätzlich erörtern. Wir wollen uns Rechenschaft darüber geben, inwieweit die gebräuchlichen Verfahren der Neutronenmeßtechnik in der Lage sind, die gesuchten Meßgrößen tatsächlich zu bestimmen. Die Integraldarstellung (1.3.3) für die spektrale Flußdichte φ_E besitzt zwar gegenüber der exakten Beziehung (1.2.17) zwischen der Reaktionsrate R und der (von anderen spektrale Flußdichte-Richtungsverteilung $\varphi_{E,\Omega}$ genannten) spektralen Vektorflußdichte $F'(E)$ bereits eine vereinfachte Gestalt;

trotzdem ist (1.3.3) im allgemeinen Fall unlösbar. Zur Bestimmung spektraler Flußdichten (bzw. von deren Integralen über bestimmte Energiebereiche) führt man meist Idealisierte Spektraldarstellungen als erste Näherungen ein.

Damit läßt sich zwar aus gemessenen Reaktionsraten R die Flußdichte φ leicht angeben und das Neutronenfeld beschreiben. Man muß sich aber klarmachen, womit man diese *einfache Lösung* erkauft. Zunächst: von der über alle Neutronenenergien integrierten Neutronenflußdichte $\varphi(0, \infty)$ bzw. -fluenz $\Phi(0, \infty)$ – vgl. Gleichung (1.2.50) – spricht man nicht, diese Begriffe sind nicht eingeführt worden. Sie hätten eine gewisse Bedeutung als Analoga zur Neutronenquellstärke B; außerdem ließe sich die Gesamt-Flußdichte bzw. -Fluenz für Reaktionsraten bzw. empfangene Dosen (Schädigungsraten bzw. -dosen) bestrahlter Substanzen angeben. Ebensowenig kann man nach dem Konzept der Idealisierten Spektraldarstellungen von der Bestimmung der spektralen Flußdichte bzw. Fluenz (φ_E bzw. Φ_E) oder gar der Vektor-Flußdichte $F'(E)$ sprechen. Was übrig bleibt, sind fiktive oder *Konventions-Größen*, die das Neutronenfeld nur in folgender Weise charakterisieren können: wenn im Meßort zum Meßzeitpunkt ein bestimmtes Idealisiertes Spektrum und eine bestimmte Richtungsverteilung geherrscht hätten, könnten wir über gewisse Energie- (und Winkel-)Bereiche die und die Aussage machen. Über das Konzept der Idealisierten Darstellungen hinausgehend sollen in diesem Abschnitt die Grenzen der allgemeinen Bestimmbarkeit der neutronenphysikalischen Meßgrößen in ihrer räumlichen, spektralen und Richtungsverteilungs-Abhängigkeit abgesteckt werden. Der Meßwert, von dem ausgegangen wird, bleibt in jedem Fall die Reaktionsrate oder deren Zeitintegral. Absolutwerte von Reaktionsraten erhält man entweder durch eine Sekundäranschlußmessung mit dem betreffenden Detektor in einer der Meßaufgabe entsprechenden kalibrierten Flußdichte. Oder man kann – z. B. zur Flußdichtebestimmung – den Wirkungsquerschnitt $\sigma(E)$ und die Flußstörungskorrektur K als bekannt voraussetzen und bestimmt die Reaktionsrate R absolut (z. B. mittels absoluter Radioaktivitätsbestimmung).

Die zur **Messung der ortsabhängigen Flußdichte** (und Fluenz) in den Neutronendetektoren entstehenden Reaktionsraten werden durch Nachweiseffekte in den Nachweissubstanzen der Detektoren hervorgerufen. Die Detektoren werden dazu in der Regel als Sonden in die zu vermessenden Positionen des Neutronenfelds gebracht; der Unterschied dieses Sondenverfahrens vom Kollimatorverfahren wird unten im Zusammenhang der energieabhängigen Flußdichtemessungen besprochen. Die Sonden sollen gegenüber den Abmessungen des Meßgegenstands im Neutronenfeld genügend klein und isoliert sein und – neben der Nachweissubstanz – möglichst keine die Meßgröße störenden Substanzen enthalten. Über Korrekturen für die endliche Ausdehnung von Quellen und Sonden s. [11-8].

Weiter sollten die Wirkungsquerschnitte in den Kapselungs-, eventuellen Filterungs- und Halterungsmaterialien des Detektors möglichst wenig von den Wirkungsquerschnitten im Meßmedium im Neutronenfeld abweichen (z. B. in einem Reaktor-Bestrahlungseinschub). Die Ausblendung des bei der Meßaufgabe interessierenden Neutronenenergiebereichs besprechen wir im Zusammenhang der Messung spektraler Flußdichten. Die gebräuchlichen Kalibrierverfahren haben wir in den Abschnitten 3.1, 3.3 und 3.4 erörtert. Der Anschluß der Flußdichte- und Fluenz-Meßverfahren an die Primärstandards kann durch genormte Aktivierungsdetektoren erfolgen, die:
entweder A. im Neutronenfluß aktiviert und in Flußdichte- bzw. Fluenz-Einheiten und Aktivitäten kalibriert sind
oder B. inaktiv sind.
Detektortyp A dient zur Sekundärkalibrierung von Meßeinrichtungen, Detektortyp B wird nach Aktivierung in bestimmten (sekundär zu kalibrierenden) Neutronenfeldern und Messung im betreffenden Meßlabor zur Vergleichsmessung an das zentrale Eichlabor eingesandt.

Als Beispiel für eine solche Kalibrierung betrachten wir die direktanzeigende Leistungsdichtemonitierung in einem Leistungsreaktor. Sie erfolge mittels einer (^{235}U-belegten) Ionisationskammer mit Anzeige in A. Zur Kalibrierung der Meßwerte in Flußdichteeinheiten kann man Aktivierungsdetektoren verwenden, deren relative Aktivitätsanzeigen in s^{-1} durch Anschluß an andere Aktivierungsdetektoren kalibriert werden können, die im zentralen Eichlaboratorium kalibriert wurden.

Zur Ermittlung des Meßbereichs einer Meßeinrichtung pflegt man zwei Gerätekenngrößen heranzuziehen: die *Ausbeutefunktion* und die *Empfindlichkeit*. Erstere ist *auf einen Detektortyp bezogen* und definiert als das Verhältnis ϵ zwischen dem Anteil M_n der Meßgröße, die im Detektor die Nachweisreaktion auslöst, zur gesamten Meßgröße M:

$$\epsilon \equiv M_n/M \ . \qquad (3.6.1)$$

Die (dimensionslose) Ausbeutefunktion oder Detektor-Ausbeute [VIII-45, IX-10c, 21-3] hängt ab von der Energie des registrierten Teilchens (z. B. eines Rückstoßprotons, eines Assoziierten Teilchens oder der in Aktivierungssonden entstandenen Strahlenarten) sowie von Ort und Beschaffenheit von Detektor, Meßgegenstand und Umgebung. Bestimmungen der Ausbeutefunktion werden ausgeführt:
I. zur Meßbereichs-Vorausschätzung für Meßverfahren und
II. zur Vergleichsbestimmung von Empfindlichkeiten für die Überprüfung der Fehler und Korrekturen bei der Meßwertverarbeitung.
Im Unterschied zur Empfindlichkeit wird die (zum Detektortyp gehörige) Ausbeutefunktion rechnerisch oder mit Hilfe von Vorversuchen (über Kalibrier-

Funktionen) ermittelt; die Korrekturen für die erfaßten systematischen Fehler sind darin enthalten. In der Neutronenmeßtechnik spielen Ausbeutefunktionsbestimmungen eine Rolle vor allem bei – relativen oder absoluten – Aktivitätsbestimmungen von Aktivierungssonden.

Demgegenüber gibt die Empfindlichkeit – s. [IV, VIII-45, 21-3, 36-1] – das Verhältnis der Anzeigenänderung ΔJ an, die man am Ausgang einer Meßeinrichtung erhält, wenn deren Eingang der Meßgrößenänderung ΔM ausgesetzt wird:

$$S \equiv \Delta J / \Delta M \,. \tag{3.6.2}$$

Die Empfindlichkeit hat demnach dieselbe Dimension wie das Verhältnis der Anzeige zur Meßgröße. Die Empfindlichkeit wird als Gerätekenngröße zur Ermittlung des Meßbereichs für die betrachtete Meßeinrichtung sowie (besonders bei Relativmessungen) zur Meßwertverarbeitung herangezogen. Die Empfindlichkeit unterscheidet sich nicht nur in der Dimension von der Ausbeutefunktion, sondern auch darin, daß sie *auf eine* ganz *bestimmte Meßeinrichtung bezogen* zum betrachteten Zeitpunkt deren Verwendbarkeit und Verwendungsbereich angibt. Die Ausbeutefunktion stellt demgegenüber eine abstrahierte Größe dar, die die Brauchbarkeit eines Detektortyps charakterisiert.

In die eben definierte (experimentelle) Empfindlichkeit S geht – neben der aus der Ausbeutefunktion berechenbaren theoretischen Empfindlichkeit S_t – noch eine individuelle zeitabhängige Kenngröße der benutzten Meßeinrichtung ein. Sie soll in Anlehnung an den (für einen Teilbegriff verwendeten) Ausdruck „Probability that a reaction . . . will register a count" [21-3] als *Registrierwahrscheinlichkeit* bezeichnet werden. Die Registrierwahrscheinlichkeit p_D ist zu definieren als das (dimensionslose) Verhältnis der beiden ebengenannten Empfindlichkeiten:

$$p_D \equiv S / S_t \,. \tag{3.6.3}$$

Die Registrierwahrscheinlichkeit kann von Eins abweichen wegen: Unzulänglichkeiten im Detektoraufbau (einschließlich Streu- und Absorptionseffekten), Erreichen der Meßbereichsgrenzen und Signalverlusten bzw. Signalvervielfachungen in der Meßapparatur.

Jede Meßeinrichtung läßt sich nur innerhalb *eingeschränkter Meßbedingungen* brauchbar einsetzen, wo die apparativen Parameter (wie Detektorspannungen, Verstärkungsfaktoren, Totzeitbegrenzungen usw.) so zu wählen sind, daß die Meßunsicherheit innerhalb sinnvoller Grenzen liegt. Dementsprechend ist auch der Meßbereich einzuschränken. Die größtmögliche Ausdehnung des Meßbereichs ist durch den Anzeigebereich gegeben [IV]. *Fehler* sollen (innerhalb der eingeschränkten Meßbedingungen) eine feste und zeitlich nahezu unveränderliche Schranke nicht überschreiten. Zur Definition des Fehlers einschließlich der

Unterscheidung zwischen nichterfaßbaren und erfaßten Fehlern sowie zur quantitativen Erfassung der Genauigkeit einer Messung durch den Begriff der Meßunsicherheit wird auf [IV] verwiesen. Auf weitere Korrekturen (Flußstörungen, zeitabhängige Korrekturen, den dosimetrischen G-Wert usw.) gehen wir an anderen Stellen ein.

Als Meßgröße zur Beschreibung des Neutronenspektrums dient die spektrale Neutronen-Flußdichte (bzw. die spektrale -Fluenz, vgl. Gleichung (1.2.50)). Die **Messungen der spektralen Flußdichte** gründen sich weitgehend auf dieselben Festlegungen und Verfahren, die oben für die Messungen (energieintegraler) Flußdichten angegeben wurden. Bei *Absolutbestimmungen spektraler Flußdichten* ist allgemein mit folgenden detektorbedingten Fehlern zu rechnen:
I. Unsicherheit in der Zahl der Atome des Ausgangsnuklids in der mit Neutronen reagierenden Substanz im Detektor bzw. im Radiator (Standardabweichung günstigstenfalls rund 0,1%),
II. falls Neutronen-Reaktionsprodukte gemessen werden, die mit einem winkelabhängigen Querschnitt entstehen: Unsicherheit in der Energie-Winkel-Beziehung (Standardabweichung nahezu 5%),
III. Unsicherheit im Raumwinkelanteil im Detektor, der von Strahlen unter einem bestimmten Winkel erreicht wird (Standardabweichung kleiner als 1%),
IV. Fehler in der Zuordnung eines endlichen Neutronen-Energieintervalls zur energieabhängigen Ausbeute.

Meßtechnische Anforderungen an Neutronenspektrometer richten sich – abgesehen vom Flußdichte- bzw. -Fluenz-Meßbereich – vor allem an die folgenden Kenngrößen:
A. den spektralen oder Energie-Meßbereich, der innerhalb des Energiebereichs liegen muß, in dem die Energieauflösung eine bestimmte Schranke nicht überschreitet und
B. die Energieauflösung; sie wird entweder als absolute Größe ΔE (in eV bzw. MeV) oder als relative Größe $\Delta E/E$ (in Prozenten) angegeben und liefert ein Maß für die Meßunsicherheit, mit der die betreffende Meßeinrichtung einen bestimmten Energiewert angeben kann. Die Energieauflösung ist für verschiedene Meßverfahren in unterschiedlicher Weise energieabhängig.

Zur *Energiekalibrierung* werden (mit abnehmender Zuverlässigkeit) folgende Verfahren angewendet:

A. Messung in einem bekannten Neutronenspektrum: Kalibrierung durch monoenergetische Neutronen von (natürlichen oder Beschleuniger-)Quellen gut bekannter Energie; oder Sekundärkalibrierung im Spaltspektrum oder im (1/E- oder/und thermischen) Spektrum einer Standard-Moderator-Anordnung.
B. Messung der bekannten Energie des Assoziierten Teilchens einer Neutronenreaktion, z. B. durch Hinzufügung einer kleinen ^{3}He-Menge zur ^{1}H-Füllung

eines Proportionalzählers zur Messung der 770-keV-Protonen von der Reaktion $^3He(n, p)^3H$ [24-10] oder durch Messung der 0,63-MeV-Protonen von der Reaktion $^{14}N(n, p)^{14}C$ im Stickstoff der Gelatine von Kernspuremulsionen.
C. Messung der bekannten α-Energie eines im Detektor angebrachten α-Strahlers.
Verfahren A ermöglicht die nahezu vollständige Kalibrierung des gesamten Energiemeßbereichs, die Verfahren B und C eine Überprüfung in einzelnen Energien ohne Unterbrechung der Messungen.

Unter den spektrometrischen Verfahren unterscheidet man zwischen den *echten oder (differentiellen) mehrkanaligen Verfahren* und den *(integralen) Gruppen-Verfahren*. Bei den ersteren wird eine Spektralverteilung von im Detektor ausgelösten Sekundärteilchen mehrkanalig als Funktion von deren spektralen Reaktionsraten gemessen:

$$R_{E_s} \Delta E_s = R_{E_s}(\varphi_E) \Delta E_s \,. \tag{3.6.4}$$

(ΔE bezeichnet hier die Kanalbreite.) Bei den Gruppenverfahren erfolgt die Ausblendung zu untersuchender Energieintervalle oder -gruppen $E_j \ldots E_{j+1}$ durch Auswahl eines oder mehrerer ($i = 1, \ldots, n$) Detektoren, bei denen die Wirkungsquerschnitte oder Nachweisreaktionen $\sigma^{(i)}(E)$ passenden Verlauf haben. Aus den Reaktionsraten:

$$R_i = N_i \sum_{j=1}^{J} \sigma_j^{(i)} \varphi_j \equiv \sum_{j=1}^{J} R_{ij}$$

$$(i = 1, \ldots, n \,;\; J \leqslant n \quad \text{ohne Vorkenntnis des Spektrums}) \tag{3.6.5}$$

hat man die gesuchten Größen:

$$\varphi_j = \int_{E_j}^{E_{j+1}} \varphi_E \, dE \tag{3.6.6}$$

zu bestimmen. In Gleichung (3.6.5) und im Folgenden sind der Einfachheit halber Flußstörungs-Korrekturen unterdrückt; ferner wurde $\int_{E_j}^{E_{j+1}} \sigma^{(i)}(E)\, \varphi_E \, dE$ durch $\sigma_j^{(i)} \varphi_j$ aus gedrückt. Eine andere Möglichkeit zur Ausblendung eines Energieintervalls $E_j \ldots E_{j+1}$ beim Gruppenverfahren besteht in der Verwendung von Neutronenfiltern. Das sind Substanzen, die nur innerhalb (bzw. ober- und unterhalb) bestimmter Energiegrenzen Neutronen stark absorbieren (wie Cadmium) oder streuen (wie Be-, Bi- oder C-Filter). Die untere (obere) Durchlaß-Grenzenergie $\underline{E_F}$ ($\overline{E_F}$) des Filters läßt sich aus dessen Transmissionsfunktion T(E) bestimmen nach:

$$\int_0^\infty \sigma_D(E)\, T(E)\, \varphi_E(E)\, dE = \int_{\underline{E_F}}^\infty \sigma_D(E)\, \varphi_E(E)\, dE \quad \text{bzw.} \quad = \int_0^{\overline{E_F}} \sigma_D(E)\, \varphi_E(E)\, dE \,. \tag{3.6.7}$$

Fällt die (Abschneide- oder) Durchlaß-Grenzenergie $\underline{E_F}$ ($\overline{E_F}$) nicht mit der gewünschten Energie-Intervallgrenze $E_j(E_{j+1})$ zusammen, muß man noch eine Filter-Korrektur F_F anbringen, die für ein Filter mit unterer Grenze $\underline{E_F}$ für die Durchlässigkeit wie folgt zu definieren ist:

$$F_F = 1 + \int_{E_j}^{\underline{E_F}} \sigma_D(E)\,\varphi_E(E)\,dE \Big/ \int_{\underline{E_F}}^{\infty} \sigma_D(E)\,\varphi_E(E)\,dE\,. \qquad (3.6.8)$$

Die Einführung der angenäherten praktischen Rechengrößen E_F, F_F setzt demnach gewisse Kenntnisse über den Verlauf der spektralen Flußdichte φ_E voraus. Im ganzen besitzt jedoch die Filtermethode eine höhere Genauigkeit als die obengenannte Detektor-Differenzmethode, weil dort neben einer gewissen Kenntnis des Neutronenspektrums auch noch die recht genaue Kenntnis der Wirkungsquerschnittsverläufe $\sigma(E)$ verlangt wird.
Reaktionsraten R_i, die im Gruppenverfahren – d. h. nur unter Anwendung von Gruppenquerschnitten $\sigma_i^{(j)}$ – ausgewertet werden, können nur Mittelwerte (Gruppenwerte) über die Energieintervalle $E_j \ldots E_{j+1}$ liefern, und man benötigt zusätzliche Informationen über das Spektrum zur Ermittlung seines Verlaufs.

Die mehrkanaligen spektrometrischen Verfahren sind mindestens grundsätzlich mit geringeren Fehlern bei Relativmessungen behaftet als die Gruppenverfahren, verlangen aber größeren experimentellen und meist auch keinen kleineren rechnerischen Aufwand als die letzteren. Mehrkanalige Spektrometer mit Sondenexposition (s. u.) arbeiten z. B. mit Proportional-Szintillations- und Halbleiter-Detektoren oder mit Kernspuremulsionen. Zu den mehrkanaligen Spektrometern mit Kollimatorexposition gehören Kristall- und Flugzeitspektrometer sowie Zählrohrteleskope (im einzelnen s. Abschnitt 4.2).

In manchen Fällen sind allein Gruppenverfahren brauchbar – z. B. wenn Auskunft über ein Feld langsamer Neutronen verlangt wird, ohne daß die Möglichkeit zur Herausführung eines gut kollimierten Neutronenstrahls besteht. In der Meßtechnik an Reaktoren unter höheren Leistungen spielen mehrkanalige spektrometrische Verfahren wegen ihrer vielfachen Störanfälligkeiten praktisch kaum eine Rolle. Die hier zu benutzenden Gruppenverfahren gründen ihre spektralen Aussagen auf besondere Auswerteverfahren in Verbindung mit einzelnen unterstützenden (Kalibrier-)Messungen mehrkanaliger Art. Einen Sonderfall bildet die in manchen Fällen mögliche Verwendung isolierter Absorptionsresonanzen von Nachweisreaktionen; damit gemessene Resonanzenergien E_R haben ein mäßiges Energieauflösungsvermögen:

$$\Delta E/E \approx \Delta I\,(\Gamma_{eff}, \Delta_D)/I_{res} \qquad (3.6.9)$$

als Funktion der effektiven Linienbreite Γ_{eff} und der Doppler-Verbreiterung Δ_D [11-2, 13-2]. Beispiele für Sondenspektrometer, die im Gruppenverfahren arbeiten, sind Aktivierungssonden und energieintegral anzeigende Spaltfoliendetektoren. Sie ermöglichen auch eine Absolutbestimmung von Gruppen-Flußdichten φ_j, wenn ihre Reaktionsrate (bzw. ihre Registrierwahrscheinlichkeit) hinreichend gut bekannt sind. Das Gruppenverfahren kann natürlich auch zur Energiebestimmung in unidirektionalen Neutronenbündeln – also im Kollimatorverfahren – verwendet werden.

In Abschnitt 1.3 wurden geläufige Idealisierte Darstellungen von Neutronenspektren in Reaktoren und ähnlichen Medien eingeführt, die grob vereinfachend Gruppendarstellungen von Neutronenflußdichten im schnellen, intermediären und langsamen (thermischen) Energiebereich ermöglichen. Es sei ausdrücklich darauf hingewiesen, daß jene idealisierten Werte für Gruppen-Querschnitte und -Spektralverläufe keineswegs immer gute Näherungen zur Bestimmung der in Gleichung (1.2.50) definierten Gruppenflußdichten darstellen. Wann man in der Praxis von jenen Idealisierungen abweichende Energiefunktionen übernehmen muß und welche, ist in der Regel nur auf Grund von Erfahrung, also mit vorliegenden Vergleichsmessungen, zu entscheiden. Oft bestimmt man mittels Gruppenmessungen und mathematischen Auswertemethoden, wieweit das gesuchte wahre Spektrum von einer in erster Näherung angenommenen Idealisierten Darstellung abweicht. So kann man zur Korrektur bei Messungen im Gruppenverfahren in einfacheren Fällen einen Spektralen Korrekturfaktor $F_{E_j}^{(D)}$ einführen; er korrigiert für den Neutronennachweis mit einem Detektor (der Bauweise D) in einem wahren oder Meß-Spektrum $\varphi_E^{(M)}$, falls die Auswertung im j-ten Energiebereich von der Idealisierten Spektralverteilung $\varphi^{(I)}$ ausgeht. Der Spektrale Korrekturfaktor ist definiert durch:

$$F_{E_j}^{(D)}(\vec{r}, t) = \frac{\int_{E_j}^{E_{j+1}} \sigma^{(D)}(E)\, \varphi_E^{(M)}(E, \vec{r}, t)\, K^{(D)}(E, \mathfrak{U})\, dE}{K_j^{(D)}(\mathfrak{U}) \int_{E_j}^{E_{j+1}} \sigma(E)\, \varphi_E^{(I)}(E)\, dE} . \tag{3.6.10}$$

Mit $\sigma_j^{(I)} \varphi_j^{(I)}$ für das Integral im Nenner von $F_{E_j}^{(D)}$ ergibt sich für das gesuchte Meßspektrum:

$$\varphi_j^{(M)}(\vec{r}, t) = \frac{R_j^{(D)}(\vec{r}, t)}{K_j^{(D)}(\mathfrak{U})\, N_D\, \sigma_j^{(I)}\, F_{E_j}^{(D)}(\vec{r}, t)} \tag{3.6.11}$$

(wobei $R^{(D)}/N_D$ die Reaktionsrate pro Atom der Nachweissubstanz im Detektor D darstellt). Verhältnisse $F_{E_j}^{(D1)}/F_{E_j}^{(D2)}$ für Messungen zweier Detektoren unter gleichen Umständen bezeichnet man auch als *Relative Spektrale Indizes.*

Beispiele für verfeinerte Spektraldarstellungen bzw. für Spektrale Korrekturfaktoren werden in den Abschnitten 4.3 und 4.4 eingeführt. Für die Charakterisierung eines beliebigen Neutronenspektrums im langsamen Energiebereich (mit thermischem und 1/E-Anteil) hat sich die Schreibweise nach Westcott eingebürgert [11-18]. Zur Charakterisierung des schnellen und des intermediären Spektrums (ohne und mit Berücksichtigung des 1/E-Anteils) wurden verschiedene Vorschläge gemacht [11-17], von denen sich bisher keiner hat allgemein durchsetzen können.

Die Anbringung des Detektors im Strahlenfeld erfolgt entweder mittels der (bereits beschriebenen) *Sonden-* oder der *Kollimator*-Exposition. Bei letzterer wird ein Neutronenstrahl von der Meßposition $\vec{r}$ aus mittels eines Kollimators aus dem Strahlenfeld herausgeführt. Dazu kann man im zu vermessenden Medium ein Fingerhutrohr anbringen unter Voraussetzung eines genügend isotropen Feldes im Meßgegenstand. Oder man legt durch das Medium einen durchgehenden Kanal, in dem die Position $\vec{r}$ eine Streusubstanz mit (nahezu) energieunabhängigem Streuquerschnitt angebracht wird. Neutronendetektoren werden am äußeren Kollimatorende installiert. Mit solchen Anordnungen wird die Stromdichte $j_{E,x}$ (in Kollimator-x-Richtung) anstelle der gesuchten Flußdichte φ_E gemessen; dazu muß also die Beziehung zwischen Strom- und Flußdichte hinreichend genau bekannt sein. Als Faustregel kann gelten, daß die Kollimatorspektrometer genauere Energieaussagen liefern, daß aber die Zuordnung der ortsabhängigen spektralen Flußdichte in der Meßposition zur Stromdichte am Detektorort besonderen bauseitigen Aufwand und theoretische Korrekturbestimmungen erfordern. Von Flußstörungen abgesehen, wird diese Schwierigkeit bei den Spektrometern mit Sondenexposition vermieden. Dafür verlangen diese mehr detektorseitigen (elektronischen) und auswertungsmäßigen Aufwand, um Störeffekte (z. B. den Gammastrahlenuntergrund) zu eliminieren und um vom Sekundärteilchenspektrum auf das Neutronenspektrum schließen zu können. Die meisten der (besonders empfindlichen) Spektrometerdetektoren sind für Messungen in hohen Flüssen und in Gegenwart starker Störstrahlungen – wie im Kern eines großen Forschungs- oder Leistungsreaktors bei Volleistung – ungeeignet. Das Kollimatorverfahren ist auf jeden Fall anzuwenden, wenn eine spektrometrische Messung mit Energien unterhalb von wenigen keV auszuführen ist, wofür keine Sonde für mehrkanalige Spektrometrie bekannt ist.

Von den drei Aufgabengebieten der Neutronenspektrometrie, auf die wir in Abschnitt 5.1 zu sprechen kommen, nämlich: Bestimmung energieabhängiger nuklearer Daten, Erzeugung und Spektrometrierung monoenergetischer Neutronen als Hilfsmittel bei kern- und festkörperphysikalischen Untersuchungen sowie für reaktorphysikalische Studien lassen sich die beiden ersteren im Prinzip ausschließlich mit Spektrometern mit Kollimatorexposition ausführen. Manche reaktorphysikalische Messungen im Inneren von Reaktoren unter Leistung – zur Untersuchung der tatsächlichen Neutronenspektren, die dabei (z. B. in Bestrahlungseinbauten) gewissen Änderungen unterworfen sind – oder zur ortsabhängigen Bestimmung der ungestörten (schnellen) Flußdichte in Nullleistungsreaktoren verlangen dagegen die Anwendung von Sondentyp-Spektrometern. Sehr nachteilig ist, daß man im Bereich langsamer Neutronen keine Sondentyp-Spektrometer entwickeln konnte. Dort ist man auf Gruppenverfahren angewiesen.

Die Strömung schneller Neutronen durch leere Kanäle in Neutronenfeldern kann Verzerrungen des Neutronenspektrums hervorrufen (vgl. Abschnitt 4.1). Kollimatoren setzen sorgfältige Entwicklung und Bauweise voraus. Beim Kollimatorverfahren kommt es entweder darauf an, das Spektrum aus der Meßposition $\vec{r}$ möglichst unverfälscht in den Detektor gelangen zu lassen. Oder man sucht Neutronen aus bestimmten Energiebereichen schon vor Erreichen des Detektors zu eliminieren, um durch diese Vorsortierung die Qualität der Spektrometrierung zu verbessern. Die Kollimatoren müssen so beschaffen sein, daß *gute Geometrie* gesichert ist, d.h.: daß nur Strahlung registriert werden kann, die hinter dem Absorptionsfilter ihre ursprüngliche Flugrichtung beibehalten hat. Zur Verbesserung der Qualität der Spektrometrierung werden im Bereich der langsamsten Neutronen kristalline oder mechanische Monochromatoren verwendet. In höheren (thermischen bzw. epithermischen) Energiebereichen benutzt man Cd- bzw. B-haltige Neutronenfilter. Zu Eliminierung von (höherenergetischen) intermediären und schnellen Neutronen benutzt man Bremssubstanzen und zur Umwandlung thermischer in schnelle Neutronen spaltstoffhaltige Konvertoren.

Zur grob orientierten Bestimmung der mittleren Neutronenenergie wird öfters ein *gruppenspektrometrisches Verfahren in Kollimatorexposition* angewendet (s. z.B. [11-8, 13-21]): man bestrahlt ein Paket von gleichartigen Aktivierungssonden der Dichte ρ, für die im fraglichen Energiegebiet für die Meßreaktion der makroskopische Aktivierungsquerschnitt $\Sigma_{act} \sim 1/v$ – d.h. umgekehrt proportional zur Neutronengeschwindigkeit v – verläuft und nicht zu klein sein möge. Unter der (nicht notwendigen) vereinfachenden Annahme, daß alle Sonden gleiche Masse m haben und daß ihr totaler Wirkungsquerschnitt $\Sigma_T \approx \Sigma_{act} = \Sigma$ ist, gilt für die Sättigungsaktivität A(x) nach Durchsetzen eines Pakets von Aktivierungssonden mit der gesamten Schichtdicke x:

$$\frac{A(x)}{m} = \varphi(x)\,\Sigma/\rho = \frac{A(0)}{m}\,e^{-\Sigma x} \,. \tag{3.6.12}$$

Dann beträgt die gesuchte Neutronen-Energie:

$$E = \left(\frac{x\,\Sigma_0}{\ln\left[A(0)/A(x)\right]}\right)^2 E_{th} \,. \tag{3.6.13}$$

Dabei ist Σ_0 der makroskopische Wirkungsquerschnitt, dessen mikroskopischer Wert σ_0 zu $v_0 = 2200\,m/s$ gehört, vgl. Gleichung (1.3.16). Man erhält E durch eine Ausgleichsrechnung mittels der bestangepaßten Geraden, die den Verlauf von $\ln A(0) - \ln A(x) = \Sigma x$ als Funktion der Dicke x des Sondenpakets in Strahlrichtung wiedergibt.

Bei unserer Betrachtung der Möglichkeiten zur **Messung von Neutronen-Richtungsverteilungen** gehen wir aus von der theoretischen Beschreibung des Neutronenfeldes. Diese erfolgt durch die Neutronen-Transportgleichung, die sich in ihrer allgemeinen Form nicht experimentell interpretieren läßt. Deshalb ist man gezwungen, anschaulich-vereinfachende Teillösungen als Meßgrößen einzuführen, und zwar die Neutronenflußdichte:

$$\varphi(\vec{r}, t) = \int_{4\pi} \vec{F}(\vec{r}, t, \vec{\Omega})\, d\vec{\Omega} \quad \text{bzw.} \quad \varphi_E(\vec{r}, t) = \int_{4\pi} \vec{F}'(E, \vec{r}, t)\, d\vec{\Omega} \tag{3.6.14}$$

sowie die Neutronenstromdichte in x-Richtung:

$$\vec{j}_x(x, t) = \int_{4\pi} \vec{F}(\vec{r}, t, \vec{\Omega})\, \vec{\Omega}_x\, d\vec{\Omega} = \int_0^{2\pi} \int_0^{\pi} F(\vec{r}, t, \vartheta, \chi) \cos\vartheta \sin\vartheta\, d\vartheta\, d\chi \tag{3.6.15}$$

(und analog für $\vec{j}_{x,E}$). Für die folgende Betrachtung unterdrücken wir die Abhängigkeiten von der Neutronenenergie E und der Zeit t, da sie hier keine Rolle spielen. Das skalare Produkt $\vec{F}(\vec{r})\, d\vec{\Omega}$ stellt die Anzahl Neutronen dar, die in der Sekunde vom Punkt $\vec{r}$ aus das gerichtete Raumwinkelelement $d\vec{\Omega}$ durchsetzen. Der Betrag der Vektorflußdichte $\vec{F}$ wird neuerdings mit „Flußdichte-Richtungsverteilung φ_Ω" bezeichnet. Für eine vollkommen *isotrope* Richtungsverteilung – mit Betrag $\varphi_\Omega(\vec{r}) \equiv F(\vec{r})$ – ist nach Gleichung (3.6.14)

$$\varphi(\vec{r}) = 4\pi F(\vec{r}) \tag{3.6.16a}$$

und die zugehörige Stromdichte ist (in x- oder einer anderen Richtung):

$$\vec{j}_x(\vec{r}) = 2\pi F(\vec{r})\, \vec{\Omega}_x \int_{-1}^{+1} \cos\vartheta\, d(\cos\vartheta) = 0\,, \tag{3.6.16b}$$

weil es bei Isotropie *keine Vorzugsrichtung* gibt. – Im Fall *unidirektionaler* (d. h. einheitlich gerichteter) *Flußdichte* ist dagegen:

$$\varphi(\vec{r}) = \pi F(\vec{r}, \vartheta = 0). \tag{3.6.17a}$$

Die in Richtung der Vektorflußdichte ($\vartheta = 0$) verlaufende Stromdichte beträgt dann:

$$\vec{j}_x(\vec{r}) = 2\pi F(\vec{r}, \vartheta = 0)\, \vec{\Omega}_x \int_0^1 \cos\vartheta\, d(\cos\vartheta) = \pi F(\vec{r}, \vartheta = 0)\, \vec{\Omega}_x\,, \tag{3.6.17b}$$

d. h. Strom- und Flußdichte haben im unidirektionalen Fall gleichen Betrag, die Neutronen fliegen *alle in Vorzugsrichtung.*

Die Richtungsverteilung, die sich im Punkt $\vec{r}$ innerhalb oder am Rand eines Neutronenfelds einstellt, beschreibt man im allgemeinen Fall durch Angabe der beiden Meßgrößen $\varphi(\vec{r})$ und $j_x(\vec{r})$; weitere Teillösungen der Transportgleichung in der Kugelfunktionsdarstellung, die höhere als lineare Abhängigkeit in $\cos\vartheta$ haben, sind nicht anschaulich und deshalb als Meßgrößen ungeeignet. Beträchtlich genauere Aussagen über die Richtungsverteilung sind dann möglich, wenn Winkelverteilungen von Neutronen vorliegen, die einheitlich von derselben Neutronenquelle (von einer Neutronen-Erzeugungsreaktion) oder von derselben Neutronen-Streureaktion herstammen. Bei solchen Messungen dürfen zwischen der reagierenden Schicht und dem Neutronendetektor nahezu keine anderen Neutronenreaktionen stattfinden. Zu Neutronenwinkelverteilungen siehe [VIII-38-2, VIII-45, 11-2, 4, 13-2].

Die Ausführung der Messungen erfolgt grundsätzlich nach den oben angeführten Festlegungen und meßtechnisch gebräuchlichen Verfahren und Anforderungen. Wird ein Detektor in ein Strahlungsfeld gebracht, dann hängt seine Ausbeutefunktion im allgemeinen von seiner Richtungsempfindlichkeit ab. Dabei unterscheiden wir *drei Fälle:* Ist die *Richtungsempfindlichkeit* unbekannt, muß der Detektor für jede Meßanordnung gesondert kalibriert werden. Bei einem *richtungsabhängigen Detektor* ist die (im allgemeinen noch von der Teilchenenergie abhängige) Ausbeute eine Funktion des Winkels zwischen der Strahleneinfallsrichtung und der Detektorachse. Schließlich gibt es Detektoren, die im Hinblick auf *richtungsunabhängige Empfindlichkeit* entwickelt und kalibriert wurden. Zur Flußdichtemessung sind nur Detektoren der dritten Art ohne weiteres geeignet; Detektoren der zweiten Art dagegen nur in Kollimatorexposition bzw. in stark anisotropen Feldern.

Zu den letzteren stellt der in Abbildung 2.4.IV gezeigte Rückstoßprotonen-proportionalzähler ein Beispiel dar (Abbildung 3.6.I). Bei den richtungsabhängigen Detektoren wird ein von der Richtungs- und Energieverteilung des Neutronenfelds unabhängiges Ansprechvermögen umso besser angenähert, je ausge-

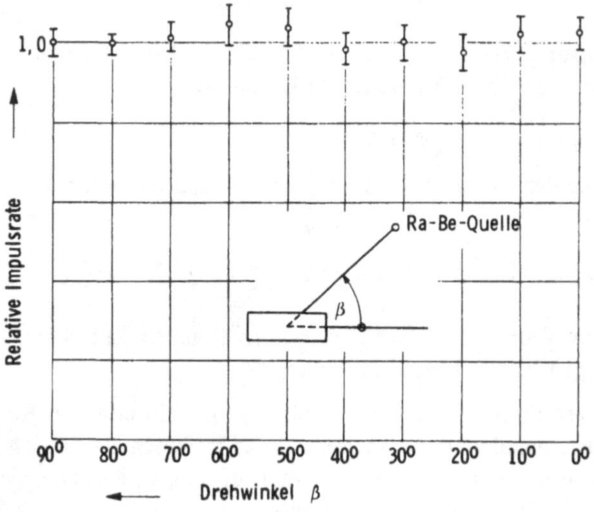

Abb. 3.6.I.
Richtungsabhängiges Ansprechen bei einem Rückstoßprotonen-Proportionalzähler (Type FN 2/3, s. Abb. 2.4.IV.) [24–6]

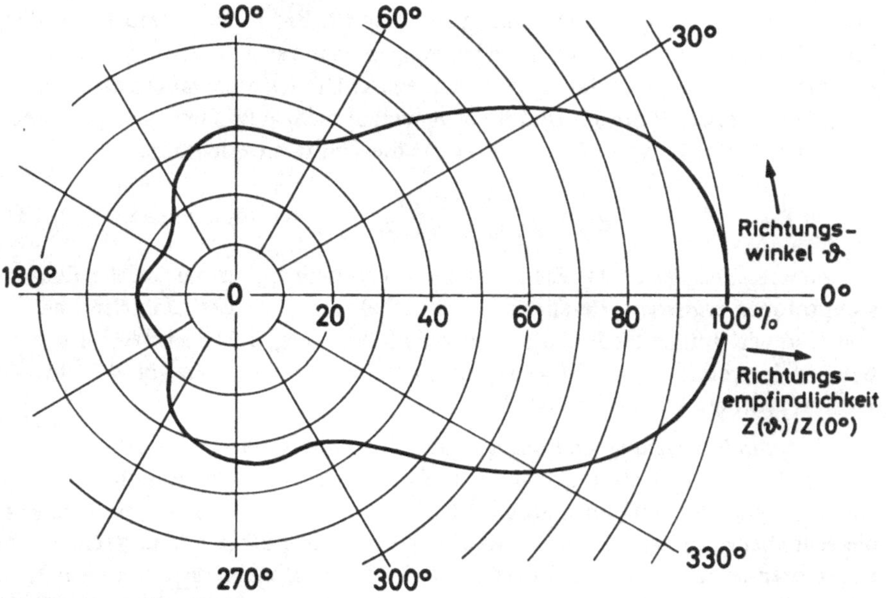

a) für eine Am-Be-Quelle

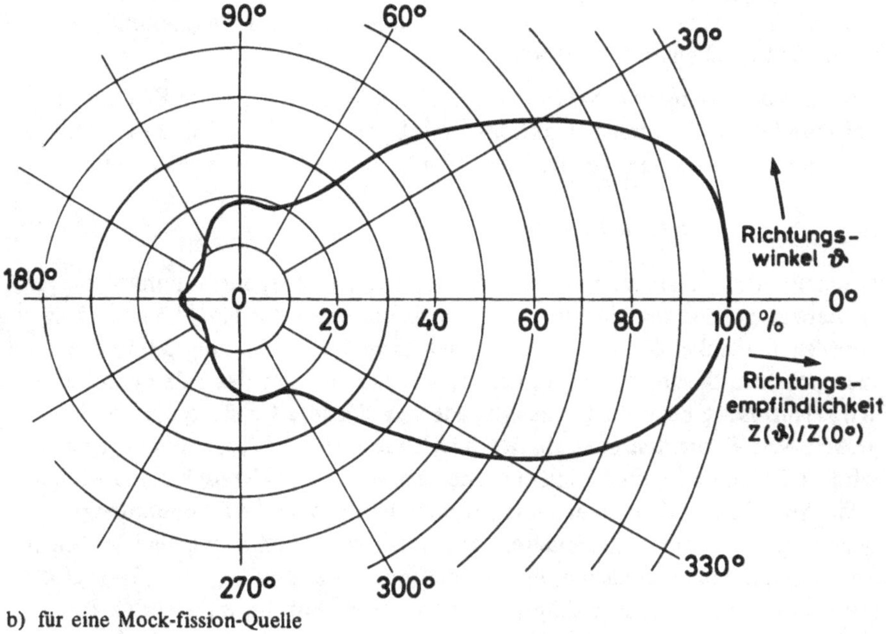

b) für eine Mock-fission-Quelle

Abb. 3.6.II.
Richtungsabhängigkeit eines Long Counters [36–2] ausgedrückt in Zählratenverhältnissen $Z(\vartheta)/Z(0^0)$.

prägter das Ansprechen in der Vorzugsrichtung ist. Ein Beispiel dazu bietet der Long Counter, bei dem das Ansprechvermögen über einen weiten Neutronen-Energiebereich energieunabhängig werden sollte. Die Richtcharakteristiken von Long-Counter-Ausführungen sind im allgemeinen nicht besonders gut: gemessen wurden z. B. [36-2] (vgl. Abbildung 3.6.II) die Zählratenverhältnisse:

$$Z_{(0°)} : Z_{(90°)} = \begin{matrix} 3 \text{ für Am-Be-} \\ 5 \text{ für Mock-Fission-} \end{matrix} \text{Neutronenquelle.} \qquad (3.6.18)$$

Als weiteres Beispiel ist das Zählrohrteleskop zu nennen, das nur solche Rückstoßprotonen registriert, deren Emissionswinkel (zwischen Emissionsrichtung und Normalrichtung des Radiators) innerhalb eines engen Bereichs $\Delta\vartheta$ liegen. Bei dem in Abbildung 4.2.III gezeigten Spektrometer reicht $\Delta\vartheta$ von 4,5° bis 14°, der mittlere Winkel beträgt $\bar{\vartheta} = 11°$.

Zur *Stromdichtemessung* sind dagegen nur Detektoren mit richtungsabhängiger Anzeige brauchbar. Entsprechend der Definition der Stromdichte sollte der ideale Stromdichtedetektor ausschließlich für solche Neutronen empfindlich sein, die sein ebenes Eintrittsfenster in Richtung der Fensterachse durchsetzen. Solche Detektoren setzen voraus, daß man entweder die Teilchenbahnen verfolgen kann oder daß anders gerichtete Neutronen (entsprechend der Kollimatorexposition) von der Registrierung ausgeschlossen werden. Die Detektoranordnung einschließlich eines eventuellen Kollimators soll jedoch das zu vermessende Neutronenfeld möglichst wenig stören.

Bei der Vermessung von *Neutronenwinkelverteilungen* von einer Reaktion stellt der räumlich differentielle Reaktionsquerschnitt $\sigma_\Omega \equiv d\,\sigma(\vec{\Omega})/d\,\Omega$ die in cm^2/sr ausgedrückte Meßgröße dar. Das Raumwinkelelement wird definiert durch:

$$d\,\Omega = \sin\vartheta \; d\vartheta \, d\chi \, . \qquad (3.6.19)$$

Bei einer Winkelverteilung von Teilchen, die von einer (nahezu punktförmigen) reagierenden Substanz ausgehen, besteht in der Regel nur eine Abhängigkeit vom Breitenwinkel ϑ, dagegen nicht vom Azimut χ (Abbildung 3.6.III). Als räumliches Auflösungsvermögen der Meßanordnung wird dann ihre (Breiten-)-Winkelauflösung bezeichnet, die entweder als absolute Größe $\Delta\vartheta$ in Winkelgraden oder Radianten oder als relative Größe $\Delta\vartheta/\vartheta$ in Prozenten angegeben wird. Bei Kollimatorexposition (und der analogen Winkelverteilungsmessung, siehe Abbildung 3.6.III) bietet die Stromdichtemessung keine besonderen Schwierigkeiten. Denn aus anderen als der erwarteten Richtung sind nur kleine Störungsbeiträge zu erwarten, für die man unter Verwendung eines Detektors mit richtungsunabhängiger Empfindlichkeit durch Anbringung einer (z. B. Cadmium- oder Bor-haltigen) Absorberschicht hinter dem Detektor ohne Störung des Primärstrahls korrigieren kann. Für die Flußstörung im Detektor gilt schematisch Abbildung 1.4.I.

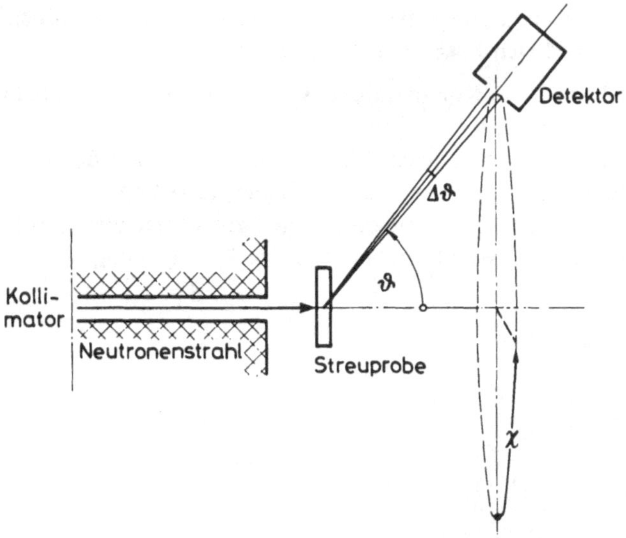

Abb. 3.6.III.
Energie- und Winkelverteilungsmessung (Bestimmung von σ_Ω (E), schematisch).

Bei Sondenexpositionen sind Stromdichtemessungen im allgemeinen mit Meßunsicherheiten behaftet, die hoch sind im Vergleich zur Flußdichtemessung unter gleichen Umständen. Denn entweder muß man richtungsabhängige Detektoren verwenden, mit denen sich die Forderung nach Kleinheit der Sonden gegenüber den Abmessungen des Meßgegenstands häufig nicht mehr einhalten läßt, weil die Entwicklung eines richtungsabhängigen Detektors auf eine Kollimierung hinausläuft. Oder man verwendet Detektoren mit richtungsunabhängiger Empfindlichkeit und führt näherungsweise Flußdichtemessungen im oberen bzw. unteren Halbraum aus; d.h. man bestimmt die Reaktionsraten (hier unter Vernachlässigung der Sättigungs- und der Flußstörungskorrektur):

$$R_{ob}^{(i)} \sim \sigma_i \int_0^1 \varphi(\cos\vartheta)\,d(\cos\vartheta) \quad \text{bzw.} \quad R_{unt}^{(i)} \sim \sigma_i \int_{-1}^0 \varphi(\cos\vartheta)\,d(\cos\vartheta)\,. \qquad (3.6.20)$$

Dabei wird jeweils eine Seite eines (z.B. scheibenförmigen Aktivierungs-)Detektors durch ein Absorberfilter (z.B. aus Cadmium zur Wegfilterung thermischer Neutronen) bedeckt [11-8, 12-1]. Die Flußstörungskorrektur ist im nahezu isotropen Fall entsprechend Abbildung 1.4.I anzusetzen, wobei die Flußdepression fast ausschließlich durch das Absorberfilter bestimmt ist.

Als richtungsabhängige bzw. Stromdichte-Detektoren, die mit Sondenexposition arbeiten, können dienen:

1A. Aktivierungssonden- und Filter-Pakete, die in der eben angedeuteten Weise zu grob annähernden Messungen in niedrigen und hohen Flüssen einsetzbar sind.

1B. Kernspuremulsionen und Spaltproduktdetektoren zur optischen Registrierung, die unter bestimmten Winkeln zueinander und zum Neutronenfeld anzuordnen und in niedrigen Flüssen einzusetzen sind.

Als Meßeinrichtungen in Kollimatorexposition in niedrigen Flußdichten sind hauptsächlich zu nennen:
2A. Einige der (oben aufgeführten) Spektrometertypen wie das Kristallspektrometer, das Flugzeitspektrometer und das Zählrohrteleskop.
2B. Richtungsabhängige Flußdichtedetektoren zur energieunabhängigen Anzeige und zur grob annähernden Stromdichteanzeige wie der Long Counter.

4. Meßpraxis an Reaktoren

4.1. Der Kernreaktor als Meßgegenstand

Besonderheiten des Kernreaktors als neutronenphysikalischer Meßgegenstand – Die wichtigsten Reaktortypen – Neutronen-Energieverteilungen und Flußdichten im Reaktor – Orts- und zeitabhängiges Verhalten lokaler Meßgrößen des Reaktor-Neutronenfelds – Integrale Feldgrößen (Reaktivität u. a.) – Strahlungen im Reaktor – Zur Meßpraxis

Bei den folgenden Angaben, die auf die **Besonderheiten des Kernreaktors als einem neutronenphysikalischen Meßgegenstand** hinweisen sollen, wird die Vertrautheit mit den Grundzügen der Reaktor-Physik und -Technik vorausgesetzt. In jeder seiner Verwendungen – als Forschungsreaktor wie als Leistungsreaktor – stellt der Kernreaktor eine komplizierte nuklear-verfahrenstechnische Anlage dar. Die zahlreichen verschiedenartigen Vorrichtungen – zur Kühlung, Regelung und Kapselung zuzüglich von eingebauten Prüf- bzw. Experimentieranordnungen mit ihren Dichtungs- und Abschirmungselementen –, die an einem Reaktor vorhanden sind, sowie die bei seinem Betrieb auftretenden Effekte wie Spaltproduktvergiftungen, nukleare Abbrände von Spaltstoffen und anderen Nukliden, Aufheizungen usw. bewirken, daß das Strahlenfeld und das Temperaturfeld am Reaktor keineswegs zeitlich konstant bleiben können. Dazu kommt, daß die Arbeitsvorrichtungen an Reaktoren aus Strahlenschutzgründen notwendigerweise schwer, grob und verhältnismäßig unhandlich ausgebildet sind, weswegen reproduzierbare Positionierungen erheblichen Aufwand voraussetzen. Aus diesen Gründen können an Reaktoren nur ausnahmsweise Präzisionsmessungen ausgeführt werden. Dementsprechend lassen sich auch für die Abschätzung der Störungen und Fehler bei Reaktormessungen nur schwer allgemeingültige Maßstäbe finden. Neben reaktorphysikalischer und -technischer Literatur wie [XI, 12-1, 2, 15-3, 41-1, 2] verweisen wir auf Tabellenwerke wie z. B. [11-21].

Wir betrachten zunächst **die wichtigsten Reaktortypen** unter Hervorhebung der für die Meßtechnik wesentlichsten Merkmale. Kernreaktoren sind bekanntlich Anlagen, in denen sich Kernspaltungen als Kettenreaktionen selbsttätig fortpflanzen, wodurch sie im stationären Gleichgewicht dauernd eine einstellbare Wärmeleistung freisetzen. Sie besitzen eine Regelung, die die Anzahl der in einem Zeitraum stattfindenden Spaltungen (das ist die Spaltrate) von außen auf einen gewünschten Wert einzustellen erlaubt. Die Spaltrate hängt von der

Neutronenflußdichte ab: Im Reaktor herrscht demgemäß eine mit der Reaktorleistung variierende Neutronenflußdichte, die außerdem stark ortsabhängig ist. Man unterscheidet Reaktortypen einmal nach ihrem *Zweck*, und zwar hauptsächlich:

I. *Forschungsreaktoren* (einschließlich von Ausbildungsreaktoren und Versuchsreaktoren zur Reaktorentwicklung), die als die stärksten herstellbaren Neutronenquellen zu Untersuchungszwecken dienen. Zur Energieerzeugung werden sie nicht verwendet, denn die in ihnen erzeugte Wärmeleistung wird bei niedrigen Temperaturen abgeführt. Vielmehr kommt es bei ihnen entweder auf hohe maximale Neutronenflußdichte an (besonders für Strahlrohrexperimente) oder auf eine möglichst hohe und konstante mittlere Flußdichte in einem nicht zu kleinen Volumen, das für Bestrahlungsexperimente verfügbar ist. Für Forschungsreaktoren sind demgemäß die räumliche Verteilung der Flußdichte $\varphi(\vec{r})$ sowie deren räumlicher Mittelwert $\overline{\varphi}$ die entscheidenden Größen.

II. *Leistungsreaktoren*, bei denen die (oft hohe) Neutronenflußdichte an sich nicht interessiert. Hier strebt man an, die Wärme bei möglichst hohen Temperaturen zu erzeugen, um die Anlagen mit hohem thermischem Wirkungsgrad nutzen zu können. Die wichtigsten Güteziffern sind dementsprechend die gesamte Wärmeleistung, die (ortsabhängige) Leistungsdichte (Leistung/Kernvolumen) und die spezifische Leistung (Leistung/Brennstoffmasse). Die Brennstoffmasse soll aus Gründen der Wirtschaftlichkeit möglichst klein sein. Die Kenntnis der Neutronenflußverteilung ist bei Leistungsreaktoren natürlich auch von Bedeutung, weil sie die Verteilung der Energieerzeugung mitbestimmt. Daneben ist bei diesen Reaktoren aber auch die Kenntnis des Temperaturfelds $T(\vec{r})$ sehr wichtig, denn eine möglichst hohe mittlere Kühlmitteltemperatur bedingt einen guten Wirkungsgrad des Reaktors. Hingegen werden durch zu hohe lokale Temperaturen – sogenannte Heißstellen (Hot Spots) – der Reaktor und insbesondere seine Brennelemente gefährdet.

Außer nach ihrem Zweck sind Reaktortypen nach ihren *physikalischen Eigenschaften* zu unterscheiden. Die drei Hauptgesichtspunkte dabei sind bekanntlich:

A. Der Energiebereich der Neutronen, die die Spaltreaktion herbeiführen,
B. die Auswahl des spaltbaren Elements (z. B. Uran) in natürlicher oder (an ^{235}U) angereicherter Isotopenkonzentration und
C. die Anordnung des spaltbaren Materials (Brennstoff) und die Auswahl und Anordnung seines Verdünnungsmittels (Strukturmaterial bzw. Moderator).

In thermischen Reaktoren kann man Natururan verwenden; sie benötigen starke Moderatorschichten, und Materialien mit hohen (thermischen) Absorptionsquerschnitten sind dabei zu vermeiden. Infolge der Verdünnung des Brennstoffs durch den Moderator treten auch bei relativ hohen spezifischen Leistungen noch gut beherrschbare Leistungsdichten auf. – Schnelle Reaktoren verlangen dagegen Brennstoff mit hoher Anreicherung und dürfen keine Schichten enthalten, die Neutronen stark bremsen (oder ineleastisch streuen): hier soll man Konstruktionsmaterialien mit niedrigen Massenzahlen vermeiden. Der Brennstoff wird in kompakter Form eingebracht. Mit hoher spezifischer Leistung ist deshalb eine hohe Leistungsdichte verbunden. Die nötige Wärmeabführung über Kühlflächen ausreichender Größen diktiert dann den Umfang des Reaktorvolumens, d. h.: die kritische Masse wächst mit der abzuführenden Leistung.

Zum Überblick über die *Experimentier- und Meßmöglichkeiten an Forschungsreaktoren* betrachten wir zunächst drei Reaktortypen: den älteren graphit-moderierten Brookhaven Research Reactor (Abbildung 4.1.I), den D_2O-moderierten FR-2 (Abbildung 3.5.I) und den neueren OSIRIS (Abbildung 4.1.II), der ausschließlich für Bestrahlungsexperimente genutzt wird. – An Forschungsreaktoren bestehen unterschiedliche Experimentiermöglichkeiten im Tank (im Kern und im Inneren Reflektor) sowie außerhalb des Tanks (in den Strahlrohren und in der Thermischen Säule). Nach dem experimentellen Vorgehen unterscheidet man zwischen Strahlrohr- und Bestrahlungsexperimenten. Fragt man nach der Verfügbarkeit von Neutronenflüssen in Forschungsreaktoren, so wird die Antwort je nach dem betrachteten Reaktortyp verschieden ausfallen. H_2O-moderierte Reaktoren mit hoher Anreicherung erweisen sich ihrer hohen Leistungsdichte wegen als besonders günstige Forschungsreaktoren, denn sie liefern sehr hohe Werte für den mittleren schnellen Fluß – für Bestrahlungsexperimente – sowie für den maximalen thermischen Fluß (für Strahlrohrexperimente). Die-

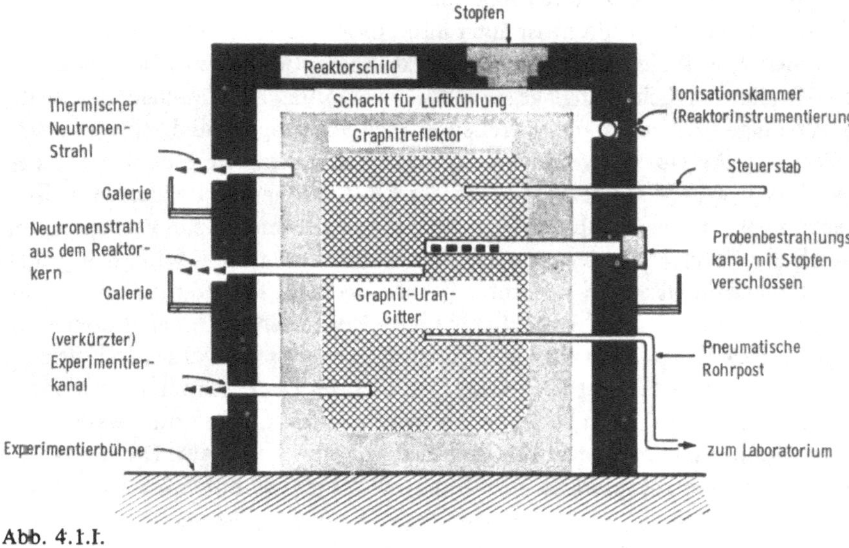

Abb. 4.1.I.
Schnitt durch den Forschungsreaktor BGRR (Brookhaven Graphite Research Reactor), schematisch nach [13–2].

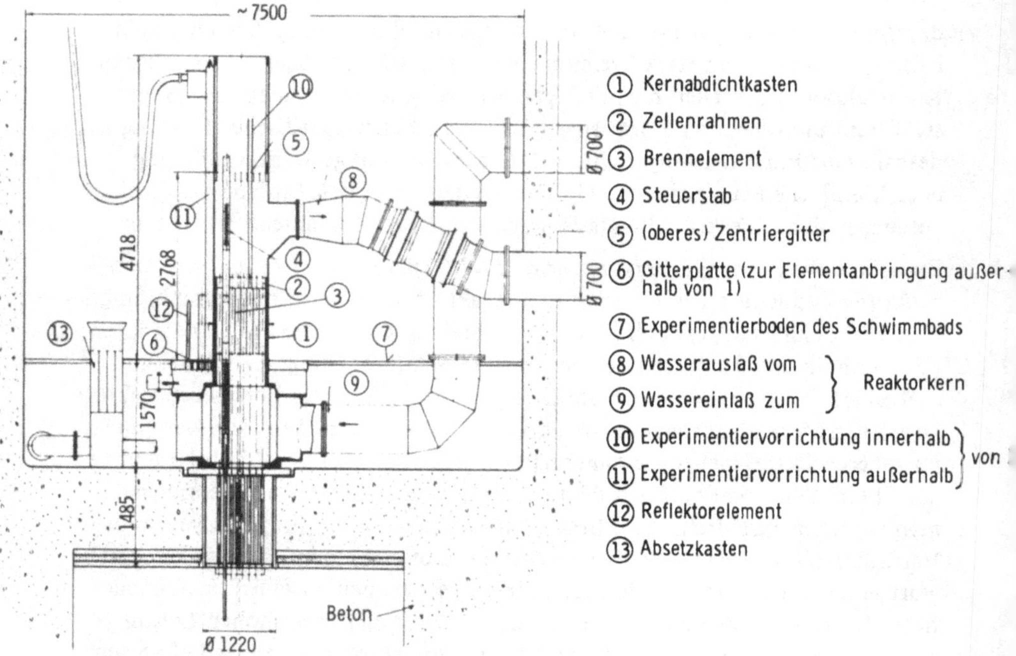

Abb. 4.1.II.
Vertikalbild des Schwimmbadreaktors OSIRIS Saclay [41–18, 25].

ser Typ (zu dem die bekannten Reaktoren MTR, TRITON, MELUSINE, SILOË und OSIRIS gehören) ist auch insofern gut geeignet für Bestrahlungsexperimente, weil die verhältnismäßig starke Absorption thermischer Neutronen im H_2O eine ziemlich geringe gegenseitige Flußstörung der Einschübe im Reaktor zur Folge hat. In den meist großen Kernen von graphit- und schwerwassermoderierten Reaktoren erreicht man weniger hohe maximale Flußdichten; die besonders großen ^{nat}U-Reaktoren (wie der FR-2 und andere Reaktoren meist älteren Typs) stellen viel Raum für Bestrahlungsexperimente zur Verfügung, die – auch zur Vermeidung der eben erwähnten Flußstörungen – weniger eng als in leichtwassermoderierten Reaktoren gepackt werden. Für Routine- und Kleinproben-Bestrahlungen sind graphit-moderierte Reaktoren (z. B. der Brookhaven Research Reactor) am einfachsten zugänglich. Andererseits wurden (seit der Konzeption des CP 5, der DIDO-Reaktoren und des EL 3) schwerwassermoderierte Forschungsreaktoren auch mit hochangereichertem Uran mit relativ hohen Flußmaxima besonders für Strahlrohrexperimente gebaut. Die Experimentierpraxis (vorzugsweise an Reaktoren) wird in Abschnitt 5.2 besprochen. *Brennelemente* wurden bisher gewöhnlich in Stabform eingesetzt. Diese Form wird nicht nur in Graphitreaktoren (wie im BEPO), sondern auch in leicht- und schwerwassermoderierten Reaktoren benutzt, bei denen Platten- oder Rohrbündel in Stäben mit rechteckigem oder ringförmigem Querschnitt zusammengefaßt sind. Im Innern dieser Ringe (oder in Hohlräumen in Spezialelementen mit Rechteckquerschnitt) können Bestrahlungseinschübe und Flußmeßkanäle angebracht werden. Die Brennelement-Stäbe haben Längen von rund 60 cm (bei angereichertem Uran) bis zu einigen Metern (bei Natururan). Neuerdings baut man auch graphitmoderierte gasgekühlte Leistungsreaktoren mit kugelförmigen Brennelementen [41-3]. Diese erschweren allerdings die Einführung von Meßsonden bei laufendem Reaktor, weshalb man hier die Kugeln fortlaufend dem Reaktor entnimmt und einer Abbranddurchmusterungsanlage zuführt. Beim schwerwasser- und beim graphitmoderierten Reaktor können zwischen den Brennelementen so große Abstände bestehen, daß sich dazwischen die Regelstäbe anbringen lassen. In den dichter zu packenden Kernen von leichtwassermoderierten Reaktoren werden die Regelorgane dagegen häufig in Hohlräumen von Spezial-Brennelementen geführt; bemerkenswert sind die Lösungen bei den französischen Reaktoren TRITON und dem neueren OSIRIS.

In diesem Zusammenhang ist noch der *Impulsreaktor* zu erwähnen; man unterscheidet drei Typen [32-9, 35-2]:
(a) Reaktoren mit hohem Impulsspitzenfluß und niedriger Impulsfolgefrequenz.
(b) Thermische Reaktoren, bei denen die Leistung im Impulsbetrieb etwa so groß ist wie im kontinuierlichen Betrieb, die jedoch Impulse mit Leistungsspitzen vom Mehrfachen der mittleren Leistung für Zeiträume zwischen 0,01 und 0,1 s mit rund 1 Hz Folgefrequenz abgeben.
(c) Schnelle Impulsreaktoren, die eine Impulsdauer von rund 50 μs und etwa 100 Hz Folgefrequenz erlauben. Die Herstellung von Neutronenstrahlen scheint bei Impulsreaktoren nur für Flugzeituntersuchungen Interesse zu finden. Gegenüber einem kontinuierlichen Reaktor liefert ein Impulsreaktor, der eine gleichgroße Fluenz in der Experimentiereinrichtung abgibt, nur dann einen Vorteil bei Strahlrohrexperimenten in wirtschaftlicher Hinsicht, wenn die Flugzeit der langsamsten zu analysierenden Neutronen die Größe des Zeitabstands der aufeinanderfolgenden Impulse hat. Dieser Vorteil ist praktisch nur bei den Impulsreaktortypen (b) und (c) realisierbar. Davon abgesehen weist der Impulsreaktor noch folgende Vorteile auf: niedrigen Untergrund während des größten Teils der Meßzeit, niedrige thermische Belastung sowie niedrige Strahlenschädendosis (für den Moderator) und schließlich das Wegfallen von Neutronenverlusten, die bei Anwendung andersartiger Monochromatoren auftreten.

Die folgenden überschlägigen Betrachtungen von **Neutronen-Energieverteilungen und -Flußdichten im Reaktor** können lediglich Tendenzen aufzeigen; man darf sie keineswegs als jeweils verbindlich für den konkreten Einzelfall annehmen. Beim komplizierten Aufbau eines realen Reaktors lassen sie sich allenfalls zu größenordnungsmäßigen Vorausschätzungen gebrauchen; in Tabelle 4.1.A sind Zahlenwerte für verschiedene Reaktortypen angegeben.

Tabelle 4.1.A. Neutronen- und Wärme-Flußdichten im Kern verschiedener Reaktortypen nach [41-25, 26]

Erläuterung: (1) Monat/Jahr (2) weist auf neuerdings erfolgte oder vorgesehene Leistungserhöhung hin. (3) mittl./max. Werte (soweit bekannt) im Kern (4) SWR Siedewasser-Reaktor, DWR Druckwasser-Reaktor (5) typischer Wert

	NAME des Reaktors	Spaltenergie Moderierung/Anreicherung Bauweise (4) Zweck	Informations-Datum (1)	therm. Leistung MW (2)	Neutronenflußdichte $cm^{-2}\,s^{-1}$ (3) therm.	(3) schnell	Wärmeflußdichte W/cm^2 (3)
Forschungsreaktoren	BGRR	thermisch Graphit/93% luftgekühlt (Klein-)Bestrahlungen	2/59	16	$/2 \cdot 10^{13}$	sehr klein	/4,45
	DIDO	thermisch D_2O/93% Tank Strahlrohr- u. Bestr.-Versuche	10/59	10 (2)	$/1{,}6 \cdot 10^{14}$	$/3{,}5 \cdot 10^{13}$ ($>$1 MeV)	44/61
	BR 2	thermisch H_2O/90% Tank in Schwimmbad Bestr.-Versuche	7/59 (1970)	50 (→57)	$/6 \cdot 10^{14}$ (10^{15})	$/2{,}4 \cdot 10^{15}$	/(380)
	OSIRIS	thermisch H_2O/90% Kasten im Schwimmbad Bestr.-Versuche	1/65	50 (2)	$1{,}7 \cdot /3{,}7 \cdot 10^{14}$	$1{,}4 \cdot /2{,}6 \cdot 10^{14}$	70/160
	HOCHFLUSS-REAKTOR GRENOBLE (v. LAUE-LANGEVIN)	thermisch (untermod.) D_2O/93% Tank im H_2O-Becken Strahlrohr-Versuche	1/69	57 (Nenn-)	$1{,}8 \cdot 10^{14}$/ $1{,}5 \cdot 10^{15}$	$>$0,8 MeV $2{,}7 \cdot$ / $3{,}5 \cdot 10^{14}$	174/500

Leistungsreaktoren	DRESDEN 1	thermisch H_2O/1,5% SWR	5/61	626	$3 \cdot 10^{13}$/	10^{14} (5)	30/
	KWL	thermisch H_2O/2,34% SWR	5/66	514	$3{,}5 \cdot 10^{13}$/	$9{,}2 \cdot 10^{13}$/	33/121
	KWO	thermisch H_2O/30% DWR	9/66	907,5	$4 \cdot 10^{13}$/	$2{,}5 \cdot 10^{14}$/	44/135
	RAPSODIE	schnell Pu-Brüter/60% U Na-Kühlung Schnellbrüter-Versuchs-reaktor	5/64	20	–	$1{,}25 \cdot$ / $2 \cdot 10^{15}$	117/185
	THTR (vorges. Prototyp)	thermisch Graphit/93% He-Gaskühlung Hochtemperatur-Kugel-haufen-Reaktor mit Th als Brutstoff	4/68	750		$\sim 10^{14}$	

Wir haben im folgenden in erster Linie einen (homogenisierten) thermischen Reaktor im Auge. Abbildung 4.1.III zeigt schematisch das *Neutronenspektrum in* einem (wohlmoderierten) *Reaktor*. Die relative Höhe der über jeden der drei Energiebereiche integrierten (schnellen, intermediären und thermischen) Flußdichten hängt natürlich ab vom betrachteten Reaktor-Teil bzw. -Typ: das bezieht sich auch auf die Größe des Flußdichteverhältnisses zwischen dem Maximum im Zentrum des Reaktorkerns und der Meßstelle. Zwischen der Reaktorleistung P und den mittleren Flußwerten $\overline{\varphi}$ gelten im Kern eines thermischen Reaktors grob folgende Zusammenhänge: die Leistung ist bestimmt durch die

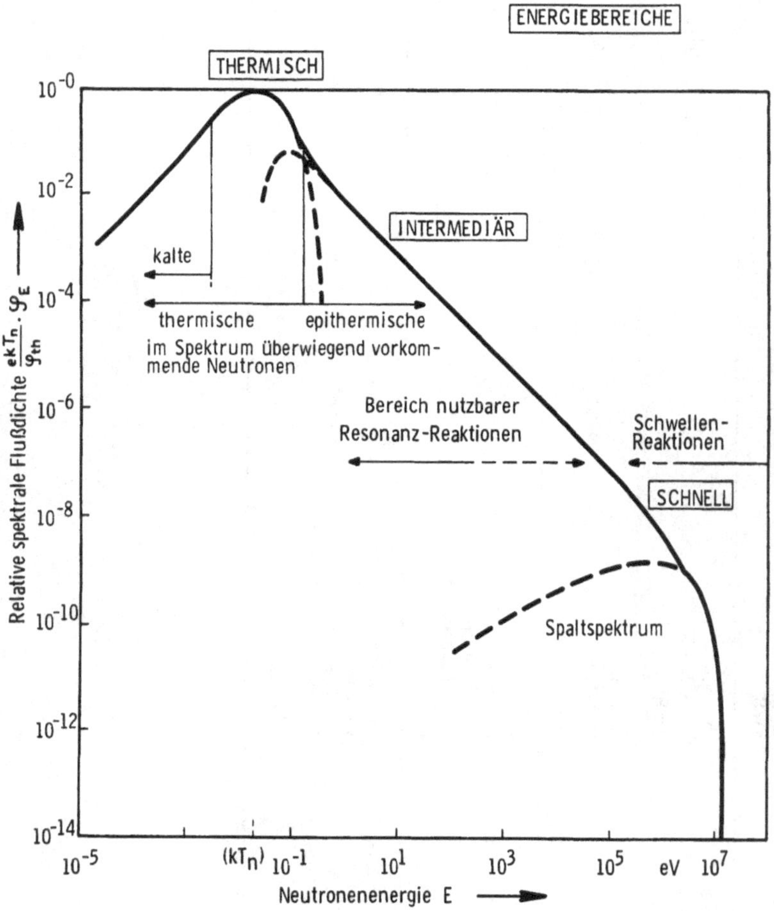

Abb. 4.1.III.
Typisches Neutronenspektrum in einem wohlmoderierten Reaktor, in der gebräuchlichen Einteilung nach Energiebereichen dargestellt.

Anzahl der Spaltungen $N_{235}\,\sigma_{235f,th}$, den Spaltstoff ($^{235}U$), die gemittelte thermische Flußdichte $\overline{\varphi}_{th}$ und die bei der Spaltung freigesetzte Energie E_f:

$$P = N_{235}\,\sigma_{235f,th}\,\overline{\varphi}_{th}\,E_f\;. \tag{4.1.1}$$

Mit den in Abschnitt 1.3 eingeführten Bezeichnungen ist $N_{235}\,\sigma_{235f,th} = N_A\,k_{235}^{(I)}\,m_U/A$. Danach verläuft die mittlere thermische Flußdichte:

$$\overline{\varphi}_{th} \sim P/k_{235}^{(I)}\,m_U\;, \tag{4.1.2}$$

d. h. proportional zur (auf die Uranmasse und den Anreicherungsgrad bezogenen) spezifischen Leistung. Andererseits ist die Quelldichte der entstehenden Spaltneutronen durch die Leistungsdichte bestimmt; denn die gemittelte (nichtmoderierter) Spaltneutronen beträgt:

$$\overline{\varphi}_f = \frac{P}{V_K}\,\frac{\epsilon\bar{\nu}}{E_f}\,\frac{1}{\Sigma_T^{(K)}}\;. \tag{4.1.3}$$

Diese Überschlagsformel vernachlässigt wie Gleichung (4.1.1) die geringfügige Leistungserzeugung durch andere Ursachen wie z. B. Neutroneneinfang im Strukturmaterial. In Gleichung (4.1.3) bedeuten $\bar{\nu}$ die mittlere Spaltneutronenausbeute pro Spaltung und ϵ den Schnellspaltfaktor. Den totalen Wirkungsquerschnitt $\Sigma_T^{(K)}$ (für Spaltneutronen) im Reaktorkern kann man in thermischen Reaktoren näherungsweise $\Sigma_T^{(K)} \approx \Sigma_s^{(M)}$, d. h. dem Streuquerschnitt des Moderators gleichsetzen. Die mittlere Spaltneutronenflußdichte verhält sich also im Kern eines thermischen Reaktors grob summarisch wie:

$$\overline{\varphi}_f \sim P/V_K\,\Sigma_s^{(M)}\;. \tag{4.1.4}$$

Aus den Gleichungen (4.1.2, 4) kann man noch folgende Faustformel für die Abhängigkeit des Flußdichteverhältnisse im Kern von der Brennstoffdichte $\rho_{235} = k_{235}^{(I)}\,m_U/V_K$ und vom Moderator (M) ableiten:

$$[\overline{\varphi_f/\varphi_{th}}]_K \sim \rho_{235}/\Sigma_s^{(M)}\;. \tag{4.1.5}$$

Die Energieverteilung der bei Spaltreaktionen freigesetzten prompten Neutronen folgt dem *Spaltspektrum*. Von dessen bekannten semiempirischen Darstellungen wird die nach B. E. Watt [13-1] bevorzugt [11-7]:

$$\varphi_E = \varphi(0)\,c_E\,e^{-\beta E}\sinh\sqrt{2\,E} \tag{4.1.6}$$

(mit E in MeV, $\beta = 1\,\text{MeV}^{-1}$ und $c_E = 0{,}484\,\text{MeV}^{-1}$ bei Normierung). Das Spaltspektrum dient als Bezugsspektrum in der Reaktormetrologie (s. Abschnitt 4.4). Die mittlere Neutronenenergie im Spaltspektrum beträgt etwa 2 MeV, die wahrscheinlichste Energie (d. h. das Maximum der Verteilung) liegt bei 0,7 MeV. Die Spektren schneller Neutronen in Reaktoren verlaufen in der Regel für Neutronenenergien oberhalb 3 MeV dem Spaltspektrum ähnlich. Unterhalb dieser Energie variiert das Neutronenspektrum mit der Materialverteilung und der Geometrie. Die Abweichungen vom Spaltspektrum sind um so stärker, je entfernter vom Spaltstoff gemessen wird; vgl. die theoretischen und semiempirischen Darstellungen in [11-7, 41-4, 5, 6, 7]. Typische schnelle Spektren in Reaktorkernen sind in Abbildung 4.1.IV zusammengestellt. In einen reinem homogenen Moderator im Kerninnern sowie weit entfernt vom Kern, im Reflektor, muß das Spektrum der Neutronen oberhalb von 1 MeV infolge elastischer Streuung härter sein als das Spaltspektrum. Am Kernrand ist demgegenüber ein etwas weicheres Spektrum zu erwarten wegen der Einstreuung

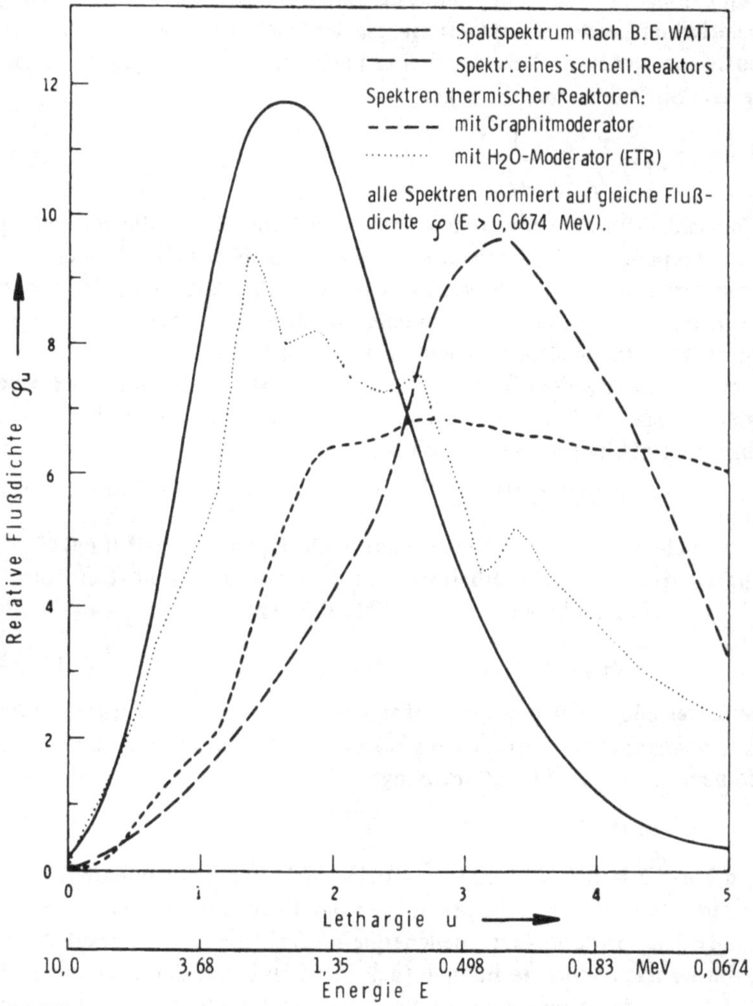

Abb. 4.1.IV.
Spektren schneller Reaktorneutronen verglichen mit dem Spaltspektrum nach B. E. Watt [11-7].

bereits gebremster Neutronen aus dem Reflektor. In einem H_2O-Reaktor sind wegen der stärkeren Annäherung an ein homogenes System die spektralen Änderungen geringer als in einem D_2O- oder Graphit-Reaktor. In Strahlrohren ist bei guter Kollimierung mit starker Aufhärtung des Spektrums zu rechnen [11-7, 25-10], weil unter den gestreuten Neutronen die weicheren stärker der Mehrfachstreuung und damit der Eliminierung aus dem schnellen Bereich ausgesetzt sind. Das Verhältnis der Flußdichte-Grobstrukturen, wie es sich im homogenisierten Kern eines thermischen Reaktors einstellt, hängt vom Verhältnis der Kernabmessungen zur Bremslänge ab: durchlaufen die Neutronen – bei gleichem Kernvolumen – vom Spaltprozeß bis zur Bremsung im Mittel eine verhältnismäßig kurze Strecke, dann stellt sich ein konstantes Verhältnis zwischen der schnellen und der thermischen Flußdichte ein. Legen die Neutronen aber während der Bremsung weitere Wege zurück, dann muß die Verteilung der gebremsten (und speziell die der thermischen) Neutronen im Kern flacher verlaufen als die der ungebremsten. Im Kern eines heterogenen Reaktors nimmt das Verhältnis des schnellen Flusses zum thermischen mit wachsender Entfernung vom Brennstoff stark ab.

Wegen des kontinuierlichen Energiespektrums der ursprünglichen Spaltneutronen läßt sich der Energiebereich der intermediären (gebremsten) Neutronen nicht eindeutig vom Spektrum der schnellen Reaktorneutronen abgrenzen. Eine meßtechnisch plausible Grenze bildet die Lage des Maximums der Funktion $E\,\varphi_E\,(E)$, das durch den Übergang des Reaktorneutronenspektrums von der spaltspektrumähnlichen zu einer dem $1/E$-Spektrum ähnlichen Form gekennzeichnet ist. Dieser Übergang liegt etwa bei 1 MeV, wo auch die untere Grenze des Einsetzens der Schwellenreaktionen liegt. Für die intermediären (Brems-)Neutronen wird in der Regel die in Gleichung (1.2.32) angegebene $1/E$-*Verteilung* (auch *Fermi-Spektrum* genannt) angenommen. Ausgehend von der (in Abschnitt 1.2 kurz skizzierten) Theorie läßt sich dieses Spektrum für Meßzwecke (in genügendem Abstand unterhalb der mittleren Quellenenergie) annehmen, wenn folgende Bedingungen gelten:

1) das Bremsmedium ist homogen und unendlich ausgedehnt,
2) die Quellen schneller Neutronen sind räumlich homogen verteilt,
3) das Moderationsvermögen $\xi\,\Sigma_s$ ist energieunabhängig,
4) neben der Bremsung findet keine Absorption statt,
5) die bremsenden Atome verhalten sich wie freie Teilchen und
6) haben gegenüber den Neutronen vernachlässigbare kinetische Energie.

} (Gelten nicht im langsamen Bereich.)

Diese Bedingungen kennzeichnen den *Idealen Moderator*, den wir als Referenzmedium für Messungen im intermediären und langsamen Bereich heranziehen (s. Abschnitt 4.3); haben die Neutronen darin vergleichbare Energien gegenüber den bremsenden Atomen erreicht, folgen sie dem *Maxwell-Spektrum.* – In (wohlmoderierten) Reaktoren ist die Annahme des 1/E-Spektrums oft auch dann gerechtfertigt, wenn die von der Theorie geforderten Bedingungen nur zum Teil erfüllt sind, denn die resultierenden Abweichungen fallen häufig nicht ins Gewicht. Während die Flußdichte der ungebremsten Neutronen, wie wir sahen, im Reaktorkern stark veränderlich ist und mit der Entfernung vom Brennstoff rasch abfällt, bleibt die Flußdichte bei rund 1 keV Energie ziemlich konstant über die Reaktorgitterzelle. Das Gesamtspektrum oberhalb dieses Gebiets variiert demnach von einem harten Spektrum im Brennstoff zu einem weichen Spektrum im Moderator (in Zellenmitte); intermediäre Neutronen sind auch im Vergleich mit thermischen viel unempfindlicher gegenüber unterschiedlichen Medien: dementsprechend weist die intermediäre Flußverteilung weniger ausgeprägte Fluß-Feinstrukturen auf (ausführlich s. [11-7]). Selbstverständlich kann der ortsabhängige Spektralverlauf des Neutronenflusses im stationären Reaktor durch eine Zerlegung in nur wenige – z. B. den drei Energiebereichen entsprechende – Gruppen theoretisch nicht befriedigend wiedergegeben werden.

Auch die Festlegung der Grenzenergie zwischen dem intermediären und dem thermischen Energiebereich bedarf einiger meßtechnischer Erörterungen. Der Übergang zwischen den beiden Bereichen [41-8, 9] ist dadurch gekennzeichnet, daß nach höheren Energien hin die Bremsung durch die Atome des betreffenden Mediums (Moderators) vorherrscht, nach niedrigeren Energien hin dagegen der Energieaustausch mit diesen; die Vorgänge in diesem Übergangsgebiet bezeichnet man als *Thermalisierung.* Setzen wir im Reaktor ein wohlmoderiertes System voraus, dann folgt also die spektrale Flußdichte φ_E nach hohen Energien hin immer besser dem *Fermi-Spektrum* entsprechend Gleichung (1.1.9), nach niedrigen dagegen dem *Maxwell-Spektrum* nach Gleichung (1.1.10). Den Übergang zwischen den beiden Spektren kann man näherungsweise durch eine Zwei-Komponenten-Formel mit Anschlußfunktion darstellen (s. Abschnitt 4.3). Im thermischen Energiebereich folgen die Neutronen (im thermischen Reaktor) nur dann dem Maxwell-Spektrum, wenn sie wenigstens nahezu vollständig thermalisiert sind. Für die Praxis bedeutet das die Voraussetzung eines *wohlmoderierten Systems.* In Systemen, die zu starke Absorber enthalten bzw. zu kleine Abmessungen besitzen, kann man keine „thermische Flußdichte" nach den geläufigen Verfahren bestimmen. Entsprechend der Größe des Moderationsverhältnisses $M \approx \varphi_{th}/\varphi_{ep}$ liegt auch in guten Moderatoren die *Neutronentemperatur* T_n etwas höher als die Temperatur des umgebenden Mediums [13-2, 41-10, 11]. Der Relativverlauf der Grobstruktur der thermischen Flußdichte wird schon einigermaßen befriedigend durch einfache theoretische Ein- oder Zwei-Gruppenbehandlungen des stationären thermischen Reaktors wiedergegeben. Das Verhältnis der Flußdichtewerte in nach außen führenden Kanälen (in Strahlrohren oder in Thermischen Säulen) zur Flußdichte im Reaktortank kann grob nach Gleichung (1.2.3) abgeschätzt werden. Eine Diskussion des thermischen sowie des epithermischen Flußdichteverlaufs im Reflektor und in der Thermischen Säule eines Reaktors gibt [13-2].

Wir wenden uns jetzt dem **orts- und zeitabhängigen Verhalten der lokalen Meßgrößen des Reaktor-Neutronenfelds** zu. Grundsätzlich haben wir oben festgestellt, daß der Reaktor kein Präzisions-Meßgegenstand sein kann. Abgesehen von den besser reproduzierbaren Meßbedingungen, die in besonderen Meß- [41-12] und Nulleistungs-Reaktoren anzunehmen sind, kann man – bei Voraussetzung gleicher Meßposition, gleicher Reaktorleistung und auch gleicher Regelstabstellung – von vornherein keine hohen Ansprüche an die Reproduzierbarkeit der Flußdichtewerte stellen.

Unter den Ursachen für die Schwierigkeit, im Reaktor gut reproduzierbare Meßergebnisse zu erhalten, ist einmal die *Positionierungs-Unsicherheit* zu nennen. Die Bauweise eines Forschungs- oder Leistungsreaktors ist vor allem durch ingenieurmäßige, sicherheitsmäßige und technologische Gesichtspunkte bestimmt. Die Reaktor-Bauelemente sind dementsprechend grob und schwer hantierbar ausgebildet, und ein Positionierungsfehler von ± 1 cm im Reaktortank kann als klein angesehen werden. Daß die im Reaktor vorhandenen Neutronen- und Gamma-Felder neben ihrer räumlichen Variation auch zeitliche Veränderlichkeit zeigen, stellt eine zweite Quelle für Unsicherheiten bei den erhaltenen Meßwerten dar. So treten in Bestrahlungspositionen in Reaktoren mit mittleren und höheren Leistungen (etwa ab 1 MW aufwärts) merkliche *zeitliche Flußschwankungen* auf. Man hat die durch Brennstoffgehalt, Spaltproduktgifte und Regelstabstellung bedingten Reaktivitätsänderungen und ihre Auswirkungen auf räumliche und zeitliche Schwankungen des Neutronenflusses gegenüber dessen makroskopischem Verlauf untersucht [44-10]. Auf diesen Zusammenhang gehen wir unten bei Besprechung der Störungen des kritischen Reaktorzustands noch etwas ein.

Auch die Anbringung von Experimentiereinschüben in Forschungsreaktoren kan starke *Flußverzerrungen* hervorrufen. Diese Gründe machen es z. B. nahezu unmöglich, Fluenzen in Bestrahlungseinschüben aus Flußdichtemessungen im kalten reinen Reaktorkern vorauszubestimmen [X]. Die Angabe von Reaktor-Meßwerten bzw. -Flußverteilungen, die auf bestimmte Positionen, Leistungen und Regelstabstellungen bezogen sind, hat vielmehr nur grob orientierenden Wert. Denn die durch reaktorseitige Bedingungen verursachten Schwierigkeiten werden überlagert durch die Schwierigkeiten der Meßwertinterpretation (einschließlich der spektralen und anderen Korrekturen sowie der Fehlerbestimmung). Aus diesen Gründen muß man sich bei jeder Reaktormessung die Frage vorlegen: zu welchen Meßbedingungen wird der gewünschte Meßwert gebraucht bzw. kann ein erhaltener Meßwert für bestimmte vorgeschriebene Meßbedingungen repräsentativ sein? Aussagen zur Genauigkeit einer Reaktor-Meßmethode – wie über den Gesamtfehler bei Absolutangaben von Reaktor-Meßgrößen oder zur Reproduzierbarkeit gemessener Spektralverteilungen (bzw. zu deren Gesamt-Energieauflösung) – sind deshalb nur in Hinblick auf bestimmte Meßbedingungen sinnvoll. Fluenzen zu einzelnen Bestrahlungsexperimenten müssen dementsprechend in einem der Bestrahlungsposition möglichst eng benachbarten Meßort zeitlich mitverfolgt werden.

Flußdichtefeinstrukturen – das sind durch unterschiedliche Neutronenwechselwirkung hervorgerufene örtliche Schwankungen der reaktorphysikalisch bedingten Grobstrukturen der Flußdichte – trachtet man bei der Reaktorkonzeption klein zu halten, um möglichst gleichmäßigen Abbrand und damit optimale Nutzung des Brennstoffs zu erhalten. Dazu dient schon ein tunlichst gleichförmiger Aufbau des Kerns einschließlich der Anbringung der Regelstäbe. In den verhältnismäßig großen Reaktorkernen von schwerwasser- und graphitmoderierten Forschungsreaktoren herrschen im allgemeinen keine starken Flußgradienten – jedenfalls nicht in Positionen, die entfernter von den Brennelementen liegen. Dagegen treten in den dichter gepackten Kernen von leichtwassermoderierten Reaktoren beträchtliche Flußgradienten auf. Über die unterschiedliche Ausprägung von Flußfeinstrukturen in den verschiedenen Energiebereichen wurde oben bei Betrachtung der Neutronen-Energieverteilungen referiert. – Die Flußabschirmung wirkt sich aus in Bestrahlungsproben und den sie umgebenden Behältern bzw. Einschüben im Reaktor. Die thermische Flußdichte in der Probe wird dabei infolge von Absorption gesenkt, im Energiebereich der schnellen Neutronen kann durch Streuung unter Umständen sogar eine Flußerhöhung resultieren (besonders in Reflektorpositionen in leichtwassermoderierten Reaktoren). Die Flußdepression entsteht durch das Fehlen der Moderatorsubstanz im Einschub und kann sich wie die Flußabschirmung auch auf Nachbar-Bestrahlungseinschübe auswirken. Bei schnellen Neutronen kann fehlende Moderatorsubstanz wiederum zu einer Flußerhöhung führen – wegen nicht stattgefundener Bremsvorgänge. – In leeren Kanälen eines Reaktors, die zur Kühlung oder für Bestrahlungszwecke angebracht sind, können schnelle Neutronen entlangströmen. Dieser als *Strömung von Neutronen (Neutron Streaming)* bekannte Effekt kann merkliche Änderungen des Neutronenspektrums und auch Reaktivitätsänderungen verursachen [13-2, 41-13, 14]. Durch die bis in den Kern führenden Kühlschächte wirkt sich Neutronenströmung in höherer Leckrate bei gasgekühlten Reaktoren nachteiliger aus als bei flüssigkeitsgekühlten.

Die Verzerrungen von Flußwerten, die durch die genannten Ursachen entstehen können, verlangen große Sorgfalt bei der Meßsonden-Positionierung. Auch abgesehen von zeitlichen Flußveränderungen darf man wegen all dieser Effekte nicht damit rechnen, eine für eine Bestrahlungsprobe gültige Flußdichte- bzw.

Fluenzangabe zu erhalten, wenn eine Meßsonde ohne die Probe nur in bezug auf den Reaktor positioniert wurde.

Integrale Feldgrößen (Reaktivität u. a.). *Reaktivität*, kritische Größe und kritische Masse bilden die wichtigsten reaktorphysikalischen Begriffe. – Erstere ist definiert durch:

$$\rho \equiv \frac{k_{eff} - 1}{k_{eff}} \tag{4.1.7}$$

als Funktion des effektiven Multiplikationsfaktors k_{eff} des Reaktors. ρ gibt an, welche Verarmung der Brennelemente an spaltbarem Material und welche Vergiftung durch die während des Reaktorbetriebs sich bildenden Spaltprodukt-Gifte und durch (z. B. in Bestrahlungsexperimenten) eingebaute Absorber erfolgen kann, ehe der Reaktor unterkritisch wird. Unter Berücksichtigung der im Reaktor entstehenden prompten und verzögerten Neutronen kann man die Reaktivität in der in Gleichung (5.1.5) wiedergegebenen Form ausdrücken. Daraus ergeben sich die bekannten zeitabhängigen Änderungen der Neutronenflußdichte bei positiver bzw. negativer Reaktivität, die Beziehung zwischen der Reaktivität ρ und der Reaktorzeitkonstante T (und damit die Regelungsmöglichkeit des Reaktors) sowie die Bedingung für prompte Kritikalität.

Unter den *Änderungseinflüssen auf die Reaktivität* unterscheidet man lokale, die durch die Unterschiedlichkeit der im Reaktor vorhandenen Werkstoffe verursacht werden, und nichtlokale, bei denen der Reaktor als Ganzes wirkt. Der erforderlichen inhärenten Sicherheit wegen hat der Reaktorphysiker dafür zu sorgen, daß alle von denkbaren Änderungen ϵ ausgelösten Relativitätskoeffizienten $d\rho/d\epsilon$ immer negativ verlaufen und so mit Erhöhung der Änderung ϵ die Reaktivität $\rho(\epsilon)$ herabsetzen. Auf den Sicherheitsaspekt kann hier nicht eingegangen werden. Wir wollen diese Erscheinungen aber im Hinblick auf ihre möglichen Auswirkungen auf die Ausführbarkeit reaktorinterner Messungen noch etwas erörtern. Zu nennen sind Temperaturänderungen, mit denen stets Änderungen der mikroskopischen Wirkungsquerschnitte sowie der Dichte und der geometrischen Abmessungen des Reaktorkerns verknüpft sind. Dabei muß beachtet werden, daß in einem thermischen Reaktor der Temperaturkoeffizient $d\rho/dT$ sich zusammensetzt aus dem Koeffizienten des Moderators und dem des Brennstoffs, der in einem heterogenen Reaktor im Leistungsbetrieb oft eine beträchtlich höhere Temperatur hat als der Moderator. Neben der Temperatur beeinflußt die im Reaktor erzeugte Leistung dessen Reaktivität – z. B. infolge der Blasenbildung beim Sieden in wassermoderierten oder -gekühlten Reaktoren. Eine solche Materialverdünnung kann sich negativ (durch Zunahme der Leckverluste) oder positiv (durch Abnahme der Absorptionsverluste) auswirken. Um letzteres zu vermeiden, muß man auch Vorsicht üben bei Bestrahlung stark neutronenabsorbierender möglicherweise siedender Flüssigkeiten; entsprechendes gilt für Knallgasentstehung im Wasser. Als weiterer wichtiger die Reaktivität beeinflussender leistungsabhängiger Effekt ist die Spaltproduktvergiftung zu nennen. Sie spielt in schnellen Reaktoren keine Rolle, im thermischen ist sie eine monotane Funktion der Leistungsdichte. Das wichtigste Spaltprodukt ist ^{135}Xe, das sich entsprechend seiner Halbwertszeit rund 50 Stunden nach dem Anfahren des kalten reinen Reaktorkerns zum dynamischen Gleichgewicht aufgebaut hat. Neben der Spaltproduktvergiftung bewirkt der Brennstoffabbrand ein zunehmendes Aufzehren der eingebauten Überschuß-Reaktivität. Den Ausgleich dieser Effekte muß das Regelungssystem besorgen. Schließlich wird Reaktivität aufgezehrt durch den Einbau von Reaktorexperimentiereinschüben.

In Tabelle 4.1.B ist eine typische Reaktivitätsbilanz für den Forschungsreaktor FRJ-2 zusammengestellt [41-15]. Reaktivitätsänderungen bedingen lokale Änderungen der Flußdichten. So stellt man an Einschüben unter Langzeitbestrahlungen Flußschwankungen von einer Reaktorperiode zur anderen fest. Die Neutronenfluenz sollte deshalb zum Bestrahlungsgut in jedem Experimentiereinschub mitverfolgt werden.

Das *Regelungssystem* bewerkstelligt absichtliche Änderungen der Reaktivität. Enthält ein System eine besonders hohe eingebaute Überschußreaktivität, so ist ein entsprechend besonders wirksames Regelungssystem erforderlich. Natürlich spielen Zweck und Bauweise des zu regelnden Reaktors bei der Auswahl des Regelungssystems eine entscheidende Rolle. Grundsätzliche Forderungen, die an das Regelungssystem zu stellen sind, betreffen den Regelbereich sowie seine Genauigkeit und Wirksamkeit. Der Regelbereich muß den Gesamtbetrag der einsetzbaren Reaktivität überdecken. Als Genauigkeit der Regelung bezeichnet man die Treue, mit der der Reaktor auf erfolgte Regelungsvorgänge reagiert. Regelungssysteme arbeiten unter Hinzufügung bzw. Entfernung entweder von Brennstoff oder von Moderator, Reflektor oder von Neutronenabsorbern. Die meist verwendeten (z. B. bor- oder cadmium-haltigen) Absorber in Form von Regelstäben haben den Nachteil starker Neutronenverluste beim Einführen. Zur Ersetzung der Überschuß-Reaktivität muß die Regelstabstellung beträchtlich verändert werden, wodurch sich die Flußprofile im Reaktorkern und auch noch im Reflektor merklich verschieben – besonders in Schwimmbadreaktoren mit mehr als einigen Megawatt Leistung; solche Verschiebungen sind aber auch in schwerwasser- und graphitmoderierten Reaktoren spürbar. Die veränderten Flußprofile können auch die Flußwerte in den Leistungskanälen der Reaktorinstrumentierung verändern, wodurch die zeitabhängige Flußdichteänderung in experimentellen Positionen je nachdem verstärkt oder vermindert werden kann. Die Regelstäbe sind besonders in Leistungsreaktoren zahlreich und geometrisch gleichmäßig über den Kern verteilt. Sie werden während des Betriebs gruppenweise gezogen, um für die Spaltproduktvergiftung und den Brennstoffabbrand auszugleichen. Das Ziehen der Stäbe erfolgt

Tabelle 4.1.B. Typische Reaktivitätsbilanz für eine Fahrperiode eines Forschungsreaktors [41-15]

Reaktor:	FRJ-2 (DIDO-Typ, vgl. Tabelle 4.1.A.)	
Fahrperiode:	12B/70	
Brennstoffinhalt des Kerns zu Periodenbeginn:	3385,87 g U-235	
Überschußreaktivität:	20,28% $\frac{\Delta k}{k}$	
Betriebsbedarf für:		
Abbrand*		4,06% $\frac{\Delta k}{k}$
Temperaturerhöhung		1,40
Xe-Vergiftung		3,10
Sm-Vergiftung		0,61
Regelbereich der Steuerorgane		2,00
Sicherheitszuschlag		1,30
Abreicherungszuschlag		0,37
		12,84% $\frac{\Delta k}{k}$
Experimente:		
Verfügbare Reaktivität	7,44% $\frac{\Delta k}{k}$	
Tatsächliche Absorption durch:		
Experimente im Kern		3,45% $\frac{\Delta k}{k}$
Experimente im Reflektor		3,56% $\frac{\Delta k}{k}$
		7,01% $\frac{\Delta k}{k}$

* $4{,}066 \cdot 10^{-4}\% \frac{\Delta k}{k}$ pro MWh

Die Reaktivitätsangaben sind auf einen unvergifteten frischen Kern mit 3350 g U-235 ohne experimentelle Absorber und 8°C D_2O-Temperatur bezogen: Unter diesen Voraussetzungen hat der Kern eine Überschußreaktivität von 20% Δ k/k. Der effektive Brennstoffinhalt des Kerns bestimmt mit dem in jeder Periode errechneten spezifischen Brennstoff-Reaktivitätsäquivalent die Überschußreaktivität. Unter der Rubrik „Betriebsbedarf" sind alle reaktivitätsmindernden Betriebseinflüsse aufgeführt einschließlich des Sicherheitszuschlags für eine eventuell notwendige Xe-Überfahrung.

Der Abreicherungszuschlag korrigiert für den Unterschied des Brennstoffäquivalents des abgereicherten (abgebrannten) Brennstoffs gegenüber dem frischen Brennstoff.

so, daß der Abbrand über den Reaktorkern möglichst gleichförmig zunimmt. Das läßt sich je nach Anbringung der Regelstäbe nur mehr oder weniger unvollkommen erreichen: wo Brennstoff und Regelstäbe nicht eng benachbart sind, werden Maxima im Abbrand auftreten. Ein vollständigerer und gleichmäßigerer Abbrand kann durch geeignete Brennstoff-Umladepläne erzielt werden – etwa zonenweise wie im FR-2 [41-16] oder dadurch, daß ein großer Vorrat an unterschiedlich abgebrannten Brennelementen gehalten wird für

Kernbeladungen mit speziellen Experimenteinschüben bei einem gewünschten Flußverlauf [41-17] (vgl. auch [44-10]). Solche Verfahren verbessern zwar die Gleichmäßigkeit bzw. Vorausbestimmbarkeit der Flußverläufe (sowie die wirtschaftliche Brennstoffnutzung), erhöhen aber den Betriebsaufwand durch zusätzliche Personalkosten bzw. durch Zeitverlust für Abschaltungen, die zum Umladen erforderlich werden. Ein gleichmäßigerer Brennstoffabbrand kann auch durch Mitverwendung unbeweglicher Absorberstäbe bewirkt werden, bei denen der Abbrand des Absorbers den erforderlichen Ausgleich herstellt (s. z. B.: [41-18]).

Bei Neutronenflußdichtemessungen am laufenden Reaktor ruft ein eingebrachter Absorber (z. B. eine Meßanordnung wie ein Aktivierungssondenstringer oder eine Ionisationskammer an starrem stahlummantelten Kabel) eine mehr oder weniger spürbare *Reaktivitätsänderung* hervor. Zu ihrer Abschätzung nehmen wir der Einfachheit halber an, es handele sich um eine einheitlich absorbierende Substanz ($_A$) mit dem Absorptionsquerschnitt Σ_A und dem Volumen V_A, die ins Innere eines heterogenen Reaktors gebracht wird. Wir benutzen die Störungstheorie in der Ein-Gruppen-Näherung, d. h. wir machen die Annahme, alle im Reaktor vorhandenen Neutronen haben eine einheitliche thermische Energie. Dann erhält man für die gesuchte Reaktivitätsänderung:

$$\rho = -\frac{\Sigma_A V_A \overline{\varphi}_A}{\Sigma_{aB} V_B \overline{\varphi}_{B0}} \frac{f_0}{k_{\infty 0}} g(\vec{r}_A, V_A) . \tag{4.1.8}$$

Darin ist:

$$f_0 = \left[1 + \frac{\Sigma_{aM} V_M \overline{\varphi}_{M0}}{\Sigma_{aB} V_B \overline{\varphi}_{B0}}\right]^{-1} \tag{4.1.9}$$

die ungestörte thermische Nutzung. Der Index „0“ bezeichnet jeweils die ungestörte Größe (des Multiplikationsfaktors k_∞ für unendlich ausgedehnten Kern bzw. der gemittelten Flußdichte $\overline{\varphi}$ im Brennstoff B bzw. Moderator M). Σ_{aX} bzw. V_X bedeuten den Absorptionsquerschnitt bzw. das Volumen des Mediums X, $\overline{\varphi}_A$ die mittlere Flußdichte im Absorber A. Noch zu erklären ist die Größe

$$g(\vec{r}_A, V_A) = \int_{V_A} \varphi_0^2(|\vec{r} - \vec{r}_A|) \, dV \Big/ \int_{\substack{\text{Kern-}\\ \text{volumen}}} \varphi_0^2(\vec{r}) \, dV , \tag{4.1.10}$$

die das *Statistische Gewicht* des Volumenelements V_A im Ort $\vec{r}$ genannt wird. Da die Störung proportional zum Produkt aus Reaktionsrate und Neutronenflußdichte sein muß, geht letztere quadratisch ins Statistische Gewicht ein. Während die Größen f_0, $k_{\infty 0}$ und $\overline{\varphi}_{X0}$ in Gleichung (4.1.8) aus der Ein-Gruppen-Näherungsberechnung des Reaktors genommen werden können, muß die Flußdichte $\overline{\varphi}_A(\vec{r}_A) \approx \varphi_0(\vec{r}_A) \cdot \overline{K}_A$ über die vom Absorber A hervorgerufene

Flußstörung gemessen oder berechnet werden. Das Statistische Gewicht $g(\vec{r}_A, V_A)$ ist gesondert zu ermitteln.

Streng genommen treten nach der Störungstheorie im Statistischen Gewicht nicht Quadrate φ^2 der Flußwerte, sondern Produkte $\psi\,\varphi$ auf, wobei $\psi(\vec{r})$ *die Adjungierte Flußdichte oder Enflußfunktion (Neutron Importance)* im Punkt $\vec{r}$ darstellt. Im Hinblick auf die reaktorphysikalische Bedeutung dieser Größe wollen wir darauf noch etwas näher eingehen. Die Einflußfunktion $\psi(\vec{r})$ liefert das Maß für den Einfluß, den die Einbringung eines Neutrons in den Ort $\vec{r}$ im Reaktor auf das Bestehen der Kettenreaktion bewirkt. Bei Ein-Gruppen-Behandlung ist die Einflußfunktion $\psi(\vec{r})$ zum Fluß proportional, wobei die Proportionalitätskonstante bei Bildung des Statistischen Gewichts herausfällt; $\psi(\vec{r})$ ist zu deuten als eine Größe, die proportional ist zur Reaktivitätsänderung $\rho \gtrless 0$ bezogen auf ein im Zeitintervall in $\vec{r}$ absorbiertes bzw. eingebrachtes Neutron von stets gleicher (thermischer) Energie. Analog ist in einer Darstellung mit mehreren Energiegruppen die Einflußfunktion $\psi_m(\vec{r})$ proportional der Reaktivitätsänderung, die durch Entfernung bzw. Einbringung von einem Neutron der Energiegruppe m in der Sekunde in der Position $\vec{r}$ bewirkt wird. Im Fall der Mehrgruppenbehandlung reaktorphysikalischer Probleme kann die Kenntnis der $\psi_m(\vec{r})$-Verteilung erwünscht sein, um Reaktor-Gruppen-Parameter zu ermitteln, in denen Statistische Gewichte eine Rolle spielen. In Mehrgruppendarstellungen sind die zur selben Energiegruppe m gehörigen adjungierten Funktionen $\varphi_m(\vec{r})$ und $\psi_m(\vec{r})$ im allgemeinen nicht einander proportional, denn der Einfluß der Neutronen aus der m-ten Gruppe auf die Aufrechterhaltung der Kettenreaktion kann einen anderen räumlichen Verlauf haben als der Fluß der Neutronen in der m-ten Gruppe. In der Zwei-Gruppen-Darstellung verhalten sich die adjungierten Funktionen sogar insofern konträr, als $\psi_{\text{langsam}}(\vec{r})$ viel eher $\varphi_{\text{schnell}}(\vec{r})$ entspricht als $\varphi_{\text{langsam}}(\vec{r})$; entsprechendes gilt für $\psi_{\text{schnell}}(\vec{r})$ und $\varphi_{\text{langsam}}(\vec{r})$, s. Abbildung 4.1.V.

Die Bestimmung der Einflußfunktionen wird meist rechnerisch durchgeführt, aber auch nach meßtechnischen Verfahren, wobei vorteilhafterweise eine Kritische Anordnung benutzt wird, die die Messung kleiner Reaktivitätsänderungen und die Einhaltung jedes gewünschten Quellen-Multiplikationsfaktors gestattet. Durch Einbringung eines wenig störenden Absorbers mit Wirkungsquerschnitt $\Sigma_A(E)$ in die Position $\vec{r}_0$ kann man den Energie-Mittelwert $\overline{\psi}(\vec{r}_0)$ der Einflußfunktion bestimmen aus:

$$\overline{\psi}(\vec{r}_0) = -\frac{\rho(\vec{r}_0)}{C_A(\vec{r}_0)\,K} = \frac{\int_0^\infty d\,E\,\psi_E(E,\vec{r}_0)\,\Sigma_A(E)\,\varphi_E(E,\vec{r}_0)}{\int_0^\infty d\,E\,\Sigma_A(E)\,\varphi_E(E,\vec{r}_0)}\;. \qquad (4.1.11)$$

Auf der rechten Seite kann der Zähler durch eine Bestimmung der Reaktivität ρ (mit einem von der Störung unabhängigen Normierungsfaktor K) und der

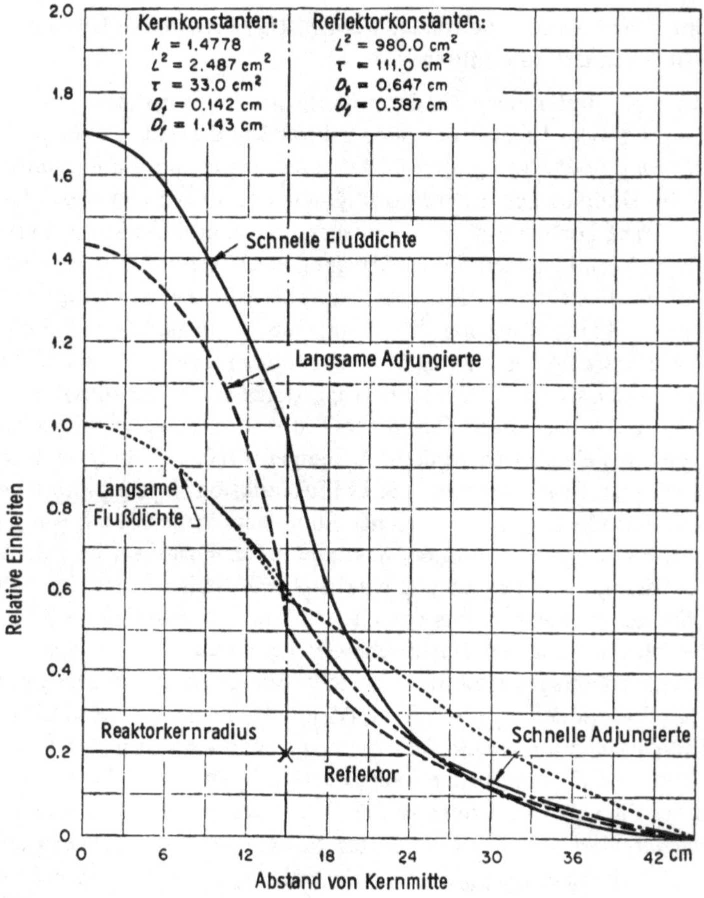

Abb. 4.1.V.
Flußdichten und deren Adjungierte in Zweigruppendarstellung für einen H_2O-moderierten homogenen kugelförmigen Reaktorkern mit Be-Reflektor nach [12–2].

Nenner durch eine Bestimmung der Absorptionsrate C_A in Position $\vec{r}_0$ erhalten werden. Zur Bestimmung der räumlichen Verteilung der Einflußfunktion $\psi_f(\vec{r})$ der Spaltneutronen kann die Vervielfachung in einem leicht unterkritischen Reaktor bei Einbringung einer Spaltneutronenquelle in die Position $\vec{r}$ gemessen werden. Für nichtabsorbierende und isotrop strahlende Quellen der Stärke B ergeben sich folgende Verhältnisse für gemessene Zählraten Z:

$$\frac{Z(B_1, \vec{r}_1)}{Z(B_2, \vec{r}_2)} = \frac{\int_0^\infty dE\, B_1(E)\, \psi_E(E, \vec{r})}{\int_0^\infty dE\, B_2(E)\, \psi_E(E, \vec{r})} . \qquad (4.1.12)$$

Dieses energieintegral anzeigende Verfahren zur Ermittelung von Reaktorparametern scheint in der Genauigkeit der geläufigeren Methode über Verteilungsmessungen ortsabhängiger Reaktionsraten gewachsen zu sein. In ihrer Unempfindlichkeit gegen Unregelmäßigkeiten in der Reaktorgeometrie zeigt sich die integrale der zuletzt genannten lokalen Methode überlegen [41-19].

Mit Ein- und Ausfahren von kleinen Bor- und Cadmium-Absorbern bzw. einer kleinen Neutronenquelle wurde die Reaktivitätsbestimmungsmethode zur Bestimmung der räumlichen Verteilungen der thermischen und der Spaltneutronen-Einflußfunktion benutzt; dazu wurde eine spontane ^{252}Cf-Spaltneutronenquelle verwendet, die sich durch Kleinheit ihrer Abmessungen sowie durch ihre gute Annäherung an das Spektrum der ^{235}U-Spaltneutronen anderen älteren Quelltypen überlegen zeigt.

Im schwerwassermoderierten Forschungsreaktor FRJ-2 wurde die räumliche Verteilung des Statistischen Gewichts $g(\vec{r}_A, V_A)$ für einen stabförmigen schwarzen Neutronenabsorber im Reaktorkern und im kernnahen Reflektor bestimmt [41-20].

Dazu wurde die Reaktivitätsverminderung beim Einführen von Cadmium-Stäben bei unvergiftetem Kern mittels der Kompensationsmethode gemessen. In Abbildung 4.1.VI sind die erhaltenen axialen relativen Mittelwerte der Statistischen Gewichte eingetragen. Daneben wurde auch die Axialverteilung des Statistischen Gewichts bei vergiftetem Kern gemessen. Danach läßt sich die Reaktivitätsverminderung für die Cadmium-Absorber als deren Ober-

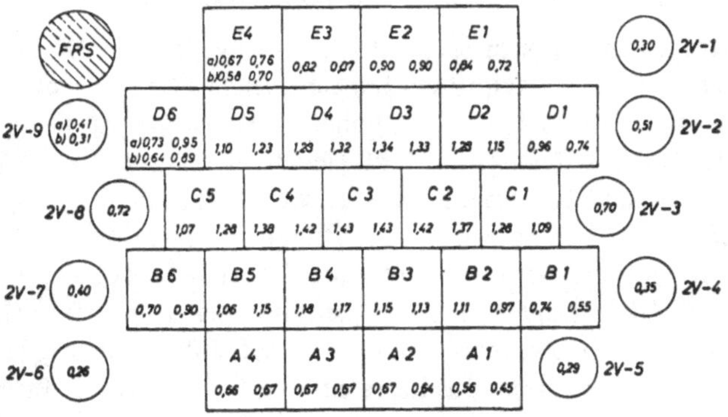

FRS (Feinregelstab): a) aus-, b) eingefahren,
Die beiden Zahlen bei den Brennelementen (A1 bis E4) beziehen sich auf die möglichen Stellungen des Flußmeßrohrs am Brennelement zur Kernmitte bzw. zum Kernrand hin. Die Kreise (2V1 usw.) bezeichnen vertikale Bestrahlungskanäle. Die Zahlenwerte sind normiert auf $\overline{g(\vec{r})}^{Kern} = 1$.

Abb. 4.1.VI.
Räumliche Verteilung des statistischen Gewichts g $(\vec{r})$ für stabförmigen Cd-Absorber bei unvergiftetem Reaktorkern des FRJ-2, Jülich, mit konstanter Grobregelung [41–20].

fläche F proportional wiedergeben; an einer Stelle mit dem relativen Statistischen Gewicht g = 1 wurde gefunden:

$$\frac{\rho}{F} = -(4{,}2 \pm 0{,}2)\,10^{-2} \tag{4.1.13}$$

pro cm^2 Oberfläche des Absorbers.

Wir wollen hier noch kurz auf die **im Reaktor auftretenden Strahlungen** eingehen und auf ihre Wirkungen auf Bestrahlungs- und Meßanordnungen im Reaktor. An Strahlungen entstehen Alpha-, Beta- und Gamma-Strahlung, Neutronen verschiedener Energien, Spaltfragmente und auch Protonen von (n, p)-Reaktionen. Für die Neutronenmeßtechnik in Reaktoren sind eigentlich nur die durchdringenden Strahlungen – also Neutronen und Gamma-Strahlen – von Wichtigkeit. Je nach Art und Ort ihrer Entstehung unterscheidet man zwischen primären und sekundären Reaktorstrahlungen. Die ersteren entstehen nur im Reaktorkern, die letzteren gehen aus der Wechselwirkung der ersteren hervor und haben deshalb ihren Ursprung auch außerhalb des Kerns im Reflektor, im Kühlmittel und in der Abschirmung. Die uns interessierenden primären Strahlungen sind schnelle Neutronen, prompte Spaltungs-Gamma-Quanten und verzögerte Gamma-Quanten von Spaltprodukten. Sekundäre Strahlungen sind intermediäre und thermische Neutronen, Einfang-Gamma-Quanten sowie Gamma-Quanten von Radionukliden, die durch Neutronen-Reaktionen erzeugt werden, inelastisch gestreute Gamma-Quanten und Bremsstrahlung.

Auf die Neutronen im Reaktor sind wir bereits eingegangen. Die *prompten Spaltungs-Gamma-Quanten* zeigen ein kontinuierliches Energiespektrum, das etwa von 0,5 bis 10 MeV reicht. Nach hohen Energien nimmt die spektrale Flußdichte der Gamma-Quanten stark ab (im Bereich von 0,2 bis 4 MeV ungefähr exponentiell). Die gesamte Energie der prompten Spaltungs-Gamma-Quanten beträgt 7,8 MeV; da pro Spaltung rund sieben Gamma-Quanten entstehen, liegt die mittlere Gamma-Energie pro Gamma-Quant bei 1,1 MeV. – Die von den zahlreichen Spaltprodukten herrührenden *verzögerten* Gamma-Quanten weisen ein sehr komplexes Spektrum auf. Ihre Strahlung setzt verzögert nach Betriebsbeginn des Reaktors ein; die Form ihres Spektrums und ihre relative Quellstärke hängen von der Betriebsdauer bzw. von der Kühl- oder Wartezeit t_W nach Abschalten des Reaktors ab. Die Energien dieser Gamma-Quanten erstrecken sich im wesentlichen über den Bereich von 0,1 bis 2,8 MeV, ihr Mittelwert liegt bei 1,5 MeV. Das in der Regel sehr komplexe Spektrum der *Einfang-Gammaquanten* überdeckt den Bereich von rund 2 bis 8 MeV. Schließlich sei noch die ebenfalls verzögert einsetzende *Gamma-Strahlung von Radionukliden* erwähnt, die durch Neutronenabsorption erzeugt wurden und deren Radioaktivität der jeweiligen Halbwertszeit entsprechend mit der Kühlzeit t_W abklingt; ihre mittlere Energie liegt größenordnungsmäßig bei 1 MeV, es können aber auch Energien bis über 5 MeV hinauf auftreten. – Die Häufigkeitsverteilung der aufgeführten vier Anteile der Reaktor-Gamma-Strahlung kann grob wiedergegeben werden durch die Schätzwerte in Tabelle 4.1.C. Das kontinuierliche Gesamtspektrum aus den soeben aufgezählten vier (bei Anfahren eines kalten reinen Reaktors sind es zunächst nur zwei) Teilspektren zeigt infolge von Wechselwirkungen noch eine Verschiebung nach niedrigeren Energien hin, die bedingt ist durch inelastische Gamma-Streuung sowie durch Bremsstrahlung, die von der Beta- und Elektronen-Strahlung von Radionukliden ausgelöst werden. Die Energie-Quelldichte $q_{\gamma 1}^{(E)}$ der primären Gammastrahlungen läßt sich ausdrücken durch:

$$q_{\gamma 1}^{(E)} = E_{\gamma 1} \frac{P}{V_K} \frac{C_f}{P_W} . \tag{4.1.14}$$

Darin ist $E_{\gamma 1}$ der Energiebetrag der primären Gamma-Strahlungen, der beim Spaltvorgang freigesetzt wird, P/V_K die Leistungsdichte des Reaktors – vgl. Gleichung (4.1.3) – und C_f/P_W (= $3{,}1 \cdot 10^{10}\, s^{-1}\, W^{-1}$) diejenige Spaltrate, die die Leistung 1 Watt hervorruft. Die Flußdichteverteilung der Gamma-Quanten folgt innerhalb des (homogen angenommenen) Reaktorkerns grob der Verteilung der schnellen Neutronenflußdichte; außerhalb nimmt sie zunächst ungefähr proportional $e^{-\Sigma x}\mathfrak{B}(\Sigma x)/(x + R_K)^2$ ab, wobei x den Abstand vom Kernrand, R_K den Radius einer Kugel von gleicher Größe wie das Kernvolumen, Σ den linearen Schwächungskoeffizienten im Reflektor und $\mathfrak{B} \geqslant 1$ dessen Build-up-(Zuwachs-)Faktor darstellt, der ebenfalls von der Gamma-Energie und der Geometrie abhängig ist. Wegen weiterer Informationen über die Reaktor-Gamma-Strahlung verweisen wir auf [XI, 15-3, 41-1].

Zu den störenden Wirkungen, die von Strahlungen auf im Reaktor vorhandene Materialien ausgeübt werden, sind zu rechnen: die nukleare Aufheizung, Strahlenschäden, Aktivierung (die hier praktisch nur durch Neutronen erfolgt) und außerdem die Bildung von Störsignalen in elektrischen Bauteilen und Zuleitungen. *Nukleare Aufheizung* entsteht durch die Umwandlung der kinetischen Energie von Reaktionsprodukten nuklearer Reaktionen in Wärmeenergie. Die so erzeugte Wärme muß abgeführt werden, weil sonst unzulässig hohe Temperaturen entstehen, durch die einzelne Bauteile und schließlich der Reaktor als Ganzes zerstört würde. Die in der Sekunde erzeugten und abgeführten Wärmemengen müssen ins Gleichgewicht gebracht werden – besonders sorgfältig in Leistungsreaktoren, die zum Zweck einer bestimmten Leistungsabgabe bei nicht zu niedrigen Temperaturen arbeiten dürfen. Für den Reaktor als Ganzes hat der Kernverfahrenstechniker die für die einzelnen Bauelemente zulässigen Grenztemperaturen zu ermitteln und eine geeignete Kühlung zu entwickeln. Entsprechend hat der Meßtechniker bei der Planung reaktorinterner Messungen festzustellen, ob die infolge der nuklearen Aufheizung erreichte Temperatur für eine vorgesehene Meßanordnung noch zulässig ist: hierzu (und über Temperaturwerte in Reaktoreinschüben) s. Abschnitt 5.2. Abgesehen von Brennelemen-

Tabelle 4.1.C. Abschätzung der Beiträge zur Gammastrahlung im Kern Thermischer Reaktoren

Herkunft (und Auftreten) der versch. Beiträge zur Gamma-Strahlung	Reaktorzustand / mittl. γ-Energie in MeV (1)	rein (Betriebsdauer: $t_B = 0$)	vergiftet ($t_B \to \infty$)
Spaltprozesse (prompt)	1,1	70 bis 85% (2) (3)	70 bis 85% (2) (3)
Zerfall von Spaltprodukten (verzögert)	1,5	–	40 bis 30% (2) (3)
Einfangprozesse (prompt)	5	30 bis 15% (2) (3)	30 bis 15% (2) (3)
Zerfall von Radionukliden (verzögert)	1	–	20 bis 10% (2) (3)
Gesamtzahl, relativ	–	100% (2)	160 bis 140% (2) (3)
Gesamte Gammadosisleistung bei 10^{14} cm^{-2} s^{-1} therm. Neutronenflußdichte	–	(0,6 bis 0,8) x 10^9 rd/h (3) (4)	(1,0 bis 1,1) x 10^9 rd/h (3) (4)

(1) Angegeben sind mittlere Primärenergien; die wahren mittleren Energien liegen niedriger infolge inelastischer Streuung

(2) Bezogen auf 100% Gesamtzahl im reinen Reaktor

(3) Die Zahlen ändern sich von links nach rechts mit zunehmender Brennstoffanreicherung (d. h. relativer Wahrscheinlichkeit der Spaltprozesse)

(4) Mit einheitlicher Dosiskonstante $R_\gamma = 1{,}5 \cdot 10^{-6}$ rd · cm^2 s/h für alle γ-Quanten im Reaktor

ten wird in Reaktoreinbauten der Gammastrahlenanteil $\dot{q}_\gamma$ der (auch Aufheizrate genannten) spezifischen Wärmeleistung deren Neutronenanteil $\dot{q}_n$ je nach dem Wirkungsquerschnitt der betreffenden Substanz mehr oder weniger überwiegen. Zur Festlegung des Temperaturfelds, das sich unabhängig von Einbauten im Reaktor einstellt, muß zunächst die Wärmequellenverteilung ermittelt werden. Als Faustregel kann man annehmen, daß 90% der gesamten Wärmeerzeugung des Reaktors in den Brennelementen stattfindet und daß die dazu gehörige Wärmequellenverteilung der Verteilung derjenigen Neutronenflußdichte folgt, die die meisten Spaltungen hervorruft (also der des thermischen Flusses in thermischen Reaktoren). Weitere 5% der erzeugten Wärme werden im Moderator und der Rest im Reflektor und in der Abschirmung freigesetzt. Im Moderator verläuft die Wärmequellenverteilung proportional zur Summe aus einer Konstanten und dem thermischen Fluß. Im Reflektor und in der Abschirmung hängt die Wärmequellenverteilung von den besonderen geometrischen und materiellen Gegebenheiten ab. Man muß sich klar machen, daß die Wärmequellenverteilung in verschiedenen Substanzen je nach ihrem Wirkungsquerschnitt recht verschieden verläuft: so folgt sie im Kern eines thermischen Reaktors in den Brennelementen (und weitgehend im Moderator) dem thermischen Fluß, während sie in metallischen Reaktoreinbauten (z. B. Meßanordnungen) im wesentlichen der Gamma-Flußverteilung entspricht [23-22, 23, 24]. Durch die Auslegung eines Kühlsystems läßt sich der Anordnung – dem Reaktor als Ganzes oder einzelnen Einbauten – ein Temperaturfeld aufzwingen. Bei der Ermittlung der Temperaturverteilung, die sich in einem Körper einstellt, kann man drei Fälle unterscheiden:

I. Adiabasie: es findet kein Wärmeaustausch mit der Umgebung statt,
II. Isothermie: der Körper gibt einen gleichbleibenden Wärmestrom an die Umgebung ab und nimmt eine gleichbleibende Übertemperatur an
und abgesehen von diesen Idealfällen:
III. der allgemeine instationäre Zustand, bei dem sich die Körpertemperatur mit der Umgebungstemperatur ändert.
Hierzu wird auf die wärme- und reaktortechnische Literatur verwiesen (s. z. B. [41-21]).

Strahlenschäden in Reaktoren [11-7, 15-3, 41-22, 23, 24] entstehen:
A. durch Gitterplatzverschiebungen in Festkörpern durch elastische Stöße schneller und intermediärer Neutronen (Hauptbeitrag durch Neutronen zwischen 0,01 und 2 MeV);
B. durch Helium-Blasenbildung z. B. in Li- und B-haltigen Materialien infolge (n, α)-Reaktionen besonders durch langsame Neutronen;
C. durch Gitterplatzverschiebungen, verursacht von Rückstoßkernen in Festkörpern mit hohem Einfangquerschnitt, besonders durch langsame Neutronen; die Rückstoßenergie kann bis hin zu schweren Kernen die Größenordnung der Gitterplatz-Verlagerungsenergie erreichen; dieser Effekt kann im Reflektor eines thermischen Reaktors (wo die thermische Flußdichte das Hundertfache der schnellen betragen kann) einen merklichen Anteil aller Gitterplatzverschiebungen ausmachen.

D. In organischen und Ionen-Verbindungen werden chemische Veränderungen (wie Aufbrechen chemischer Bindungen, Bildung freier Radikale, Polymerisation) durch Stöße schneller und intermediärer Neutronen ausgelöst, daneben aber auch durch Gammaquanten und Betateilchen von den Reaktorstrahlungen.

Abschnitt 5.2 enthält eine stichwortartige Zusammenstellung physikalischer und chemischer Bestrahlungseffekte, die für die Experimentierpraxis an Reaktoren wichtig sind.

Bei der **Meßpraxis an Reaktoren** geht man auf drei verschiedene Weisen vor:
I. Mittels *mehrkanaliger spektrometrischer Verfahren* (s. Abschnitt 4.2): Sie gehören entweder zu individuellen physikalischen Experimenten oder erfüllen Hilfs- bzw. Kalibrieraufgaben für die eigentliche Reaktormetrologie (siehe II). Mit ihrer hohen Aufwendigkeit gestatten sie eher Präzisionsmessungen als Messungen von ortsabhängigen Verteilungen. Sie müssen jeweils für sich kalibriert werden.
II. Mittels *energieintegraler Sonden-Verfahren* (s. die Abschnitte 4.3 bis 4.5): Diese Gruppenverfahren werden in der Reaktormetrologie routinemäßig zur Messung von Flußdichteverteilungen und Spektren sowie zur Fluenzmonitierung angewendet. Ihre Präzision ist bestenfalls von mittlerer Güte, ihre spektralen Angaben sind oft wenig zuverlässig. Die Kalibrierung der Verfahren erfolgt durch gemeinsamen Bezug auf Neutronen-Flußstandards oder über Verfahren nach I.
III. Durch *Instrumentierungssysteme* (s. Abschnitt 4.6): Hierbei werden komplexe fest installierte Meßeinrichtungen zur fortlaufenden Überwachung ganzer Reaktoren oder bestimmter Reaktorteile und Reaktorexperimente benutzt, an die sich eine Datenverdichtung und eventuell eine Datenverarbeitung (mit Prozeßrechner) anschließt.
Derartige Meßeinrichtungen werden in Form spezialisierter Bauteile innerhalb des Informationssystems für den jeweiligen Anwendungszweck eingesetzt. Ihre Kalibrierung geschieht routinemäßig mit reaktormetrologischen Anordnungen (nach Verfahren II).

4.2. Anwendung spektrometrischer Verfahren

Ausführung der Neutronenspektrometrie – Kollimator-Spektrometrie – Sonden-Spektrometrie – Auswahl unter den Verfahren

Die **Ausführung der Neutronenspektrometrie** erfolgt nach echten spektrometrischen (d. h. *mehrkanaligen*) *Verfahren* oder nach *Gruppen-Verfahren* (mit Anwendung mehrerer Detektoren). Diese Unterscheidung wird in Abschnitt 3.6 eingeführt. In der Reaktormetrologie im engeren Sinn – insbesondere für reaktorinterne Messungen bei hohen Flüssen und Temperaturen und wenig verfügbarem Raum – kommen fast ausschließlich nur Gruppenverfahren in Frage, die in den folgenden Abschnitten behandelt werden. Der Gegenstand dieses Abschnittes sind die mehrkanaligen Verfahren. Sie finden Anwendung vor allem bei festkörperphysikalischen und neutronenphysikalischen Untersuchungen. In der Reaktorphysik und -metrologie dienen sie in der Regel nur zu orientierenden und kalibrierenden Messungen im Rahmen von Anfahr- oder Testexperimenten.

Wir folgen hier der Einteilung in *Kollimator- und Sonden-Spektrometer*. Diese Verschiedenheit des Detektoreinsatzes wird ebenfalls in Abschnitt 3.6 erläutert. Auf die Theorie der Spektrometer sowie auf die Einzelheiten ihrer Bauweise gehen wir hier nicht ein. Hierzu und zu Durchführungen und Ergebnissen von Untersuchungen mit Neutronenspektrometern sei folgende zusammenfassende Literatur genannt: [XV, 11-2, 4, 12, 21-2, 32-1, 9, 35-2, 4, 42-1, 2, 3]. Zum Neutronennachweis werden natürlich die bekannten Neutronendetektorarten verwendet. Die Energiesortierung bedient sich in der Regel bekannter elektronischer Verfahren: der Impulshöhen- und der Impulsform-Diskriminierung. Für die Verfahren mit optischer Spurenzählung wird die Energiesortierung in Abschnitt 2.5 angedeutet. Hilfsmittel zur Wandlung oder Monochromatisierung eines Neutronenspektrums oder zur Herstellung von Kurzzeitimpulsen sind in Abschnitt 3.5 erwähnt. Unser Blickwinkel von der Meßtechnik her liefert insofern kein ganz vollständiges Bild, weil erst durch ins Einzelne gehende Schilderungen der wissenschaftlichen Aufgaben der Neutronen-Spektrometrie die jeweilige Notwendigkeit des Aufwands und die physikalisch-technischen Aspekte bei der Spektrometerentwicklung völlig verständlich werden können. Hinzu kommt, daß wir uns vorzugsweise auf solche Spektrometertypen beschränken, die an Reaktoren oder wenigstens für reaktorphysikalische Untersuchungen eingesetzt werden.

Die wichtigsten *Spektrometerdaten* sind der Energiemeßbereich und die relative Energieauflösung $\Delta E/E$. Diese Größen sind für die meist verwendeten Spektrometertypen im Bereich des Reaktorneutronenspektrums in Abbildung 5.3.I zusammengestellt. Die Größe ΔE wird gewöhnlich als Halbwertsbreite einer Spektrallinie verstanden. Die Ausbeute ϵ des Spektrometers darf nicht zu klein sein, weil sonst die Nachweisrate sich vom Untergrund (Nulleffekt) nicht mehr statistisch signifikant abhebt. Mit wachsender Ausbeute vergrößert, d.h. verschlechtert sich aber die absolute Energieauflösung ΔE. Das erkennt man z.B. bei Betrachtung der Energieauflösung für das Kristallspektrometer, die nach der in Gleichung (3.5.2) wiedergegebenen Braggschen Beziehung wie folgt mit dem Reflexionswinkel ϑ zusammenhängt:

$$\Delta E/E \approx 2\Delta\vartheta/\vartheta\,. \qquad (4.2.1)$$

ΔE wächst dabei mit dem Öffnungswinkel $\Delta\vartheta$, also proportional zur Ausbeute ϵ. Beim Flugzeitspektrometer hängt die Neutronen-Flugzeit $t(E)$ in folgender Weise mit der Flugstrecke l und der Neutronenenergie zusammen:

$$t(E) = l/\sqrt{2E/m_n}\,. \qquad (4.2.2)$$

Daraus ergibt sich für die Energieauflösung:

$$\Delta E = \left|\frac{\partial E}{\partial t}\right| \Delta t \sim l^{-1} , \qquad (4.2.3)$$

was in Beziehung zu setzen ist zur Ausbeute in Abhängigkeit von der Flugstrecke:

$$\epsilon(l) \sim l^{-2}, \quad \text{also} \quad \Delta E \sim \epsilon^{\frac{1}{2}} . \qquad (4.2.4)$$

ΔE und ϵ wachsen also beide (mit unterschiedlichen Potenzen) reziprok zur Flugstrecke l. Bei sehr niedrigen Zahlen gemessener Einzelereignisse darf man allerdings die Ausbeute nicht zu klein machen, weil sonst die Zählstatistik mit abnehmender Ausbeute die relative Energieauflösung $\Delta E/E$ schließlich verschlechtert, d.h. vergrößert. Die Richtungsempfindlichkeit spielt eine wesentliche Rolle bei der Frage, ob die Spektrometer-Detektoren auch in einem (nahezu) isotropen Neutronenfeld als Sonden eingesetzt werden können oder nur in einem gerichteten Feld in einer Strahlrohranordnung.

Die *Sondenspektrometer* besitzen im allgemeinen die geringere spektrometrische Leistungsfähigkeit gegenüber den Kollimatorspektrometern, liefern aber – von den Flußstörungen abgesehen – die genauere Auskunft über den Flußwert in einer vorgegebenen Meßposition $\vec{r}$, z.B. im Innern eines bestimmten Meßgegenstands. Dabei muß natürlich feststehen, ob ein so gemessener Flußwert wirklich auch der gesuchte ist (vgl. Abschnitt 3.6). Zu den Sondenspektrometern zählen Rückstoßprotonen-Spektrometer, bei denen nicht (wie bei den Teleskopanordnungen) eine feste Winkelbeziehung wie in Gleichung (2.4.4) benutzt, sondern entsprechend Gleichung (2.5.3) die Rückstoßprotonen-Energieverteilung differentiiert wird (wie bei den wasserstoffgefüllten Proportionalzählern, bei dicken Szintillatoren oder bei Kernspuremulsionen). Ferner zählen zu den Sonden-Spektrometern diejenigen, bei denen die Energien der bei der Nachweisreaktion entstehenden Teilchen gemessen werden und eine eindeutige Beziehung zur Neutronenenergie ergeben; dazu gehören die $^{6}Li(n, \alpha)^{3}H$- und $^{3}He(n, p)^{3}H$-Spektrometer. Kernspuremulsionen werden als Sonden oder (mit besserer Energieauflösung) im Kollimatorverfahren eingesetzt. Wichtige Beispiele für ausgesprochene *Kollimatorspektrometer* sind:

a) das Kristall-Spektrometer, das von 100 eV abwärts mit schmäler werdender Energieauflösung einsetzbar ist;

b) die Flugzeitmethode, die mit Choppern und – neuerdings weit überwiegend – mit der Pulsquellenmethode von unter 10^{-2} eV bis über 1 MeV verwendbar ist;

c) das mit der elastischen Streuung an Leichtem Wasserstoff als Nachweisreaktion oberhalb von rund 1 MeV bis rund 25 MeV einsetzbare Zählrohrteleskop.

Fragt man nur nach der Energieauflösung, dann ist festzustellen, daß man heute über die Energiebereiche der Reaktorneutronen hinaus – nämlich zwischen

10^{-4} bis 10^8 eV – befriedigend, d. h. auf wenige Prozent genau, spektrometrieren kann. Oft jedoch genügt gute Energieauflösung (und daneben gute Ausbeute) nicht, sondern man hat bestimmte experimentelle Bedingungen für die Messung zu fordern. In Abbildung 5.3.I wird hierzu zwischen den Kollimator- und den Sonden-Spektrometern unterschieden.

Spektrometer, bei denen die Reaktionsrate und die Registrierwahrscheinlichkeit hinreichend genau bestimmbar sind, erlauben die *Absolutbestimmung der spektralen Flußdichte* φ_E (E). Das ist näherungsweise bei den gruppenspektrometrischen Verfahren mit Aktivierungssonden und unter den mehrkanaligen (echten spektrometrischen) Verfahren bei Anwendung von Kernspuremulsionen sowie von direktanzeigenden Spektrometern mit Sondenexposition der Fall. Die Bestimmung der absoluten spektralen Flußdichte φ_E mit dem Spektrometer stellt in der Regel eine schwierige Aufgabe dar; denn die Spektrometerausbeute hängt ab vom Raumwinkel, unter dem die Neutronen auf die das Ausgangsnuklid der Nachweisreaktion enthaltende Substanz treffen, vom energieabhängigen Wirkungsquerschnitt dieser Substanz (einschließlich der Flußstörungen) und von der Ausbeute des Spektrometers für die bei der Nachweisreaktion entstehenden Sekundärteilchen. Einfacher ist natürlich die Bestimmung der relativen Flußdichte, die aber ebenfalls sorgfältige Justierung, Kalibrierung und Prüfung auf Reproduzierbarkeit der Anzeige voraussetzt. Weitere Forderungen, die oft an Neutronenfluß-Meßeinrichtungen in Reaktoren gestellt werden, nämlich: Verträglichkeit gegenüber hohen Neutronenfluenzen und γ-Dosen, gute räumliche Auflösung und Beständigkeit bei hohen Temperaturen muß man bei der Neutronenspektrometrie zurückstellen. Unerläßlich sind dagegen Anstrengungen zur Erreichung eines hinreichend niedrigen γ-Fluß-Untergrunds, wovon schon die Rede war. Weil Neutronen sich nur indirekt nachweisen lassen, verlangt die Auswertung neutronen-spektrometrischer Messungen oft beträchtlichen apparativen und rechnerischen Aufwand: vgl. Abschnitt 2.5 und z. B. [42-4].

Kollimator-Spektrometrie. Zur Spektrometrierung eines Strahls schneller Neutronen findet häufig das *Zählrohrteleskop* Anwendung [11-4, 21-8, 42-5]. Es besitzt einen Radiator aus einem Material, das Leichten Wasserstoff enthält, mehrere Transmissionsdetektoren und einen Absorptionsdetektor. Der Radiator besteht meist aus Kunststoffolien, die in verschiedenen Dicken für einen größeren Energiemeßbereich in einer Revolveranordnung angebracht sind. Die – in der Regel zwei – Transmissionsdetektoren blenden einen engen Raumwinkel aus den im Radiator von Neutronen ausgelösten Rückstoßprotonen aus. Ein Rückstoßproton, das durch ein Neutron im Radiator erzeugt wird, durchläuft die Transmissionsdetektoren, um im Absorptionsdetektor seine restliche Energie abzugeben. Registriert werden nur solche Protonen-Impulse, die in allen Detektoren koinzidierende Signale auslösen; ein derart ausgeblen-

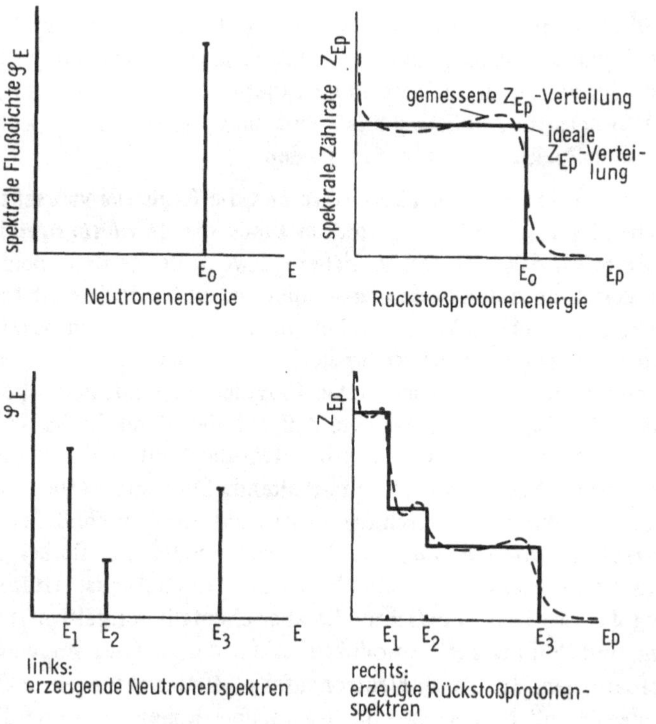

Abb. 4.2.Ia.
Impulshöhenanalyse schneller Neutronen mittels Rückstoßprotonenspektren, schematisch.

detes enges Protonen-Bündel gewährleistet eine eindeutige Messung der Neutronenenergie E aus der Protonenenergie E_p nach Gleichung (2.4.4) mit hinreichend gut bekanntem Streuwinkel. In Abbildung 4.2.I ist die Spektrometrie schneller Neutronen mittels Impulshöhenanalyse von Rückstoßprotonen schematisch und nach Halbleiterdetektor-Messungen dargestellt; neben der Bremsung im Radiator, die das (bei unendlich guter Auflösung waagrechte) Kontinuum hervorruft, ist auf Störreaktionen der Neutronen im Detektormaterial zu achten. Nach Abzug der dazu eventuell erforderlichen Korrekturen zeigt Abbildung 4.2.I die durch Differentiation der Meßkurve ausgewertete Neutronen-Linie. – Detektoren für Teleskopanordnungen werden in Abschnitt 2.4 behandelt. Ein beträchtliches Problem stellt die Ausschaltung von γ-Störsignalen dar. Ein brauchbares Diskriminierungsverfahren bietet die sogenannte (d E/d x) E-Zählung. Dazu werden die Transmissionsdetektor- sowie die Absorptionsdetektorsignale benutzt; die ersteren liefern ein Maß für das Bremsvermögen d E/d x der durchlaufenden Protonen. Der Absorptionsdetektor muß ein ausreichend dickes empfindliches Volumen haben, um die restliche Teilchenenergie völlig zu absorbieren bzw. zu registrieren. Die Summe der Impulse von

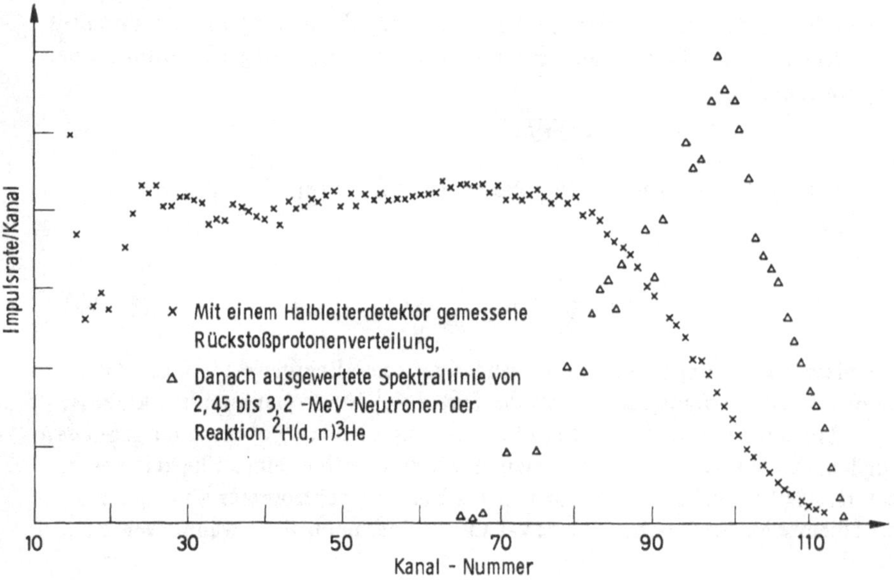

Abb. 4.2.Ib.
Impulshöhenanalyse schneller Neutronen mittels Rückstoßprotonenspektren, Messungen nach [24–6].

den beiden Detektoren ist dann proportional zur gesamten Teilchenenergie $E (= E_p)$, falls das Detektorsignal von den Transmissionsdetektoren kalibriert, d.h. mit einem entsprechenden Faktor verstärkt und damit dem Signal vom (die Restenergie registrierenden) Absorptionsdetektor angepaßt wird. Bildet man das Produkt aus den Impulshöhen der Transmissionsdetektoren, die dem Bremsvermögen proportional sind, mit der (energieproportionalen) Summe der Impulshöhen von allen Detektoren, zu der eine Konstante hinzu zu addieren ist, dann erhält man angenähert:

$$\frac{dE}{dx}(E + \text{const}) \sim m Z^2 , \qquad (4.2.5)$$

d.h. eine für eine bestimmte Teilchenart (mit Masse m und Ladung Z) charakteristische Größe: damit kann man bei der Neutronen-Spektrometrie zwischen den zu registrierenden Rückstoßprotonen und den Sekundärelektronen unterscheiden, die von störendem γ-Fluß ausgelöst werden. Der *Pile-up*-Effekt durch starke γ-Strahlung macht die Anwendung von Teleskopspektrometern zur Spektrometrie schneller Neutronen im direkten Strahl eines Reaktorstrahlrohres häufig unmöglich.

Bei der *Flugzeit-Spektrometrie* erfolgt die Energiesortierung dadurch, daß aus dem Neutronenstrahl, dessen Spektrum gemessen werden soll, Kurzzeitimpulse hergestellt werden. Bringt man im Abstand l vom Entstehungsort des Impulses einen Detektor an, dann erhält man die zugehörige Flugzeit t als Funktion der Neutronenenergie E:

$$t(E) = l/v = l/\sqrt{2E/m_n}\ . \qquad (4.2.6a)$$

Die relative Zeitunschärfe des Impulses beträgt dann (mit Neutronenwellenlänge λ):

$$\frac{\Delta t}{t} = -\frac{\Delta v}{v} = \frac{\Delta \lambda}{\lambda} = -\frac{1}{2}\frac{\Delta E}{E}\ . \qquad (4.2.6b)$$

Auf diese Weise können kontinuierliche Neutronen-Energieverteilungen bestimmt werden, vorausgesetzt, daß die Dauer des Neutronenimpulses klein ist gegenüber der Flugzeit t. Zur Impulsherstellung dienen Chopper oder gepulste Quellen. Abbildung 4.2.II zeigt schematisch den Aufbau eines Flugzeitspektrometers. Als Beispiel soll noch ein neueres Flugzeitspektrometer zum Betrieb mit einem elektrostatischen 12 MeV-Tandem-Beschleuniger erwähnt werden [42-6].

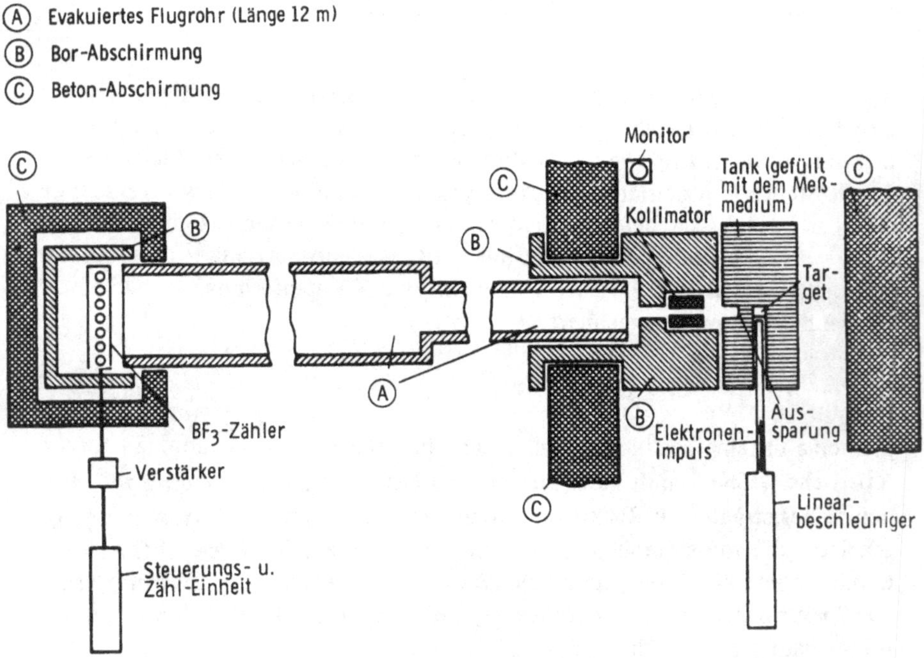

Abb. 4.2.II.
Flugzeit-Meßanordnung (nach [42–2]) mit gepulster Quelle und Linearbeschleuniger zur Spektrometrie langsamer Neutronen.

Es besteht aus einem Zeit-Amplituden-Wandler, einem Strahlpulser und den zugehörigen Detektoren. Der Zeit-Amplituden-Wandler arbeitet durch Anzeige der Zeitdifferenz zwischen einem Signal vom Strahlpulser und einem Neutronen-Monitorsignal; er liefert $3{,}5 \cdot 10^{-10}$ s Zeitauflösung. Zwischen 10 und 100% seines Flugzeit-Meßbereichs (200 ns) betrug die differentielle Nichtlinearität des Spektrometers (gemessen als Zählstöße pro Neutronenimpuls als Funktion der Flugzeit) $\pm 0{,}3\%$ und die integrale Nichtlinearität (zwischen Flugzeit und Kanalnummer) $\pm 0{,}8\%$. Der Strahlpulser arbeitet mit einem Hochfrequenz-Strahl-Chopper, wobei der Strahl mit 5 MHz bzw. 5 kHz zwischen zwei Parallelplatten abgelenkt wird. Bei Impulslängen von 2 ns arbeitet der Pulser noch mit 10 bis 12%, bei 1 ns nur mit 6% Strahlausnutzung.

Unter den Anwendungen von Kollimator-Spektrometern besprechen wir als erstes Beispiel die *Spektrometrie schneller Neutronen* in einem Reaktorstrahlrohr mittels eines Rückstoßprotonen-Halbleiterdetektorspektrometers [42-7].

Die Meßanordnung (Abbildung 4.2.III) bestand aus einem zylinderförmigen Teleskopdetektor mit Radiatorfolie, der schrittweise in das offene Strahlrohr eines Reaktors vom Argonaut-Typ (mit rund $10^{11}\,\text{cm}^{-2}\,\text{s}^{-1}$ maximaler thermischer Flußdichte) hinabgelassen

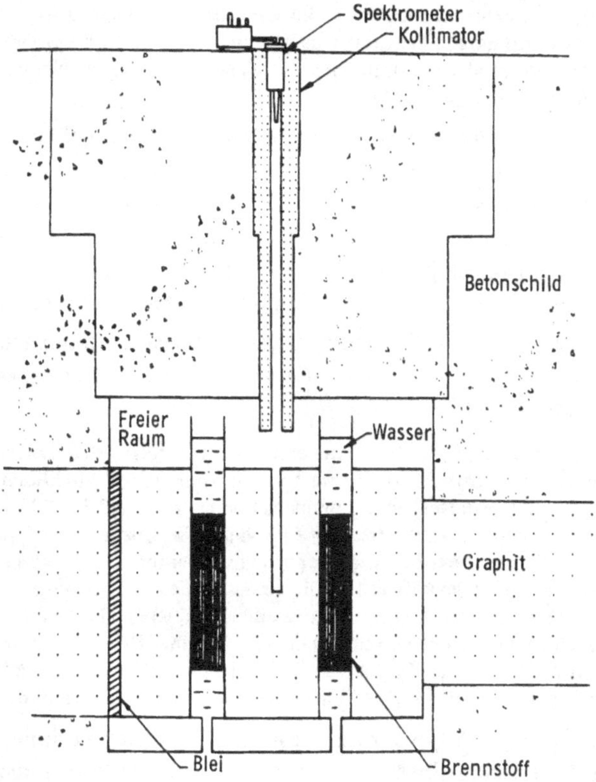

Abb. 4.2.III.
Rückstoßprotonen-Spektrometer in Kollimatoranordnung in einem Reaktorstrahlrohr [42–7].

wurde. Zur Eliminierung des Gamma-Untergrunds war eine Bleiabschirmung angebracht, außerdem wurden Differenzmessungen mit entfernter Radiatorfolie mittels eines Magnetschalters ermöglicht, wozu der Detektor weder geöffnet noch aus der Meßposition genommen zu werden brauchte. Dieser Teleskopzähler ist nur in einem Neutronenstrahl geringer Winkeldivergenz (maximal 2°) einsetzbar. Die Energiekalibrierung der Rückstoßprotonen erfolgte mittels eines natürlichen α-Strahlers, die Neutronenenergie ließ sich nach Gleichung (2.4.4) mit dem mittleren Protonen-Streuwinkel ϑ der teleskopartigen Detektoranordnung bestimmen. Zur Absolutbestimmung der spektralen Flußdichte schneller Neutronen φ_E mußte die energieabhängige Rückstoßprotonen-Zählrate $Z_p(E)$ als deren Funktion ermittelt werden:

$$Z_p(E) = N\,\sigma_s(E)\,\epsilon_{geo}\,\varphi_E(E)\,. \qquad (4.2.7)$$

Darin bedeuten N die Anzahl Wasserstoffkerne im Radiator, $\sigma_s(E)$ den Neutronen-Streuquerschnitt an Wasserstoff und ϵ_{geo} den geometrischen Ausbeutefaktor der Anordnung. Gemessen wurde das Spektrum zwischen 0,75 und 4,5 MeV Neutronenenergie mit besserer Energieauflösung als 10% für Energien oberhalb 1 MeV. Die untere Energiegrenze ist durch unzulässige Verschlechterung der Energieauflösung sowie das Anwachsen des γ-Untergrunds, die obere Grenze durch schlechte Zählstatistik und die Energie des kalibrierenden Strahlers bedingt. Das erhaltene Neutronenspektrum folgt bis etwa 1,5 MeV hinauf dem 1/E-Verlauf, zeigt dann mehrere Einsenkungen, die als (Kohlenstoff- und Sauerstoff-)-Resonanzen im Reaktormaterial gedeutet wurden, und fällt oberhalb von 3 MeV abweichend vom Spaltspektrum ab, was durch die merkliche Bremsung der Neutronen zwischen Entstehungs- und Meßort erklärt wurde.

In dieser Weise sind selten spektrometrische Messungen ausgeführt worden. – Die Spektrometrie schneller Neutronen in Strahlen kann auch mit (gegenüber der Rückstoßprotonen-Reichweite sowie der Streuweglänge der schnellen Neutronen) „dicken“ organischen Szintillatoren durchgeführt werden, und zwar im Gegensatz zum eben behandelten Beispiel nur im niedrigen Flußmeßbereich. Damit werden an äußeren Strahlrohrenden oder hinter Abschirmungen Spektren von Neutronenstrahlen (z. B. für Wirkungsquerschnittsbestimmungen) vermessen, die von Reaktoren oder anderen Neutronenquellen stammen, oder auch Spektren in Neutronenfeldern.

Eine derartige Meßeinrichtung [42-8] enthält einen NE-213-Flüssig-Szintillator [24-13] mit Impulshöhendiskriminierung sowie Impulsformdiskriminierung zur Eliminierung der γ-Strahlungs-Signale und gestattet einen Energiemeßbereich von 0,7 bis 20 MeV zu erfassen. Messungen können im Flugzeitbetrieb (mit gepulsten Quellen) oder im stationären Betrieb (z. B. an Kritischen Anordnungen) durchgeführt werden. Die Leistungsfähigkeit der γ-Diskriminierung wurde geprüft mittels Bestimmung des Neutronenspektrums einer 3 MeV-^{2}H (d, n)-Quelle und durch eine mitanwesende Co-60-γ-Quelle. Die Schaltung erwies sich als brauchbar bis zu einer (Neutronen- und Gamma-)Gesamtzählrate $Z_n + Z_\gamma = 10^4\,s^{-1}$ und bis hinauf zu $Z_\gamma : Z_n = 10$ und für 0,1 rd/h γ-Dosisleistung mit Verwendung eines kleinen Szintillators mit $^1/_2$ Zoll Länge und $^1/_2$ Zoll Durchmesser.

Ein Verhältnis $Z_\gamma : Z_n \approx 50$, wie es in Reaktorstrahlrohren vorkommt, verlangt die Anhebung der unteren Energiegrenze mit Impulsformdiskriminierung auf 1 MeV. Für stärkere Flüsse und höheren Untergrund braucht man einen kleineren Detektor bzw. schnellere Elektronik. Die Energie- und Flußdichtekalibrierung erfolgte nach der Methode des Assoziierten Teilchens. Zur Auswertung wurde das Spektrum in Familien von Impulshöhen-Verteilungen für eine Energieverteilung von monoenergetischen Neutronen-Quellen zerlegt.

Soll auf diese Weise das Spektrum innerhalb des Reaktorkerns gemessen werden, muß ein geeigneter dorthin führender Hohlraum mit Kollimator verfügbar sein.

Als nächste Meßaufgabe betrachten wir *Bestimmungen der Energieverteilung intermediärer und thermischer Neutronen* in Neutronenstrahlen. In diesen Energiegebiet kommen Flugzeitverfahren und Kristallspektrometer in Betracht. Die Energieauflösung dieser Spektrometertypen wird durch die Zeitauflösung Δt bzw. die Winkelauflösung $\Delta \vartheta$ bestimmt, die beide zur Neutronen-Wellenlängen- und damit zur Energie-Streuung proportional sind; siehe Gleichungen (4.2.1) und (4.2.6). Für die Reaktormeßtechnik besonders wichtige Untersuchungen wurden von Johansson und anderen mit einem Schnellen Chopper durchgeführt [42-9, 10]: Abbildung 4.2.IV zeigt die benutzte Anordnung.

Als Neutronen-Detektoren dienten 5 bis 10 BF_3-Proportionalzähler, deren Impulse einem Zeitanalysator zugeführt wurden. Die durch Gleichung (4.2.6a) definierte Zeitskala wurde durch Messung bekannter Resonanzenergien geprüft und gute Übereinstimmung festgestellt. Die Halbwertsbreiten der Neutronenimpulse reichten von 150 μs (bei 9000 μs Flugzeit) für thermische Neutronen bis zu 7 μs bei epithermischen Neutronen, wodurch die obere Energiegrenze bis 10 keV ausgedehnt werden konnte. Die energieabhängigen Korrekturen für die Neutronen-Durchlaßfunktion des Choppers wurden ermittelt.

Mit dieser Anordnung wurde das Neutronenspektrum im schwedischen ^{nat}U-D_2O-moderierten Reaktor R-1 bestimmt mit Anbringung verschiedener Streusubstanzen in dessen Vertikalkanälen. Das thermische Spektrum ließ sich genau durch eine Maxwell-Verteilung darstellen, jedoch mit einer gegenüber der Moderatortemperatur T_u der Umgebung um 29 K höher liegenden Neutronen-Temperatur T_n (mit $T_n - T_u \approx 0{,}094\, T_u$ und dem Moderationsverhältnis M = 24). Das epithermische Spektrum folgte bis 10 eV hinauf dem 1/E-Verlauf, oberhalb dieser Energie festgestellte Abweichungen wurden der Resonanzabsorption im Uran zugeschrieben. Die Anschlußfunktion Δ zwischen Maxwell- und 1/E-Spektrum, die eine wichtige Bezugsgröße für energieintegrale Flußdichtemessungen darstellt, wurde zu $\Delta(T) = (3{,}6 \pm 0{,}4)\,kT$ bestimmt; dieser Wert wird häufig benutzt. Weitere Bestimmungen der Anschlußfunktion $\Delta(T)$ im Schwerwasser und in anderen Moderatoren (z. B. Graphit) s. z. B. [11-2]. Von den zahlreichen spektrometrischen Arbeiten mit intermediären (einschließlich thermischen) Neutronen in Strahlen seien noch drei weitere genannt. Im Energiebereich von $2 \cdot 10^{-3}$ bis $2 \cdot 10^5$ eV wurden Spektren der aus dem Tank des D_2O-moderierten MIT-Reaktors austretenden Neutronen für verschiedene Brennstoffkonfigurationen gemessen [42-11].

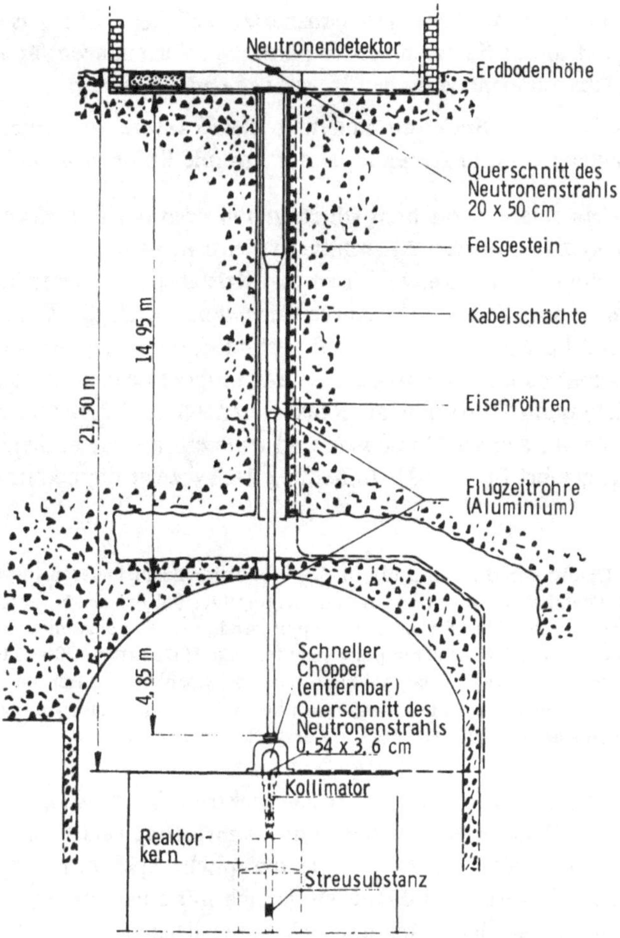

Abb. 4.2.IV.
Schneller Chopper am Reaktor R 1 Stockholm [42–9]:
a) Anordnung am Reaktor.

Der dazu benutzte Chopper bestand aus einer Lucite®-Scheibe von 49 cm Durchmesser, gestützt von zwei Aluminiumscheiben. Die heliumgefüllte Flugstrecke hatte 25,83 m Länge. Bis zu 100 eV hinauf war die Energieauflösung besser als 5%. Um das zu erreichen, mußte der Chopper mit mehreren Umlaufgeschwindigkeiten (von 100 bis 7000 U/min) betrieben werden; die zugehörigen Kanalbreiten des Zeitanalysators reichten von 64 bis 4 μs. Die Dauer für die Aufnahme eines Spektrums reichte von 1 bis 10 Stunden, um eine genügend gute statistische Genauigkeit für die Impulszählung zu erhalten.

Mit der in Abbildung 4.2.II dargestellten Flugzeitanordnungen wurden unter anderen die Spektren in homogenvergifteten Moderatoren untersucht [42-2].

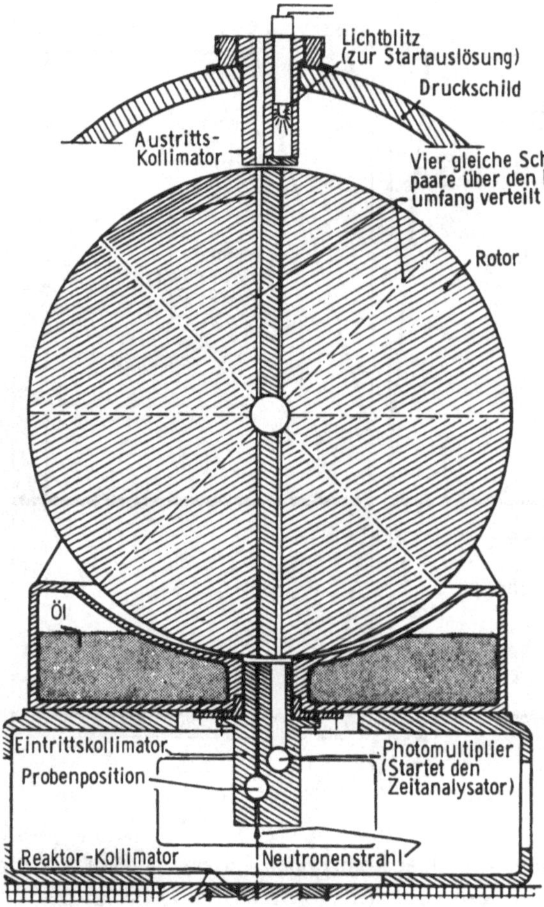

Abb. 4.2.IV.
Schneller Chopper am Reaktor R 1 Stockholm [42–9]:
b) Chopper-Rotor mit Kollimatoren und Starter.

Die zu untersuchenden Medien waren über der gepulsten Neutronenquelle – dem Target eines Linearbeschleunigers – angebracht, die Neutronenimpulse von 2 μs Länge und 12 bzw. 15 Hz Folgefrequenz abstrahlte. Im Medium war ein Strahlrohr mit nachfolgendem Kollimator eingelassen, an den sich die Flugstrecke anschloß. Der Abstand vom Meßort – dem inneren Strahlrohrende im Medium – bis zu den BF_3-Detektoren betrug 11 bzw. 60 m; er war so zu wählen, daß die Zerfallszeit des im Moderator entstehenden Impulses thermischer Neutronen klein ist im Vergleich mit der Flugzeit. Für die (mittlere) Verzögerung der aus dem Moderator austretenden Neutronen mußte korrigiert werden.

Bestimmt wurde das Neutronenspektrum im Energiebereich von $5 \cdot 10^{-3}$ bis ca. 15 eV. – In einer weiteren Arbeit [42-12] wurden ortsabhängige Spektren

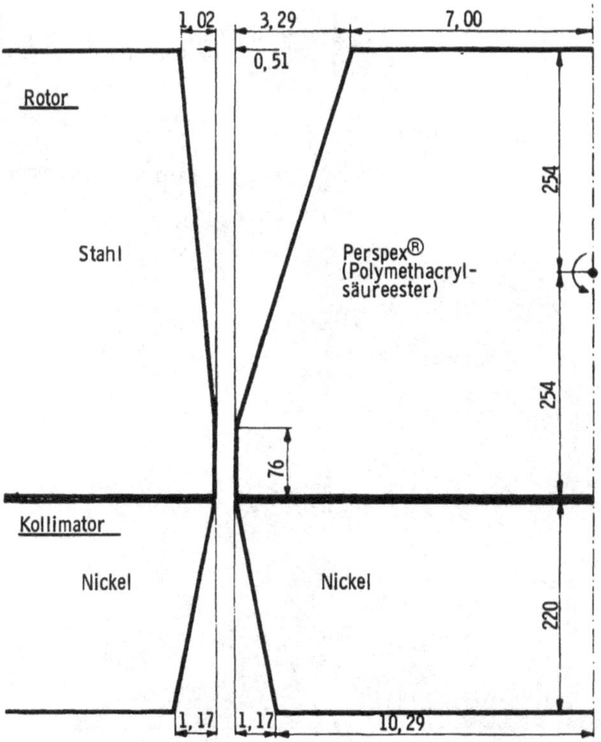

Abb. 4.2.IV.
Schneller Chopper am Reaktor R 1 Stockholm [42–9]:
c) Chopper-Schlitz-Einzelheiten.

thermischer Neutronen in einer homogenen Unterkritischen Anordnung gemessen, um die Brauchbarkeit verschiedener Rechenmodelle für die Zwecke der Reaktorentwicklung zu erproben. Da das eben geschilderte Verfahren von Poole [42-2], bei dem das Zeitintegral der unidirektionalen Flußdichte gemessen wird, sehr empfindlich ist gegenüber der ursprünglichen Quellverteilung, wurde daneben ein anderes Verfahren benutzt: das zeitlich-asymptotische, das den zeitabhängigen Fluß mehrere thermische Lebensdauern nach der Hervorbringung eines Impulses von ursprünglich schnellen Neutronen mißt, und bei dem die unidirektionale Flußdichte unabhängig von der anfänglichen Quellverteilung ist.

Sonden-Spektrometrie. In der Reaktorphysik und -metrologie liegt ihr Anwendungsschwerpunkt im schnellen Energiebereich. Da das Spektrum der schnellen Reaktorneutronen viel stärker ortsabhängig ist als das der langsamen Neutronen und weil die schnellen Flußdichten meist zu niedrig sind, werden selten Strahlen schneller Neutronen aus Reaktoren zur Spektrometrie herausgeführt. Die hauptsächlich benutzten Detektoren sind: Kernspuremulsionen, wasserstoffgefüllte Proportionalzähler, organische Szintillatoren, ^{6}Li- und ^{3}He-Halbleiterdetektoren.

Beets u. a. [42-13] haben mittels *Kernspuremulsionen* das Rückstoßprotonen-Spektrum zwischen 0,3 und 3 MeV im graphitmoderierten Natururan-Reaktor BR-1 gemessen.

Um ein möglichst homogenes Neutronenfeld zu erhalten, wurde das mit der Sonde versehene Brennelement durch Auffüllen des Ventilationskanals völlig mit Graphit umgeben (was natürlich eine Veränderung des Spektrums bewirkt). Die zur Vermeidung spektraler Verzerrungen nur $2{,}5 \times 0{,}8\,cm^2$ großen Platten waren zur Fernhaltung thermischer Neutronen mit Cadmium umgeben. Die Platten wurden thermischen Fluenzen von $1{,}5 \times 10^8$ bis $10^{10}\,cm^{-2}$ ausgesetzt. Davon lieferte die Gruppe der mit $2 \times 10^9\,cm^{-2}$ bestrahlten Platten die besterkennbaren Spuren, weshalb sie allein ausgewertet wurden. Die Verfasser stellten fest, daß das Verfahren einigermaßen zuverlässige Schlüsse auf das Spektrum nur mit Hilfe statistischer Analyse der Spurlängen gestattet. Registrierung der Rückstoßprotonen oberhalb 0,3 MeV liefert erst ab etwa 0,6 MeV Neutronenenergie brauchbare Angaben über das Neutronenspektrum. Zu dessen Auswertung aus der Rückstoßprotonen-Verteilung wurde eine halbempirische Beziehung angegeben, die das Spaltspektrum und den thermischen Anteil enthält, und deren Parameter durch statistische Analyse der Meßergebnisse zu bestimmen sind.

In einer anderen spektrometrischen Arbeit mit Kernspuremulsionen [42-14] wird über Anfahrmessungen im Bradwell-Reaktor 2 berichtet. Die Kernspuremulsionen wurden im Innern des Reaktor-Druckgefäßes verteilt (Abbildung 4.2.V).

Sie waren druckdicht gekapselt und gekühlt, so daß ihre Temperatur unter der Umgebungstemperatur (50°C) lag, obwohl die Kapseln zur Wegfilterung thermischer Neutronen B_4C-Pulver enthielten. Um mögliche Fehler durch eine anisotrope Neutronen-Winkelverteilung zu vermeiden, wurden jeweils Plattenpaare im rechten Winkel zueinander angebracht. Die Bestrahlungsdauer entsprach einer integrierten Reaktorleistung von 40 kWh. Die Platten aus den Positionen (4), (7) bzw. (2), (3) waren schwarz bzw. unauswertbar verschleiert durch Gammastrahlung. Spuren mit größerem Eintauchwinkel in die Emulsion als 45° wurden nicht ausgewertet. In Position (1) ergab sich zwischen 1 und 3 MeV Neutronenenergie zwar gute Übereinstimmung mit einem gerechneten Spektrum, jedoch war der nach dem gemessenen Spektrum berechnete integrale Fluß drei- bis fünfmal niedriger als nach ^{32}S (n, p)-Schwellensondenmessungen. Daran war vielleicht die Beschränkung der Auswertung auf nur eine Platte des Plattenpaares schuld; denn in dieser Kuppelposition hat der Fluß infolge Neutronenströmung durch die Brennelement-Kanäle wahrscheinlich den höchsten anisotropen Anteil. Dieser Effekt spielt am hochenergetischen Ende des Spektrums eine größere Rolle, weil die Mehrzahl der niederenergetischen Neutronen durch Streuprozesse aus dem Strahl ausgeschieden ist. Da die absolute Orientierung der ausgewerteten Platten unbekannt ist, kann nicht ausgeschlossen werden, daß sie normal zur Richtung der Neutronen-Strömung gelagert waren und deshalb viele Spuren mit Eintauchwinkeln über 45° enthielten, die nicht ausgezählt wurden.

Neben der üblichen Auswertung der Rückstoßprotonen-Verteilung durch Differentiation wurde das Neutronenspektrum durch die halbempirische Darstellung nach Beets u. a. [42-13] erhalten (siehe oben). Für die beiden anderen Posi-

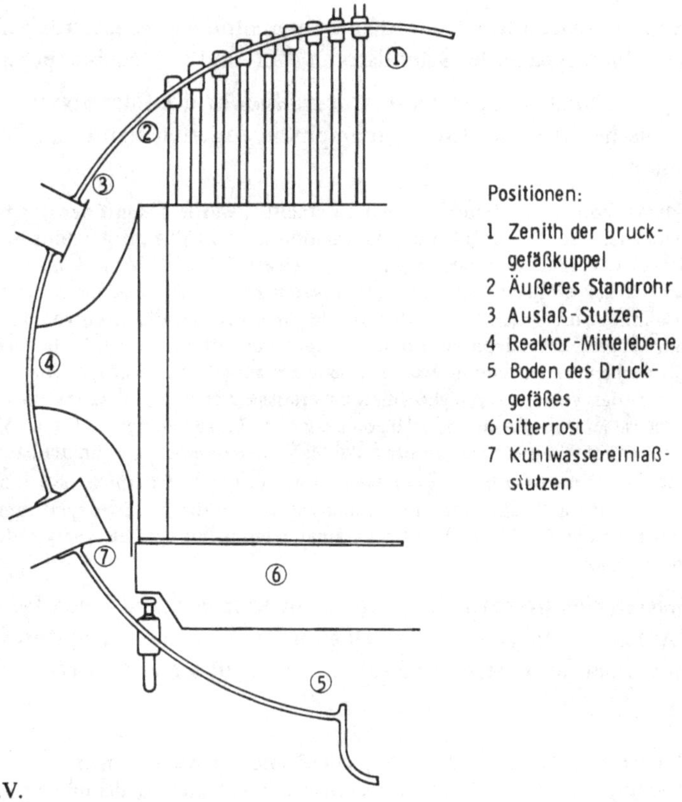

Abb. 4.2.V.
Verteilung von Kernspuremulsionen zur Messung des Spektrums schneller Neutronen im BRADWELL-Reaktor 2 [42–14]

tionen (5) und (6) lagen keine berechneten Spektren vor; die rechnerische Auswertung erfolgte nach den eben genannten beiden Methoden. Die aus dem Spektrum berechneten integralen Flußdichten stimmen hier gut mit den ^{32}S-Meßergebnissen überein. Festzustellen ist, daß das Spektrum im Gitterrost härter als im Druckgefäßboden und im Druckgefäßzenith erscheint, obwohl man das Umgekehrte erwartet.

Von den zahlreichen Arbeiten zur Spektrometrie mit dem *wasserstoffgefüllten Proportionalzähler* (von Benjamin u. a. und von Bennett u. a.) referieren wir zwei zusammengehörige [42-15, 16], in denen Ergebnisse von Messungen und Berechnungen zum Zweck der Entwicklung Schneller Reaktoren einander gegenübergestellt werden. Die Spektren beziehen sich auf eine Schnelle Kritische Drei-Zonen-Anordnung und wurden experimentell bestimmt durch Rückstoßprotonen-Verteilungsmessungen mit Kernspuremulsionen (im Energiebereich von 9 bis 0,6 MeV); Wasserstoff-Proportionalzählern – von rund 1000 bis 50 keV ohne und darunter bis rund 2 keV mit Impulsformdiskriminierung zur

γ-Untergrund-Beseitigung nach [42-17] sowie durch Flugzeitmessungen (von 100 bis 0,1 keV). Die Proportionalzähler waren in einem Hohlraum im Zentrum des Reaktorkerns angebracht, und zwar in der Brennstoffmitte eines Brennelements (Abbildung 4.2.VI).

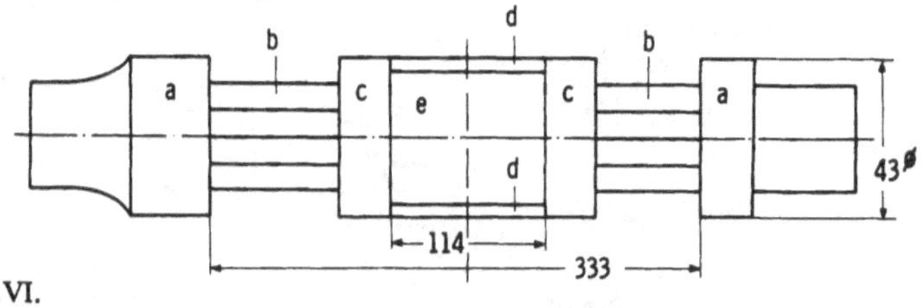

Abb. 4.2.VI.
Anbringung eines Neutronenspektrometer-Proportionalzählers in einem Brennelementbündel nach Beschreibung in [42–15]
a Brennelement-Kopf und -Fuß (Darstellung nicht verbindlich) b Brennstoffplatten
c Stahl d Messing-Halterungen e Detektor-Hohlraum

Für die Flugzeitmessungen wurde eine Strahl aus einem Hohlraum mit gleichen Abmessungen aus dem Reaktorkern herausgeführt; das System wurde unterkritisch gehalten und eine gepulste Quelle benutzt. Beim kugelförmigen Proportionalzähler nach Benjamin [24-10] (Abbildung 2.4.V) erfolgte die Energiekalibrierung bei Zählgasdrucken über 3 ata durch Hinzufügung einer Spur von ^{3}He mit Beobachtung der 770-keV-Protonenlinie (die durch langsame Neutronen hervorgerufen wird). Bei niedrigeren Drucken wurde mittels einer im Zähler angebrachten Pu-α-Quelle kalibriert. Im höchsten Energiebereich mußte der Beitrag der Rückstoßprotonen von Neutronenenergien über 1 MeV abgezogen werden; das geschah rechnerisch unter Benutzung der Meßergebnisse mit Kernspuremulsionen. Bei der Genauigkeitsabschätzung der Proportionalzähler-Messungen wurden folgende Einflüsse berücksichtigt: statistische Fehler, Unsicherheit in der Angabe des abgezogenen Neutronenspektrums oberhalb 1 MeV, Fehler in der Impulshöhenanalyse und am unteren Ende des Energiebereichs. Die letzteren liefern den größten Beitrag.

Die in Abbildung 4.2.VII gezeigten gemessenen Spektren beziehen sich auf feste Reaktorleistung, die für jede Messung unabhängig bestimmt wurde; Abweichungen im Übergangsbereich der Messungen rühren demnach her von Fehlern in der Leistungsbestimmung oder von der Bestimmung des Spektralverlaufs nach den verschiedenen Meßverfahren. Als Standardabweichung des in Abbildung 4.2.VII dargestellten relativen Gruppenflusses werden rund 10% angegeben; unterhalb von 50 keV ist diese Fehlerangabe sicher schließlich zu niedrig, vgl. [42-11]. Neben den meßtechnischen Ungenauigkeiten sind noch die experimentbedingten zu beachten: durch die Stahlplatte am Boden und Deckel des Detektorhohlraums (s. Abbildung 4.2.VI) sowie durch Annahme homogener Zusammensetzung der Anordnung für die Berechnung der Spektren; diese Fehler wurden für unwesentlich gehalten. Die Berechnung des Spektrums wurde mittels Diffusionstheorie durchgeführt.

Wir besprechen nun zwei Arten von *Halbleiterdetektorspektrometern*, die auch als Sondenspektrometer einsetzbar sind, und zwar mit den Reaktionen ^{3}He(n, p) und ^{6}Li(n, α). Zum Energiemeßbereich s. Abschnitt 5.3. Der mit

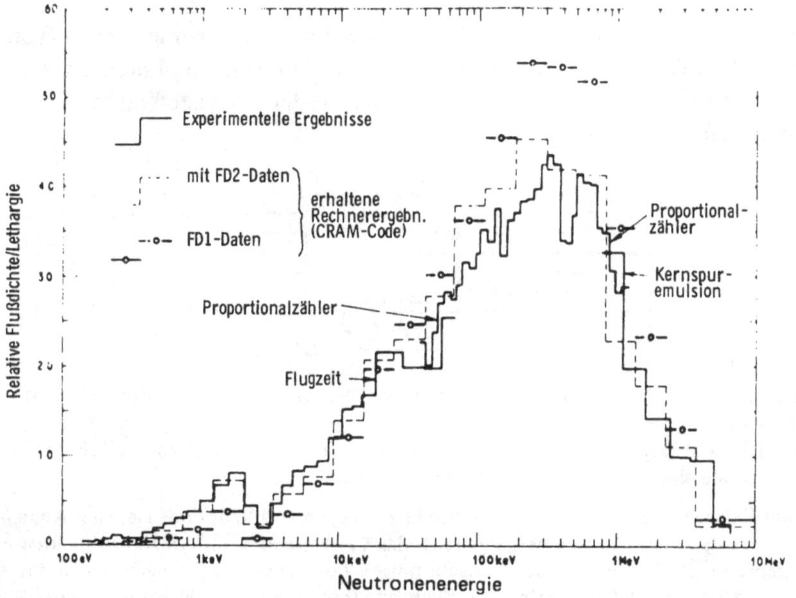

Abb. 4.2.VII.
Neutronenspektrum im Zentrum der Schnellen Kritischen Anordnung VERA [42–16].
a) Vergleich von Messungen mit Rechnungen.

^{3}He-Gasradiator arbeitende Zwillings-Neutronen-Halbleiterdetektor hat gegenüber dem ^{3}He-gefüllten Proportionalzähler den Vorteil, daß ^{3}He-Rückstoßkerne mittels einer Koinzidenzschaltung eliminiert werden: der angeschlossene Impulshöhenanalysator ist nur dann zählbereit, wenn in beiden Detektoren gleichzeitig ein Teilchen registriert wird. Die Gesamtenergie der von beiden Detektoren registrierten Teilchen (Proton und Triton) wird addiert, der Gesamtimpuls ist der Neutronenenergie proportional. Der Nachteil des ^{3}He-Halbleiterzählers gegenüber dem Proportionalzähler ist seine mehr als hundertfach niedrigere Ausbeute. Die kompakte Gestalt des Detektors ermöglicht seinen Einsatz in Kritischen Anordnungen, Reaktoren mit niedriger Leistung bzw. an Stellen, wo die Neutronenstreuung durch den Detektor möglichst klein gehalten werden soll. Das Spektrometer ist in isotropem oder unidirektionalem Neutronenfluß verwendbar. Der Gammauntergrund läßt sich wegen der geringen Reaktionsenergie von ^{3}He nur bis zu einem gewissen Grad diskriminieren. Zudem stören bei Messungen im MeV-Bereich beim Halbleiterdetektorspektrometer die Neutronenreaktionen mit dem Silizium des Halbleitermaterials. Zu Differenzmessungen des Untergrunds muß entweder eine zweite identische Anordnung ohne ^{3}He-Gas verwendet werden, oder man pumpt das Gas ab und mißt mit demselben Detektor den Untergrund allein. Bei Zählausbeuten von 10^{-5} bis einigen 10^{-6} wurden Energieauflösungen von 150 bis 100 keV erhalten bei Neutronenenergien in der Gegend von 1–2 MeV [21-8].

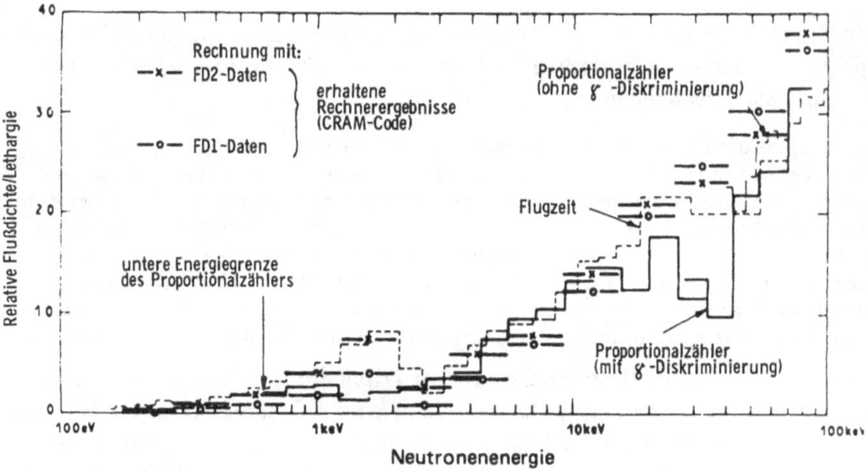

Abb. 4.2.VII.
Neutronenspektrum im Zentrum der Schnellen Kritischen Anordnung VERA [42–16].
b) Einzelheit zu Abb. 4.2.VIIa.

Mit Halbleiterdetektorspektrometern nach der ^{6}Li-Reaktion wurden nicht so gute Zahlen erreicht: 300 keV Energieauflösung bei einer Zählausbeute von 10^{-6} mit 2-MeV-Neutronen [21-8]. ^{6}Li wird – als ^{6}LiF auf eine dünne Folie aufgedampft – zwischen zwei Halbleiterdetektoren angebracht. In gleicher Weise wie beim ^{3}He-Spektrometer werden (bei günstigen Emissionswinkeln) die Impulse vom Alpha-Teilchen und vom Triton je von einem Detektor registriert, summiert und nach Öffnung durch einen Koinzidenzanalysator vom Impulshöhenanalysator angezeigt. Die Unterdrückung des Gammauntergrunds ist wegen der großen Reaktionsenergie beim ^{6}Li-Spektrometer etwas leichter als beim ^{3}He-Spektrometer. Schwierig ist die Unterdrückung von Pile-up-Impulsen, die von thermischen Neutronen stammen: sie erstrecken sich wegen der hier größeren Reaktionsenergie über einen weiteren Bereich des Spektrums als beim ^{3}He-Spektrometer. Zur Eliminierung des Untergrunds kann man entweder eine zweite identische Anordnung benutzen ohne Radiatorfolie oder man entfernt zur Messung des Untergrunds die Folie zwischen den Detektoren. Dazu muß das Spektrometer aus der Meßposition entfernt, geöffnet und anschließend erneut evakuiert werden; bei einem ^{3}He-Spektrometer läßt sich dagegen das Gas abpumpen, ohne das Spektrometer aus seiner Lage zu nehmen. Diese Differenzverfahren arbeiten beim ^{3}He-Spektrometer wegen dessen höherer Ausbeute befriedigender als mit ^{6}Li. Das Spektrometer ist in isotropem und unidirektionalem Neutronenfluß verwendbar. Die Energiekalibrierung muß sehr genau vorgenommen werden, wobei für Langzeitstabilität (24 Stunden) der Elektronik zu sorgen ist, da der Einfangquerschnitt der ^{6}Li-Reaktion im Energiebereich von 0,1 bis 1 MeV stark variiert.

Ein ^{6}Li-Halbleiterdetektorspektrometer wurde zur Bestimmung der Neutronenspektren in mehreren britischen Nulleistungsreaktoren im Energiebereich von 0,4 bis 8 MeV verwendet [42-17].

Dabei wurde der Pile-up-Effekt durch thermische Neutronen eingehend untersucht. Ein Bor-Filter zu seiner Schwächung erwies sich als unbrauchbar, weil es eine zu starke Verzerrung des Meßspektrums bewirkte. Ein zur γ-Schwächung benutztes Blei-Filter rief keine unzulässige Störung hervor. Der Doppeldetektor (mit und ohne ^{6}LiF-Belag) enthielt zwei Si-Dioden von 1,5 cm^2 Fläche, beanspruchte also einen wesentlich kleineren Raum als nach Abbildung 4.2.VI der Wasserstoff-Proportionalzähler. Das Spektrometer wurde mit einer Pu-Be-Neutronenquelle getestet; bei der Prüfung der Richtungsabhängigkeit seines Ansprechvermögens ergab sich 20% als höchste Abweichung (bei den höchsten Energien).

Messungen fanden im Schwerwasserreaktor Daphne in der Zentralposition (im Brennelement sowie in einem Dummy-Element), im Graphitreaktor GLEEP in drei über den Kern verteilten Experimentierkanälen und im Schwimmbadreaktor Lido an der Ecke des quadratischen Kerns jeweils in Kernmittelebene statt. Die gemessenen Spektren stimmten im großen ganzen mit den Ergebnissen von Monte-Carlo-Rechnungen überein. Abweichungen ergaben sich bei Daphne, die auf ungenügender Kenntnis des Sauerstoffquerschnitts zurückgeführt wurden, und ebenso bei Lido, wo zusätzlich die ungleichmäßige Reaktorkernkonfiguration für die noch ungenauere rechnerische Erfassung verantwortlich gemacht wird. – G. Stiller prüfte die Anwendbarkeit eines Halbleiterdetektorspektrometers mit dünner ^{6}LiF-Schicht zur Spektrometrie schneller Neutronen in Abschirmungen von Reaktoren im Leistungsbetrieb [42-18].

Dabei verursachte der γ-Untergrund Pile-up und verschlechterte das Auflösungsvermögen: mit einer elektronischen Meßapparatur mit 10 ns Auflösungszeit kann man noch gegen eine γ-Dosisleistung bis zu 10^5 rd/h diskriminieren bei einer noch zur Spektrometrie geeigneten Neutronenflußdichte von mindestens $10^8 \text{cm}^{-2} \text{s}^{-1}$; jedoch ist das Verhältnis der γ-Dosisleistung zur Neutronenflußdichte manchmal ungünstiger. Weiter schränkt die geringe Fluenzverträglichkeit (etwa 10^{12}cm^{-2} für schnelle Neutronen) der Detektoren die Lebensdauer solcher Spektrometer bei einer Neutronenempfindlichkeit von 10^{-6} 1/cm^{-2} erheblich ein.

Aus diesen Gründen fanden Halbleiterdetektorspektrometer nicht oft Anwendung zur Vermessung von Neutronenspektren von Reaktoren.
Im intermediären und thermischen Energiebereich gibt es kein echtes spektrometrisches (d h. mehrkanaliges) Sondenverfahren. Man ist hier auf Gruppenverfahren angewiesen, die nur mittels bereits vorhandener Vorstellungen über den Spektrumsverlauf und mithilfe umfangreicher Rechenverfahren auszuwerten sind (s. Abschnitte 4.3, 4.4).

Zur **Auswahl unter den Verfahren** soll von Eignungsuntersuchungen berichtet werden. Unter den Verfahren zur *Spektrometrie schneller Neutronen* beginnen wir mit den Kollimatorverfahren, von denen in diesem Energiebereich besonders die Methode der gepulsten Quelle in Betracht kommt (s. z. B. [11-2, 4,

42-19]). Gayther und Goode [42-20] haben mit Elektronenimpulsen von 60 bis 1000 ns Länge von einem 45-MeV-Linearbeschleuniger einen ^{nat}U-Auffänger beschossen, worin durch Bremsstrahlung über Photospaltung und Kernphotoreaktionen Neutronen-Impulse entstehen, die eine dem Spaltspektrum ähnliche Energieverteilung aufweisen.

Die Aufgabe bestand in der Messung des Spektrums schneller Neutronen, das sich in verschiedenen Reaktorsubstanzen ausbildet. Der Auffänger war in der Mitte der zu vermessenden Anordnung angebracht. Gemessen wurden Neutronen im Energiebereich von 5 MeV bis 1 keV, die aus der Oberfläche der Anordnung oder durch ein Strahlrohr aus deren Mitte austraten. Die Flugstrecke betrug 60 m, die optimale Zeitauflösung $\Delta t/l = 1$ ns/m, was rund 3% Energieauflösung entspricht (vgl. Abbildung 5.3.I; dort $\Delta t \sim E^{-\frac{1}{2}}$ angenommen, um maximale Ausbeute bei energiekonstanter Auflösung zu erhalten). Dieses Verfahren ist der Spektrometrie mit (direktanzeigenden oder Kernspuremulsions-)Sonden überlegen, weil es über den ganzen Energiebereich gute Auflösung bietet. Über die Ausbeute machen die Verfasser keine Angabe, doch ist mit 10^{10} bis 10^{11} Neutronen in einem Impuls von 1 μs Länge zu rechnen.

K. W. Geiger [42-5] hat Vergleiche zwischen der Kernspurmethode und dem Rückstoßprotonen-Teleskop zur Quellstärkebestimmung verschiedener Neutronenquellen durchgeführt:

Während das Rückstoßprotonen-Teleskop zwar einen gewissen Aufwand zur elektronischen Justierung verlangt, ist es doch in der Experimentiertechnik bei weitem vorzuziehen, weil die Auswertung nicht so mühsam und zeitraubend ist wie bei der Kernspurmethode. Demgegenüber erweist sich die Kernspurmethode in manchen Eigenschaften als etwas günstiger: ihr Energiemeßbereich ist größer und ihre Energieauflösung etwas besser (vgl. Abbildung 5.3.I). Die Kernspurmethode ist auch etwas empfindlicher, weil man – unbeeinflußt von Schwankungen – länger exponieren kann, und sie zeigt bei ganz niedrigen Neutronenflüssen eine bessere γ-Diskriminierung; die zulässige γ-Flußdichte kann das 10^3-fache der Neutronenflußdichte betragen, während beim Teleskop nur das 10^2-fache möglich ist. Höhere γ-Fluenzen als einige 10^{11} cm^{-2} erzeugen freilich einen Schleier auf den Kernspuremulsionen, der ihre Auswertung im allgemeinen unmöglich macht; vgl. [24-15].

Das Zählrohrteleskop ist nur in Kollimatoranordnung einsetzbar. In Strahlen mit starker Gammastrahlenkomponente, wie sie an Reaktoren vorherrschen, läßt es sich seiner geringen Gamma-Diskriminierbarkeit wegen nicht verwenden. Flußdichte-Absolutbestimmungen sind mit dem Teleskop und mit der Kernspurmethode ausführbar. Die (beim Teleskop) niedrige Ausbeute kann man vergrößern, wenn man (wie in der Kernspuremulsion) die Neutronennachweissubstanz im selben Volumen anbringen kann, in dem der Nachweiseffekt (d. h. der Nachweis von Sekundärteilchen) stattfindet. Das wird im wasserstoffgefüllten Proportionalzähler verwirklicht, der jedoch nur bis 1 MeV als oberer Energiegrenze einsetzbar ist – wegen des Wandeffekts, d. h. weil die Rückstoßprotonen mit höheren Energien diese nicht mehr ganz im Zählgas abgeben können. Benjamin hat im Schnellen Nulleistungsreaktor VERA Neutronenspektren mit mehreren Rückstoßprotonen-Verfahren – mit der Kernspurmethode, mit

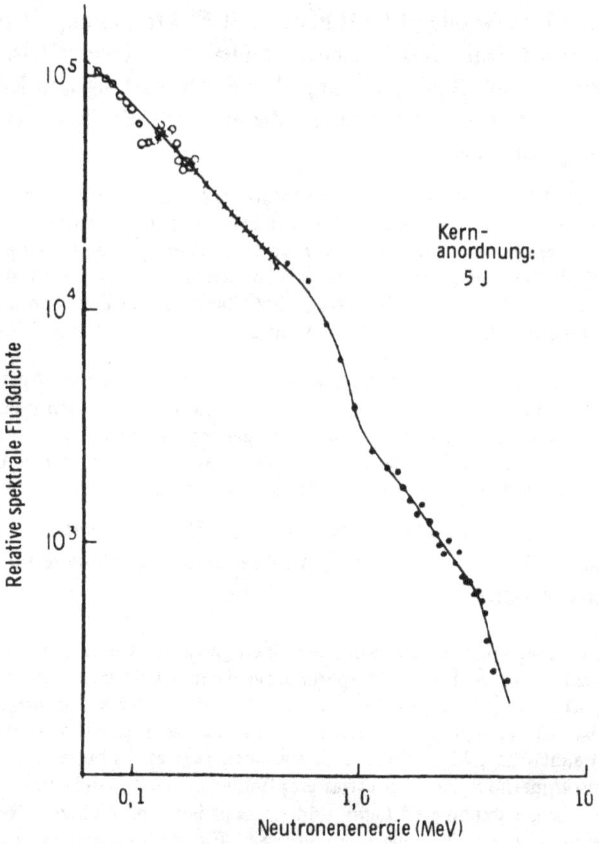

Abb. 4.2.VIIIa.
Spektren schneller Neutronen im Nulleistungsreaktor ZEBRA [42–21] gemessen mit:
- • Li-6-Spektrometer
- x Wasserstoff-Proportionalzähler (4 ata)
- 0 Wasserstoff-Proportionalzähler (1 ata)

dicken organischen Szintillatoren und dem wasserstoffgefüllten Proportionalzähler – gemessen [24-15].

Die Szintillatorimpulse werden mittels Impulsformdiskriminierung ausgewertet und liefern im Vergleich mit der Kernspurmethode ohne großen Zeitaufwand Ergebnisse im Bereich von 1 bis 7 MeV, die aber infolge Neutronen-Mehrfachstreuung schlechte Energieauflösung ($\Delta E/E$ von 15 bis 50%) zeigten. Die bei der Meßwerterfassung empfangenen Neutronen-Fluenzen lagen in allen Fällen zwischen 10^6 und $10^8 \, cm^{-2}$, die maximal verträgliche γ-Dosis betrug bei den Kernspuremulsionen 10 rd, bei den Szintillatoren zwischen 0,025 und 0,25 rd und bei den Proportionalzählern über 10 rd.

Bei neueren Messungen des Neutronenspektrums im Schnellen Nulleistungsreaktor ZEBRA wurden im Energiebereich von 5 bis 0,5 MeV ein $^6Li(n, \alpha)$-Halbleiterdetektorspektrometer (sowie die Kernspurmethode) und von 0,8 bis

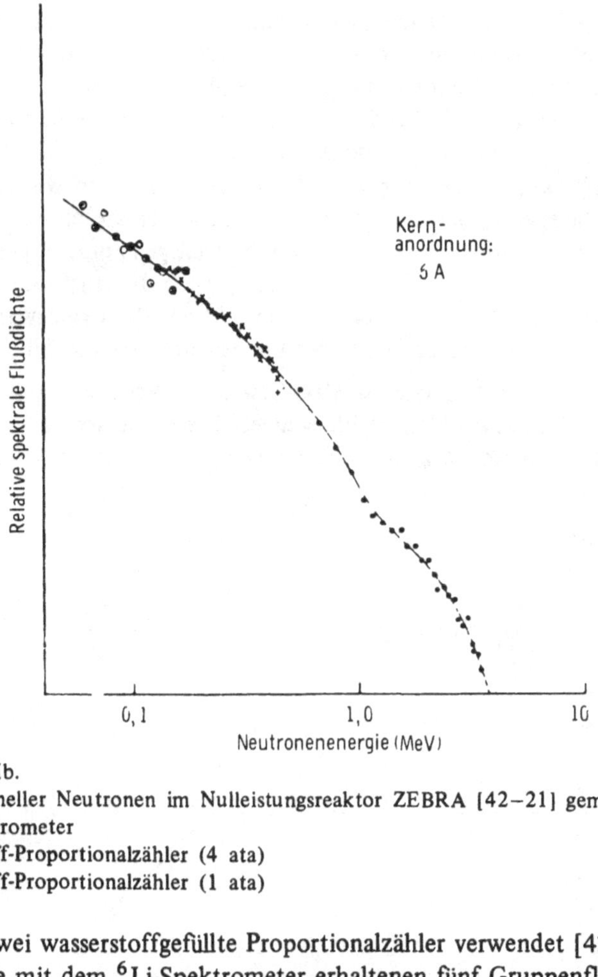

Abb. 4.2.VIIIb.
Spektren schneller Neutronen im Nulleistungsreaktor ZEBRA [42–21] gemessen mit:
• Li-6-Spektrometer
x Wasserstoff-Proportionalzähler (4 ata)
0 Wasserstoff-Proportionalzähler (1 ata)

0,06 MeV zwei wasserstoffgefüllte Proportionalzähler verwendet [42-21]. Während die mit dem ^{6}Li-Spektrometer erhaltenen fünf Gruppenflußdichten ausgezeichnet mit Rechenergebnissen übereinstimmen, ist deren Übereinstimmung mit den Kernspur-Messungen besonders im Energiebereich unter 1 MeV dürftig, was auf den Verlust von Rückstoßprotonenspuren zurückgeführt wird.

Das ^{6}Li-Spektrometer mußte auf Temperaturen unter 25°C gehalten werden, weil sonst die Verarmungsschicht zu stark verkleinert wird. Der Gesamtfehler wurde bei Energien unter 4 MeV zu 12% und darüber zu 30% abgeschätzt. Die Messungen mit den Proportionalzählern mit reiner Wasserstoffüllung zeigten nur unterhalb von 0,8 MeV einigermaßen befriedigende Übereinstimmung mit den berechneten Spektren; der Gesamtfehler der Messungen wurde zu 12% abgeschätzt, wovon 3 bis 6% Fehler unter Wiederholbedingungen sind. Abbildung 4.2.VIII zeigt, wie gut die gemessenen Spektren sich aneinander anschließen; die Oszillationen werden durch Ungenauigkeiten in der Wandeffektkorrektur des Detektors erklärt. Über die γ-Diskriminierung werden keine näheren Angaben gemacht.

Abbildung 4.2.IX zeigt das Neutronenspektrum in einem Reaktorstrahlrohr [42-22]: die höherenergetischen Werte wurden mittels einer Streukammer mit Rückstoßprotonen-Spektrometer, die niederenergetischen mit einer Niederdruck-Nebelkammer (s. auch Abschnitt 2.5) gemessen; der Verlauf eines 1/E-Spektrums und eines Spaltspektrums sind miteingezeichnet.

Unter den *Spektrometern für langsame Neutronen* vergleichen wir die Kollimatortypen: Kristallspektrometer, mechanische Monochromatoren und Flugzeitspektrometer (s. Armbruster u. a. in [32-9]). Kristallspektrometer gestatten nur für niedrige Energien gute Energieauflösung; auch die Ausbeute geht nach höheren Energien E hin stark zurück, weil sowohl das Reflexionsvermögen der Kristalle wie die spektrale Flußdichte der Bremsneutronen wie 1/E abnehmen.

Der mechanische Monochromator sortiert bestimmte Neutronen-Geschwindigkeiten heraus – im Gegensatz zum Flugzeitverfahren, mit dem sich z. B. keine Aktivierung durch monoenergetische Neutronen erreichen ließe; weiter verlangt

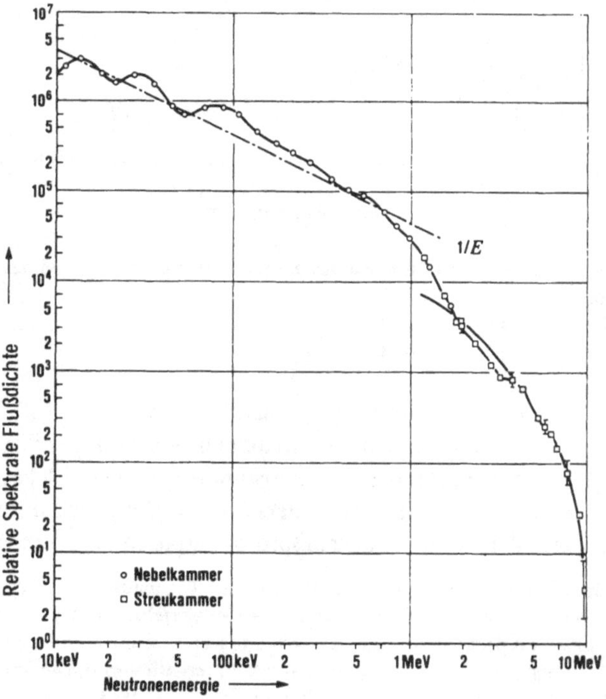

Theoretische Verläufe:
· - · 1/E-Spektrum, — Spaltspektrum nach /44-4/

Abb. 4.2.IX.
Neutronenspektrum an Strahlrohr des Reaktors FRJ-1 [42–22].

er im Gegensatz zum Flugzeitverfahren nicht die Bestimmung einer Flugstrecke, was zur Messung von Streuquerschnitten vorteilhaft ist. Diese beiden Vorteile bietet das Kristallspektrometer zwar auch, aber bei ihm stören, wie wir sahen, bei den niedrigsten Energien die höheren Reflexionsordnungen. Aus diesen Gründen hat man mehrere mechanische Monochromatoren als Spektrometer gebaut [13-2]. Daß sie sich trotz der genannten Vorteile nicht bewährt haben, lag an mechanischen Schwierigkeiten, die größer sind als beim Langsamen Chopper, sowie entweder an niedriger Ausbeute oder schlechter Energieauflösung (die nicht besser war als 10 bis 30%). Außerdem zeigten diese Geräte einen beträchtlichen Untergrund energiefremder Neutronen und sind nur im Bereich sehr niedriger Energien (0,5 bis 5 meV) einsetzbar: dort sind sie auch später noch gelegentlich zum Diskriminieren unerwünschter Neutronen-Energien für das Kristallspektrometer verwendet worden.

Kristall- und Flugzeitspektrometer finden nebeneinander Anwendung, wobei das letztere nach höheren Energien hin bevorzugt wird. Denn während beim Kristall- wie beim Flugzeitspektrometer die relative Energieauflösung $\Delta E/E \sim E^{\frac{1}{2}}$ variiert, bleibt die Ausbeute beim Flugzeitspektrometer – im Gegensatz zum Kristallspektrometer, wie wir sahen – nahezu energieunabhängig: denn im Energieintervall ΔE beträgt (im 1/E-Spektrum für konstante Impulslänge Δt und bei Nachweis mit einem 1/v-Detektor) die Zählrate:

$$Z(E)\,\Delta E \approx \Delta\varphi(E)\,\sigma_{\text{Detektor}}(E) = \varphi_E(E)\,\sigma_{\text{Detektor}}(E)\,\Delta E\,. \qquad (4.2.8a)$$

Gibt man die Energie E in eV, die Impulslänge Δt in μs und die Flugstrecke l in m an, so ergibt sich:

$$Z(E)\,\Delta E \approx \frac{\varphi_0}{E}\,\frac{\sigma^{(0)}_{\text{Detektor}}}{E^{\frac{1}{2}}}\,\frac{0{,}028\,E^{\frac{3}{2}}}{l}\,\Delta t = \text{const}\,. \qquad (4.2.8b)$$

Unter den Flugzeitmethoden wird heute das Pulsquellen- gegenüber dem Chopper-Verfahren bevorzugt, weil ersteres (wie auch der Impulsreaktor) keine Korrektur für die Durchlaßfunktion verlangt und einen viel niedrigeren mittleren Fluß fordert. Mit dem Chopper nützt man nur etwa 1% der verfügbaren Neutronenstromdichte aus, mit der Pulsquelle dagegen 100%. – Unter den Choppern werden den „langsamen" verhältnismäßig große Impulslängen Δt und kurze Flugstrecken l, den „schnellen" dagegen möglichst kurze Impulslängen und lange Flugstrecken zugeordnet. Vor Verbreitung des Pulsquellenverfahrens wurden Chopper ausgiebig z. B. zur Untersuchung von Neutronenresonanzen genutzt. In einem Vergleich [42-19] wurden verschiedene Flugzeitmethoden – mit Chopper am stationären Reaktor, Elektronen-Linearbeschleuniger, Zyklotron, van-de-Graaff-Beschleuniger, unterkritischer gepulster Anordnung, Impulsreaktor und nukleare Explosion – auf ihre spektrometrische Eignung im keV-Bereich rechnerisch untersucht.

Dazu wird eine Güteziffer:

$$G = \frac{I_{peak}}{l^2} \frac{\Delta t}{T} \frac{l}{\Delta t} = \frac{I_{peak}}{l T} \qquad (4.2.9)$$

ermittelt aus der relativen Impulsspitzen-Intensität I_{peak}, dem Arbeitszyklus $\Delta t/T$ und der Spektrometer-Flugzeit-Unsicherheit (Zeitunschärfe) Δt dividiert durch die konstante Flugstrecke l, die nach Gleichung (4.2.6) mit der relativen Energieauflösung $\Delta E/E$ wie folgt zusammenhängt:

$$\frac{\Delta t}{l} \approx \frac{\Delta E}{E^{3/2}} . \qquad (4.2.10)$$

Danach ist das Chopper-Verfahren wie zu erwarten in diesem Bereich ganz ungünstig, während nach der nuklearen Explosion der van-de-Graaff-Beschleuniger mit dem ideal angesetzten Auflösungsvermögen von 0,033 ns/m Flugstrecke den günstigsten Wert liefert. Unter den spektrometrischen Gesichtspunkten schneidet der van-de-Graaff-Beschleuniger auch in der Untergrund-Beseitigung am günstigsten ab, während für unterschiedliche Probengrößen der Chopper und für Variationsmöglichkeiten der Anlage der Linearbeschleuniger sowie der Impulsreaktor als besonders günstig hingestellt wurden.

Einen Überblick über die Anwendung gepulster Quellen zur Messung von Neutronen-Spektren in Moderatoren im Energiebereich von 10^{-3} bis 100 eV gibt Poole [42-3].

4.3. Energieintegrale (Gruppen-)Meßverfahren thermischer und intermediärer Neutronen

Problemstellung – Messung im Idealen Moderator – Messung im Wohlmoderierten System – Messung einzelner Resonanzen – Auswerteformalismen (nach Westcott; und andere) – Das Doppelsondenverfahren – Abweichung vom Wohlmoderierten System – Anwendungsbeispiele – Kritik der Verfahren.

Problemstellung [11-2, 7, 8]. Die energieintegralen Verfahren (s. Abschnitt 3.6) können den Spektralverlauf nur durch wenige charakteristische Kenngrößen, die sogenannten Spektralparameter, andeuten. Die Verfahren sind an ein Standard- oder Referenzspektrum anzuschließen, das entweder durch integrale Messungen und Rechnungen gut bekannt ist, oder durch spektrometrische Messungen: z. B. mittels der Flugzeitmethode [42-9]. Für ein bekanntes Referenzspektrum lassen sich dann die Spektralparameter berechnen und mit den gemessenen vergleichen. Zuerst muß festgelegt werden, von welchen Typen von Neutronenspektren ausgehend die Spektralparameter zu definieren sind und in welchem

Gültigkeitsbereich sie eine brauchbare Beschreibung des Spektrums liefern können. Die erste dieser Bedingungen soll durch den *Idealen Moderator* bestimmt werden, die zweite durch das *Wohlmoderierte System*.

Messung im Idealen Moderator. Für den Idealen Moderator wird die (mehr oder weniger strenge) Gültigkeit bestimmter Bedingungen vorausgesetzt, die bei Besprechung der Neutronenenergieverteilungen in Reaktoren in Abschnitt 4.1 erläutert wurden. Zur Verwirklichung Idealer Moderatoren dienen Thermische Flußstandards, gegebenenfalls auch Thermische Säulen. Im (intermediären) Energiebereich der Neutronenbremsung folgt die spektrale Flußdichte im Idealen Moderator dem 1/E-Verlauf:

$$\varphi_{E,(F)}(E) = \varphi_{ep}/E \quad \textit{(Fermi-Spektrum).} \qquad (4.3.1)$$

φ_{ep} ist energieunabhängig und stellt die Flußdichte pro Lethargieeinheit dar. Bei der Darstellung (4.3.1) wird vorausgesetzt, daß die in thermischer Bewegung befindlichen Atome des Moderators ihrerseits beim Stoß nur verschwindend kleine Energiebeträge an die Neutronen übertragen – verglichen mit den von den Neutronen an die Atome übertragenen Energiebeträgen. Nach abnehmenden Energien hin bekommen die Neutronen bei Stößen von den (auf der Temperatur T_u befindlichen) Moderatoratomen relativ mehr und schließlich im Mittel ebenso viel Energie übertragen als sie an jene abgeben: dann befinden sich Neutronen und Moderatoratome im thermischen Gleichgewicht, und die als „thermisch" bezeichnete Neutronenflußdichte mit der Neutronentemperatur $T_n = T_u$ ist darstellbar durch:

$$\varphi_{E,(M)}(E) = \frac{\varphi_{wt}}{kT_n} \frac{E}{kT_n} e^{-\frac{E}{kT_n}} \qquad (4.3.2)$$

(Maxwell-Spektrum).

φ_{wt} ist die integrierte thermische oder Maxwell-Flußdichte. Im *Anschlußgebiet (Joining Region)* zwischen dem Brems-(Fermi-) und dem thermischen (Maxwell-)Spektrum, das in der Gegend um 0,1 eV Neutronenenergie liegt, erhalten die Neutronen bei Stößen relativ nicht mehr vernachlässigbare Energiebeträge zurück: man nennt dies das Energiegebiet der Thermalisierung. Eine einfache Näherungsdarstellung dieses Übergangsgebiets wird unten in Gleichung (4.3.14) eingeführt. Die Größen φ_{ep} in Gleichung (4.3.1) und die konventionelle thermische Flußdichte:

$$\varphi_{th} = \frac{\sqrt{\pi}}{2} \varphi_{wt} \quad \text{(für } T_n = T_0\text{; vgl. Gleichungen (1.3.17))} \qquad (4.3.2a)$$

werden dann am bequemsten mit einem Detektor gemessen, dessen Wirkungsquerschnitt im thermischen Bereich einen 1/v-Verlauf und im epithermischen Bereich eine hohe isolierte Resonanz hat (z. B. Gold-197). Unter Zuhilfenahme des Filterverfahrens erhält man dann die integralen Flußdichten φ_{th} und φ_{ep}

im Idealen Moderator durch die Beziehungen (2.2.10). Die besondere Bequemlichkeit dieses Meßverfahrens besteht darin, daß man nach Gleichung (2.2.10) immer die gleichen Größen φ_{th} und φ_{ep} erhält, unabhängig von der Temperatur T_n und der Resonanzenergie E_R, bei denen tatsächlich gemessen wurde.

Während im Idealen Moderator die Neutronen sich völlig im thermischen Gleichgewicht befinden, so daß ihre Temperatur:

$$T_n = T_u \tag{4.3.3a}$$

(T_u Temperatur des umgebenden Mediums) ist, gilt bei zunehmender Absorption stattdessen – vgl. z. B. [41-10, 11]:

$$T_n > T_u \,, \tag{4.3.3b}$$

d. h. die Neutronengeschwindigkeitsverteilung reicht nicht mehr ganz bis zum thermischen Gleichgewicht herunter, da die Absorption im großen ganzen $\sim E^{-\frac{1}{2}}$ zunimmt. Bleibt diese als *Absorptionshärtung* des Spektrums (unter Vernachlässigung anderer Härtungseffekte [43-1]) bezeichnete Abweichung $T_n - T_u$ innerhalb gewisser Grenzen, so liegt noch ein Maxwell-Spektrum vor. Für große Moderationsverhältnisse M werden für die relative Temperaturdifferenz angegeben:

$$\frac{T_n - T_u}{T_u} = \frac{2}{M} \quad \text{mit} \quad M > 5 \tag{4.3.4a}$$

nach [22-1] oder

$$\frac{T_n - T_u}{T_u} \approx \frac{0{,}7}{M} \quad \text{mit} \quad M > 10 \tag{4.3.4b}$$

nach [11-18]. In einer eingehenderen Darstellung [11-2] wird gezeigt, daß sich ein gerechnetes Neutronenspektrum in einem Schwergasmoderator dann mit guter Annäherung durch eine Maxwell-Verteilung mit effektiver Temperatur T_n darstellen läßt mit:

$$\frac{T_n - T_u}{T_u} = \frac{1{,}46}{M} \,, \quad \text{wenn} \quad M > 5 \,. \tag{4.3.4c}$$

Für $M \leqslant 5$ ist mit signifikanten Abweichungen zu rechnen. Man kann leicht etwas andere Zahlenwerte als die in Gleichung (4.3.4c) angegebenen erhalten, wenn man die ziemlich willkürliche Anpassung des Maxwell-Spektrums anders vornimmt.

Messung im Wohlmoderierten System. Eine Anordnung, in der eine Beziehung wie in Gleichung (4.3.4) angegeben gilt, heißt *Wohlmoderiertes System (Well Moderated System)* [11-18]. Im folgenden verlangen wir prinzipiell (nur) ein wohlmoderiertes System (statt des Idealen Moderators). Das setzt zweierlei voraus:

a) vor den Messungen eine möglichst genaue Zuordnung der zu erwartenden Moderations-Verhältnisse zu den Meßorten (z. B. durch Messung von Cadmium-Verhältnissen an repräsentativen Stellen),
b) bei allen thermischen Messungen ist T_n mitzumessen zur Information darüber, ob Gleichung (4.3.4) noch erfüllt ist.
Das Prinzip der Neutronentemperaturmessung zur Beschreibung des Neutronenspektrums im thermischen Bereich nach integralen Meßmethoden durch einen einzigen Parameter hatten wir in Abschnitt 2.2 für zwei Nachweisreaktionen mit modellartigen Wirkungsquerschnitten skizziert. Mit ähnlich verlaufenden Wirkungsquerschnitten wurden in den Anfangszeiten tatsächlich Neutronentemperaturen bestimmt. Inzwischen erfolgen solche Bestimmung durch Ermittlung von Sondenparametern, die als Funktionen der Neutronentemperatur T_n tabuliert sein müssen, nach besonderen Auswerteformalismen. Mit dem wichtigsten derartigen Formalismus – dem nach Westcott – werden wir uns unten beschäftigen.

Die zweite wesentliche Abweichung gegenüber den Verhältnissen im Idealen Moderator besteht darin, daß auch im epithermischen Bereich merkliche Absorption auftreten kann, so daß φ_{ep} in Gleichung (4.3.1) nicht mehr als konstant gegenüber den Neutronenenergie E anzusehen ist. Zur Bestimmung der Energieabhängigkeit von $\varphi_{ep}(\vec{r})$ mißt man am Meßort $\vec{r}$ mit mehreren epithermischen Sonden mit unterschiedlichen Hautpresonanzenergien E_R. Voraussetzung ist dabei, daß Gleichung (4.3.1), d. h. $\varphi_E(E) \sim E^{-1}$, wenigstens in so breiten Bereichen $E_R - \Delta E \leqslant E \leqslant E_R + \Delta E$ gilt, wie die Resonanzintegrale I_{res} für die unterschiedlichen E_R merklich von Null verschieden sind. Für ein Meßprogramm in einem bestimmten Medium ist vor Auswahl der Detektoren zu klären, bei welchen Energien hauptsächlich Resonanzabsorption bzw. -streuung zu erwarten ist. Die diskreten Meßresonanzenergiewerte E_R legt man dann am zweckmäßigsten zwischen die Materialresonanzen.

Messung einzelner Resonanzen. Zur Bestimmung der spektralen Flußdichte mittels Resonanzaktivierung im intermediären Bereich sollte eine Nachweisreaktion folgende Forderungen erfüllen:
I. Die zu einer Energiemessung ins Auge gefaßte Hauptresonanz soll genügend groß und genügend isoliert sein gegenüber anderen Resonanzen, II. der Absorptionsanteil dieser Resonanz soll ebenso wie III. die zugehörige Flußabschirmung G sich genügend genau ermitteln lassen. Sind diese Bedingungen erfüllt, dann kann die übliche Auswertung der Sondenaktivität nach Gleichung (1.3.15) angewendet werden, wenn die spektrale Flußdichte sich darstellen läßt durch:

$$\varphi_E = C(E)/E \,, \tag{4.3.5}$$

wobei C(E) sich im Bereich der Resonanzstelle gar nicht oder nur langsam mit E verändert. Mit wachsender Energie E arbeitet dieses Verfahren unsicherer, weil die genannten Voraussetzungen sich zunehmend schlechter erfüllen lassen. Oberhalb von 1 keV steht zwar schon der wasserstoffgefüllte Proportionalzähler zur Verfügung; er verlangt jedoch mehr Platz, niedrigeren γ-Untergrund und liefert unterhalb von 50 keV recht unsichere Werte. Demgegenüber geben Aktivierungssonden nur Flußwerte in einzelnen Resonanzstellen $E = E_R$, die in diesem Energiegebiet meist auch nur wenig zuverlässig sind. Günstigstenfalls erreicht man bei Ausgangsnukliden mit hohen Massenzahlen ($100 < A_r < 200$, $E_R \sim 1 \ldots 10\,eV$) Linienbreiten $\Gamma_{eff} \sim 0{,}1\,eV$, wozu noch die Doppler-Verbreiterung kommt. Von Messungen im Schnellen Nulleistungsreaktor STARK wurde allerdings berichtet, daß ihre Fehler nicht mehr als ± 3 bis ± 10% und die Abweichung gegenüber einer 26-Gruppen-Diffusionsnäherungsrechnung in zwei Fällen (Na, F) nur 3 bis 10%, in einem dritten Fall (Al) 30% betrugen [43-2, 3, 4].

Benutzt wurden Scheibensonden aus NaF mit der Nachweisreaktion $^{23}Na\,(n, \gamma)$ (Hauptresonanz 2,85 keV), Aluminium-Metall: $^{27}Al\,(n, \gamma)$ (5,9 keV) und Teflon: $^{19}F\,(n, \gamma)$ (15,3 und 27 keV). Die Cd-gekapselten Sonden wurden im Zentralkanal des STARK bestrahlt und der kurzen Halbwertszeiten wegen mittels einer automatisierten Rohrpost herausgeschossen. Beim Anschlag in der Entladestation wurden die Sonden automatisch entkapselt und in Sondenhalter eingesetzt, in denen sie in die Meßposition zwischen zwei kalibrierte NaJ-γ-Szintillationszähler eingeschoben wurden; dieser ganze Ausschußvorgang dauerte nur 3 s. Die Sondenaktivitäten wurden in Flüssen einer Thermischen Säule kalibriert, korrigiert wurde für den Streuanteil des Resonanzintegrals und die Selbstabschirmung sowie gammespektrometrisch für Störaktivitäten.

Auswerteformalismen. Der *Westcott-Formalismus* [11-18, 43-5] hat sich weitgehend zur Durchführung von Meßaufgaben wie den hier besprochenen eingebürgert. Dabei wird die auf ein Atom des Nachweisnuklids bezogene Aktivierung a (bzw. das Ansprechintegral) dargestellt durch:

$$a = n\,v_0\,\hat{\sigma} \quad \text{mit} \quad \hat{\sigma} = \sigma_0\,[g(T_n) + r(T_n)\,s(T_n)]\,. \tag{4.3.6}$$

in Gleichung (4.3.6) ist die Neutronenanzahldichte

$$n = \int_0^\infty n_E(E)\,dE = n_{th} + n_{epi} = \frac{\varphi_{th}}{v_0} + \int_{E_g}^\infty \frac{\varphi_{E,(F)}(E)}{v(E)}\,dE \tag{4.3.7}$$

aus thermischem und epithermischem (Maxwell- und Fermi-)Anteil zusammengesetzt. T_n bzw. (das unten erklärte) r sind die beiden gesuchten Spektralparameter der Neutronen-Energieverteilung im thermischen bzw. intermediären Energiebereich. $\hat{\sigma}$ heißt „effektiver Querschnitt“, und σ_0 stellt den in [I] tabulierten Querschnitt für die betreffende Reaktion bei $v_0 = 2200\,m/s$ Neutronengeschwindigkeit dar. g bzw. s sind Sondenparameter. $g(T_n)$ bezeichnet die

Reaktionsrate des betreffenden Nuklids im Maxwell-Fluß (M) bei der Temperatur T_n bezogen auf das Ansprechintegral bei Neutronengeschwindigkeit v_0:

$$g(T_n) = \frac{\overline{\sigma v}^{M(T_n)}}{\sigma_0 v_0} \; . \qquad (4.3.8)$$

s stellt das (mit einem Faktor multiplizierte) Überschuß-Resonanzintegral (über den mit $g(T_n)$ multiplizierten 1/v-Verlauf) im Epithermischen dar:

$$s(E_g, T_n) = \frac{4}{\sqrt{\pi \mu}} \left(\frac{\overline{\sigma v}(T_n)}{\sigma_0 v_0} - g(T_n) \right) \qquad (4.3.9)$$

und lautet im Fermi-Fluß nach Gleichung (4.3.1):

$$s(E_g, T_n) = \frac{2}{\sqrt{\pi}} \frac{v_T}{v_0} \frac{I_{res}(E_g)}{\sigma_0} - \frac{4}{\sqrt{\pi \mu}} g(T_n) \; . \qquad (4.3.9a)$$

Die Größen E_g und μ werden unten in Gleichung (4.3.16) eingeführt. $v_T = \sqrt{2kT_n/m_n}$ ist die zum Maxwell-Spektrum mit Temperatur T_n gehörige wahrscheinlichste Neutronengeschwindigkeit.

In [11-7, 8, 14-17] sind noch *weitere Auswerteformalismen* dargestellt, die die Reaktionsrate von Neutronendetektoren in thermischen und epithermischen Fluß einheitlich auszudrücken gestatten. Während Westcott jedoch seine Sondenparameter für die meisten gebräuchlichen Nachweisreaktionen tabuliert hat – s. Tabelle 4.3.A –, liegen für andere Darstellungen die entsprechenden Daten nicht in ausreichendem Maß vor. Deshalb hat die Schreibweise nach Westcott gegenüber anderen die überwiegende Verbreitung gefunden. Ein Beispiel für eine neueres vom Westcott-Formalismus unabhängiges mathematisches Verfahren zur Bestimmung des thermischen und epithermischen Neutronenspektrums mit integralen Nachweisreaktionen sei hier aufgeführt [43-6]. Dabei wird für die energiedifferentielle Flußdichte eine vereinheitlichende Darstellung folgender Art gewählt:

$$\varphi_E(E) = G\,E\,e^{-\frac{E}{E_0}} + K\,E^{-(1-b)}\,[1 - e^{-E^2/c}] \; . \qquad (4.3.10)$$

Die (epithermischen) Parameter K, b werden unmittelbar aus den Aktivierungen mehrerer Cadmium-bedeckter Resonanzdetektoren bestimmt. Die restlichen Parameter G, E_0, c sind so zu wählen, daß damit ausgerechnete Aktivierungen ${}_c a_i$ den gemessenen Aktivierungen a_i pro Atom des Ausgangsnuklids für einen Satz von Sonden, deren Hautpresonanzenergie unterhalb der Filter-Abschneideenergie liegt, nach folgender Minimalisierungsforderung angepaßt werden:

$$\sum_i W_i \left(\frac{a_i - {}_c a_i}{a_i} \right)^2 \equiv F(G, E, c) = \text{Min !} \qquad (4.3.11)$$

Die W_i sind Gewichtsfunktionen, die die relative Meßunsicherheit der Aktivierungen a_i für die Detektoren i ausdrücken. Zum Vergleich sei auf die mathematischen Methoden bei der energieintegralen Flußdichtemessung schneller Neutronen verwiesen (s. Abschnitt 4.4), besonders auf die Minimalisierungsmethoden. Für die hier zitierte Arbeit wird gute Übereinstimmung der mit zwei Epi- (^{115}In, ^{197}Au) und vier Sub-Cadmium-Detektoren (^{164}Dy, ^{176}Lu, ^{239}Pu, ^{151}Eu) in zwei Reaktorkernen gemessenen Spektren mit gerechneten berichtet (Abbildung 4.3.I).

Für einen *reinen* 1/v-*Absorber* ist in Westcott-Schreibweise g = 1 und s = 0. Solche kommen aber in Wahrheit nicht vor, wohl dagegen *thermische* 1/v-*Absorber* – das sind Nuklide, die im Maxwell-Spektrum einen (nahezu) reinen ~ 1/v-Querschnittsverlauf zeigen. Deshalb führt man anstelle von Gleichung (4.3.6) ein [43-7]:

$$\hat{\sigma} = \sigma_0 \left[g(T_n) + r_0\, s_0(T_n)\right] \tag{4.3.12}$$

mit

$$r_0 = r\sqrt{T_n/T_0} \quad \text{und} \quad s_0 = s\sqrt{T_0/T_n}\,.$$

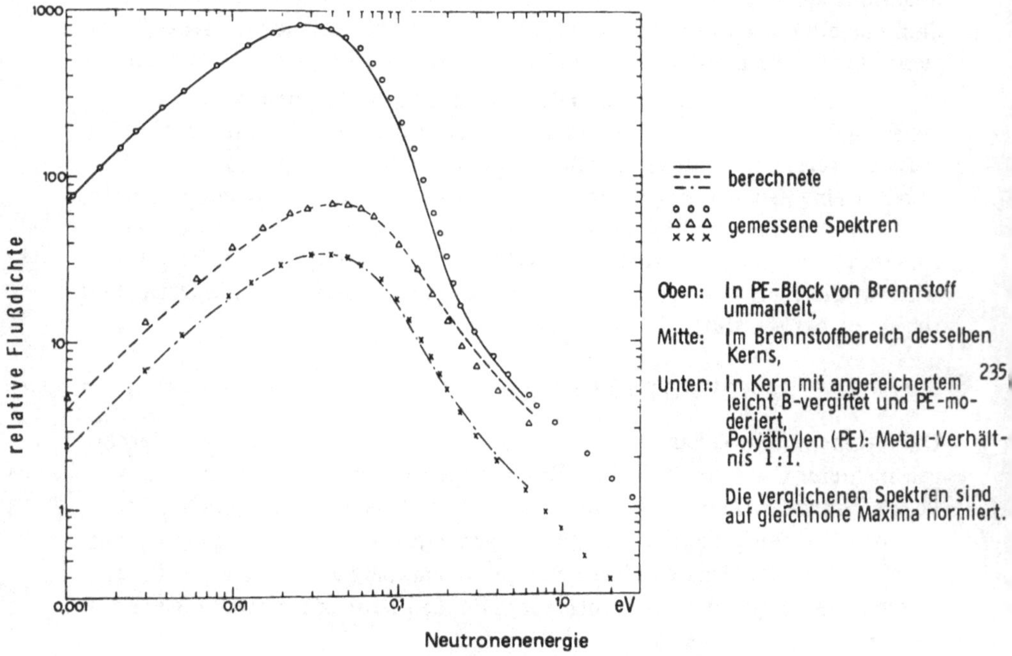

Abb. 4.3.I.
Vergleich zwischen berechneten und gemessenen thermischen Spektren in 2 Reaktorkernen [43–6].

Diese Schreibweise hat zwei Vorteile: Erstens führen Cd-Verhältnismessungen (bei unbekanntem T_n) auf den Spektralparameter r_0 anstelle von r. Und zweitens gilt für einen thermischen 1/v-Absorber:

$$g = 1 \quad \text{und} \quad \frac{d\,s_0}{d\,T_n} = 0\,. \tag{4.3.13}$$

Der – am Anfang dieses Abschnitts erwähnte – *Anschluß vom intermediären* Energiebereich (der Neutronenbremsung) *zum thermischen Bereich* wird nach Westcott in Idealen Moderatoren und auch in realen Wohlmoderierten Systemen durch folgende analytische Darstellung für die spektrale Flußdichte wiedergegeben:

$$\varphi_E\,(E) = \varphi_{E,(M)}\,(E, T_n) + \varphi_{E,(F)}\,(E)\,\Delta\,(E/k\,T_n)\,. \tag{4.3.14}$$

$\varphi_{E,(M)}$ bzw. $\varphi_{E,(F)}$ lassen sich im Wohlmoderierten System durch die Gleichungen (4.3.2) bzw. (4.3.1) ausdrücken. Unter den Anschlußfunktionen Δ, die bei Anpassung an Neutronenspektren in Thermischen Reaktoren berechnet wurden, wird Δ_4 in [11-18] bevorzugt (Abbildung 4.3.II); vgl. auch [43-8, 9]. Für Meßzwecke wird – außer bei verwickelten Wirkungsquerschnittsverläufen –

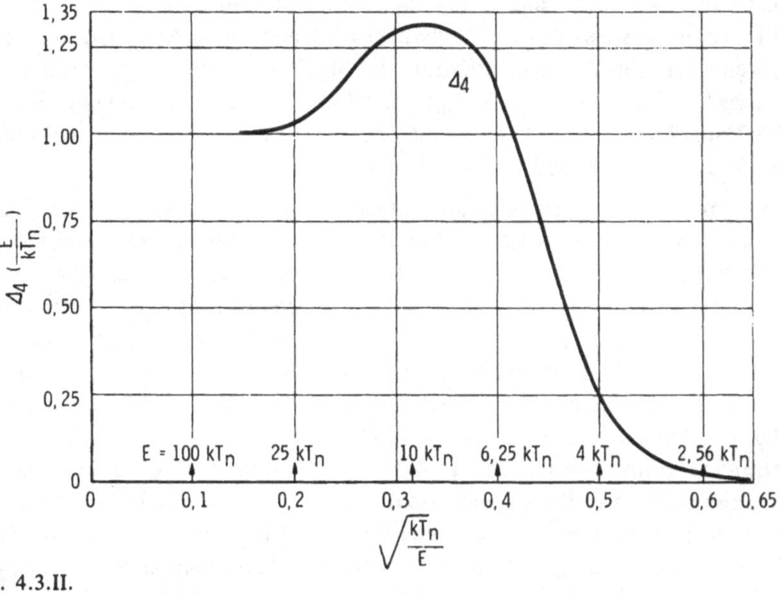

Abb. 4.3.II.
Anschlußfunktion $\Delta = \Delta_4$ [11–18] zur analytischen Darstellung des Verschwindens des 1/E-Spektrums für niedrige Energien E.

anstelle der Anschlußfunktion Δ zwischen dem thermischen und intermediären Bereich eine einfache Stufenfunktion mit der Grenzenergie E_g eingeführt:

$$\int_{E_g}^{\infty} \sigma(E)\,\frac{dE}{E} = \int_{0}^{\infty} \sigma(E)\,\Delta(E/kT_n)\,\frac{dE}{E}\,. \tag{4.3.15}$$

σ ist der Wirkungsquerschnitt des Nuklids, für den der spektrale Anschluß betrachtet wird. Die Grenzenergie E_g ergibt sich dann für ideal dünne 1/v-Absorber als Vielfaches der Neutronentemperatur T_n (aber nicht der Umgebungstemperatur T_u oder der Referenztemperatur T_0):

$$E_g = \mu k T_n\ ; \tag{4.3.16}$$

für den Zahlenfaktor μ hat man gefunden: $\mu \approx 3{,}6 \pm 0{,}4$ in D_2O und $\mu \approx 3{,}4 \pm 0{,}3$ in Graphit [11-2, 8].

Im Vergleich mit der einfachen E_g-Stufenfunktion strebt die Anschlußfunktion $\Delta(E/kT_n)$ für $E \gg E_g$ gegen Eins, für $E \ll E_g$ gegen Null und hängt nur wenig von den Moderatoreigenschaften ab. In vielen praktischen Fällen kann man das (intermediäre und thermische) Neutronenspektrum im Reaktor vollständig durch Angabe von nur zwei Spektralparametern angeben: z. B. durch die Neutronentemperatur T_n und das Moderationsverhältnis $M(T_0)$ oder – wie im Westcott-Formalismus – durch T_n und r (bzw. r_0). Natürlich wird durch Gleichung (4.3.14) das reale Spektrum nicht exakt beschrieben; diese Näherung versagt dann, wenn der Absorptionsquerschnitt des Mediums Resonanzen im Thermalisierungsgebiet hat oder wenn $M(T_0)$ nicht hinreichend groß gegenüber Eins ist. Zur Darstellung des Spektrums mit Anschlußfunktion verweisen wir auch auf den Beitrag von Hembd in Band 1 in [41-8].

Wir kommen nun zur eigentliche Meßaufgabe dieses Abschnitts, nämlich der *Kennzeichnung des* thermischen und epithermischen *Spektralverlaufs* durch integrale Meßmethoden. Nach dem Westcott-Formalismus sind dazu die Spektralparameter T_n und r_0 zu bestimmen. Während das Konzept der – variablen – effektiven Temperatur T_n eine Charakterisierung des thermischen Spektrums im Rahmen des Wohlmoderierten Systems gestattet, steckt in der Einführung des epithermischen Parameters r_0 nach Westcott ein Widerspruch, weil er als Konstante aufgefaßt und die spektrale Flußdichte im intermediären Bereich als Fermi-Spektrum nach Gleichung (4.3.1) angenommen wird. Fastrup und Olsen haben deshalb in ihrer unten besprochenen Arbeit [43-10] eine Abwandlung mit einem Spektralparameter $\bar{r}$ eingeführt, der über ein vom (1/E)-Verlauf abweichendes Spektrum gemittelt ist. Andererseits kann man auch rein empirisch die Neutronenanzahldichte n_{epi} als „die bei einer bestimmten Resonanzenergie $E = E_R$ gemessene Neutronenanzahldichte $n_{epi}(E = E_R)$“ definieren

[43-7]: bei Abweichungen vom 1/E-Spektrum erhält man dann folgenden „variablen" Parameter:

$$r_0(E) = \frac{\sqrt{\pi}}{4} \sqrt{\frac{E_g}{k T_0}} \frac{n_{epi}(E)}{n} . \qquad (4.3.17)$$

Praktische Verfahren zur Ermittlung der Neutronentemperatur T_n werden unten behandelt. Die wichtigste Methode zur Auswertung des Spektralparameters r_0 stellen Differenzmessungen dar, bei denen das Cadmium-Verhältnis R_{Cd} (s. Abschnitt 2.2) bestimmt wird; nach den Gleichungen (4.3.7) und (4.3.12) lautet es, wenn man die Abschneidewirkung des Cadmiumfilters unendlich scharf annimmt,

$$R_{Cd}(T_n) \approx \frac{g(T_n)\dfrac{n_{th} + n_{epi}}{n} + r_0 s_0(T_n)}{g(T_n)\dfrac{n_{epi}}{n} + r_0 s_0(T_n)} = \frac{g(T_n) + r_0 s_0(T_n)}{r_0 s_{00}(T_n)} \qquad (4.3.18)$$

mit

$$\left.\begin{aligned} & s_{00} = s_0 + \frac{g}{K} \quad \text{und} \quad K(E_{Cd}) = \frac{\sqrt{\pi}}{4}\sqrt{\frac{E_{Cd}}{k T_0}} \\ & \text{und unter der Voraussetzung} \\ & E_{Cd} \approx E_g . \end{aligned}\right\} \qquad (4.3.18a)$$

Anders geschrieben:

$$R_{Cd}(T_n) \approx \frac{\left[\dfrac{s_0}{g}(T_n)\right] + \dfrac{1}{r_0}}{\left[\dfrac{s_0}{g}(T_n)\right] + \dfrac{n_{epi}}{n}\dfrac{1}{r_0}} \to \begin{cases} 1 \text{ für } \dfrac{s_0}{g} \gg \dfrac{1}{r_0} \left(\gg \dfrac{1}{K}\right) \text{ und/oder } n_{th} \to 0 . \\ \infty \text{ für } \dfrac{s_0}{g} \to 0 \text{ mit } n_{epi} \to 0 . \end{cases}$$

$$(4.3.19)$$

Bei reinem 1/v-Absorber mit $g = 1$, $s_0 = 0$ folgt aus Gleichung (4.3.19):

$$R_{Cd} \approx K/r_0 . \qquad (4.3.19a)$$

Analog ist bei thermischen 1/v-Absorbern – vgl. Gleichung (4.3.13) – R_{Cd} ebenfalls näherungsweise temperaturunabhängig:

$$R_{Cd} \approx \frac{s_0 + 1/r_0}{s_0 + 1/K} . \qquad (4.3.19b)$$

Bisher wurden nur Reaktionen am Einzelatom betrachtet, d.h. „ideal dünne" Sonden vorausgesetzt. Wir führen nun als Beiträge zur Flußstörung $G_t(d)$ bzw.

$G_r(d)$ als Flußabschirmungsfaktoren gegenüber thermischen bzw. intermediären (Resonanz-)Neutronen ein für Sonden der Dicke d, die ein einziges Nuklid enthalten mögen; beide Größen seien (angenähert) als temperaturunabhängig angenommen [43-8]. Berücksichtigt man weiter – vgl. die Gleichungen (3.6.9) und (3.6.10) –, daß in Wirklichkeit das Cd-Filter nicht unendlich scharf bei $E = E_{Cd}$ abschneidet und daß statt Gleichung (4.3.18a) bekanntlich gelten muß:

$$E_{Cd} > E_g\,, \tag{4.3.18b}$$

dann sind noch drei weitere Korrekturen einzuführen [43-7]:

1) die thermische Transmission $h\,(\ll 1)$ des Cd-Filters,
2) die epithermische Transmission $F\,(\approx 1)$ des Cd-Filters und
3) der Anteil W der Resonanzaktivierung im Energiebereich $E_g < E \leqslant E_{Cd}$.

Dieser ist definiert durch:

$$s_0 = s_0(E_g) = s_0(E_{Cd}) + g\,W\,. \tag{4.3.20}$$

Zu beachten ist ferner nach Gleichung (4.3.18a), daß die Umrechnungsgröße K von E_{Cd} und damit von der Dicke d_{Cd} des Cd-Filters abhängt. Man findet $K(d_{Cd})$ für gerichtete und isotrope Flußdichte tabuliert [43-5]. Für W wurden verschiedene Werte berechnet [43-7]. G_t wurde rechnerisch und G_r experimentell für einige Sonden erfaßt [43-8]. Mit diesen Korrekturgrößen ergibt sich statt Gleichung (4.3.12) für den effektiven Wirkungsquerschnitt

$$\hat{\sigma}(T_n) = \sigma_0\,[g(T_n)\,G_t + r_0\,s_0(T_n)\,G_r] \tag{4.3.21}$$

und für das Cd-Verhältnis statt (4.3.19):

$$R_{Cd}(T_n) = \frac{\left[\frac{s_0}{g}(T_n)\right] G_r + \frac{G_t}{r_0(T_n)}}{F\left[\frac{s_0}{g}(T_n)\right] G_r + \frac{1}{K} - W + \frac{h}{r_0(T_n)}\,G_t} \tag{4.3.22}$$

F und h können als temperaturunabhängig angesehen werden. Der Spektralparameter r_0 lautet dann [43-8]:

$$r_0(T_n) = \frac{G_t\,(1 - h\,R_{Cd}(T_n))}{[F\,R_{Cd}(T_n) - 1]\left[\frac{s_0}{g}(T_n)\right] G_r + R_{Cd}(T_n)\left[\frac{1}{K} - W\right]}\,. \tag{4.3.23}$$

Das häufig angewendete **Doppelsonden-Verfahren** (z. B. [43-8, 9, 11]) beruht im Prinzip auf der Bildung von Relativ-Doppelverhältnissen $R\binom{a,b}{x,0}$ einer Doppelsonde (a, b), die einmal am Meßort x und einmal am Bezugspunkt 0 gemessen wurde. Explizit lautet $R\binom{a,b}{x,0}$ mit den spezifischen (massenbezogenen) Aktivitäten $A' = A/m$:

$$R\binom{a,b}{x,0} = \frac{\left[\frac{A'(a)}{A'(b)}\right]_x}{\left[\frac{A'(a)}{A'(b)}\right]_0} = \frac{\frac{\sigma_0(a)}{\sigma_0(b)} X_x}{\frac{\sigma_0(a)}{\sigma_0(b)} X_0} , \qquad (4.3.24)$$

woraus nach den Gleichungen (4.3.6), (4.3.13) und (4.3.21) folgt, wenn a eine Sonde (Res) mit starker Resonanz und b ein thermischer 1/v-Absorber (1/v) ist:

$$X_x = \left(\frac{[g(T_n) G_t + r_0 s_0 (T_n) G_r]_{Res}}{[G_t + r_0 s_0 G_r]_{1/v}} \right)_x = X_0 R\binom{a,b}{x,0} . \qquad (4.3.25)$$

Voraussetzungen sind bei solchen speziellen Sondenpaketmessungen:
1) X_0 ist aus anderen Messungen bekannt,
2) dieselbe Doppelsonde wird in x und 0 gemessen.
Dann erübrigt sich bei diesem Verfahren die Bestimmung folgender Größen:
a) die Absolutwerte der spezifischen Aktivitäten A' bzw. die Ermittlung der Ausbeutefunktion der Meßapparatur; angenommen ist bei den durch Cd-Verhältnissen R_{Cd} bestimmten Größen – z. B. der Spektralparameter r_0 nach Gleichung (4.3.23) –, daß nur γ-Quanten registriert werden, damit keine R_{Cd}-Korrektur für neutronenenergieabhängige β-Selbstabsorption eingeführt zu werden braucht.
b) Die Flußdichtewerte $\varphi(x)$ und $\varphi(0)$ sowie deren zeitliche Schwankungen.
c) Die thermischen Querschnitte σ_0. Ebenso die Sondenparameter g und s_0, falls g temperaturunabhängig ist: das ist nicht nur für (thermische) 1/v-Absorber erfüllt, sondern bei nicht zu hohen Temperaturen auch für Sondenmaterialien, deren Hauptresonanz noch eindeutig oberhalb von E_g liegt, z. B. bei $T_n < 300\,°C$ für ^{115}In.
Für ein Meßprogramm werden zweckmäßigerweise mehrere Klassen von Bezugsorten 0 vorgesehen, nämlich:
A. Ein Hauptbezugsort mit den Voraussetzungen $r_0 = 0$ (d. h. $n_{epi} = 0$) und $T_n = T_u$. Dafür eignet sich ein Sekundärstandard für thermische Neutronenflußdichten mit Idealem Moderator. Die Moderatorsubstanz sollte möglichst dieselbe sein wie an den Meßorten.
B. Ein (oder mehrere) Meß-Bezugsort(e), wo der Spektralparameter r_0 genügend klein ist, angeordnet in möglichster Nähe zu den (verschiedenen Arten von) Meßorten, aber noch in einem als „wohlmoderiert" anzusehenden Gebiet befindlich.
C. Eine weitere Klasse von Bezugspunkten kann zum Vergleich der Ergebnisse spektraler Aktivierungssondenmessungen mit denen nach mehrkanaligen spek-

trometrischen Verfahren – z. B. nach der Flugzeitmethode – eingerichtet werden: dazu müssen Flugzeitkanäle aus dem zu vermessenden Objekt (Reaktor, Kritische Anordnung usw.) herausgeführt werden, an deren Austrittsstellen die Bezugsstellen die Bezugspunkte vorzusehen sind.

Wir besprechen nun die Bestimmung des *epithermischen Spektralparameters* r_0 nach dem Doppelsondenverfahren. Unter den Korrekturen in den Gleichungen (4.3.21, 22) sind in der Regel 1 – F, h, W viel kleiner als die Flußabschirmfaktoren G_t und G_r; deshalb sollen die drei ersteren im folgenden vernachlässigt werden. Z. B. mit ^{115}In als (Res)- und ^{55}Mn als 1/v-Sonde nach Gleichung (4.3.25) erhalten wir dann:

$$r_0(x) = \frac{[1 + r_0(0) S_{In}(0)] R - 1}{S_{In}(x) - [1 + r_0(0) S_{In}(0)] S_{Mn}(x) R} . \qquad (4.3.26)$$

Mit (x) bzw. (0) seien die Meß- bzw. Bezugsposition bezeichnet. $R = R\binom{In,Mn}{x,0}$ ist durch Gleichung (4.3.24) definiert. Abkürzend bedeutet: $S_{In}(x) \equiv \left[\frac{s_0 G_r}{g G_t(x)}\right]_{In}$ und analog für Mn. Wegen der Kleinheit von $r_0(0)\left[\frac{s_0}{g}\right]_{Mn}$ – vgl. Gleichung (4.3.30) – wurde $r_0(0) S_{Mn}(0)$ vernachlässigt. Dabei sind die Sondenparameter g_{In}, $[s_0]_{In}$, $[s_0]_{Mn}$ näherungsweise temperaturunabhängig angenommen und $g_{Mn} = 1$. Bei den Korrekturen G_t und G_r ist zu beachten, daß G_t schwach vom Ort x abhängt, G_r dagegen nicht. Die schwache Temperaturabhängigkeit von G_t sei wie bisher vernachlässigt. In den zititerten Arbeiten [43-8, 11] wurde $1 - G_t$ als kleine Korrektur berechnet; bei nicht verschwindender Ortsabhängigkeit soll G_t durch die Verschiedenheit der Sonden nur relativ wenig geändert werden. G_r wird dagegen als Funktion der Sondendicke *d* bzw. der flächenbezogenen Sondenmasse $\delta = d\rho$ mittels des Cadmiumverhältnisses R_{Cd} experimentell bestimmt entsprechend Gleichung (4.3.22):

$$R_{Cd}(0, \delta) = \frac{\frac{s_0}{g} G_r(\delta) + \frac{G_t(0, \delta)}{r_0(0)}}{\frac{s_0}{g} G_r(\delta) + \frac{1}{K}} \qquad (4.3.27)$$

zu:

$$G_r(\delta) = \frac{\frac{G_t(0, \delta)}{r_0(0)} - \frac{R_{Cd}(0, \delta)}{K}}{\frac{s_0}{g} [R_{Cd}(0, \delta) - 1]} . \qquad (4.3.28)$$

Zu beachten ist, daß R_{Cd} in Gleichung (4.3.28) annähernd temperaturunabhängig sein muß wie die übrigen in dieser Gleichung vorkommenden Größen. Da die Sondenparameter g, s_0 entweder rechnerisch nach Westcott oder durch Messungen in anderen Bezugsorten bestimmbar sind, bleibt $r_0(0)$ als einzige Unbekannte auf der rechten Seite in Gleichung (4.3.26). Man erhält diesen Spektralparameter mittels Messung z. B. mit einer Sonde aus In-Al-Legierung, deren flächenbezogene In-Masse δ sehr klein ist und für die deshalb gilt (mit $G_t = G_r = 1$, $R_{Cd}(\delta) = R_{Cd}(0)$):

$$r_0(0) = \frac{1}{\frac{s_0}{g}[R_{Cd} - 1] + \frac{R_{Cd}}{K}} . \tag{4.3.29}$$

Die Ungenauigkeit dieser Bestimmung fällt nicht ins Gewicht, da wir voraussetzen können:

$$r_0(0) \ll r_0(x) . \tag{4.3.30}$$

Die *Neutronentemperatur* T_n erhält man dann durch ein zweites Doppelverhältnis mit anderen Sonden, z. B. $R\binom{\text{Lu-176,Mn}}{\text{x,0}}$, wenn man $r_0(x)$ aus Gleichung (4.3.26) entnimmt und in die Temperaturfunktionen $[s_0(T_n)]_{^{176}Lu}$ und $[g(T_n)]_{^{176}Lu}$ probeweise einen T_n-Wert einsetzt und diesen solange verändert, bis Gleichung (4.3.24) erfüllt ist. Die Korrekturen G_t und G_r sind wie oben zu bestimmen. Zur Relativbestimmung der Neutronenanzahldichte n(x) im Ort x mißt man (z. B. mit einer Mn-Ni-Folie der flächenbezogenen Masse δ) die Zählrate pro Atom des Ausgangsnuklids:

$$Z_{Mn}(x) = S\,n(x)\,v_0\,\sigma_0\,[g\,G_t(x, \delta) + r_0(x)\,s_0\,G_r(\delta)] , \tag{4.3.31}$$

worin S die unbekannte Empfindlichkeit ist. Die übrigen Größen sind in den Gleichungen (4.3.6), (4.3.12) und (4.3.21) definiert worden. Mit g = 1, berechnetem $G_t(x, \delta)$, $r_0(x)$ nach Gleichung (4.3.21) und unabhängiger Messung von $R_{Cd}(x, \delta)$ erhält man $s_0\,G_r(\delta)$ entsprechend Gleichung (4.3.28), aber mit den zum Meßort x gehörigen Werten. Damit hat man alle Größen bestimmt, um nach Gleichung (4.3.31) die x-abhängige Größe $S\,n(x)\,v_0\,\sigma_0$ berechnen zu können, die zur Neutronenanzahldichte proportional ist.

Als *Sonden- und Filtermaterialien* sind (zumindest zur Messung der Neutronentemperatur T_n) solche Nuklide zu nehmen, für die nach Westcott [11-18] berechnete Sondenfunktionen $g(T_n)$ und $s(T_n)$ vorliegen (Tabelle 4.3.A).

Tabelle 4.3.A. Nuklide für (feste, flüssige oder gasförmige) Sonden- und Filtersubstanzen, für die berechnete Westcott-Sondenparameter $g(T_n)$ und $s(T_n)$ vorliegen [43-5]

Mn Co Rh Ag Gd In Te ^{135}Xe Sm Eu Cd Er Lu Hf Ir Au Hg

^{232}Th $^{233}U_{abs}$ $^{233}U_{fiss}$ $^{235}U_{abs}$ $^{235}U_{fiss}$ ^{238}U ^{237}Np $^{239}Pu_{abs}$

$^{239}Pu_{fiss}$ ^{240}Pu $^{241}Pu_{fiss}$ ^{242}Pu $^{241}Am_{abs}$ $^{241}Am_{fiss}$ ^{243}Am

Außerdem sei eine kritische Literaturzusammenstellung nuklearer Daten genannt, die empfohlene Werte für folgende Ausgangsnuklide von (n, γ)-Nachweisreaktionen und für ihre Meßnukliden angibt [43-12]: ^{197}Au, ^{164}Dy, ^{151}Eu, ^{115}In, ^{191}Ir, ^{193}Ir, ^{175}Lu, ^{176}Lu, ^{186}W.

Zur Bestimmung des epithermischen Spektralparameters r_0 können für Resonanzenergien $E_R > 4{,}9$ eV (d. i. die Hauptresonanz von ^{197}Au) auch Nuklide genommen werden, deren Westcott-Sondenfunktionen nicht als T_n-Funktionen berechnet vorliegen. Denn man kann diese Nuklide als thermische 1/v-Absorber nach Gleichung (4.3.13) ansehen.

Um bei der Bestimmung der Spektralparameter T_n und r_0 nach dem Westcott-Formalismus eine möglichst hohe Genauigkeit zu erzielen, geht man zweckmäßigerweise so vor:

Zur T_n-Bestimmung nimmt man solche Nuklide, deren $g(T_n)$ sehr empfindlich mit T_n variiert, so daß analog Gleichung (4.3.25) (unter Vernachlässigung der Sondenkorrekturen G_t, G_r) gilt:

$$\left(\frac{\hat{\sigma}}{\sigma_0}\right)_{\text{Res}} \cdot \left(\frac{\sigma_0}{\hat{\sigma}}\right)_{1/v} = \frac{[g(T_n) + r_0\, s_0(T_n)]_{\text{Res}}}{[1 + r_0\, s_0]_{1/v}} \sim g_{\text{Res}}(T_n)\,, \tag{4.3.32}$$

d. h. alle neben $g_{\text{Res}}(T_n)$ vorkommenden Größen sind als kleine und nahezu temperaturkonstante Korrekturen anzusehen. Gleichung (4.3.32) ist z. B. für (Lu-176, Mn-55)-Doppelsonden gut erfüllt. – Entsprechend sind zur r_0-Bestimmung solche Doppelsonden zu nehmen, für deren Resonanzsonde $s_0 \gg g$ und für deren 1/v-Sonde $s_0 < 1$ ist, so daß

$$\left(\frac{\hat{\sigma}}{\sigma_0}\right)_{\text{Res}} \cdot \left(\frac{\sigma_0}{\hat{\sigma}}\right)_{1/v} = \frac{[g + r_0\, s_0]_{\text{Res}}}{[1 + r_0 s_0]_{1/v}} \sim [r_0\, s_0]_{\text{Res}}\,, \tag{4.3.33}$$

was z. B. für (In, Mn)- oder (Au, Mn)-Doppelsonden gut erfüllt ist.

Abweichung vom Wohlmoderierten System. Im Innern von Brennelementen und anderen starken Absorbern für thermische Neutronen liegt sicher kein Wohlmoderiertes System vor. Da Messungen an solchen Stellen bei reaktorphysikalischen Untersuchungen aber besonders wichtig sind, wollen wir uns nun mit der Frage beschäftigen, wie man Messungen in nicht-wohlmoderierten Systemen

Tabelle 4.3.B. Zur Bestimmung der epithermischen Flußdichte häufig benutzte (n, γ)-Reaktionen

Ausgangs-nuklid	^{197}Au	^{186}W	^{100}Mo		
E_R =	4,906	18,84	363,7	eV	[1]

mit den Aktivierungs- (bzw. Absorptions-)Resonanzintegralen [11-2, 20]

$I_{\text{res,act}}$ =	1558	390	3,73	b

durchführen kann [43-8, 13]. Mit noch größerer Wahrscheinlichkeit als beim Wohlmoderierten System kann man hier für die epithermische Flußdichte φ_{ep} in Gleichung (4.3.1) eine Abhängigkeit von der Neutronenenergie E infolge von Resonanzabsorption erwarten. Nach Bigham u. a. [43-8] bestimmt man $\varphi_{ep}(E)$ für verschiedene Resonanzenergien $E = E_R$ z. B. im Brennelement dadurch, daß relative Aktivierungen in den Meßpunkten x und den Bezugspunkten 0 mit Resonanzsonden mit mehreren Hauptresonanzenergien E_R (s. z. B. Tabelle 4.3.B) gemessen werden.

Aus diesen Messungen werden die Spektralparameter-Verhältnisse $[r_0(E_R, x)/r_0(E_R, 0)]_{Res}$ analysiert. Nun ist nach den Gleichungen (1), (7), (17), (18) und (18a) dieses Abschnitts

$$\frac{\varphi_{th}}{\varphi_{ep}} \sim \frac{n_{th}}{n_{epi}} \sim \frac{1}{r_0} - \frac{1}{K}\sqrt{\frac{E_{Cd}}{E_g}} \tag{4.3.34}$$

Ist der Spektralparameter r_0 sehr viel kleiner als die Umrechnungsgröße K, erhält man also:

$$\varphi_{ep}(E_R) \sim r_0(E_R)\,\varphi_{th}\,. \tag{4.3.35}$$

Da sich für die Mn-55-Sondenfunktionen $r_0 s_0 \ll g = 1$ ergibt, können wir nach Gleichung (4.3.31) schreiben: $\varphi_{th} \sim Z_{Mn}$ und finden im Ort x bezogen auf den Ort 0 für das Verhältnis der epithermischen Flußdichten:

$$\frac{\varphi_{ep}(E_R, x)}{\varphi_{ep}(E_R, 0)} \approx \left[\frac{r_0(E_R, x)}{r_0(E_R, 0)}\right]_{Res} \cdot \left[\frac{Z(x)}{Z(0)}\right]_{Mn}. \tag{4.3.36}$$

Würde man in einem starken Absorber Neutronentemperaturen nach dem vorhin geschilderten Verfahren zu bestimmen suchen, so würde man für verschiedene Doppelsonden in der Regel verschiedene Temperaturen T_n bekommen, die außerdem alle vom T_n-Wert am Absorberrand abweichen. Letzterer kann noch als Temperatur im Wohlmoderierten System angesehen werden, während wir im Absorberinnern eine spektrale Härtung vorliegen haben, die nicht nur das Maxwell-Spektrum verzerrt, sondern auch verschiedene Sondennuklide verschieden ansprechen läßt. Diese Verschiedenheit bewirkt die Messung verschiedener (effektiver) T_n.

Man geht in diesem Fall nicht von dem in Gleichung (4.3.6) definierten effektiven Wirkungsquerschnitt:

$$\hat{\sigma}(T_n) = \hat{\sigma}_M(T_n) \tag{4.3.37}$$

aus, sondern von dem Härtungsquerschnitt

$$\hat{\sigma}(T_n, t) = \hat{\sigma}_H(T_n, t) = \left[\frac{\hat{\sigma}_H}{\hat{\sigma}_M}(T_n, t)\right]\hat{\sigma}_M(T_n)\,. \tag{4.3.38}$$

Die Funktion $\hat{\sigma}_H/\hat{\sigma}_M$ ist für eine Anzahl Sonden- und Filtersubstanzen tabuliert (Tabelle 4.3.C). $t \equiv n(d)/n(d=0)$ bezeichnet den in einem 1/v-Absorber der Dicke d vorliegenden Abschirmungsfaktor der Neutronenanzahldichte. Für den Fall, daß $\hat{\sigma}_H/\hat{\sigma}_M$ nur von diesem t, aber nicht von der Temperatur T_n abhängt, ist also:

$$\hat{\sigma}(T_n, t) = \left[\frac{\hat{\sigma}_H}{\hat{\sigma}_M}(t)\right] \hat{\sigma}_M(T_n) = C\,\sigma_0\, g(T_n) \quad \text{mit} \quad r_0 s_0 \ll g\,, \tag{4.3.39}$$

worin C von T_n unabhängig ist. In diesem Fall läßt sich die gehärtete Neutronenverteilung noch als Maxwell-Verteilung ansehen, da sich $\hat{\sigma} \sim \sigma_0\, g(T_n)$ darstellen läßt. Die effektive Temperatur T_n' im gehärteten Spektrum kann dann erhalten werden durch:

$$C\,\sigma_0\, g(T_n) = \frac{g(T_n')}{g(T_n)}\,\sigma_0\, g(T_n)\,. \tag{4.3.40}$$

Tabelle 4.3.C. Nuklide für Sonden- und Filtersubstanzen, für die das Verhältnis $[\hat{\sigma}_H/\hat{\sigma}_M(T_n, t(d))]$ des effektiven Härtungs- zum effektiven Maxwell-Querschnitt in Westcott-Schreibweise als Funktion von Neutronentemperatur T_n und Absorberdicke d tabuliert ist [43-13]:

Cd, In, Sm, Gd, Lu, $^{235}U_{abs}$, $^{235}U_{fiss}$, $^{239}Pu_{abs}$, $^{239}Pu_{fiss}$, $^{241}Pu_{fiss}$.

Dieses Verfahren zur T_n-Bestimmung läßt sich anwenden mit der ($^{176}Lu/^{55}Mn$)-Doppelsonde, für die $\hat{\sigma}_H/\hat{\sigma}_M$ mindestens im Bereich $20° < T_n < 140\,°C$ temperaturunabhängig ist [43-8]. Zur Überprüfung nimmt man den bekannten Wert T_n zusammen mit dem aus der (Lu/Mn)-Messung nach Gleichung (4.3.39) erschlossenen t-Wert und kann so aus der graphischen Darstellung $\left[\frac{\hat{\sigma}_H}{\hat{\sigma}_M}(T_n, t)\right]$ für eine zweite Doppelsonde – z. B. ($^{239}Pu_{fiss}/^{235}U_{fiss}$), bei der ($\hat{\sigma}_H/\hat{\sigma}_M$) T_n-abhängig ist – ermitteln [43-13]. Damit kann man formal die effektive Größe für die Nuklide der zweiten Doppelsonde:

$$g(T_n'') = \left[\frac{\hat{\sigma}_H}{\hat{\sigma}_M}(T_n, t)\right] g(T_n) \tag{4.3.41}$$

mit $T_n'' \neq T_n'$ berechnen. Da $r_0 s_0$ als kleine Störung anzusehen ist, bilden wir mit dem als bekannt vorausgesetzten r_0 und mit T_n' aus der (Lu/Mn)-Messung für die Nuklide der zweiten Doppelsonde

$$\hat{\sigma}_H \approx \sigma_0\,[g(T_n'') + r_0\, s_0(T_n')]\,. \tag{4.3.42}$$

Darin ist $g(T_n'')$ als rein formale Größe nach Gleichung (4.3.41) aufzufassen, während $s_0 = s_0(T_n')$ den T_n'-Wert aus dem gehärteten Maxwell-Spektrum voraussetzt. Für das nach Gleichung (4.3.42) bestimmte Verhältnis $\hat{\sigma}_{H,Pu} : \hat{\sigma}_{H,U}$

wurde bei T_n = 33 °C und ≲ 290 °C etwa 1% oder weniger Abweichung vom experimentellen Verhältnis gefunden.
Das eben geschilderte Verfahren ist an zwei Voraussetzungen gebunden:
1) zur Messung ist eine Doppelsonde zu benutzen, für die das Westcott-Bigham-Verfahren anwendbar ist, die Messung mit einer zweiten Doppelsonde, für die letzteres nicht erfüllt zu sein braucht, dient zur Kontrolle,
2) der das Maxwell-Spektrum härtende starke Absorber ist als 1/v-Absorber anzusehen.
Für die effektive Neutronentemperatur im Brennstoff in Leistungsreaktoren vom CANDU-Typ unter Vollast wurde eine empirische Formel hergeleitet [43-14], die mit den Ergebnissen der genannten Arbeiten [43-8, 13] in Einklang zu stehen scheint. Ferner sei noch auf die gründliche Untersuchung von Albert [43-1] verwiesen, in der verschiedenartige Abweichungen vom Maxwell-Spektrum vorausgesetzt werden.

Anwendungsbeispiele. Fastrup und Olsen [43-10] haben im Zentrum des Siedewasserreaktors DR 1 Aktivierungssondenmessungen mit folgenden Ausgangsnukliden für (n, γ)-Reaktionen ausgeführt: ^{115}In, ^{197}Au, ^{186}W, ^{59}Co und ^{55}Mn. Zur Bestimmung des thermischen und epithermischen Spektralanteils wurde nach der Westcott-Schreibweise ausgewertet.

Die benutzten Nuklide ließen sich alle als thermische 1/v-Absorber ansehen: eine Neutronentemperaturbestimmung erfolgte nicht. Dagegen wurde eine semiempirische Formel zur Ermittlung des epithermischen Spektralparameters r (für ein gegenüber den (1/E)-Verlauf verallgemeinertes Spektrum) hergeleitet. Die Abnahme des verallgemeinerten r um 15% von der Mn- bis zur In-Hauptresonanz scheint eine geringe Abweichung vom 1/E-Verlauf anzudeuten; jedoch sind die Fehler in den Detektordaten zu groß, um das gesichert erscheinen zu lassen.

In experimentellen Untersuchungen zur Reaktorentwicklung wurde der Westcott-Formalismus benutzt zur Bestimmung des thermischen und epithermischen Spektralparameters (z. B. [43-15]). Im Schwedischen Null-Leistungsreaktor R 0 wurde der Westcott-Parameter r_0 als Funktion der Gitterzellenbreite gemessen [43-9]; drei integrale Meßmethoden wurden verglichen:
I. Doppelsondenverfahren, II. Filter-Differenzverfahren und III. Selbstindikation (Abschnitt 2.2).

Als Sonden fanden Anwendung: Für I. eine In-Al-Legierung für die r_0- und eine Lu-Al-Legierung für die ergänzende T_n-Messung, beide bezogen auf Messungen mit einer Mn-Ni-Legierung. Für II. dieselbe In-Al-Legierung mit und ohne Cd-Umhüllung. Für III. eine mehr In enthaltende In-Pb-Legierung und die erwähnte Mn-Ni-Legierung oder Cu-Sonden als 1/v-Absorber. Ausgewertet wurde einheitlich nach Westcott mit der Anschlußfunktion Δ_4 (Abbildung 4.3.II) unter den Voraussetzungen des wohlmoderierten Systems. Bei Methode I wurde wie oben angedeutet vorgegangen. Methode II wurde entsprechend Gleichung (4.3.18) ausgewertet mit Korrekturen für die Flußstörung durch das Cadmium in der Gegend der In-Hauptresonanz. Für III wurde die Sondendicke so gewählt, daß die Flußabschirmung groß ist in der Hauptresonanz und klein im übrigen Spektrum. Bestrahlt wurden Einzel-(s) und Drillingssonden (t). Die Differenz Δa der Sondenaktivierungen der (s)- und der mittleren (t)-Sonde ist durch die Flußabschirmungsdifferenz ΔG in der Hauptresonanz bedingt und für feste Sondendicke proportional zur relativen Neutronenanzahldichte n_R bei der Hauptresonanz:

$$\Delta a = k \int n(v) v [\sigma^{(s)}(v) - \sigma^{(t)}(v)] dv = k n_R \int F(v) v \sigma \Delta G dv . \qquad (4.3.43)$$

Diese Annahme stellt gegenüber der des Wohlmoderierten Systems beim Westcott-Formalismus eine Verallgemeinerung dar – mit spektraler Korrektur F (v) –, denn dort wird das epithermische Spektrum proportional 1/E angenommen. k und das Integral rechts in Gleichung (4.3.43) hängen nur vom Detektor ab und können durch Kalibrierung im Referenzspektrum eliminiert werden. Für die Abweichungen der thermischen 1/v-Detektoren (Cu und Mn) vom 1/v-Verlauf im Epithermischen wurde rechnerisch und für die thermische Flußstörung der (t)-Sonden durch Drehtellerkalibrierung korrigiert. Für die r-Bestimmung wurde kalibriert durch Messungen und Berechnungen dieses Parameters in der Mitte des Zentralkanals im D_2O-moderierten Reaktor R 1 als Referenzposition (Abbil-

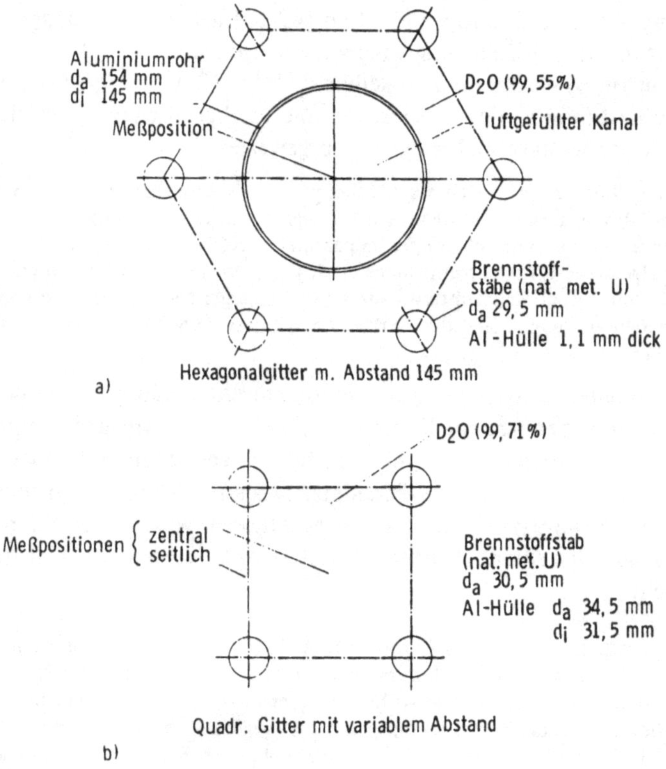

Abb. 4.3.III.
Reaktorgitterzellen mit spektralen Meßpositionen [43–9]:
a) Referenzposition mit bekanntem Spektrum (im R-1, Stockholm),
b) damit zu vergleichende und als Zellgrenzlagen anzusehende Positionen im Prüfgitter.

dung 4.3.III), wo das (wohlmoderierte) Spektrum durch Chopper-Messungen gut bekannt war [42-9]. Die Temperaturmessungen wurden in der Thermischen Säule des R 1 kalibriert; dort konnten $T_n = T_u$ und $r_0 = 0$ angenommen werden. Die Bestätigung, daß das Spektrum in den Meßpositionen sich im langsamen Bereich durch ein Maxwell-Spektrum mit effektiver Temperatur T_n darstellen läßt, wurde durch Auffinden von $T_n - T_u \sim 1/M$ entsprechend Gleichung (4.3.4) als einer Geraden erhalten. Abbildung 4.3.III zeigt schematisch auch die Meßpunkte im Prüfgitter. Sie lagen möglichst nahe zum Zentrum des Reaktorkerns, um makroskopische Flußdichtegradienten zu vermeiden. Die Sonden wurden im Moderator an senkrecht aufgehängten Aluminiumstringern befestigt, wobei zwischen den Meßsonden (Cu- oder Mn-)Monitorsonden verteilt waren zur Kontrolle des Flußbedarfs und des Flußverlaufs.

Der Vergleich der Methoden I bis III ergab gute Übereinstimmung: die größten r_0-Fehler ergaben sich für Methode III mit ± 2 bis 5%. Andererseits birgt die bisher wegen der Befürchtung von Flußanisotropieeffekten selten angewendete Methode III besondere Vorteile, weil sie nicht die Kenntnis der Verläufe der Wirkungsquerschnitte und des Neutronenspektrums voraussetzt und weil sie eine unmittelbare Auswertung in Form von Bremsdichten gestattet, die einen einfachen Vergleich mit Ergebnissen von Multigruppenrechnungen erlaubt. Eingehende Untersuchungen zeigten darüber hinaus, daß keine Anisotropieeffekte auftraten. Die Übereinstimmung der gefundenen r_0-Werte mit den Ergebnissen von Multigruppenrechnungen ist bei weiten Gittern gut, bei engen Gittern zunehmend schlechter. Der Verlauf des epithermischen Spektrums wurde nicht untersucht. – Genannt sei eine weitere Arbeit zur Reaktorentwicklung, in der die Westcott-Parameter T_n und r_0 für verschiedene Moderator-Brennstoff-Zusammensetzungen gemessen und mit der Theorie verglichen wurden [43-16].

Kritik der Verfahren. Der *Westcott-Formalismus* liefert eine im ganzen brauchbare Methode zur Charakterisierung des thermischen Bereichs durch die effektive Neutronentemperatur T_n sowie des epithermischen Bereichs durch den Parameter r. Die Voraussetzung des *Wohlmoderierten Systems* dazu ist jedoch einmal durch unterschiedliche Gleichungen – wie in (4.3.4a, b, c) wiedergegeben – und zum zweiten durch die Forderung: „das intermediäre Spektrum soll nahezu das *Fermi-Spektrum* sein" leider ziemlich unbestimmt formuliert. Auch stellen die Notwendigkeit der – nicht ganz willkürfreien – Einführung einer *Anschlußfunktion* zwischen thermischem und epithermischem Bereich und die enge Bindung an das Maxwell-Spektrum durch das Konzept der effektiven Neutronentemperatur gewisse Schwierigkeiten in der theoretischen Begründung des Westcott-Verfahrens dar [14-17]. Dementsprechend erscheint das geschilderte Vorgehen bei Abweichungen von der Wohlmoderiertheit als ein rechter Notbehelf, der strengeren quantitativen Anforderungen kaum genügen kann. Für solche Fälle müßte man z. B. versuchen, ein mathematisches Verfahren heranzuziehen, wie es in verschiedenen Untersuchungen (s. [43-1, 6]

und die Zusammenstellungen in [11-7, 14-17]) geschehen ist. Schließlich gibt es Fälle, in denen man eine genauere Beschreibung des Spektrums wünscht, als sie die beiden Spektralparameter T_n und r geben können.

Als nicht zu unterschätzende Schwierigkeit bleibt auch die Aufgabe der Bestimmung der Flußabschirmungskorrekturen G_t und G_r. Das in Gleichung (4.3.28) angegebene Verfahren ist ungenau und nur dann brauchbar, wenn für die Meßsonde $r_0 s_0 \ll g$ ist. Bei Resonanzenergien $E_R > 1$ eV kann man G_r mittels gleichzeitiger Bestrahlung von gleichartigen Sonden verschiedener flächenbezogener Massen δ auf einem Drehteller bestimmen. Für G_t wird in einigen Fällen die häufig benutzte rechnerische Bestimmung (entsprechend [43-8]) vielleicht nicht ausreichen. Um hierfür und für G_r ($E_R < 1$ eV) eine experimentelle Bestimmung vornehmen zu können, muß man – wegen der nicht mehr vernachlässigbaren Wechselwirkung zwischen der Sonde und ihrer Umgebung – im Medium der Meßorte x messen; man könnte dazu ein Extrapolationsverfahren mit abnehmender flächenbezogener Sondenmasse $\delta \to 0$ anwenden.

4.4. Energieintegrale (Gruppen-)Meßverfahren schneller Neutronen

Problemstellung – Methode der effektiven Schwellenenergie (Messung im Idealen Konvertor) – Experimentelle Störungsmethoden – Semiempirische Methoden – Mathematische Methoden zur Ermittlung unbekannter Spektren – Methoden zur Annäherung durch bekannte Spektren – Kritik der Verfahren

Problemstellung. Für Messungen von Flußdichteverteilungen schneller Neutronen und zur Bestrahlungsmonitierung in Reaktoren kann man keine Raum beanspruchenden, meßtechnisch aufwendigen oder störanfälligen spektrometrischen Methoden verwenden. Im Reaktorkern wird sich das meist auch von selbst verbieten. Stattdessen benutzt man energieintegrale Verfahren mit Aktivierungsdetektoren oder mit kleinen stromregistrierenden Detektoren. Als Nachweisreaktionen sind endotherme Schwellenreaktionen geeignet. Flußstörungen durch die Meßanordnung spielen hier, soweit sie durch Neutronenabsorption bedingt sein könnten, keine Rolle wegen der Kleinheit der vorkommenden Wirkungsquerschnitte; jedoch könnte die Meßanordnung Substanzen mit genügend großem Streuquerschnitt und niedriger Massenzahl enthalten, die eine merkliche Bremsung der zu messenden Flußdichte bewirken.

Aus den Beziehungen zwischen Reaktionsraten und Flußdichten (Abschnitt 1.3) ergibt sich: die über den langsamen bzw. intermediären Energiebereich integriert gemessenen Flußdichten sind bei bestimmten Voraussetzungen über das Spektrum – wenn ein Maxwell- bzw. 1/E-Spektrum vorliegt – und über den Querschnitt der Nachweisreaktion (er soll 1/v-Verlauf bzw. eine isolierte dominierende Resonanz haben) energieunabhängig. Für Schwellenreaktionen im (schnellen) Reaktorneutronenfluß gilt grundsätzlich keine solche Unabhängigkeit. Das im Regelfall als Aktivierung a_i zu messende Ansprechintegral $r^{(i)}$ der Schwellenreaktion (mit dem Wirkungsquerschnitt $\sigma^{(i)}(E)$ und der theoretischen Schwellenenergie $E_T^{(i)}$ liefert lediglich:

$$r^{(i)} = \int_0^\infty \sigma^{(i)}(E)\,\varphi_E\,dE = \int_{E_T^{(i)}}^\infty \sigma^{(i)}(E)\,\varphi_E\,dE \qquad (4.4.1)$$

und damit ein Integral zur Bestimmung der spektralen Flußdichte φ_E oder der integralen Flußdichte oberhalb $E_{eff}^{(i)} > E_T^{(i)}$:

$$\varphi(E_{eff}^{(i)}) = \int_{E_{eff}^{(i)}}^\infty \varphi_E\,dE\,. \qquad (4.4.2)$$

Die Lage der effektiven Schwelle $E_{eff}^{(i)}$ hängt vom Verlauf des Spektrums φ_E ab. Andererseits kann man, da nur endlich viele i = 1, . . . , n Reaktionen zur Verfügung stehen, die gesuchte Flußdichte mittels Gleichung (4.4.1) nur bestimmen, wenn gewisse Annahmen über den φ_E-Verlauf gemacht werden. Dazu hat man verschiedene Wege beschritten, die anschließend zusammen mit einigen Anwendungen skizziert werden sollen. Grundsätzlich kann man Annahmen machen, die durch experimentelle Ergebnisse gerechtfertigt sind und andere, die mathematisch begründet sind. Dazwischen liegen semiempirische Methoden, die φ_E nur als mathematischen Funktionstyp, aber nicht im Verlauf vorschreiben, was die experimentellen Verfahren (nahezu) zwingend tun. Andererseits verlangen die semiempirischen Methoden weniger statistisches Material bzw. keine zusätzlichen Auswahlregeln wie die mathematischen Verfahren. An älterer zusammen-

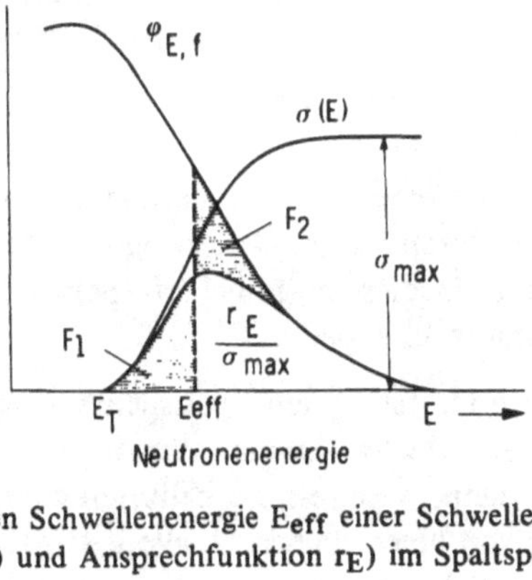

Abb. 4.4.I.
Bestimmung der effektiven Schwellenenergie E_{eff} einer Schwellenreaktion (mit Wirkungsquerschnitt $\sigma(E)$ und Ansprechfunktion r_E) im Spaltspektrum $\varphi_{E,f}$, nach Hughes
Zu Gleichung (4.4.3)

fassender Literatur sind zu nennen: [11-2, 7, 8, 19, 44-1]. Abgesehen davon ist noch auf weitere Kompilationen gemessener Wirkungsquerschnitte [I, 11-10, 44-2] hinzuweisen.

Zuerst führen wir die experimentelle und älteste **Methode der effektiven Schwellenenergie** ein [13-2]. Ausgegangen wird von der Betrachtung der Schwellenreaktionsquerschnitte $\sigma^{(i)}(E)$ (Abbildung 1.1.IV). Diese werden angenähert durch unendlich steile Stufen, die nach oben hin – zumindest über den Energiebereich der Reaktorneutronen – konstante Höhen $\sigma^{(i)}_{max}$ haben sollen. Als freien Parameter hat man dann die Lage der Stufe für die Reaktion i. Die effektive Schwellenenergie $E^{(i)}_{eff}$, die im Spektrum φ_E die Stufenlage bezeichnet, wird nach Hughes durch ein Mittelwertsverfahren bestimmt: so, daß die beiden in Abbildung 4.4.I schraffiert eingezeichneten Flächen F_1 und F_2 gleich groß sind; dann gilt:

$$\int_{E_T^{(i)}}^{E_{eff}^{(i)}} \sigma^{(i)}(E)\,\varphi_E\,dE = \int_{E_{eff}^{(i)}}^{\infty} [\sigma^{(i)}_{max} - \sigma^{(i)}(E)]\,\varphi_E\,dE. \qquad (4.4.3)$$

Nach Gleichung (4.4.1) ergibt sich danach:

$$\varphi(E^{(i)}_{eff}) = r^{(i)}/\sigma^{(i)}_{max}\,. \qquad (4.4.4)$$

Dieses Verfahren eignet sich besonders für ein Spektrum wie das Spaltspektrum, dessen Verlauf die Reaktorneutronen nach höheren Energien hin zunehmend besser folgen (Abschnitt 4.1). Genau genommen setzt die Methode einen bekannten und genau vorgeschriebenen energieabhängigen Verlauf φ_E voraus, der im allgemeinen natürlich nicht vorliegt. An sich können unendlich viele Kombinationen von σ_{max} und E_{eff} die Bedingung (4.4.3) erfüllen; sinnvollerweise wählt man diejenige Kombination aus, die keine Änderung im berechneten Ansprechintegral r hervorruft, wenn in der Darstellung des Spektrums:

$$\varphi_E = \varphi(0)\,c_E \left(\frac{E}{E_c}\right)^{a} e^{-\beta E} \qquad (4.4.5)$$

der Faktor β im Exponenten eine kleine Änderung erfährt [44-3]; das läßt sich auch für den Parameter a durchführen. Gleichung (4.4.5) beschreibt den Typ eines Spaltspektrums oder ein diesem ähnlichen Spektrum, vgl. Gleichung (4.1.6). E_c ist eine konstante Energie.

Setzt man bei dieser Methode für φ_E ein Spaltspektrum voraus, wird zur Kalibrierung der Messungen ein *Idealer Konvertor* verlangt. Von einem Idealen Konvertor sprechen wir dann, wenn ein zu kalibrierender Neutronendetektor nur von Spaltneutronen von einer ebenen Quelle getroffen wird. Die vom Detektor registrierte Flußdichte ist dann gleich der aus der Quelle austretenden Stromdichte und damit gleich der Spaltneutronen-Quellstärke pro Flächeneinheit. Diese Quelle verlangt zu ihrer Realisierung eine nahezu unendlich dünne und unendlich ausgedehnte Platte mit spaltbarem Material, z. B. ^{235}U, das unter ausschließlichem Beschuß durch ein Parallelbündel thermischer Neutronen Spaltneutronen emittiert. Dazu bringt man Konvertor und Detektor möglichst weit entfernt von streuenden Körpern an und umgibt den Detektor mit einem für thermische Neutronen undurchlässigen (Cadmium-)Filter. Eine Ausführung eines solchen Schnellen Flußstandards mit Konvertor ist in Abbildung 3.3.V dargestellt. Diese Kalibrierung setzt natürlich die genaue Kenntnis des *Spaltspektrums voraus.* Nun hat man unter dessen verschiedenen älteren formelmäßigen Darstellungen [13-1, 44-3, 4, 5] schon oberhalb von etwa 2 MeV Energie unverträgliche Abweichungen festgestellt [11-7]. Außerdem hat man vor kurzem Ergebnisse von Aktivierungssonden-, Kernspuremulsions- und Flugzeitmessungen berichtet, die offenbar nur den Schluß zulassen, daß die mittlere Energie E in der Darstellung des Spaltspektrums nach Cranberg [44-4], Frye [44-5] und B. E. Watt [13-1] um 0,1 bis 0,2 MeV höher (bis auf rund $E \approx 2{,}2$ MeV) zu legen sind [33-12, 44-6].

Hat das *Spektrum* eine ganz *andere Gestalt* als das Spaltspektrum, kann die Methode der effektiven Schwellenenergie möglicherweise nicht angewendet werden. Jedoch kann man dem Spaltspektrum ähnliche Spektren φ_E (z. B. bekannte Reaktorspektren) in Gleichung (4.4.3) einsetzen – entweder berechnete (z. B. nach [41-5, 6]) oder z. B. mit Kernspuremulsionen gemessene [42-14]. Im Reaktorkern und im Reflektor benutzt man in der Regel ein berechnetes Referenzspektrum, da dort spektrale Messungen besonders schwer ausführbar sind. Andererseits wird man sich außerhalb des Reaktortanks eher auf gemessene Referenzspektren stützen, da dort Messungen einfacher sind, Rechnungen dagegen wegen der mannigfachen Störeinflüsse besonderen Aufwand erfordern. Das Spaltspektrum $\varphi_{E,f}$ wird jedoch als Referenzspektrum bei der Methode der effektiven Schwellenenergie am häufigsten angewendet. Dazu und für einen effektiven Wirkungsquerschnitt $\bar{\sigma}^{(i)}_{(f)}$, der von der effektiven Schwellenenergie der betreffenden Reaktion i auf eine feste untere Grenze E_u – z. B. 1 MeV – umgerechnet ist:

$$\bar{\sigma}^{(i)}_{(f)} = \sigma^{(i)}_{max} \int_{E^{(i)}_{eff}}^{\infty} \varphi_{E,f}(E)\,dE \Big/ \int_{E_u}^{\infty} \varphi_{E,f}(E)\,dE \qquad (4.4.6)$$

kann man entsprechend Gleichung (4.4.4) die zu jedem i gehörige „äquivalente Spaltflußdichte" (Fission Flux [41-6, 44-7]) angeben:

$$\varphi_f^{(i)}(E_u) = r^{(i)}/\bar{\sigma}^{(i)}_{(f)} \; . \qquad (4.4.7)$$

Im allgemeinen nimmt $\varphi_f^{(i)}$ für verschiedene i im selben Reaktorspektrum unterschiedliche Werte an.

Als Anwendungsbeispiele zu dieser Methode ziehen wir Messungen im Kern und im kernnahen Reflektor des Schwimmbadreaktors FRM heran [44-8, 9]. Die erstgenannte Arbeit enthält die Berechnung eines Referenzspektrums mit homogenisiertem Reaktorkern, für das Übereinstimmung mit ähnlichen berechneten Spektren festgestellt wurde.

Benutzt wurden sieben bzw. acht Schwellenreaktionen: ^{31}P (n, p), ^{32}S (n, p), ^{56}Fe (n, p), ^{27}Al (n, α) und ^{232}Th (n, f), ^{238}U (n, f), ^{24}Mg (n, p) bzw. anstelle der drei letzteren ^{103}Rh (n, n'), ^{115}In (n, n'), ^{58}Ni (n, p) und ^{54}Fe (n, p): die zuletzt genannte Arbeit verwendete als zusätzliche Detektoren solche mit niedrigeren Energieschwellen, um möglichst genau bis ans untere Ende (etwa 0,1 MeV) des Strahlenschäden verursachenden Energiebereichs extrapolieren zu können. Die Auswertung entsprechend den Beziehungen (4.4.3) und (4.4.4) mit absolut bestimmten Aktivitäten wird eingehend erläutert. Die Ergebnisse $\varphi(E_{eff}^{(i)})$ werden mit dem Referenzspektrum verglichen und mit diesem genügend konsistent festgestellt, wonach der experimentelle Verlauf der spektralen Flußdichte konstruiert werden kann; die Abweichungen der experimentell gefundenen Spektren gegenüber dem Referenzspektrum zeigen eine außerhalb des Reaktorkerns zunehmende spektrale Härtung. Zum Vergleich werden die integralen Flußdichten $\varphi(E_{eff}^{(i)})$ noch durch mathematische Approximation des Spektrums in Treppenschritten ermittelt. Dabei ergibt sich befriedigende Übereinstimmung, obwohl die mathematische Approximation keine Aussage über den spektralen Verlauf gestattet. Weiter werden die Ergebnisse noch mit anderen theoretischen Ergebnissen verglichen und mit diesen in guter Übereinstimmung gefunden. Eine experimentelle Kalibrierung der spektralen Messungen erfolgt jedoch nicht, die spektrale Abweichung der entsprechend Gleichung (4.4.4) ermittelten Flußdichten vom Referenzspektrum wird lediglich festgestellt, und die Brauchbarkeit der mit dem Referenzspektrum bestimmten effektiven Wirkungsquerschnitte und Schwellenenergien ($\sigma_{max}^{(i)}$ und $E_{eff}^{(i)}$) wird nicht weiter diskutiert.

Experimentelle Störungsmethoden nennen wir solche Meß- und Auswerteverfahren, bei denen erstens wie bei der Methode der effektiven Schwellenenergie von einem bekannten (Referenz-)Spektrum ausgegangen wird, aber zweitens auf Grund gemessener systematischer Abweichungen auf die Störung des Meßspektrums gegenüber dem Referenzspektrum geschlossen wird. Bei dieser konsequenten experimentellen Methode werden also die Meßergebnisse von Standard- und Meßspektrum verglichen, und ihre Abweichungen sollen sich bei der Auswertung als kleine Störungen erfassen lassen. Voraussetzungen sind, daß die spektrale Flußdichte φ_E des Referenzspektrums nach Absolutbetrag und Energieabhängigkeit bekannt ist, und daß für die Vergleichsmessungen dieselben Detektoren benutzt werden. Üblich ist es, die von einem möglichst Idealen Konvertor als Flußstandard – im folgenden Primärstandard genannt und durch P gekennzeichnet – ausgehende Spaltneutronenflußdichte $\varphi_{E,(P)} = \varphi_{E,f}$ zu benutzen (s. Abschnitt 3.3). Das Spaltspektrum bevorzugt man als Grundtyp eines in jedem Reaktor vorhandenen Neutronenspektrums gegenüber anderen möglichen Referenzspektren. Die Vergleichsmessungen legen eine Auswertung mit Hilfe von *Aktivierungsverhältnissen* oder *Doppelverhältnissen* nahe, ähnlich wie in Abschnitt 4.3.

Dementsprechend führt man den *absoluten Spektralen Index* zweier Schwellenreaktionen ein (vgl. [22-1, 44-3]):

$$S_{ik}(M) \equiv \frac{a_i(M)}{a_k(M)} = \frac{\bar{\sigma}^{(i)}_{(P)}\,\varphi^{(i)}_P(M)}{\bar{\sigma}^{(k)}_{(P)}\,\varphi^{(k)}_P(M)}. \tag{4.4.8}$$

Dabei sind definiert:

$$\bar{\sigma}^{(i)}_{(P)} \equiv \frac{\int_0^\infty \sigma^{(i)}(E)\,\varphi_{E,P}\,dE}{\int_0^\infty \varphi_{E,P}\,dE} = \frac{\int_0^\infty \sigma^{(i)}(E)\,\varphi_{E,P}\,dE}{\varphi_P} \tag{4.4.9a}$$

und (im Meßspektrum M):

$$\varphi^{(i)}_P(M) \equiv \frac{\int_0^\infty \sigma^{(i)}(E)\,\varphi_{E,M}\,dE}{\int_0^\infty \sigma^{(i)}(E)\,\varphi_{E,P}\,dE}\,\varphi_P. \tag{4.4.9b}$$

Herrscht im Primärstandard (bezeichnet durch P) reine Spaltneutronenflußdichte:

$$\varphi_{E,P} = \varphi_{E,f}\quad, \tag{4.4.9c}$$

dann gehen die $\bar{\sigma}^{(i)}_{(P)}$ und $\varphi^{(i)}_P$ in die Größen $\bar{\sigma}^{(i)}_{(f)}$ und $\varphi^{(i)}_f(E_u)$ über, die in den Gleichungen (4.4.6) und (4.4.7) eingeführt wurden; sie bleiben aber durch die Gleichungen (4.4.9) definiert. Als *relativen Spektralen Index* definiert man ein Doppelverhältnis der Aktivierungen der beiden Nuklide i, k, nämlich den Quotienten zweier absoluter Spektraler Indizes im Meßspektrum bezogen auf ein drittes (durch S bezeichnetes) Spektrum:

$$R_{ik}(M, S) \equiv \frac{S_{ik}(M)}{S_{ik}(S)} = \frac{\varphi^{(i)}_P(M)}{\varphi^{(k)}_P(M)}\,\frac{\varphi^{(k)}_P(S)}{\varphi^{(i)}_P(S)}. \tag{4.4.10}$$

Ist S der Primärstandard, dann ergibt sich natürlich:

$$R_{ik}(M, P) = \varphi^{(i)}_P(M)/\varphi^{(k)}_P(M). \tag{4.4.11}$$

Spektrale Indizes wurden erstmals für den Vergleich der (ähnlichen) Neutronenspektren der Schnellen Reaktoren GODIVA und JEZEBEL angewendet [44-3].

Die Auswertung der integralen Flußdichte:

$$\varphi_M(E_u) = \int_{E_u}^\infty \varphi_{E,M}\,dE \tag{4.4.11a}$$

kann mit Hilfe gemessener Spektraler Indizes etwa folgendermaßen vor sich gehen: wir setzen voraus, daß die Flußdichten $\varphi_{E,M}$ und $\varphi_{E,P}$ nur wenig voneinander abweichen und daß die Schwelle der Reaktion für k so hoch liegt, daß für sie der Unterschied zwischen $\varphi_{E,M}$ und $\varphi_{E,P}$ überhaupt verschwindet, also:

$$\left.\begin{array}{ll} \sigma^{(i)}(E)\,\varphi_{E,M} \approx \sigma^{(i)}(E)\,[\varphi_{E,P} + \Delta\varphi_E] & \text{für } E > E_T^{(i)}\,, \\ \sigma^{(k)}(E)\,\varphi_{E,M} \approx \sigma^{(k)}(E)\,\varphi_{E,P} & \text{für } E > E_T^{(k)}\,. \end{array}\right\} \quad (4.4.12)$$

Dann ergibt sich (mit Änderung der Nuklidbezeichnung k in Null):

$$R_{i(k=0)}(M, P) \approx 1 + \int_0^\infty \left[\frac{\sigma^{(i)}(E)}{\bar{\sigma}_P^{(i)}}\right]\left[\frac{\Delta\varphi_E}{\varphi_P}\right] dE\,. \quad (4.4.13)$$

An dieser Stelle muß man eine Annahme über den Verlauf der spektralen Ansprechfunktion r_E im unbekannten Spektrum $\varphi_{E,M}$ machen. Wir wollen von der besonders einfachen Voraussetzung ausgehen, daß $\sigma^{(i)}_{(E)}$ „äußerst steil" auf seinen nahezu konstanten Wert $\sigma^{(i)}_{max}$ ansteigt; dann ändern sich $\varphi_{E,P}$ und $\Delta\varphi_E$ in der Gegend um $E^{(i)}_{eff}$ beide beliebig wenig. Mit $\varphi_{E,P} = \varphi_{E,f}$ kann man dann die fürs Spaltspektrum tabulierten Werte $\sigma^{(i)}_{max}$, $\bar{\sigma}^{(i)}_{(f)}$ und $E^{(i)}_{eff}$ benutzen und kann die integralen Flußkorrekturen für $E > E^{(i)}_{eff}$ aus den Doppelverhältnissen bestimmen, die man aus den i = 1 bis n gemessenen Schwellensondenaktivierungen a_i gebildet hat:

$$\frac{\Delta\varphi(E^{(i)}_{eff})}{\varphi_P} = \frac{\bar{\sigma}^{(i)}_{(f)}}{\sigma^{(i)}_{max}}\,[R_{i,0}(M, f) - 1]\,. \quad (4.4.14)$$

Im ganzen stehen $n(n-1)/2$ Doppelverhältnisse R_{ik} zur wechselseitigen Kontrolle der $\Delta\varphi$-Werte zur Verfügung. Der Vorteil dieser Auswertung durch Doppelverhältnisse liegt in der experimentellen Ermittlung der relativen Abweichung des Meßspektrums gegenüber dem Standardspektrum, wobei eine spektrale Gegenkontrolle durch Prüfung auf $R_{ik} = 1$ für alle i und k im Standardspektrum gegeben ist. Wenn ein Detektor mitverwendet wird, der zwischen Meß- und Standardspektrum nicht unterscheidet – Index „Null" im obigen Fall –, dann braucht anstelle einer absoluten Flußmessung im Meßspektrum nur eine Relativmessung mit diesem Detektor bezogen auf den kalibrierten Standard ausgeführt zu werden.

Nach der experimentellen Störungsmethode wurde z. B. die Flußdichte schneller Neutronen im Kern des Reaktors BR 2 bzw. seines Nulleistungsreaktors BR 02 gemessen [44-10]. Verwendet wurden sechs Schwellensonden, ihre Meßergebnisse wurden in Form von spektralen Indizes als Ortsfunktionen bestimmt. Die Ergebnisse wurden mit denen von einem kalibrierten Referenz-Spaltspektrum von einem Konvertor im Reflektor des BR 1 verglichen.

Es ergab sich Konstanz der Spektralen Indizes in der Brennstoffzone, d. h.: das Neutronenspektrum zeigte sich praktisch als Spaltspektrum bis zu 1 MeV Neutronenenergie herunter (Abbildung 4.4.II) und wird offenbar durch Absorber – z. B. Regelstäbe – nicht beeinflußt. Bei Annäherung an den Reflektor wird das Spektrum etwas härter. Das Verhältnis der Spalt- zur thermischen Flußdichte φ_f/φ_{th} ist jedoch keine Konstante im Kern, sondern hängt in verwickelter Weise von mehreren Parametern ab, nämlich vom Stopfenabschluß des Meßkanals, vom Abbrand und von der Verteilung der Spaltquellen und Absorber und Streuer in den Nachbarkanälen.

Als weitere Beispiele für eine systematische Anwendung relativer Spektraler Indizes seien die Arbeiten von Ben David u. a. genannt [44-11, 12]. Dabei wird ein Produktansatz für die gesuchte spektrale Flußdichte φ_E gemacht:

$$\varphi_E(E) = I\, f(E)\, \varphi_{E,f} \tag{4.4.15}$$

mit dem Intensitätsfaktor I und der gesuchten Abweichung f(E) gegenüber dem Spaltspektrum $\varphi_{E,f}$. Zerlegt man das Spektrum in höchstens so viele Teil-

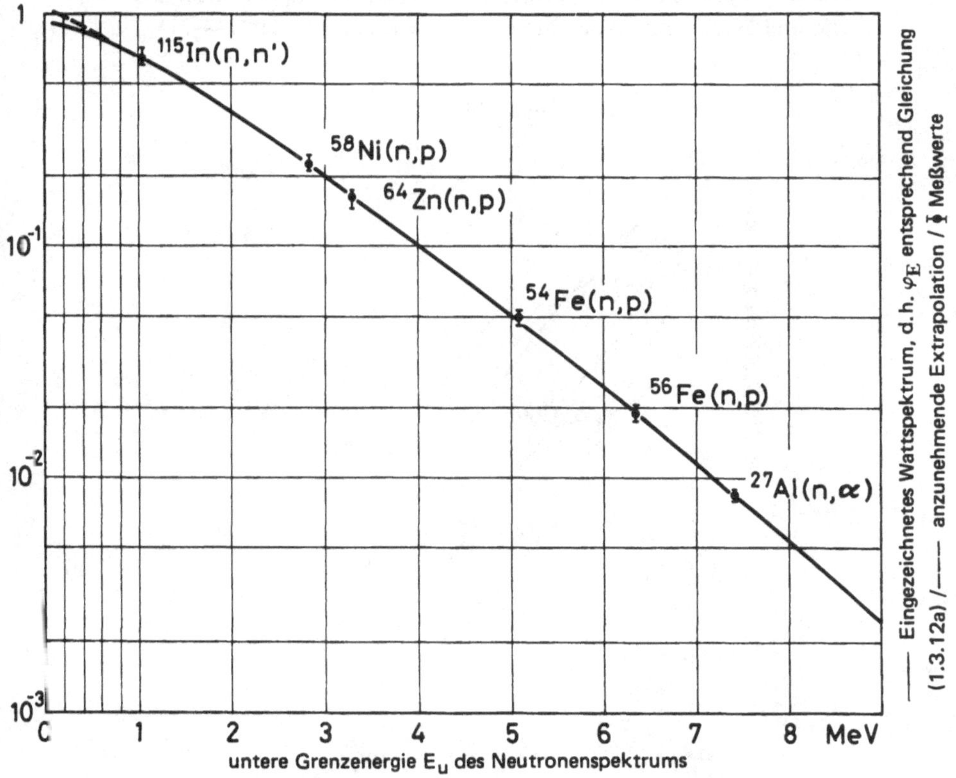

Abb. 4.4.II.

Flußdichte $\varphi(E_u) = \int_{E_u}^{\infty} \varphi_E \, dE$ im Reaktor BR 2 in Mol im Verhältnis zur dortigen thermischen Flußdichte φ_{th}. [44–10].

bereiche wie Schwellensonden zur Messung benutzt werden, so kann man eine eindeutige Bestimmung von f(E) erhalten, wobei für eine Bezugssonde (s. o. „k → 0“) in einem (naturgemäß dem höchsten) Energiebereich keine Abweichung vom Spaltspektrum erwartet wird.

Messungen mit sieben Reaktionen im Schwimmbad-Reaktor IRR-1 lieferten Lösungen (Abbildung 4.4.III), die befriedigend stabil sind gegen kleine Variationen der Aktivierungen a_i und der Wirkungsquerschnitte $\sigma^{(i)}_{(E)}$ im Gegensatz zu Lösungen nach mathematischen Methoden ohne spezielle spektrale Annahmen. Bei einer anderen Anwendung von Spektralen Indizes zur Bestimmung der Fluenz schneller Neutronen in Reaktorbestrahlungsanordnungen [45-19] standen der Aufgabe entsprechend nur langlebige Produkte von Reaktionen wie ^{46}Ti (n, p) und ^{63}Cu (n, α) zur Verfügung, für die die Spektralen Indizes auf ^{58}Ni (n, p) bezogen wurden. Zur Ausdehnung des Energiebereichs nach oben und unten wurden die Fluenzmessungen durch Flußdichtemessungen mit ^{27}Al (n, α) und ^{115}In (n, n′) ergänzt.

Neben Meßprogrammen der eben besprochenen Art zur reaktorphysikalischen Orientierung wurde noch ein spezielleres im BR 2 in Angriff genommen zur Planung und Monitierung von Strahlenschädenexperimenten [44-7].

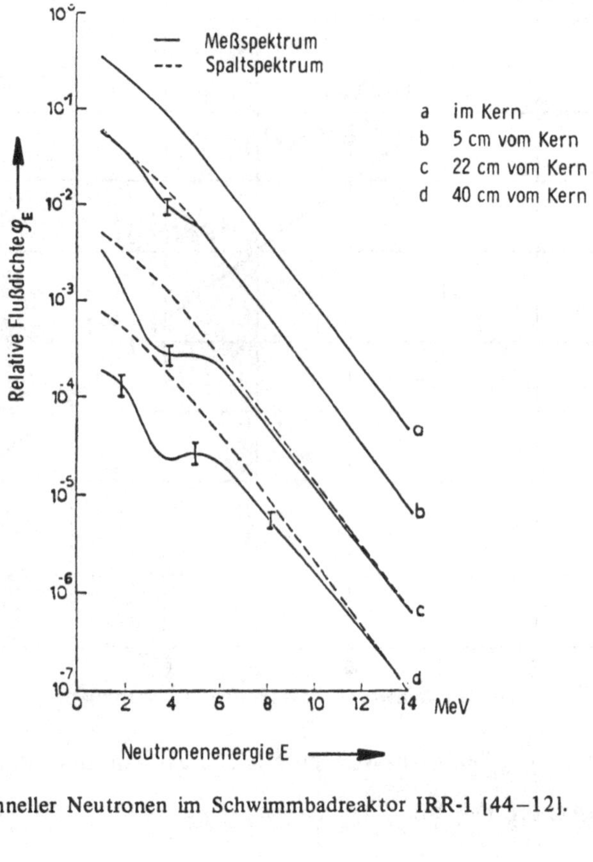

Abb. 4.4.III.
Spektrum schneller Neutronen im Schwimmbadreaktor IRR-1 [44–12].

Verwendete Aktivierungsdetektoren waren: vier im Reaktorkern (mit keiner höheren Energieschwelle als 3 MeV, da die Meßergebnisse sich sonst wegen zu schlechter Energieauflösung nicht mit der Theorie vergleichen ließen) und zusätzlich ^{56}Fe (n, p) und ^{27}Al (n, α) im Reflektor. Die Meßergebnisse im Reflektor wurden ausgedrückt durch äquivalente Spaltflußdichten $\varphi_f^{(i)}$ und relative Spektrale Indizes $R_{i(k\to 0)}$. Im Reaktorkern wurde die Auswertung der relativen Spektralen Indizes des Meßspektrums (M) durch Anschluß an ein Sekundärspektrum (S) durchgeführt, das seinerseits an ein Primärstandardspektrum (P) angeschlossen war. Der Primärstandard liefert den unmoderierten Fluß von einem *Idealen Konvertor.* Für diesen waren die integralen Wirkungsquerschnitte unter Zugrundelegung des Spaltspektrums berechnet worden. Alle im (P)-Spektrum gemessenen absoluten Spektralen Indizes ergaben sich mit diesen Wirkungsquerschnitten (vom Meßfehler abgesehen) zu Eins, was als Beweis dafür genommen wird, daß das gemessene und das der Rechnung zugrunde liegende Spektrum identisch sind. Als Sekundärstandard dient eine Reaktorposition, wo das Spektrum möglichst unbeeinflußt sein soll von kleinen lokalen Verschiebungen, von der Anbringung bzw. vom Abbrand benachbarter Brennelemente, von Änderungen in der Anbringung von Strukturmaterial und Experimentiereinschüben in der Umgebung sowie von der Regelstabstellung. Die erhaltenen Meßergebnisse (einschließlich der Verhältnisse φ_f/φ_{th} und φ_f/φ_{ep}) wurden mit Rechenergebnissen verglichen und in Einklang gefunden. Wie zu erwarten, zeigten sich beim (S)-Spektrum Abweichungen vom Spaltspektrum erst bei niedrigerer Energie (etwa 2 MeV) gegenüber dem Meßspektrum (etwa 2,75 MeV in einem Graphitrig [44-13]).

Zur Nebeneinanderverwendung von Primär- und Sekundärstandards sei noch folgendes bemerkt: Der nur mit hohem experimentellem Aufwand aufzubauende Primärstandard, der ein möglichst reines (Spalt-)Spektrum liefern soll, gibt in der Regel eine so niedrige Flußdichte φ_f ab, daß Fluenzmeßsonden durch ihn nicht kalibriert werden können. Einen Primärstandard besitzen nur wenige Forschungszentren, daran angeschlossene Sekundärstandards aber können an den meisten Zentren vorhanden sein. Denn ein Sekundärstandard für reaktormetrologische Zwecke stellt lediglich eine sorgfältig ausgewählte und vermessene Reaktorposition mit möglichst angenähertem Spaltspektrum dar, das alle praktisch zu verwendenden Detektoren zu kalibrieren gestatten soll. – Neuere Anwendungen der Störungsmethode sind angeführt in [11-17, 33-12] (zur Untersuchung des Spaltspektrums, worüber oben im Zusammenhang mit dem Idealen Konvertor referiert wurde).

Unter der Bezeichnung **Semiempirische Methoden** kann man verschiedenartige Verfahren zusammenfassen, die folgende Gemeinsamkeiten aufweisen: Sie gehen aus von allgemeinen theoretischen Vorstellungen über den Verlauf des Neutronenspektrums, schreiben ihn aber nicht genau vor, wie das die bisher besprochenen experimentellen Methoden für das das Meßspektrum approximierende Referenz- oder Standardspektrum tun. Da der Spektralverlauf durch die Annahme grundsätzlich gegeben ist, kommt man andererseits – abgesehen von Prüfmessungen – mit weniger experimentellen Daten aus als bei den rein mathematischen Methoden. Die Brauchbarkeit der Semiempirischen Methoden steht und fällt natürlich mit der Richtigkeit der Annahmen über das Spektrum.

Insofern werden hier öfters Einkreisungen durch weniger oder mehr plausible Ansätze für das Spektrum angewendet.

Gemäß der besprochenen Methode der effektiven Schwellenenergie kann man den effektiven Querschnitt σ_{max} als Funktion von E_{eff} darstellen. Das Mittel der Schnittpunkte aller $\sigma_{max}(E_{eff})$-Kurven wird als zu benutzendes Wertepaar ausgesucht. Die Abhängigkeit dieses Mittelwerts für σ_{max} vom Spektrum – d.h. der theoretische Spektralfehler – wird mit ± 15% angegeben, wozu die Ungenauigkeit des Wirkungsquerschnitts selbst (rund ± 10%) und die der Absolutmessung (etwa ± 5%) hinzukommen [44-14]; weitere Anwendungen s. [11-8]. Innerhalb der Schwankungsbreiten der Ergebnisse gestattet dieses Verfahren also neben einer Annäherung des Spektrums auch eine Fehlerabschätzung. Den wahren Spektralverlauf erhält man nach einem solchen Verfahren natürlich nicht.

Dierckx hat das Neutronenspektrum im Graphitmoderierten Natururan-Reaktor BR 1 sowohl unmittelbar an einem Brennelement wie in der Mitte einer Gitterzelle mit gleichem Abstand von vier umgebenden Brennelementen mit fünf Schwellensonden von $^{103}Rh(n, n')$ bis $^{27}Al(n, \alpha)$, d.h. mit E_{eff} von rund 0,9 bis 7,5 MeV gemessen [44-15]. Der betrachtete Energiebereich zwischen 0,5 und 14 MeV wurde in mehrere *Energieintervalle zerlegt.* Für den Fluß- und den Wirkungsquerschnitts-Verlauf wird folgende Annahme gemacht:

$$\varphi_E = c_j\, e^{-k_j E}, \quad \sigma_i(E) = \alpha_{ij} + \beta_{ij} E \begin{pmatrix} \text{im Energieintervall} \\ E_j \leqslant E < E_{j+1} \end{pmatrix}. \qquad (4.4.16)$$

Die Unbekannten c_j und k_j werden mittels der Aktivierungen $a_i = \int \sigma_i(E)\, \varphi_E\, dE$ (mit aus dem Wirkungsquerschnittsverlauf bestimmten α, β) und durch die Stetigkeitsforderung an den Intervallgrenzen bestimmt, für das oberste Intervall durch zwei a_i, a_k. Die Einflüsse aus den übrigen Intervallen aufs Intervall $E_j \ldots E_{j+1}$ werden durch Iteration ermittelt. Der gewählte Flußverlauf steht im Einklang mit dem Spaltspektrum im genannten Energiebereich.

Eine weitgehende Rechtfertigung für die Annahme (4.4.16) sucht der Verfasser zu erbringen, indem er zeigt, daß sich für einen H_2- und einen graphitmoderierten homogenen Reaktor gerechnete Neutronenspektren durch Spektren der in Gleichung (4.4.16) dargestellten Art gut approximieren lassen. Der Übergang zu heterogenen Systemen sollte den allgemeinen Spektralverlauf nicht stark ändern: in schnellen Reaktoren gemessene Spektren [44-3] rechtfertigen ebenfalls die exponentielle Annäherung. Die Sondenaktivitäten wurden absolut bestimmt und die energieintegralen Wirkungsquerschnitte im Spektrum eines – allerdings nichtidealen – Konvertors ermittelt. Geprüft wird das Verfahren, indem Sondenaktivierungen a_i mit bekanntem Wirkungsquerschnittsverlauf $\sigma^{(i)}(E)$ einerseits im Spaltspektrum und andererseits nach der Näherungsmethode berechnet wurden. Dabei zeigte sich, daß die Form des Spektrums mit ± 2% Wiederholungsfehler bestimmt werden kann, während die absolute Meßunsicherheit für einen über ein Energieintervall integrierten Flußwert mit ± 16% angegeben ist.

Die gemessenen Spektren wurden zusammen mit berechneten dargestellt (Abbildung 4.4.IV), das Spektrum in Zellenmitte auch mit einem mittels Kernspuremulsionen gemessenen Spektrum [42-13]. Es ergab sich befriedigende Übereinstimmung unter Berücksichtigung der angegebenen Meßunsicherheit. Aber es besteht keine völlige Sicherheit, ob außer den in der Prüfrechnung erfaßten methodischen Fehlern nicht auch merkliche experimentelle Fehler vorliegen. Natürlich ist die Benutzung solcher angenommener Spektraltypen (vgl. auch [44-16]) nicht zwingend: Auskünfte über die spektrale Flußdichte kann man so nicht erhalten, und es ist fraglich, ob die angegebenen Kalibrierverfahren für eine vorliegende Meßaufgabe wirklich hinreichend zuverlässig sind.

Ein ähnliches Verfahren [22-10] geht ebenfalls von der abschnittweisen Annäherung der spektralen Flußdichte durch Exponentialfunktionen aus mit

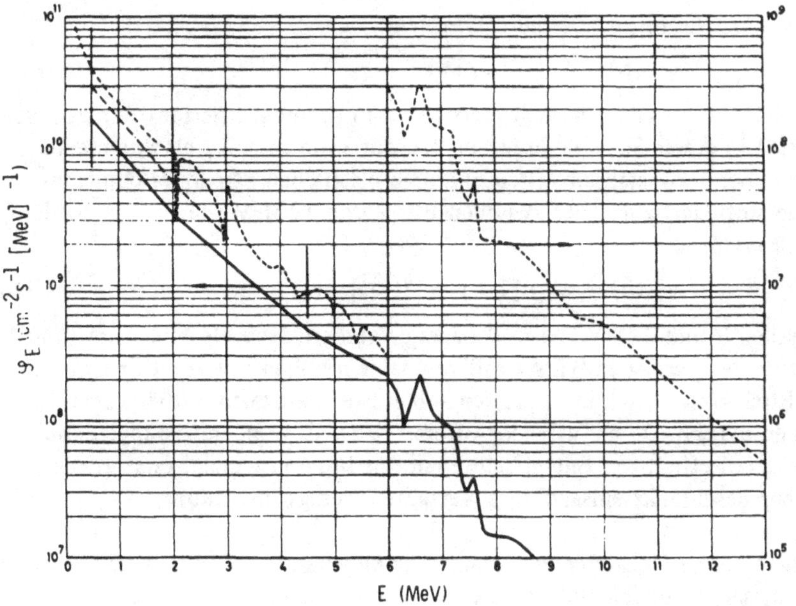

Gemessen im BR1 (Kanal Y5) in 12,7 cm Brennelementabstand:
—— mit Schwellensonden (für Energien > 6 MeV nach Rechnung),
— · — mit Kernspuremulsion.

----- Berechnung im C-moderierten, homogenen unendlich großen Reaktor (mit Berücksichtigung der inelastischen und der Anisotropie der elastischen Streuung).

Abb. 4.4.IV.
Neutronenspektren im Graphit-Reaktor [44–15].

schrittweiser Verbesserung des Ansatzes. Jedoch wurde hierbei wie später auch von Dierckx auf eine Linearisierung der Wirkungsquerschnitte entsprechend Gleichung (4.4.16) verzichtet, die für manche Reaktionen unbrauchbar ist. Dafür wenden die Autoren ein konsequentes Iterationsverfahren an, das vom vorgegebenen Spaltspektrum als nullter Näherung ausgeht.

Die Iteration wird abgebrochen, wenn gemessene und mit den iterierten φ_E-Werten berechnete Ansprechintegrale $r^{(i)}$ sich genügend wenig unterscheiden. Bei Messungen mit je acht Schwellensonden in zwei Reaktoren wurde nach der neunten Iterationsnäherung weniger als 1% Abweichung gefunden. Damit ist aber nur etwas über die Konsistenz des mathematischen Verfahrens und nichts über den Absolutfehler der gefundenen Spektren gesagt. Zur experimentellen Kalibrierung des Verfahrens – werden abgesehen von der Absolutbestimmung der Sondenaktivitäten – keine Angaben gemacht.

Als eine Semiempirische Methode sei hier noch das Verfahren von Dietrich u. a. [44-17] erwähnt. Setzen wir einen homogenen unendlich ausgedehnten Reaktor voraus, in dem das Spektrum der Neutronenquelldichte q_0 (E) durch das Spaltspektrum gegeben sei. Nach Gleichung (1.2.20) beträgt dann die *Flußdichte der ungebremsten Neutronen:*

$$\varphi_E(E) = q_0(E)/\Sigma_T(E) , \qquad (4.4.17)$$

wobei Σ_T der totale Wirkungsquerschnitt im (homogenisierten) Reaktor ist. Speziell in einem H_2O-moderierten Reaktor kann man Σ_T als Summe aus einem energiekonstanten Anteil und dem elastischen Streuquerschnitt an Wasserstoff darstellen, der zwischen E = 2 und 12 MeV wie $E^{-0,725}$ verläuft. Damit ergibt sich:

$$\varphi_E(E) = \varphi_{E,f}/[1 + a\,E^{-0,725}] . \qquad (4.4.18)$$

Zwischen 2 und 4 MeV Neutronenenergie verliert diese Methode ihre Brauchbarkeit, da – selbst in Wasserstoff mit seinem hohen mittleren Energieverlust pro Stoß – für niedrigere Energien gebremste Neutronen mitberücksichtigt werden müssen. Da die meisten Autoren Schwellensondenmessungen auch mit niedrigeren effektiven Energieschwellen durchführen wollen, fand dieses ohnehin nur beschränkt einsatzfähige Verfahren wenig Anwendung.

Mathematische Methoden zur Ermittlung unbekannter Spektren. Die Entwicklung dieser Methoden stellt den konsequenten Versuch dar, unbekannte Spektren so gut wie ausschließlich aus vorliegenden Detektor- und Meßdaten zu ermitteln, also aus den Wirkungsquerschnitten $\sigma^{(i)}(E)$ und den gemittelten Ansprechfunktionen:

$$r_{i,j} \equiv {}_{E_j}\langle r_E^{(i)} \rangle_{E_{j+1}} \equiv \int_{E_j}^{E_{j+1}} r_E^{(i)}\, dE/|E_{j+1} - E_j| \qquad (4.4.19)$$

für i = 1, . . . , n Nachweisreaktionen. „So gut wie ausschließlich“ soll heißen, daß Voraussagen über das unbekannte Spektrum allenfalls zur Erfüllung gewisser mathematischer Forderungen (wie Normierung, Konvergenz, Stetigkeit, Differentiierbarkeit, Entwickelbarkeit, Orthogonalität) gemacht werden. Mit diesem Versuch spart man sich a priori-Fehler durch falsche Voraussetzungen über das Spektrum. Es hat sich aber gezeigt, daß die vorliegenden Daten dazu nicht ausreichen. Das gilt insbesondere für die Wirkungsquerschnitte $\sigma^{(i)}(E)$, einmal mangels ausreichender genauer Informationen, zum anderen naturbedingt, weil die verfügbaren Reaktionen das Meßspektrum nicht gleichmäßig und eng genug überdecken. Auch wirkt sich – ähnlich wie bei spektralen Messungen mittels Absorptionsreaktionen (wenn auch nicht so stark) – die physikalisch bedingte Ähnlichkeit der Ansprechfunktionen $r_E^{(i)}$ ungünstig auf ihre Auswertbarkeit aus (vgl. Abschnitt 3.6). Mit zunehmender Ähnlichkeit jener Daten verringert sich der Zahlenwert der Gleichungsdeterminante, und dadurch werden die Lösungen sehr empfindlich gegenüber kleinen Variationen in den genannten Daten. Da diese oft nicht genau genug bekannt sind, kann es vorkommen, daß man diskontinuierliche Lösungen oder sogar physikalisch unsinnige Ergebnisse wie negative Flußdichten erhält. Hier müssen bereits subjektive Maßnahmen einsetzen, indem man die Zusammenverwendung von Detektoren mit allzu ähnlich verlaufenden Wirkungsquerschnitten $\sigma^{(i)}(E)$, $\sigma^{(k)}(E), \ldots, \sigma^{(p)}(E)$ vermeidet – jedenfalls insofern, als im Intervall $E_j \ldots E_{j+1}$ eine der Reaktionen – z. B. $\langle\sigma^{(i)}\rangle_j$ – von den anderen in den Bestimmungsgleichungen linear unabhängig, also:

$$\langle\sigma^{(i)}\rangle_j \neq \sum_{\kappa=k}^{p} K_\kappa \langle\sigma^{(\kappa)}\rangle_j \tag{4.4.20}$$

sein muß. Die danach zu fordernde Auswahl von Reaktionen führt zu subjektiv unterschiedlichen Annäherungen des Spektrums. Die „richtige" Auswahl kann daran orientiert werden, ob mit ihrer Hilfe ein Prüfspektrum sinnvoll bestimmt werden kann, das ungefähr dem Meßspektrum entspricht. Im Folgenden werden wichtige benutzte Lösungswege mit Anwendungen kurz umrissen.

Wir beginnen mit den mathematisch gleichwertigen *Polygonzug- und Treppenverfahren,* bei denen die spektrale Flußdichte φ_E durch einen dieser Verläufe angenähert wird. Die Wahl der Energieintervallgrenzen für die Geraden- bzw. Treppenschritte ist beliebig. Die Genauigkeit wird natürlich verbessert, wenn die Zahl n der Sonden und die Zahl m der Intervalle möglichst hoch sind. Für n = m erhält man ein eindeutiges Gleichungssystem zur Bestimmung des Spektrums. Über die absolute Genauigkeit dieser Verfahren existieren kaum Angaben, die dazu mit Vorsicht aufzufassen sind, da die Ergebnisse beträchtlich von der geeigneten (subjektiven) Auswahl der Sonden und Intervalle abhängen. Zwei einfache Anwendungen seien zitiert: in einer oben (zur Methode der effektiven Schwellenenergie) besprochenen Arbeit [44-9] wurde auch ein Treppenverfahren angewendet, das lediglich zur Überprüfung der erhaltenen Größe der integralen Flußdichte $\varphi(E)$ dienen kann. – Ferner wurde nach einem solchen Verfahren eine Vier-Gruppen-Analyse des Neutronenspektrums im Reaktor ZPR V und in einer Exponentialanordnung mit vier Spaltkammern durchgeführt [24-9].

Der Autor verglich die in den vier Energieintervallen gefundenen mit über die Intervalle gemittelten Flußdichten, die er einmal mittels Kernspuremulsionen und zum andern aus einer Rechnung erhielt. Die Abweichungen betrugen jeweils nur wenige Prozent. Genauere Aussagen über den wahren Verlauf des Spektrums leißen sich nach diesem Verfahren natürlich nicht erwarten.

In einer Weiterentwicklung des Verfahrens wurden innerhalb der Intervalle $E_j \ldots E_{j+1}$ die spektralen Flußdichten durch Parabelstücke zweiten Grades in E angenähert [44-18]; auch damit sind natürlich nur integrale $\varphi(E_u)$-Werte als brauchbare Aussagen erhältlich.

Entwicklungsverfahren suchen allgemein das Spektrum mit folgendem Ansatz zu bestimmen:

$$\varphi_E = g(E) \sum_{j=1}^{m} c_j \psi_j(E) . \qquad (4.4.21)$$

Als Gewichtsfunktion g(E) kann eine Konstante, eine mit dem wahren Spektrum konvergierende Funktion (wie die Exponentialfunktion) oder eine dieses annähernde Funktion (z. B. das Spaltspektrum) genommen werden; auf die Annäherungsverfahren gehen wir im nächsten Teilabschnitt noch weiter ein. Die ψ_j sind linear unabhängige Funktionen von E, die nicht orthonormiert sein müssen. Die durch die Meßdaten $r_{i,j}$ erhaltene Information wird zusammen mit der Kenntnis der Detektordaten genutzt zur Bestimmung der unbekannten Koeffizienten c_j. Der Polynomansatz von Uthe [44-19] mit:

$$\psi_j = E^j \qquad (4.4.22)$$

führt mittels der Minimalforderung:

$$\sum_{1}^{n} [r^{(i)} - \int_{0}^{\infty} \sigma^{(i)}(E) g(E) \sum_{j=0}^{m} c_j E^j dE]^2 = \text{Min !} \qquad (4.4.23)$$

mit $n \geqslant m$ Schwellensonden auf eindeutige bzw. überbestimmte Lösungen. Die Genauigkeit sollte mit der Zahl n der Sonden wachsen, tut dies aber nicht gleichmäßig, was mit den erwähnten Schwierigkeiten der mathematischen Flußmodelle zusammenhängt. Das Verfahren wurde deshalb selten angewendet.

Ähnlich geringen Erfolg hatte Hartmann [44-20] mit g = 1 und Entwicklung nach Orthogonalfunktionen ψ_j. Er benutzte eine orthogonale Kombination der spektralen Wirkungsquerschnitte $\sigma^{(i)}(E)$ für die n Nachweisreaktionen:

$$\psi_j(E) = \sum_{i=1}^{n} b_{ij} \sigma^{(i)}(E), \quad (j = 1, \ldots, n) . \qquad (4.4.24)$$

Der Nachteil dieses Ansatzes liegt in der notwendigen Annahme der linearen Unabhängigkeit der $\sigma^{(i)}(E)$. Diese Annahme ist schwer aufrecht zu erhalten und führt deshalb häufig zu fastsingulären Gleichungen. – Einen anderen Weg stellt die Approximation des Spektrums durch orthogonale Polynome in E dar mit einer Gewichtsfunktion wie oben angegeben. Es hat den Anschein, als ob sich auf dem Weg der orthogonalen Kombinationen der Wirkungsquerschnitte für beliebige – auch diskontinuierliche – Spektren etwas bessere Ergebnisse erzielen ließen, während die Approximation durch orthogonale Polynome speziell für Reaktorspektren etwas bessere Übereinstimmung (auf rund 10%) der erhaltenen Lösungen für sechs bis acht Nachweisreaktionen mit einem vorgegebenen Prüfspektrum liefere. Hierzu und zur Entwicklung nach orthonormierten Funktionensystemen s. [44-1].

Mathematische Methoden zur Annäherung durch bekannte Spektren. Die Versuche, unbekannte Spektren mit mathematischen Methoden zu ermitteln, erwiesen sich nur zum Erkennen grober Tendenzen in den Spektren als brauchbar. Verfeinerung der Näherungen bzw. Weitertreiben der Entwicklungen haben nicht selten zu physikalisch schlechter brauchbaren oder gar unsinnigen Lösungen geführt. Dieser Befund, nämlich daß man ein gesuchtes Spektrum offenbar nicht allein gestützt auf Detektor- und Meßdaten bestimmen kann, hat die im Lauf der sechziger Jahre entstandenen Untersuchungen mit Anwendungen mathematischer Methoden zunehmend veranlaßt, das gesuchte Spektrum ${}_M\varphi_E$ durch ein vorgegebenes Spektrum ${}_0\varphi_E$ (oder eine Auswahl solcher) anzunähern. Methodologisch haben wir hier ein mathematisches Analogon zur oben besprochenen experimentellen Störungsmethode: hier wie dort wird von einem gut bekannten und das gesuchte Spektrum möglichst gut approximierenden Spektraltyp ausgegangen, der nach mathematischen Verfahren (analog zur Auswertung von Meßergebnissen wie z. B. Doppelverhältnissen) durch kleine Änderungen dem gesuchten Spektrum angepaßt wird. Mathematischer Vergleich der mit geänderten Annäherungsspektren berechneten Ansprechintegrale ${}_c r^{(i)}$ mit den gemessenen ${}_m r^{(i)}$ bildet hier das Kriterium dafür, daß ein Annäherungsspektrum ${}_N\varphi_E$ das gesuchte ${}_M\varphi_E$ (mit hinreichender Güte) wiedergibt. Das Verfahren läßt sich noch dadurch verfeinern, daß in verschiedenen Energieintervallen $E_j \ldots E_{j+1}$ verschiedene Ausgangsspektren ${}_0\varphi_E^{(j)}$ benutzt werden – in Analogie zum Vorgehen bei oben besprochenen Semiempirischen Methoden. – Durch die Voraussetzung, das gesuchte Spektrum ${}_M\varphi_E$ werde durch ein vorgegebenes ${}_0\varphi_E$ (oder mehrere) schon „einigermaßen gut" repräsentiert, kehrt sich der bei den Ermittlungsmethoden unbekannter Spektren genannte Vorteil in einen Nachteil um: bei den hier zu besprechenden Verfahren sind durchaus a-priori-Fehler durch unrichtig angenommene Ausgangsspektren möglich; wir denken hier besonders an spektrale Einzelheiten, über die man häufig noch nicht ausreichend informiert ist. Alle anschließend referierten Verfahren beziehen sich auf (schnelle) Neutronen in Reaktoren.

Das *RDMM-Verfahren* (Relative Deviation Minimization Method [44-21]) setzt eine analytische Lösung wie in Gleichung (4.4.21) an. Als Gewichtsfunktion wird:

$$g(E) = g_0\, e^{-E} \qquad (4.4.25)$$

genommen, als Entwicklungsfunktionen eignen sich dann am besten Laguerre- oder auch Tschebyscheff-Polynome. Mit dieser Wahl bleibt das Verfahren auf schnelle (Reaktor-)Neutronen beschränkt. Die Bestimmung der Koeffizienten c_i erfolgt ähnlich dem oben skizzierten Verfahren von Uthe [44-19] durch eine Minimalforderung. Durch sie wird jedoch hier nicht der Grad des Entwicklungspolynoms „automatisch" an die Zahl n der benutzten Sonden gebunden. Vielmehr wird für jedes $\nu < n$ bestimmt:

$$Q_\nu \equiv \sum_{i=1}^{n} \left[\frac{{}_m r^{(i)} - \int_0^\infty \sigma^{(i)}(E)\; {}_\nu\varphi_E \, dE}{{}_m r^{(i)}} \right]^2 = \text{Min!} \qquad (4.4.26)$$

und die Entwicklung wird bei dem ν abgebrochen, für das Q_ν sich am kleinsten ergibt: diese mathematische Vorschrift tritt an die Stelle der bei den bisher besprochenen mathematischen Methoden benutzten nicht eindeutigen Forderung, daß Nachweisreaktionen i mit „zueinander passenden (d.h. linearunabhängigen) Wirkungsquerschnitten" auszusuchen sind. Zum RDMM-Verfahren kann jeder Satz (i = 1, . . . , n) von Nachweisreaktionen benutzt werden. Die Zuverlässigkeit der Lösung ${}_N\varphi_E$ wächst mit n, nimmt aber bei festem n bei Annäherung von ν an n in Folge der wachsenden Oszillationen ab. Mittels Monte-Carlo-Rechnung wurden die Auswirkungen der experimentellen Eingangsfehler auf die Lösung untersucht. Dadurch kann man, falls Q_ν = Min! für mehrere ν ungefähr gleich gut erfüllt ist, das geeignetste ν aussuchen. Bei der Fehlerrechnung wird nicht den spektralen, sondern jeweils nur den energieintegralen Wirkungsquerschnitten $\sigma^{(i)}$ ein Fehlerbetrag zugeordnet.

Das *Programm Spectra* [44-22, 23] sucht aus einem Ausgangsspektrum ${}_0\varphi_E$ ein bestangepaßtes ${}_s\varphi_E \rightarrow {}_N\varphi_E$ zu bestimmen unter Minimalisierung einer Fehlerfunktion. Diese besteht aus zwei Gliedern, die die Quadrate der Differenzen der Ansprechintegrale $|{}_m r - {}_c r|^2$ und die der spektralen Abweichungen $|{}_s\varphi_E - {}_0\varphi_E|^2$ repräsentieren, zum Auffinden der Näherungslösung ${}_s\varphi_E = {}_N\varphi_E$. An die Stelle der in Gleichung (4.4.21) eingeführten Gewichtsfunktion tritt hier also das Ausgangsspektrum ${}_0\varphi_E$, an die Stelle der Entwicklungsfunktion eine spektrale Deformation ${}_0\varphi_E \rightarrow {}_s\varphi_E \rightarrow {}_N\varphi_E$. Das Programm gestattet zwei Einsatzmöglichkeiten (Modes): Repete und Limit. Repete liefert Lösungen mit a-priori-begrenzter Genauigkeit, wobei die Schwankungsbreiten $|{}_m r^{(i)} - {}_c r^{(i)}|^2 \leqslant \Delta_i^2$ vorgegeben werden. Die Lösungen weisen mit den Δ_i konsistente Unsicherheiten auf, sind also immer sinnvoll – abgesehen von der

Möglichkeit, daß der Benutzer ein fehlerhaftes Ausgangsspektrum ${}_0\varphi_E$ ansetzen kann. Limit liefert eine exakte Lösung durch Fehlerminimumbildung, die unter ungünstigen Bedingungen physikalisch unsinnig sein kann. Die $\sigma^{(i)}(E)$ und ${}_0\varphi_E$ können Datenbibliotheken entnommen werden; Wirkungsquerschnitte und Spektren werden durch Polygonzüge mit höchstens 50 Stützpunkten dargestellt. Das Verfahren wurde in den Energiebereichen $10^{-6} <$ (bzw. $0{,}1 \leqslant$)$E <$ < 15 MeV benutzt; im epithermischen und thermischen Bereich ist es wegen der Linearabhängigkeit vieler Absorptionsquerschnitte weniger geeignet. Gezeigt wurde, daß sich ein mit guten (höchstens um 23% abweichenden) Ausgangswerten erhaltenes Näherungsspektrum von einem vorgegebenen Spektrum beträchtlich weniger unterscheidet als eines mit schlechten (bis 53% abweichenden) Ausgangswerten (Abbildung 4.4.V). Diese Spektren wurden berechnet mit nur zwei (zueinander passend gewählten) Sondenpaaren. Ein solches Verfahren ist gut geeignet, wenn als Ausgangsspektrum ${}_0\varphi_E$ ein Prüfspektrum verwendet wird, das mit denselben Sonden wie das Meßspektrum ${}_M\varphi_E$ vermessen wurde und Werte geliefert hat, die gegen die richtigen konvergieren.

Das *Programm Sand-II* [44-24, 25, 26] setzt ebenfalls ein ausgesuchtes Ausgangsspektrum ${}_0\varphi_E$ an. Um von ${}_0\varphi_E \rightarrow {}_s\varphi_E$ zu iterieren, werden berechnete Ansprechintegrale ${}_c r^{(i)}$ mit Variation von φ_E aufgesucht, die für alle fraglichen i im betreffenden Energiebereich von den gemessenen ${}_m r^{(i)}$ möglichst nur um einen konstanten Faktor verschieden sind. Der Sand-II-Code sieht keine

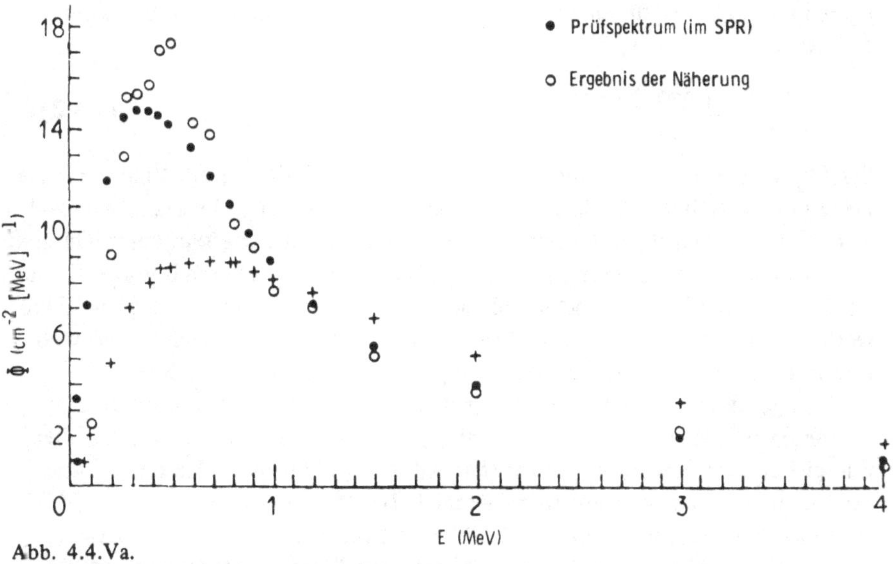

Abb. 4.4.Va.
Neutronenspektrum im SANDIA-Impulsreaktor (SPR), bestimmt mittels SPECTRA Code [44–22] mit schlechtem Ausgangsspektrum (+).

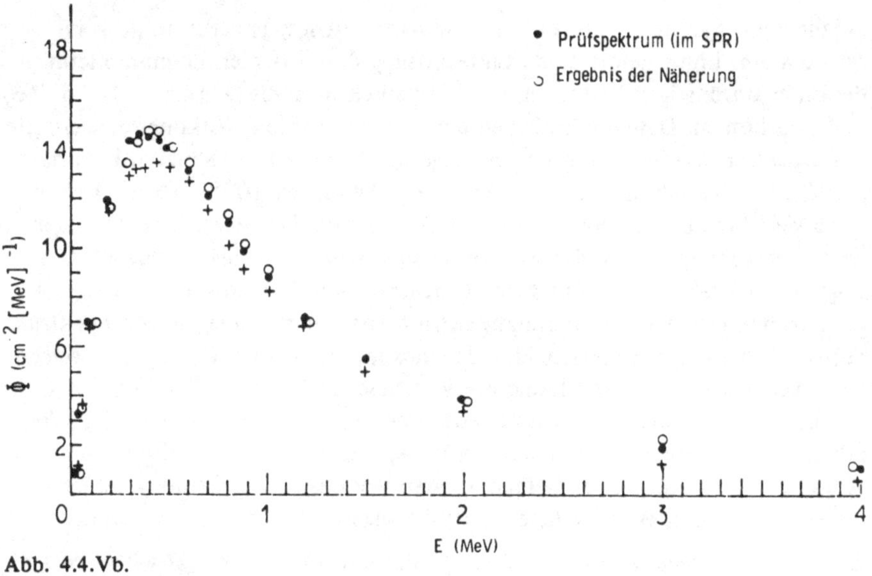

Abb. 4.4.Vb.
Spektrum [44–22] mit gutem Ausgangsspektrum (+).

Lösung der Matrix-Gleichungen vor. Statt φ_E als Vektor zu behandeln, dessen Elemente durch Lösung einzelner Matrixgleichungen bestimmt würden, wird jeder Flußpunkt $\varphi_E^{(j)}$ für sich verarbeitet. Die iterative Flußkorrektur basiert auf den Differenzen:

$$\left| \frac{{}_m r_{i,j} - {}_c r_{i,j}}{{}_m r_{i,j}} \right| = \rho_{ij} \tag{4.4.27}$$

der Detektoren i, die im j-ten Energieintervall empfindlich sind. Eine derartige Näherung ist stabiler als die Lösung einer Matrixgleichung, die wie oben erwähnt unter ungünstigen Bedingungen physikalisch unsinnig sein kann. Gesucht wird lediglich eine Näherungslösung ${}_s\varphi_E$, für die die ρ_{ij} innerhalb vorgegebener Fehlerschranken bleiben und die physikalisch nicht unsinnig ist: negative Flußwerte werden ausgeschlossen. Hat die Rechnung den Punkt erreicht, wo weitere Iteration keine merkliche Änderung mehr bringt, wird abgebrochen – unabhängig davon, ob der Benutzer genauere Ergebnisse angestrebt hat. Das Verfahren wurde mit einer großen Zahl von Reaktionen (über zehn, aus allen Energiebereichen) erprobt. Anwendbar ist es mit Schwellen-, Resonanz- und thermischen Detektoren im Energiebereich $10^{-10} \leqslant E < 18$ MeV. Ausgegeben wird ein Histogramm mit m = 621 Stützpunkten, und zwar 45 pro Dekade für $E \leqslant 1$ MeV, darüber 1 pro 0,1 MeV. Ausgangsspektren können tabellarisch oder analytisch vorliegen; sie können aus Referenzspektren ausgewählt werden, die auf einem Magnetband gespeichert sind; daraus sollte der Rechner selbst das passendste aussuchen können. Liegt die Lösung vor, sucht das Programm grobe Fehler (in Vergleich mit vorgegebenen Standardabweichungen), verwirft unter Umständen einzelne Detektormeßwerte $r^{(i)}$ und sucht dann ohne diese eine neue Lösung. Eine endgültige (exakte ${}_s\varphi_E \to {}_N\varphi_E$)-Lösung bzw. deren Konvergenz wird nicht untersucht. Das Verfahren ergab mit Prüfspektren selbst unter ungünstigen Bedingungen noch konsistente Lösungen.

In praktischen Messungen wurde Sand-II unter Mithilfe verschiedener Laboratorien geprüft. Danach ergaben sich für die integralen $\varphi(E_u)$-Werte Fehler zwischen 10 und 30%, Schwankungen im Spektrum können entstehen durch Fehler in den Detektordaten und Meßergebnissen. Zu deren Vermeidung ist die Verwendung zahlreicher Detektoren erwünscht, deren spektrale Ansprechfunktionen $r_E^{(i)}$ sich überlappen. Trotzdem können die Meßergebnisse ohne kritische Überprüfung des Spektrums zu Fehlinterpretationen führen. Die Ergebnisse wurden verglichen mit solchen, die mittels eines (mehrkanaligen) ^1H (n, n)-Spektrometers und mittels reaktorphysikalischer Berechnung erhalten wurden (Abbildung 4.4.VI). Hier zeigten sich kleine Abweichungen, die auf die Sondenpositionierung, Neutronen-Absorption oder -Streuung zurückgeführt wurden. Mit Rechnungen ergab sich nur dann gute Übereinstimmung, wenn die tatsächliche Sondenumgebung mathematisch befriedigend darstellbar ist.

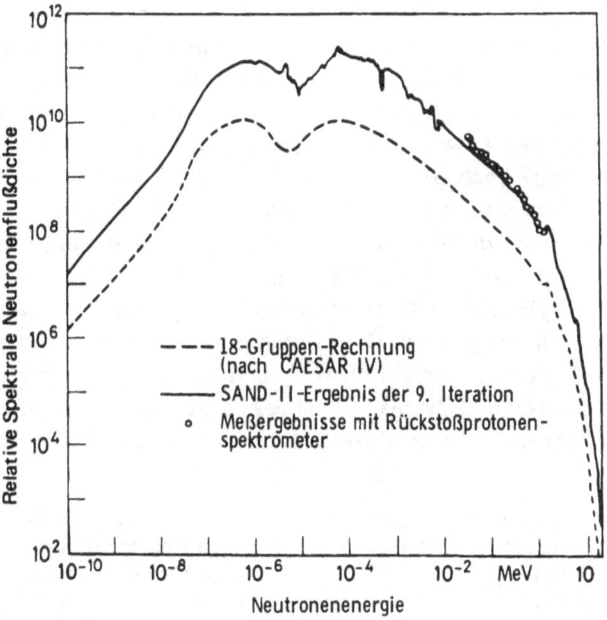

Abb. 4.4.VI.
Spektrale Flußdichte in den Schnellen Kritischen Anordnung des Epithermal Critical Experiment Laboratory [44–26].

Beim *Minimalisierungsverfahren* von Meixner [44-27] wird die quadratische Abweichung zwischen dem gesuchten Spektrum ${}_M\varphi_E$ und dem berechneten ${}_N\varphi_E$ bei Integration über alle Energien minimalisiert:

$$\int_0^\infty q(E)\,[{}_M\varphi_E - {}_N\varphi_E]^2\,dE = \text{Min}\,! \qquad (4.4.28)$$

q ist eine Gewichtsfunktion. Unsinnige Lösungen sind ausgeschlossen, da die spektrale Iteration ${}_0\varphi_E \rightarrow {}_s\varphi_E$ überwiegend durch die gemessenen Ansprechintegrale ${}_m r^{(i)}$ erfolgt. Durch gleichmäßig gute Approximation übers Spektrum wird eine endgültige Lösung ${}_N\varphi_E$ ermittelt. Das Ausgangsspektrum ${}_0\varphi_E$ wird nach einem Auswahlkriterium in folgender Weise bestimmt. Für eine Funktion:

$$f_E = \text{const} \cdot {}_M\varphi_E \qquad (4.4.29)$$

ergibt sich bei Bildung von:

$$r_i^* = \int \sigma^{(i)}(E)\,f_E\,dE \qquad (4.4.30)$$

für alle (i = 1, . . . , n) Verhältnisse:

$$\frac{r_i^*}{r_i} = k_i = k\,. \qquad (4.4.31)$$

${}_0\varphi_E$ wird nun so gewählt, daß die benutzten k_i am wenigsten streuen. Man ist damit auf nicht zu wenige, a priori gleichmäßig übers Spektrum verteilte und gleichmäßig gut meßbare Reaktionen angewiesen. Hohe und niedrige Fehler wirken sich gleichmäßig aus, mit anderen Worten: vom Spektrum abhängige Fehler werden bei der Auswahl der Ausgangsnäherung ${}_0\varphi_E$ ausgeglichen. Als ${}_0\varphi_E$ sind deformierte Spaltspektren vorgesehen; das Verfahren beschränkt sich also auf Spektrometrie schneller Reaktorneutronen. Die Sondenauswahl setzt lineare Unabhängigkeit der Ansprechfunktionen $r_E^{(i)}$ voraus. Dargestellt wird das Spektrum in Abständen von 0,2 MeV im Bereich $0{,}2 \leqslant E \leqslant 15$ MeV. Zu verlangen ist, daß die relative Abweichung von ${}_0\varphi_E$ gegenüber dem gesuchten Spektrum ${}_M\varphi_E$ nicht zu groß ist. Die Lösung ${}_N\varphi_E$ wird wie das Ausgangsspektrum ${}_0\varphi_E$ als Funktion mit glattem Verlauf angegeben. Zu Prüfspektren wurden Aktivierungen und daraus mittels des zu prüfenden Verfahrens wieder das Spektrum berechnet; sieben Reaktionen mit hinreichend gut bekannten Wirkungsquerschnitten wurden dazu benutzt.

Als Anwendungsbeispiel wurde ein Spektrum im Schwimmbadreaktor FRJ-1 ermittelt. Das Programm wählte aus seiner Bibliothek von Ausgangsspektren einen dem in Gleichung (4.4.18) ähnlichen φ_E-Verlauf. Das ist auch physikalisch einleuchtend, weil die Anordnung der im DR 2 in Risö [44-17] entspricht. Benutzt wurden drei Reaktionen: ^{115}In (n, n'), ^{58}Ni (n, p) und ^{27}Al (n, α). Der gefundene Spektralverlauf gegenüber den Ausgangsnäherungen sowie die Größen der statistischen Fehler erfüllten die oben genannten Forderungen zur Anwendbarkeit des Verfahrens.

Kritik der Verfahren. *Die Methode der effektiven Schwellenenergie* (als erster der hier besprochenen Methoden) hat den Vorteil der einfachen Anwendung. Unter günstigen Umständen – d.h. wenn das Meßspektrum ${}_M\varphi_E$ in guter Näherung bekannt ist – liefert sie brauchbare Ergebnisse (bis rd. ± 15% Fehlerbreite [41-6, 44-9]), sogar für die spektrale Flußdichte. Sie verlangt auch keine große Zahl von Reaktionen für die Messung, wenn man die Brauchbarkeit der Ergebnisse auf andere Weise prüfen kann: etwa durch Vergleich mit der Theorie, durch Kalibrierung des Standardspektrums oder durch Auswertung mittels Spektraler Indizes. Nachteile dieser Methode sind die Voraussetzung eines hinreichend gut bekannten Standardspektrums als Ausgangsspektrum und die Unsicherheit über dessen Verwendbarkeit, falls ein davon abweichendes unbekanntes Spektrum zu messen ist. Die *Störungsmethode* ist wegen der notwendigen Verwendung von Flußstandards experimentell anspruchsvoller als die Methode der effektiven Schwellenenergie, liefert aber sicherere Ergebnisse, die sich weniger auf Annahmen oder übernommene Daten stützen. Allerdings wird auch hier vorausgesetzt, daß das Meßspektrum sich nicht zu weit vom Standardspektrum entfernt, das in der Regel ein Spaltspektrum sein wird. Eine gewisse Erweiterungsmöglichkeit ist durch Anwendung von Sekundärstandards gegeben, deren Spektren vom Spaltspektrum innerhalb gewisser Grenzen abweichen dürfen.

Die *Semiempirischen Methoden* verlangen keinen unmittelbaren Anschluß an ein Standardspektrum, können aber brauchbare Auskunft allenfalls über die integrale Flußdichte $\varphi(E_u)$ geben, dagegen kaum über die spektrale φ_E. Die Auswerteverfahren sind in sich konsistent und liefern konvergente Lösungen. Ohne experimentelle Kalibrierung und zumindest stützpunktweise Überprüfung erscheint die Absolutgenauigkeit der nach diesen Methoden erhaltenen $\varphi(E_u)$-Werte aber nicht hinreichend gesichert.

Die *mathematischen Methoden zur Ermittlung unbekannter Spektren,* die sich praktisch nur auf Detektor- und Meßdaten stützen, konnten zwar in Einzelfällen befriedigende Ergebnisse liefern, besonders wenn nur die integrale Flußdichte $\varphi(E_u)$ gesucht wurde. Zu genauerer Bestimmung eines Spektrums, dessen Verlauf nicht bis zu einer gewissen Annäherung im Voraus bekannt ist, hat sich die gruppenspektrometrische Methode als ungeeignet erwiesen. Neuere mathematische Verfahren approximieren daher meist genauer zu bestimmende Spektren von bekannten Spektren ausgehend.

Bei den *mathematischen Näherungsmethoden mit Hilfe bekannter Spektren* besteht die Gefahr, daß aus Unkenntnis ein ungeeignetes und infolgedessen nicht ausreichend gut approximierendes Ausgangsspektrum genommen wird. Das gilt vor allem, wenn man feinere Strukturen im Spektrum feststellen will. Bei der Minimalisierungsmethode RDMM [44-21] wird beim Übergang von acht auf sieben Reaktionen der Maximalfehler (zwischen 1 und 9 MeV Neutronenenergie) ungefähr verdoppelt. Dadurch verbietet sich für viele Meßaufgaben die Anwendung des Verfahrens, das außerdem auch zu unsinnigen Lösungen führen kann. Die Oszillationen der Lösungen können spektrale Strukturen überdecken oder vortäuschen. Das Programm Spectra [44-22, 23] scheint besonders geeignet zu sein zur Ermittlung eines Spektrums mit möglichst hoher Genauigkeit aus einem angenähert gut bekannten Spektrum unter Benutzung von Sondenaktivierungen mit kleinen Fehlern. Nicht so enge Voraussetzungen verlangt das umfassendere Programm Sand-II [44-24, 25, 26], kann dann aber auch keine so genauen Ergebnisse liefern. Unter gleichen Voraussetzungen erhält man von RDMM, Spectra und Sand-II Ergebnisse etwa gleich großer Genauigkeit (10–30%). Dasselbe dürfte für die Meixnersche Minimalisierungsmethode [44-27] gelten, die (wie Sand-II und der Spectra-Programmtyp Repete) unsinnige Lösungen vermeidet, spektrale Strukturen aber wahrscheinlich relativ stark ausgleicht. Zur genaueren Feststellung von Ausgleich- und Oszillationseffekten bei solchen Auswerteverfahren wäre ein systematischer Vergleich mit mehrkanalig gemessenen und mit reaktorphysikalisch berechneten Spektren erwünscht, einschließlich von Angaben über Absolutgenauigkeiten. Ein Atlas repräsentativer Reaktorspektren wäre zum Auffinden von Ausgangsspektren ${}_0\varphi_E$ von Nutzen.

Unter den hier betrachteten Auswerteverfahren für gruppenspektrometrische Methoden ist die mathematische Näherungsmethode durch bekannte Spektren die geeignetste.

4.5. Bestimmung der Neutronenfluenz

Problemstellung – Gebräuchliche Verfahren – Auswertung (mit zeitabhängiger Flußdichte) – Meßeinrichtungen und Kalibrierung – Beispiele für Ausführung der Messungen – Zusammenfassung; Offene Fragen

Problemstellung. Das zeitliche Integral der (spektralen bzw. integralen) Neutronenflußdichte:

$$\Phi_E(t_B) \equiv \int_0^{t_B} \varphi_E(t)\,dt \quad \text{bzw.} \quad \Phi(t_B) \equiv \int_0^{t_B} \varphi(t)\,dt\,, \tag{4.5.1}$$

(spektrale bzw. integrale) Neutronenfluenz genannt, dient als die für alle Substanzen einheitlich brauchbare Kenngröße bei Bestrahlungen mit Neutronen. Eine solche Kenngröße ist vor allem für Bestrahlungsexperimente in Forschungsreaktoren wünschenswert, bei denen die Änderung physikalisch-technischer oder chemisch-biologischer Eigenschaften von Substanzen unter dem Einfluß von Neutronen-Strahlung erforscht werden.

Die Messung der Fluenz $\Phi(\vec{r})$ am Ort $\vec{r}$ einer Bestrahlungsprobe erfolgt dadurch, daß man während der Bestrahlung der Probe und möglichst nahe am Ort $\vec{r}$ einen oder mehrere Detektoren anbringt, die als Monitoren für die Fluenz dienen. Aus zwei Gründen genügt es nicht, vor oder nach dem Bestrahlungsexperiment die Flußdichte φ in $\vec{r}$ zu bestimmen: erstens wird die Flußdichte durch das zu untersuchende Bestrahlungsgut sowie durch die ganze Bestrahlungseinrichtung örtlich verändert; und zweitens wird die Flußdichte während eines (längeren) Bestrahlungsexperiments durch Schwankungen der Reaktorleistung, Änderung des Abbrandzustands und der Eintauchtiefe der Regelstäbe zu dessen Kompensation sowie infolge von Vergiftung durch entstehende Spaltprodukte zeitlich verändert. So erhielt man über den Reaktorkern des FRJ-2 gemittelt – d.h. bei Ausschaltung aller lokalen Effekte – für eine Betriebszeit von rund 5500 MWh (d.i. eine Reaktorfahrperiode von rund 23 Tagen) 10 bis 15% Änderung der thermischen Neutronenflußdichte [45-1]. Lokale Effekte – bedingt durch stark abgebrannte Brennelemente oder absorbierende Einbauten oder unsymmetrische Regelstabstellung in der Nachbarschaft – können noch wesentlich größere Flußschwankungen verursachen. Die Flußschwankungen sind natürlich nicht auf den thermischen Bereich beschränkt. In der Nähe eines Brennelements wird auch der epithermische Spektralparameter durch Spaltproduktvergiftung und durch Abnahme des Brennstoffgehalts verändert; ähnliches gilt für Zu- oder Entladung von Neutronenabsorbern in der Nachbarschaft der Bestrahlungsposition $\vec{r}$ [45-2].

Die Bestimmung der Neutronenfluenz bietet nach dem Gesagten zweierlei Probleme:

Detektoren zu finden, die in neutronenmeßtechnischer Hinsicht sowie in ihren nuklearen und technologischen Eigenschaften den gestellten Anforderungen genügen; und

die erhaltenen Meßergebnisse richtig auszuwerten, d.h. die Fluenz aus der Detektoranzeige zu erschließen, die (durch Sättigungs- bzw. Abbrandeffekte) wie auch die Flußdichte zeitlich veränderlich sein kann. Wegen der Anforderungen an die Detektoren können Energieabhängigkeiten nur nach integralen (gruppenspektrometrischen) Verfahren bestimmt werden. Bei der Detektorauswahl muß man im Auge haben:

den Zweck des Experiments (mit den erwarteten Bestrahlungsparametern einschließlich der Temperatur),

die Bestrahlungsdauer,

die Anbringungsmöglichkeiten für die Fluenzdetektoren (Monitoren) bzw. ihre Zugänglichkeit nach Zerlegung des Bestrahlungseinschubs und die Konstruktion der Anordnung, d.h. insbesondere die Materialzusammensetzung der Monitorumgebung.

Oft ist es schwierig, Sonden- und Experimentierposition einander zuzuordnen und die Sonden (aus einem in den Heißen Zellen zerlegten und bei Bestrahlung korrodierten Rig) wieder zu finden und zu identifizieren. An durchgängig benutzter Literatur über Fluenzmessungen nennen wir die Übersichtsberichte [11-7, 26-1] und die spezielleren älteren Darstellungen in [X, XIII, 45-3].

Gebräuchliche Verfahren. Die obere Meßbereichs-Grenze für Langzeitbestrahlungen (mit Bestrahlungszeiten $t_B < 3\,a \approx 10^8$ s) im Zentrum von Hochflußreaktoren (mit Flußdichten $\varphi_s \lesssim \varphi_{th} \lesssim 10^{15}\,cm^{-2}\,s^{-1}$) liegt bei $\Phi_s \approx \Phi_{th} \approx$ $\approx 10^{23}\,cm^{-2}$. Zur unteren Grenze kann man etwa folgende praktische Erwägungen anstellen: für Experimente mit Rigs, die nach Bestrahlungsende ausgebaut werden müssen, hat man als kleinste Bestrahlungszeit unter Voraussetzung eines planmäßigen Reaktorbetriebs bei Volleistung in Fahrperioden eine volle Periodenlänge anzusetzen, also mindestens etwa $t_B \approx 10\,d \approx 10^6$ s; für reaktorinterne Bestrahlungen im Reflektor kann man mit mindestens $\varphi_{th} \approx 10^{12}$ und $\varphi_s \approx 10^{10}\,cm^{-2}\,s^{-1}$ die Fluenzwerte $\Phi_{th} \approx 10^{18}$ und $\Phi_s \approx 10^{16}\,cm^{-2}$ annehmen; der Index s bezeichnet hier den Energiebereich schneller Neutronen. Bei reaktorinternen Bestrahlungen mit Ein- und Ausbau während des Betriebs (z. B. mit Rohrpostanlagen) kommt man mit denselben Mindestflußdichten und mit $t_B \approx 1\,d \approx 10^5$ s als kleinste Bestrahlungszeit auf $\Phi_{th} \approx 10^{17}$ und $\Phi_s \approx 10^{15}\,cm^{-2}$. Unterhalb dieser Grenze ist anzunehmen, daß die Flußdichte bei einem mit konstanter Leistung gefahrenen Reaktor im Mittel über den Reaktorkern auf besser als 1% konstant bleibt. Natürlich sind noch wesentlich niedrigere Neutronenfluenzen bei Reaktorbestrahlungsexperimenten zu monitieren, z. B. in Chemie-Loops, in Rohrpost-Magazinen oder in Thermischen Säulen. Nehmen wir für solche Bestrahlungseinrichtungen als untere Flußdichtegrenzwerte $\varphi_{th} \approx 10^9$ und $\varphi_s \approx$ $\approx 10^7\,cm^{-2}\,s^{-1}$ an, dann haben wir mit der meßtechnischen unteren Bestrahlungszeitgrenze $t_B \approx 10^5$ s folgende untere Fluenz-Grenzwerte: $\Phi_{th} \approx 10^{14}$ und $\Phi_s \approx 10^{12}\,cm^{-2}$. Meßmethoden für noch niedrigere Fluenzen – wie sie in den Bereich der Strahlenschutzmeßtechnik fallen – bleiben hier außer Betracht.

Zur Fluenzbestimmung können dienen: Kontinuierliche Messung der Flußdichte $\varphi(t)$ und (graphische oder numerische) Integration über die Bestrahlungszeit t_B oder gleichzeitige Mitbestrahlung eines Monitors und nachträgliche Auswertung. Die erstgenannte Möglichkeit ist auf die Verwendung direktanzeigender Detektoren zugeschnitten; sie ist in vielen Fällen nicht anwendbar, weil die Detektoren den Bestrahlungsbedingungen nicht standhalten und keine Versorgungs- und Anzeigeleitungen angebracht werden können. Die zweite Möglichkeit ist dagegen allgemein durchführbar und soll deshalb im folgenden ausschließlich betrachtet werden. Zum Nachweis kommen vor allem nukleare Reaktionen in Frage, d. h. Aktivierung und Erzeugung oder Abbrand bestimmter Nuklide. Daneben sind prinzipiell auch physikalische und chemische Nachweiseffekte ausnutzbar, also Änderungen mechanischer, optischer und elektrischer Eigenschaften oder das Auftreten strahleninduzierter chemischer Reaktionen; auch die Festkörper-Spurendetektoren sind hier zu nennen. Für die Detektorauswahl sind – neben der Größe des Nachweiseffekts, die den Meßbereich bestimmt – folgende Gesichtspunkte maßgebend: Geringer Platzbedarf in der Bestrahlungsanordnung, zweckmäßigerweise preiswerte Herstellbarkeit in engen Toleranzen und in großen Stückzahlen, ausreichende Strahlen- und Temperaturresistenz und Kalibrierbarkeit. Die nach der Bestrahlung erfolgende Messung soll durch Störeffekte möglichst wenig beeinträchtigt werden. Auf die Energiemeßbereiche und weitere Besonderheiten wird bei der anschließenden Besprechung der einzelnen Detektortypen eingegangen.

Tabelle 4.5.A führt die wichtigsten *Aktivierungssondentypen* zur Fluenzmessung auf. Ihre Bevorzugung rührt daher, daß sie unter den meisten der eben genannten Gesichtspunkte am besten geeignet sind. Allerdings erhält man aus Aktivierungen – außer unter einschränkenden Voraussetzungen – nicht die expliziten Fluenzwerte. Wir wollen das unter Berücksichtigung von Zerfallskorrekturen zeigen, ausgehend von der Differentialgleichung (1.5.2). Darin ist jetzt aber die Flußdichte $\varphi(t)$ zeitlich veränderlich. Die Lösung lautet dann mit $N_1(0) = 0$ an Stelle von Gleichung (1.5.3):

$$N_1(t_B) = N_0\, \sigma^{(0)}\, e^{-\lambda_1 t_B} \int_0^{t_B} \varphi(t)\, e^{\lambda_1 t}\, dt\,. \tag{4.5.2}$$

Für $\lambda_1 t_B \ll 1$ steigt die Aktivität $A_1(t_B) = \lambda_1 N_1(t_B)$ linear mit der Fluenz $\Phi(t_B)$ an. Gilt diese Voraussetzung nicht, dann muß man zur Auflösung von Gleichung (4.5.2) nach Φ eine Annahme über den Verlauf von $\varphi(t)$ machen. Andererseits lassen aber die Forderungen nach technologischer Eignung, nach den zu untersuchenden Neutronenenergiebereichen und des Fluenzmeßbereichs keine große Auswahl zu (Tabelle 4.5.A). Wieder ausgehend von der Differentialgleichung (1.5.2) berechnen wir nun die Größe des Effekts, die eine kurze Flußdichteänderung auf ein aktiviertes Nuklid (x) ausübt, das bis zu einem beliebigen Bruchteil seiner Sättigung bestrahlt wurde. Der Meßeffekt in (x) wird verglichen mit dem in einem anderen aktivierten Nuklid (l), bei dem die Aktivität mit der Bestrahlungszeit linear zunimmt. Angenommen, die Bestrahlung finde in der Zeit $0 < t \leqslant t_0$ bei konstanter Flußdichte φ_0 statt, die anschließend in dem kurzen Zeitintervall $\Delta t = t_1 - t_0$ den von φ_0 abweichenden Wert $\varphi_1 = \varphi_0 + \Delta\varphi$ habe. Die auf ein Atom des jeweiligen Ausgangsnuklids und auf das Ansprechintegral r_0 für die Flußdichte φ_0 bezogenen Aktivitäten $A' = A/r_0$ lauten dann zur Zeit t_1:

$$\left.\begin{aligned} A'_x &= 1 - e^{-\lambda_x t_0} + \left(1 + \frac{\Delta\varphi}{\varphi_0}\right) e^{-\lambda_x t_0}\, \lambda_x\, \Delta t\,, \\ A'_l &= \lambda_l\, t_0 + \left(1 + \frac{\Delta\varphi}{\varphi_0}\right) \lambda_l\, \Delta t\,. \end{aligned}\right\} \tag{4.5.3}$$

Tabelle 4.5.A. Regelmäßig zur Fluenzmessung verwendete Aktivierungssonden

Nachweisreaktion / Eigenschaft	$^{59}Co(n,\gamma)$ ^{60}Co	$^{58}Fe(n,\gamma)$ ^{59}Fe	$^{109}Ag(n,\gamma)$ ^{110m}Ag	$^{59}Co(n,\gamma)$ ^{60}Co	$^{58}Ni(n,p)$ ^{58}Co	$^{54}Fe(n,p)$ ^{54}Mn	$^{46}Ti(n,p)$ ^{46}Sc	$^{63}Cu(n,\alpha)$ ^{60}Co
Energiebereich (E_R Resonanzenergie E_{eff} Schwellenenergie)	Thermisch	Thermisch	Epithermisch $E_R = 5{,}19$ eV	Epithermisch $E_R = 132$ eV	Schnell $E_{eff} \approx 2{,}8$ MeV	Schnell $E_{eff} \approx 4{,}3$ MeV	Schnell $E_{eff} \approx 5{,}5$ MeV	Schnell $E_{eff} \approx 6{,}0$ MeV
Halbwertzeit (≈ längste Bestrahlzeit t_B, wo nicht besonders angegeben)	5,26 a ($t_B \leqslant 2$ a)	45 d	253 d	5,26 a ($t_B \leqslant 2$ a)	71 d ($t_B < 40$ d)	303 d	84 d	5,26 a
Störreaktionen, mögliche	$^{60}Co(n,\gamma)$ $^{60m}Co(n,\gamma)$	$^{59}Co(n,\gamma)$	Nur kurzlebige	s. links	$^{58}Co(n,\gamma)$ $^{58m}Co(n,\gamma)$ stark $^{59}Co(n,\gamma)$ (schwach)	$^{58}Fe(n,\gamma)$ $^{59}Co(n,\gamma)$	$^{47}Ti(n,p)$ $^{48}Ti(n,p)$ evtl. auch Hf	$^{63}Cu(n,\gamma)$ ^{64}Cu $\xrightarrow{\beta}$ $^{64}Zn(n,\gamma)$ evtl. auch Ag, Co
Kalibrierung[1]	β-γ-K	ϵ_{ph}	ϵ_{ph}	β-γ-K	4π β-γ-K	ϵ_{ph}	β-γ-K	β-γ-K

Detektor-Ausführungen I, II usf. Abkürzungen: m metallisch M Sondenmasse R.- Reinst- T Maximaltemperatur, geschätzte, in °C [ ]$_{th}$ Filtermaterial K± Kapselung ja/nein	I. m. R.-Co M 1...100 mg T ⩽ 1200 °C, II. Drahtstück i. Keramik M > 0,1 mg	wie ^{54}Fe (n, p), ohne Filter T < 1200 °C	I. m. R.-Ag II. Ag-Al-Legierung f. hoh. Φ m. 1% Ag [Cd; Gd]$_{th}$* *Filteranwendung nur bei nicht zu hohem Abbrand oder mit Filtermaterial im Überschuß möglich	s. links, aber [Cd; Gd]$_{th}$*	m. R.-Ni T < 1200 °C [−]$_{th}$	I. m. R.-Fe [Cd; Gd]$_{th}$ K: + (Silica), weg. Korrosionsgefahr T < 800 °C II. Z. Kalibrg. R.- ^{54}Fe	m. R.-Ti T: ? [−]$_{th}$	m. R.-Cu T < 800 °C:? [Gd; Cd]$_{th}$* *Filteranwendung nur bei nicht zu hohem Abbrand oder mit Filtermaterial im Überschuß möglich
Bem. z. Nachbehandlung, Messung usw.	Radiolysegefahr Abbrandkorrektur	Bei sehr lang. t_B ^{60}Co-Erzeugung		s. links	Abbrandkorrektur	Trennung Fe/Mn entw. chem. od. (bevorzugt) γ-spektrometrisch	Lange Wartezeit (> 20 d) wegen d. Störreaktionen	Bei hoher Temperatur evtl. Reaktion Cu-Gd
Φ-Meßbereich i. cm^{-2} (für Detektor-Ausführung I, II...:)	I. $2 \cdot 10^{12}$... $2 \cdot 10^{21}$ II. ⩽ $2 \cdot 10^{22}$	⩽ $2 \cdot 10^{20}$	⩽ $6 \cdot 10^{20}$	$2{,}5 \cdot 10^{12}$... $2{,}5 \cdot 10^{21}$	10^{14}... ($2 \cdot 10^{20}$) (bei t_B < 40 d)	⩽ 10^{21} (bei $\varphi_{th} \leqslant 2 \cdot 10^{14}$)	10^{17}...10^{21}	10^{18}...10^{22}
Rel. (absol.) Meßunsicherheit	1%	1% (4%)	(12%)	1%	(⩾ 4%)	1 ÷ 2% (3%)	(⩾ 4%)	etwas schlechter
Literaturhinweise	[45-14, 17] [22-13]	[22-14] [45-13, 14]	[14-17] [45-2]	[14-17] [45-2]	[45-14, 19] [11-19] [44-7]	[11-19] [22-14] [45-13, 14]	[11-19] [44-7] [45-14, 19]	[11-19] [44-7] [45-14, 19]

(1) Zeichenerklärung s. Tab. 5.3.C

Das Verhältnis der beiden Meßeffekte im Intervall Δt lautet dann:

$$\frac{\Delta A'_x/A'_x}{\Delta A'_l/A'_l} \approx \frac{\lambda_x t_1}{e^{\lambda_x t_1} - 1} . \qquad (4.5.4)$$

Daraus folgt, daß man für ein Nuklid (x), das bis zur Dauer seiner Halbwertszeit $t_B = t_{1/2}$ bestrahlt wird, einen Meßeffekt erhält, der noch $100(\ln 2)\% \approx 70\%$ vom Meßeffekt des (l)-Nuklids beträgt. Bei mehreren für Fluenzmessungen wichtigen Aktivierungsreaktionen spielen allerdings in der Korrektur für den radioaktiven Zerfall noch Abbrand oder Familienaktivierungen eine Rolle. Auf solche Fälle werden wir unten noch eingehen. Wegen weiterer Nachweisreaktionen (neben den in Tabelle 4.5.A aufgeführten), wie z. B. $^{93}Nb(n, n')^{93m}Nb$ zur Bestimmung der schnellen Fluenz [44-7] wird auf die Literatur verwiesen.

Mit nuklearen Reaktionen besteht zur Fluenzmessung neben der Verwendung von Aktivierungsreaktionen noch eine zweite Möglichkeit. Dabei wird die *Erzeugung oder* der *Abbrand eines* bestimmten *Nuklids* unter Neutronenbestrahlung gemessen. Entsprechend Gleichung (1.5.13) sind sowohl Abbrand eines Nuklids $N_0(t_B)$ wie Erzeugung eines Nuklids $N_1(t_B)$ eine Funktion der Fluenz $\Phi(t_B)$ wie unten bei der formelmäßigen Behandlung der Fluenzauswertung gezeigt wird. Falls die Halbwertszeit eines unter Bestrahlung gebildeten Radionuklids klein gegenüber der Bestrahlungszeit t_B ist, so sind die meisten erzeugten radioaktiven Kerne bald nach der Bestrahlung zerfallen. Bei β-Zerfall entsteht ein anderes Element, das chemisch abgetrennt und bestimmt werden kann. Als Beispiel sei der Abbrand des ^{197}Au in Goldproben zu ^{198}Au und ^{199}Au genannt, die zu stabilen Hg-Kernen zerfallen. Entsprechende Anwendungsmöglichkeiten bestehen für Aluminium und das daraus entstehende Silizium oder für spaltbare Substanzen, deren Spaltprodukte wie z. B. ^{137}Cs eine Massenbestimmung über ihre Radioaktivität gestatten [45-4]. Wenn andererseits die Abnahme der anfänglich vorhandenen Kerne N_0 unter Neutronenbestrahlung genügend groß ist, läßt sich der Abbrand des Nuklids (0) zur Fluenzmessung benutzen. Für den oben diskutierten Fluenzmeßbereich kommen dabei nur Reaktionen mit Wirkungsquerschnitten in Größenordnungen über 10 b in Betracht. Ausnutzbare Möglichkeiten bieten u. a. die Bestimmung des ^{10}B-Abbrands in Bor-Proben oder die des ^{235}U-Abbrands mittels α-Spektrometrie, ferner der Abbrand einer radioaktiven Quelle, der nach der unten mitgeteilten Source-Depletion-Methode ausgewertet werden kann. Obwohl sie teilweise sogar eine exakte Fluenzauswertung gestatten, hat sich von den zahlreichen vorgeschlagenen Meßverfahren mittels Bestimmung von Erzeugung oder Abbrand von Nukliden gegenüber den Aktivierungssonden keines recht durchsetzen können. Das liegt an dem großen technologischen und meßtechnischen Aufwand, den jene Verfahren in der Regel erfordern. So wurde z. B. zur Bestimmung der intermediären Fluenz neben der Aktivierungsreaktion von

^{109}Ag der Abbrand von ^{240}Pu untersucht [45-2]: dabei verlangten die Silbermonitoren abgesehen von ihrer einfachen und billigen Herstellung und der gefahrloseren Handhabung keine Nachbehandlung und liefern obendrein genauere Ergebnisse wegen der genauer ermittelten (und das heißt in vielen Fällen: genauer ermittelbaren) nuklearen Daten. Dazu kommt das einfache, rasche und billige Aktivierungszählverfahren bei der ^{110m}Ag-Messung gegenüber den massenspektrometrischen ^{240}Pu-Bestimmungen, die vor und nach der Bestrahlung notwendig sind.

Chemische und festkörperphysikalische Methoden (einschließlich der optischen Registrierung) haben wenig Anwendung zur Fluenzmessung gefunden. Das liegt an den in Abschnitt 2.6 geschilderten meßtechnischen und Auswertungsschwierigkeiten, die mit diesen Methoden verknüpft sind. Sie sind den Aktivierungssondenverfahren an Einfachheit, Absolutgenauigkeit und Umfang des Meßbereichs unterlegen; andererseits ermöglichen sie wenigstens grundsätzlich die Messung im Gebiet der spektralen Lücke zwischen einigen 10 und mehreren 100 keV Neutronenenergie, in dem die Aktivierungssonden praktisch ausfallen, das aber für die Monitierung von Strahlenschädenexperimenten besonders interessiert. In Tabelle 4.5.B sind nichtnukleare Methoden zusammengestellt, die zur Fluenzmessung an Reaktoren erprobt wurden. Unter den Nachweiseffekten, die sich wegen Schwierigkeiten bei der vergleichenden Kalibrierung der in verschiedenen Laboratorien eingesetzten Verfahren erst zögernd oder gar nicht durchsetzen können, sind neben *chemischen Verfahren* die *Widerstandsänderung in Metallen* und *in Graphit* zu nennen. Für den aus dem Rahmen unserer Betrachtung fallenden niedrigeren Fluenzmeßbereich finden noch folgende Meßverfahren Anwendung: *Kernspurmessung, Thermolumineszenz,* ferner Detektortypen, die im thermischen Energiebereich ansprechen und die zur Verwendung im epithermischen und schnellen Bereich mit cadmiumumkleideten Moderatorsubstanzen umgeben werden (z. B.: [45-5]; sowie die *Kapazitätsänderung* in Si-p-n-Dioden [45-6]). Benutzt wird auch die *Selbstionisation* durch radioaktiven Zerfall in Halbleitermaterialien; CdS erwies sich als brauchbar für schnelle Fluenzen zwischen 10^{11} und $10^{17}\,cm^{-2}$ [45-7]. Da die üblichen epithermischen Aktivierungssonden im weniger interessierenden niederen Energiegebiet ansprechen, wurde neuerdings ein Doppelsondenverfahren für den Bereich um 1 keV untersucht, der für die Strahlenschädenmonitierung von Wichtigkeit ist [45-8]; benutzt wurden Phosphor als 1/v- und Kupfer als Flußdichte- bzw. Kobalt als Fluenz-Resonanz-Detektor, in B_4C-Filter: die (zum Gesamtfehler gehörige) Standardabweichung wird mit rund ± 10% angegeben.

Auswertung (mit zeitabhängiger Flußdichte). Wir betrachten hier die Detektoren als ideal dünn, d. h. frei von Flußstörungen. Wir vernachlässigen auch spek-

Tabelle 4.5.B. Zur Fluenzmessung erprobte chemische und physikalische Nachweiseffekte

Reaktionstyp: Verhalten:	Gasfreisetzung	Leitfähigkeitsänderung	Spaltfragment-Registrierung	Dichteänderung in Festkörpern	Verfärbung von Gläsern
Arbeitsweise	^4He-Messung aus ^9Be (n, 2 n) 2 α	Messung der Änderung des elektr. Widerstands einheitlicher (quarzgekapselter) Proben nach Bestrahlung	Zählung v. Spaltfragmentspuren v. Spaltfolie i. Kontakt m. Glimmer, Glas oder Plastik nach Ätzen	z. B. in Quarz	I. in B-Co-Glas II. in Al_2O_3-Einkristall III. in Quarz
Detektor-Ausführung u. Größe	s. Abb. 2.6.I	Graphitstab 3 ∅ · ~40 mm lang, Wolframdraht ähnl. Abb. 2.6.II	z. B. 2 mm U-Schicht i. Kontakt m. 2 mg/cm^2 Glimmerfolie	3 · 3 · 3 mm^3-Würfel od. 3 mm ∅ · 3 mm-Scheibe	S. kleine Quader od. Scheibchen (wie links) bei I. z. B.: 15 · 6 · 1,5 mm^3
Störeinflüsse (von T Temperatur bzw. φ_E Neutronenspektrum)	^9Be (γ, n) 2 α (bedingt infolge (n, γ)-Prozessen Einschränkung $\varphi_{th} < 10\ \varphi_s$) $T < 750$ °C Abhängigkeit vom Spektrum schneller Neutronen	γ-Empfindlichkeit unbedeutend Umgebungstemperatur: < 60 °C f. Graphit, < 100 °C f. W z. φ_E vgl. Abschn. 2.6, 4.1 (Strahlenschäden)	Fading f. $T > 200$ °C, γ-unempf. f. $\leqslant 10^4$ rd bzw. $\leqslant 10^3$ rd/h	Einflüsse von γ-Strahlung, n-Spektrum u. T noch wenig bekannt	I. γ-unempf. f. $< 5 \cdot 10^5$ rd/s, kein Fading f. $< 10^7$ rd II. γ-Diskrim. möglich; beschränkt auf $\varphi_{th} \leqslant 10^2\ \varphi_s$ u. niedr. T III. wie Quarz-Dichteänderung
Bem. z. Nachbehandlung, Messung usw.	Messung massenspektrometisch	Meßverfahren einfach und sehr genau W wird stark radioaktiv	Nach Ätzen, Spurenzählung od. Helligkeitsmessung	s. [45-16]	Spektralphotometer bzw. Refraktometer

Meßgröße(n) (für Neutronenenergie E) Meßbereich [cm^{-2}] (Index s weist auf schnelle Neutronen)	Φ_s (E > 2 MeV) > 10^{16}	Graphit: $10^{15} < \Phi$ (E) < $3 \cdot 10^{16}$ für E > 75 keV, W: $5 \cdot 10^{14}$ < Φ (E) < 10^{21} für E > 1 keV (therm. Effekt gering)	$10^6 \leqslant \Phi_{th} < 10^{12}$ (< $5 \cdot 10^{19}$) $10^6 \leqslant \Phi_{ep}$ (< $5 \cdot 10^{18}$) $10^7 \leqslant \Phi_s < 10^{16}$ (< $2 \cdot 10^{20}$) (Meßgrenzen in Klammern nach [45-22] abgeschätzt)	$10^{18} \leqslant \Phi_s$ (E > 0,3 MeV) < 10^{20}	I. $\Phi_{th} < 2{,}5 \cdot 10^{15}$ (auch Φ_{ep} meßbar) II. $10^{16} \leqslant \Phi_s$ (E > einige keV) < 10^{19} III. wie Quarz-Dichteänderung
Empfindlichkeit			Spurendichten-Meßbereich 10...10^7 cm^{-2} [45-22]		
(rel., absolut) Meßunsicherheit	absol. 10...20%	rel. ~5%		rel. < 1%	I. rel. 5%, absol. 10%
Literatur-Hinweise	[26-15]	[26-7, 21, 22, 23, 24]	[25-17, 19] [26-1] [45-22, 23]	[26-6] [45-16]	I. [26-19], II. [26-20], III. [45-16]

trale (bzw. Filter-)Korrekturen. Für nukleare Nachweisreaktionen, bei denen die Nuklidumwandlung nach einer homogenen Differentialgleichung vom Typ $y'(x) + y(x)g(x) = 0$ erfolgt – die also kein weiteres Glied $h(x)$ enthält – kann man die Fluenz explizit aus der Reaktionsrate erhalten. Für den Abbrand eines stabilen Ausgangsnuklids N_0 ergibt sich mit beliebig zeitlich veränderlichem $\varphi(t)$ entsprechend Gleichung (1.5.12):

$$N_0(t_B) = N_{00}\, e^{-\sigma^{(0)}\Phi(t_B)} \,. \tag{4.5.5}$$

Als Beispiel zu dieser Art von Fluenzbestimmung betrachten wie die Source-Depletion-Methode von Farinelli [45-9]. Dabei wird mit der Probe, für die die Fluenz bestimmt werden soll, einer von zwei gleichartigen Strahlern mitbestrahlt, der zweite dagegen nicht. Nach der Bestrahlungszeit t_B beträgt die Aktivität des zweiten Strahlers:

$$A_2(t_B) = A_{20}\, e^{-\lambda t_B} \tag{4.5.6}$$

und die des ersten Strahlers

$$A_1(t_B) = A_{10}\, e^{-(\lambda t_B + \sigma\Phi(t_B))} . \tag{4.5.7}$$

Dann ergibt sich

$$\Phi(t_B) = (1/\sigma)\ln(A_{10}\, A_2/A_{20}\, A_1) \tag{4.5.7a}$$

für die gesuchte Fluenz.

Während Abbrandreaktionen also eine Fluenzbestimmung ohne Kenntnis des zeitlichen Flußdichteverlaufs $\varphi(t)$ ermöglichen, gilt das nicht für andere zur Fluenzmessung benutzte Reaktionen – nämlich die Reaktionen zur Erzeugung eines bestimmten Nuklids und die besonders wichtigen Aktivierungsreaktionen. Der mathematische Grund dafür liegt darin, daß die die Nuklidumwandlung beschreibende Differentialgleichung nun vom inhomogenen Typ ist – d. h. daß sie in der oben zitierten Schreibweise noch ein weiteres additives Glied $h(x)$ enthält. Für die Erzeugung eines Nuklids N_1 aus N_0 ergibt sich dann bei Nichtauftreten von radioaktivem Zerfall:

$$N_1(t_B) = N_{00}\, \sigma^{(0)}\, e^{-\sigma^{(1)}\Phi(t_B)} \int_0^{t_B} \varphi(t)\, e^{-(\sigma^{(0)} - \sigma^{(1)})\Phi(t)}\, dt \,. \tag{4.5.8}$$

Für den radioaktiven Zerfall ergibt sich bei Zulassung von Abbrand beim Ausgangsnuklid (0) und beim Meßnuklid (1) – anstelle von Gleichung (4.5.2) –:

$$N_1(t_B) = N_{00}\, \sigma^{(0)} \exp\left\{-\lambda_1 \int_0^{t_B} X_1(t)\, dt\right\} \int_0^{t_B} \varphi(t) \exp\left\{\int_0^{t} [\lambda_1 X_1(t') - \sigma^{(0)} \varphi(t')]\, dt'\right\} dt$$

mit $$X_1 = 1 + \frac{\sigma_j^{(1)}}{\lambda_1}\varphi_j(t) \,. \tag{4.5.9}$$

(j) ist ein Neutronenenergiebereich, wo der Abbrandwirkungsquerschnitt $\sigma_j^{(1)}$ nicht mehr vernachlässigbar gegen $\lambda_1/\varphi_j(t)$ ist. Ohne eine Annahme über den zeitlichen Flußdichteverlauf $\varphi(t)$ kann Gleichung (4.5.9) bzw. (4.5.2) prinzipiell nicht gelöst werden. Man geht deshalb so vor [11-9], daß man – an Stelle der gesuchten „wahren Fluenz" $\Phi(t_B)$ – die Meßfluenz $\Phi_m(t_B)$ bestimmt, an die die Annahme geknüpft ist, die Flußdichte sei während der Bestrahlungszeit t_B konstant ($= \varphi_0$); entsprechend gelte $X_1 = X_{10}$ in Gleichung (4.5.9). Berücksichtigt man noch die Wartezeit t_W vom Bestrahlungsende bis zum Meßbeginn der Sondenaktivität $A_1(t_B, t_W)$, dann erhält man:

$$\Phi_m(t_B) \equiv \varphi_0 t_B = \frac{A_1(t_B, t_W) X_{010} t_B e^{\lambda_1 t_W}}{N_{00}\sigma^{(0)} e^{-\sigma^{(0)}\varphi_0 t_B}[1 - e^{-X_{010}\lambda_1 t_B}]}$$

mit der Abkürzung (4.5.10)

$$X_{010} \equiv X_{10} - \frac{\sigma^{(0)}\varphi_0}{\lambda_1} = 1 + \frac{\sigma^{(1)} - \sigma^{(0)}}{\lambda_1}\varphi_0 \, .$$

Die wahre Fluenz $\Phi(t_B)$ weicht von der Meßfluenz $\Phi_m(t_B)$ ab um die Korrektur:

$$\epsilon \equiv \frac{\Phi_m}{\Phi} - 1 = \frac{A_1(t_B, t_W) X_{010} t_B e^{\lambda_1 t_W}}{N_0(\varphi_0, t_B)\sigma^{(0)}[1 - e^{-X_{010}\lambda_1 t_B}] \int_0^{t_B} \varphi(t)\,dt} - 1 \, . \quad (4.5.11)$$

Außer im trivialen Fall ($\varphi(t) \equiv \varphi_0$) verschwindet ϵ für solche Bestrahlungszeiten t_B, die so kurz sind, daß man alle exponentiellen Funktionen in Gleichung (4.5.11) mit dem linearen Glied abbrechen kann.

Je allgemeiner die Annahme über den zeitlichen Flußdichteverlauf $\varphi(t)$ ist, desto größer ist der Anwendungsbereich für die danach bestimmte Korrektur ϵ. Von diesem Gedanken sind Debrue und Motte ausgegangen. Münch [45-10] hat ihre rechnerischen Überlegungen durch systematische Rechnungen ergänzt; er stellte zur thermischen Fluenzbestimmung mit $^{59}Co(n, \gamma)$ fest, daß ein Maximalfehler $\epsilon = 1{,}75\%$ sich bei mäanderförmigem Flußverlauf (mit Perioden praktisch beliebiger Länge mit $\varphi_{th} = \text{const} = 10^{14}\,cm^{-2}\,s^{-1}$ und dazwischenliegenden mindestens gleich langen Pausenzeiten mit $\varphi = 0$ unter 100 Tagen) für eine gesamte Einsatzzeit von höchstens 2000 Tagen ergibt.

Eine weitere Untersuchung der Korrektur wurde von Zijp [11-19] durchgeführt, ebenfalls im Hinblick auf Anwendung für mögliche allgemeine Flußdichteverläufe $\varphi(t)$. Da er nur die Fluenzmessung schneller Neutronen behandelt, kann er folgende Vernachlässigungen einführen, die bei ^{60}Co als Nachweis- oder Meßnuklid für thermische und epithermische Neutronen ungeeignet wären: 1. Das Ausgangsnuklid soll keinen Abbrand zeigen, 2. beim Nachweis- oder

Meßnuklid liefert der Abbrand nur eine kleine Korrektur, für die Flußänderungen während der Bestrahlungszeit t_B vernachlässigbar sind. Dann erhält man aus Gleichung (4.5.10) und Gleichung (4.5.11):

$$\epsilon \approx \frac{X_{10}\,\lambda_1\,t_B}{e^{X_{10}\lambda_1 t_B} - 1}\;\frac{\int_0^{t_B} \varphi(t)\, e^{X_{10}\lambda_1 t_B}\, dt}{\int_0^{t_B} \varphi(t)\, dt} - 1\,. \qquad (4.5.12)$$

Zijp rechnete hierzu ϵ-Werte für linear ansteigende und für exponentiel ansteigende Flußdichte aus. Ist der Flußverlauf ganz unbekannt, fand Zijp bei $X_{10} = 1$ (vernachlässigbarem Abbrand) die Bedingung:

$$t_B < 0{,}03\, t_{1/2}^{(1)} \quad \text{für} \quad \epsilon < 1\% \qquad (4.5.13)$$

in Abhängigkeit von der Halbwertszeit $t_{1/2}^{(1)}$ des Meßnuklids. Schließlich betrachtet Zijp die Aktivierung durch $i = 1, \ldots, n$ Rechteck-Flußimpulse unterschiedlicher Höhen φ_i, verschiedener Längen $t_B^{(i)}$ und unregelmäßiger Abstände $t_A^{(i)}$ vom Bestrahlungsende $t_B^{(n)}$:

$$A = \frac{N_{00}\,\sigma^{(0)}\,\varphi_0}{X_{10}} \sum_{i=1}^{n} \frac{\varphi_i}{\varphi_0}\left[1 - e^{-X_{10}\lambda_1 t_B^{(i)}}\right] e^{-\lambda_1 t_A^{(i)}}\,. \qquad (4.5.14)$$

Darin ist φ_0 eine Referenzflußdichte. Wenn man voraussetzen könnte, daß während der Bestrahlung im Reaktor keine Änderung der Brennstoffmenge und der Neutronenabsorption durch Bildung oder Einbringen von Absorbern sowie der Regelstabstellung stattfänden, könnte man in Gleichung (4.5.14) schreiben:

$$\varphi_i/\varphi_0 \sim P_i/P_0\,, \qquad (4.5.15)$$

d. h. die Flußwerte durch die zugehörigen angezeigten Leistungswerte ausdrücken. Diese Proportionalität kann man jedoch bei unterschiedlichen Reaktorbedingungen nicht ohne weiteres annehmen, und die in Gleichung (4.5.13) angegebene Schranke für die Bestrahlungszeit t_B grenzt die verwendbaren Nachweisreaktionen zu stark ein.

Wenn wir uns auf die Aktivierungsreaktionen in Tabelle 4.5.A beschränken, dann erweist sich die notwendige Korrektur ϵ nach Gleichung (4.5.11) für $^{59}Co(n, \gamma)^{60}Co$ als hinreichend klein und in den meisten Fällen sogar als überflüssig. Für die epithermischen Reaktionen $^{109}Ag(n, \gamma)^{110m}Ag$ und $^{59}Co(n, \gamma)^{60}Co$ hat man Doppelverhältnisse in einem bekannten (K) und dem unbekannten (U)-Spektrum gemessen [45-2], wobei sich auch die zeitlichen Korrekturen $[(1 + \epsilon_U^{(109)})/(1 + \epsilon_U^{(59)})] : [(1 + \epsilon_K^{(109)})/(1 + \epsilon_K^{(59)})]$ herausheben, wenn die Bestrahlungszeiten gleich sowie die Flußdichte-Verläufe und -Verhältnisse bei der Abbranderzeugung genügend ähnlich oder die Korrekturen ϵ

hinreichend klein sind. Von der Abschätzung der Korrektur ϵ zur Messung der schnellen Fluenz, die bei den Reaktionen mit relativ kurzlebigen Aktivierungen nicht ganz befriedigt, war bereits die Rede. Setzt man zeitlich konstanten Fluß voraus, dann verlangen speziell die Reaktionen $^{58}Ni(n, p)^{58}Co$ und $^{54}Fe(n, p)^{54}Mn$ noch die Berücksichtigung von Abbrand und Nebenaktivitäten in der Zerfallskorrektur; s. z. B. [15-6, 7, 45-11, 12] für die Ni- und [22-14, 45-13] für die Fe-Reaktion. Unter Annahme einer Treppenfunktion für $\varphi(t)$ hat man mit Rechenprogrammen Korrekturen zur Fluenzauswertung berechnet; s. [45-14] und [45-15] speziell für ^{59}Co zur thermischen und für ^{58}Ni zur schnellen Fluenzbestimmung.

Für festkörperphysikalische Nachweiseffekte, die als Strahlenschädigungen aufzufassen sind, formuliert man eine *Schädigungsrate* $\dot{D}(t)$. Ihr zeitliches Integral (Schädigungsanzahl D) läßt sich folgendermaßen ausdrücken:

$$D(\vec{r}, t_B) \equiv \int_0^{t_B} \dot{D}(\vec{r}, t)\, dt = N \int_0^{t_B} \int_0^{\infty} W(E)\, \varphi_E(\vec{r}, t)\, dE\, dt \,. \qquad (4.5.16)$$

N ist die Atomanzahl der Nachweissubstanz. Auf die Schädigungsfunktion W(E) wird im Zusammenhang mit der Gleichung (5.1.9) eingegangen. Die Schädigungsanzahl $D(t_B)$ wird in der Regel als eine (durch Neutronenreaktionen ausgelöste) Anzahl von Gitteratomverlagerungen verstanden. Gilt strenge Proportionalität zwischen der – so definierten – Schädigungsanzahl $D(t_B)$ und der Nachweiseffektanzahl $J(t_B)$, dann läßt sich die Fluenz $\Phi(t_B)$ unter Anwendung der Beziehung (4.5.16) aus gemessenen Änderungen einer bestimmten Materialeigenschaft im zu untersuchenden Neutronenfeld bestimmen. Mit den Annahmen, daß die Flußdichte in Faktoren zerlegbar ist:

$$\varphi_E(\vec{r}, t) = f(t)\, \chi'(E, \vec{r}) \qquad (4.5.17)$$

und daß man die Schädigungsfunktion über die Flußdichte in der j-ten Energiegruppe mitteln kann, erhält man:

$$D_j(\vec{r}, t) = N \int_0^{t_B} f(t) \int_{E_j}^{E_{j+1}} W(E)\, \chi'(E, \vec{r})\, dE\, dt = N\, W_j\, \chi_j(\vec{r}) \int_0^{t_B} f(t)\, dt \,. \qquad (4.5.18)$$

Ein solches Vorgehen ist häufig im schnellen Bereich mit $E > E_u \sim 0{,}1$ MeV möglich. Fassen wir E_u als effektive Schwellenenergie für merkliches Einsetzen des Nachweiseffekts auf, dann lautet (in der einfachsten Ein-Gruppen-Näherung) die mittlere zeitunabhängige atomare Schädigungsrate für $E > E_u$:

$$\dot{D}_{>E_u}(\vec{r})/N = \int_{E_u}^{\infty} W(E)\, \chi'(E, \vec{r})\, dE = \overline{W\chi(\vec{r})}^{E>E_u} \,. \qquad (4.5.19)$$

Ist die spektrale Flußdichte $\varphi_E(\vec{r})$ z. B. durch Mehrfach-Aktivierungs-Sondenmessungen absolut bekannt (vgl. Abschnitt 4.4), setzt man $\varphi_E(\vec{r})$ für $\chi'(E, \vec{r})$ ein. Damit kann man festkörperphysikalische Fluenzmeßsonden kalibrieren, die keine unmittelbare Absolutbestimmung gestatten. Ausgeführte Vergleichsmessungen [45-16] zwischen festkörperphysikalischen Nachweiseffekten und Schwellensondenmessungen, die nach niedrigen Neutronenenergien an gerechnete Spektren angeschlossen wurden, zeigten durchaus konsistente und ermutigende Ergebnisse (Abbildung 4.5.I). Man darf jedoch nicht vergessen, daß das Ansprechen dieser Nachweiseffekte bis zu Neutronenenergien weit unter

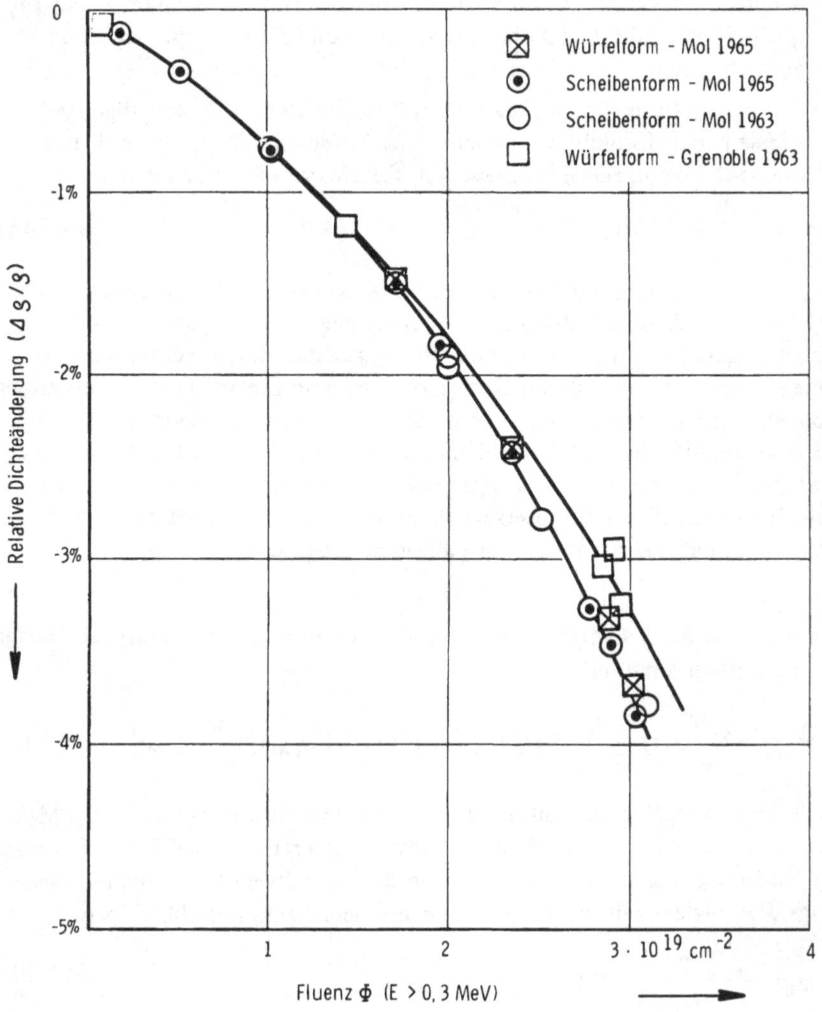

Abb. 4.5.I.
Ergebnisse von Vergleichsbestrahlungen von Quarzdetektoren in 2 Reaktorstationen [45–16]. Relative Quarz-Dichteänderung als Funktion der mit Aktivierungsdetektoren ermittelten Neutronenfluenz Φ (E > 300 keV).

1 MeV herunterreicht, und diese Eigenschaft macht ihre Anwendung gerade besonders erwünscht; im Energiegebiet unter 1 MeV ist aber eine Sekundärkalibrierung durch die angeführten Aktivierungsreaktionen allein – wegen deren höheren effektiven Schwellenenergien – nicht möglich. Über die praktische Durchführung der Fluenzkalibrierung wird im Anschluß an die Fluenzmeßeinrichtungen die Rede sein.

Meßeinrichtungen und Kalibrierung. Da in Aktivierungssonden die zu messenden Fluenzen oft hohe Aktivitäten erzeugen, benötigt man Einrichtungen für genaue Messungen mit kleiner Zählausbeute. Dazu können dienen:
1. Streufreie Anordnungen mit großem Abstand zwischen Quelle (Aktivierungssonde) und Detektor,

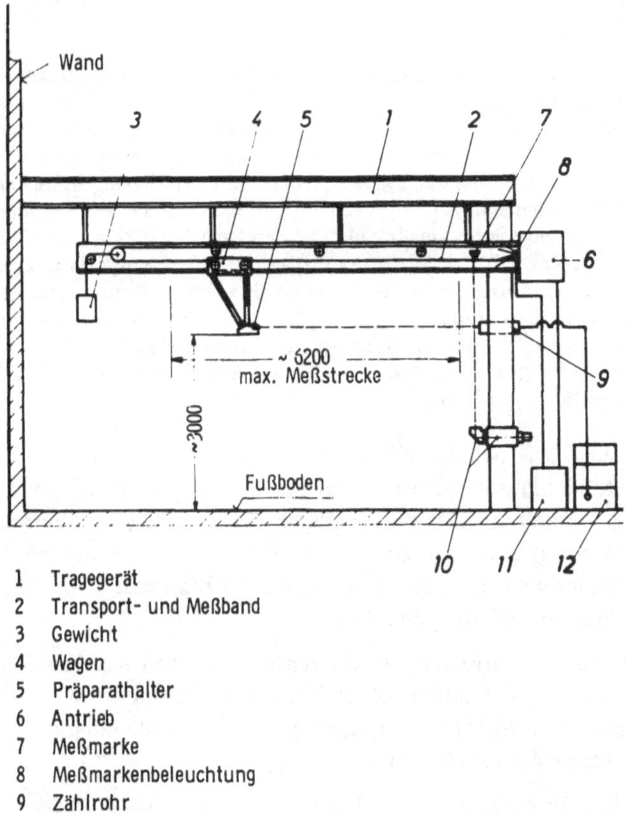

1 Tragegerät
2 Transport- und Meßband
3 Gewicht
4 Wagen
5 Präparathalter
6 Antrieb
7 Meßmarke
8 Meßmarkenbeleuchtung
9 Zählrohr
10 Fernrohr mit Pentagonprisma
11 Steuergerät
12 Strahlungsmeßgerät

Abb. 4.5.II.
Streufreie Meßbahn.

2. Anordnungen mit niedriger Nachweiswahrscheinlichkeit wie Ionisationskammern und
3. Anordnungen mit kleiner geometrischer Ausbeute (durch Kollimierung).
Die letztgenannte Möglichkeit bietet den Vorteil einer einwandfrei reproduzierbaren Gamma-Spektrometrie. Wir wollen Ausführungen zu allen drei Möglichkeiten besprechen. Neben der Anwendung der genannten Meßverfahren kann man natürlich die zu messenden Aktivitäten durch Teilung oder chemische Verarbeitung der Sonden verkleinern. Das verlangt aber im Hinblick auf Strahlengefährdung und wegen der häufigen Korrosion der Sonden verhältnismäßig zu viel Aufwand und wird in der Praxis kaum angewendet.

Die von Hasenclever entwickelte „Streufreie Meßbahn" für Gamma-Strahler (z. B. ^{60}Co) von 0,1 bis 100 mCi wurde in einer Halle errichtet, die zur Vermeidung von Gamma-Rückstreuung von hochragenden Aufbauten frei ist (Abbildung 4.5.II).

An einem Ende der Bahn war der Strahlendetektor fest angebracht, während die Quelle mittels elektrischen Antriebs längs der Bahn verschiebbar war. Der Antrieb bewegte ein endloses Stahlband, das sowohl zum Transport der Quelle wie zur Abstandsmarkierung zwischen Quelle und Detektor diente. Der Abstand wurde optisch von dem mit einer Präzisionsteilung versehenen Band abgelesen. Als Detektor wurde ein mit dickem Fenster versehener Methan-Proportionalzähler verwendet, der nur auf Gamma-Strahlung anspricht. Die im Detektor ausgelösten Gamma-Impulse wurden nach Verstärkung und Einseitendiskriminierung mit einem Zählgerät registriert. Der gewählte Detektortyp hatte zwei Vorteile: Seine niedrige Zählausbeute ist den zu messenden hohen Aktivitäten angemessen, und seine lange flache Detektorkennlinie ermöglicht gute Reproduzierbarkeit in den Meßwerten. Die Anlage gestattete mittels Ausgleichsrechnung recht genaue Relativmessungen von Gamma-Strahlern. Als Gamma-Standards diente ein Satz kalibrierter ^{60}Co-Quellen mit Aktivitäten zwischen 1 μCi und 50 mCi mit $\pm 1\%$ Fehler.

Die bei Messungen auf der (inzwischen stillgelegten) Streufreien Meßbahn gefundenen Standardabweichungen lagen bei $\pm 1\%$ für die zufälligen Fehler der Aktivitäten der Standards. Der Fehler für die Bestimmung der thermischen Fluenz mit ^{60}Co wurde danach zu $\pm 3\%$ berechnet; dabei wurde zeitlich konstanter Neutronenfluß vorausgesetzt sowie exakte Einhaltung von Bestrahlungszeit und Sondenpositionierung [45-17].

Eine zum Beispiel im britischen Reaktorzentrum Harwell häufig angewendete Methode zur Messung der Gamma-Aktivität von Fluenzmonitoren stellt die Benutzung einer Schacht-Ionisationskammer mit Fernbedienung der hochaktiven Substanzen dar [22-13, 45-2, 3].

Abbildung 4.5.III zeigt die Schaltung der Kammern, die in [45-18] beschrieben ist. Die Anordnung beitet eine sehr stabile Geometrie für die Meßproben. Die Gamma-Aktivität von Fluenzmonitoren wird ebenfalls relativ gemessen im Vergleich mit einem Satz von ^{60}Co-Standards. Der Fehler unter Wiederholbedingungen für die relative Aktivität einer ^{60}Co-Sonde bezogen auf einen Standard liegt bei $\pm 0{,}3\%$, die so bestimmten Relativflußdichten weichen über lange Zeiten weniger als 1% voneinander ab. Gamma-Aktivitäten

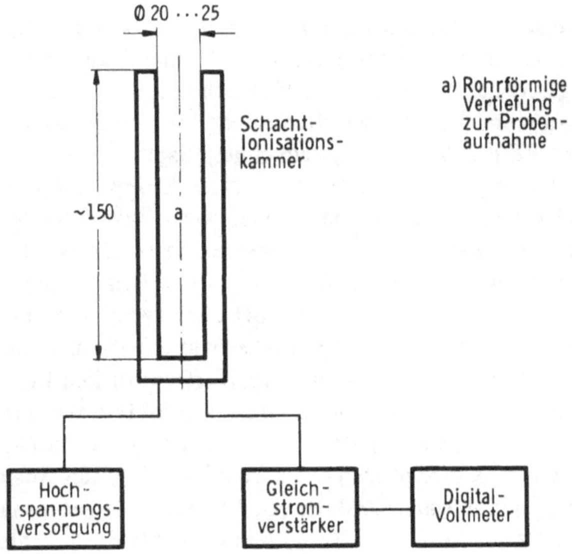

Abb. 4.5.III.
Blockschema einer Meßeinrichtung mit Schacht-Ionisationskammer.

anderer Nuklide werden als ^{60}Co-Äquivalent-Aktivitäten relativ gemessen. Der Umrechnungsfaktor von dieser äquivalenten auf die wahre Aktivität des betreffenden Meßnuklids wird durch Vergleichsmessung eines ^{60}Co-Standards mit einem Standard des betreffenden Monitortyps ermittelt.

Im Meßbereich und in der erzielbaren Genauigkeit scheint die Anwendung der Schacht-Ionisationskammer ungefähr dasselbe zu erreichen wie die der Streufreien Meßbahn, die aber mehr apparativen Aufwand erfordert.

Um bei Aktivierungssonden, die merkliche Störaktivitäten aufweisen – was besonders bei denen zur Messung der schnellen Fluenz der Fall sein kann –, die Meßaktivität zu isolieren, wendet man (statt der bei Schwellenreaktionen prinzipiell möglichen chemischen Trennverfahren) in der Regel die Gamma-Impulsspektrometrie an. Dazu hat man bisher die Szintillations-Spektrometrie eingesetzt unter Verwendung großer (z. B. 3″ · 3″ Durchmesser-)NaJ(Tl)-Kristalle in einem ausgekleideten Bleibunker zur Abschirmung [45-13, 22-14]. Aus den integrierten Impulsraten unter den Photopeaks und mittels bekannter absoluter Ausbeutefunktionen kann man absolute Quellstärken für die Einzelkomponenten im Spektrum berechnen. So geht man jedoch bei Routinemessungen meist nicht vor. Statt dessen stellt man geeignete Sekundär-Standards aus reinen ^{54}Mn-, ^{59}Fe- usw. Quellen her, die in derselben geometrischen Anordnung gemessen werden wie die Fluenzmonitoren. Vergleich der Spektren liefert dann die Verhältnisse der Quellstärken zwischen Monitor und kalibriertem Standard. Um das Meßnuklid (bzw. eine einzelne Photolinie aus dessen Gamma-

Spektrum) mittels Gamma-Spektrometrie zu isolieren, wendet man das *Stripping-Verfahren* an, was elektronisch [45-13] oder (heute bevorzugt) mathematisch geschehen kann. Ersteres läßt sich unmittelbar an der Apparatur durchführen, wobei der Erfolg oder Nichterfolg des Verfahrens sofort sichtbar wird. Letzteres wird durch einen Digitalrechner ausgeführt, ist zuverlässiger und beansprucht weniger menschliche Arbeitszeit. Stripping-Verfahren setzen gute Energiestabilisierung der Spektren voraus, wozu gute Verstärkerstabilisierung gehört, die sich mittels eines elektronischen Stabilisators oder durch eine Regelvorrichtung erreichen läßt, die die Lage einer Eichlinie einer bestimmten Kanallage nachregelt [22-14]. Wegen ihrer oft stark verschieden hohen Aktivitäten werden die Sonden zur Messung entweder in einem variablen größeren Abstand vom Detektor oder hinter einem (z. B. 10 cm dicken Blei-)Kollimator mit variabler Öffnung (z. B. von 5 bis 25 mm) positioniert; das letztere Vorgehen liefert genauere Ergebnisse, denn es vermeidet Fehler durch den nicht immer gleichmäßig senkrechten Detektorabstand sowie durch Abstandsabhängigkeit der Photofraction (auch Peak-zu-Total-Effektivität genannt) und des Verhältnisses zwischen Photo- und Rückstreulinien. Als Fehler unter Wiederholbedingungen (unter Einfluß von Sonden verschiedener Aktivitätsgrößenordnungen) wurde 2% oder weniger gefunden.
Neuerdings benutzt man auch zur Gamma-Spektrometrie von Fluenzmeßsonden an Stelle der NaJ(Tl)-Szintillationszähler zunehmend Ge(Li)-Halbleiterdetektoren (Abbildung 4.5.IV). Der mit ihrer Verwendung verbundene größere Aufwand ist wegen ihres beträchtlich besseren Energieauflösungsvermögens gerechtfertigt. Man kann damit anstatt des Strippingverfahrens die zuverlässigere Photopeakanalyse (gegebenenfalls zeitsparend mit Hilfe eines Kleinrechners) anwenden. Denn dadurch wird in vielen Fällen erst eine befriedigende Ausführung der spektralen Zerlegung ermöglicht: Z. B. bei Eisensonden, wobei die zu messende ^{54}Mn-Photolinie mit dem Szintillationsspektrometer auf den Compton-Kanten von den (eventuell vorhandenen) Nukliden ^{59}Fe und ^{60}Co aufsitzt, die schwierig abzuziehen sind, während das Ge(Li)-Spektrometer die Linien eindeutig trennt und die Compton-Kanten unerheblich werden läßt (Abbildung 4.5.V). Die niedrigere Nachweiswahrscheinlichkeit beim Ge(Li)-Detektor ist für die häufig hohen Aktivitäten von Fluenzsonden gerade günstig. Das hochauflösende Ge(Li)-Gamma-Spektrometer findet aber zur Eliminierung von Störaktivitäten nicht nur zum Beispiel bei Messung von natürlichen Eisen-Sonden Anwendung, wo die Störungen materiebedingt sind. Man muß davon ausgehen, daß Hochfluenzsonden nach dem Ausbau häufig verunreinigt sind; da eine chemische Dekontimination sich in der Praxis oft als undurchführbar erweist, kann die Sondenmessung dann nur noch mittels hochauflösender Gamma-Spektrometrie erfolgen.

In Reaktorzentren, wo zahlreiche Hochfluenz-Monitierungen stattfinden, ist eine Anordnung wie die Streufreie Meßbahn unzweckmäßig, da sie nur bei

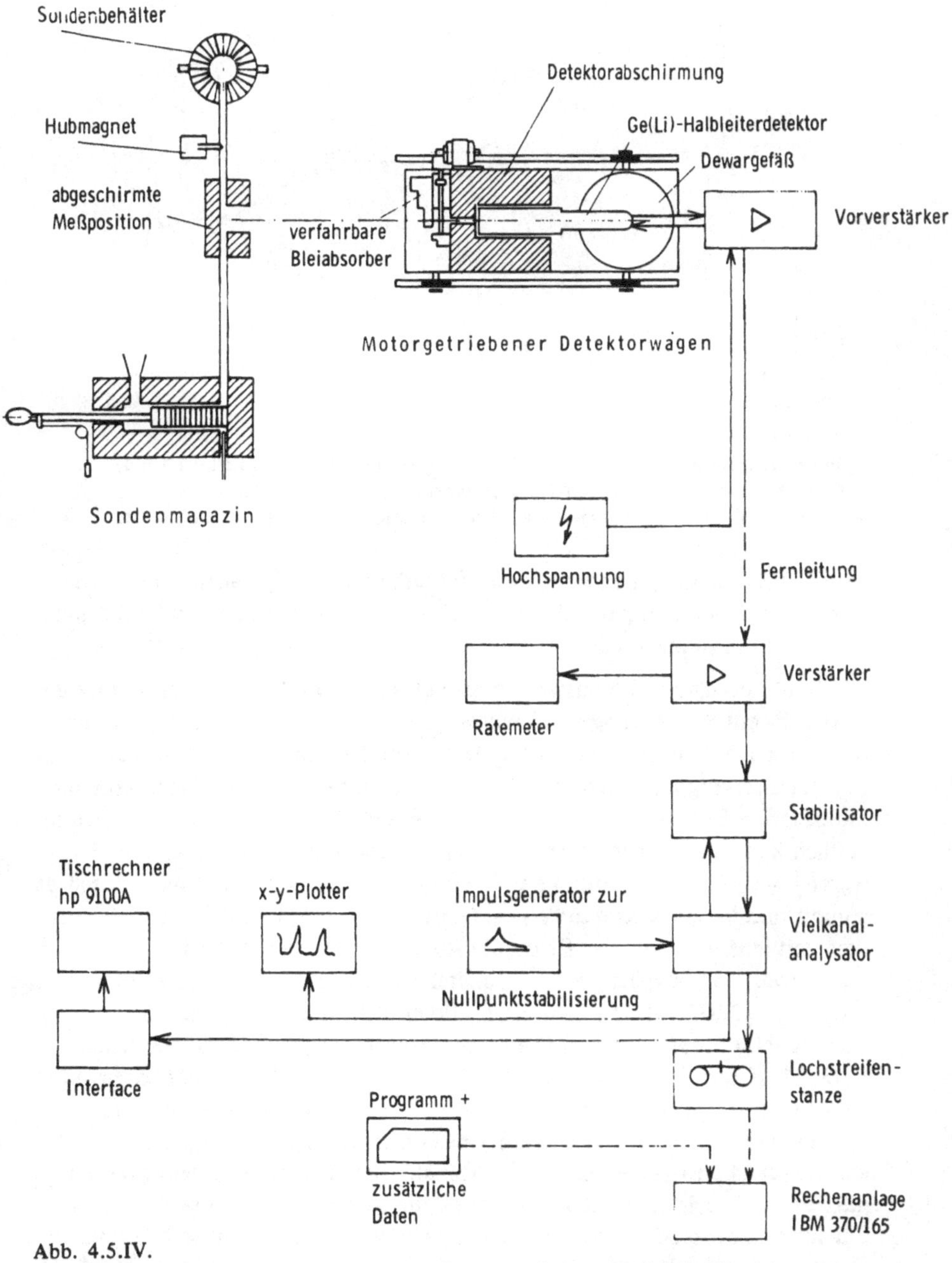

Abb. 4.5.IV.
Automatisierte Fluenzmeßeinrichtung mit Gammaspektrometer (nach [45–24]).

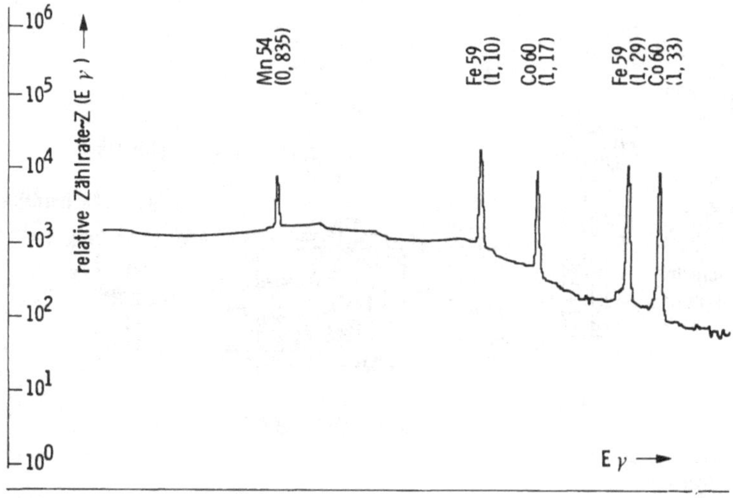

Abb. 4.5.V.
Gammaspektrum einer (im Reaktorneutronenspektrum aktivierten) Fluenzsonde aus natürlichem Eisen, gemessen mit Ge (Li)-γ-Spektrometer
Zu den Linien angegeben: Zugehöriges Nuklid (Gammaenergie E_γ in MeV)

geringen Sondendurchsätzen einwandfrei arbeitet. Die Voraussetzung vernachlässigbarer Störaktivitäten schränkt auch die Verwendbarkeit von Ionisationskammer-Anordnungen ein.

Die Kalibrierung von Fluenzwerten erfolgt letzten Endes praktisch immer durch Vergleich mit Aktivierungssondenmessungen. Dabei wird man zunächst die Sondenaktivität (primär oder sekundär) absolut bestimmen und daraus analog zur Flußmessung unter Berücksichtigung der Flußstörung, der Korrektur für radioaktiven Zerfall sowie des spektralen Flußdichteverlaufs die – zu dem als zeitlich konstant angenommenen Flußdichte φ_0 gehörige – Meßfluenz $\Phi_m (t_B) \equiv \varphi_0 t_B$ berechnen. Die wahre Fluenz $\Phi(t_B)$ wird dann rechnerisch bestimmt durch eine Korrektur ϵ – s. Gleichung (4.5.11) –, die man z. B. aus dem zeitlichen Verlauf der Reaktorleistung P(t) erhalten kann [11-19], bequemerweise unmittelbar in Form digitaler Eingangsdaten in einem Fluenzrechenprogramm [22-13, 45-15]. Man darf jedoch nicht übersehen, daß die Reaktorleistung P(t) bestenfalls dem über den Reaktorkern gemittelten zeitlichen Flußverlauf proportional ist und daß letzterer – besonders in den kompakten Kernen von Materialprüfreaktoren – vom Leistungsverlauf abweichende Spitzen haben kann, die sich unter Umständen erst nach einer größeren Zahl von Reaktorfahrperioden durch die Statistik der Brennstoffumladungen herausmitteln. Erst recht keine Korrelationsmöglichkeit bietet die Gewohnheit, Fluenzen auf integrierte Reaktorleistung (in MWd/t) zu normieren, zwischen verschiedenen Reaktoren.

Beispiele für Ausführung der Messungen. Für Bestrahlungsexperimente – besonders in Hochflußreaktoren – wird folgende Meßplanung nahegelegt:
I. Dem eigentlichen Bestrahlungsexperiment *vorausgehende Flußdichtemessungen,* die im selben Kanal in einem simulierten Bestrahlungseinschub (Mock-up, Maquette) und im Originalrig mit simulierten Bestrahlungsproben (Dummy Specimens) mit einer größeren Anzahl von Sonden durchgeführt werden. Damit erhält man Prognosen für den spektralen Flußdichteverlauf φ_E im Einschub bzw. für den ortsabhängigen Flußdichteverlauf mit seinen Verzerrungen gegenüber dem leeren Kanal, zum Beispiel in speziellen Bestrahlungseinrichtungen (Probenträger) im Riginnern.

II. Die *Mehrfachbesetzung* wichtiger Meßpunkte, um Sondenverluste auszugleichen. Diese sind bei Fluenzmessungen besonders hoch – unter Umständen 10 bis 50% –, bedingt durch mögliche Beschädigungen der Sonden während der Bestrahlung (durch Korrosion oder Aufheizung) sowie durch das mühsame und gefahrvolle Entladen der oft winzigen Sonden aus komplizierten hochaktiven und kontaminierten Bestrahlungseinrichtungen in der Sichtzelle.
III. Eine *Pflichtenverteilung* auch für die Fluenzmessungen auf alle am Experiment beteiligten Stellen. An einem Bestrahlungsexperiment sind in der Regel mehrere Institutionen beteiligt: der (das Experiment betreibende) Experimentator, der (für den Reaktorbetrieb zuständige) Betriebsingenieur und der (für die Fluenzmessungen zuständige) Physiker. Der Experimentator überträgt häufig Teilaufgaben an weitere Instanzen, z. B. die Rigzerlegung einschließlich Ausbau und Dekontamination der Monitoren an die „Heißen Zellen".

Als erstes Beispiel betrachten wir vergleichende Messungen des schnellen Flusses mit mehreren Aktivierungsdetektoren in einem Standard-Bestrahlungsrig (Abbildung 4.5.VIa), passend in ein ringförmiges Brennelement im britischen Forschungsreaktor PLUTO [45-3]. Diese Messungen liefern ein Beispiel zu den eben genannten „vorausgehenden Flußmessungen". Zur Auswertung der Sondenaktivierungen wurden spektrale Berechnungen benutzt [41-6].

Längs der Achse des konzentrisch im Brennelement gelagerten Rigs waren drei Aluminium-Kammern angebracht. Jede Kammer kann in getrennten Taschen neun bis zu 75 mm lange und 6 mm weite Graphitproben sowie zwei Monitoren aufnehmen. Für die Vergleichsmessungen wurden die normalen Graphitproben durch simulierte mit Bohrungen ersetzt, von denen jede zwei gleiche gekapselte Monitoren aufnimmt (Abbildung 4.5.VIb). Bestrahlt wurden ^{59}Co-, ^{58}Ni-, ^{54}Fe- und ^{46}Ti-Sonden als natürliche Metalle, Eisen außerdem als 95% angereichertes ^{54}Fe. Die Monitoren wurden unter klimatisierten Bedingungen (mit Temperatur- und Feuchtigkeitsregelung) auf besser als $\pm 5\,\mu g$ gewogen. Anschließend wurden sie eingeschlossen in Kapseln aus der Magnesium-Legierung Magnox bzw. aus Gadolinium bestrahlt zur Trennung der thermischen bzw. epithermischen (Stör-)Aktivitäten und zur Überprüfung der Abbrandkorrekturen (speziell bei ^{58}Ni und ^{54}Fe). Die Bestrahlung fand unter Helium-Atmosphäre statt. Danch wurden alle Monitoren mittels eines Gamma-Spektrometers auf Störaktivitäten untersucht. Nach Bestimmung des jewei-

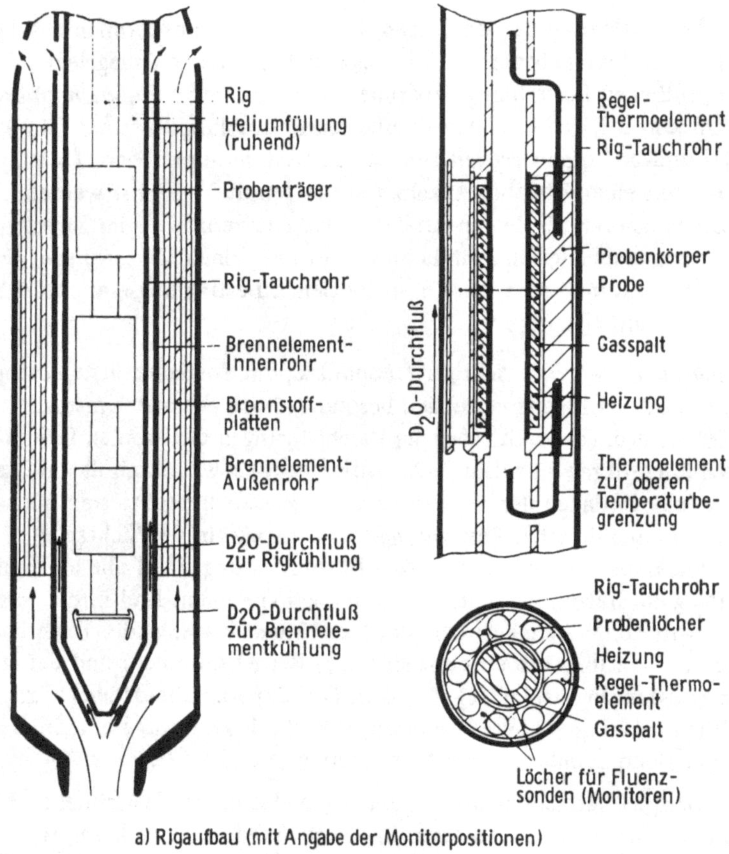

Abb. 4.5.VI.
Standardbestrahlungsrig für D_2O-Forschungsreaktor (nach [45–3]).

ligen Ansprechvermögens für jedes Nuklid wurden die Meßaktivitäten relativ zu ^{60}Co-Standards in einer Schacht-Ionisationskammer gemessen. ^{54}Mn in den angereicherten ^{54}Fe-Sonden wurde außerdem gamma-spektrometrisch gemessen, ebenso ^{46}Sc in den Ti-Sonden. Für die thermische Flußdichte in der Graphitprobe ergab sich ein um höchstens 4% höherer Wert als mit den Standard-Flußdichtemonitoren (im Kanal ohne Rig). Bei den Messungen mit Nickelsonden zeigte sich, daß der als „thermisch" angenommene Abbrand der ^{58}Co-Isomere zu einem beträchtlichen Anteil epithermisch sein muß. Für die übrigen Monitoren erhielt man für das schnelle Spektrum effektive Wirkungsquerschnitte, die mit bekannten Literaturwerten in Einklang stehen.

Eine andere Arbeit berichtet über die Meßpraxis der schnellen Fluenz mit den Experimentiereinrichtungen im Reaktorzentrum Grenoble [45-19].

Für Routinemessungen finden Anwendung: ^{58}Ni für niedrige schnelle Fluenzen bei niedrigeren thermischen Flüssen, ^{46}Ti für mittlere schnelle Fluenzen (von 10^{17} cm^{-2} aufwärts mit Bestrahlungszeiten bis zu höchstens 30 Tagen) und ^{63}Cu für die höchsten Fluenzen. Wichtig ist die Organisation der Zuständigkeit für die Positionszuordnung der Monitoren

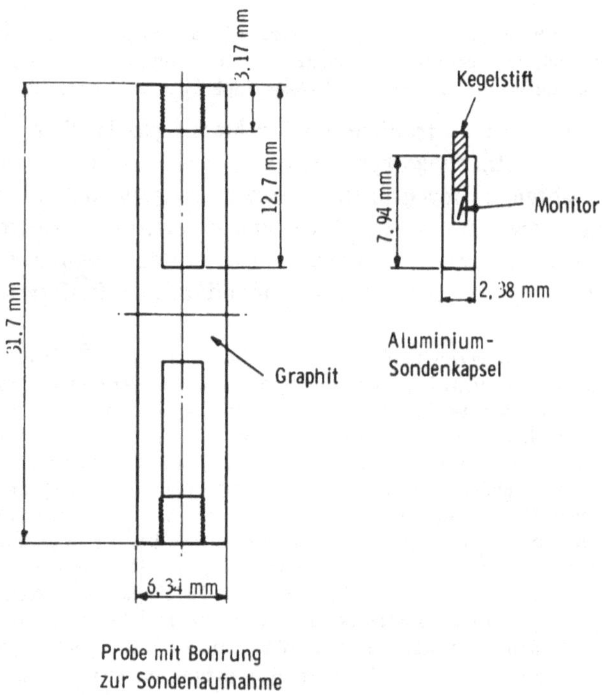

b. Monitoranbringung

Abb. 4.5.VI.
Standardbestrahlungsrig für D_2O-Forschungsreaktor (nach [45–3]).

und der Auslieferung in der richtigen Reihenfolge nach der Bestrahlung. Diese Zuständigkeit liegt (nach der Pflichtenverteilung) beim Experimentator des betreffenden Bestrahlungsexperiments, der sich der Notwendigkeit der Verfolgung jeder einzelnen Detektor-Lebensgeschichte bewußt sein muß. Zur Protokollierung aller zur Auswertung notwendigen Daten wird für jede Bestrahlung eine Art Laufzettel angelegt. Bei einem Graphitbestrahlungsexperiment wurden Bestrahlungskapseln im Beryllium-Reflektor des Forschungsreaktors HFR (Petten, Niederlande) eingesetzt. Da man von der Bestrahlungsanordnung eine Verzerrung des Spektrums der schnellen Neutronen erwartete, wurde das Verhältnis der gemittelten Wirkungsquerschnitte $\bar{\sigma}^{(Cu)} : \bar{\sigma}^{(Ni)}$ gemessen, um die Angaben auf die „äquivalente Spaltflußdichte gemessen mit Ni" zu beziehen. Als Fluenzmonitoren wurden Kupfersonden benutzt (bei einer rund $10^{20}\,cm^{-2}$ betragenden schnellen Fluenz). Eine andere Bestrahlung (von Beryllium im Reaktor SILOË) fand ebenfalls im Reflektor statt und wurde mit Kupfersonden monitiert. Da das ganze Spektrum der schnellen Neutronen interessierte, wurden vorausgehende Flußmessungen mit den Detektoren ^{115}In, ^{58}Ni, $^{27}Al\,(n, \alpha)$ durchgeführt: einmal bei niedrigerer Leistung in einem simulierten Rig und zum zweiten in einer analogen aber störungsfreien Position im Wasser als Vergleichsmessung. Aufgrund der gemessenen Spektralen Indizes ließ sich mit befriedigender Näherung im Innern des Experimenteinbaus ein Spaltspektrum annehmen. Durch die wachsende Zahl von Bestrahlungsexperimenten erhöhte sich die Anzahl der eingesetzten Detektoren: 1965 betrug sie für jeden Reaktor jeweils 100 Nickel-, 50 Titan- und 50 Kupfer-Sonden.

Eine systematische Reinheitskontrolle der Detektoren ist unumgänglich. Die Rückgewinnung der Sonden nach der Bestrahlung verlangt besondere Sorgfalt: Ein beträchtlicher Teil davon geht immer wieder verloren, wird verwechselt oder wird stark kontaminiert.

In Harwell finden im Monat mehrere hundert Messungen der thermischen Fluenz bei Reaktorbestrahlungsexperimenten statt [22-13]. Bei solchen Mengen müssen Verfahren zur mechanisierten Sondenfertigung und automatisierten Auswertung angewendet werden. Da in einem heterogenen thermischen Hochflußreaktor der thermische Fluß über kurze Abstände sehr stark variiert, muß der Monitor möglichst nahe an der zu monitierenden Position eingesetzt werden.

Das läßt sich aber – aus experimentellen oder technischen Gründen – oft nicht recht verwirklichen. Oft kann auch nicht jede Bestrahlungsprobe mit einem eigenen Monitor versehen werden: Dann müssen die Flußdichten in den Probenpositionen im Rig mit denen im leeren Bestrahlungskanal (in vorausgehenden Flußmessungen) verglichen werden. Bei Experimenten mit Bestrahlungseinrichtungen, die nicht in jeder Position einen Monitor enthalten können, ist es üblich, simulierte Bestrahlungsproben einzusetzen, die jeweils in einer vorausgehenden Flußdichtemessung in ihrer Mitte einen Monitor aufnehmen. Hat man die Anordnung so kalibriert, dann ist darauf zu achten, daß der Experimenteinsatz immer in der gleichen Positionierung in den Reaktor geladen wird, vor allem, wenn ein starker Flußdichtegradient längs des Einsatzes herrscht. Die Eingabe der vollständig auf Magnetband gespeicherten Reaktordaten bei der automatisierten Sondenauswertung erfordert ziemlich viel Rechenzeit, bietet aber eine wünschenswerte Zeit- und Personalersparnis. Die Zeitabhängigkeit der Flußdichte wird in der Auswertung vereinfachend gleich der Zeitabhängigkeit der (registrierten) Reaktorleistung angenommen: Der dadurch in die Fluenz eingehende Fehler wird als vernachlässigbar angesehen. Als relativer Gesamtfehler wird $\pm 0{,}7\%$ für den Meßbereich der thermischen Fluenz von 10^{15} bis $10^{20} \mathrm{cm}^{-2}$ angegeben. Das Verfahren mit metallischen Kobalt-Monitoren in Keramik-Kapseln wird für Temperaturen bis höchstens 800 °C angewendet.

Beispiele zur Fluenzbestimmung mittels Abbrand (Abreicherung) z. B. von ^{197}Au und mittels Isotopenkonzentrationsbestimmungen im Brennstoff oder in Bor werden in [11-7] angeführt. Diese Verfahren werden selten angewendet.

Zusammenfassung; Offene Fragen. Die in den Tabellen 4.5.A, B aufgeführten Routinemeßverfahren ermöglichen die Überdeckung des am Anfang dieses Abschnitts aufgeführten Fluenzmeßbereichs für Reaktorbestrahlungsexperimente in den drei integralen Bereichen schneller, intermediärer und thermischer Neutronen. Auch die für solche Experimente wünschenswerten Bestrahlungszeiten lassen sich befriedigend überdecken. Allerdings ist neben den groben Angaben „schnelle", „intermediäre" und „thermische Fluenz" häufig eine genauere Bestimmung des Neutronenspektrums erforderlich, um für das von den Fluenzdetektoren monitierte Bestrahlungsgut die schädigende Fluenz bzw. die absorbierte Dosis berechnen zu können. Da die in Tabelle 4.5.A aufgeführten Detektoren in vielen Fällen keine ausreichende Auskunft über das Spektrum geben können, führt man ergänzende Flußdichtemessungen mit weiteren Aktivierungsdetektoren durch.

Andererseits ist noch eine Anzahl von Verbesserungswünschen für die Neutronenfluenzmessung offen. Einige der wichtigsten sind:

I. Die *spektrale Lücke* im Energieansprechvermögen der Aktivierungsdetektoren – zwischen etwa 10 und 500 keV Neutronenenergie – bildet ein ernstliches Hindernis bei der oft notwendigen genaueren Bestimmung des Neutronenspektrums. Zur Schließung dieser Lücke zieht man in zunehmendem Maß festkörperphysikalische Nachweiseffekte heran. Für diese Methoden muß die Kalibrierung noch verbessert werden. Außerdem müssen Einflüsse von eventuellen Veränderungen des Neutronenspektrums, der Gamma-Flußdichte und der Temperatur untersucht und gegebenenfalls korrigiert werden [45-16].
II. Die *Vergleichbarkeit von absoluten Fluenzbestimmungen* muß noch verbessert werden, um die Resultate von Reaktorbestrahlungsexperimenten vergleichen zu können. Dazu wird der Informationsaustausch zwischen den Reaktorzentren gefördert (durch die IAEA [45-20]). Ausgewertete Fluenzergebnisse müssen so angegeben werden, daß sie (von einem fremden Wissenschaftler) reproduzierbar sind. Kalibrierte Aktivierungssonden werden zentral (bei der IAEA) verwahrt und stehen auf Anforderung zur Verfügung.
III. Die *Vereinheitlichung der Auswertung* wird (unter Einschaltung der IAEA) gefördert, besonders durch Vereinheitlichung der Größen, Einheiten und nuklearen Daten, die in die Fluenzauswertung eingehen [45-20]. Sie stellt einen weiteren Schritt zur Verbesserung der Vergleichbarkeit absolut bestimmter Flußdichte- und Fluenzwerte dar.
dar.
IV. Die *Korrektur für die Zeitabhängigkeit der Flußdichte* $\varphi(t)$ bei der Fluenzmessung sollte noch verbessert werden – über die gegenwärtig gebrauchten Modelle hinaus: φ = const für kurze und $\varphi(t) \sim P(t)$ (d. h.: Flußdichte proportional der Reaktorleistung) für lange Bestrahlungszeiten.

Die IAEA hat zur Förderung des Informationsaustausches eine Arbeitsgruppe „In-Pile Dosimetry" gebildet, die sich aus Untergruppen für spezielle Meßverfahren zusammensetzt. Die kalorimetrischen und die (Aktivierungssonden-)-Verfahren zur Neutronen-Flußdichte- und Fluenz-Bestimmung erwiesen sich dabei als besonders fruchtbar. Das Interesse an Detektoren mit chemischen oder physikalischen Nachweiseffekten steht wegen ihrer wenig zuverlässigen Typenvergleichbarkeit und Kalibrierfähigkeit nach wie vor weit hinter dem an Aktivierungssonden zurück. Als grundsätzlich stets verfügbare Meßmethode hat man ein Dosisbestimmungsverfahren für Bestrahlungsexperimente erarbeitet und international vergleichen. Dabei wurde die gesamte (Neutronen- und Gamma-)Energiedosis kalorimetrisch mittels Aufheizung in Graphit im Schwimmbadreaktor MELUSINE (Grenoble) bestimmt. Die Messungen dienten dem Vergleich verschiedener Anordnungen und wurden in verschiedenen Positionen durchgeführt, in denen unterschiedliche Dosisleistungen und Verhältnisse der schnellen, thermischen und Gammaflußdichten herrschten; von einer Ausnahme abgesehen betrugen die maximalen Meßwertabweichungen nur 10–12% [45-21].

4.6. Neutronenmeßtechnische Instrumentierungssysteme

Begriffsbestimmungen – Traditionelle (externe) Ausführung der Reaktorinstrumentierung – Erprobung interner Reaktorinstrumentierungssysteme – Einsatz von Prozeßrechnern – Anwendung bei Experimenten (an Forschungsreaktoren).

Begriffsbestimmungen. Unter (nuklearen) Instrumentierungssystemen verstehen wir hier kybernetische Systeme, die zur Ausführung der erforderlichen (nuklearen) Meßaufgaben sowie der Steuer- bzw. Regel- und Datenverarbeitungs-Aufgaben für bestimmte Anlagen entwickelt wurden. Derartige Anlagen können rein technische Anlagen wie Kernkraftwerke oder Versuchsanlagen wie Beschleuniger oder Reaktoreinschübe sein. Natürlich ist hier nur von solchen Anlagen und solchen Instrumentierungssystemen die Rede, bei denen Kernstrahlungen eine Rolle spielen und gemessen werden sollen – obwohl auch diese Systeme meist nichtnukleare (verfahrenstechnische) Teilsysteme enthalten, auf die hier aber nicht eingegangen wird. Die dabei vorkommenden Begriffe sowie die Bauteile, die bei solchen Systemen Anwendung finden, sind uns im großen ganzen geläufig (s. Kapitel 2). Wir konzentrieren uns hier auf die Beschreibung der Wirkungsweise der Systeme als Ganzes, die entweder als bloß anzeigende und datenverarbeitende Systeme, als (festprogrammierte) Automaten oder als (lernende) adaptive Systeme arbeiten.

Instrumentierungssysteme werden im Zusammenhang unseres Themas (der Neutronenmeßtechnik) nicht nur zur Reaktor- (oder Beschleuniger-)Instrumentierung eingesetzt, sondern zunehmend auch zur Durchführung experimenteller Untersuchungen. Da der Aufwand an Investitionen und Personal für naturwissenschaftliche und technische Untersuchungen so stark zugenommen haben, sind Experimente nur noch lohnend, wenn sie im Rahmen der Großforschung (als Projekte unter Beteiligung vieler Wissenschaftler und Hilfskräfte mit einem komplexen Arbeitsprogramm) durchgeführt werden. Der dafür erforderliche hohe Gesamtaufwand rechtfertigt auch höhere Aufwendungen für Meßeinrichtungen, die zur rascheren Erledigung von Aufgaben einen größeren Datendurchsatz liefern (z. B. durch bessere Zeit- und Energieauflösung). Die höheren Kosten und zunehmenden Datenmengen, die man beim einzelnen Experiment heute zu erwarten hat, zwingen den Experimentator, nach wirtschaftlichen Wegen zu suchen, um jeweils möglichst viele möglichst rasch verwertbare Informationen zu erhalten. Auf menschliche Arbeitskräfte wird man mehr und mehr zu verzichten suchen, da sie kostspielig und nicht im nötigen Umfang verfügbar sind; für eine Reihe von Aufgaben arbeiten sie

auch zu langsam und zu unpräzise. Ansatzmöglichkeiten zur Automatisierung oder Programmsteuerung von Neutronenflußmessungen (in Reaktoren) gibt es an drei Stellen:
I. Automatisierung gleichförmig wiederkehrender experimenteller Handgriffe, etwa durch elektronische Steuerung von Reaktor-Bestrahlungsanordnungen für Detektoren oder innerhalb von Meßeinrichtungen.
II. Automatisierte Ausgabe der Meßdaten (z. B. zur Direkteingabe in Digitalrechner, etwa mittels Lochkarten, Lochstreifen oder Magnetbändern, unter möglichst weitgehendem Einschluß automatisiert eingegebener Parameter-Daten des betreffenden Versuchs).
III. Prozeß-Verarbeitung: Sie kann in drei Ebenen erfolgen:
III_1. Rechnerische Verarbeitung der nach II erhaltenen Daten mit Hilfe von Rechenprogrammen für den Digitalrechner. Ergebnisauslese sowie Steuer- und Regelfunktionen bleiben der menschlichen Arbeitskraft überlassen.
III_2. Die Daten-Verdichtung (Data Reduction) überwacht, sortiert und sondert fürs Experiment signifikante Ergebnisse mittels bestimmter Vorschriften aus den nach III_1 verarbeitenden Ergebnissen heraus. Steuer- und Regelfunktionen bleiben der menschlichen Arbeitskraft überlassen.
III_3. Die regelmäßige Überwachung und Steuerung mehrerer Variabler (etwa Temperatur, Gasdruck, Strahlungsintensitäten usw.) kann z. B. durch On-line-Rechner erfolgen entweder durch Registrierung und Alarmauslösung oder durch Einbau des Rechners in ein programmgesteuertes geschlossenes System; aus letzterem ist die menschliche Arbeitskraft ganz ausgeschaltet.

Traditionelle (externe) Ausführung der Reaktorinstrumentierung. Ihre Aufgaben (Abbildung 4.6.I) zur Steuerung und Regelung, Sicherheits- und Strahlenschutzüberwachung werden hier nicht behandelt; denn diese Funktionen sind sinnvollerweise nur im Zusammenhang mit den am Reaktor auftretenden Regelungsaufgaben und Sicherheitsproblemen zu behandeln, die außerhalb unseres Themas liegen. Dagegen ist in einer Darstellung der neutronenmeßtechnischen Verfahren die Miteinbeziehung der gebräuchlichen Reaktorinstrumentierungssysteme von Interesse, die sich auch losgelöst von ihren eigentlichen Funktionen mit entsprechender Abwandlung für andere Meß- und Regelungsaufgaben einsetzen lassen.

Die Instrumentierung und Regelung von Reaktoren wird durch folgende Einrichtungen wahrgenommen [46-1]:
I. Die nukleare Instrumentierung mißt die Neutronenflußdichte als Ausgangsgröße für die Regelung und das Sicherheitssystem. Daneben überwacht sie die aus dem Reaktor austretenden Strahlungen zu Strahlenschutzzwecken.
II. Die verfahrenstechnische Instrumentierung wird gebraucht zur Überwachung der Flüssigkeits- und Gas-Kreisläufe, die im wesentlichen zum Abführen der im

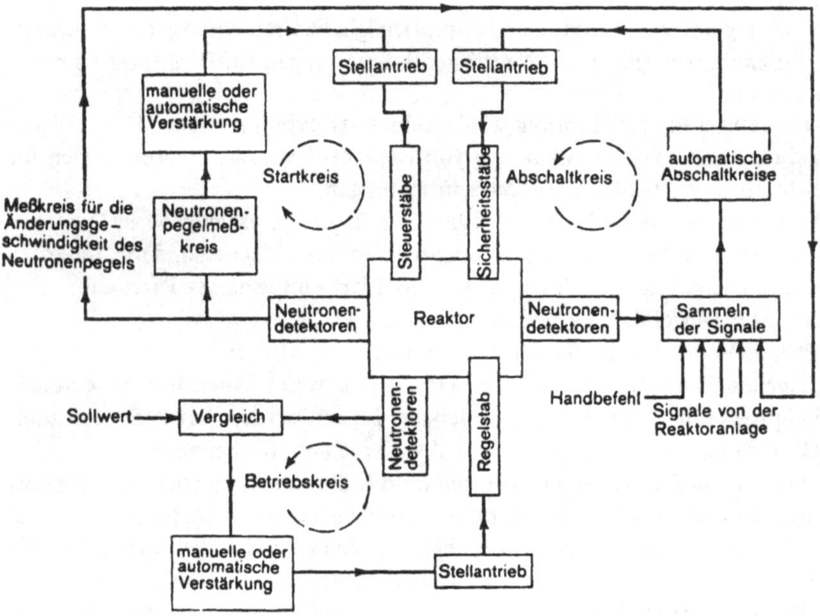

Abb. 4.6.I.
Die drei Hauptkreise der Reaktorsteuerung, nach [46–2].

Reaktor erzeugten Wärme dienen. Die für den Betrieb des Reaktors und seiner Hilfseinrichtung wichtigeren Zustandsgrößen sind: Temperaturen, Dichten, (Massen- oder Volumen-)Durchflüsse, Flüssigkeitsstände und Analysenwerte wie z. B. die elektrische Leitfähigkeit von Flüssigkeiten, pH-Werte sowie besondere Werte der technischen Gasanalyse.

III. Die Regeleinrichtung enthält alle erforderlichen Geräte, um den Reaktor anzufahren und die Neutronenflußdichte von Hand oder automatisch auf einem gewünschten Wert zu halten.

IV. Das Sicherheitssystem ist ein Meß- und Regelungssystem, das zusätzlich neben dem eigentlichen Meß- und Regelungssystem vorhanden ist und zu dessen Überwachung dient. Es arbeitet je nach sicherheitstechnischer Bedeutung seiner Meßwerte bzw. von deren Beträgen durch Warnanzeige oder mit automatischer Regelung (z. B. Reaktor-Schnellabschaltung).

Zu diesem Thema sei auf folgende Literatur verwiesen: [XI, 15-3, 21-7, 46-1, 2].

Wir beschränken unsere Betrachtung auf den nuklearen Teil der Reaktorinstrumentierung zur Neutronenflußdichte- und Leistungsüberwachung bei einigen wichtigen Leistungsreaktortypen.

Die Reaktorinstrumentierung hat folgende Meßgrößen zu bestimmen: A. Die absolute Reaktorleistung, B. die relative Reaktorleistung, C. die ortsabhängige relative Leistungsdichteverteilung. Die Messung der absoluten Reaktorleistung

(A) dient zur Kontrolle des Niveaus der abgegebenen Flußdichten bzw. Leistungen in Forschungsreaktoren bzw. Leistungsreaktoren und zur Sicherheitsüberwachung. Dazu genügen (z. B. alle 24 Stunden durchzuführende) Stichproben, wenn in der Zwischenzeit eine kontinuierliche Überwachung der relativen Flußdichten bzw. Leistungswerte stattfindet (B). Deren Überwachung erfolgt vor allem zum Zweck der Reaktorsteuerung und -Regelung. Leistungsdichteverteilungen im Reaktorinnern (C) brauchen in der Regel auch nur stichprobenweise vermessen zu werden: die Bedeutung dieser Messungen darf jedoch keinesfalls unterschätzt werden, da sie Auskunft geben über ortsabhängige Unregelmäßigkeiten. Dazu zeigt Abbildung 4.6.II ein Beispiel: örtliche Flußverschiebungen im Reaktorkern werden durch reaktorexterne Detektoren infolge deren räumlich integrierender Anzeige nicht mehr ausreichend gesehen [23-39]. Das dargestellte Steuerstabmanöver wurde im Kern des Leistungsreaktors KWL ausgeführt; die gezeigten großen Quadrate bezeichnen je einen Steuerstab, der von vier Brennelement-Bündeln umgeben ist. Die eingetragenen Zahlen geben die Ausfahrlängen der Steuerstäbe an. Bei den nichtbezeichneten

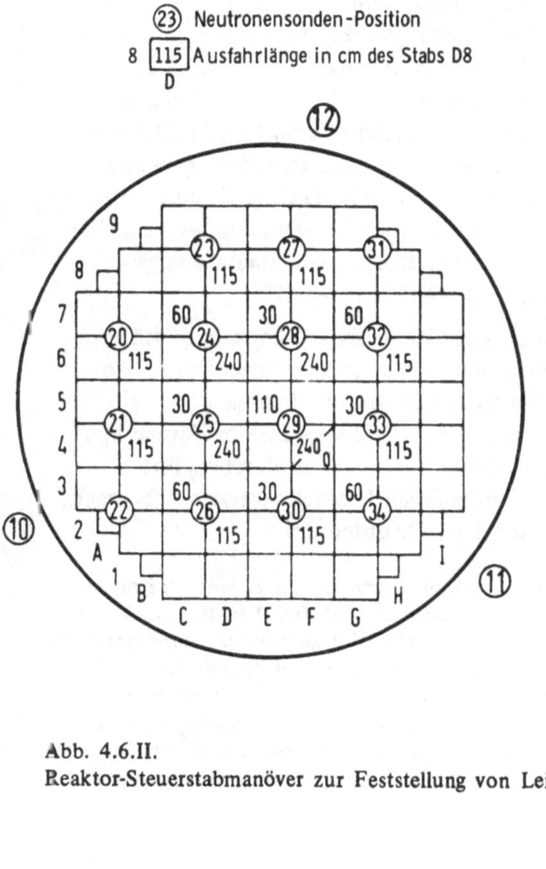

Relativflußdichte

	F4 aus (240 cm)	F4 ein (0 cm)
Position 22	57	59
Position 21	68	70
Position 25	90	86
Position 29	97	74
Position 33	68	59
Position 34	66	60
Position 10	90	91
Position 11	96	90
Position 12	91	89
*Mittelwert 1	60,5	61,0
*Mittelwert 2	60,6	61,2
*Mittelwert 3	58,5	58,6
*Mittelwert 4	58,8	59,0

*über je ein Viertel der Sonden im Kern

Abb. 4.6.II.
Reaktor-Steuerstabmanöver zur Feststellung von Leistungsdichteänderungen [23–39].

Kästen sind die Steuerstäbe ganz – auf 300 cm – ausgefahren. Anfänglich waren die Ausfahrlängen der Steuerstäbe symmetrisch. Bei dem Manöver wurde nun der auf 240 cm ausgefahrene Stab F4 wieder eingefahren, wobei die thermische Leistung über die Umwälzregelung im Rahmen der Meßgenauigkeit konstant gehalten wurde. Betrachtet man die angezeigten Relativflußdichten der im Reaktorkern installierten Detektoren, dann sieht man im Vergleich mit den Anzeigen von den externen Detektoren, daß man – jedenfalls bei Reaktivitätsänderungen der hier gezeigten Größe – zu einer ausreichenden Überwachung der Leistungsdichteverteilung auf reaktorinterne Flußverteilungsmessungen nicht verzichten kann.

An die Instrumentierungssysteme bei Forschungs- und Leistungsreaktoren werden unterschiedliche Anforderungen gestellt [46-3]: in Forschungsreaktoren sind genauere Neutronenflußdichte-, ergänzt durch γ-Flußdichte-Messungen, zu fordern; dort ist auch wegen der häufig wechselnden Betriebsbedingungen besonderer Wert auf rasches Ansprechen der Grenzwertschalter zu legen. Andererseits sind in Leistungsreaktoren die Temperaturmessungen – und die verfahrenstechnische Instrumentierung überhaupt – von größerer Bedeutung, auch müssen dort besondere Aufwendungen für den Spaltproduktnachweis in Rechnung gestellt werden. Leistungsreaktoren werden in der Nähe ihrer Nennleistung (etwa von 1% aufwärts) zweckmäßigerweise über die Messung der Ein- und Austrittstemperatur des Kühlmittels und von dessen Durchfluß geregelt. Bei niedrigeren Leistungen reicht deren Empfindlichkeit nicht aus; bei den anfänglich benutzten Reaktorinstrumentierungssystemen erfolgte die Reaktorregelung über den gesamten Leistungsbereich durch Messung der Neutronenflußdichte als Regelgröße unter Verwendung fest installierter reaktorexterner Proportionalzähler oder Ionisationskammern, dem jeweiligen Reaktorleistungsbereich entsprechend Abbildung 4.6.III.

Neutronenflußdichtemessungen ermöglichen die einzige unmittelbare Information über die Spaltprozesse bei niedrigeren Leistungen (im sogenannten Anfahrbereich), sprechen am schnellsten auf Reaktivitätsänderungen an und unterrichten über die Erhaltung des Betriebszustandes (z. B.: der Temperatur bei gegebenem Kühlmitteldurchfluß). Die nur gelegentlich durchgeführten Leistungsdichtebestimmungen geschahen anfänglich durch Aktivierungssonden. Auf absolute Leistungsbestimmungen gehen wir unten ein.

Abbildung 4.6.IV zeigt schematisch, wie die reaktorexterne direktanzeigende Instrumentierung (speziell bei den Calder-Hall-Reaktoren) angebracht ist. Die Detektoren sollen in erster Linie auf thermische Neutronen ansprechen und sind dazu mit einer Bor- oder spaltbaren Schicht als Nachweissubstanz versehen. Der γ-Untergrund wurde mittels einer Bleiabschirmung bzw. durch eine Kompensationsschaltung herabgesetzt. Zur Erreichung möglichst hoher Empfindlichkeit umgibt man die Detektoren mit Moderatorsubstanz. – Zur Leistungsdichtebestimmung werden Metalldrähte – bei den Calder-Hall-Reaktoren aus Wolfram – in den Reaktorkern eingeführt (Abbildung 4.6.V). Nach der Bestrahlung wird der Draht auf eine druckdicht an den Reaktor angeschlossene Trommel aufgewickelt. Danach wird das Trommelgehäuse verschlossen und der Überdruck abgelassen. Für die relative Aktivitätsmessung kann der Draht durch eine durchgängige Schacht-Ionisationskammer gezogen werden.

Im Leistungsreaktor YANKEE arbeitet eine ferngesteuerte Durchmusterungsanlage der reaktorinternen Flüsse mit Aktivierungsdrähten und Thermoelementen zur Kühlmittelüberwachung [46-4], die folgende Funktionen ausführt: (a) Einsetzen der Drähte (bis zu 8 gleichzeitig) in 22 Tauchrohre, (b) Um-

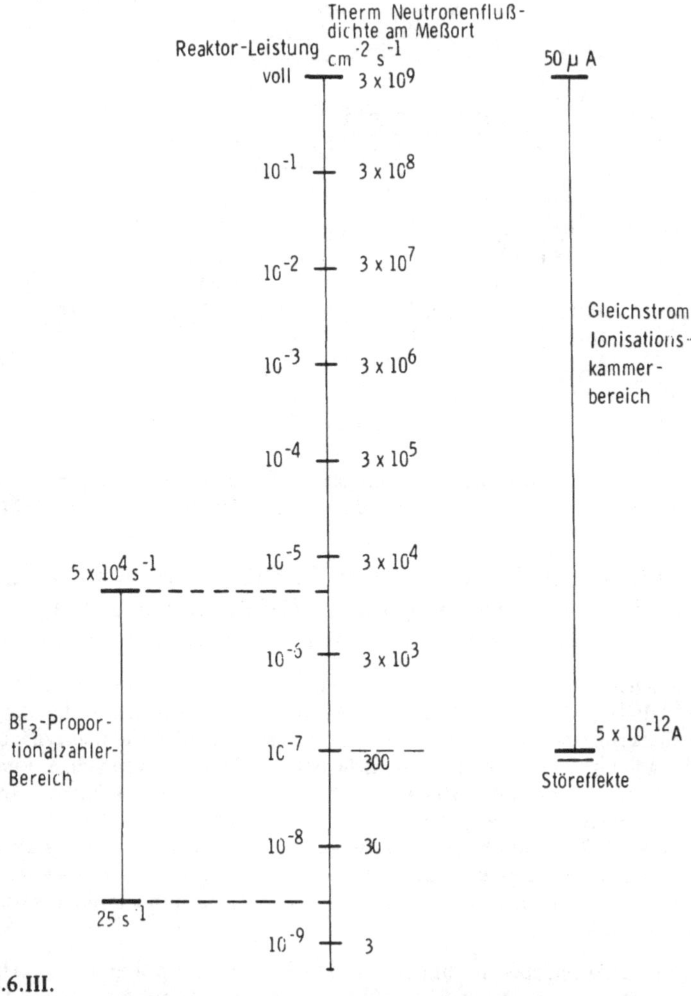

Abb. 4.6.III.
Die Meßbereiche der thermischen Flußdichte und der Reaktor-Leistung für Impuls- bzw. Stromanzeige bei reaktorexterner Instrumentierung, nach [21–7].

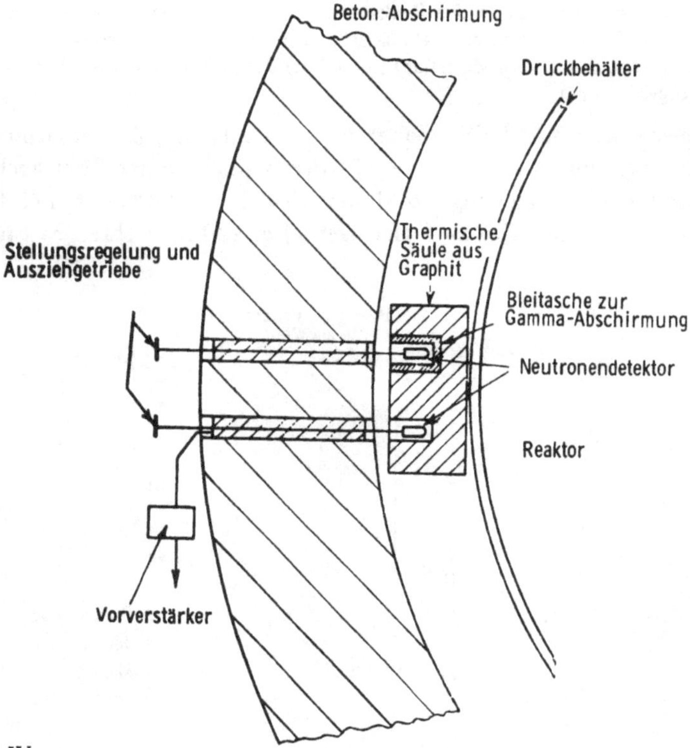

Abb. 4.6.IV.
Reaktorexterne Neutronenmeßeinrichtung für relative Leistungsbestimmung zur Reaktorsteuerung (typische Anordnung wie in CALDER HALL, Großbritannien, nach [21–7]).

steuerung der Drahtbestrahlung, (c) Ziehen der Drähte nach Bestrahlung, (d) Einführen der Drähte nacheinander in die Meßeinrichtung und (e) Aufzeichnung der relativen Aktivität als Funktion der Position im Tauchrohr.

Die Drähte sind verdrillte Stahllitzen, der Nachweis erfolgt über das zu 0,5% im Material enthaltenen ^{55}Mn. Die Drähte werden mit Getriebemotoren angetrieben, wobei ihr geringer Außendurchmesser von 6 mm nur wenig Spiel zuläßt. Die Positioniergenauigkeit wird mit ± 12 mm angegeben. Um das Durchscheuern des Drahts zu vermeiden, wendet man ein keramisches Schmiermittel an. Die Tauchrohre enthalten atmosphärische Luft und bestehen aus Edelstahl, da sie gegen die hohen Druck- und Temperaturwerte im Ganginneren (rund 150 atü, 200 bis 300 °C) absperren müssen; zur Vermeidung des Hinausdringens der Strahlung treten sie spiralförmig in den Tank ein. Die ganze Anordnung – bestehend aus einem Gitterrost mit den angeschweißten Tauchrohren und Tankdichtungen – ist herausnehmbar.

Die absoluten Leistungsbestimmungen werden im Bereich hoher Reaktorleistungen in der Regel über die Wärmeabgabe an das Kühlmittel durchgeführt, d. h. durch Bestimmung des Kühlmitteldurchflusses und der Differenz der

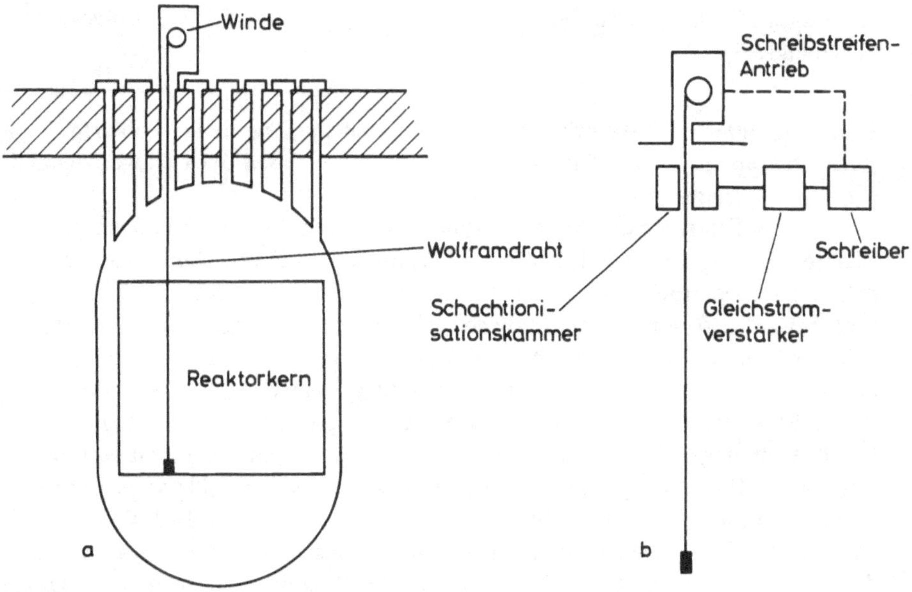

Abb. 4.6.V.
Ältere Leistungsgewichtbestimmung [21–7] mittels:
a) Drahtbestrahlung und
b) anschließender Aktivitätsmessung.

Kühlmittel-Ein- und -Austrittstemperatur. (Sekundär kalibrierte) reaktorexterne Neutronenflußdichtemessungen sowie die Aktivitätsbestimmung der erzeugten Spaltprodukte sind zu diesem Zweck zu ungenau, weil sie nicht genügend reaktorintegral anzeigen infolge der Abschattung durch Regelstäbe und andere Absorber [46-1, 3] (vgl. Abbildung 4.6.II). Bei reaktorphysikalischen Untersuchungen im Niedrigleistungsbereich oder bei Anfahrmessungen an Reaktoren können integrierte Flußverteilungen mit absoluter Flußdichtemessung (wie in Abschnitt 3.4 zur Quellstärkebestimmung angegeben) zur absoluten Leistungsbestimmung benutzt werden; diese umständlichen Verfahren sind nur von Fall zu Fall anwendbar. Wegen der Mängel der übrigen Verfahren hat man noch weitere Relativmeßverfahren eingeführt, die auf der Entstehung radioaktiver Stickstoff-Isotope durch O (n, p)-Reaktionen im Reaktorkühlwasser beruhen. Diese Reaktionen gestatten die bequeme Messung auch niedrigerer Leistungen (oberhalb von 1 kW bis 2 MW) mit ausreichender Relativgenauigkeit mit ± 5% mittlerem Fehler). Bei der Ausnutzung des ^{16}N-Zerfalls wird die γ-Aktivität dieses Nuklids gemessen (s. z. B. [46-5]), während der ^{17}N-Zerfall noch einfacher mittels direktanzeigender Neutronen-Detektoren nachweisbar ist, weil der β-Strahler ^{17}N in ein neutronenemittierendes angeregtes ^{17}O übergeht [46-6]. – Für impuls- und stromanzeigende Meßeinrichtungen zur Verwendung in Reaktor-Regelungs- und Sicherheitssystemen liegt in [46-7] eine umfassende Fehleranalyse vor.

Erprobung interner Reaktorinstrumentierungssysteme. Die herkömmlichen (reaktorexternen) Reaktorinstrumentierungssysteme ließen noch einige Wünsche offen – vor allem:
I. Genauere Erfassung der Neutronenflußdichten und ihrer Verteilungen im Reaktor, II. bequemere Verfahren zur Leistungsdichteüberwachung, III. rationellere Datenverarbeitung.
Eine bessere Erfassung repräsentativer Meßwerte ist erwünscht zur wirtschaftlicheren Nutzung von Brennstoff- und Strukturmaterialien; bei gleichen Sicherheitsforderungen ermöglichst sie die Anwendung kleinerer Sicherheitsfaktoren. Weiter ist es vorteilhaft, die Variation der Leistungsdichteverteilung bei merklichen Änderungen in Kernen von Leistungsreaktoren unmittelbar zu verfolgen. Dazu sollte die Leistungsdichteüberwachung weniger schwerfällig vonstatten gehen, damit sie jederzeit bei Bedarf aufgerufen werden kann. Der Wunsch nach rationellerer Datenverarbeitung zur Reaktorinstrumentierung liegt ganz in der Linie der oben für die Automatisierung und Programmsteuerung von Meßeinrichtungen angegebenen Argumente. Gelingt es, die ganze Fülle der bei einem Reaktor erhältlichen Meßwerte zu zweckdienlichen Informationen zu verarbeiten, so kann die Wirtschaftlichkeit der Reaktorbetriebsweise merklich gesteigert werden.

Um die Reaktorinstrumentierung im Hinblick auf die genannten Ziele zu vervollkommnen, strebt man zur Reaktorregelung und zur Leistungsdichteüberwachung die reaktorinterne Instrumentierung an (s. z. B. [III, 23-29]); sie empfiehlt sich besonders bei den großen Kernen von Siedewasserreaktoren, aber auch bei Druckwasserreaktoren. Denn größere Reaktorkerne zeigen eine höhere Schwankungsbreite in der Leistungsdichteverteilung bei konstanter Gesamtleistung. Letztere kann durch Kenntnis der ersteren geregelt werden, wobei man die Flußprofile möglichst flach halten kann, um einen wirtschaftlich günstigeren gleichmäßigen Abbrand zu erhalten. Die Sicherheitsfaktoren für die den Reaktorbetrieb begrenzenden Größen wie kritische Wärmeflußdichte, maximale Brennstofftemperatur usw. lassen sich bei laufender Kenntnis der Leistungsdichteverteilung niedriger halten. Im Kernkraftwerk DRESDEN (USA) wurde so eine Verbesserung der Wirtschaftlichkeit um 7% erzielt.

Die Errichtung reaktorinterner Systeme stieß zunächst auf zwei Schwierigkeiten: (a) das Detektor- und Kabelmaterial mußte so verbessert werden, daß es den Temperatur- und Strahlungs-Belastungen im Reaktorkern genügend lange standhält; (b) die Meßbereiche der Detektoren mußten den geänderten Bedingungen angepaßt werden. Darüber hinaus erstrebt man ein automatisiertes Instrumentierungssystem, dessen Ausgangsgrößen (Meßwerte) über ein Rechenprogramm möglichst vollständige Informationen zur Reaktorbetriebsweise liefern können, die Warnungen auslösen und laufend Betriebskenngrößen ermitteln können oder auch zur Reaktorsteuerung benutzbar sind. – Schwierigkeit (a) ist mit Verwendung von mit Inconel ummantelten Kabeln mit Aluminiumoxyd-Preßpackungen als Isolierung behoben, die in integraler Bauweise an den Detektor angeschweißt werden [23-37, 38]. Der Umfang der reaktorintern zu vermessenden Flußdichten verlangt – wenigstens zunächst wegen der bestehenden Detektor-Meßbereiche – eine Bestückung mit drei Meßkanälen: dem Anfahr-, dem Übergangs- und dem Leistungskanal.

Im *Anfahrkanal* werden weiterhin impulsanzeigende Detektoren benutzt. Da ihre Empfindlichkeit bei reaktorinterner Anbringung wesentlich höher ist als bei externer, kann die Stärke der Neutronenquellen, die zur Neutronen-Multiplikation und damit zur Verstärkung des Meßeffekts der Detektoren im niedrigsten Meßbereich Anwendung finden, geringer gehalten werden. Der γ-Störeffekt im Detektor kann wegen des nach längerem Betrieb und besonders bei heißem Wiederanfahren herrschenden hohen γ-Untergrund im Reaktorkern beträchtlich sein; die Impulsanzeige wird deshalb nicht in Flußdichteeinheiten, sondern in Impulsraten kalibriert, was ausreicht, weil im Anfahrbereich des Reaktors das absolute Fluß- bzw. Leistungsniveau weniger interessiert als der Neutronen-Vermehrungsfaktor. Der Flußdichte-Meßbereich der Anfahrinstrumentierung umfaßt $10^5 < \varphi_{th} < 10^{10}\,cm^{-2}\,s^{-1}$ (bei reaktorinterner Instrumentierung, Abbildung 4.6.VI). Bei Erreichen höherer Flußdichten werden die Anfahrdetektoren aus dem Reaktorkern herausgefahren (Abbildung 4.6.VII).

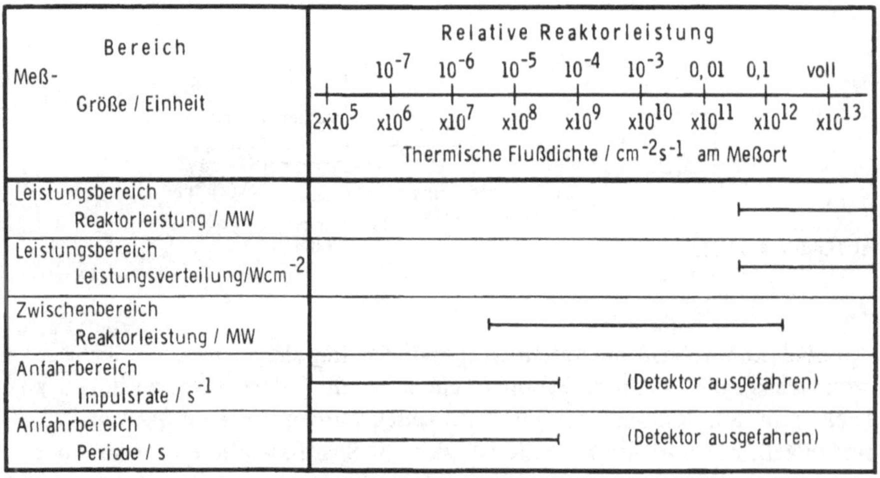

Abb. 4.6.VI.
Meßbereiche eines reaktorinternen Instrumentierungssystems (am Beispiel des Kernkraftwerkes KWW Würgassen [23–39, 46–28]).

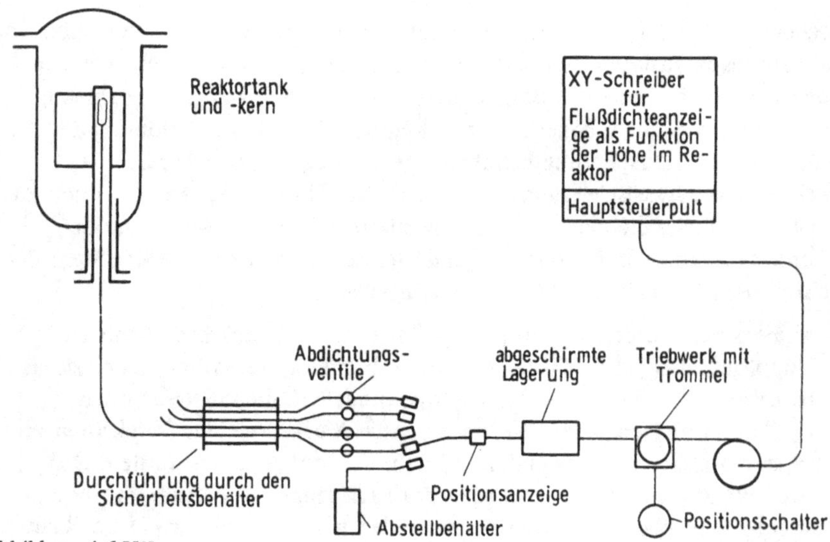

Abbildung 4.6.VIIa

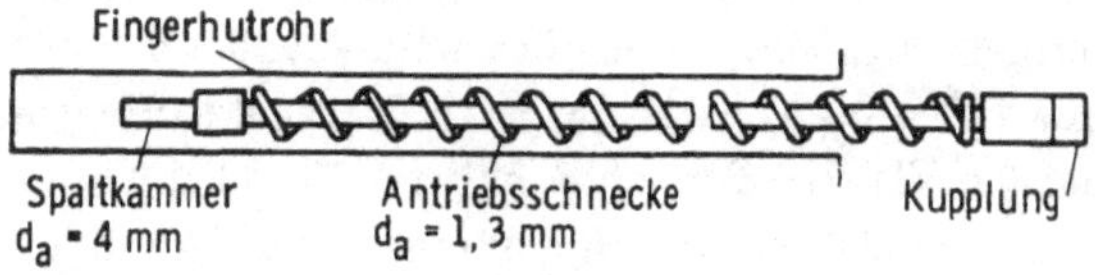

Abbildung 4.6.VIIb

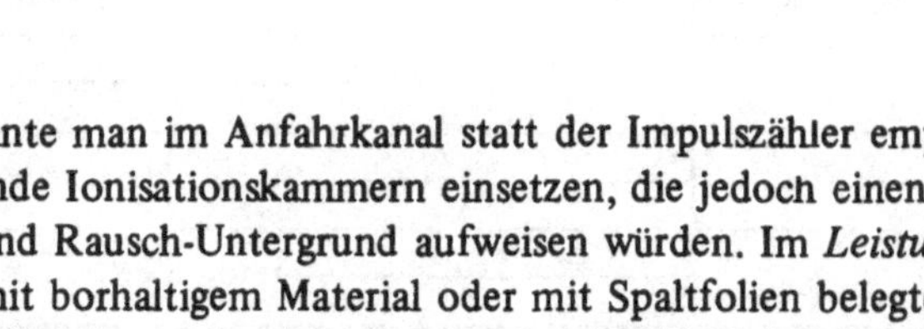

Abbildung 4.6.VIIc

Natürlich könnte man im Anfahrkanal statt der Impulszähler empfindliche stromanzeigende Ionisationskammern einsetzen, die jedoch einen zu hohen γ-, Leckstrom- und Rausch-Untergrund aufweisen würden. Im *Leistungskanal* finden z. B. mit borhaltigem Material oder mit Spaltfolien belegte Ionisationskammern im Gleichstrombetrieb Anwendung; ihr Meßbereich für die thermische Flußdichte liegt oberhalb von $5 \cdot 10^{11}\,\text{cm}^{-2}\,\text{s}^{-1}$. Zwischen dem Anfahr- und dem Leistungsbereich klafft eine Instrumentierungslücke. Sie ist zu schließen

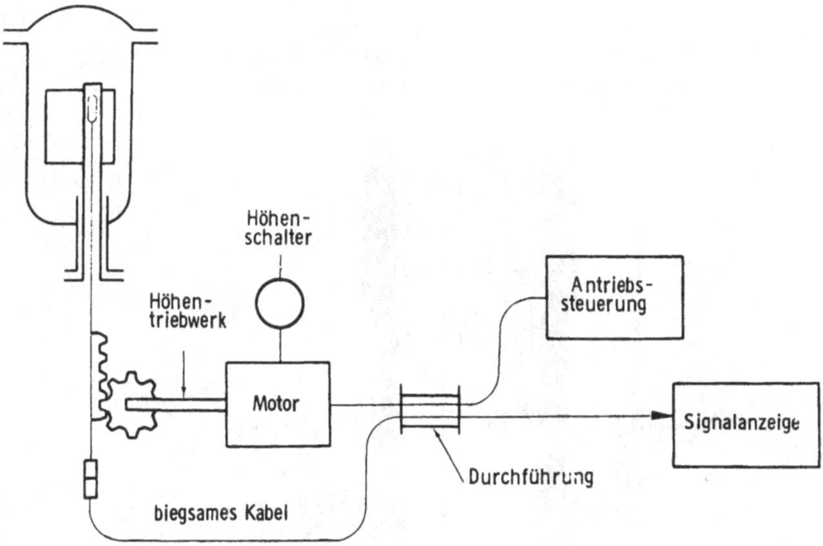

Abbildung 4.6.VIId

Abb. 4.6.VII.
Fahrkammer-Verfahren (nach [23–29]).
a) Gesamtansicht, b) Spaltkammer- und Kabel-Anordnung,
c) Blockschaltbild, d) Anordnung mit ausziehbarem impulsanzeigendem Detektor (für Anfahrinstrumentierung).

durch den *Übergangs-* oder *Periodenkanal,* dessen Meßbereich die der beiden anderen Kanäle überlappen und von $< 10^8$ bis etwa $5 \cdot 10^{12}\,cm^{-2}\,s^{-1}$ reichen soll (Abbildung 4.6.VI). In diesem Übergangsbereich ist aus demselben Grund wie im Anfahrbereich mit hohem γ-Untergrund zu rechnen; hier muß jedoch die γ-Empfindlichkeit kleingehalten werden, weil hier schon der Leistungswert interessiert. Da abgeschirmte und kompensierte Gleichstromkammern im Reaktorkern zuviel Platz beanspruchen und den γ-Störeffekt nur unvollkommen beseitigen würden, empfiehlt sich hier Campbell-Signal-Messung mit Ionisationskammern.

Es folgen Beispiele für Siedewasserreaktoren. Im Kernkraftwerk KRB Gundremmingen [46-8, 9, 10] wurden für die Ermittlung der Leistungsdichteverteilung kleine ^{235}U-Spaltkammern eingesetzt, die zur Messung der radialen und axialen Flußverteilungen in 17 Positionen über den Reaktorkern in Gruppen zu vieren übereinander fest installiert sind.

Die Kammern haben im Durchschnitt eine Lebensdauer von mehr als zwei Jahren, ihr Signal verringert sich um etwa 8% im Monat. Das System zeigt im Bereich von 1 bis 125% Reaktornennleistung an. Zur Kalibrierung der fest installierten Kammern findet das in Abbildung 4.6.VII, VIII dargestellte Fahrkammer-(Traversing-In-Core-Probe-)Verfahren

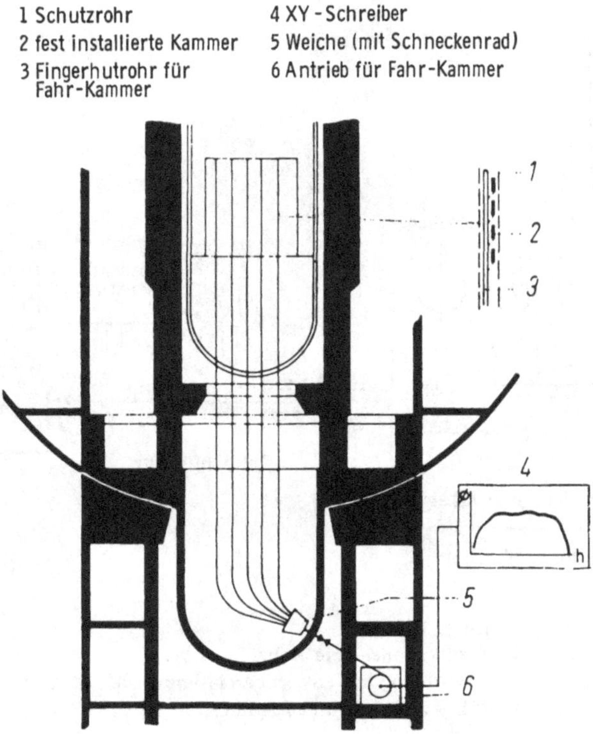

Abb. 4.6.VIII.
Direktanzeigendes reaktorinternes Meßsystem (für hohe Leistungen) mit festinstallierten und Fahr-Ionisationskammern [23–39, 46–29].

Anwendung (s. Abschnitt 2.3). Die Anwahl der Fahrkammer-Meßkanäle erfolgt durch ein drehbar an einem Ende eingespanntes gebogenes Rohr-Zwischenstück, dessen schwenkbares freies Ende schrittweise vor eine Scheibe geführt wird, in der die Rohrenden der Reaktorkanäle münden. Eine vollständige Kalibrierung aller 68 reaktorinternen Meßfühler läßt sich in 40 min ausführen – rascher und zuverlässiger als mit dem Drahtaktivierungsverfahren. Zur Reaktorregelung dienen im Anfahrbereich drei Kanäle mit reaktorinternen Spaltkammern, die zur Variation ihres Meßbereichs und zum Schutz vor unnötigem Abbrand bei höheren Reaktorleistungen verfahren werden. Zu den zwei logarithmischen und den sechs linearen Leistungskanälen gehören γ-kompensierte Ionisationskammern, die im Abschirmbeton um den Reaktor verteilt sind.

Im ähnlich instrumentierten Kernkraftwerk KWL Lingen [46-11] werden Anfahr- und Flußdichteverteilungsmessungen intern durchgeführt; zur Überwachung der Anlage im laufenden Betrieb dienen außerhalb des Reaktortanks angebrachte Detektoren.

Für die Flußverteilungsmessungen wurden ursprünglich thermoelektrische Sonden verwendet (Abbildung 4.6.IX), die aus Differenz-Thermoelementen bestehen; sie wurden

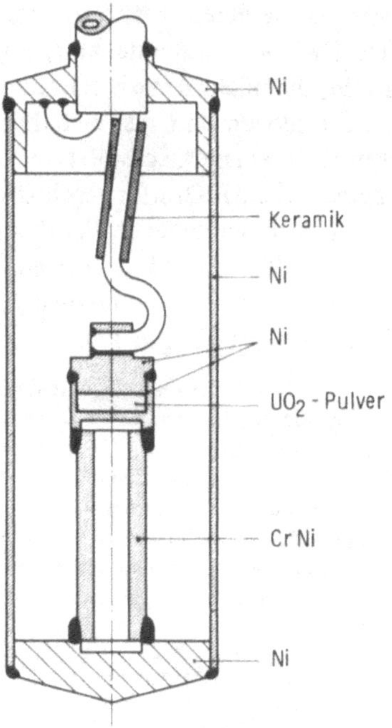

Abb. 4.6.IX.
Thermoelementsonde für thermische Flußdichte [46–11]

wegen geringer Zuverlässigkeit durch Ionisationskammern ersetzt. Die festinstallierten Sonden werden mittels des Fahrkammersystems kalibriert. Außerhalb des Tanks werden die in Abbildung 2.3.III wiedergegebenen kompensierten Kammern eingesetzt.

Wiederum eine ähnliche Instrumentierung – ohne die Notwendigkeit von Annahmen über die radiale Leistungsverteilung – zeigt die Bestückung des Kernkraftwerks KWW Würgassen. Zwischen den Brennelementbündeln sind je 4 Ionisationskammern in 24 Vertikalpositionen in nichtsymmetrischer Anordnung vorgesehen [23-39, 46-28].

Dabei wird aus den Stromsignalen von je 16 Kanälen ein Mittelwert gebildet und auf einen Mittelwertanzeiger gegeben, der durch Messung der Kühlmittelwärmeaufnahme kalibriert wird. Das Mittelwertsignal kann solange die gesamte Leistung wiedergeben, wie die zur Mittelwertbildung herangezogenen Kammern gleichmäßig über den Kern verteilt sind und ihre Kennlinie sich nicht gegenläufig ändert. Der Abbrand braucht nicht für jede Ionisationskammer einzeln bestimmt zu werden; im Rahmen der Meßgenauigkeit genügt die Anpassung über ein im Mittelwertanzeiger vorhandenes Potentiometer. Zur Kalibrierung wird wieder das Fahrkammersystem verwendet: seine Fingerhutrohre bilden mit den vier übereinander sitzenden fest installierten Sonden eine Baueinheit. Im Übergangsbereich (Abbildung 4.6.VI) soll hier das Campbell-Verfahren eingesetzt werden.

Wir betrachten nun Beispiele zur Instrumentierung von Druckwasserreaktoren. Im Kernkraftwerk KWO Obrigheim wird zur Reaktorregelung grundsätzlich eine reaktorexterne Instrumentierung benutzt [XVII, 46-12]. Bei den gegenüber den Siedewasserreaktoren kleineren Reaktorkernen von Druckwasserreaktoren genügt das auch. Daneben muß eine Anlage zur Leistungsdichteüberwachung vorhanden sein, die auch hier die räumliche Verteilung der thermischen Flußdichte mißt. Ein System mit fest installierten direktanzeigenden Sonden fände im kleineren Kern eines Druckwasserreaktors keinen ausreichenden Platz, weil es noch zusätzlichen Raum für regelmäßig einzuführende Kalibriersonden (wie beim oben beschriebenen Fahrkammersystem) beanspruchen würde. Deshalb wurde hier das Aktivierungssondenverfahren in einer vollautomatisierten Ausführung vorgesehen, und zwar in Gestalt des diskontinuierlich arbeitenden Kugelmeßsystems [46-13].

In seiner Weiterentwicklung für das Kernkraftwerk KKS Stade wurde die Abschaffung der vorübergehenden Speicherung der Meßsonden und die Abkürzung des Meßvorgangs erstrebt [46-14]. Das in der Stahlkugellegierung enthaltene ^{51}V als Nachweisnuklid ermöglicht die Wiederverwendung der Sonden nach rund einer halben Stunde. Dadurch können Messungen regelmäßig stattfinden – und nicht nur wie früher jeweils bei Last- und Kernaufbauänderungen. Zur Messung (Abbildung 4.6.X) läuft in jedem Führungsrohr eine Kugelsäule, deren Länge der Kernhöhe entspricht. Vor der Messung befinden sich die Säulen oberhalb von Magnetanschlägen über dem Reaktor. Zur Aktivierung werden sie mit Druckluft in

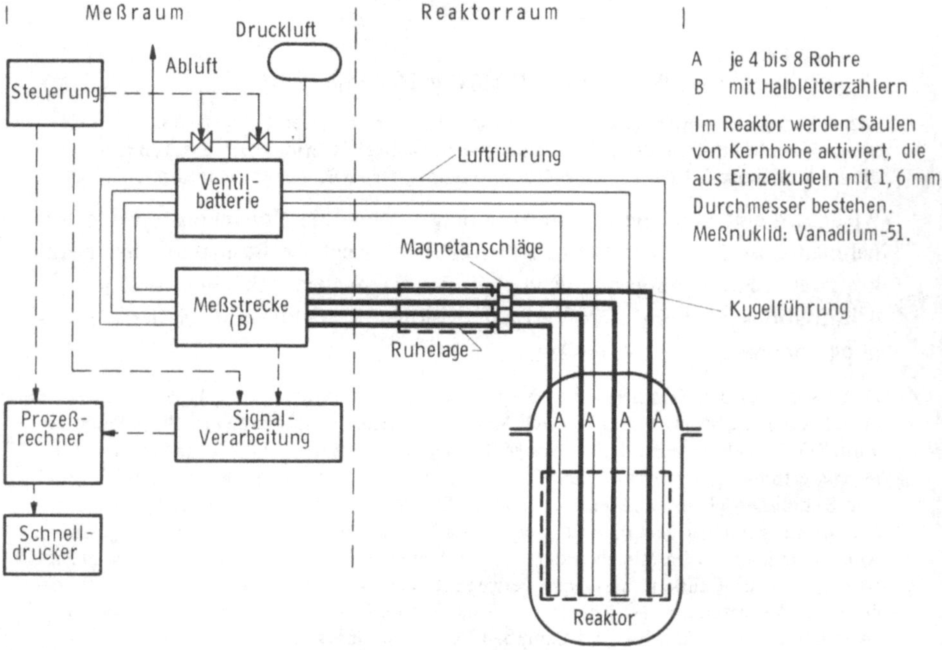

Abb. 4.6.X.
Kugelmeßsystem zur Ermittlung der Reaktor-Leistungsdichteverteilung (nach [46–14] und einem von der Fa. Siemens AG freundlicherweise zur Verfügung gestellten Schaltbild).

den Reaktorkern und anschließend zu ihrer gleichzeitigen Ausmessung in einen Meßraum befördert. Dort enden die Kugelführungsrohre in einem Meßtisch. Dieser besteht aus Meßbalken, von denen jeder 30 Si-Halbleiterzähler enthält, die gleichmäßig über die Kugelsäulenlänge verteilt sind. Jedes dieser unabhängigen Balken-Meßsysteme erfaßt die Aktivität von 4 Kugelsäulen und besitzt eigene Ventilsteuerungen. Neben 32 Vertikalpositionen für das Kugelsystem sind noch 6 weitere für direktanzeigende Sonden vorgesehen.

Zur Bestimmung der absoluten Gesamtleistung wird in Obrigheim die Wärmeabgabe mittels zahlreicher Thermoelemente bestimmt. Die Meßwerte werden einem Prozeßrechner zugeführt, von dem noch die Rede sein wird.

Wir wollen noch zwei weitere neue Systeme zur nuklearen Reaktorinstrumentierung erwähnen. Im AVR in Jülich, einem als Vorstufe für den Thermischen Brüter dienenden gasgekühlten Hochtemperaturreaktor, hat man vertikal bewegliche reaktorexterne Ionisationskammern in drei verschiedenen Positionen installiert, um die vertikalen Flußverläufe sowie Flußverschiebungen durch abweichende Steuerstabeinstellungen zu verfolgen [46-12]. – Beim schwedischen Siedewasser-Kraftwerksreaktor Marviken [46-15] wird die Regelung mit Hilfe von reaktorexternen Ionisationskammern erfolgen. Zur Leistungsdichtebestimmung über die thermische Flußdichteverteilung sollen β-Emissions-Neutronendetektoren mit der relativ unempfindlichen $^{51}V(n, \gamma)$-Reaktion Anwendung finden.

Diese Reaktion zeigt geringen Abbrand, so daß die Lebensdauer der Detektoren auf fünf Jahre angesetzt wird. Im Kern sind 12 Bestrahlungsrohre angebracht, wovon jedes vier jener 50 cm langen Detektoren über die Kernhöhe aufnehmen kann. Zum möglichen Gamma-Störeinfluß lagen noch keine Angaben vor. Die Meßwerte werden einem Prozeßrechner zur Verarbeitung zugeführt.

Einsatz von Prozeßrechnern. Zur Datenerfassung und -verdichtung sowie zur Optimalisierung der Betriebsweise und auch zur Regelung von Reaktoren erscheinen Automatisierung und Programmsteuerung im Zusammenwirken mit den zuletzt beschriebenen modernen umfangreichen Instrumentierungsausrüstungen besonders vorteilhaft einsetzbar. Eine Hauptvoraussetzung dafür bildet die Digitalisierung der Anzeigen. Man hat Analog-Digital-Wandler zur Digitalisierung der Gleichstromanzeigen von Detektoren in Leistungskanälen eingeführt sowie lineare Ratemeter für die Anzeige der Signale von Impulsdetektoren in Anfahrkanälen untersucht, die den günstigsten Kompromiß zwischen kurzer Ansprechzeit und ausreichend genauer Anzeige ermöglichen sollen [46-16].

Für die Entwicklungslinien der Siedewasser- und Druckwasserreaktoren hat man Prozeßrechner eingesetzt. Sie wurden angeschlossen an die Datenverarbeitung der zahlreichen Meßwerte vom Fahrkammer- bzw. Kugelmeßsystem. Die nuklearen und die thermodynamischen Programme besitzen einen Umfang und einen Datenvorrat, der in großen externen Speichern in Form von

Platten und Trommeln untergebracht werden muß. Die Zugriffszeit dieser Speicher ist zwar länger als die des Arbeitsspeichers, läßt sich aber mit dem Rechenablauf der Programme meist noch vereinbaren. Allerdings verlangen Überwachungsprogramme mit hoher Priorität sowie Programme, die bei einem Störfall aufgerufen werden, kurze Zugriffszeiten. Durch einen Prioritätsmechanismus wird die simultane Arbeitsweise der externen Elemente mit der Programmsteuerung erreicht; dazu wird das Organisationsprogramm der Datenverarbeitungsanlage herangezogen. Alarmsignale werden sofort bearbeitet: die zugehörigen Signalstellen werden mit hoher Zeitauflösung abgefragt, das laufende Programm unter Umständen innerhalb von Millisekunden auf sinnvolle Art unterbrochen. Davon abgesehen werden die Meßwerte und Meldungen zyklisch abgefragt. Neben den unten näher besprochenen nuklearen Programmen werden im Rahmen des allgemeinen Programms die Prozeßdaten gespeichert, sortiert und gegebenenfalls verdichtet und als Protokolle ausgegeben. Durch Verknüpfung der Prozeßdaten mit anderen Signalen lassen sich weitere wichtige Daten gewinnen [46-17].

Bei der AEG-Siedewasserreaktor-Linie soll der Prozeßrechner Daten aufbereiten und verdichten, damit der Reaktoroperateur nicht mehr eine große Zahl von Anzeigegeräten im Auge behalten muß, sondern durch die Ausgabegeräte des Rechners auf die im Augenblick wichtigen Größen hingewiesen wird [23-17, 39, 46-8, 11, 12]. Über die Datenverarbeitung hinaus kann der Rechner je nach seiner Programmierung bestimmte Hinweise geben und so zur Prozeßführung benutzt werden. Durch diesen Einsatz des Prozeßrechners erreicht man eine Verringerung der Zahl der Bedienungsfehler, eine frühzeitige Warnung vor Schäden und mittels genauerer Störanalysen eine gezieltere und raschere Ausführung von Wartungsaufgaben. In erster Linie stehen die Rechner jedoch für das nukleare Programm zur Verfügung. Das Programm geht aus von den axialen Flußdichteverteilungen, die mit den zur Kalibrierung dienenden Fahrkammern gemessen werden (siehe oben). Die fest installierten reaktorinternen Detektoren dienen zur Anpassung dieser Verteilungen an den augenblicklichen Stand innerhalb der Kalibrierintervalle von einigen Wochen. Mit dieser korrigierten Verteilung wird die Leistung bzw. die Heizflächenbelastung der vier Nachbarstäbe aus den vier die Meßstelle umgebenden Brennelement-Bündeln berechnet. Bei der Extrapolation auf die restlichen (35) Stäbe jedes Bündels werden die Steuerstabstellung, der Abbrand, die Xenon-Vergiftung, die Wärmeleistung des Reaktors, der Kühlmitteldurchsatz, die Bündeltemperatur und der Dampfblasengehalt berücksichtigt. Infolge der Kenntnis der räumlichen und zeitlichen Leistungsverteilung kann mit höherer Leistungsdichte gefahren werden. Der Brennstoffeinsatz läßt sich herabsetzen und der Abbrand vergrößern. Allein durch die bis 20% betragenden Einsparungen, die mit der Verlängerung der Lebensdauer des Reaktorkerns einhergehen, wird die Verwendung des Rechners gerechtfertigt.

Das eben angedeutete Rechenprogramm zur Verarbeitung der Fahrkammer-Meßwerte (mit Korrekturen durch die Werte der fest installierten Sonden) liefert zwar sehr genaue Daten, jedoch verzögert und diskontinuierlich. Im Zeitraum zwischen zwei Programmläufen können sich örtliche Belastungsspitzen durch fehlerhafte Steuerstabeinstellungen oder durch Xenon-Schwingungen infolge von Regelungsvorgängen ausbilden. Derartige Heißstellen sollen zwar durch ein sorgfältiges Steuerstabfahrprogramm vermieden werden, müssen aber grundsätzlich in Rechnung gestellt werden. Zu ihrer Überwachung ist ein unabhängiges, unverzögert und kontinuierlich arbeitendes System wünschenswert, das nicht wie der Rechner alle Einflußgrößen quantitativ zu berücksichtigen braucht: seine Informationen werden sofort geliefert, sind aber weniger genau als die des Rechners. Dazu werden die Signale der fest installierten reaktorinternen Sonden durch Grenzwertschaltungen überwacht, die mit Hilfe der Fahrkammer-Meßwerte kalibriert werden. Von einem Teil der Kammeranzeigen wird auch ein in MW kalibrierter Mittelwert für die Gesamtleistung des Reaktors abgenommen. Bei Reaktoren, bei denen die Gesamtleistung durch außerhalb des Druckgefäßes angebrachte Kammern überwacht wird, müssen zur kontinuierlichen Kontrolle der örtlichen Wärmestromdichte besondere reaktorinterne Detektoren eingebaut werden. Dabei sind größere Zeitkonstanten zulässig. Deshalb lassen sich hier auch γ-Ionisationskammern verwenden. Die γ-Messung ist der Neutronenflußdichtenmessung durch ihr verzögertes Ansprechen unterlegen. Dagegen weisen γ-Detektoren keinen Abbrand auf.

Während das kontinuierliche System der Leistungsdichteüberwachung bei der AEG-Siedewasserreaktor-Linie lediglich automatisch protokolliert und bei Grenzwertüberschreitungen Alarme auslöst, führt das – bei Bedarf, z. B. bei Laständerungen, aufgerufene – diskontinuierliche System einen Sollwertvergleich durch. Bei den von der Firma Siemens gebauten Kernkraftwerken KWO Obrigheim und KKS Stade [46-12, 17, 18, 19] werden ebenfalls Prozeßrechner eingesetzt, die aber – im Gegensatz zur Siedewasserreaktor-Konzeption – alle Rechen-, Überwachungs- und Protokollieraufgaben zusammen wahrnehmen. Dazu gehören auch Datenverarbeitung und Datenverdichtung besonders für Störfallanalysen und Wirtschaftlichkeitsuntersuchungen. Zwei unabhängige Überwachungssysteme – ein kontinuierliches sowie ein diskontinuierliches – werden bei Druckwasserreaktoren für entbehrlich gehalten; in den engeren Kernen von Druckwasserreaktoren ist auch nicht genügend Raum für eine doppelte Instrumentierung vorhanden. Bei den Rechenprogrammen für die Druckwasserreaktoren wird unterschieden zwischen: Realzeit-Programmen, die in kurzfristigen Zyklen (≤ 1 min) aufgerufen und deren Ergebnisse (nach Datenverdichtung) ausgedruckt werden; Alarm-Programme mit erhöhter Priorität, die beim Überschreiten von Grenzwerten Schaltungen auslösen; sowie besondere Programme nach Aufnahme der Flußdichteverteilung mit dem Kugelmeßsystem (und nach Vielkanalanalyse von Proben der Umgebungsaktivität), die von Hand oder durch Auslösung durch andere Programme aufrufbar sind. Die analogen Meßstellen werden je nach ihrer Besonderheit in verschiedenen Zyklen abgefragt (im KWO 6, 24 und 60 s). Regelmäßig ausgedruckt werden ein stündliches Betriebsprotokoll mit einer Variante als Tagesprotokoll sowie ein Monatsprotokoll mit repräsentativen Betriebszuständen. Hinzu kommen ein Schaltprotokoll sowie ein Störungsprotokoll. Ein weiterer wichtiger Aufgabenbereich für die Datenverarbeitung besteht in der Überwachung von Anlageteilen durch die Ermittelung von Kenngrößen wie Temperaturgradienten im Primärkühlkreis und von Pumpendurchsätzen. Aus dem nuklearen Programm, das im wesentlichen von den Flußdichteverteilungen ausgeht, die mit dem Kugelmeßsystem gemessen werden, sollen die zeitabhängige Leistungsdichteverteilung und der Brennelement-Umsatz-Zyklus im Hinblick auf eine möglichst wirtschaftliche Betriebsweise optimalisiert werden.

Soweit bis jetzt über den Einsatz von Prozeßrechnern im Zusammenhang mit Reaktor-Instrumentierungssystemen berichtet wurde, erfolgte ihr Einsatz nur zur Datenverdichtung und zur Erfüllung von Hilfsfunktionen für die Optimalisierung des Reaktorbetriebs. In [46-20] wird dagegen über die Ausführung und den Probebetrieb einer voll automatischen Reaktorregelung unter Anwendung eines digitalen Regelungssystems bei einem Unterrichtsreaktor (HTR) berichtet. Dazu gehören drei BF_3-Zähler, ein kleiner Rechner mit den zugehörigen Ein- und Ausgabegeräten und ein Steuerstabsystem mit Regler. Zu den zuletzt geschilderten neueren Entwicklungen in der Reaktorinstrumentierung ist noch folgendes zu bemerken: soweit die bisherigen Betriebszeiten von Leistungsreaktoren schon Aussagen erlauben, kann man sagen, daß sich die installierten Systeme in technologischer und betriebsmäßiger Hinsicht bewährt haben (s. z. B. [46-21]). Die Entwicklung ist aber nicht abgeschlossen, sondern wird sich in Richtung auf einen weiteren Ausbau der Automatisierung und Programmsteuerung hin bewegen. Dabei bestehen die Möglichkeiten des *Hardware-* und des *Software-Prinzips* nebeneinander. In der Reaktorinstrumentierung kommt dieser Gegensatz in unterschiedlichen Auslegungen zum Ausdruck: wir finden Systeme mit fester Verdrahtung (in Deutschland) und solche, bei denen möglichst alle automatisierbaren Funktionen einschließlich der Reaktorsteuerung einem Prozeßrechner übertragen werden (z. B. in Frankreich). Bei Neuentwicklungen von Reaktoren scheint man mehr und mehr zum letzteren Prinzip überzugehen [46-13].

Fortschreitende Automatisierung bedingt die Einschränkung auf eine kleinstmögliche Typenzahl in der Instrumentierung. Ein nächster Schritt zur Vereinfachung besteht in der Reduzierung der Meßkanäle der reaktorinternen Instrumentierung auf ein System mit zwei Kanälen – einem Impuls- und einem Campbell-Kanal. Als weitergehende Vereinfachung wurde die Anwendung eines einzigen Detektors (einer Spaltkammer) vorgeschlagen, deren Meßbereich die ganzen zehn Zehnerpotenzen der Reaktorleistungsüberwachung überdecken kann [23-8, 15]. Bei einem solchen System werden an den Ausgang des Vorverstärkers ein Impulshöhendiskriminator mit nachgeschaltetem Ratemeter angeschlossen sowie eine echt quadrierende Schaltung, mit der die Quadratwurzel des mittleren quadratischen Signals $\langle U^2(t) \rangle$ angezeigt wird, vgl. Gleichung (2.3.6).

Anwendungen bei Bestrahlungsexperimenten (an Forschungsreaktoren). Eine (ältere) Darstellung über Anwendung von Analog- und Digitalrechnern bei neutronenphysikalischen Experimenten findet man in dem Aufsatz von Amster u.a. in [11-4]. Weiter seien zwei Referate von einer neutronen- und reaktormeßtechnischen Tagung [XVIII] genannt: über die Verwendung eines Kleinrechners mit assoziativer Speicherung von Hooten und Best (Harwell) sowie ein von J.G. Page und Collins (Austin, Texas) beschriebenes Meßwerterfassungssystem für kernphysikalische Experimente, das On Line und mit *Time-Sharing* arbeitet. – Erwähnen wollen wir noch die Anwendungen eines On-Line-Rechners zur Datenverdichtung bei reaktorphysikalischen Untersuchungen mit Kritischen Anordnungen, z.B. zur Messung des Reaktorrauschens in thermischen Nulleistungsreaktoren mittels des Kreuzkorrelationsverfahrens, um noch bei niedriger Detektor-Empfindlichkeit messen zu können; außerdem wurde die automatisierte Steuerung Schneller Kritischer Anordnungen erprobt [46-22].

Zur Verfolgung der Flußdichteschwankungen in einem Forschungsreaktor mit kleinem Kern (FRJ-2), wo sich Flußdichteänderungen durch Abbrand, Steuerstabstellungen und absorbierende Experimentiereinbauten auf die Ausnutzung in Bestrahlungsexperimenten auswirken, jedoch ohne zugehörigen Niedrigleistungsreaktor nicht einfach überprüft werden können, wurde eine Anordnung ähnlich dem Fahrkammer-Verfahren, aber mit Zugang von oben durch die Reaktortopplatte mit einer Experimentierflasche entwickelt [46-23]. Die Signalverarbeitung soll zur Ausschaltung von Störungen durch nukleare Aufheizung und durch γ-Strahlung (besonders bei der Anzeige schneller Neutronenflußdichten) nach dem Campbell-Verfahren erfolgen. Die Positionen sollen motorgesteuert anwählbar sein, die Daten mittels Prozeßrechner als Relativwerte ausgeworfen werden. Die Kalibrierung in absoluten Flußdichten muß durch Aktivierungssondenmessungen in Rohrstringern bei unveränderten Positionen im gleichen Flußmeßrig geschehen.

Wir wenden uns nun der Instrumentierung von Reaktorexperimenten zu. Zuerst wollen wir die Gesichtspunkte, die man dabei allgemein – über die nukleare Instrumentierung hinaus – zu beachten hat, anführen. Die Versuchsanordnung für ein Reaktorexperiment besteht aus dem Reaktoreinschub, gegebenenfalls einem Kreislaufsystem und der Instrumentierung [46-24].

Während Kreislaufsysteme zur Einstellung und Erfassung der Versuchsparameter dienen, wird die Instrumentierung zur Messung, Steuerung, Regelung und Sicherheitsüberwachung gebraucht; sie erfordert einen erheblichen Anteil des Aufwands für die Versuchsanordnung und muß bereits im Rahmen von deren Gesamtkonzeption eingeplant werden. Innerhalb der Instrumentierung übernimmt das Meßsystem die bloße Erfassung von Meßwerten (z. B. der Temperatur). Das Meßsystem kann Einrichtungen zur Mehrfachmessung und zur Gegenkontrolle enthalten (z. B. Anzeige der Reaktorleistung aus der nuklearen Reaktorinstrumentierung neben der in der Anordnung selbst gemessenen Temperatur). Ein eigenes Steuersystem ist in der Regel entbehrlich, denn eine geeignete Parameterwahl bei der Versuchsplanung kann die Grobeinstellung ersetzen und dem Regelsystem die Feineinstellung überlassen. Letzteres wird zur Einstellung innerhalb vorgegebener Genauigkeitsschranken benutzt (z. B. zur Temperaturregelung innerhalb von ±10 K). Dabei muß z. B. der Änderung der Reaktorleistung bzw. des Neutronenflusses – infolge von Änderungen der Steuerstabstellung oder des Abbrandes außerhalb der Versuchsanordnung – entgegengewirkt werden (etwa durch Änderung des Wärmewiderstands in der Anordnung). Gegenläufige Wirkungen (z. B. Wärmeausdehnung der Materie, Wärmestrahlung usw.) müssen in Betracht gezogen werden. Störgrößen sind in der Regel der Abbrand im Reaktor oder in der Anordnung (der nur stetige langsame Änderungen hervorruft) und Kurzzeitschwankungen (der Flußdichte), die innerhalb des Experiments gegebenenfalls eliminiert werden müssen. Das Sicherheitssystem muß alle möglichen Störungen (z. B. solche, die zu einer radioaktiven Kontamination der Umgebung führen könnten) anzeigen und so vollständig es geht automatisch unwirksam machen; seine Auslegung gründet sich auf die Störfallanalyse, die vom größten denkbaren Unfall ausgeht. In der dementsprechend ausgearbeiteten Schaltung werden die Sicherheitsparameter zur automatischen Auslösung der notwendigen Sicherheitsvorkehrungen ausgenutzt.

Jede Schaltung, die zu Reaktoreingriffen führt, muß ausfallsicher *(Fail Safe)* und in *Zwei- von Drei-Kreis-Bauweise* ausgeführt werden. Entwickelt wurde hierzu ein Signalbausteinsystem. Seine Funktion besteht im Festhalten und in der Anzeige der ankommenden Grenzwerte, wobei erforderlichenfalls entsprechende Signale an die Reaktorinstrumentierung weitergeleitet werden; ihre Rückstellung kann nur manuell erfolgen. Einzelbeschreibungen der Instrumentierung von Reaktorexperimenten und Prüfkreisläufen findet man z. B. in [46-25]. Dort ist – wie bei den zuletzt aufgeführten Instrumentierungsgesichtspunkten – mehr oder weniger ausschließlich von verfahrenstechnischer Instrumentierung die Rede. Nukleare Instrumentierungssysteme werden sich – von den Einzelheiten in den Meßeinrichtungen (Detektoren, Apparaturen) abgesehen – aufbaumäßig weitgehend an die eingeführte verfahrenstechnische Instrumentierung anlehnen.

Als Beispiel beschreiben wir Instrumentierungssysteme für Spülgaskreislauf-Reaktorexperimente. Solche Anordnungen dienen zur Untersuchung der Spaltproduktfreisetzung bei Brennstoffbestrahlungen. Bestrahlungsanlagen mit Handprobenahme der Gasproben zur Laborausmessung befinden sich in Jülich und Studsvik in Betrieb; für Mol wurde eine Anlage mit der anschließend beschriebenen automatisierten Spaltgasausmessung und Auswertung gebaut [46-26].

Über das Verhalten Beschichteter Teilchen und Brennstoffkugeln für Hochtemperaturreaktoren erhält man während der Bestrahlung Informationen nur durch die Freisetzungsrate der gasförmigen Spaltprodukte. Deshalb werden bei Anlagen mit Vermessung der Spaltgase im Labor jeden zweiten Tag Gasproben von Hand aus den Spülkreisläufen gezogen und die darin enthaltenen Mengen an 4 Xe, 5 Kr- und 2 J-Isotopen bestimmt. Die Entwicklung der Meßstation mit Prozeßrechner ermöglicht bei gleichem Personalaufwand eine wesentlich dichtere Meßfolge. Es werden zwei Messungen mit Auswertungen pro 24 Stunden und Kreislauf vorgenommen. Das von dem Kreislaufsystem geförderte Spülgas wird entsprechend seiner gemessenen Gesamtaktivität in der Meßstation entweder direkt vor den Ge(Li)-Detektor geleitet, oder das Spülgas wird in einer tiefgekühlten Adsorptionsfalle angereichert oder in einem Behälter gesammelt. Jeder der an die Meßstation angeschlossenen sechs Spülkreisläufe verfügt über eine Adsorptionsfalle und ein Gasvolumen. Alle Spülkreisläufe sind jedoch gemeinsam an den Ge(Li)-Detektor der Meßstation angeschlossen. Die Funktionen der Meßstation werden für die angeschlossenen Spülkreise von einem Prozeßrechner gesteuert. Beim automatischen Ablauf einer Messung, nach dem der Prozeßrechner auf Programmanweisung infolge der gemessenen Gesamtaktivität eine Spaltgasanreicherung festgelegt hat, wird die vom Prozeßrechner angesteuerte Adsorptionsfalle zur Spaltgasanreicherung in flüssigen Stickstoff getaucht. Danach wird das Gas in das Meßvolumen überführt und mit dem Halbleiterdetektor ausgemessen. Dieser erfaßt mittels Photopeakanalyse die prominenten Linien der Kr- und Xe-Isotope (Abbildung 4.6.XI). Der Rechner berechnet aus der Peakhöhe und den Eingabedaten die Aktivität dieser Iso-

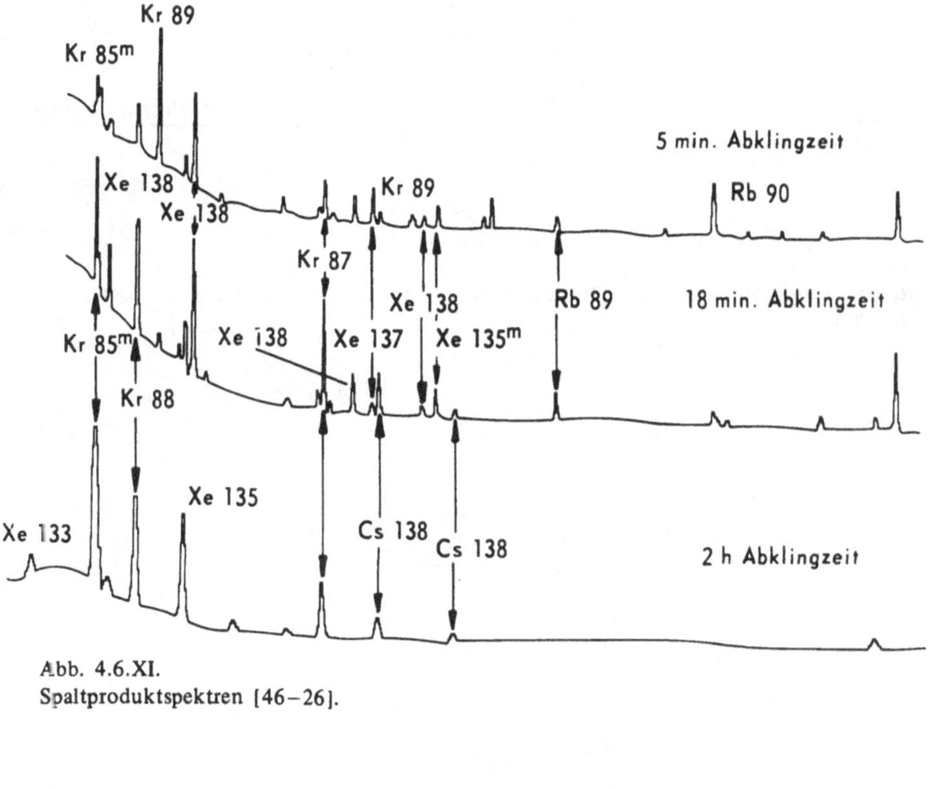

Abb. 4.6.XI.
Spaltproduktspektren [46–26].

tope und das Spaltproduktfreisetzungsverhältnis R/B. Dieses wird auf Reaktorleistung, Probentemperatur und Abbrand bezogen. Die Ergebnisse werden über Sichtgerät, digital, analog und codiert ausgegeben.

Eine ähnliche Anordnung wurde in Japan gebaut [46-27] (Abbildung 4.6.XII). – Nuklear instrumentierte Systeme für Einbau-Experimente in Forschungsreaktoren werden aller Voraussicht nach zunehmend an Bedeutung gewinnen. Denn der steigende Energiebedarf erfordert Anstrengungen bei der Entwicklung möglichst wirtschaftlicher Kernkraftwerke. Dazu müssen zahlreiche vorbereitende Experimente ausgeführt werden, bei denen in kurzen Zeiträumen große Datenmengen anfallen.

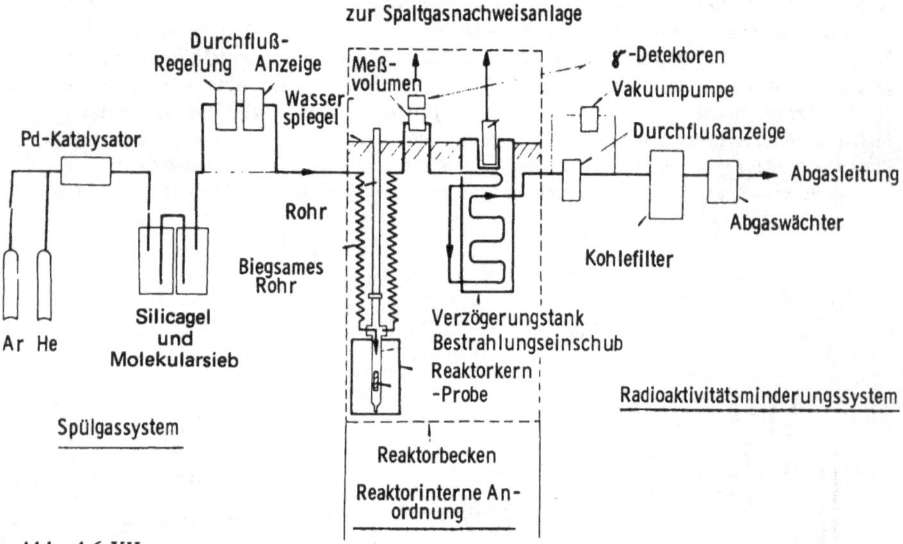

Abb. 4.6.XII.
Reaktorinterne Messung von Spaltprodukt-Freisetzungsraten, Funktionsschema, nach [46–27].

5. Einsatz der Meßverfahren

5.1. Aufgaben der Neutronenmeßtechnik (besonders an Reaktoren)

Bestimmung kernphysikalischer Daten – Bestimmung von Kenngrößen des Neutronenfelds – Untersuchungen mit Niedrigleistungsreaktoren – Meßaufgaben zum Reaktorbetrieb – Monitierung von Reaktorexperimenten und sonstigen Neutronenbestrahlungen

Bisher haben wir Methoden und Ausführung von Messungen besprochen. Ergänzend dazu muß noch Antwort gegeben werden auf die folgenden Fragen: Wozu werden Neutronenmeßverfahren eingesetzt (besonders an Reaktoren, s. Abschnitt 5.1) und mit welchem Experimentieraufwand (Abschnitt 5.2) und mit welcher Leistungsfähigkeit (Abschnitt 5.3) lassen sie sich ausführen?

Die **Bestimmung kernphysikalischer Daten** (mittels Neutronenmeßtechnik) dient der Kernphysik als einer Grundlagenwissenschaft, ferner für die Angewandte Neutronenphysik, die als Untersuchungsmethode für die Festkörperphysik, Strahlenchemie und -biologie sowie bei therapeutischen Verfahren in der Medizin benutzt wird. Überwiegende Anwendung finden die Daten für die Reaktorphysik, worauf wie anschließend näher eingehen. *Kernphysikalische Daten* – die man in der Reaktorphysik auch „mikroskopische" nennt – erhält man letzten Endes immer durch Experimente. Zur Sicherung der Meßergebnisse sind dazu starke Neutronenquellen wünschenswert; Aufgaben und Untersuchungsmethoden werden diskutiert in [32-9]. Benutzt werden vor allem spektrometrische *(mehrkanalige)* Verfahren, auf die wir in Abschnitt 4.2 eingegangen sind; die Verwendung eines (zur Wirkungsquerschnittsbestimmung dienenden) Spektrometers mit Szintillationszähler in *Kollimator-Exposition* wird dort besprochen. Wirkungsquerschnittsbestimmung kann entweder durch Abschwächung eines Neutronenstrahls, durch Neutronenstreuung oder durch Intensitätsbestimmung einer Sekundärstrahlung erfolgen. Abbildung 5.1.I zeigt das Anordnungsprinzip solcher Messungen; eine Transmissionsmessung stellt auch die Kugelschalenmethode dar, mit der man nichtelastische (totale minus elastische Streu-)Querschnitte bestimmt. Als Detektor kann einer der bei Strahlrohrexperimenten gebräuchlichen Monitordetektoren (z. B. BF_3- oder ^3He-Proportionalzähler) verwendet werden. Wirkungsquerschnitte werden grundsätzlich als Energiefunktionen $\sigma(E)$ von monoenergetischen Neutronen gemessen. Daneben bestimmt man sie auch als Mittelwerte in einem wohldefinierten Spektrum (z. B. im Maxwellschen Spektrum thermischer Neutronen, im 1/E-Spektrum oder im Spaltspektrum): solche integralen (Gruppen-)Be-

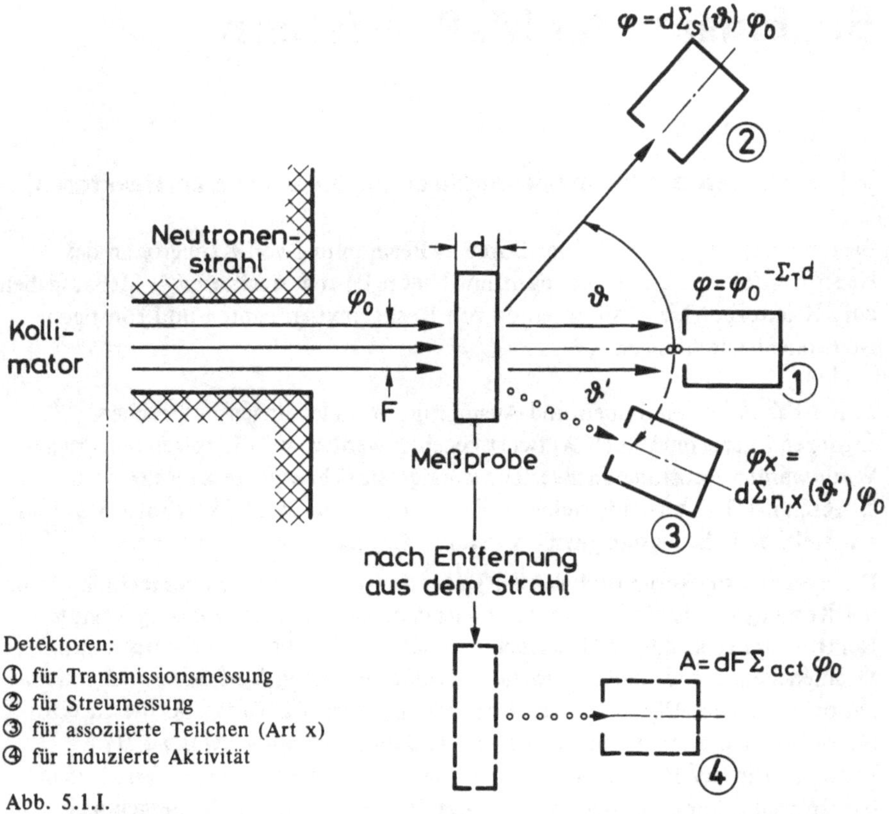

Detektoren:
① für Transmissionsmessung
② für Streumessung
③ für assoziierte Teilchen (Art x)
④ für induzierte Aktivität

Abb. 5.1.I.
Messung verschiedener Neutronenwirkungsquerschnitte, schematisch.

stimmungen von aufs Atom bezogenen Daten interessieren aber nicht als isolierte kernphysikalische Daten, sondern als gemittelte Kenngrößen in Neutronenfeldern, worauf wir unten eingehen.

Auf die oben angedeutete Weise werden totale und nichtelastische Wirkungsquerschnitte bzw. elastische und inelastische Streuquerschnitte bestimmt und die Neutronen-Wechselwirkung mit Kernen untersucht (d. h. die Reaktionsquerschnitte z. B. durch Messung von Assoziierten Teilchen oder von induzierten Aktivitäten ermittelt). Unabhängig von der Messung von Reaktionsprodukten können Absorptionsquerschnitte massenspektrometrisch oder mit der Reaktoroszillatormethode bestimmt werden. Neben den Resonanz-Querschnitten bzw. -Integralen sind noch andere Resonanzparameter zu bestimmen. Bei spaltbaren Substanzen sind die wichtigsten mikroskopischen (nuklearen) Daten der Spaltquerschnitt σ_f (E) und der Einfangquerschnitt σ_γ (E) sowie die mittlere Spaltneutronenausbeute $\bar{\nu}$ (E) pro Spaltung. Weitere wichtige Größen sind: Das Einfang-zu-Spaltungs-Verhältnis:

$$\alpha(E) \equiv \sigma_\gamma(E)/\sigma_f(E) \tag{5.1.1}$$

sowie die Spaltneutronenausbeute pro Absorption im Brennstoff:

$$\eta(E) \equiv \bar{\nu}(E)/[1 + \alpha(E)] \; . \tag{5.1.2}$$

Da nur drei dieser Parameter von einander unabhängig sind, genügen drei Messungen zur Bestimmung dieser fünf Daten. Die Spaltquerschnittmessung ist im Prinzip einfach: die spaltbare Substanz wird in einer Spaltkammer angebracht und mit Neutronen beschossen. Läßt sich die Spaltrate absolut bestimmen, so kann man bei Kenntnis der vorhandenen Menge an spaltbarer Substanz und der Neutronenstromdichte den Spaltquerschnitt errechnen. Zur Bestimmung der Neutronenausbeute einer spaltbaren Substanz wird diese ebenfalls in einer Spaltkammer angebracht und mit Neutronen beschossen; werden alle Spaltungen in der gemessenen Spaltrate Z erfaßt, dann ist die Quellstärke B der von der spaltbaren Substanz emittierten Neutronen gegeben durch

$$B = Z\,\bar{\nu} \; . \tag{5.1.3}$$

B läßt sich nach einem der bekannten Verfahren der Quellstärkebestimmung ermitteln. Die Ausbeute η ist für langsame Neutronen mittels eines „schwarzen" Absorbers leicht zu bestimmen, weil die Streuung langsamer Neutronen gegenüber ihrer Absorption im Spaltstoff vernachlässigbar ist; bei hohen Neutronenenergien führt man zur η-Bestimmung Transmissionsmessungen aus. An Darstellungen zur Bestimmung mikroskopischer Daten nennen wir: zur allgemeinen Einführung [11-2, 13-2, 22-2, 32-1]; zu den Meßmethoden bei schnellen Neutronen [11-4], bei langsamen Neutronen z. B. [35-2, 41-8, 51-1]. Über die Weiterentwicklung der Meßverfahren kann man sich z. B. in den jährlich von der US-Atomenergiekommission herausgegebenen Forschungsberichten „Fundamental Nuclear Energy Research" informieren.

Während sich die Kernphysik als Grundlagenwissenschaft gleichmäßig für die Kenntnis aller Neutronenwirkungsquerschnitte interessiert, ist das Interesse der Reaktorphysik an ihnen verschieden stark. Denn Thermische Reaktoren lassen sich schon ziemlich gut beschreiben, wenn man weitgehend nur nach dem Verhalten der darin vorhandenen thermischen Neutronen fragt; deren nukleare Daten sind heute genau genug bekannt, um die Reaktivität und andere Reaktorkenngrößen hinreichend gut berechnen zu können. Für die Entwicklung Schneller Reaktoren ist dagegen die detaillierte Kenntnis nuklearer Daten über einen weiten Neutronenenergiebereich notwendig, die man noch nicht vollständig genug besitzt. Man ist diesem Ziel aber in den letzten Jahren recht nahe gekommen. Zu fragen ist dann, ob in absehbarer Zeit Messungen für die Reaktorphysik überflüssig sind: einerseits, weil alle erforderlichen nuklearen Daten vermessen sind und andererseits die einem speziellen Reaktormodell zuzuordnenden (makroskopischen und geometrieabhängigen) Feldkenngrößen mit Hilfe von Rechenverfahren bald überhaupt nicht mehr gemessen zu werden brauchen. Wir werden darauf im Folgenden zurückkommen.

Die **Bestimmung von Kenngrößen des Neutronenfelds** (d. h. von dessen „makroskopischen Daten", welche Ausdrucksweise wir vermeiden möchten) dient in erster Linie für reaktorphysikalische Untersuchungen. Deren Ziel ist die genaue neutronenphysikalische Kenntnis des Reaktorverhaltens einschließlich seiner Reaktivität, Leistungsverteilung und Steuerungscharakteristik. Die Untersuchungen werden in drei Schritten ausgeführt:
A. Bestimmung der *kernphysikalischen Daten* – wovon bereits die Rede war,
B. Bestimmung der *Neutronenfeld- Kenngrößen* in *reinen* Medien sowie in (streng gleichförmig aufgebauten) Gitteranordnungen,
C. Bestimmung der Änderungen gegenüber B in realistischen Anordnungen bzw. *Niedrigleistungsreaktoren* – worauf wir weiter unten eingehen. Während in den hier zu behandelnden *reinen* Medien bzw. Gitteranordnungen keine oder nur stark vereinfachte Geometrieabhängigkeit herrscht, sind die unter C genannten Anordnungen wie die geplanten Reaktoren aufgebaut, einschließlich aller geometrischen Unregelmäßigkeiten mit Steuerstäben und anderen vorgesehenen Absorbern.

Zur Durchführung reaktorphysikalischer Untersuchungen (siehe z. B. [51-2, 3, 4]) haben sich zwei Richtungen der Annäherung ausgebildet: einmal durch Korrelation und zum anderen von der Theorie her. Bei der ersteren wird das in einem Medium herrschende Neutronenfeld in einfacher Näherung berechnet. Dazu werden Zahlenwerte der volumenbezogenen Wirkungsquerschnitte und der anderen wichtigen Parameter durch Messung in geeigneten Modellanordnungen ermittelt. Durch Übernahme der Meßergebnisse in die gerechnete Näherung werden theoretische und experimentelle Aussagen einander angepaßt. Dieser Weg ist – namentlich in den Anfangsjahren – häufig und auch erfolgreich in der Reaktorenentwicklung beschritten worden, sogar bei (nicht zu komplexen) schnellen Reaktoren. Das Verfahren versagt aber z. B. bei Thermischen Reaktoren, die mehrere spaltbare Substanzen enthalten. Beim zweiten Verfahren benutzt man die bestmögliche Theorie und geht nur von den geometrieunabhängigen Daten (von idealisierten Anordnungen) aus. Dieser Weg wurde erst gangbar, seit die nuklearen und die geometrieunabhängigen volumenbezogenen Daten in ausreichendem Umfang bekannt vorlagen und nachdem sich mit Hilfe leistungsfähiger Digitalrechner aufwendige mathematische Programme bewältigen ließen. Zu diesem zweiten heute bevorzugten Weg werden Messungen nur noch zum Zweck der Prüfung der theoretischen Ergebnisse ausgeführt. Jedoch sind nicht in allen Fällen die Daten hinreichend gut bekannt, wofür dann auch heute noch zwischen berechneten und gemessenen Reaktorkenngrößen verglichen werden muß (z. B. [51-5]). Weiter besteht die Gefahr rechnerischer Irrtümer (durch eine unzulässige Näherung oder durch Übersehen eines bestimmten Effektes). Deshalb werden zur Überprüfung durchgeführter Rechnungen für Thermische und Schnelle Reaktoren Messungen immer erforderlich bleiben. Ähnliches gilt auch für die Entwicklung von Reaktorabschirmungen [51-6]. Eine gründliche Zusammenstellung der reaktorphysikalischen Meßgrößen und von zu ihrer Messung angewendeten Meßmethoden findet man in [22-2]. Eine Zerlegung reaktorphysikalischer Untersuchungen (wie in die drei oben genannten Schritte) bietet sich bei der Kompliziertheit von Kernreaktoren als großen technischen Anlagen als zweckmäßig an. Denn die verschiedenen Meßgrößen hängen jeweils von zahlreichen Parametern ab, die sich gegenseitig beeinflussen. Wir behandeln hier von der gesamten Reaktormetrologie nur Messungen von Neutronen-Flußdichten und -Fluenzen.

Darunter betrachten wir zuerst die Bestimmung der für die Reaktorberechnung grundlegenden Daten (Kenngrößen), die als Parameter für Neutronenfelder in bestimmten idealisierten Medien kennzeichnend sind. Diese (z. B. ein *unendlich ausgedehntes Bremsmedium* oder der *Sigma-Pile*) sollen möglichst rein und frei von Inhomogenitäten und geometrischen Besonderheiten sein. Wir erwähnen zuerst Untersuchungen in nichtmultiplizierenden Medien, wo energieintegrale makroskopische Wirkungsquerschnitte, Parameter der Bremsung, Thermalisierung (zum thermischen Gleichgewicht) und der thermischen Diffusion sowie das Neutronenspektrum zu bestimmen sind [11-2, 13-2, 14-8]. Ist das Neutronenspektrum in der Idealisierten Anordnung bekannt, dann läßt sich das Streuverhalten der Neutronen darin überprüfen, wobei die energieabhängigen mikroskopischen Wirkungsquerschnitte bekannt vorausgesetzt werden. Im Prinzip sollte das ganze Neutronenspektrum (bis rund 10 MeV hinauf) gemessen werden; für Thermische Reaktoren genügen jedoch niedrigere Energien (bis zu einigen eV hinauf), zu deren Messung Flugzeitmethoden am besten geeignet sind. Zur Bestimmung der Brems- und Diffusions- (bzw. Wander-)Flächen in Moderatoren und anderen Substanzen in Idealisierten (brennstofffreien) Anordnungen braucht man das Neutronenspektrum nicht genau zu kennen. Man bestimmt dazu die räumliche Neutronenverteilung um eine Quelle. Für die Bremsflächenbestimmung mißt man die Bremsdichteverteilung der auf (z. B. 1 eV) abgebremsten Neutronen, zur Diffusionsbestimmung die Verteilung der thermischen Flußdichte, oder man vermißt das Neutronenfeld nach der Pulsquellenmethode (siehe unten).

Die Bestimmung der Materialkonstanten in *multiplizierenden Medien* erfolgt in Unterkritischen (z. B. Exponential-) und Kritischen Anordnungen [VI, 15-3]. Eine Anordnung, die spaltbares Material enthält, wird als kritisch bezeichnet, wenn mit ihr Kritikalität erreicht wird. Bei Unterkritischen Anordnungen wird Kritikalität nicht erreicht, sondern allenfalls angenähert; sie benötigen zur Aufrechterhaltung des Neutronenfeldes ständig eine Neutronenquelle, und das vorhandene spaltbare Material wirkt lediglich neutronenmultiplizierend. Exponential-Anordnungen stellen Spezialformen Unterkritischer Anordnungen dar. Diese Experimentiermedien beanspruchen ziemlich viel Raum, enthalten kostspielige Substanzen hoher Reinheit sowie Meßanordnungen und verlangen ausreichende Strahlenabschirmung. Als Neutronenquellen dienen radioaktive oder Ionenbeschleunigertarget-Quellen oder Flächenquellen an Reaktorstrahlrohren oder Thermischen Säulen. Unterkritische Anordnungen sind natürlich weniger aufwendig als Kritische, sind aber außer zu Untersuchungen des kritischen Zustands für genauere (vor allem spektrale) Bestimmungen von Materialkonstanten infolge ihrer niedrigeren Flußdichte unbrauchbar. Um die geometrieunabhängigen Daten experimentell zu bestimmen, muß man Meßmedien aufbauen, die zwar im Prinzip dem ins Auge gefaßten Reaktormodell entsprechend (z. B. heterogen oder homogen), aber geometrisch einfach und einheitlich aufgebaut sind.

Wir führen zuerst Untersuchungen zur Entwicklung *Thermischer* Reaktoren auf. Die Bestimmung des Neutronenspektrums kann für die Reaktorberechnung von wesentlicher Bedeutung sein – insbesondere beim Vorhandensein von Plutonium. Denn Elemente mit ausgesprochenen Resonanzen nahe beim Thermischen Bereich verlangen eine genügend genaue Bestimmung des Spektrums, um die Reaktionsraten und ihre Temperaturabhängigkeit richtig angeben zu können. Durch Anpassung berechneter Verteilungen der Reaktionsraten R an deren gemessene Verteilungen ermittelt man die extrapolierten Abmessungen bei Kritischen und Unterkritischen Anordnungen. Solche Anpassungen sind am zuverlässigsten durchführbar, wenn ein ortsunabhängiges Neutronenspektrum vorliegt, was sich wenigstens näherungsweise mit Hilfe der Spektralparameter T_n und r_0 feststellen läßt (s. Abschnitt 4.3). Mit Brennstoffgittern werden ferner Untersuchungen zur Annäherung an den Kritischen Zustand sowie Flußverteilungsmessungen in Gitterzellen (z. B. zur Vermeidung von Flußspitzen und damit zu starker Wärmebelastung) ausgeführt. Ein anderes Aufgabengebiet stellen reaktorkinetische Untersuchungen des Reaktoransprechens auf vorgegebene Reaktivitätsänderungen dar. Dabei wird das Zeitverhalten verzögerter Neutronen gemessen, das man aber auf Grund bekannter Daten an sich schon hinreichend genau bestimmen kann.

Idealisierte *Schnelle* Kritische Anordnungen zur Bestimmung von Entwicklungsdaten für Schnelle Reaktoren bestehen aus wenigen Brennelementen und haben ebenfalls möglichst einfachen geometrischen Aufbau. Auch zu diesen Anordnungen lassen sich Rechnungen leicht ausführen und die Rechenergebnisse durch Messungen prüfen. Abgesehen von der Kontrolle der Rechnungen dienen solche Anlagen auch zur Überprüfung der bei den Rechnungen benutzten nuklearen Daten, die hier teilweise noch nicht ausreichend genau bekannt sind. Das Spektrum der schnellen und intermediären Neutronen ist in diesen Anordnungen wegen der Energieabhängigkeit der Wirkungsquerschnitte sorgfältig zu bestimmen.

Für diese reaktorphysikalischen Aufgaben werden angewendet: Flugzeitmessungen zur Bestimmung von Neutronenspektren; das Aktivierungssondenverfahren zur Bestimmung von Moderations- und Diffusionsparametern und von einzelnen Faktoren der Kritischen Gleichung (Vier-Faktor-Formel):

$$k_\infty = \epsilon\, p\, f\, \eta\ ; \qquad (5.1.4)$$

zur Messung effektiver Reaktorquerschnitte und anderer Feldgrößen dienen die unten beschriebenen Vergiftungs- und Reaktoroszillator-Methoden. – Die Neutronenspektrometrie mit Kollimatorexposition erlaubt in Reaktorgittern weniger genaue Aussagen als in homogener Materie. Denn schlechte räumliche Auflösung (das Strahlrohr hat größere Abmessungen als die Brennstoffstäbe) und die Flußanisotropie, die eine Zuordnung der Flußdichte in der Quellfläche zur austretenden Neutronenstromdichte erschwert, machen die Flugzeitmethode hier weniger geeignet. Man beschränkt deshalb ihre Anwendung auf quasihomogene Medien, deren Spektren man als Bezugsspektren für die im Reaktorgitter einzusetzenden energieintegralen (Gruppen-)Verfahren benutzt. Einige Anwendungen von Spektrometern mit Kollimatorexposition zur Bestimmung von kernphysikalischen Daten und von Neutronenfeld-Kenngrößen werden in Abschnitt 4.2 angeführt. Die Bestimmung der spektrumsgemittelten (effektiven) Wirkungsquerschnitte setzt die Kenntnis des Neutronenspektrums am Meßort (oder mindestens ein wohlmoderiertes System) voraus. Für Relativbestimmungen des Schnellspaltfaktors einer anderen spaltbaren Substanz gegenüber dem von ^{235}U sowie des Einfangsverhältnisses für Epi- zu Sub-Cadmium-Neutronen in ^{238}U hat man das Fangfolienverfahren benutzt. Zur Messung von Fluß- und Bremsdichte-Verteilungen und von Spektralparametern kann man an Stelle von Aktivierungssonden auch direktanzeigende Detektoren (wie Spaltkammern, BF_3-Zähler und Halbleiter-Detektoren) verwenden, die aber einen kleineren Meßbereich haben und die zu ihrer Automatisierung und Programmsteuerung mehr Aufwand verlangen als eine vielseitig einsetzbare Aktivierungssondenmeßeinrichtung. Anders ist es bei Messungen im Leistungsbereich; hier ist der Einsatz von Aktivierungssonden wegen der erforderlichen Nachbehandlung namentlich bei umfangreichen Meßreihen aufwendiger als der Einsatz direktanzeigender Sonden.

Bei der *Vergiftungsmethode* wird der relative Absorptionsquerschnitt einer Probe, die im Reaktor eine bestimmte Vergiftung bewirkt, durch Kompensation des kritischen Zustands eines Reaktors mit einem kalibrierten Regelstab bestimmt. Dieses Verfahren ist einfacher aber viel unempfindlicher als die *Reaktoroszillatormethode*, da hier Niveauänderungen der Reaktorleistung als Fehler mit eingehen. Der Reaktoroszillator findet Anwendung zur Messung von thermischen Absorptionsquerschnitten, von effektiven Resonanzintegralen und von der in der Vier-Faktor-Formel (5.1.4) auftretenden Spaltneutronenausbeute pro Absorption im Brennstoff η [XI, 11-2, 13-2, 51-20]. Beim Reaktoroszillator (Abbildung 5.1.II) wird die Probe mit dem zu bestimmenden Wirkungsquerschnitt periodisch in einen Reaktor ein- und ausgeschossen. Die Amplitude der dadurch bewirkten Modulation der stationären Reaktorleistung erlaubt die Bestimmung der Reaktivitätsänderung, die durch die Probe hervorgerufen wird. Wenn die Probe insbesondere zwischen zwei Positionen oszilliert, in denen der Flußgradient Null ist (z. B. von außerhalb des Reaktors, wo die Flußdichte verschwindet, bis zum Flußmaximum im Reaktorkern), dann trägt die Neutronenstreuung bzw. die Strömung von Neutronen durch die Probe nichts bei. Der beobachtete Effekt ist dann allein der Neutronenabsorption durch die Probe zuzuordnen. Zur absoluten Wirkungsquerschnittsmessung ist bei dieser Relativmethode natürlich die Mitvermessung einer Standardprobe mit bekanntem (Absorptions-)Querschnitt erforderlich. Neben diesem integralen Typ des Reaktoroszillators gibt es noch den lokalen, bei dem in einem nicht multiplizierenden Medium (z. B. mittels einer ringförmigen Ionisationskammer) die Flußdepression gemessen wird, die durch Einbringen der Meßprobe in dieses Neutronenfeld verursacht wird. Das Reaktoroszillator-Verfahren ist sehr emp-

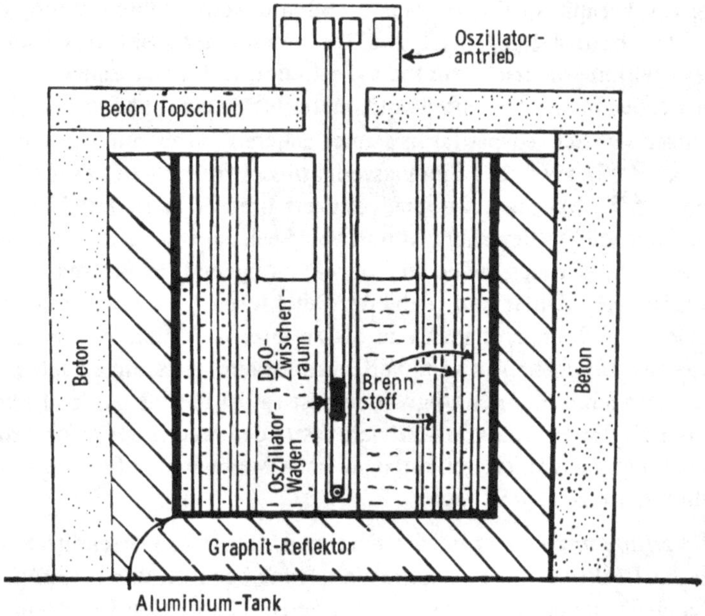

Abb. 5.1.II.
Reaktoroszillator im Nulleistungsreaktor DIMPLE [51–20].

findlich und erlaubt die Messung sehr kleiner Absorptionsquerschnitte, ist aber nach großen Absorptionsquerschnitten hin durch die Forderung nicht zu starker Flußabschirmung eingeschränkt. Weiter werden speziell beim lokalen Oszillator konstante Neutronenflußdichte im Meßort und nicht zu großes Verhältnis des Streuquerschnitts der Probe zum zu messenden Absorptionsquerschnitt gefordert. Beim integralen Oszillator läßt sich neben dem Absorptionsquerschnitt (durch Oszillationen in den Reflektor statt in den Kern) der Streuquerschnitt bestimmen, andererseits muß hier der Reaktor in seiner Verfügbarkeit und Fahrweise auf den Oszillator abgestimmt sein. Die Subkritikalität $(1 - k_{eff})/l$ (d. i. das Verhältnis der unterkritischen Reaktivität zur prompten Neutronen-Lebensdauer) Unterkritischer Anordnungen läßt sich durch Analyse des Rauschspektrums bestimmen: Eine Meßmethode, auf die wir bei Besprechung der Meßaufgaben zum Reaktorbetrieb eingehen; dazu gehören auch statistische Tests von Wahrscheinlichkeitsverteilungen der Impulsraten, die an (Unter-)Kritischen Anordnungen gemessen werden.

Neben der anfänglich allein benutzten *stationären Methode* zur Untersuchung der Neutronen-Diffusion, -Absorption und -Thermalisierung mit Neutronenquellen in idealisierten Medien werden in jüngerer Zeit weitgehend *nichtstationäre Methoden* verwendet [11-2, 41-8]. Sie bedingen größeren Aufwand, ermöglichen aber häufig sicherere Aussagen. Man unterscheidet Verfahren mit gepulsten und mit modulierten Quellen, wovon die ersteren öfter Anwendung finden. Beim Pulsquellenverfahren emittiert die Quelle einen (gegenüber der Dauer der anschließenden Beobachtung des Neutronenfeldes) kurzen Neutronenimpuls in das zu untersuchende Medium. Das zeitliche Verhalten der Neutronen wird verfolgt mit Hilfe von Detektoren, die im Innern oder am Rand des Mediums angebracht sind, und mit einem Vielkanal-Zeitanalysator. Nach Abklingen des Impulses wird der nächste Impuls ausgelöst. Das Pulsquellenverfahren eignet sich besonders gut zur Untersuchung der Neutronen-Lebensgeschichte im Verlauf der Neutronenbremsung (an freien und relativ unbewegten Atomen) und der anschließenden Thermalisierung (wobei die chemische Bindung und die thermische Bewegung der Atome bereits zu berücksichtigen sind) im Medium. Nach Erreichen der thermischen Energieverteilung zeigt das Neutronenfeld einen Abfall $\sim e^{-\kappa t}$ mit der Zeit t. Die weitere Untersuchung der thermalisierten Impulse befaßt sich mit der Bestimmung des Verlaufs der Zeitkonstanten $1/\kappa$ als Funktion der Flußfeldwölbung B^2 des Mediums.

Untersuchungen mit Niedrigleistungsreaktoren. Die bisher besprochenen Meßaufgaben beschäftigten sich noch nicht mit wirklichen Reaktoren. Diese unterscheiden sich von den zuletzt betrachteten idealisierten Gitteranordnungen dadurch, daß ihre Reaktorkerne nicht ganz regelmäßig sind, sondern außer Brennelementen – die ihrerseits verschiedenen Abbrandzustand aufweisen –

noch Leerkanäle, Regelorgane und verschiedene andere Neutronenabsorber enthalten. Außerdem sind hier die Gitteranordnungen von Reflektoren bzw. Blankets umgeben zur Herabsetzung des Neutronenverlusts aus dem Reaktorkern. Da man abgesehen von Kleinigkeiten die Konzeption eines fertigen Leistungsreaktors nach Kritischwerden nicht mehr verändern kann, baut man häufig – besonders bei der Entwicklung Schneller Reaktoren – außer der oben erwähnten idealisierenden Kritischen Anordnung noch einen dem geplanten Leistungsreaktor entsprechenden *Null- oder Niedrigleistungsreaktor (Mock-up)*, an dem die erforderlichen Erprobungsmessungen durchgeführt werden.

Die damit untersuchten geometrieabhängigen reaktorphysikalischen Meßgrößen und die zu ihrer Messung angewendeten Methoden findet man in [22-2] zusammengestellt. Was oben zur Bestimmung der Neutronenfeld-Kenngrößen gesagt wurde, gilt hier entsprechend: man rechnet neuerdings ein Reaktorkonzept mit einer Rechenanlage möglichst vollständig durch, führt aber zur Sicherung der Ergebnisse eine Anzahl von Prüfmessungen aus. Der Umfang an reaktorphysikalischen Messungen für ein Konzept hat gegenüber der Frühzeit der Reaktorentwicklung zwar abgenommen, wird aber nicht verschwinden.

Bei *Thermischen Reaktoren* muß zunächst die Reaktorregelung überprüft werden. Die durch Regelstäbe zu bindende Reaktivität läßt sich nach verschiedenen Verfahren bestimmen. Bei stationären Verfahren kompensiert man die Wirkung der Regelstäbe durch Einbringung von Brennelementen in bestimmte Kernpositionen (Beitrag P/335 in [XXII-1958]) oder durch ein gleichmäßig verteiltes Neutronengift (z. B. in Form borhaltiger Kunststoffstreifen, die zwischen Brennstoffplatten geschoben werden (siehe Beitrag P/420 in [XXII-1958]). Daneben gibt es kinetische Verfahren – z. B. Messung der Reaktivität ρ aus der Reaktorzeitkonstanten T (x) entsprechend:

$$\rho(x) = \frac{l}{T(x)} + \sum_{i=1}^{6} \frac{\beta_i}{1 + \lambda_i T(x)} \qquad (5.1.5)$$

(l mittlere Lebensdauer einer Generation prompter Neutronen, β_i relativer Anteil und λ_i Zerfallskonstante der zur i-ten Gruppe gehörenden verzögerten Neutronen); dabei wird der Reaktor leicht überkritisch gemacht durch Herausziehen des zu prüfenden Stabes um die Länge x (s. z. B. [15-3] und Beitrag P/260 in [XXII-1958]). Beim Stabfallverfahren wird die Neutronenflußdichte $\varphi(x)$ nach Einfallen des betreffenden Stabes um die Höhe x gemessen im Verhältnis zur vorhergehenden Flußdichte φ_0 im kritischen Zustand; für die Reaktivität ergibt sich dann:

$$\rho(x) = \beta\,[1 - \varphi_0/\varphi(x)]\,. \qquad (5.1.6)$$

Bei dieser Formel ist das Vorhandensein einer einzigen Gruppe verzögerter Neutronen mit relativer Häufigkeit β angenommen. Weitere kinetische Verfahren sind das Quellsprung-Verfahren, bei dem eine im unterkritischen Zustand im Reaktor angebrachte (konstant strahlende) Quelle plötzlich entfernt bzw. abgeschaltet wird, sowie das Impulsquellenverfahren, bei dem die Subkritikalität über die Zerfallskonstante der prompten Neutronen unter Anwendung einer gepulsten Quelle bestimmt wird [51-7]. Alle diese Verfahren verlangen die Messung der zeitabhängigen Neutronenflußdichte, wobei die Anbringung der Dektoren sorgfältiger Überlegung bedarf. In Rauschanalysen von Nullreaktoren wurde die prompte Neutronen-Lebensdauer l mit Hilfe der Form des Rauschspektrums im oberen Frequenzbereich ermittelt. Die Rauschanalyse liefert auch eine unabhängige Methode zur Bestimmung des absoluten Leistungspegels von Nulleistungsreaktoren. Im britischen Nulleistungsreaktor GLEEP wurde mittels Rauschanalyse die Leistungsfähigkeit von Reaktivitätsmessungen untersucht.

Eine zweite wichtige Klasse von Messungen befaßt sich mit der Leistungsdichteverteilung zu untersuchender Gitteranordnungen, die ins Grundgitter eines Nullreaktors eingebaut sind. Leistungsdichteverteilungen, die den Betrag der gesamten abgegebenen Leistung herabsetzen oder die mit einem (für Experimente in Forschungsreaktoren) ungünstigen Flußverlauf verbunden sind, sucht man zu vermeiden. Ermittelt wird die Leistungsdichteverteilung durch Messung der Spaltratenverteilung im Brennstoff oder über Aktivierungssondenmessungen, relativ auch mittels ortsfest oder verfahrbar angebrachter direktanzeigender Sonden. Zur Optimalisierung der Flußdichte pro Reaktorleistung in bestimmten Positionen in Kritischen Anordnungen werden absolute Flußdichtemessungen ausgeführt [33-1]. Wünschenswert ist ferner die Bestätigung gerechneter ortsabhängiger Neutronenspektren. Spektrometer mit Kollimatorexposition sind bei den hier zu untersuchenden geometrischen Abhängigkeiten nachteilig, weil sie diese verfälschen können. Deshalb bevorzugt man trotz seiner ungenaueren Aussagen das gruppenspektrometrische Verfahren in Sonderexposition. – Ein weiterer Komplex von Meßaufgaben befaßt sich mit Flußfeinstrukturen in Gitterzellen, z. B. zur Bestimmung der thermischen Nutzung.

Schnelle Nulleistungsreaktoren werden gebaut und vermessen, weil die zu entwickelnden Leistungsreaktoren in diesem Fall sehr komplizierten Aufbau haben und deshalb in der Regel noch nicht durch Rechenverfahren erschöpfend wiedergegeben werden können. Gemessen werden die kritische Größe der Anordnung, bestimmte Reaktionsraten R und effektive Wirkungsquerschnitte. Dazu muß die Untersuchung des Neutronenspektrums kommen, die besondere Schwierigkeiten macht wegen des breiten Energiebereichs, der dabei zu erfassen ist: von etwa 10 MeV herunter bis 10 eV, wobei der wichtigste Energiebereich zwischen 100 eV und 1 MeV liegt. Leider existiert bis heute kein Meßverfahren, das diesen Bereich einigermaßen vollständig auszumessen gestattet. Besonders im Rahmen der Entwicklung Schneller Reaktoren sind noch meßtechnische Bestimmungen der Einflußfunktion zu erwähnen, die für die Ermittlung des Temperaturkoeffizienten der Reaktivität von Bedeutung sind.

Ein zwar kostspieliges, aber äußerst nützliches Hilfsmittel beim Betrieb eines Forschungsreaktors stellt ein analog aufgebauter Niedrigleistungsreaktor dar. Abgesehen von reaktorphysikalischen Problemen lassen sich damit die γ-Strahlen- und Neutronenflußdichteverhältnisse in Reaktoreinbauten einschließlich der Flußfeinstrukturen und des Neutronenspektrums studieren, ohne daß der Experimentierbetrieb des Forschungsreaktors gestört werden muß. Aus den Flußdichtemessungen können die Leistungsgewichtsfaktoren und die Wärmequellen (und damit die Aufheizung) für Bestrahlungsexperimente berechnet werden. Die meisten Forschungsreaktorzentren sind mit solchen Niedrigleistungs- oder Nullreaktoren ausgerüstet, deren Verwendung die Zuverlässigkeit der Planung von Reaktorexperimenten erheblich verbessert. Darüber hinaus gestattet ein Nullreaktor eine Kostensenkung bei der Konstruktion von Reaktoreinschüben, weil genauere Vorausmessungen eine Senkung der Sicherheitsfaktoren zulassen. Solche vorausplanenden Messungen lassen sich im Nullreaktor mit viel weniger aufwendigen experimentellen und Strahlenschutz-Maßnahmen ausführen als in Reaktoren auf voller Leistung, wodurch ebenfalls eine Kosten- und eine Zeitersparnis bewirkt wird. Für vorausplanende Flußfeinstruktur-Messungen lassen sich auch Unterkritische Anordnungen verwenden, die meßtechnisch noch leichter zugänglich sind als Nullreaktoren. Wo jedoch etwas höhere Flußdichten erforderlich sind – wie zur Bestimmung von Spektralen Indizes im schnellen Energiebereich – braucht man mindestens eine Kritische Anordnung oder einen Niedrigleistungsreaktor. Ein Beispiel stellt der zum 50 (neuerdings 70) MW-Schwimmbadreaktor OSIRIS gehörige Niedrigleistungsreaktor ISIS in Saclay dar, der bis zu 0,5 (neuerdings 0,8) MW Maximalleistung betrieben werden kann [41-18].

Meßaufgaben zum Reaktorbetrieb. Bei einem mit Leistung – etwa oberhalb 1 MW (thermisch) – zu fahrenden Reaktor unterscheiden wir zwischen *Anfahr-* und *Betriebsmessungen.* Als besondere Prüfmessungen sind noch Analysen des Reaktorrauschens und Strahlenschutzmessungen zu erwähnen. Auf die letzteren gehen wir hier nicht ein. An Literatur zu Anfahr- und Betriebsmessungen an Reaktoren nennen wir Band 10 in [XXII-1958], Band 3 in [XXII-1964], ferner [51-8] und die von den Forschungsreaktorzentren herausgegebenen Berichte.

Die Prüfmessungen, die nach dem ersten Kritischwerden eines mit Leistung zu fahrenden Reaktors erforderlich werden, faßt man möglichst im Rahmen eines Anfahrprogramms zusammen, um den Leistungsbetrieb des Reaktors nicht zu stören. Diese Anfahrmessungen sollen die Bestätigung der erwarteten Arbeitsweise des Reaktors bringen. Dazu gehören: Messungen der Neutronenflußdichteverteilungen, Leistungsbestimmungen, Reaktivitätsmessungen bzw. Kalibrierung der Steuerorgane; weiter gehört dazu die Überprüfung der Reaktorabschirmungen, die nur bei hoher Reaktorleistung erfolgen kann. Die meisten neutronenphysikalischen Messungen führt man jedoch nach Möglichkeit nicht bei voller Reaktorleistung aus. Falls ein Nulleistungsreaktor vorhanden ist, kann man zwar auch damit Temperatur- und Leistungs-Koeffizienten der Reaktivität bestimmen, jedoch muß das Verhalten dieser Koeffizienten verbunden mit der unterschiedlichen Aufheizung der Bauteile durch Messungen im Leistungsbetrieb überprüft werden. Zu Absolutbestimmungen verwendet man Aktivierungssonden, zu Relativbestimmungen meist direktanzeigende Detektoren. Leistung und Leistungsdichteverteilung werden im unteren Meßbereich strahlenmeßtechnisch, im oberen verfahrenstechnisch absolut bestimmt. Zu überprüfen ist auch die Sicherheitsinstrumentierung, z. B. die Monitoren für verzögerte Neutronen. Beim ersten Anfahren von Reaktoren im Leistungsbetrieb hat man die Rauschanalyse zur Überwachung der dynamischen Stabilität eingesetzt. Angaben über das Neutronenspektrum im Reaktorinnern kann man nur über die mit energieintegralen (Gruppen-)Methoden zu ermittelnden Spektralparameter bzw. Spektralen Indizes erhalten.

Nachdem der Reaktor seinen Leistungsbetrieb aufgenommen hat, beschränkt man weitere Messungen daran aufs Notwendigste. Aus Gründen, die mit dem Betrieb und der Anwendung des Reaktors zusammenhängen, sind jedoch einige Messungen routinemäßig erforderlich. So muß in bestimmten Zeitabständen die Leistungsdichteverteilung überprüft werden: nicht nur aus Sicherheitsgründen (z. B. zur Vermeidung von Heißstellen) bzw. zur bestmöglichen wirtschaftlichen Ausnutzung des Reaktors [51-9, 10], sondern auch zur fortlaufenden Überwachung des Brennstoffabbrandes bzw. der Überschuß-Reaktivität des Reaktors. Für diese Messungen werden Meßeinrichtungen bzw. Instrumentierungssysteme mit direkter Anzeige oder mit Aktivierungssonden verwendet oder die gamma-spektrometrische Durchmusterung von Brennelementen auf ihren Gehalt an bestimmten Spaltprodukten. Abb. 5.1.III zeigt Anordnungen nach den beiden letztgenannten Verfahren, deren Meßergebnisse miteinander verglichen wurden [51-11].

Aus Messungen der Aktivität von Co-Drähten, die längs eines Brennelementstabs in dessen Innern ausgespannt waren, erhielt man die thermische Fluenz $\Phi_{th}(\vec{r}, t_B)$ in Abhängigkeit von der Position $\vec{r}$ im Brennelement für die Bestrahlungszeit t_B. Die Anzahl der erfolgten Spaltungen bekommt man dann aus:

$$s(t_B) = \frac{N_U(0)}{V(BE)} \hat{\sigma}_U \int_{V(BE)} \Phi_{th}(\vec{r}, t_B)\, dV \,. \tag{5.1.7}$$

Darin stellt $N_U(0)/V(BE)$ die über das Brennelementvolumen $V(BE)$ gemittelte Anzahl von Brennstoff-(U-)Atomen dar. $N_U(0) \equiv N_U(t_B = 0)$ ist aus der bekannten Brennstoffmasse zu Bestrahlungsbeginn zu bestimmen, $\hat{\sigma}_U$ ist der in Gleichung (4.3.6) eingeführte effektive Spaltquerschnitt (für Uran). Zur gamma-spektrometrischen Abbrandbestimmung (entsprechend Abbildung 5.1.IIIa) wurde ein Halbleiter-Detektor-Compton-Spektrometer

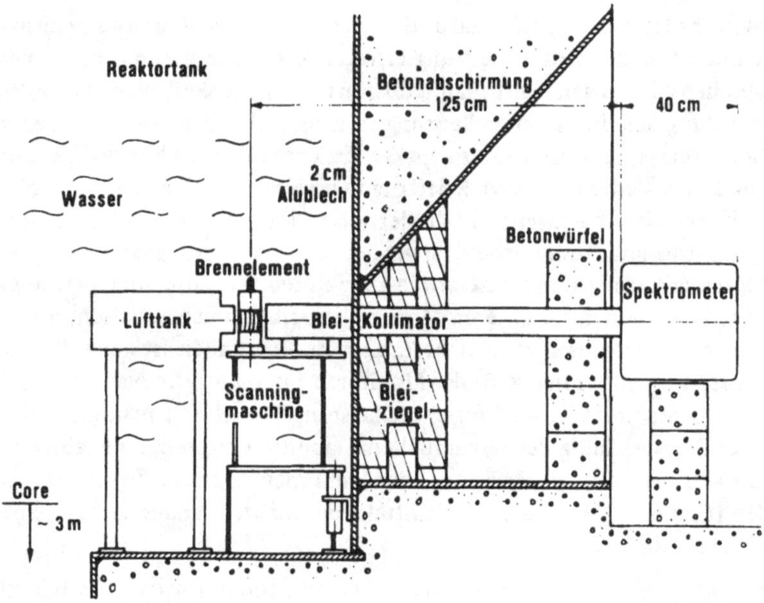

Abb. 5.1.IIIa.
Brennstoffabbrandbestimmung mittels Gammaspektrometrie [51–11].

entwickelt, um die im Brennelement enthaltene Menge des langlebigen Spaltprodukts ^{137}Cs zu ermitteln. Die Anzahl der Spaltungen im Brennelement während der Bestrahlungszeit t_B erhält man dann aus:

$$S(t_B) = \frac{\int \frac{Z_{ph}(t_B, x)\, dx}{l(BE)}}{l(BE)\, p_D\, \epsilon_{ph}\, \epsilon^{(f)}\, \lambda} . \qquad (5.1.8)$$

$Z_{ph}(t_B, x)\, dx/l(BE)$ bedeutet die nach der Bestrahlungszeit t_B erhaltene auf die Längenposition zwischen x und x + dx im Brennelement bezogene über die ^{137}Ba-Photolinie integrierte Zählrate. Diese Zählrate wird mittels einer Durchmusterungsanlage über die Länge l (BE) des Brennelements integriert. p_D stellt die Registrierwahrscheinlichkeit und ϵ_{ph} die Zählausbeute in der ^{137}Ba-Photolinie im Brennelement dar, die durch Standardquellenvergleich und Korrekturrechnung bestimmt wurden. λ ist die ^{137}Cs-Zerfallskonstante, $\epsilon^{(f)}$ ist die Spaltausbeute für ^{137}Cs im ^{235}U.

Die aus $s(t_B)$ bzw. $S(t_B)$ nach den beiden Verfahren erhaltenen Mengen des während t_B gespaltenen Urans stimmten im Vergleich recht befriedigend überein (37,6 bzw. 36,1 mg ^{235}U im betrachteten Beispiel in [51-11]). Jedoch wird die Durchmusterung von Brennelementen auf Spaltprodukte neuerdings wegen Unzuverlässigkeit abgelehnt; denn bei ^{137}Cs wurde Diffusionsneigung festgestellt, und andere Spaltprodukte besitzen zu kurze Halbwertszeiten [51-21].

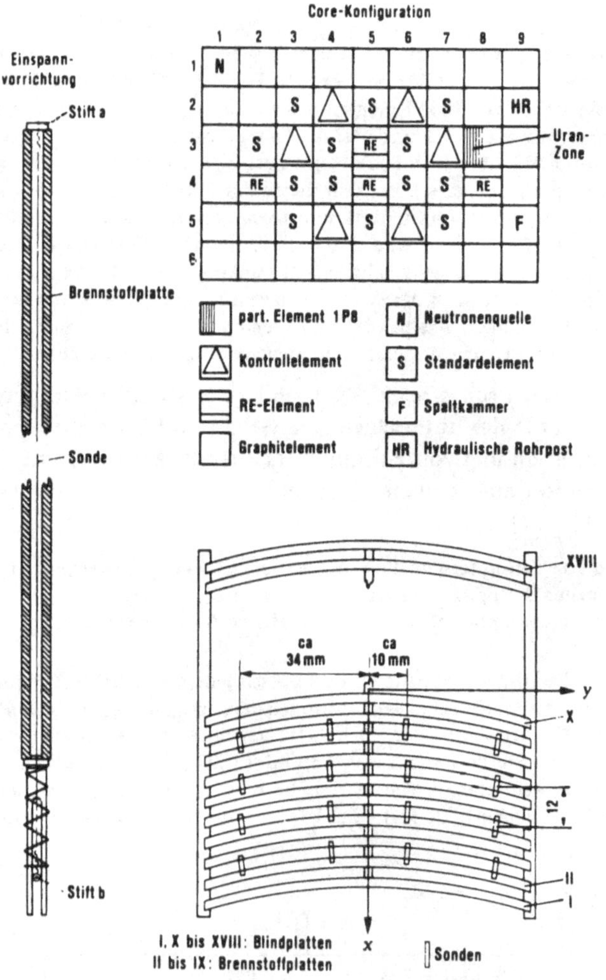

Gezeigt wird die Einspannvorrichtung der Drahtsonden, deren Lage im Element und die Elementposition im Reaktorkern

Abb. 5.1.IIIb.
Brennstoffabbrandbestimmung mittels Aktivierungssonden [51–11].

Das neutronenphysikalische Verhalten allgemein (und die Formbeständigkeit, Masse, Elastizität, Gammaaktivität und gegebenenfalls den Abbrandzustand speziell) der verschiedenartigen Elemente in Kugelhaufen-Reaktoren kann man im Betriebszyklus mittels einer rasch ansprechenden Reaktivitätsmessung prüfen [51-12, 13].

Die (spaltbaren, brutfähigen, moderierenden bzw. absorbierenden) Kugelelemente werden nach Reaktorentnahme durchmustert und je nach Ergebnis im Kreislauf dem Reaktor in verschiedenen Zonen wieder zugeführt oder ersetzt. Für den 750-MW(th)-THTR-Prototyp (vgl. Tabelle 4.1.A) stehen bei 500 Elementen pro Stunde Kreislauffrequenz weniger als 6 s für die Einzelmessung zur Verfügung. Für die Durchmusterung wurde eine Kritische Anordnung erprobt (ADIBKA 1 in Jülich). Registriert wird die Flußdichteänderung, die sich aus der prompten Multiplikation bei Einbringen des Prüflings ergibt. Die Signale können als Überlagerungen von Einflußfunktionen von den Bestandteilen des Prüflings verstanden werden. Die Genauigkeit wird durch die Untergrund-Flußschwankungen in der Anordnung und durch die Geschwindigkeitsschwankungen der die Anordnung passierenden Elemente beschränkt. Nach den Vorversuchen läßt sich der Abbrand mit kleinerem Fehler als 10% bestimmen, was bei 675 000 Elementen im Ganzen ausreichend erscheint; das Verfahren ist auch für andere Brennelementformen einsetzbar.

Zur gleichzeitigen zerstörungsfreien ^{235}U- und ^{239}Pu-Gehaltsbestimmung in Brennelementen wurde der unterschiedliche Gehalt an Spaltneutronen gemessen, der nach Bremsung von Pulsquellenneutronen auf bestimmte Energien E in einem Moderator aus Schweren Kernen („Bleispektrometer-Verfahren") erhalten wurde [51-14].

Ausgegangen wird von den unterschiedlichen spektralen Wirkungsquerschnitten der beiden spaltbaren Substanzen. Die Prüfkörper werden in einem Blei-Meiler in Targetnähe angebracht. In Materialien mit hoher Massenzahl verläuft die Bremsdauer schneller Neutronen bis zur Energie E bekanntlich proportional $E^{-\frac{1}{2}}$. Nach jedem (mit Höchstfrequenz $200\ s^{-1}$ ankommenden) Impuls schneller Neutronen sortiert man durch Analyse der Zählrate nach der Zeit t (E) den Anteil der auf E heruntergebremsten Neutronen aus. Man mißt nun die durch den Prüfkörper bei E = 0,3 und = 0,025 eV (das sind eine wichtige Pu-Resonanz- und die wahrscheinlichste thermische Energie bei Raumtemperatur) erzeugten prompten Spaltneutronen (Abbildung 5.1.IV). Aus deren Verhältnissen und Gesamt-

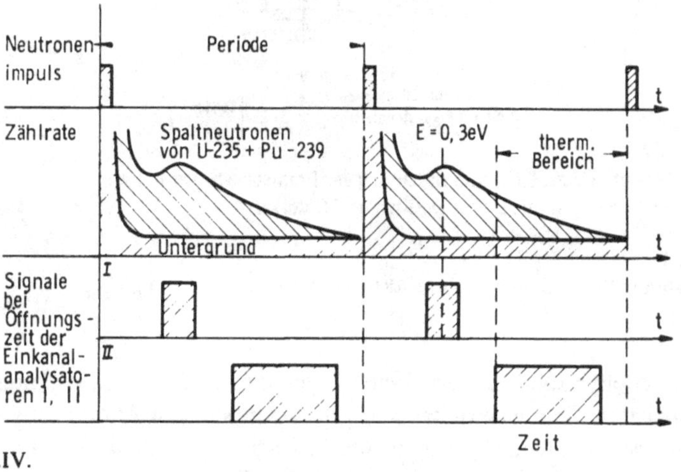

Abb. 5.1.IV.
Zeitanalyse zur Nebeneinanderbestimmung von U-235 und Pu-239 mittels Bleispektrometer [51-14] (Impulsfolge über zwei Neutronenimpulsperioden, schematisch).

zahlen kann man auf den U- und Pu-Anteil schließen. Gemessen wurde mittels Rückstoßprotonen-Szintillationszähler. Für die ermittelten Anteile wird weniger als 5% Fehler angegeben. Eine Messung verlangt 30 min Zeitaufwand.

Die Aktivierungssondenmethode hat man auch durch irreversible Beimischung aktivierbarer Nuklide (speziell ^{59}Co) zum Kernbrennstoff für die Abbrandbestimmung erprobt [45-10]. Solche regelmäßigen Bestimmungen der Leistungsgewichtsfaktoren zur Abbrandbestimmung über die Messung der Flußverteilung lassen sich auch mit Kalorimetersonden ausführen (s. z. B. [23-25]). Obwohl sich Reaktor-Leistung und -Leistungsdichteverteilung auch verfahrenstechnisch bestimmen lassen, kann man auf Strahlenmeßverfahren nicht verzichten, denn sie ermöglichen bereits zuverlässige Angaben unterhalb der Schwelle meßbarer im Reaktor erzeugter Wärmemengen. Strahlenmeßverfahren gestatten es auch, den Reaktor auf konstanter Leistung zu fahren sowie Überwachungsorgane gegen Fehlbedienungen und Betriebsstörungen einzurichten.

Neben der Leistungs- bzw. Abbrandüberwachung interessieren an Forschungsreaktoren die Verläufe der schnellen, intermediären und thermischen Flußdichte für experimentelle Zwecke. Abgesehen von der umfassenden Vermessung im Anfahrprogramm führt man detaillierte Flußdichte-Vermessungen zu bestimmten Experimenten mit besonderen simulierten (oder „Mock-up“-) Bestrahlungseinschüben bzw. im Originaleinschub in einem analogen Niedrigleistungsreaktor aus. Die Bestrahlungseinschübe sollen sich in ihren neutronenphysikalischen Eigenschaften (Absorption, Streuung usw.) möglichst wenig vom geplanten Experimentiereinschub unterscheiden. Was ausgesprochen fehlt, ist ein leistungsfähiges Meßverfahren zur Neutronenspektrometrie bei hohen Reaktorleistungen, das auf genügend kleinem Raum einsetzbar und hinreichend strahlen- und temperaturresistent ist. Ein solches Spektrometer würde – vor allem in Schnellen Reaktoren – nützliche Informationen zum Betriebszustand und bei Forschungsreaktoren über die experimentelle Ausnutzbarkeit liefern.

Das *Reaktorrauschen* stellt eine weitere reaktorphysikalische Informationsquelle dar [51-15]. Reaktoren als komplizierte technische Anlagen zeigen verschiedenerlei Arten von Rauschen. Bei geringerer Neutronen-Population ist starkes Leistungsrauschen von den einzelnen Spaltreaktionen zu erwarten, bei starker Neutronen-Population dagegen tritt das Leistungsrauschen gegenüber anderen Rauscheffekten (wie z. B. dem Siedevorgang in Siedewasserreaktoren) zurück. – Reaktor-Rauschexperimente unterrichten über das zeitabhängige Reaktorverhalten. Sie konkurrieren dabei mit Verfahren, bei denen Reaktivitätsbeiträge zu- oder abgeführt werden. Vor Entwicklung der Rauschmeßverfahren bildete das Stab-Oszillator-Experiment die einzige anwendbare Methode zur Messung des Reaktor-Frequenzgangs [XI, 15-3, 46-2]. Abbildung 5.1.V zeigt schematisch eine Anordnung zur Frequenzgangbestimmung. Im normalen Leistungsbetrieb dient die Rauschanalyse zur Überwachung des zeitlichen

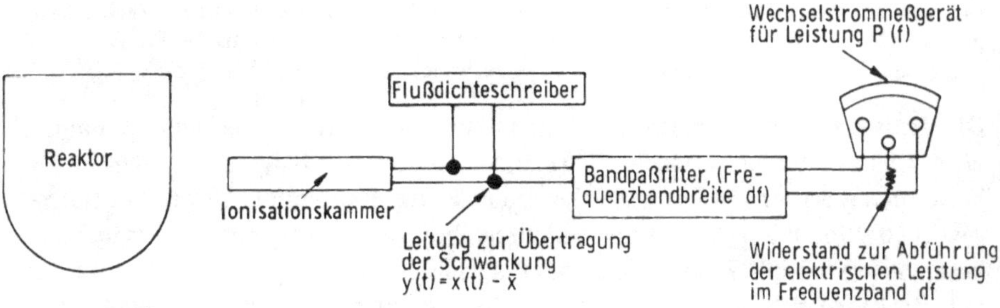

Abb. 5.1.V.
Messung des Frequenzganges des Reaktorrauschens, schematisch nach [51–15].

Verhaltens des Reaktors bei Reaktivitätsänderungen, wobei man ein abnormes Verhalten rascher und quantitativ genauer erkennt als durch naive Beobachtung der Flußdichte-Variation. Bei Rauschanalysen hat man zu unterscheiden:
I. Inwieweit das Rauschen von statistischen zeitlichen Schwankungen der Spaltreaktion herstammt oder nicht. Dieses Neutronenrauschen tritt – wie oben erwähnt – mit abnehmender Reaktorleistung und schwächer werdenden äußeren Störungen zunehmend hervor.
II. Nach der Reaktor-Meßgröße, an der das Rauschen beobachtet wird. Besonders bei auf hoher Leistung gefahrenen Reaktoren sind neben der Reaktorleistung selbst mehrere solcher Meßgrößen zu nennen (z. B. die Lebensdauer der prompten Neutronen, die Parameter der verzögerten Neutronen, der effektive Multiplikationsfaktor k_{eff} usw.).
III. Nach der Herkunft des Rauschens: Ob aus dem Reaktor selbst (wie Neutronen- oder Siederauschen) oder aus Zusatzeinrichtungen oder der Umgebung des Reaktors stammend. Gegenüber Untergrund bzw. Störungsrauschen muß das zu untersuchende Rauschen eine gewisse Mindestschwelle überschreiten können.

Neben Anwendungsbeispielen der Rauschanalyse zur Reaktor-Entwicklung und -Inbetriebnahme nennen wir noch einige bei Reaktoren im Leistungsbetrieb: Untersuchung der Ursachen von Schwankungen bzw. Instabilitäten im kinetischen Reaktorverhalten; Feststellung von stoßweise stattfindendem Kühlmitteldurchsatz; und schließlich Nachweis der Auswirkung der Seebewegung auf einen Schiffsreaktor (untersucht beim Nuklearschiff „Savannah"). In den letzten Jahren haben Rauschanalysen und Korrelationsuntersuchungen zunehmend an Bedeutung gewonnen.

Monitierung von Reaktorexperimenten und sonstigen Neutronenbestrahlungen. Bei den Neutronen-Meßdaten, die im Zusammenhang mit Bestrahlungen (insbesondere an Reaktoren) benötigt werden, unterscheiden wir:

I. Grob *orientierende Flußdichteangaben,* die der Planung eines Experiments zugrundegelegt werden (z. B. Meßwerte in Leerkanälen vom Reaktoranfahrprogramm),
II. *Auslegungswerte,* die in der Original-Experimentanordnung (oder vor deren Detailauslegung in einer nachgebildeten Anordnung) gewonnen werden, und
III. die eigentliche *Experiment-Monitierung.*
Die unter I genannten Messungen wurden bereits besprochen. Bei den übrigen Messungen müssen wir noch nach der Art des Experiments unterscheiden.

Nach der Ausnutzung der Reaktorstrahlung unterscheidet man *Strahlrohr-* und *Bestrahlungs-Experimente.* Zur Experimentiertechnik s. [13-2, 35-1, 3, 51-16, 17]. Über Einschub- und Kreislaufexperimente findet man speziellere Angaben in [XXII, 51-18]. Beschreibungen der Meßaufgaben dazu sind enthalten in: [XIII, XV, XVIII]. Messungen der schnellen und intermediären Fluenz sowie von Neutronenspektren sind von besonderer Wichtigkeit bei Untersuchungen von Strahlenschäden in Werkstoffen (s. u.) [11-7].

Bei Strahlrohrexperimenten wird mit Neutronen-Strahlenbündeln experimentiert, die durch Kanäle und Rohrblenden aus der Quellenanordnung bzw. dem Reaktor herausgeführt werden. Strahlrohrexperimente dienen zu kern- und festkörperphysikalischen und auch zu chemischen und biologischen Untersuchungen. Nach Einbau der Experimentieranordnung überprüft man zunächst mit Hilfe von Messungen deren Eignung, indem (etwa in Abhängigkeit von der Kollimierung bzw. Filterung der austretenden Strahlung) Gamma- sowie Neutronen-Flußprofile und -Spektren in der Experimentierposition und deren Umgebung vermessen werden. Dazu finden Neutronenradiographie, direktanzeigende Detektoren oder Aktivierungssonden Verwendung. Zur Monitierung des Neutronen-Strahlenbündels während eines Experiments in seinen verschiedenen Ausführungsmöglichkeiten (Abbildung 5.1.VI) werden in der Regel impulsanzeigende Detektoren (häufig BF_3-Proportionalzähler) verwendet.

Unter dem Begriff der Reaktor-Bestrahlungsexperimente faßt man Probenbestrahlungen sowie Einschub- und Kreislauf-(Rig- und Loop-)Experimente zusammen. Bei den Probenbestrahlungen werden Kleinproben niedrigen bis mittleren Fluenzen ausgesetzt, die Einschub- und Kreislauf-Experimente dienen für instrumentierte Untersuchungen auch größerer Proben in hohen Fluenzen und eventuell unter weiteren besonderen verfahrenstechnischen Bedingungen. Zu jeder dieser Arten von Bestrahlungsexperimenten hat die Neutronenmeßtechnik im Prinzip die beiden schon genannten Aufgaben zu erfüllen, nämlich: dem Experiment vorausgehende Flußdichtemessungen und die Fluenzmonitierung während der Bestrahlung. Die Abtrennung der ersten von der zweiten Aufgabe hat sich bewährt. Dadurch werden nützliche Vorausinformationen zur

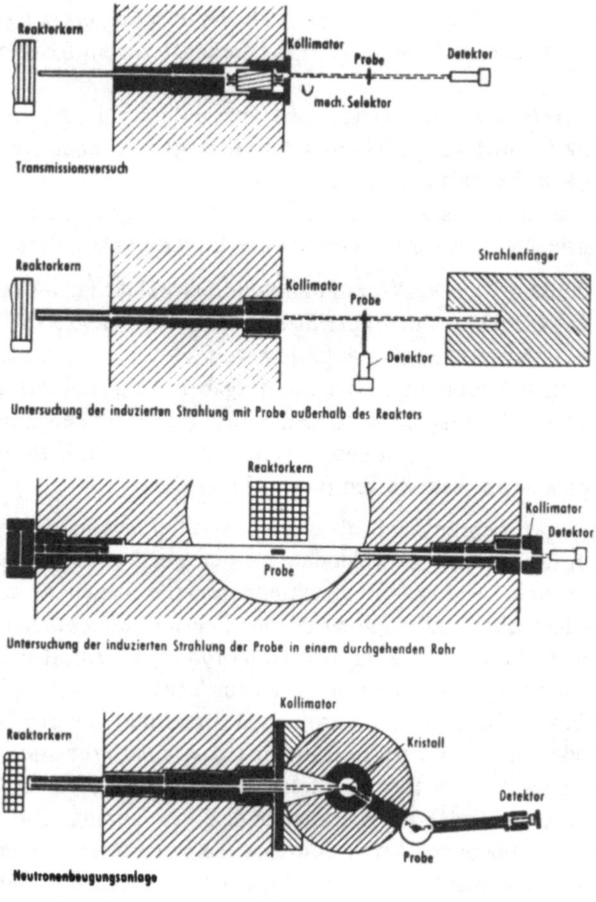

Abb. 5.1.VI.
Verschiedene Arten von Strahlrohrexperimenten [51–17] mit eingezeichneten Neutronendetektoren.

Auslegung der Bestrahlungsanordnungen erhalten; außerdem sind bei Vorausmessungen simulierte Anordnungen benutzbar, die oft zuverlässigere Messungen erlauben, aber nicht den bestrahlungsmäßigen und verfahrenstechnischen Anforderungen gewachsen zu sein brauchen, die an die Fluenzbestrahlung selbst gestellt werden müssen.

Probenbestrahlungen in Reaktoren finden statt zur Radionukliderzeugung, zur Aktivierungsanalyse sowie als Kleinbestrahlungen für technische, chemische, biologische und medizinische Untersuchungen. Dabei werden oft keine besonderen Werte für die Zustandsgrößen Temperatur und Druck und kein besonderes umgebendes Medium vorgeschrieben. Schwierigkeiten können entstehen durch die nukleare Aufheizung und mögliche strahlenchemische Reaktionen der Proben, die in Rechnungen bzw. in Vorexperimenten zu ermitteln sind; ferner muß eine hinreichende Abschirmung bei routinemäßig häufigem Ein- und Ausschleusen der Proben gesichert sein und auf die Kontaminationsgefahr der Proben (auch zwischen Probe und Fluenzmonitor) geachtet werden. Verlangt werden Vororientierungen über Neutronen- und Gammaflußdichten und über Temperaturen in Bestrahlungspositionen. Neben der Notwendigkeit der Angabe des Neutronenspektrums, die meist nach energieintegralen Methoden erfolgt, kann die Ermittlung der Flußfeinstruktur in Verbindung mit Flußstörungen und Strömung von Neutronen in der Bestrahlungsanordnung Schwierigkeiten bieten. Während zu den vororientierenden Flußdichtemessungen oft mehrere Detektoren zur Bestimmung des Spektrums und der Feinstruktur benutzt werden, sucht man für die Fluenzbestimmung selbst mit möglichst wenigen Detektoren auszukommen.

Einschub-(Rig-) und Kreislauf-(Loop-)Experimente in Reaktoren werden durchgeführt zum Studium des Verhaltens von Werkstoffen – insbesondere von Reaktor-Brennstoffen, -Strukturmaterialien und ganzen Brennelementen – und außerdem für chemische Untersuchungen in großen Bestrahlungskapseln oder Kreisläufen. Die nukleare Aufheizung und mögliche strahlenchemische Reaktionen sind hier in noch stärkerem Umfang als bei Probenbestrahlungen zu berücksichtigen. Daneben müssen mögliche durch die Experimentanordnung (über Absorption oder Multiplikation) verursachte Reaktivitätsänderungen in Rechnung gezogen werden. Weiter spielen auch verfahrenstechnische Probleme eine Rolle, wie z. B. die Verminderung oder auch die Notwendigkeit der Freisetzung bzw. des Umlaufs von Gasen oder Flüssigkeiten in der Experimentanordnung. Eine zentrale Rolle bei den Bestrahlungsexperimenten spielt die Schädigungsrate als die Rate einer oder mehrerer (schädigender) Effekte, die unter Wirkung von Strahlungen im Bestrahlungsgut entstehen. Strahlenschädenuntersuchungen dienen reaktortechnischen Zwecken wie: der Bestimmung gesicherter Lebensdauern für Reaktordruckgefäße, Abschätzung von Hüllschäden, Bestimmung von Größenänderungen in Graphitmoderatoren, Auslegungsdaten für Bauteile bei der Reaktorentwicklung Schneller Reaktoren. Daneben werden auch strahlenchemische Reaktionen studiert (Gibello, Mas in [XIII]). Strahlenschäden (in Reaktoren) sind in Abschnitt 4.1 bei den Reaktorstrahlungen zusammengestellt.

Beim Studium von Strahlenschäden (mittels verschiedenartiger physikalischer oder chemischer Methoden) ist meßtechnischerseits zu berücksichtigen, daß für jeden Effekt ein bestimmter Neutronenenergiebereich maßgebend ist. Das muß sorgfältig beachtet werden beim Vergleich unterschiedlicher Substanzen sowie zwischen Bestrahlungsgut und Monitor, die in der Regel beide energieintegral auf die Bestrahlung ansprechen. Die Strahlenschädenuntersuchung setzt deshalb die Kenntnis der verursachenden Strahlenarten, von deren Flußdichten und Spektren ebenso voraus wie die der Materialzusammensetzung, der Reaktionstypen, Wirkungsquerschnitte sowie der mechanischen oder chemischen Vorgänge im Bestrahlungsgut. Wenn die schädigende Neutronenfluenz als schnelle Fluenz (mit $E > 1\,\mathrm{MeV}$, wie früher meist geschehen) angegeben wird, muß man sich klar machen, daß dieser Fluenzanteil weniger als die Hälfte der Gitterplatzverschiebungen im Eisen – und noch weniger in leichteren Elementen – auslöst. Auch erscheint die Annahme, daß die für Strahlenschäden verantwortlichen Neutronen (wenigstens überwiegend) der Energieverteilung des Spaltspektrums folgen, in Reaktoren nicht haltbar; vielmehr lassen sich ohne Kenntnis des Neutronenspektrums im allgemeinen keine quantitativen Aussagen zu den Bestrahlungseffekten machen [51-19].

Um die Strahlenschäden systematisch zu beschreiben, braucht man ein theoretisches Modell für die schädigenden Vorgänge. Die Formulierung der Schädigungsrate $\dot{D}(t)$ und der Schädigungsanzahl $D(t_B)$ läßt sich angeben durch:

$$D(t_B) \equiv \int_0^{t_B} \dot{D}(t)\,dt = N \int_0^{t_B} \int_0^{\infty} W(E)\,\varphi_E(t)\,dE\,dt\,. \qquad (5.1.9)$$

N ist die Atomanzahl in dem der Schädigung ausgesetzten Material. Als Schädigungsfunktion W(E) wird für schädigende Effekte in Graphit genommen:

$$W(E) = \sigma_s(E)\,\nu(E)\,. \qquad (5.1.9a)$$

σ_s ist der atomare Neutronenstreuquerschnitt (hier in Graphit), $\nu(E)$ die Anzahl der Atomverlagerungen, die im Anschluß an einen Streuprozeß eines Neutrons der Energie E ausgelöst wird. Für $\nu(E)$ wird eine theoretische Beschreibung genommen, z. B. nach dem Modell von Thompson und Wright [51-22]. In den meisten Fällen, wo eine Korrelation zwischen der (mit Monitoren gemessenen) Neutronenfluenz $\Phi(t_B)$ und der Schädigungsanzahl $D(t_B)$ zu ermitteln ist, geht man von der Annahme aus, daß die Schädigungsrate einer Atomverlagerungsrate proportional ist. In anderen Substanzen als Graphit – insbesondere in Stahl als wichtigem Reaktorsturkturmaterial – kann man jedoch nicht die Schädigungsfunktion W(E) entsprechend den Gleichungen (5.1.9, 9a) als allgemeingültig für schädigende Effekte definieren. Vielmehr sind dann in Gleichung (5.1.9) $D = D_l$, $W(E) = W_l(E)$ zu setzen, wobei der Index l einer bestimmten schädigenden Ursache zuzuordnen ist. D_l stellt dann eine (zu messende) Eigenschaftsänderung dar, $W_l(E)$ eine spezielle spektrale Schädigungsfunktion, z. B. für Kriech-Dehnung bei austenitischem Stahl. Für diesen Effekt wurden Rechenmethoden angegeben [44-22, 24] (Abbildung 5.1.VII); man erkennt das Zusammenwirken der in Abschnitt 4.1 aufgeführten Strahlenschädeneffekte A und C (elastische Streuungen bzw. Einfang-Rückstöße). Danach kann man nicht mehr – wie gelegentlich in den Anfangszeiten der Strahlenschädenmonitierung geschehen – generell für alle Materialien von

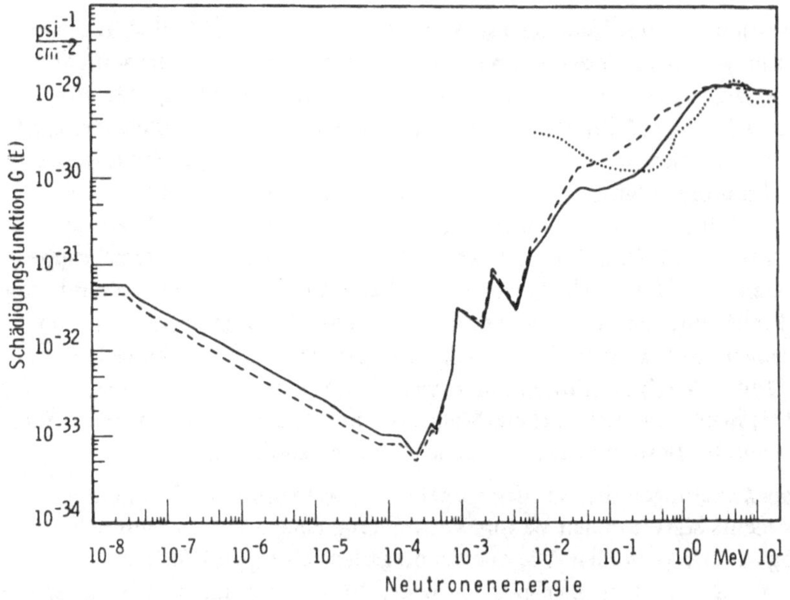

Die fluenzbezogene Schädigungsfunktion wurde bestimmt für $2 \cdot 10^{-8}$ psi^{-1} ≙ $2{,}84 \cdot 10^{-7}$ at mittlere Änderung der Dehnung pro Spannung unter Zugrundelegung des DFR-, HERALD- und des K-Reaktorspektrums.

----- Eingangs-Schädigungsfunktion nach RUSSCHER-Modell,
—— 37. Iteration dazu, beide flächengleich normiert,
····· 50. Iteration zu Eingangsfunktion G (E) =
const für $E > 10^{-2}$ MeV
$\sim E$ darunter

Abb. 5.1.VII.
Kriech-Dehnungs-Schädigungsfunktion für Edelstahl in Reaktorspektren [41–24].

einer unteren Neutronenenergiegrenze für die Auslösung von Strahlenschäden sprechen. – Zum mindesten, d.h. wenn nur elastische Streuung zu betrachten ist wie nahezu bei Graphit, sollte man Fluenzangaben zu Strahlenschädenexperimenten oberhalb von 0,1 MeV machen. Da Fluenzbestimmungen im Neutronen-Energiebereich um 0,1 MeV mangels geeigneter (Aktivierungs-) Sonden nicht ausführbar sind, begnügt man sich meist mit Schwellensondenmessungen oberhalb von etwa 1 MeV und benutzt unterhalb der (schon mehrfach erwähnten) Lücke im Meßspektrum von rund 10 keV aufwärts Aktivierungsdetektoren mit Resonanzreaktionen, wobei über den Zwischenbereich in geeigneter Weise – z.B. mittels Berechnung des Spektrums – interpoliert wird. Natürlich sind solche Interpolationsverfahren keineswegs befriedigend.

Die Bestimmung des Neutronenspektrums ist also bei der Monitierung von Bestrahlungsexperimenten von wesentlicher Bedeutung. Als Meßmethode kommt (zumindest für eine orientierende Flußdichtemessung gemäß Abschnitt 4.5) nur die Zerlegung in Energiegruppen in Frage. Feinere Zerlegungen gestatten zuverlässigere Bestimmung von Reaktions- bzw. Schädigungsraten. Empfohlen wird eine Gruppenstruktur mit dem Lethargieintervall $\Delta u = 0{,}25$ für $0 < u \leqslant 4$ (entsprechend dem Energiebereich $10 > E \geqslant$ $\geqslant 0{,}18\,\mathrm{MeV}$) [11-7]. Bei der Auswahl der zu monitierenden Energiegruppen muß man vom Untersuchungsobjekt des Experiments ausgehen: so wird man zur Monitierung der Hochtemperaturversprödung durch (n, p)- und (n, α)-Reaktionen im Wasserstoff oder Helium wegen deren hohen Schwellenenergien (3 bis 7 MeV) Monitoren mit entsprechend hohen Schwellenenergien verwenden; man wird auch suchen, Monitoren mit Ansprechfunktionen zu finden, die denen des Bestrahlungsguts möglichst gut entsprechen.

Finden Änderungen des Neutronenspektrums während eines Bestrahlungsexperiments statt, können sie mit Verwendung eines einzigen Monitortyps unmöglich erfaßt werden. Die energieintegralen (Gruppen-)Verfahren zur Bestimmung von Neutronenspektren waren bisher noch nicht recht zuverlässig; in jüngster Zeit scheint sich die Entwicklung von Auswerteverfahren anzubahnen, die zuverlässigere Aussagen erhoffen läßt.

5.2. Experimentierpraxis im Zusammenhang mit neutronenphysikalischen Messungen (an Reaktoren)

Zweck dieser Betrachtung – Physikalische und chemische Bestrahlungseffekte (in Reaktoren) – Bestrahlungs- und Meßvorrichtungen – Kerntechnische Gesichtspunkte – Metrologische Gesichtspunkte – Bestrahlungs-Technologie und -Nachbehandlung

Zweck dieser Betrachtung. Besonders bei Messungen an Reaktoren unter voller Leistung ist in Anbetracht der vorkommenden hohen Strahlen- und Temperaturbelastungen oft ein erheblicher verfahrenstechnischer Aufwand nötig. Der Informationsgewinn, den man von einem geplanten Meßprogramm erwartet, sollte abgewogen werden gegenüber der Sicherheit, Aufwendigkeit, Schnelligkeit und Zuverlässigkeit, mit der er sich gewinnen läßt. Bezüglich der technischen Einzelheiten verweisen wir auf die in den Abschnitten 4.1 und 5.1 genannte Literatur und bezüglich der Bestrahlungsverfahren auf [35-3, 51-17].

Wir bringen zunächst eine stichwortartige Zusammenstellung **physikalischer und chemischer Bestrahlungseffekte (in Reaktoren)** – ausführlicher s. z. B. [XI, 41-1, 2, 52-1, 2].

A. *Aktivierung* einschließlich Kontaminierung der Meßvorrichtung, die deren Hantierbarkeit wegen der Strahlengefahr für Experimentatoren und Umgebung einschränkt und in manchen Fällen erhebliche Schutzmaßnahmen erforderlich macht.
B. *Strahlenschäden* durch Neutronen- und Gamma-Strahlung (s. auch Abschnitt 4.1) bewirken Änderungen der mechanischen, elektrischen, optischen oder chemischen Eigenschaften der bestrahlten Stoffe.
C. *Nukleare Aufheizung* wird durch die Energieabsorption der im Reaktor vorhandenen energiereichen Strahlungen in der Anordnung bewirkt. Durch nukleare Aufheizung werden unter Umständen in kürzester Zeit in einer Substanz hohe Temperaturen erreicht, bei denen sich genügend starker Dampfdruck einstellt, um merkliches Hinüberdiffundieren in eine Nachbarsubstanz zu bewirken. Dazu kommt unter Umständen noch eine thermische Aufheizung entweder durch die nukleare Aufheizung der Meßstellenumgebung oder auch durch Heizung zu Versuchszwecken.
D. *Druckschäden,* die durch Ausdehnung von Schutz- oder Kühlgasen im Reaktor erfolgen können oder durch Gasbildung in der Anordnung selbst. Freisetzung von Gasen kann auch eine unzulässige Erhöhung der Atemluftkonzentration an radioaktiven Gasen hervorrufen.
E. *Leckschäden* durch Austreten von (radioaktiven) Flüssigkeiten aus Bestrahlungskapseln, aus der Umhüllung der Bestrahlungseinrichtung oder aus Kühlleitungen.
F. *Chemische Schäden* bzw. Veränderungen können als Strahlenschäden oder als Folge von (bzw. in Verbindung mit) Aufheizung entstehen.
G. Auf möglicherweise unzulässig hohe *Flußstörungen* sowie auf *Strömung von Neutronen* und auf *Reaktivitätsänderungen* durch die Bestrahlungs- bzw. Meßanordnung muß man bei deren Planung ebenfalls achten.

Bei Reaktor-Meßexperimenten sind Meßvorrichtungen zu bestrahlen, die mindestens einen Detektor und seine Kapselung und eventuell zusätzliche (bewegliche) Führungsrohre, elektrische Zuleitungen, Kühlsysteme usw. enthalten. Für alle diese Teile ist mit dem Auftreten der erwähnten Effekte zu rechnen. – Zur Bestimmung entstehender Aktivitäten (über die Reaktionsraten zuzüglich der zeitabhängigen Korrekturen) hat man Rechentabellen entwickelt (z. B. [15-1]).

Wegen der nuklearen Aufheizung muß man bei der Planung von Reaktorbestrahlungseinrichtungen darauf achten, daß die zulässigen oberen Grenztemperaturen für die benutzten Werkstoffe nicht überschritten werden; jene Temperaturen werden diktiert durch die geforderten Phasenstabilitäten, die höchstzulässigen Wärmespannungen, den Temperatureinfluß auf Korrosion und andere thermische Effekte bei den beteiligten Werkstücken. Dazu müssen zunächst die Ergiebigkeit und die Verteilung der durch das Einbringen der betreffenden Anordnung entstehenden Wärmequellen abgeschätzt und die Temperaturen bestimmt werden, die sich infolge des Wärmeübergangs zwischen der Meßanordnung und der Umgebung einstellen. Zu beachten ist, ob im stationären Zustand die Umgebung heißer oder kälter ist als die Meßanordnung, d. h. ob die Wärmeenergie von der Meßanordnung weg oder zu ihr hin übertragen wird. Zur Berechnung der Wärmequellenverteilung müssen die Gamma- und Neutronen-Flußverteilungen gut bekannt sein. Kennt man das Wärmequellenfeld, läßt sich das Temperaturfeld errechnen. Dazu muß man die Temperaturdifferenzen, denen der Wärmeübergang folgt, auf die Temperatur des Kühlmittels als der niedrigsten Temperatur im Reaktor beziehen. Die Temperaturdifferenz $T - T'$ in einem Reaktorbauteil (bzw. der Meßanordnung) gegenüber der niedrigst möglichen Temperatur T' (des Kühlmittels bzw. des Moderators) folgt der Reaktorleistung und der im Bauteil erzeugten Wärmeleistung je nach dem Wärmedurchlaßwiderstand zwischen dem Bauteil und dem Kühlmittel. Die spezifische Wärmeleistung, d. i. die in einem Gramm einer Substanz in der Sekunde erzeugte Wärmemenge $\Delta \dot{q}$, läßt sich berechnen als Produkt aus der auf das Energieintervall zwischen E_x und $E_x + dE_x$ bezogenen spezifischen Rate der Reaktion i, ausgelöst durch Teilchen der Art x und der bei dieser Reaktion freigesetzten kinetischen Energie $E_i(E_x)$:

$$\Delta \dot{q}_i (E_x) = R_{E,V,i} (E_x)\, E_i (E_x)\, \Delta E_i/\rho_i \,. \tag{5.2.1}$$

Nach der Definition der Reaktionsrate – vgl. Gleichung (1.3.3) – ist demnach die Wärmeerzeugung durch Teilchen der Art x deren Teilchenflußdichte $\varphi_E(E_x)$ proportional. Zur Bestimmung der gesamten (auch Aufheizrate genannten) spezifischen Wärmeleistung $\dot{q}$ muß über alle E_x integriert und über alle i und alle x summiert werden. Die wesentlichsten Beiträge zur Wärmeerzeugungsrate [23-24]:

$$q \approx \sum_i \dot{q}_{(n,i)} + \dot{q}_\gamma \tag{5.2.2}$$

stammen von der kinetischen Energie der Spaltfragmente (falls spaltbare Substanzen zur Meßanordnung gehören):

$$\dot{q}_{(n,f)} = \overline{\left(\frac{\Sigma_f}{\rho}\, \varphi K\right)}^{E} \cdot E_f \tag{5.2.3}$$

oder von der Absorption von Gamma-Strahlen (mit Energieflußdichte ψ):

$$\dot{q}_\gamma = \frac{1}{\rho} \int_0^\infty \eta_\gamma (E_\gamma)\, \psi_{E,\gamma}\, K_\gamma (E_\gamma)\, dE_\gamma \tag{5.2.4}$$

und daneben von der Absorption von thermischen Neutronen:

$$\dot{q}\,(n_{th}, \gamma) = \sum_i \frac{\Sigma_{a,0}^{(i)}}{\rho_i}\, E_i\, \varphi_{th}\, K_{th} \tag{5.2.5}$$

und außerdem von der Neutronenbremsung; in den letzteren Fällen entstehen neben Gamma-Strahlung auch Beta-Strahlung und Protonen. Σ_f bezeichnet den Spaltquerschnitt, $\Sigma_{a,0}^{(i)}$ den Absorptionsquerschnitt der i-ten Reaktion für die Neutronengeschwindigkeit v_0, ρ_i die Dichte der zur Reaktion i gehörigen Substanz, K die Flußstörungskorrektur (für Gamma-Quanten bzw. Neutronen eines bestimmten Energiebereichs). Mit:

$$\dot{q}_{(n_{th},f)} \approx P/k_{235}^{(I)}\, m_U \qquad (5.2.6)$$

geht Gleichung (5.2.3) in die Gleichungen (4.1.1 bzw. 2) über. $\eta_\gamma(E_\gamma)$ ist der Energieabsorptionskoeffizient der betrachteten Substanz für Gamma-Strahlung. Als Zwischenmeßgröße kann die Aufheizrate $\dot{q}_x$ z. B. für thermische Neutronen ($x = n_{th}$) entsprechend Gleichung (5.2.5) unter Verwendung eines starken thermischen Absorbers zur Bestimmung der thermischen Neutronen-Flußdichte φ_{th} (mit Korrekturen für die ebenfalls zur Aufheizung beitragende Gamma-Flußdichte usw.) dienen; hierzu verweisen wir auf die kalorimetrischen Meßmethoden.

Bei chemischen Schäden kann gegenseitiges Hineindiffundieren benachbarter Stoffe stattfinden. Ferner können Legierungen oder chemische Umwandlungen gebildet werden. Die durch Korrosion häufig entstehende Kontamination, z. B. durch radioaktive Stäube, erschwert die Nachbehandlung der bestrahlten Anordnung. Als Beispiel sei die strahlenchemische Wirkung auf Polyvinylchlorid (PVC) erwähnt, das früher manchmal als Kapselungsmaterial für Strahlenquellen (auch für Co-Aktivierungssonden) Verwendung fand. Die stattfindende Radiolyse des PVC führt zur Freisetzung von Salzsäure (HCl) [52-3], die den gekapselten Strahler je nach seiner chemischen Beschaffenheit angreift, wodurch z. B. im schwach unedlen Co-Metall Co-Ionen gebildet werden. Im radioaktiven Präparat entstehende Ionen diffundieren in das Kapselungsmaterial hinein in einer Menge, die dem Quadrat A^2 der Aktivität A des Strahlers proportional sein muß. Bei so gekapselten Co-Scheiben mit Aktivitäten A von rund 10 mCi wurden nach jahrelangem Lagern Aktivitätsverluste von rund 10% festgestellt. Ähnliche Wirkungen sind bei allen halogenhaltigen Polymeren zu erwarten.

Die eben aufgeführten Bestrahlungseffekte müssen beim Bau und Betrieb von **Bestrahlungs- und Meßvorrichtungen** an Forschungsreaktoren beachtet werden. Diese Beachtung zwingt einmal zu gewissen Maßnahmen konstruktiver Art wie die Mehrfachkapselung (d. h. Anbringung eines *Secondary Containment,* deutsch *Sekundärumhüllung*) der Reaktoreinbauten zur Verhinderung von Druck- und Leckschäden. Weiter muß man bei der Auswahl geeigneter Werkstoffe für die Reaktoreinschübe größte Sorgfalt walten lassen. An Literatur hierüber seien (außer den am Abschnittsanfang und bei Besprechung der physikalischen und chemischen Effekte genannten Werken) noch genannt: [32-9, 46-24].

Neutronenphysikalische Experimentiereinrichtungen werden in Abschnitt 3.5 besprochen. Hier beschäftigen uns typische *Reaktor-Bestrahlungsvorrichtungen* im Zusammenhang mit neutronenmeßtechnischen Aufgaben, d.h.: entweder für meßtechnische bzw. reaktorphysikalische Untersuchungen oder zur Monitierung von Bestrahlungsgut.

Im Reaktortank von Schwimmbadreaktoren finden bei Bestrahlungen in der Regel das *Angelschnurverfahren*, das *Einsatzverfahren* oder die *Rohrpost* Anwendung. Das Angelschnurverfahren eignet sich für eine begrenzte Zahl kleiner Proben, die in relativ kleinen Fluenzen ohne die Forderung nach gut reproduzierbarer Flußdichte bestrahlt werden. Das Verfahren bietet eine recht bequeme Handhabung, gestattet gute Probenkühlung und verlangt nur geringe Strahlenschutzmaßnahmen nach der Bestrahlung, weil nur kleine und leichte Körper aktiviert werden. Die Beschickung kann bei laufendem Reaktor erfolgen. Dagegen kann im Einsatzverfahren nur bei abgeschaltetem Reaktor beschickt werden. Zu diesem Verfahren werden entweder Leerelemente aus Reinst-Aluminium auf der Gitterplatte verwendet, die einschließlich des Fußes die äußeren Abmessungen der Brennelemente haben (Abbildung 5.2.I), oder Bestrahlungskästen aus Reinst-Aluminium oder solche in Form geschlitzter Graphitblöcke am Rand des Tanks. Die Einsatzelemente werden unter Wasser mit Bestrahlungsbüchsen beladen, in denen wasserdichte Probenkapseln verriegelbar angebracht sind. Im Einsatzverfahren können viele und auch größere Proben in einigermaßen genau bestimmten Positionen zum Reaktorkern bestrahlt werden, auch über längere Zeiten. Nachteilig sind die mühsame Handhabung und die hohe Aktivität der Bestrahlungsbüchsen nach Bestrahlung, die die Probenauslieferung an den Experimentator verzögert. Rascher als die beiden genannten Verfahren und genauer positionierbar aber kostspieliger als das Angelschnurverfahren kann die Rohrpost arbeiten. Die Proben werden mit speziellen Rohrpostbüchsen (Abbildung 5.2.II) mit Gas- oder Wasserdruck durch das Fahrrohr zum Bestrahlungsort befördert. Nach Bestrahlungsende wird die Büchse durch Umschaltung des Fördermittels wieder herausgeschossen (Abbildung 5.2.III). Benutzt wird die Rohrpost zu Kurzzeitbestrahlungen, erreicht werden Transportzeiten bis zu rund 0,1 s hinab. Es gibt Anlagen, in denen die bestrahlten Büchsen nach 1 Minute im Labor ankommen. Wo höhere Temperaturen zulässig sind, ist eine pneumatische Rohrpost in der Regel besser geeignet als eine hydraulische, denn sie ist schneller, und ihr Transportmedium wird weniger stark radioaktiv. Im stationären Gas können Büchsen unter Bestrahlung über 100 °C erreichen. Dagegen verringert sich die Kapseltemperatur auf weniger als 50 °C, wenn Wasser als Transport- und Kühlmittel genommen wird. Bei längeren Bestrahlungszeiten als etwa 1 Stunde halten wegen der Größe der empfangenen Neutronen- und Gamma-Fluenzen in der Regel nur noch metallische Bestrahlungskapseln stand. Dadurch erhält man

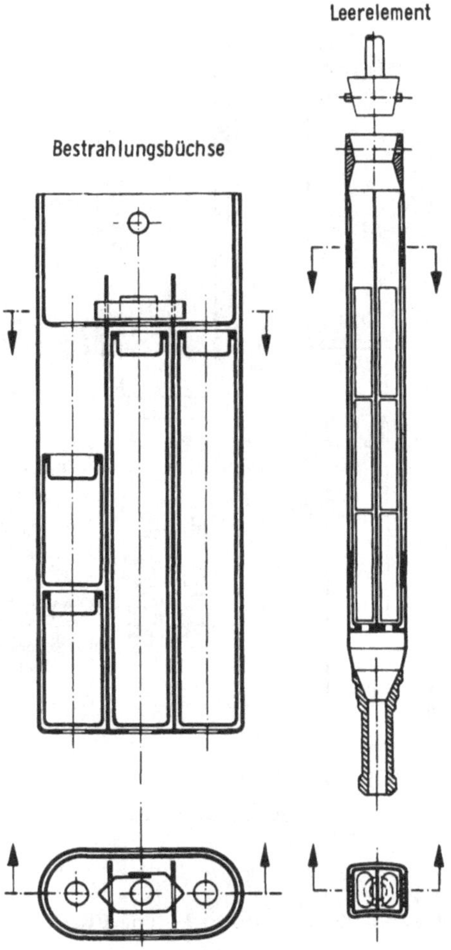

Abb. 5.2.I.
Bestrahlungsbüchse und Leerelement für das Einsatzbestrahlungsverfahren am Reaktor FRJ-1 Jülich [35–1].

hohe Aktivitäten, die häufig die der Proben erheblich übersteigt. Man verwendet auch kombinierte Rohrpost-Systeme mit mehreren Rohren und Trommelmagazinen. In der FRJ-1-Rohrpost können bis zu 16 Proben gleichzeitig bestrahlt werden. Nach Bestrahlungsende kann man die Kapseln – eventuell über einen Warteraum zum Abklingen – in eine abgeschirmte Probenverteilerstation ausschießen. Die Beschickung kann natürlich bei laufendem Reaktor erfolgen.

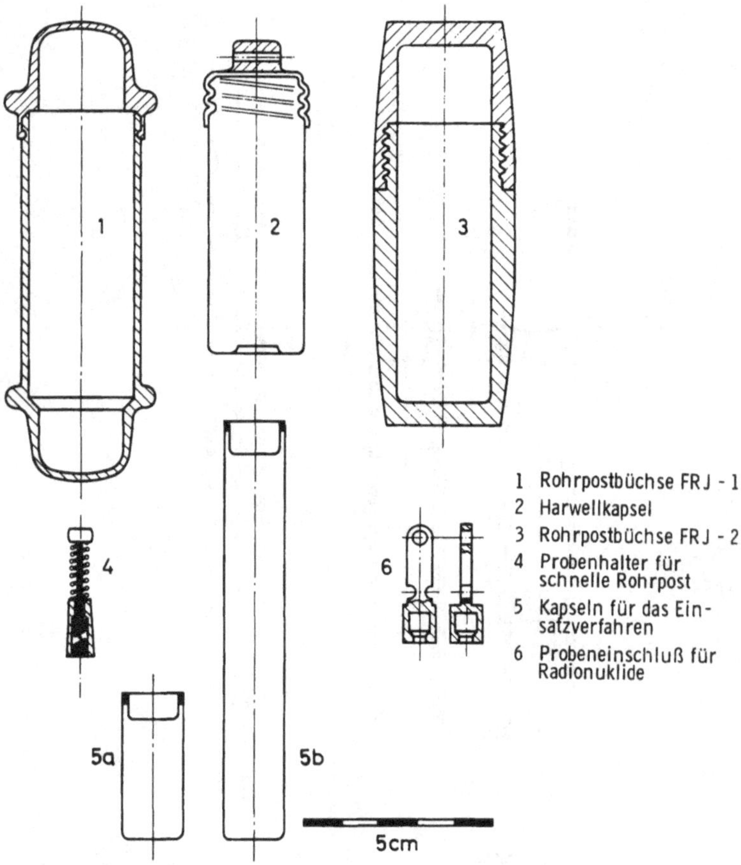

Abb. 5.2.II.
Probenbehälter für Reaktorbestrahlungen am FRJ-1 und FRJ-2 Jülich [35–1].

In Tankreaktoren entfällt das Angelschnurverfahren, und an Stelle des Einsatzverfahrens führt man *Rigbestrahlungen* durch. Die Rigs (das sind Bestrahlungseinschübe) werden in vertikale Experimentierkanäle eingebaut, mit denen Forschungsreaktoren in verschiedenen Größen ausgerüstet sind. Die Vor- und Nachteile der Rigbestrahlungen entsprechen denen der Einsatzbestrahlungen. Erstere erfordern jedoch oft erheblich größeren technischen Aufwand, weil die Proben nicht so unmittelbar wie im Schwimmbadreaktor vom Tankwasser umströmt und gekühlt werden. Bei bestimmten Hochfluenz-Rigbestrahlungen wird das Bestrahlungsgut außerdem noch geheizt bzw. mit Gas gespült. Es gibt z. B. Isotopenrigs, die Hohlräume zur Aufnahme von Aluminium-Klötzchen mit den zu bestrahlenden Nuklidkörperchen enthalten; Kapselrigs, worin gekapselte

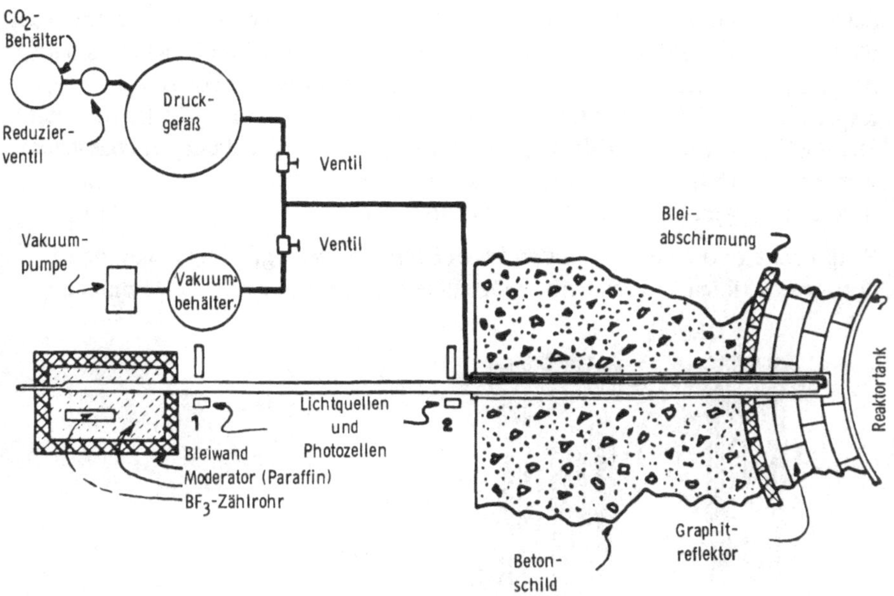

Abb. 5.2.III.
Rohrpost für Kurzzeitbestrahlungen am ARGONNE-Reaktor, schematisch nach [13–2].

Proben in den Bohrungen eines Aluminiumzylinders sitzen; außerdem Brennstoff- und (geheizte) Stahl- oder Graphitbestrahlungsrigs. Derartige *instrumentierte Rigs* sind in der Regel mit Gas- oder Wasserkühlung (mit eigenem Kühlkreislauf oder vom Reaktorkühlsystem) und mit Meßfühlern zur Temperatur- und Leckanzeige ausgerüstet. Besonders die für den Reaktortank vorgesehenen Experimentiereinbauten müssen so ausgelegt sein, daß sie automatisch den Reaktor vor eventuell in den Einbauten entstehenden Schäden schützen; neben den oben skizzierten konstruktiven Grundüberlegungen muß man deshalb alle möglichen Schäden erwägen, die von nicht ausreichender Wärmeabfuhr bzw. von Kühlwasserverlust, Übertemperatur, Schmelzen oder durch chemisches Reagieren einzelner Substanzen im Rig, von Wasserlecks, von Korrosion im Kühlsystem, von Schäden in der elektrischen Anlage oder durch Kühl- bzw. Spülgasverluste verursacht werden können [52-4]. Darstellungen von Rigs (teilweise mit angegebenen Monitorpositionen) findet man in den Abbildungen 5.2.IV, V und 4.5.VI. Nach Bestrahlung werden die Rigs mittels einer Vertikalflasche aus dem Reaktor entladen und in einer abgeschirmten Sichtzelle zerlegt.

Reaktorbestrahlungen für biologische, chemische und andere Untersuchungen, die keine hohen Dosen an Gammastrahlen und schnellen Neutronen vertragen, finden außerhalb des Reaktortanks statt, in Strahlrohren oder Thermischen

Säulen. In Strahlrohren werden z.B. *Rohrpostanlagen* angebracht und entweder für extreme Schnelligkeit oder für besonders große Aufnahmefähigkeit gebaut. Als Beispiel für letzteres sei das Trommelmagazin im FRJ-2 für 70 Harwell-Kapseln (s. Abbildung 5.2.II) genannt, die in rund 10^{13} cm^{-2} s^{-1} thermischer Maximalflußdichte bestrahlt werden können. Von Rohrpostanlagen abgesehen werden Bestrahlungseinrichtungen außerhalb des Tanks in der Regel nicht reaktorseitig geplant, sondern nach Bedarf vom einzelnen Experimentator.

Reaktorseitig vorgesehene *Flußdichtemeßeinrichtungen* gibt es (wegen der dortigen flexiblen Experimentiermöglichkeiten) im Tank von Schwimmbad-

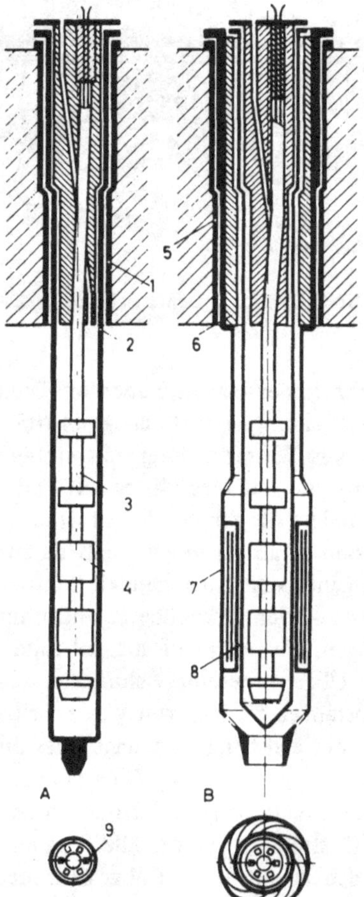

1 Durchführung eines V-Kanals durch den Reaktorschild,
2 Fingerhutrohr,
3 Stahlrig,
4 Probenbehälter, elektrisch heizbar,
5 Durchführung eines (Mark-III-) Brennelement-Kanals durch den Reaktorschild
6 Stopfen,
7 Brennstoffplatten,
8 Fingerhutrohr,
9 Stahlprobe (mit Neutronenfluenzmonitor)

Abb. 5.2.IV.
Bestrahlungseinschübe (Rigs) zur Stahlbestrahlung im Reaktor FRJ-2 Jülich, nach [35–1]:
A im Vertikalkanal,
B in ringförmigem Brennelement.

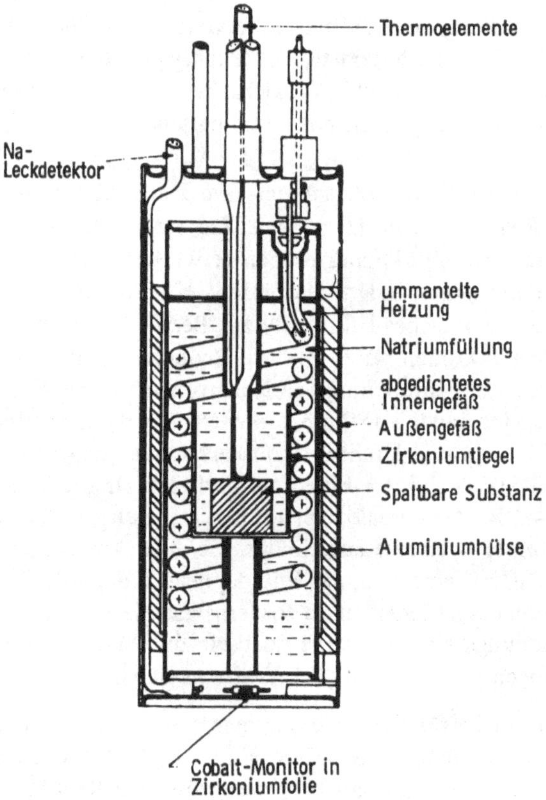

Abb. 5.2.V.
Rig zur Bestrahlung spaltbarer Substanzen: Schnitt durch die Probenträgeranordnung [52–4].

reaktoren nicht. In Tankreaktoren existieren enge Flußmeßrohre neben oder im Innern der Brennelemente, zur Abbrandbestimmung [45-1] sowie zu orientierenden vorausgehenden Flußmessungen für reaktorinterne Bestrahlungen (s. Abschnitt 4.5). Für letzteren Zweck hat man auch (nicht instrumentierte) Flußmeßrigs für Vertikalkanäle bereitgestellt. Sie enthalten ein zentrales Fingerhutrohr zur Beschickung der Detektoren; direktanzeigende Detektoren werden an Kabelstangen, Aktivierungssonden in Rohrstringern bei laufendem Reaktor eingesetzt. Der Zwischenraum zwischen Fingerhutrohr und Außenwand kann gekühlt werden. Die Detektorbeschickung erfolgt mittels Vertikalflasche; die Nachbehandlung der bestrahlten Vorrichtungen verlangt manchmal umfangreiche Strahlenschutzvorkehrungen. Für Messungen außerhalb des Reaktortanks sind in Thermischen Säulen geschlitzte Graphitblöcke zur Beschickung von Aktivierungssonden (bei abgeschaltetem Reaktor) vorgesehen.

Zur Flußdichtemessung in Strahlrohren benutzt man gekühlte Kollimatoren mit Stopfen für hohe und leiterartige Aktivierungssondenstringer für niedrige Strahlenbelastungen. Werden die Flußdichtemessungen bei höherer Reaktorleistung durchgeführt, muß auch nach Abschalten mittels Flasche entladen werden.

Wir erwähnen noch weitere Bestrahlungs- und Meßeinrichtungen, die an verschiedenen Reaktoren benutzt werden. Zur fortlaufenden Durchführung von Kurzzeitbestrahlungen kleiner Proben verwendet man Förderbänder, die z.B. ins Innere von Graphitreaktoren führen: z.B. die „Bottling Machine" [13-2]. – Ein sehr nützliches Hilfsmittel zur Bestrahlung von Aktivierungssonden und kleinen Proben unter gleichen Bedingungen ist der Drehteller. Er findet Anwendung zur Ermittlung von Reaktorneutronenspektren nach energieintegralen Methoden sowie von Flußstörungen. Für niedrige Fluenzen ($\Phi_{th} < 5 \cdot 10^{16}\,cm^{-2}$) sind Drehtellerkonstruktionen aus Kunststoff brauchbar (s. z.B. [52-5]), für höhere Fluenzen wird man Drehteller aus Reinst-Aluminium [14-18] oder Zircaloy fertigen lassen. Gelegentlich wird der Drehteller in Form einer Drehdose ausgebildet, die innen einen ausreichend großen Luftraum zur Differenzmessung der Flußdepression enthält. Für eine Umlaufdauer des Drehtellers ist lediglich zu fordern, daß sie klein sein muß gegenüber der Bestrahlungszeit. Hierbei ist noch ein drehbarer Reaktoreinschub für Kalibriermessungen zu erwähnen (J. Thomas in [XV]).

Als Hilfseinrichtungen für Reaktorexperimente seien besonders die *Ladeflaschen* genannt. Sie dienen dazu, bestrahlte Substanzen ohne Strahlengefährdung für Bedienungspersonal und Umgebung aus dem Reaktor zu ziehen und zum Absetzblock (zur vorübergehenden Lagerung) und zum Scherteich (zur Zerlegung für die Abfallbeseitigung) oder zur Sichtzelle (zur Zerlegung für die Weiterverarbeitung) zu befördern. Sie sollten außer einer ausreichenden Abschirmung (mit einem verschließbaren Tor am unteren Ende) eine von außen zu betätigende Ziehvorrichtung besitzen und unter Umständen mit einer Möglichkeit zur Kühlung des Ladeguts versehen sein. Durch ihr hohes Gewicht (in Größenordnungen um 1 bis 10 t) und die zu fordernde möglichst vielseitige Einsatzfähigkeit, die oft spezifische Innenausrüstungen verbietet, wird das Hantieren empfindlicher Teile mit ihnen oft sehr mühsam. Auch ist auf die gegenseitige Kontaminationsgefahr zeitlich hintereinander in die Flasche gezogener Teile zu achten. Die Rigs müssen genügend widerstandsfähig gebaut werden, um die Arbeitsweise mit einer schweren Flasche und das Einsetzen in den Reaktorkanal zu überstehen.

Wir stellen nun **kerntechnische Gesichtspunkte zur Entwicklung von Bestrahlungs- und Meßvorrichtungen** zusammen, soweit sie im Rahmen unseres Themas besonderer Beachtung bedürfen. Man hat spezielle Reaktoreinschübe gebaut, bei denen der Meßzweck im Vordergrund steht, wie z. B. die Untersuchung des Neutronenspektrums in bestrahlten Werkstoffen. Die Entwicklung derartiger *Meßrigs* richtet sich einmal nach der Ausführung des Reaktors und nach der Umgebung der Detektoren und zum anderen danach, ob Messungen in einzelnen Punkten durchzuführen sind oder ob Mittelwerte über Flußverteilungen zu bilden sind. Im letzteren Fall kann es zweckmäßig sein, die Monitoren um ihre eigene oder um eine andere Achse rotieren zu lassen. In Schwimmbadreaktoren für niedrige Leistungen genügt es, die Monitoren in einem geeigneten Hüllmaterial zu kapseln – gewöhnlich Aluminium –, sie dann in richtiger Lage in der Bestrahlungskapsel anzubringen, die meist auch aus Aluminium und gelegentlich aus Kunststoff besteht, und sie dann in der richtigen Reaktorposition zu bestrahlen. Reaktortypen für höhere Leistungen verlangen eingehendere Konstruktionsüberlegungen unter Verwendung besonderer Abschirmstopfen, um das Rig mit seiner Umhüllung genügend abzudichten. Außerdem ist für ausreichende Kühlung der Monitoren während der Bestrahlung zu sorgen. Da in Reaktoren mit höherer Leistung häufig Rigs und deren Umhüllung unter Druck stehen, sind sie genügend druckbeständig zu konstruieren, damit Beschädigungen sowie mit Druckabfall verbundene Lecks vermieden werden. Experimente solcher Art verlangen eingehende Sicherheitsabschätzungen.

Die ingenieurmäßige Entwicklung von Bestrahlungsexperimentseinbauten in Hochflußreaktoren überdeckt ein sehr weites Feld physikalischer Bedingungen: Temperaturen von der des flüssigen Helium (für Grundlagenforschung über Festkörpereigenschaften) bis zu 2000 °C (zum Studium des Verhaltens von Werkstoffen für die Weiterentwicklung von Leistungsreaktoren). Entsprechend erstrecken sich die vorkommenden Drucke vom Hochvakuum bis zu mehreren hundert ata, und die Substanzen von den Edelgasen bis zu hochkorrosiven Flüssigkeiten. Dabei wünscht man grundsätzlich höchstmögliche Neutronenflußdichten zu erhalten, wodurch die Auswahl und die Masse der den Rigkörper bildenden Substanzen weiter eingeschränkt werden. Bei der Entwicklung von Rigs wird die Kenntnis der beim Experiment darin herrschenden Neutronen- und Gamma-Flüsse vorausgesetzt. Diese Information erhält man in der Regel durch orientierende vorausgehende Flußdichtemessungen (s. Abschnitt 4.5) der ungestörten Flußdichten im Reaktor sowie durch Berechnung der vom Rigeinbau erwarteten Flußänderungen. Wird hohe Genauigkeit verlangt, baut man ein *simuliertes (Mock-up-)Rig* zur Prüfbestrahlung in einem analogen Nullreaktor oder im Forschungsreaktor selbst bei niedriger Leistung. Das simulierte Rig kann man beliebig vollständig mit Detektoren ausstatten, die hier auch nicht unter denselben strengen physikalischen Bedingungen arbeiten müssen wie im endgültigen Rig. Auswahl der Substanzen, Probleme der Positionierung sowie die Hantierung nach der Bestrahlung spielen bei simulierten Rig-Experimenten eine geringere Rolle. Für das endgültige Rig muß ein

Kompromiß geschlossen werden zwischen dem Wunsch, den tatsächlichen Fluß in der Probe zu messen und den Störungen und Schwierigkeiten, die mit der Detektoranbringung in geeigneter Probennähe verbunden sind.

Rigs in Reaktoren, die mit Beton- oder anderen Abschirmungen versehen sind, müssen natürlich nach außen hin ebenfalls mit festen Abschirmstopfen abgeschlossen sein, um das Hinausdringen von Strahlung aus dem Reaktorinnern zu verhindern. Bei höheren Anforderungen werden solche Stopfen häufig mit Eisenschrot und Beton oder mit Eisenschrot und Gießharz gefüllt. In einfacheren Fällen genügen Stahlklötze (bis zu etwa 25 mm Durchmesser). Zur Vermeidung des Austretens von Strahlung oder aktivierter Materie (in Form von Gasen, Flüssigkeiten oder Stäuben) aus Reaktoreinbauten sind diese – besonders die höheren Beanspruchungen ausgesetzten Rigs – gegen die Abschirmstopfen und längs ihres ganzen Körpers gasdicht zu kapseln. Soll das Riginnere während des Experiments zugänglich sein, dann bringt man ein Fingerhutrohr im Rig an, das bei Nichtgebrauch durch einen eigenen Fingerhutrohrstopfen verschlossen bleibt. Bei dessen Öffnung müssen unter Umständen der Kanal mit dem Rig durch eine davor gesetzte Flasche abgeschirmt und die im Fingerhutrohr sich bildenden radioaktiven Gase (in Luft: ^{41}Ar) abgepumpt werden.

In Abbildung 5.2.II sind Probenbehälter zusammengestellt, die für Kleinbestrahlungen in der KFA Jülich verwendet werden.

Die Büchse für die FRJ-1-Rohrpost besteht aus Kunststoff – entsprechend den niedrigen vorgesehenen γ-Dosen und Neutronenfluenzen ($< 2 \cdot 10^{16}\,\mathrm{cm}^{-2}$). Für die schnelle Rohrpost am FRJ-2 finden metallische Büchsen Anwendung (mit sehr kleinem Probenraum). Die verschraubbaren Harwell-Kapseln aus Reinst-Aluminium werden im Trommelmagazin und im Kapselrig des FRJ-2 eingesetzt. Die Reinst-Aluminium-Kapseln für das Einsatzverfahren werden zur Bestrahlung zugeschweißt.

Im Tank von Schwimmbadreaktoren einzusetzende Detektoren müssen zur Vermeidung von Korrosion unbedingt gekapselt werden. In Einschüben in Tankreaktoren ist die Detektorkapselung nach dem Grundsatz der Mehrfachumhüllung im Zweifelfall vorzuziehen und oft ebenfalls unumgänglich, nämlich zur Vermeidung von Verschmutzung und mechanischer Beschädigung, von Korrosion und Kontamination. Diese Gründe gelten nicht nur für die Bestrahlung selbst, sondern auch für den Ausbau. Das Wiederfinden und Hantieren von – aus Platzmangel und zur Vermeidung allzu hoher Aktivitäten oft sehr kleiner – Aktivierungssonden bei der Rigzerlegung in einer Heißen Zelle wird bei Verwendung gekapselter Detektoren erleichtert. Monitoren zu Kleinbestrahlungen bringt man in der Regel mit den Bestrahlungsproben im gleichen Behälter an. Mit steigender Temperatur- und Fluenzbelastung empfiehlt es sich mehr und mehr, die Detektoren gegenüber anderem Bestrahlungsgut und auch untereinander getrennt zu kapseln. Erprobte Umhüllungsmaterialien für Routinemessungen mit Aktivierungsdetektoren sind in Tabelle 5.2.A angegeben. Die dort genannte obere Temperaturgrenze (~ 1200 °C) wurde eingesetzt auf Grund von Diffusionsuntersuchungen (speziell zum Einsatz von Co-Monitoren) und bis zur Erprobung temperaturbeständigerer Substanzen. B_4C scheidet wegen seiner Korrosivität bei höheren Temperaturen und in Anbetracht seiner Verarbeitungsschwierigkeiten als Filtermaterial aus [52-6]. Ausführliche Angaben über die Verwendbarkeit verschiedener Materialien zu Reaktorbestrahlungen findet man in [35-3].

Wir behandeln nun typische **metrologische Gesichtspunkte**, die bei Ausführung von Reaktormessungen von Bedeutung sind. Plant man eine Meßreihe mit mehreren Bestrahlungen, so muß man klären, ob die Veränderungen, denen die Meßwerte ausgesetzt sind, von einem oder von mehreren Parametern abhängen. Im ersteren Fall (z. B. wenn die – ebenso wie die Steuerstabstellung ohnehin bei allen Messungen zu registrierende – Reaktorleistung als flußproportional anzunehmen ist) genügt die Messung in der geplanten Meßposition allein, im letzteren Fall (wenn diese Proportionalität nicht gesichert ist) muß die Flußanzeige in einer geeigneten Position von einer zusätzlichen Monitorsonde überwacht werden. Weiter ist das Bezugssystem der Meßpositionen festzulegen, denn beim Einbau von Rigs können Schwankungen in der Positionierung gegenüber der Reaktorkern-Mittelebene oder -Mittelachse vorkommen: Bei Messungen von Flußdichteverteilungen oder sonstigen reaktororientierten Meßaufgaben wählt man den Reaktor als Bezugssystem, bei Fluenzmessungen zu Bestrahlungsexperimenten den betreffenden Bestrahlungseinbau.

Die Meßunsicherheiten, die sich bei Reaktormessungen erzielen lassen, befriedigen in ihrer Größe oft noch keineswegs, wenn man sie mit den niedrigen Meßunsicherheiten vergleicht, die bei Neutronen-Quellstärkebestimmungen (größenordnungsmäßig 1%, s. Abschnitt 3.4) oder gar bei Kernstrahlungsabsolutmeßverfahren (rund 0,1%) erreichbar sind. Das gilt vor allem für die im Reaktorinnern anzuwendenden energieintegralen (Gruppen-)Verfahren bei Messungen des langsamen Flusses sowie allgemein bei Messungen intermediärer und schneller Flußdichten (s. Kapitel 4). Kalibriert man Hochflußdetektoren für Reaktoren nach einem Sekundärverfahren, indem man von einem niedrigeren Standardfluß und dort kalibrierten Detektoren ausgeht, so hat man mit kumulierenden Fehlern zu rechnen. Diese vermeidet man z. B. durch Absolutbestimmung solcher Sondenaktivitäten, für deren Ausgangsnuklide Wirkungsquerschnitte und Flußstörungen hinreichend gut bekannt sind. Die mit Hilfe dieser Aktivitätsbestimmungen mit verschiedenen Fluenz-Meßeinrichtungen in der Regel erreichbaren Fehler findet man in Tabelle 4.5A, B aufgeführt – allerdings ohne Berücksichtigung der anschließend aufgezählten Fehlermöglich-

Tabelle 5.2.A. Beispiele verwendeter Umhüllungsmaterialien für Aktivierungssondeneinsatz (in Reaktoren)

	Umhüllungszweck:		Verträglichkeitsgrenzen verschiedener Hüllsubstanzen (s.z.B. [35-3, 41-2]) für:		
Bestrahlungsbedingung:	Allgemeiner Schutz, Kontaminationsfernhaltung	Wegfilterung thermischer Neutronen	Neutronenfluenz Φ (s: schnell, th: thermisch)	Gamma-Energiedosis D	Temperatur T
Kurzzeit- (oder reaktorexterne) Bestrahlung	Plastikbeutel verschweißt	Metallische Cadmium-Kapsel in verschweißtem Plastikbeutel	$\Phi_s < 10^{16}$ cm^{-2}	$D < 10^7 ... 10^9$ rd	$T \leqslant 100...200$ °C
Bestrahlung unter mittleren Bedingungen (für Reaktorstrukturmaterial-Untersuchung)	Zircaloy-Kapsel oder Aluminium-Folie	Gadolinium-ausgekleidete Zircaloy-Kapsel	$\Phi_{th} < 10^{20}$ cm^{-2} für Zircaloy-Aktivierung bzw. Abbrand der Gadolinium-Auskleidung $\Phi_s \leqslant 10^{21}$ cm^{-2}		$T \leqslant 400...600$ °C
Hochtemperatur- und Hochfluenz-Bestrahlung (für Reaktor-Brennstoff-Untersuchung)	Keramikrohr verschweißt oder Quarzampulle	– Filterung unmöglich wegen: Abbrand bzw. Temperatur- oder Strahlenunverträglichkeit des Filtermaterials	($\Phi_s < 10^{20}$ cm^{-2})*		$T \leqslant 800...1200$ °C

* falls Werkstoff mechanischer Beanspruchung ausgesetzt

keiten, die besonders kennzeichnend für Meßbedingungen an Reaktoren sind:
A. Abweichungen der *Meßposition* von der *Bezugsposition* – z. B. bei der Spektrometrie eines aus dem Meßmedium herausgeführten Neutronenstrahls (s. Abschnitt 3.6) oder bei Fluenzmessungen neben – statt in – dem zu monitierenden Bestrahlungsgut aus verfahrenstechnischen Gründen,
B. *Verzerrungen des* Neutronen*spektrums* gegenüber dem auf Grund von Vorausmessungen oder Rechnungen angenommenen Spektrum (bei energieintegralen Messungen) und
C. Änderungen der Anzeige durch *ungenügende Abschätzungen von Parametereinflüssen* und deren Änderungen (z. B. von Leistungsschwankungen, Flußverzerrungen, Aufheizung, Strahlenschäden, Störuntergrund sowie unerkannten mechanischen und elektrischen Störungen beim Reaktorbetrieb).
So entstandene nicht erfaßte systematische Fehler und Korrektur-Unsicherheiten lassen sich natürlich nicht allgemeingültig zahlenmäßig angeben. Die durch sie hervorgerufenen Meßunsicherheiten können beträchtlich sein und größenordnungsmäßig bis etwa 50% betragen. Zu ihrer Vermeidung vermißt man typische Standardpositionen wesentlich genauer, die stützpunktartig über den Reaktor verteilt sind. Hinweise zu den in A bis C aufgeführten Fehlern findet man z. B. in den Beiträgen von Gibello, von Greim und von Scott in [XIII].

Einen Sonderfall der Flußstörung stellt die gegenseitige *Flußabschattung* mehrerer Detektoren dar, wenn diese zum Beispiel perlenschnurartig zur Vermessung von Flußprofilen eingesetzt werden. Dieser Effekt wirkt sich vor allem in anisotropem Fluß aus [21-2], vgl. die Behandlung von Mehrfach-Anordnungen in Abschnitt 1.4.

Hinsichtlich des Ladens von Versuchseinbauten in den Reaktor muß vom Standpunkt der Neutronenmeßtechnik aus beachtet werden, ob die Positionierung der Detektoren im Einbau (je nach Meßaufgabe in Bezug auf den Reaktor oder in Bezug auf den Einbau selbst) genügend genau und genügend reproduzierbar, d. h. wiedererkennbar, erfolgt ist. Ferner ist zu prüfen, ob die Detektorpositionen und die weiteren wichtigen Versuchsparameter (wie Temperatur am Sondenort usw.) während des Versuchs hinreichend genau eingehalten und kontrolliert werden. Den Positionierungsfehler darf man bei Reaktormessungen nicht unterschätzen: 1 cm vertikale oder horizontale Positionsverschiebung im kleinen Kern eines an Brennstoff hochangereicherten leichtwassermoderierten Forschungsreaktors (MERLIN, FRJ-1) bewirkt bis zu 5 bzw. 7% Flußdichteänderung im langsamen und epithermischen bzw. im schnellen Energiebereich. Die Bestrahlungs- und Meßzeiten bei Meßexperimenten wählt man natürlich so groß, daß der Zeitfehler beim Ein- und Ausfahren der Sonden in die Meßposition bzw. bei Schalt- und Einstellvorgängen nicht ins Gewicht fällt. Zu beachten ist auch, daß Ein- und Ausfahren absorberhaltiger Meßstringer im Reaktorkern nicht beliebig schnell erfolgen darf, sondern sich nach der minimal zulässigen Verdoppelungszeitkonstanten des Reaktors zu richten hat. Positionierungsschwankungen radioaktiver Proben (z. B. von Aktivierungssonden in Form dünner leicht knitternder Folien) vor dem Detektorfenster können beträchtliche Fehler verursachen [22-20]. Bei Verwendung zweier einander gegenüber angeordneter Detektoren ließ sich mit automatisiertem Einsetzen der Proben eine gleichmäßigere Positionierung erreichen und der Fehler um rund 1 bis 2% senken.

Zu den zufälligen Fehlern gehören auch Schwankungen in der Reaktorleistung, die bei einem konstant auf Leistung gefahrenen Reaktor bei ± 2% liegen können. Mit größeren Fehlern muß man natürlich bei absoluten Leistungsbestimmungen (für den Vergleich von Flußmessungen in verschiedenen Reaktorfahrperioden) rechnen. Außerdem können Temperatur-, Luft- bzw. Gasdruck-Schwankungen sowie solche von anderen Parametern am Meßort oder in dessen Umgebung den Meßwert beeinflussen. Schwankungen der Netzspannung sind dagegen heute innerhalb eines apparativ festgelegten Bereichs (meist ± 10%) ohne Einfluß auf die Messungen.

Eine der wichtigsten Entscheidungen bei der Planung eines Reaktormeßexperiments ist die Auswahl des Meßverfahrens. Hier wollen wir die Auswahl vom Standpunkt der Experimentiertechnik aus beleuchten. Dabei sollen die höchstmöglichen Anforderungen vorausgesetzt werden, nämlich: Exposition des Detektors in möglichst hohen Neutronen- sowie Gamma-Flußdichten bzw. -Fluenzen bei hohen Temperaturen (und Drucken) in einem möglichst kleinen verfügbaren Meßvolumen oder Meßkanal. Wir beschränken uns dabei auf den Vergleich zwischen direkt und indirekt anzeigenden Detektoren. Für die eigentliche Fluenzmessung – d.h. die Monitierung von Bestrahlungsproben – kommen nur Aktivierungs-Sonden (oder solche mit chemischen oder physikalischen Nachweiseffekten) in Betracht (s. Abschnitt 4.5). Dagegen bietet für die Registrierung von (möglicherweise von der Zeit t abhängigen) Flußdichteverläufen $\varphi(t)$ sowie zur Kontrolle der Zwischenfluenz in einem oder mehreren Meßkanälen bei laufendem Reaktor die direktanzeigende Methode erhebliche Vorteile [23-30]: neben der unmittelbaren kontinuierlichen Anzeige das Wegfallen der Nachbehandlung, die bei aktivierten Sonden unter Umständen umfangreiche Strahlenschutzmaßnahmen erfordert, wie wir noch sehen werden. Unter *Zwischenfluenz* wird dabei eine während eines Zwischenzeitraums $0 < T \leqslant t_B$ empfangene Fluenz $\Phi(T)$ verstanden, deren Messung zur Voraus-Bestimmung der endgültigen Bestrahlungszeit t_B benutzt wird, damit eine Probe bei der Bestrahlung eine (nur innerhalb verhältnismäßig enger Fehlergrenzen $\Delta\Phi$ vom Sollwert Φ_0 abweichende) Fluenz $\Phi(t_B)$ empfängt:

$$\Phi_0 - \Delta\Phi \leqslant \Phi(t_B) \leqslant \Phi_0 + \Delta\Phi\,. \qquad (5.2.7)$$

Die aufgeführten Vorteile des direktanzeigenden Verfahrens gelten entsprechend für orientierende Messungen von Flußdichteverteilungen, die Rigexperimenten vorausgehen – besonders da, wo kein Niedrigleistungsreaktor vorhanden ist. Demgegenüber ist die Verwendung stromanzeigender an Stelle von Aktivierungs-Detektoren auch mit Nachteilen verknüpft: sie verlangt die Sekundärkalibrierung durch Aktivierungssonden und eine viel aufwendigere Grundausrüstung. In Tankreaktoren kommt dazu die Beschaffung einer Ladeflasche, um die nach Bestrahlung hochaktiven Detektoren wieder ziehen und gegebenenfalls in weitere Meßpositionen einführen zu können; vgl. die in Abschnitt 4.6 (zur Anwendung bei Bestrahlungsexperimenten) skizzierte Meßeinrichtung für den FRJ-2.

Aktivierungssonden werden meist in Form standardisierter und absolut kalibrierbarer kleiner Einzelkörper eingesetzt. Unter den stromanzeigenden Detektoren haben wir in Abschnitt 2.3 Ionisationskammern, β/γ-Emissionsdetektoren und Thermoelement-Detektoren besprochen. Darunter eignen sich β/γ-Emissionsdetektoren besonders für die oben erwähnten Zwischenfluenzmessungen und integrierten Messungen der gemittelten Flußdichte über längere Einbauten. Kalorimetersonden sind an sich besonders für Schwimmbad- bzw. Siedewasser-Reaktoren brauchbar, jedoch erscheint ihre Dauereinsatzfähigkeit infolge hoher Ausfallraten fraglich. Unter sonstigen Umständen sind Ionisationskammern zu bevorzugen; in (Reaktor-)Sicherheitssystemen kommen nur sie in Frage. – Gelegentlich gibt es Fälle, in denen praktische Gründe die Verwendung ausgedehnter zu aktivierender Substanzen in der Neutronenmeßtechnik nahelegen. Bei Reaktormessungen wurde mehrfach über die Anwendung langer metallischer Bänder oder Drähte berichtet – z. B. bei der Flußprofilmessung in einem Reaktor-Anfahrprogramm mit in Rohren geführten Drähten in Brennstoffkanälen, die für kleine Sonden unzugänglich sind [52-7].

Die Drähte bestanden aus einer Mn-Ni-Legierung. Infolge Oxydation der Drahtoberflächen konnte die Aktivierungsmessung nicht mittels β-Zählung, sondern nur mittels γ-Zählung erfolgen. Dazu wurde der Draht in Stückchen zerschnitten, wodurch man sich eine umfangreiche und ausbeuteverringernde Blei-Kollimierung des zu vermessenden Drahtstücks ersparte. Der Fehler beim Drahtzerschneiden zusammen mit der Gewichtsschwankung längs des Drahtes wird als genügend klein – unter 1% – angegeben; Kalibriermessungen zur Prüfung der Relativgenauigkeit ergaben weniger als 1% Meßunsicherheit unter Wiederholbedingungen.

Für Messungen in hohen Flüssen wird man solche Verfahren wegen der besonders mühsamen Nachbehandlung von Substanzen, die größere räumliche Ausdehnung bei nennenswerten Aktivitäten haben, möglichst vermeiden.

Speziell bei Kreislauf-Bestrahlungsexperimenten in Forschungsreaktoren findet kontinuierliche Flußdichtemonitierung mittels aktivierter Gase in Kreisläufen mit konstantem Durchfluß Anwendung [XIII, 11-7]. Im Reaktorinnern wird die Meßgasleitung in Windungen – als „Bestrahlungsschlange" – um die zu monitierende Anordnung angebracht. Außerhalb des Reaktors umgibt die Leitung als „Meßschlange" einen Detektor (Szintillationszähler). Bestrahlungs- und

Meßvolumen müssen groß genug sein, um ausreichende statistische Meßgenauigkeit zu gewährleisten. Die Meßapparatur spricht auf eine charakteristische Gammalinie des Meßnuklids an. Häufig wird ein offenes Kreislaufsystem gewählt. Dabei läßt sich leicht ein konstanter Durchfluß ohne Regelung erreichen. Rasches Ansprechen sichert man durch kurze Durchflußzeiten des Nachweisgases im Reaktor. Wählt man ein Meßnuklid mit genügend langer Halbwertszeit ($\ln 2/\lambda$) gegenüber der Verweilzeit ($n_B V_B/\dot{N}$) des Gases im Reaktor, dann erhält man für die Meßaktivität in guter Näherung:

$$A \approx n_M V_M \sigma \varphi \frac{\lambda n_B V_B}{\dot{N}} e^{-\lambda n_W V_W/\dot{N}} . \qquad (5.2.8)$$

Dabei sind: $N/V \equiv n$ Atomanzahldichte, V Volumen, N Durchfluß der Gasatome; die Indizes B, W und M beziehen sich auf Bestrahlung, Wartezeit und Messung entsprechend Abschnitt 1.5. Bei gegebener Anordnung und konstanter Flußdichte φ ist die Aktivität A eine Funktion des Durchflusses $\dot{N}$ allein. Es gibt ein optimales $\dot{N}$, für das $A(\dot{N})$ ein Maximum durchläuft und in dessen Nähe A mit $\dot{N}$ wenig variiert. Die gemessene Aktivität A des Meßvolumens V_M ist zu korrigieren, z. B. für Temperaturschwankungen im Bestrahlungsvolumen V_B. Bevorzugt wird als Nachweisreaktion $^{40}Ar(n,\gamma)^{41}Ar$ der nuklearen Eigenschaften wegen und weil Argon weder korrosiv noch toxisch ist. Meßanordnungen dieser Art sind beim Reaktor MELUSINE eingesetzt worden zur Monitierung von Untersuchungen zur Spaltproduktdiffusion in gesinterten Brennstoffproben. Die Kalibrierung erfolgt durch Co-Detektoren am Probenort. Weitere Reaktormeßeinrichtungen gehören zur Reaktorinstrumentierung, deren Metrologie in Abschnitt 4.6 behandelt wird.

Bestrahlungs-Technologie und -Nachbehandlung (an Reaktoren). Bei der Konstruktion von Kernreaktoren und von darin anzubringenden Versuchseinbauten muß dafür gesorgt werden, daß das Vorhandensein von Substanzen, die eine Verschmutzung und Kontamination der Werkstücke und Bauteile bewirken und damit die sichere und erfolgreiche Arbeitsweise beeinflussen würden, soweit wie möglich vermieden wird. Zu den zu vermeidenden Substanzen sind nicht nur selbstverständliche zu rechnen wie: Staub, Schmutz, Rost, Oel, Fett usw., sondern auch solche, die die Reaktivität des Reaktors beeinflussen, stärkere radioaktive Kontaminationen und Stahlengefährdungen mit sich bringen oder Korrosionsprobleme und Nichtverträglichkeit von Werkstoffen bewirken könnten.

Aus diesen Gründen findet die Montage von Reaktoreinschüben unter besonderen Bedingungen in einem sogenannten Reinraum statt, zu dem nur bestimmte Personen Zugang haben, und von dem viele Substanzen ausdrücklich ferngehalten werden. Es gibt sehr verschiedene Grade von Reinraumbedingungen. Sie reichen von sehr kostspieligen klinischen Reinheitsforderungen bis zum einfachen Abschließen eines Raumes gegenüber der normalen Werkstatt. Gewöhnlich reichen für die Behandlung der Bestrahlungsrigs die einfacheren Bedingungen aus.

Materialien und Rigbestandteile, die in den Reinraum gebracht werden sollen, müssen vorher nach bewährten Verfahren gereinigt werden. Materialien, die im Rohzustand im Reaktor verwendet werden sollen – z.B. Rohre oder geschweißte Teile – müssen vorher gebeizt werden, um Schuppen und andere möglicherweise kontaminierende lose Teilchen zu entfernen. Für bearbeitete Teile genügt in der Regel Entfetten. Ein Ultraschallbad zur Reinigung ist häufig vorteilhaft. Einige flüssige Entfettungsmittel zersetzen sich unter Reaktorbestrahlung und bilden unerwünschte korrosive Stoffe: deshalb sollten alle Spuren davon durch Schwabbeln in Azeton oder Waschen in demineralisiertem Wasser beseitigt werden. Beim Gebrauch von flüssigen Entfettungsmitteln und von Azeton müssen natürlich die üblichen Vorsichtsmaßnahmen gegen Feuersgefahr und gesundheitliche Schäden angewendet werden.

Auch die Anbringung, Halterung und Führung von Detektoren bei Reaktormessungen bedürfen bestrahlungstechnologischer Überlegungen. Von der Notwendigkeit der Sondenkapselung war schon die Rede. Nur bei den niedrigsten Fluenzen sind neben Kunststoffen auch Holz [14-24] und (der wegen der Gefahr aktiver Stäube nur beschränkt anwendbare) Graphit einsetzbar. Sondenhalter aus diesen Materialien sind mit ihren verhältnismäßig niedrigen Absorptions- und Aktivierungsquerschnitten oft besonders günstig, weil sie ähnlich moderieren wie die Umgebung der Meßposition und sich nach der Bestrahlung ohne aufwendige Strahlenschutzmaßnahmen handhaben lassen. Als Beispiel hierzu betrachten wir reaktorphysikalische Untersuchungen, die an einer Kritischen Anordnung mit Flußdichten langsamer Neutronen von 10^4 bis $10^8\,cm^{-2}\,s^{-1}$ durchgeführt wurden (mit Fluenzen unter $10^{12}\,cm^{-2}$) [52-8]. Dieses Meßprogramm diente der Untersuchung von Fluß-Grob- und -Feinstrukturen in verschiedenen Graphitgittern sowie der Spaltraten von verschiedenen Brennstoffverbindungen im Temperaturbereich von Umgebungstemperatur bis 500 °C.

Dazu waren drei Arten von Verteilungsmessungen erforderlich: Grobstrukturmessungen längs der Kanäle sowie von Kanal zu Kanal, Feinstrukturmessungen innerhalb jeder untersuchten Art von Gitterzellen und schließlich Messungen zwischen Brennstoff und Umhüllung in verschiedenen Arten von Brennstoffkörperchen (Pellets). Als Sonden dienten Mn-Ni-Legierungen als Scheiben oder Drähte. Der dabei verwendete Nullreaktor HERO enthält im Graphitmoderator zahlreiche Löcher für Grob- und Feinstrukturmessungen. Für Flußdichteverteilungsmessungen sind Rohrstringer vorhanden. Von den verschließbaren Standrohren im Reaktortop leiten Führungsrohre aus Stahl zu den Flußmeßpositionen im Reaktorkern. Zu den Graphitmessungen wurden die Sonden in Dübeln festgekeilt, die nach Art von Wurstketten aneinandergehängt wurden (Abb. 5.2.VI). Die so beladenen Stringer wurden in den Reaktorkern durch die Führungsrohre abgelassen. Diese Stringerform wurde gewählt, um minimale Flußabsenkung zu gewährleisten. Die mühsame Positionierung der Sonden und ihre Wiedergewinnung machten das Be- und Entladen recht zeitraubend. Für die Messungen in Verbindungsrohren waren die Scheibensonden in der Mitte durchbohrt, um einen flexiblen Edelstahldraht als Führung aufzunehmen. Entfernt von Brennstoff-Diskontinuitäten wurden die Sonden zwischen Distanzstücken (aus Aluminiumoxyd) positioniert.

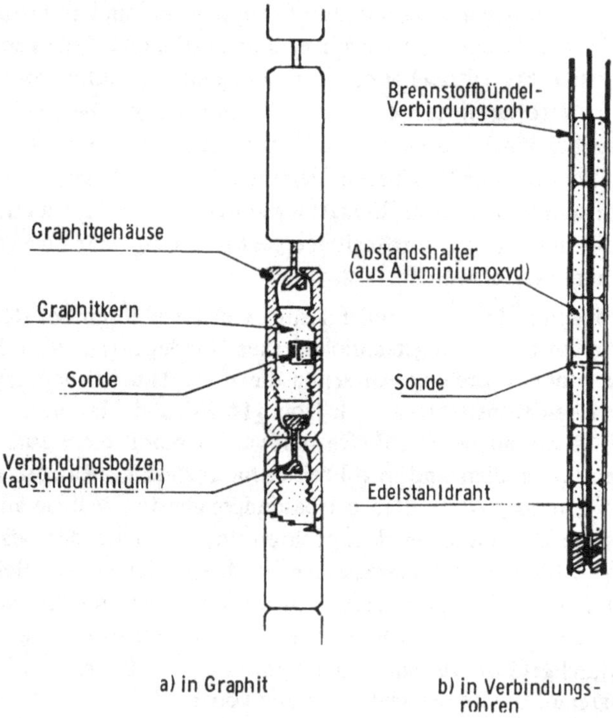

Abb. 5.2.VI.
Sondenhalter, verwendet an einem Graphit-Nulleistungsreaktor [52–8].

Für regelmäßige Abbrandbestimmungen am FRJ-2 werden Co-Drähtchen in zugeschweißten Polyäthylen-Taschen in Polyäthylen-Schläuchen festgeklemmt. Die Schläuche werden in sogenannte Flußmeßrohre eingeführt, die längs der Achsen der Brennelemente verlaufen; aus Profilmessungen der thermischen Flußdichten werden deren mittlere Werte bestimmt [41-20, 45-1].

Diese Anordnung wird einer niedrigeren γ-Dosis als 10^8 rd, $< 6 \cdot 10^{15}$ cm^{-2} schneller und $< 5 \cdot 10^{16}$ cm^{-2} thermischer Neutronenfluenz ausgesetzt (im Reaktorkern). Die Schläuche als Sondenhalter werden durch ein abgeschirmtes Knierohr in den unter Volllast stehenden Reaktor abgelassen und nach Bestrahlung zur Vermeidung von Kontamination in einen Kunststoffschlauch gezogen (Abb. 5.2.VII).

Abb. 5.2.VII.
Sondeneinführung mittels Plastikschlauch in ein Flußmeßrohr [41–20] im Reaktor FRJ-2 bei voller Leistung.

Ist man gezwungen, energieintegrale Messungen des epithermischen und schnellen Flusses zur Rigexperimenteplanung – orientierende, *vorausgehende Flußmessungen* entsprechend Abschnitt 4.5 – und Messungen der Zwischenfluenz mit Aktivierungssonden in einem unter voller Leistung stehenden Reaktor durchzuführen, dann muß man häufig mit höheren Dosis- und Fluenzwerten als den obengenannten für die Sondenanordnung rechnen. Wegen der in diesem Bereich einsetzenden Strahlenschäden kommen als Materialien zur Sondenkapselung und Sondenführung nur noch Metalle oder keramische Stoffe in Frage, aber auch diese nur solange, als die Änderungen der mechanischen Eigenschaften durch Strahlenschäden sowie die Aktivierung des Haltermaterials für die anschließende Hantierung nicht untolerierbar groß werden: diese Grenze ist bei thermischen und schnellen Fluenzen im Bereich von 10^{19} bis 10^{21} cm^{-2} erreicht; (zur oberen Temperaturgrenze vgl. Tab. 5.2.A.). Abb. 5.2.VIII zeigt einen metallischen Rohr-

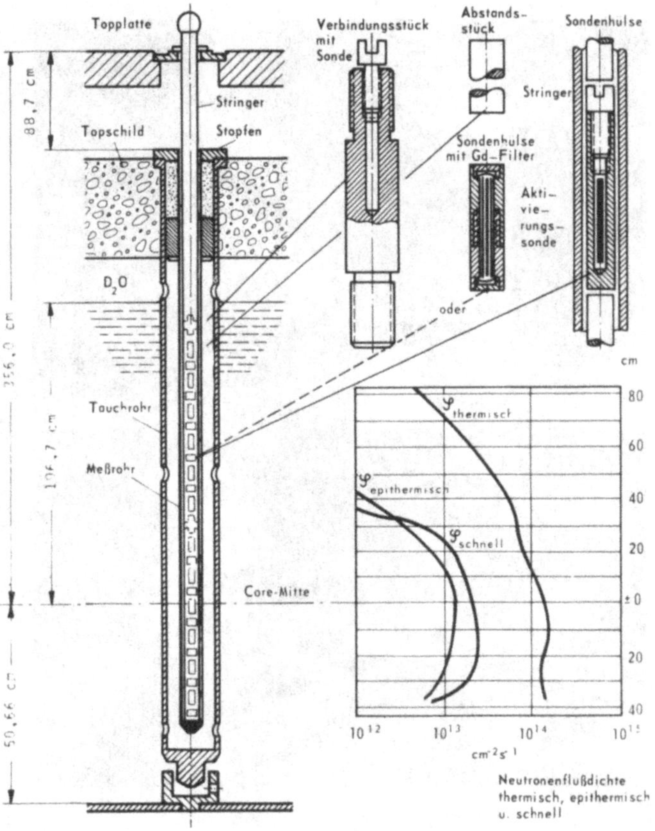

Abb. 5.2.VIII.
Neutronen-Flußverteilungsmessung in einem Vertikalkanal des FRJ-2 mit Aktivierungssonden.

stringer, der mittels einer Ladeflasche in ein Flußmeßrohr eingeführt werden kann. Zur *Exposition mit höchsten Fluenzen* kommt nur noch die Beladung der betreffenden Bestrahlungseinrichtung vor ihrem Reaktoreinbau mit kleinen (metallischen oder keramischen) Fluenzmeßsonden in geeigneten Ausnehmungen in Betracht.

Komplizierte Ladevorgänge für Bestrahlungen und Messungen müssen, vor allem bei möglicher Strahlengefährdung, vorher im Kaltversuch erprobt werden. Das gilt für die einzelne Meßvorrichtung ebenso wie für die nuklearen Instrumentierungssysteme. Strahlenschutzgesichtspunkte sind für die Planung und Ausführung von Meßaufgaben an Reaktoren häufig von entscheidender Bedeutung. Außer auf die allgemeinen Strahlengefahren in der Reaktorhalle hat man besonders auf die vom Meßexperiment selbst stammenden zu achten. Dazu gehören:

das Hinausdringen von Strahlung (und evtl. von aktivierten Gasen) aus dem geöffneten Meßkanal; die Strahlung von der Detektoreinrichtung nach deren Ziehen, wobei vom Detektor oft nur ein Bruchteil an Dosisleistung stammt gegenüber der von der Halterung; und schließlich die Kontamination der bestrahlten Detektoranordnung, verursacht z.B. durch Abrieb infolge Korrosion im Meßkanal. Die zu erwartenden Dosisleistungen sollte man vorher abschätzen, was allerdings für die Kontamination kaum möglich ist. Nachdem die grundsätzliche Durchführbarkeit des Experiments in Übereinstimmung mit den zuständigen Strahlenschutzverantwortlichen festgestellt ist, hat man bei der Ausführung an die Strahlenschutz-Grundregeln zu denken: Abstand halten, Zeitfaktor beachten und notfalls Abschirmungen benutzen. Während des Versuchs kontrolliert man laufend die Dosisleistungen und Personendosen. Zum Schutz vor Kontamination wird spezielle Schutzkleidung einschließlich von Hand- und Überschuhen getragen. Kontaminationsgefährdete Flächen deckt man mit Plastikfolien ab. Versuche, bei denen mit Empfang nennenswerter Äquivalentdosen zu rechnen ist, führt man nicht allein durch, um sich gegenseitig ablösen und – vor allem bei Kontaminationen – unterstützen zu können. Zur Information über zweckmäßige und erforderliche Maßnahmen sei (neben der bekannten kerntechnischen und Strahlenschutz-Literatur) besonders [52-4] bezüglich sicherheitstechnischer Überlegungen bei Reaktorexperimenten genannt.

Die Technik des Entladens und Zerlegens von bestrahlten Reaktor-Versuchseinbauten (unter Verwendung von Ladeflaschen und Sichtzellen bzw. in Heißen Zellen) liegt außerhalb unseres Gegenstandes. Im Rahmen der Zerlegung der Einbauten erfolgt auch der Ausbau der Fluenzmeßsonden in einer abgeschirmten Zelle. Die Sonden werden unter Beachtung der Kontaminationsgefahr entkapselt, falls nötig dekontaminiert und anschließend in neue Kapseln eingeschlossen, die mit den Sonden- bzw. Positionsnummern versehen sind; dadurch lassen sie sich in der Zelle leicht identifizieren und mit Ferngreifern handhaben (s. z. B. [22-13]). Beim Verdacht auf Korrosion und Kontamination werden die Sonden nachgewogen bzw. gammaspektrometrisch auf Störaktivitäten untersucht. Eine einwandfreie chemische Dekontamination bestrahlter Aktivierungsdetektoren erweist sich jedoch sehr oft als undurchführbar.

Sonden zur Flußdichtemessung haben – im Unterschied zu Fluenzsonden – in der Regel so geringe Aktivitäten, daß sie selbst keine strahlenschutzmäßigen Probleme bieten. Dagegen können die Sondenhalter und -kapseln unter Umständen stark aktiv und auch kontaminiert sein. Das Ziehen der bestrahlten Sondenstringer muß dann unter Benutzung von Abschirmungen und Umhüllungen geschehen, wozu bereits Beispiele beschrieben worden sind. In diesen Fällen erübrigt sich zwar die Verwendung einer Sichtzelle; jedoch müssen bestrahlte Meßvorrichtungen dann öfters wegen zu hoher Aktivität noch vorübergehend abgeschirmt gelagert werden, bevor sie gefahrlos zerlegt werden können. Nach Aktivitätsprüfung und Zerlegung werden nennenswert aktivierte Sonden gewaschen (z. B. im Wasserbad entkapselt oder in Azeton gereinigt), anschließend kapselt man sie zweckmäßigerweise kontaminationsdicht zur Messung. Eventuell notwendige mechanische Bearbeitungen bestrahlter Meßanordnungen bedürfen in der Regel einer geschlossenen Zelle oder Handschuhkammer [52-9].

5.3. Leistungsfähigkeitsvergleich der Meßverfahren

Allgemeine Gesichtspunkte – Aktivierungssondenverfahren – Direktanzeigende Verfahren – Chemische und physikalische Nachweisverfahren – Neutronenspektrometrie – Wirtschaftliche Gesichtspunkte – Zusammenfassung: Eignung und gegenwärtige Grenzen der Verfahren.

Allgemeine Gesichtspunkte. Die neutronenmeßtechnischen Verfahren, die in unserer Darstellung mit besonderem Gewicht auf Reaktormetrologie behandelt wurden, sollen in diesem Schlußabschnitt nochmals aufgeführt werden. Die tabellarische Zusammenstellung der einzelnen Verfahren und Detektortypen soll unter Aufzeigung ihrer Vor- und Nachteile Anhaltspunkte für die Auswahl des Meßverfahrens liefern.
Die Verfahren, nach denen wir die Neutronenmeßtechnik in groben Zügen unterteilt haben, sind vergleichend in Tabelle 5.3.A zusammengestellt. Dort bedeutet „Eigenstörung“ eine Kurzbezeichnung für die in Abschnitt 1.4 behandelte Flußstörung durch die Meßanordnung; unter „Fremdstörung“ werden die physikalisch oder chemisch bedingten Störeinflüsse zusammengefaßt, die auf die Meßeinrichtung wirken (s. Abschnitt 5.2). Speziell zur Auswahl von Einrichtungen für Dosismessungen liefert Tabelle 5.3.B eine Übersicht; die in der letzten Spalte angegebenen Meßunsicherheiten unter Wiederholbedingungen sind geschätzte mittlere Werte (nach [26-2]). Bezüglich des Zusammenhangs zwischen der Dosismessung, die an sich außerhalb des Rahmens unserer Darstellung liegt, und der Fluenzmessung sei auf Abschnitt 2.6 verwiesen. Von den Verfahren, die zur gleichen (in Tabelle 5.3.A aufgeführten) Grundmethode gehören, werden einige in ihren besonders wichtigen speziellen Detektortypen in weiteren Tabellen verglichen; darauf wird anschließend eingegangen.

Aktivierungssondenverfahren. Die hauptsächlich benutzten Sondentypen und Meßbereiche sind in den Tabellen 5.3. C, D, E für die drei Energiebereiche thermischer, intermediärer und schneller Neutronen zusammengestellt. Oberhalb von etwa 10 keV bis unterhalb von 1 MeV Neutronenenergie klafft bekanntlich für die an sich besonders bequeme Meßmethode mit Aktivierungssonden eine spektrale Lücke, die sich – auch mit weiterer Verbesserung der Verfahren – nicht ganz wird schließen lassen: von den niederen Energien herauf fehlen in dieser Lücke in zunehmendem Maß geeignete Einfangresonanzen und auch die Kenntnis der zugehörigen nuklearen Daten; von oben herunter gibt es schließlich keine brauchbaren Schwellenreaktionen mehr (s. die Abschnitte 4.3 und 4.4). Die anwendbaren Reaktionen, Materialauswahl, Technologie, die Meßbereiche und andere Gesichtspunkte bei der Aktivitätsmessung für Aktivierungssonden werden in Abschnitt 2.2 erläutert. Die (bei Aktivierungssonden wichtigen) Flußstörungen durch Detektoren und Neutronen-Filtermaterial werden in Abschnitt 1.4, die zeitabhängigen Korrekturen in Abschnitt 1.5 behandelt. Zur Kontrolle der Meßergebnisse ist es erwünscht, auch für denselben Flußmeß- und Energiebereich mehrere Sondentypen verfügbar zu haben. Aktivierungssonden, die routinemäßig als Fluenzmonitoren verwendet werden, sind in Tabelle 4.5.A zusammengestellt; die zu monitierenden Fluenzmeßbereiche werden in Abschnitt 4.5 diskutiert.

Direktanzeigende Verfahren. Direktanzeigende Detektoren hat man zur Neutronenflußdichtemessung in sehr verschiedenartigen Ausführungen gebaut. Neben dem Vergleich ihrer gemeinsamen Eigenschaften mit denen anderer Detektortypen in Tabelle 5.3.A werden sie, um ihre spezielle Einsatzmöglichkeit für verschiedene Meßzwecke zu prüfen, in ihren Besonderheiten in Tabelle 5.3.F verglichen. Die Daten von β- und γ-Strahlern, die für β/γ-Emissionsdetektoren geeignet sind, findet man in Tabelle 2.3.A zusammengestellt, das Verhalten von Halbleiterdetektoren in Tabelle 2.4.A.

Eigenschaften und Meßmöglichkeiten der hauptsächlich verwendeten Typen strom- bzw. impulsanzeigender Detektoren werden in den Abschnitten 2.3 bzw. 2.4 behandelt. Bei stromanzeigenden Messungen ist der Meßbereich im Gleichstromverfahren nach unten eingeschränkt durch Rauschen, Leckströme und die Auswirkung von Störstrahlungen. Diese untere Grenze läßt sich – falls die Störstrahlung kleinere Ladungen q im Detektor entstehen läßt als die Meßstrahlung – wesentlich nach unten verschieben, wenn man das in Abschnitt 2.3 besprochene Campbell-Verfahren anwendet. Bei impulsanzeigenden Verfahren ist der Meßbereich nach oben durch die Impulsanstiegszeit im Detektor begrenzt; mithilfe von Totzeit-Begrenzern und -Korrekturen läßt er sich noch etwas (bis zu einer Grössenordnung) erweitern. Abgesehen von Überwachungsaufgaben, die außerhalb unserer Betrachtung liegen, werden direktanzeigende Verfahren vor allem in Instrumentierungssystemen (s. Abschnitt 4.6) eingesetzt sowie zur Neutronenspektrometrie.

Die in den Abschnitten 2.5 und 2.6 besprochenen **chemischen und physikalischen Nachweisverfahren** werden in Tabelle 5.3.B, das Kernspurverfahren auch in 5.3.A mit den nuklearen Methoden verglichen. Für Fluenzen oberhalb $10^{12}\,\mathrm{cm}^{-2}$ erprobte wichtige nichtnukleare Nachweiseffekte sind in Tabelle 4.5.B zusammengestellt. Chemische und physikalische Nachweisverfahren liefern keine direkte Anzeige. Die bei der Bestrahlung in den Detektoren gespeicherten Meßwerte werden erst durch eine anschließende Messung zugänglich – analog wie bei den Aktivierungssonden. Diese Tatsache sowie die Kleinigkeit der Detek-

Tabelle 5.3.A. Vergleich wichtiger Neutronenmeßverfahren

Aktivierungs-	Elektrische (Ionisations-, Szintillations-)	Emulsions-	Thermo-element-	Halbleiter-	Detektoren (D. m. phys. u. chem. Eff. s. Tabelle 5.3.B.)
+	–	–	+	–	Herstellung einfach bzw. billig
+	–	(+)	+	(+)	Kalibrierfähigkeit in großen Stückzahlen
+	(+) – (+ mit Miniatur-kammern)	+	+	+	Räumliche Auflösung (Detektorvolumen $<0{,}1\ cm^3$)
$\geqslant 1$	$\geqslant 0$	$\geqslant 4$	$\geqslant 9$	4...11	Flußdichte-Meßbereich in $^{10}\log \frac{\varphi}{\varphi_e}$ ($\varphi_e \equiv 1\ cm^{-2}\ s^{-1}$)
$\leqslant 22$ (vgl. Tab. 4.5.A.)	– –	$>$6...10	– –	– –	Fluenz-Meßbereich in $^{10}\log(\Phi/\Phi_e)$ ($\Phi_e \equiv 1\ cm^{-2}$) vgl. auch Tab. 5.3.B.
– –	durch Nachweis-apparatur (Integrator)	– –	~0,1...1 min	durch Nachweis-apparatur (Integrator)	Zeitauflösung
integral	dto.	dto.	dto.	dto.	thermisch, epithermisch } Energie-Meßbereich
integral $\geqslant$ 1 MeV	spektral $\geqslant$ 2 keV	spektral $\geqslant$ 0,4 MeV	– –	spektral 0,1...8 MeV	schnell } Energie-Meßbereich
–	5	5	– –	5	Optimale Energieauflösung in %
+ –	–	+	+	+	Eigenstörung der Sonde klein (s. S. 410)
+ +	–	–	(+)	– –	Fremdstörung der Sonde klein (s. S. 410)
Kernstrahlungs-meßgeräte, käuflich	dto.	je nach Aufwand, nicht käuflich	Präzisions-Galvanometer, käuflich	Kernstrahlungs-meßgeräte, käuflich	Nachweismittel
–	+	– –	+	+	Messung und Auswertung schnell bzw. einfach

Absolut-messung	Monitor, Spektrometer	Absolut-Spektrometer	Hochfluß-Monitor	Niederfluß-Feinstruktur-Monitor, Spektrometer	Wichtigste Meßzwecke

Erläuterungen:

+ ja	– nein	+ – ja bis nein
+ + verstärktes ja	– – verstärktes nein	(+) unter Optimalbedingungen: ja

Tabelle 5.3.B. Vergleich von Dosis-(bzw. Fluenz-)Meßverfahren [26-2]

Eignungs-kriterien: (● erfüllt) / Verfahren:	Ab-solut-mes-sung	Alle Strah-len-arten	Dosisleistung		Dosis		Punkt-förmige Orts-mes-sung	Inte-grieren-de An-zeige	Meß-wert-rück-gang klein	An-zeige wieder-holbar	Fehler unter Wie-derholbe-dingungen: Standard-abweichung < 2%
			nied-rig	hoch	nied-rig	hoch					
Ionisation im Gasraum	●	●	●	●	●	●		●			●
Ionisation im Festkörper			●		●		●				
Szintillation		●	●		●						●
kalorimetrisch	●			●		●					●
photographisch		●	●	●	●		●	●	●	●	
chemisch		●		●		●		●			●
Thermolumineszenz (LiF)			●	●	●	●	●	●	●		
Radiophotolumineszenz			●	●	●	●	●	●	●	●	●
UV-Absorption in Polymeth-acrylsäureester (Lucite®, Plexiglas®)				●		●	●	●	●	●	●
CdS-Leitfähigkeit			●		●		●				

Tabelle 5.3.C. Wichtige Aktivierungssondenmaterialien für (n, γ)-Reaktionen im thermischen (ggf. auch im niedrigen epithermischen) Bereich (Daten nach [I, 11-1,20])

Ausgangs-Isotop	(vorhanden im Element)	Benutztes Sondenmaterial	Für die Nachweisreaktion			Halbwertszeit des Meßnuklids $t_{1/2}$	Merkliche Störaktivitäten erzeugt aus	* (Erklärung s. Fußleiste)	Meßgröße	Meßbereich für die thermische Flußdichte φ_{th} $cm^{-2}\,s^{-1}$
			Aktivierungsquerschnitt f. 2200 m/s-Neutronen σ_0 b	Resonanzintegral I_{res} b	Lage der Haupt-Resonanz** E_R in eV					
^{56}Mn	(100%)	Metallische Legierung mit 11% Ni	13,3 ± 0,1	11,6	337	2,57 h		$R_{\beta,\gamma}$ A: 4π-β-γ-K	φ_{th}	$2 \cdot 10^3 ... 5 \cdot 10^5$
^{59}Co	(100%)	Metallfolie reinst	37,2 ± 0,6	49	132** (streu)	5,26 a		R_γ A: β-γ-K	φ_{th}	$10^7 ... 10^{16}$
^{63}Cu	(69,0%)	Metallfolie reinst	3,8 ± 0,1	4,15	577 (streu)**	12,8 h	^{65}Cu : 5,1 min	$A_{4\pi\beta}$ $R_{\beta,\gamma}$	φ_{th}	$10^6 ... 10^9$
^{115}In	(95,8%)	Metallfolie reinst	157 ± 4	2640	1,456	54 min	^{113}In : 72 s ^{113}In : 50 d ^{115}In : 14 s ^{115}In : 4,5 h	$R_{\beta,\gamma}$ $A_{\epsilon_{ph}}$	φ_{th}, φ_{ep}	$10^1 ... 3 \cdot 10^5$
^{164}Dy	(28,2%)	40% Dy_2O_3-Pulver gepreßt mit 60% Lucite®-Pulver	500	(–)	(0,09)	2,35 h	^{164}Dy : 1,3 min	R_β	φ_{th}	$3 \cdot 10^0 ... 10^5$
^{197}Au	(100%)	Metallfolie reinst	98,8 ± 0,3	1558	4,906	2,70 d		A: β-γ-K $R_{\beta,\gamma}$	φ_{th}, φ_{ep}	$5 \cdot 10^4 ... 10^{13}$

* Gebräuchliche Meßverfahren: „R“ Relativmessung der β- bzw. γ-Strahlung. „A“ Absolutmessung nach verschiedenen Methoden: „$4\pi\beta$“; „β-γ-K(oinzidenz)“; „$4\pi\beta$-γ-K(oinzidenz)“; „ϵ_{ph} über Photolinienausbeute. ** (streu) heißt: Resonanz mit Streuanteil

Tabelle 5.3.D. Wichtige Aktivierungssondenmaterialien für (n, γ)-Reaktionen zur Flußmessung im epithermischen Bereich. Nach [14-18]

Abkürzungen: „β-PZ" β-Proportionalzähler, „γ-SZ" γ-Szintillationszähler, „4πβ" bzw. „4πβ-γ-K" 4πβ- bzw. 4πβ-γ-Koinzidenz-Absolutmeßverfahren. „(4π)" 4π-Zähler nicht notwendig.

Ausgangsnuklid	Sonden-Material (möglichst rein)	% Massenanteil des Ausgangsnuklids im Material [11-1]	Haupt-(Meß-) Resonanzenergie eV	Energiebereich eV	Totales (I_T) bzw. Absorptions- (I_a) Resonanzintegral je minus $\frac{1}{v}$-Anteil b	Halbwertszeit des Meßnuklids [11-1]	Meßverfahren (Bezeichnungen s. Tabellenkopfleiste) relativ	absolut	Meßbereich* $cm^{-2}\,s^{-1} \times \left(\ln \frac{E_0}{E}\right)^{-1}$	Anwendungen
^{197}Au	Au-Metall	100	4,906	<10	$I_a = 1514$	2,70 d	γ-SZ β-PZ	(4π)β-γ-K	$2{,}8 \cdot 10^2$ bis $3{,}6 \cdot 10^{13}$	Standardmaterial bzw. Referenzreaktion
^{186}W	W-Metall	28,41	18,84	10 bis 100	$I_a = 365$	23,8 h	γ-SZ β-PZ		$2{,}9 \cdot 10^3$ bis $1{,}8 \cdot 10^{14}$	
^{75}As	z. B. As_2O_3 in Lucite® (temperaturbeständig bis 60 °C)	76 (Lucite® unberücksichtigt)	47,0	10 bis 100	$I_T = 66$	26,4 h	γ-SZ		$1{,}8 \cdot 10^3$ bis $1{,}3 \cdot 10^{14}$	
^{55}Mn	Mn-Ni-Legierung	88	337	100 bis 1000	$I_T = 6{,}8$	2,57 h	γ-SZ β-PZ	4πβ-γ-K	$1{,}6 \cdot 10^3$ bis $8{,}9 \cdot 10^{13}$	
^{63}Cu	Cu-Metall	69,09	577	100 bis 1000	$I_T = 3{,}7$	12,8 h	γ-SZ β-PZ	4πβ	$2{,}0 \cdot 10^4$ bis $1{,}4 \cdot 10^{15}$	
^{23}Na	z. B. $NaHCO_3$ (stark hygroskopisch)	27,4	2850	>1000	$I_T = 0{,}08$	15,05 h	γ-SZ	(4π)β-γ-K	$1{,}6 \cdot 10^5$ bis $1{,}8 \cdot 10^{16}$	

* für Sonden mit 4 bis 20 mm Durchmesser; $K_{ep} > 0{,}1$; $10^{-9} \leqslant A < 10^{-4}$ Ci; $1\ min \leqslant t_B < 24\ h$

Tabelle 5.3.E. Wichtige Schwellensondenmaterialien.
Abkürzungen: „ϵ_{ph}“ Absolutmessung über Photolinienausbeute, „A“ Aktivität, übrige s. Tabelle 5.3.D.
Meßbereichsgrenzen für äquivalente Spaltflußdichte angegeben, Bestrahlzeiten $10^2\,s \leqslant t_B < 24\,h$, Aktivitäten $10^{-9} \leqslant A < 10^{-4}$ Ci mit A ($t_w = 0$), d.h. ohne Wartezeiten

Nachweis-reaktion	Sonden-Material (möglichst rein)	% Massen-anteil d. Ausgangs-nuklids i. d. Sonde	Schwellenenergie i. MeV nach [...] ([11-19], wo nicht angegeben) theor.	eff. im Spalt-spektrum	Wirkungsquer-schnitt i. mb nach [...] σ_{max}	$\bar{\sigma}$(f) mit E_u = 1 MeV	Halb-werts-zeit des Meß-nuklids [11-1]	Meßverfahren (Erklärungen s. o.) relativ	absolut	Meßbereich* (vgl. oben) $cm^{-2}\,s^{-1}$
^{103}Rh (n, n') ^{103m}Rh	Rh-Metall	100		0,90 [44-1]	812 [44-1]		57 min	γ-SZ	ϵ_{ph}	$2{,}0 \cdot 10^3$... $3{,}0 \cdot 10^{12}$
^{115}In (n, n') ^{115m}In	In-Metall	95,72	0,35 [44-15]	1,05	260	259	4,5 h	γ-SZ	ϵ_{ph}	$2{,}5 \cdot 10^5$... $1{,}0 \cdot 10^{13}$
^{32}S (n, p) ^{32}P	Schwefelblume, gepreßt	95,0	1,0 [13-2]	2,68	265	95	14,3 d	β-PZ	4πβ	$7 \cdot 10^5$... $1{,}7 \cdot 10^{15}$
^{31}P (n, p) ^{31}Si	Calciummeta-phosphatglas	30...35	0,7 [13-2]	2,70	120	43	2,62 h	β-PZ	4πβ	$1{,}8 \cdot 10^5$... $7 \cdot 10^{13}$
^{58}Ni (n, p) ^{58}Co	Ni-Metall	67,88	− 0,4 [53-6]	2,79	493	145	71 d	γ-SZ	4πβ-γ-K	$1{,}4 \cdot 10^6$... $4 \cdot 10^{16}$
^{64}Zn (n, p) ^{64}Cu	Zn-Metall	48,89	− 0,2 [53-7]	4,4	220		12,8 h	γ-SZ	4πβ	$1{,}9 \cdot 10^5$... $3{,}0 \cdot 10^{15}$

^{56}Fe (n, p) ^{56}Mn	Fe-Metall	91,66	2,9 [53-7]	6,42	50	1,38	2,57 h	γ-SZ	4πβ-γ-K	$1{,}0 \cdot 10^6 \ldots 5 \cdot 10^{15}$
^{27}Al (n, α) ^{24}Na	Al-Metall	100	3,3 [13-2]	7,49	74	0,88	15,05 h	γ-SZ	(4π)β-γ-K	$3{,}6 \cdot 10^6 \ldots 6 \cdot 10^{16}$

* für Sonden mit 4 bis 20 mm Durchmesser und 0,1 bis 1 mm Dicke

Tabelle 5.3.F. Vergleich wichtiger Detektorarten für direkte Anzeige

Dektorart / Eigenschaften	Ionisationskammer mit Stromanzeige	Impuls-Spaltkammer	Proportionalzähler	Szintillationszähler
Räumliche Auflösung	meist schlecht (gut für Miniaturkammern)	gut (bis zu 3 ⌀ · 15 mm herunter)	schlecht	gut (beliebig formbar, bis zu einigen mm^3 herunter)
Flußdichte-Meßbereich $^{10}\log(\varphi/\varphi_e)$, $\varphi_e \equiv 1\ cm^{-2}\ s^{-1}$	1...14	2...10	0...9	2...11
Impulsanstiegs-(Sammel-)zeit	~1 μs Elektronen- ~1 ms Ionen- Sammelzeit	~1 μs	1...10 μs	≪1 μs
E-Meßbereich in MeV für schnelle Neutronen	0,1...10	integral	10^{-3}...20	0,1...20
Energieauflösung ΔE/E	keine Angaben	–	5...10%	~10%
Fremdstörung				
durch γ-Untergrund:	stark	schwach		je nach Ausbeute
durch Fremdreaktionen:	Aktivierung des Kammermaterials in hoher Neutronenflußdichte	Aktivierung wie bei Ionisationskammer		schwach bis stark

toren und ihre Unabhängigkeit von Versorgungs- und Signalleitungen machen diese Methoden besonders geeignet für die Fluenzmessung bzw. für die Dosismonitierung verschiedener Strahlenarten. Der Fluenzmeßbereich der Sonden mit chemischen und physikalischen Nachweiseffekten (einschließlich der Sonden zur Spurenregistrierung) reicht zwar höchstens bis etwa 10^{21} cm^{-2}, also nicht so weit hinauf wie der der Aktivierungssonden (s. Abschnitt 4.5). Dagegen sind durch Strahlenschäden hervorgerufene festkörperphysikalische Nachweiseffekte gerade in d e m Energiebereich anwendbar, in dem die Aktivierungssonden (infolge ihrer „spektralen Lücke", s. o.) ausfallen: nämlich oberhalb 10 keV und unterhalb 1 MeV Neutronenenergie, wo die bei Reaktor-Bestrahlungsexperimenten zu untersuchenden Strahlenschäden dominieren (vgl. Abschnitt 4.1). Trotzdem fanden nichtnukleare Detektoren vergleichsweise wenig Anwendung, weil ihre Kalibrierung – genauer gesagt die spektrale Zuordnung der Nachweiseffekte zwischen Kalibrier- und Meßspektrum – große Schwierigkeiten bereitet. Relativ vielversprechend ist der Festkörperspurdetektor (Abschnitt 2.5). Doch können wir wegen seines relativ niedrigen Fluenzmeßbereichs nicht der Vorhersage [IX-13] beistimmen, er würde die Aktivierungssonden verdängen.

Neutronenspektrometrie. Wegen des Nachdrucks auf Reaktormetrologie werden gegenüber den gruppenspektrometrischen (integralen) Meßmethoden (s. Abschnitt 4.3, 4.4) die mehrkanaligen (echten) spektrometrischen Methoden in unserer Darstellung weniger eingehend behandelt. Doch kann man – von Kern- und Neutronenphysik abgesehen – selbst in der Reaktormetrologie die mehrkanaligen Verfahren keineswegs entbehren, da die Darstellungen nach Gruppenverfahren mangels Kenntnis sowohl an nuklearen Daten wie über die zu messenden Felder noch nicht recht befriedigen. Die Klassifizierung bzw. unterschiedliche Verwendbarkeit mehrkanaliger Verfahren – in Kollimator- und Sonden-Anordnung – wird in Abschnitt 3.6 eingeführt, über ihre Anwendung wird in Abschnitt 4.2 berichtet.

Hier sollen die in Abbildung 5.3.I mitgeteilten Gerätedaten kurz erläutert werden. Als Langsamer Chopper wurde ein Gerät mittlerer Güte (mit 5 Meter Laufweg und 20 μs Zeitunschärfe), als Schneller Chopper ein besonders leistungsfähiges (von Oak Ridge, mit 180 Meter Laufweg und 0,7 μs Zeitunschärfe) zugrundegelegt [11-2, 21-2]. Die Daten zum Kristallspektrometer wurden ebenfalls [11-2] entnommen. Die Energieauflösung der Nebelkammer wurde von Bachner und Lang für ihre Meßeinrichtung [25-10, 42-22] abgeschätzt.

Zum Kernspuremulsionsverfahren wurde die Energieauflösung von Greiss berechnet für zwei Fälle: A) Ideale Bedingungen mit unidirektionaler Neutronenflußdichte und vernachlässigtem zufälligem Fehler, B) ein realer Fall mit isotroper Flußdichte, Spaltspektrum und dem für 5000 ausgewertete Spuren zu erwartenden zufälligen Fehler.

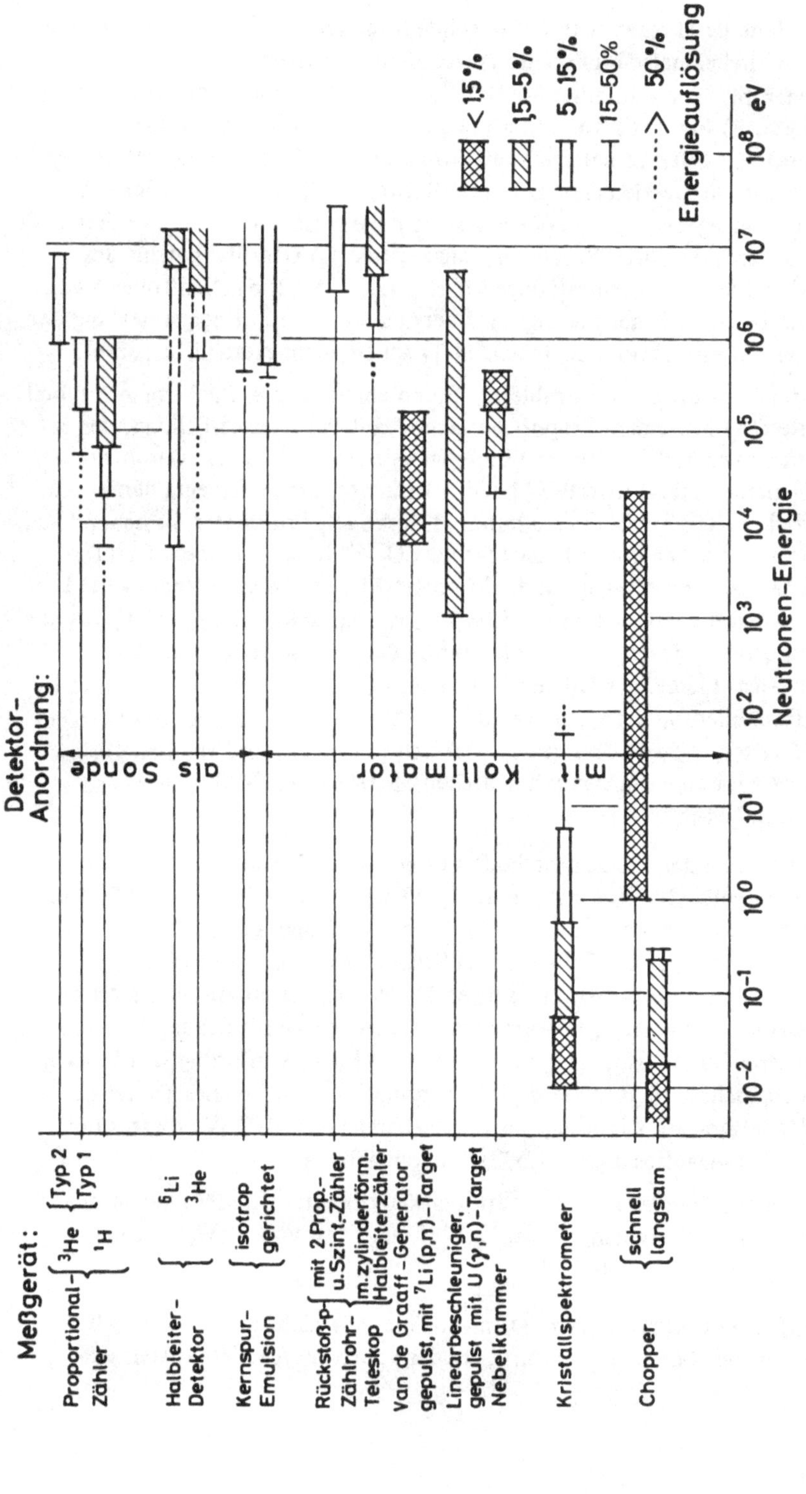

Abb. 5.3.I.
Vergleich neutronenspektrometrischer Verfahren.

Mit Halbleiterdetektoren wurden drei Spektrometertypen betrachtet: A) Das nur in unidirektionaler Flußdichte anwendbare Rückstoßprotonenspektrometer nach [42-7] (Abbildung 4.2.III), zu dem Meixner die Energieauflösung berechnete. B) Für das (in unidirektionaler und in isotroper Flußdichte verwendbare) ^{3}He-Spektrometer enthält Abbildung 5.3.I eine Kombination der jeweils günstigsten erzielbaren Energieauflösungen, die für verschiedene Anordnungen angegeben wurden [21-8, 53-1, 9]; die Anschlußstellen zwischen den Anordnungen sind durch Strichelung angedeutet. C) Dasselbe gilt für das ^{6}Li-Spektrometer, mit Anordnungen nach [42-17, 53-2, 8]. Neutronenspektrometrie im Bereich der niedrigsten Energien wird durch Energiemessung der bei der Nachweisreaktion entstehenden Tritonen allein ermöglicht [53-8].

Mit gasgefüllten Proportionalzählern wurden ebenfalls drei Spektrometertypen betrachtet: A) Mit einem Proportionalzähler mit Wasserstoff-Füllung, der in unidirektionaler und in isotroper Flußdichte einsetzbar ist; die Daten sind experimentelle Literaturwerte [24-10]. B) Ein von Birkhoff begonnenes und von Krisch weiterentwickeltes Zählrohr-Teleskop-Spektrometer, bestehend aus zwei Proportionalzählern mit Argon- und CO_2-Füllung und einem CsJ(Tl)-Szintillationszähler; es ist in unidirektionaler Flußdichte einsetzbar, seine Daten wurden experimentell bestimmt [53-3]. C) Ein Spektrometer mit ^{3}He-gefülltem Proportionalzähler, der in unidirektionaler und isotroper Flußdichte einsetzbar ist; hierbei variiert der Meßbereich je nach der gewählten Impulsformdiskriminierung der Gammastrahlung. Abbildung 5.3.I zeigt die Grenzen der niedrigsten („Typ 1") und der höchsten („Typ 2") erreichbaren Diskriminierung zusammen mit experimentellen Mittelwerten für die Energieauflösung nach [24-3, 53-4].

Zur Anwendung der Flugzeitmethode mit gepulsten Quellen sind darin zwei Beispiele aufgeführt: eines mit van-de-Graaff-Generator mit gepulster Protonenquelle zur Spektrometrie im kontinuierlichen Neutronenspektrum von einem dicken ^{7}Li-Target [11-2]. Fällt Gamma-Strahlung von Linearbeschleunigerimpulsen auf ein uranhaltiges Target, erhält man ein kontinuierliches Neutronenspektrum; solche Anlagen werden zur spektralen Untersuchung Schneller multiplizierender Anordnungen verwendet. Die Energieauflösung wurde nach [42-20] abgeschätzt (vgl. Abschnitt 4.2); bringt man ein solches Target in einem Moderator an, kann man im Energiebereich von 10^4 eV abwärts mit kleinerer Energieauflösung als 1,5% spektrometrieren.

Experimentelle Vergleiche von Neutronenspektrometern findet man in den Arbeiten von P. W. Benjamin, von K. W. Geiger und von R. Wallace in [XV-1]; vgl. hierzu auch [11-7].

Wirtschaftliche Gesichtspunkte. Damit meinen wir nicht allein die Beschaffungskosten für die Meßeinrichtung, sondern auch die Betriebskosten einschließlich des Aufwands für Personal, Sicherheit, Wartung, Mietkosten für einen Digitalrechner usw. Die Gesamtkosten bei einer für Routinemessungen eingesetzten Einrichtung lassen sich bequemerweise als „mittlere Kosten für einen erhaltenen Meßwert" ausdrücken. Hat man sich für einen bestimmten Detektortyp entschieden, dann muß man bei der Beschaffung der zugehörigen Meßapparatur die Höhe des materiellen Aufwands gegenüber der sinnvoll erscheinenden Arbeitszeit abwägen. Vor der Entscheidung für eine Meßeinrichtung sind natürlich grundsätzlich die zu fordernden Güteziffern wie: Kleinheit der Meßunsicherheit, Ausbeute, Energieauflösung, Zeitauflösung, Flußstörung und weitere Störeffekte in Beziehung zu den Kosten zu setzen. Bei der Wahl zwischen konkurrierenden Meßverfahren hat man schließlich auch rein wirtschaftliche Gesichtspunkte zu beachten, z. B. wenn in einem Reaktorzentrum eine große Zahl von Meßaufgaben vorliegt und man sich für ein Routinemeßverfahren mit Aktivierungssonden oder mit direktanzeigenden Sonden entscheiden muß. Für die Bereitstellung einer Meßeinrichtung für direkte Anzeige sind die Kosten pro Meßwert bestimmt durch die Amortisation der kostspieligen Einrichtung und das Risiko („Versicherungskosten") für ihre mögliche Beschädigung beim Ein- und Ausbau des Meßexperiments. Beim Aktivierungssondenverfahren überwiegt der Preis für Herstellung, Verarbeitung (einschließlich Ver- und Entkapselung und Dekontamination) und für Vermessung der Einzelsonde. Bei Meßaufgaben mit sehr vielen und rasch zu vermessenden Meßpunkten sind demnach direktanzeigende Verfahren, bei verschiedenartigen mit verhältnismäßig wenigen Meßpunkten Messungen mit Aktivierungssonden als das wirtschaftlichere Verfahren zu bevorzugen.

Zusammenfassung: Eignung und gegenwärtige Grenzen der Verfahren. Den *Meßbereich* kann man rechnerisch dadurch abschätzen, daß man den kleinsten brauchbaren Meßwert durch sein Verhältnis zum Nulleffekt bestimmt (z. B.: durch Meßeffekt mindestens gleich Nulleffekt) und den größten so, daß die Korrektur für den Zählverlust infolge endlicher Auflösungszeit einen bestimmten Fehlerbetrag (z. B. $< 1\%$) nicht überschreitet. Zu dem so gefundenen Meßwertbereich errechnet man dann nach Abschnitt 1.3 den zugehörigen Flußdichte- bzw. Fluenz-Meßbereich.

*Absolut*bestimmungen von Neutronen-Flußdichten, -Fluenzen und -Quellstärken werden am häufigsten mittels Aktivierungssonden oder flüssiger Aktivierungsproben durchgeführt. Mit komplizierterer Auswertung ermöglichen Protonen- und andere Rückstoßreaktionen (in direktanzeigenden Detektoren oder Kernspuremulsionen) sogar Absolutbestimmungen der spektralen Flußdichte φ_E entsprechend Gleichung (2.5.3), wenn man mit brauchbaren Annahmen über ihre Richtungsabhängigkeit die Neutronenflußdichte φ_E durch das gemessene Spektrum ausdrücken kann (hierzu siehe Abschnitt 4.2); in Gleichung (2.5.3) muß man gemäß Gleichung (1.1.19) auf der rechten Seite mit $4A_r(A_r + 1)^{-2}$

multiplizieren, falls das Rückstoßteilchen kein Proton ist, sondern schwerere Masse (mit Verhältnis $A_r > 1$) hat. Das Verfahren ist – sowohl was Absolutangabe wie Energieauflösung betrifft – nicht besonders zuverlässig und wird selten benutzt.

Die *relativen* Meßunsicherheiten (einschließlich der Unsicherheiten für die Flußstörung) für relative Flußdichtemessungen mit Aktivierungssonden liegen zwischen 0,1 und 2%, für absolute Flußdichtemessungen bewegen sie sich zwischen 3 und 10%, je nach Sondenart, Flußmeßbereich und Neutronen-Energiebereich. Energieintegrale Messungen relativer Flußdichten mit direktanzeigenden Detektoren weisen relative Standardabweichungen zwischen 1 und 5% auf; bei Messungen mit In-Core-Gammastrahlen-Ionisationskammern wurden relative Standardabweichungen um ± 5% gefunden [53-5], so daß sich für gleich gebaute (z. B. mit Bor- oder Spaltfolien) belegte Kammern ein ebenso großer Fehler unter Wiederholbedingungen ergeben dürfte. Auch die Fehler der *absoluten* Flußdichtemessungen liegen bei direktanzeigenden Detektoren dementsprechend allgemein etwas höher als bei Aktivierungssonden. Obwohl bei den genauesten Messungen zur Quellstärkenkalibrierung direktanzeigende und Aktivierungssondenverfahren durchaus miteinander wetteifern, sind bei mittleren Genauigkeitsansprüchen bei Flußdichtemessungen in gemischten Strahlenfeldern wie im Reaktor Aktivierungssonden auch wegen ihrer niedrigeren Meßunsicherheit zu bevorzugen. Denn die unter diesen Umständen verwendeten direktanzeigenden Meßeinrichtungen liefern fehlerhafte Anzeigen infolge von Störstrahlungen; dazu kommen möglicherweise noch unerkannte systematische Fehler in der Masse des Radiators (bzw. der Konstanz des Gehalts des Ausgangsnuklids darin) und im Empfindlichen Detektorvolumen (und z. B. bei gasgefüllten Detektoren im Druck des mit Neutronen reagierenden Gases). Noch größer in der Regel sind die Fehler bei Verwendung von Meßeinrichtungen mit optischer Registrierung sowie mit physikalischen und chemischen Nachweiseffekten; Messungen mit Hilfe der letztgenannten Verfahren sind wegen großer Meßunsicherheit nur für Relativmessungen oder zur bloßen Neutronenüberwachung brauchbar (s. Abschnitt 2.6).

Noch unzulänglich werden mit Hilfe der neutronenmeßtechnischen Verfahren bis jetzt folgende Aufgabenbereiche erledigt:

I. Spektrometrie schneller Neutronen nach dem Sondenverfahren für reaktorinterne Messungen (zur Reaktorentwicklung – vgl. [51-4] sowie zur Experimentmonitierung – vgl. Abschnitt 4.4). Die Unzulänglichkeiten erstrecken sich neben der Spektrometrie ebenso auf die Standardisierung schneller und intermediärer Neutronenflußdichten (vgl. Abschnitt 3.3).

II. Direktanzeigende reaktorinterne Messung schneller Neutronenflußdichten bei hoher Reaktorleistung (vgl. 2.3).

III. Die (bisher nur in Sonderfällen mögliche) Voraussage von Flußwerten mit

Angabe des Spektrums und des Fehlers für vorgesehene Reaktorbeladungen zur Experimentplanung. Auch der Zusammenhang zwischen (spektraler) Neutronenfluenz und Schädigungsdosis bei Bestrahlungsexperimenten ist weder metrologisch noch hinsichtlich des physikalischen oder chemischen Schädigungsmechanismus' vollkommen geklärt (s. Abschnitt 5.1).
IV. Monitoren für Hochtemperaturreaktoren stehen noch nicht mit der wünschenswerten Temperaturbeständigkeit zur Verfügung (vgl. Abschnitt 2.2).
Schließlich ist der Einsatz instrumentierter Reaktor- (oder sonstiger neutronenphysikalischer) Experimente mit Programmsteuerung heute zwar ausführbar (vgl. Abschnitt 4.6), hat aber in größerem Umfang noch keine Anwendung gefunden.

Literaturverzeichnis

Vorbemerkung. Am Anfang des Literaturverzeichnisses werden Nachschlage- und Sammelwerke aufgeführt, nach römischen Ziffern numeriert. Bei Zitaten von Teilbeiträgen aus diesen Sammelwerken ist die Herkunft durch zusätzliche Anbringung der entsprechenden römischen Ziffer im Literaturverzeichnis vermerkt; Beispiel: 11-3 . . . in: [V-(Band) 2], (Seite) 209. Bei den nach den Sammelwerken aufgeführten Einzelzitaten (z.B.: [11-1]) weist die vor dem waagrechten Strich stehende Zahl auf den Abschnitt (hier: 1.1) hin, zu dem das Zitat speziell gehört und in dem es in der Reihenfolge seiner Numerierung hinter dem waagrechten Strich (hier: als erstes) eingeführt wird.

[I] Hughes, D. J., et al., BNL-325 (erscheint fortlaufend).

[II] Cinda, An Index to the Literature on Microscopic Neutron Data, IAEA, Vienna (fortlaufend).

[III] Development and Applications of In-Core Instrumentation at HBWR, Institutt for Atomenergi, Halden, Norway (1964) (HPR-35).

[IV] Nr. . . . DIN Nr. . . . Beuth, Berlin (erscheint fortlaufend).

[V] Segré, E. (Ed.), Experimental Nuclear Physics, Vols. I, II, III, Wiley, New York (1953).

[VI] Exponential and Critical Experiments. Proc. 1963 Amsterdam Sympos. Vols. 1–3, IAEA, Vienna (1964).

[VII] Fast Reactors Physics. Proc. 1967 Karlsruhe Sympos. IAEA Vienna (1968).

[VIII] Handbuch der Physik, Hrsg.: S. Flügge, Springer, Berlin (ca. 1955 bis 1960).

[IX] No ICRU Reports No. . . . International Commission on Radiation Units and Measurements, Washington, D.C. (erscheint fortlaufend).

[X] In Pile Dosimetry. Report of a Panel held in Vienna, 1964, IAEA. Techn. Reports Ser. No. 46 Vienna (1965).

[XI] Kerntechnik, Hrsg.: W. Riezler und W. Walcher, Teubner, Stuttgart (1958).

[XII] Landolt-Börnstein, Zahlenwerte aus Naturwissenschaften und Technik, Springer Verlag, Berlin (fortlaufend).

[XIII] Societé européenne de l'énergie atomique. Annales du colloque sur les procédés de mesures de flux associés aux dispositifs d'irradiation dans les réacteurs de recherche et d'essais de matériaux, Grenoble, 15–17 Nov. 1965. Tomes 1, 2, 3 Commissariat à l'énergie atomique, Grenoble (1966).

[XIV] No. National Bureau of Standards Handbook No. . . ., U.S. Dept. of Commerce (ohne Ort, versch. Jahre je nach No.).

[XV] Neutron Dosimetry. Proc. of 1962 Harwell Symp. on Neutron Detection, Dosimetry and Standardization, Vols. 1, 2. IAEA, Vienna (1963).

[XVI] Neutron Monitoring, Proc. Symp. at Vienna, IAEA, Vienna (1967).

[XVII] Pulsed Neutron Research. Proc. 1965 Karlsruhe Sympos. IAEA, Vienna (1965).

[XVIII] Radiation Measurements in Nuclear Power. Proc. 1966 Berkeley Sympos. Organized by C. E. G. B. in Collaboration with Institute of Physics and Physical Society, London (1966).

[XIX] Reaktortagung 1969, Frankfurt/Main, 15.–18. 4. 1969 (Vortragszusammenfassungen)

Deutsches Atomforum, Bonn (um 1970).

[XX] Reaktortagung Bonn 1971, Tagungsbericht Deutsches Atomforum e.V. (1971).

[XXI] Solid State and Chemical Radiation Dosimetry in Medicine and Biology. Proc. 1966 IAEA Sympos. in Vienna, IAEA, Vienna (1967).

[XXII] Konferenzjahr-Band. Proc. United Nations Int. Conference on the Peaceful Uses of Atomic Energy, Geneva, United Nations New York (1955), (1958), (1964).

[0-1] Gesetz über Einheiten im Meßwesen vom 2. Juli 1969. Bundesgesetzbl. I, 709 (1969).

[0-2] Ausführungsverordnung zum Gesetz über Einheiten im Meßwesen. Vom 26. Juni 1970. Bundesgesetzbl. I, 981 (1970).

[0-3] Symbole, Einheiten und Nomenklatur in der Physik. Deutsche Ausgabe von: Symbols, Units and Nomenclature in Physics. Document U.I.P. 11 (S.U.N. 65-3), Friedr. Vieweg u. Sohn, Braunschweig (1965).

[11-1] Nuklidkarte 3. Aufl. Herausgeber: Der Bundesminister für Wissenschaftliche Forschung, Bonn (1968).

[11-2] Beckurts, K. H., and K. Wirtz, Neutron Physics, Springer, Berlin (1964).

[11-3] Feld, B. T., The Neutron, in: [V-2], 209.

[11-4] Marion, J. B., and J. L. Fowler, Fast Neutron Physics, Interscience Publ., New York, Vol. 1 (1960), Vol. **2** (1963).

[11-5] Blatt, J. M. und V. F. Weisskopf, Theoretische Kernphysik, Teubner, Leipzig (1959).

[11-6] Hughes, D. J., Neutron Cross Sections, Pergamon Press, London (1957).

[11-7] Neutron Fluence Measurements. IAEA Techn. Rep. Ser. No. 107 IAEA, Vienna (1970).

[11-8] Bensch, F. und C. M. Fleck, Neutronenphysikalisches Praktikum, Bde. I, II. BI-Hochschultaschenbücher 170/170a, 171/171a. Bibliographisches Institut Mannheim (1968).

[11-9] Köhler, W., R. Vaninbroukx, Intern. J. Appl. Radiat. Isotopes **22**, 529 (1971).

[11-10] Liskien, H., A. Paulsen,
a) EUR 119-e (1963ff.),
b) J. Nucl. Energy **19**, 73 (1964),
c) Nukleonik **7**, 117 (1965),
d) ibd. **8**, 315 (1966).

[11-11] Nuclear Data Sheets, Edited by Nuclear Data Group (ORNL), Academic Press New York (1959ff.).

[11-12] Wlassow, N. A., Neutronen, Hoffmann, Köln (1959).

[11-13] Evans, R. D., The Atomic Nucleus. McGraw Hill, New York (1955).

[11-14] Morrison, P., A Survey of Nuclear Reactions. In: [V-2], 1.

[11-15] Lehrbuch der Kernphysik (Herausgeber G. Hertz), 3 Bde.
Bd. 1 2. Aufl. Dausien, Hanau/Main (1966),
Bd. 2 Teubner, Leipzig (1960),
Bd. 3 Teubner, Leipzig (1962).

[11-16] Davison, B., and J. B. Sykes, Neutron Transport Theory. Clarendon Pr., Oxford (1958).

[11-17] Grundl, J. A., Nuclear Sci. Engng., **30**, 39 (1967).

[11-18] Westcott, C. H., with Addendum by E. Critoph, AECL-1101 (1964).

[11-19] Zijp, W. L., RCN-37 (1965).

[11-20] Drake, M. K., Nucleonics **24**, No. 8, 108 (1966).

[11-21] Reactor Physics Constants, ANL-5800, 2nd Edition (1963).

[11-22] Simons, R. L., and W. N. McElroy, BNWL-1312 (1970).

[12-1] Glasstone, S., and M. C. Edlund, The Elements of Nuclear Reactor Theory. Van Nostrand, Princeton, N.J. (1958).
[12-2] Weinberg, A. M., and E. P. Wigner, The Physical Theory of Neutron Chain Reactors, University Pr., Chicago (1958).
[12-3] Schneider, W., Nukleonik **7**, 152 (1965).

[13-1] Watt, B. E., Phys. Rev. **87**, 1037 (1952).
[13-2] Hughes, D. J., Pile Neutron Research. Addison-Wesley, Cambridge, Mass. (1953).

[14-1] Sola, A., Nucleonics **18**, Nr. 3, 78, 141 (1960).
[14-2] Spernol, A., et al., Thermal flux perturbation by Co detectors. In: [XV-1], 547.
[14-3] Klema, E. D., Thermal flux perturbation in diffusing media. In: [XV-1], 247.
[14-4] Bothe, W., Z. Phys. **120**, 437 (1943).
[14-5] Tittle, C. W., Nucleonics **8**, No. 6,5 (1951); **9**, No. 1,60 (1951).
[14-6] Ritchie, H. H., and H. B. Eldridge, Nuclear Sci. Engng. **8**, 300 (1960).
[14-7] Skyrme, T. H. R., MS 91 incl. MS 91A (2nd Ed.) (1961).
[14-8] Hanna, G. C., Nuclear Sci. Engng. **15**, 325 (1963).
[14-9] Crane, J. L., and R. C. Doerner, Nuclear Sci. Engng. **16**, 259 (1963).
[14-10] Zobel, W., ORNL-3407 (1963).
[14-11] Carre, J. C., et al.,
a) Étude des coéfficients d'autoabsorption thermique. MIN-76 (1965),
b) Calcul des coéfficients d'autoabsorption thermique. Rapport d'avancement C.E.N. Fontenay aux Roses (France) (1966).
[14-12] Dalton, G. R., and R. K. Osborn, Nuclear Sci. Engng. **9**, 198 (1961).
[14-13] Williams, M. M. R., J. Nuclear Energy **20**, 345 (1966).
[14-14] Jacks, G. M., DP-608 (1961).
[14-15] Judd, A. M., Nuclear Instruments Methods, **23** (1963).
[14-16] Männer, W. und T. Springer, Nukleonik **1**, 337 (1959).
[14-17] Zijp, W. L., RCN-40 (1965).
[14-18] Borchardt, G., JÜL-503-RX (1967).
[14-19] Köhler, W. u. E. Schneider, Nukleonik **12**, 197 (1969).
[14-20] a) Powell, J. E., et al., Nuclear Sci. Engng. **20**, 476 (1964),
b) Powell, J. E., et al., Nuclear Sci. Engng. **25**, 204 (1966).
[14-21] Brown, H. L., and T. J.Connolly, Nuclear Sci. Engng. **24**, 6 (1966).
[14-22] Stoughton, R. W., and J. Halperin, Nuclear Sci. Engng. **15**, 314 (1963).
[14-23] Martin, D. H., Nucleonics **13**, Nr. 3, 52 (1955).
[14-24] Walther, H., Kerntechnik **1**, 105 (1959).
[14-25] Ehret, G., Atompraxis **7**, 393 (1961).
[14-26] Meister, H., Z. Naturforsch. **11a**, 356 (1956).
[14-27] De Juren, J. A., and R. K. Paschall, Nuclear Sci. Engng. **20**, 314 (1964).
[14-28] Christ, J. u. a., Nukleonik **5**, 133 (1963).
[14-29] Meister, H., Z. Naturforsch. **10a**, 669 (1955).

[15-1] Baumgärtner, F., Kerntechnik **3**, 356 (1961).
[15-2] Eastwood, W. S., AERE-I/R 333 (1949).
[15-3] Glasstone, S., and A. Sesonske, Principles of Nuclear Reactor Engineering. Van Nostrand, Princeton, N.J. (1967).
[15-4] Flegenheimer, I., and Y. Marcus, Nucleonics **20**, No. 5, 75 (1962).
[15-5] Rubinson, W., J. Chem. Phys., **17**, 542 (1949).
[15-6] Hogg, C. H., et al., IDO-16744 (1962).
[15-7] Woehrle, M., et al., CEA-CENG. Int/pi-171/104 (1962).

[21-1] Kiefer, H. und R. Maushart, Strahlenschutzmeßtechnik, Braun, Karlsruhe (1964).
[21-2] Allen, W. D., Neutron Detection. Newnes, London (1960).
[21-3] Price, W. J., Nuclear Radiation Detection, 2nd Ed. McGraw-Hill, New York (1964).
[21-4] Barschall, H. H., Detection of Neutrons, in: [VIII-45], 437.
[21-5] Rossi, B. B., and H. H. Staub, Ionization Chambers and Counters. McGraw-Hill, New York (1949).
[21-6] Birks, J. B., Theory and Practice of Scintillation Counting. Pergamon Press, Oxford (1964).
[21-7] Jervis, M. W., Nuclear Reactor Instrumentation. Temple Pr., London (1961).
deutsch: Instrumentierung von Kernreaktoren. Vieweg, Braunschweig (1964).
[21-8] Dearnaley, G., and D. C. Northrop, Semiconductor Counters for Nuclear Radiation. 2nd Ed. Spon, London (1966).
[21-9] Hardiman, J. P., AEEW-M 898 (1970).
[21-10] Neutron Detectors, IAEA Bibliographical Ser. No. 18, Vienna (1966).

[22-1] Albert, D. und K. Fährmann, Kernenergie **4**, 753 (1961).
[22-2] Springer, T., Reaktormeßtechnik, in: [IX], 547 (1958).
[22-3] Bensch, F., Atomkernenergie **15**, 273 (1970).
[22-4] Fermi, E., E. Amaldi, Ricerca sci. **6** (2) 344, 443 (1935).
[22-5] Stewart, H. B., G. B. Gavin, KAPL-329, Part 1 (1959).
[22-6] Price, G. A., Experience at Brookhaven in the Measurements of Cell Parameters. In: [VI-2], 3.
[22-7] Wolberg, J. R., T. J. Thompson, I. Kaplan, Measurement of the Ratio of Fissions in ^{238}U to Fissions in ^{235}U etc., in: [VI-2], 147.
[22-8] Farinelli, U., Interpretation of Activation Measurements. In: [XV-1], 195.
[22-9] Borchardt, G., Atomkernenergie **15**, 311 (1970).
[22-10] Bresesti, M., et al., Fast Neutron Measurements by Threshold Detectors in Ispra 1 (CP 5-Type) and Avogadro RS 1 (Swimming Pool) Reactors. In: [XV-1], 27.
[22-11] Schneider, W., JÜL-9-RX (1961).
[22-12] Barbalat, R., et al., CEA-R-3532 (1968).
[22-13] Wright, S. B., Cobalt as a Thermal Neutron Monitor for a Large Experimental Irradiation Programme. In: [XIII], Paper No. 8.
[22-14] Carter, P., AERE-M 1778 (1966).
[22-15] Borchardt, G., B. Hasenclever, W. Schneider, in: [XVIII], 391 (1966).
[22-16] Burkhart, K., In-Sandwichmessungen mit dicken Sonden und neuen Zähl- und Auswertmehtoden. Dissertation TH Karlsruhe (1970).
[22-17] Stanford, G. S., Activation Methods for Undermoderated Reactors, in: [XVIII], 440.
[22-18] Little, R. J., IDO-16715 (1962).
[22-19] Stanford, G. S., Techniques for Processing Large Quantities of Foil Counting Data. In: [XVIII], 376.
[22-20] Schneider, W., Kerntechnik **5**, 13 (1963).
[22-21] Borchardt, G., (KFA Jülich), Persönliche Mitteilung (1969).

[23-1] Roux, D. P., Nuclear Safety **7**, 179 (1965/66).
[23-2] Beck, J., AEG-Mitt. **55**, 590 (1965).
[23-3] Stokes, A. J., et al., IEEE Transact. on Nuclear Sci. **13**, No. 1, 630 (1966).
[23-4] Fa. General Electric Co., Nuclear Instrumentation Dept., 175 Curtner Ave., San José, Calif., USA: Persönl. Mittlg. Mr. Beaumont (1963).
[23-5] Goodings, A., Nuclear Engng.

Internat. **15**, No. 170/171, 599 (1970).

[23-6] Furet, F., et J. Pupponi, Quelques aspects particuliers du contrôle dans les piles atomiques de puissance, in: [XXII-1964-34], 213.

[23-7] Mayer, W., Kerntechnik **12**, 388 (1970).

[23-8] Popper, G. F., Reactor Fuel-Process. Technol. **10**, 199 (1967).

[23-9] Dubridge, R. A., IEEE-Trans. Nuclear Sci. **14**, No. 1, 241 (1967).

[23-10] Plaige, Y., et R. Quenee, IEEE-Trans. Nuclear Sci. **14**, No. 1, 247 (1967).

[23-11] Schmidt, K., Kerntechnik **14**, 402 (1972).

[23-12] Kment, V., and A. Kuhn, Technik des Messens radioaktiver Strahlung, 2. Aufl. Geest u. Portig, Leipzig (1963).

[23-13] Dubridge, R. A., et al., IEEE-Trans. Nuclear Sci. **13**, No. 1, 438 (1966).

[23-14] Dubridge, R. A., GEAP 4386 (1963).

[23-15] Trenholme, W. M., and D. J. Keefe, IEEE-Trans. Nucl. Sci. **14**, No. 1, 253 (1967).

[23-16] Weiss, H., Atomkernenergie **14**, 375 (1969).

[23-17] Schrüfer, E., Atomwirtschaft **13**, 498 (1968).

[23-18] Hilborn, J. W., Nucleonics **22**, No. 2, 69 (1964).

[23-19] Mitelman, M. G., R. S. Erofeev, N. D. Rozenblyum, Soviet Journal Atomic Energy **10**, 70 (1961).

[23-20] Hagen, S., (GFK Karlsruhe), Persönliche Mitteilung.

[23-21] Self Powered Flux Detectors. Fa. Reuter-Stokes Canada Ltd., Bcx 45, Preston, Ontario (o. J.).

[23-22] Anderson, A. R., R. J. Waite, AERE-C/R 2713 (1961).

[23-23] Constantine, G., and J. Needham, AERE-R 4368 (1963).

[23-24] Leyers, H.-J., Nukleonik **7**, 300 (1965).

[23-25] Schilling, W., Kerntechnik **2**, 398 (1960).

[23-26] Rispoli, B.,CNRN Notiziario **8**, No. 6, 21 (1962).

[23-27] Loosemore, W. R., et al., Continuous Measurement of High-Intensity Thermal Neutron and Gamma-Ray Flux at High Temperatures. In: [XV-1], 89.

[23-28] Goodings, A., and D. L. Roberts, Recent Developments in High-Temperature Neutron Detectors. In: [XV-1], 631.

[23-29] Forster, J. J., IEEE Trans. Nuclear Sci. **12**, No. 6, 8 (1965).

[23-30] Kolb, M., Use of a Self-Powered Neutron Detector Followed by an Electronic Integrator as a Neutron Fluence Meter for In-Core Irradiations. In: [XIII], Pap. No. 16.

[23-31] Loosemore, W. R., Primary Emission Activation Detectors for Thermal Neutron Flux Monitoring. In: [XIII], Pap. No. 17.

[23-32] Ayela, M. M. F., et al., Utilisation des collectrons pour la mesure continue de flux de neutrons thermiques. In: [XIII], Pap. No. 18.

[23-33] Cervellati, et al., Neutron Thermopiles for flux measurement. In: [XV-1], 319

[23-34] Dubridge, R. A., Neutron Detector for In-Core Power Monitoring to 1800 °F. In: [XV-1], 623.

[23-35] Werz, R., Nukleonik **6**, 28 (1964).

[23-36] Lenders, H., et F. Leonard, Mesures des rayonnements avec 3 sondes calorimétriques dans les cartouches combustibles. In: [XIII], Pap. No. 27.

[23-37] Rolstad, E., Thermocouples, Cables and Tubes for In-Core-Instruments at HBWR. In: [III-2].

[23-38] Traversing In-Core Probe Systems. General Electric Co. 175 Curtner Ave., San José, California, USA. Atomic Power Equipment Department (o. J.).

[23-39] Schrüfer, E., Atom und Strom **15**, Nr. 5/6, 84 (1969).
[23-40] Böck, H., and M. Stimler, Nuclear Instrum. Methods **87**, 299 (1970).
[23-41] Shields, R. B., AECL-3787, 14 (1971).

[24-1] Neuert, H., Kernphysikalische Meßverfahren zum Nachweis für Teilchen und Quanten. Braun, Karlsruhe (1966).
[24-2] Cockroft, A. L., and S. C. Curran, Rev. Sci. Instruments **22**, 37 (1951).
[24-3] Sayres, R., et al., Rev. Sci. Instruments **35**, 431 (1964).
[24-4] 20th Century Electronics Ltd., Katalog, Deutsche Vertretung: KIREM-Kernstrahlungs-Impuls- und Reaktormeßtechnik GmbH, 6 Frankfurt/M., Baselerstr. 27–31.
[24-5] Reuter-Stokes Electronic Components, Inc., Katalog, Deutsche Vertretung: WENZEL-Elektronik, 8 München 80, Lamontstr. 32.
[24-6] Krisch, O., (KFA Jülich), unveröffentlicht (1966).
[24-7] Lockwood, J. A., et al., Rev. Sci. Instruments **25**, 446 (1954).
[24-8] Soberman, R. K., et al., Rev. Sci. Instruments **24**, 1058 (1953).
[24-9] Fischer, G. J., Nuclear Sci. Engng. **7**, 355 (1960).
[24-10] Benjamin, P. W., C. D. Kemshall, T. Redfearn, AWRE-Rep. N 1/64, 2/64 (1964).
[24-11] Bennett, E. F., Nuclear Sci. Engng. **27**, 16 (1967).
[24-12] Heiberg, E., Nuclear Instrum. Methods **52**, 175 (1967).
[24-13] Nuclear Enterprises Ltd. Catalogue (1970) Serving Physical and Life Science, Geophysics and Industry.
[24-14] Lee Aamodt, R., Rev. Sci. Instruments **37**, 1338 (1966).
[24-15] Benjamin, P. W., Recoil-Proton Measurement of Neutron Spectra. In: [XV-1], 307.
[24-16] Jungclaussen, H., Kernenergie **8**, 514 (1965).
[24-17] Amelincx, S., et al., Solid State Detector for Neutrons Quarterly Progress Reports C.E.N. 1960 f.
[24-18] Babcock, R. V., Nucleonics **17**, No. 4, 116 (1959).
[24-19] Henning, V., et al., Atomkernenergie **13**, 322 (1968).
[24-20] Hornyak, W. F., Rev. Sci. Instruments, **23**, 264 (1952).
[24-21] Baer, W., R. T. Bayard, Rev. Sci. Instruments **24**, 138 (1953).
[24-22] Skyrme, T. H. R., P. R. Tunnicliffe, A. G. Ward, Rev. Sci. Instruments **23**, 204 (1952).

[25-1] Herz, R. H., The Photographic Action of Ionizing Radiations, Wiley-Interscience, New York (1960).
[25-2] Teucher, M., Ergeb. exakt. Naturwiss. **28**, 407 (1955).
[25-3] Shapiro, M. M., Nuclear Emulsions, in: [VIII-45], 344 (1958).
[25-4] Barkas, W. H., Nucl. Research Emulsions. Vol. 1: Techniques and Theory. Academic Press, New York (1963).
[25-5] Eggler, C., Nuclear Sci. Engng. **1**, 391 (1956).
[25-6] Nomoto, S., J. Nuclear Sci. Technol. (Tokyo) **8**, 45 (1971).
[25-7] Narath, A., and P. Koeppe, An Automatic Scanner for Nuclear Emulsions. In: [XV-2], 259.
[25-8] York, C. M., Cloud Chambers. In: [VIII-45], 260.
[25-9] Pollermann, M., Kerntechnik **2**, 185 (1960).
[25-10] Lang, H., JÜL-599-RX (1969).
[25-11] Pollermann, M., Bauelemente der Physikalischen Technik. 2. Aufl., Springer, Berlin (1972).
[25-12] Lausch, W., Kerntechnik **13**, 82 (1971).
[25-13] Matfield, R. S., Atom No. 174, 84 (1971).
[25-14] Krisch, O., (KFA Jülich), persönliche Mitteilung (1967).
[25-15] Ernst, M. u. W. Schmatz, (KFA Jülich), Diskussionstreffen über

Neutronenmetrologie, Braunschweig (1967), unveröffentlicht.

[25-16] Fleischer, R. L., P. B. Price, R. M. Walker,
a) Phys. Rev. **133**, A 1443 (1964),
b) Science **149**, No. 3682, 383 (1965),
c) Ann. Rev. Nuclear Sci. **15**, 1 (1965).

[25-17] Tuyn, J. W. N., Nuclear Appl. **3**, 372 (1967).

[25-18] Liu, T. C., and C. S. Su, Internat. J. Appl. Radiation and Isotopes, **22**, 227 (1971).

[25-19] Pretre, S., et al., AD-643540 (1966).

[25-20] Nedelik, A., H. Grünwald, Atomwirtschaft **16**, 301 (1971).

[26-1] Watt, D. E., PG-Report 711 U.K.A.E.A., England) (1966).

[26-2] Boag, J. W., Methods of Absorbed-Dose Measurement. In: [XXI], 349.

[26-3] Boag, J. W., Nomenclature, quantities and units in the field of radiation measurements, in: [XV-2], 445.

[26-4] Burger, G., H. Meissner und W. Schilling, Physica Status Solidi **4**, 281 (1964).

[26-5] Burger, G., H. Meissner und W. Schilling, Physica Status Solidi **4**, 267 (1964).

[26-6] Köhler, W., Nukleonik **6**, 405 (1964).

[26-7] Jeltsch, E., Atomkernenergie **13**, 289 (1968).

[26-8] Draganić, I., Nucleonics **21**, Nr. 2, 33 (1963).

[26-9] Marcović, V., and I. Draganić, Radiation Research **36**, 588 (1968).

[26-10] Draganić, I., in: Determination of Absorbed Dose in Reactors. IAEA Techn. Rep. Ser. No. 127. IAEA, Vienna (1971).

[26-11] Piesch, E., Atompraxis **10**, 268 (1964).

[26-12] Becker, K., Health Phys. **12**, 955 (1966).

[26-13] Hart, E. J., and S. Gordon, US-AEC Document ANL-4844 (1952).

[26-14] Cohen, H., and W. Diethorn, Int. J. Appl. Radiat. Isotop. **15**, 553 (1964).

[26-15] Cartwright, D. K., et al., A Fast Neutron Monitor Utilizing He Production in Be. In: [XVIII], 397.

[26-16] Gayton, F. M., et al., The Use of Passive Detectors for the Evaluation of Neutron Shielding. In: [XVIII], 152.

[26-17] ORNL-4316 (1968).

[26-18] Schulman, J. M., Principles of Solid State Luminiscence Dosimetry. In: [XXI], 3.

[26-19] Johnson, W. T., IEEE Trans. Nuclear Sci. **10**, No. 4, 23 (1963).

[26-20] Jeltsch, E., Atomkernenergie **15**, 312 (1970).

[26-21] Cance, M., J. P. Genthon, G. Micaud, L. Salon, CEA-N-1147 (1969).

[26-22] Perriot, G., et A. P. Schmitt, CEA 2206 (1962).

[26-23] Perriot, G., Bull. Inform. Sci. Tech. (Paris) No. 81, 101 (1964).

[26-24] Cance, M., P. Chabry, J. P. Genthon, L. Salon, CEA-N-1146 (1969).

[26-25] Broszkiewicz, R. K., Chemical Dosimetry of Radiation. In: [XXI], 213.

[31-1] Curtiss, L. F., Introduction to Neutron Physics, van Nostrand, Princeton N.J. (1959).

[32-1] Neutron Physics (edited by M. L. Yeater). Proc. 1961 Rensselaer Sympos. Vol. **2** of Ser. Nucl. Sci. and Technol. Academic Press, New York (1962).

[32-2] McCallum, K. J., Nucleonics **5**, 11 (July 1949).

[32-3] Wunderer, P., Z. Angew. Physik **10**, 537 (1958).

[32-4] Greiss, H. B., Nukleonik **10**, 283 (1968).

[32-5] Wattenberg, A., Physic. Rev. **71**, 497 (1946).

[32-6] Marin, P. C., Nuclear Instrum. Methods **5**, 26 (1959).

[32-7] Fieldhouse, P., et al., J. Nuclear Energy **21**, 131 (1967).

[32-8] McMillan, E. M., Particle Accelerators. In: [V-3], 639.

[32-9] Intense Neutron Sources. Proc. 1966 Santa Fé – New Mexiko USA EC-ENEA Seminar. Conf.-660 925. USAEC (1966).

[32-10] Persico, E., E. Ferrari, S. E. Segré, Principles of Particle Accelerators, W. A. Benjamin, Inc., New York (1968).

[32-11] Particles Accelerators for Science, Industry and Medicine. General Catalog IOM-63-FP. High Voltage Engineering Corp., Burlington, Mass. USA (1963).

[32-12] Naggiar, V., Neutron Flux Measurement of a ^{2}H (d, n)^{3}He Source. In: [XVIII], 295.

[32-13] Eyrich, W. und A. Schmidt, Two Compact, High-Intensity Neutron Sources in IAEA, Sympos. on Pulsed Neutron Research in Karlsruhe 1965, **2**, 580, IAEA, Vienna (1965).

[32-14] Burill, E. A., Neutron Production and Protection, High Voltage Engineering Corp., Burlington, Mass., USA (o. J.).

[33-1] Redman, W. C.,
a) AECD-3383 (1946),
b) Absolute Measurement of Fission Activation and Neutron Emission Rates. In: [XVIII], 303.

[33-2] Macklin, R. L., Nuclear Instruments Methods **1**, 335 (1957).

[33-3] Geiger, K. W., The Neutron Spectrum in the Thermal Flux Density Standard of the NRC, Canada. In: [XVIII], 289.

[33-4] De Juren, J. A., and H. Rosenwasser, J. Res. Nat. Bur. Standards, **52**, 93 (1954).

[33-5] Physikalisch-Technische Bundesanstalt, Braunschweig (unveröffentlicht).

[33-6] Thompson, I. M. G., Design and Calibration of a Thermal Flux Density Standard. In: [XVIII], 311.

[33-7] Larsson, K. E., Ark. Fysik **7**, 323 (1954).

[33-8] Fährmann, K.-H., ZfK-RN 33 (1966).

[33-9] Axton, E. J., P. Cross, and J. C. Robertson, J. Nuclear Energy **19**, 409 (1965).

[33-10] Dierckx, R., Mitteilung beim regelmäßigen Treffen der EURATOM-Arbeitsgruppe Reaktor-Dosimetrie (Okt. 1964) (unveröffentlicht).

[33-11] Grundl, J. A., LAMS-2883 (1963).

[33-12] Grundl, J. A., Nuclear Sci. Engng. **31**, 191 (1968).

[33-13] De Puydt, H., and M. de Mevergnies, J. Nuclear Energy **16**, 447 (1962).

[33-14] Fabry, A., Nukleonik **10**, 280 (1968).

[33-15] Fabry, A., and P. van de Plas, Generation of Intermediate Standard Neutron Spectra and their Application . . . , In: [VII], 389.

[33-16] Fabry, A., and I. C. Schepers, Status of the Work about the Generation of Intermediate Standard Neutron Spectra at Mol. Submitted to EACRP, London (unveröffentlicht) (1969).

[34-1] Axton, E. J., Nucleonics **19**, No. 3, 90 (1961).

[34-2] Geiger, K. W., Metrologia **4**, 8 (1968).

[34-3] Borchardt, G. und W. Schneider, JÜL-140-RX (1963).

[34-4] Yaritsina, I. A., Critical Comparison of Three Methods of Absolute Yield Measurements for Neutron Sources. In: [XVIII], 318.

[34-5] Littler, D. J., Proc. Physic. Soc. **A 64**, 638 (1951).

[34-6] Larsson, K. E., Nuclear Energy **6**, 322 (1958).

[34-7] Hughes, D. J., Nucleonics **12**, No. 12, 26 (1954).
[34-8] Vaninbroukx, R., and G. Grosse, EUR 422.e (1963).

[35-1] Pollermann, M., Atompraxis **10**, 1 (1964).
[35-2] Maier-Leibnitz, H., and T. Springer, Ann. Rev. Nuclear Sci. **16**, 207 (1966).
[35-3] Marth, W., Bestrahlungstechnik an Forschungsreaktoren, Thiemig Taschenbücher 13 (1969).
[35-4] Egelstaff, P. A., M. J. Poole, Experimental Neutron Thermalisation, Pergamon Press, Oxford (1969).
[35-5] Kernforschungszentrum Karlsruhe. Herausgeber: Kernreaktor Bau- und Betriebs-Gesellschaft mbH. Karlsruhe. Redaktion W. M. Lehmann. Gesamtherstellung: Belser, Stuttgart, 2. Aufl. (1963).
[35-6] Haas, R., et al., Inelastic Scattering of Neutrons **2**, 145, IAEA Vienna (1963).

[36-1] Moeller, F., VDI-Zeitschrift **103**, 869 (1961).
[36-2] Heinzelmann, M., (Zentralabteilung Strahlenschutz der KFA Jülich), persönliche Mitteilung (1969).

[41-1] Nuclear Engineering Handbook. Ed.: H. Etherington. McGraw Hill, New York (1958).
[41-2] Reactor Handbook, Ed.: C. R. Tipton, Jr., Interscience Publ. New York (1960).
[41-3] Das 300-MW-Prototyp-Kernkraftwerk mit Kugelhaufen-THTR. Atomwirtschaft **14**, 118 (1969).
[41-4] Rowlands, G.,
a) J. Nuclear Energy (A) **11**, 150 (1960).
b) ibd. **13**, 14 (1960).
c) ibd. **13**, 36 (1960).
[41-5] French, R. L., and J. B. Eggen, Nucleonics **18**, Nr. 3, 117 (1960).
[41-6] Wright, S. B., AERE-R 4080 (1962).
[41-7] Genthon, J.-P., CEA-R 2403 (1964).
[41-8] Reactor Physics in the Resonance and Thermal Regions. Proc. 1966 San Diego Meeting of the American Nuclear Society, Ed. A. I. Goodjohn, G. C. Pomraning, Vols. 1, 2. M.I.T. Press, Cambridge (1966).
[41-9] Neutron Thermalization and Reactor Spectra. Proc. 1967 Ann Arbor Symp., IAEA, Vienna (1968).
[41-10] Ioffe, B. L. and L. B. Okun, J. Nuclear Energy **4**, 371 (1957).
[41-11] Goedkoop, J. A., Chemisch Weekblad **54**, Nr. 43, 573 (1958).
[41-12] Wagner, S. u. a., Der Forschungs- und Meßreaktor der PTB (FMRB), PTB-Mitteilungen **78**, 3 (1968).
[41-13] Benoist, P., et al., Formulation générale et calcul practique du coéfficient de diffusion dans un réseau comportant des cavités. CEA-1354 (1959).
[41-14] Schneider, H., et al., Nukleonik **9**, 61 (1967).
[41-15] Bormann, H. J., (KFA Jülich, Zentralabteilung Forschungsreaktoren), persönliche Mitteilung(1971).
[41-16] Kapulla, H., (Kernforschungszentrum Karlsruhe). Mündliche Mitteilung (1969).
[41-17] Lenders, H., (C.E.N. Mol), mündliche Mitteilung (1967).
[41-18] OSIRIS (Saclay, France) Comissariat à l'Énergie Atomique, France (1967).
[41-19] Greenspan, E., CURL-15 (1966).
[41-20] Fassbender, J., H. Krämer, G. Meister. JÜL-236-RE (1965).
[41-21] Stelzer, F., Wärmeübertragung und Strömung, Thiemig-Taschenbücher **18** (1971).
[41-22] Radiation Damage in Reactor Materials, Vols. **1**, **2** (Proc. 1969 Vienna Sympos.) IAEA, Vienna (1969).
[41-23] Hüllwerkstoffe für schnelle Brutreaktoren, herausgegeben von

H. Böhm (Diskuss.-Tagung 1968 in Karlsruhe), KFK 985 (1969).
[41-24] McElroy, W. N., R. E. Dahl jr., E. R. Gilbert, Nucl. Engng. and Design **14**, 319, No. 2 (1970).
[41-25] Directory of Nuclear Reactors, IAEA, Vienna (1959ff.) (Vols. 1ff.).
[41-26] Chatoux, J., W. Eisermann, Atomwirtschaft **14**, 25 (1969).

[42-1] Hughes, D. J., Neutron Spectrometry in Progress in Nuclear Physics. Ed.: O. R. Frisch, Pergamon Press, London **4**, 330 (1955).
[42-2] Poole, M. J., P. Schofield, R. N. Sinclair, Some Measurements on Thermal Neutron Spectra. In: [VI-3], 87.
[42-3] Poole,M. J., Review of the Application of Pulsed Sources to the Measurement of Neutron Spectra in Moderators and Reactor Lattices. In: [XVII-1], 425.
[42-4] Deckers, H. R., On the Data Handling Problem in Fast Neutron Spectrometry. In: [XVIII], 259.
[42-5] Geiger, K. W., Measurement of Neutron Spectra by a Proton-Recoil Telescope and by the Nuclear Emulsion Method. In: [XV-1], 369.
[42-6] Oliver, C. J., et al., Nuclear Instruments Methods **50**, 109 (1967).
[42-7] Furr, K. A., and R. S. Runyon, Nuclear Instruments Methods **27**, 291 (1964).
[42-8] Verbinski, V. V., et al., Fast Neutron Spectrometry with Thick Organic Scintillators in Reactor-Type Measurements. In: [XVIII], 220.
[42-9] Johansson, E., et al., Ark. Fysik **18**, 513 (1961).
[42-10] Johansson, E., and E. Jonsson, Nuclear Sci. Engng. **13**, 264 (1962).
[42-11] Anderson, C. A., Jr., T. J. Thompson, Nuclear Sci. Engng. **18**, 474 (1964).
[42-12] Cerbone, R. J., et al., Nuclear Sci. Engng. **30**, 75 (1967).
[42-13] Beets, C., et al., Spectral Analysis of Fast Neutrons in BR 1. In: [XXII-1958-14], 383.
[42-14] Gore, J. E., RD/BN. 183 (1963).
[42-15] Weale, J. W., P. W. Benjamin, et al., Neutron Spectrum Measurements in the Zero Power Fast Reactor VERA. In: [XVIII], 231.
[42-16] Weale, J. W., P. W. Benjamin, et al., In: ANL-7320, 501 (1966).
[42-17] Silk, M. G., AERE-R 5183 (1966).
[42-18] Stiller, G., Anwendbarkeit eines ^{6}LiF-Grenzschichtzähler-Spektrometers zur Messung von schnellen Neutronenspektren in Abschirmschilden. In: Halbleiterdetektoren i. Strahlenschutz usw., Tagung i. Inst. f. Str. Schutz Neuherberg (1967).
[42-19] Paul, E. B., Assessment of the Utility of the Different Pulsed Neutron Sources. In: Neutron-Time-of-Flight Methods. Proc. 1961 Saclay Sympos. EURATOM, Ed. J. Spaepen, Brüssel, 375 (1961).
[42-20] Gayther, D. B., and P. D. Goode, Measurements of Fast Neutron Spectra in Reactor Materials. In: [XVII-2], 435.
[42-21] Pattenden, S. K. I., and J. M. Stevenson, Measurement of Fast Neutron Spectra in the Zero Power Fast Reactor ZEBRA. In: [XVIII], 193.
[42-22] Bachner, E., O. Krisch, H. Lang, Atomkernenergie **17**, 88 (1971).

[43-1] Albert, D., ZFK-RN (1964).
[43-2] Bayer, A., H. Seufert, D. Stegemann, KFK-474 (1966).
[43-3] Backfisch, W., A. Bayer, Kerntechnik **9**, 493 (1967).
[43-4] Barleon, L., et al., KFK-482 (1968).
[43-5] Westcott, C. H., W. H. Walker, T. K. Alexander, Effective Cross Sections and Cadmium Ratios for the Neutron Spectra of Thermal Reactors. In: [XXII-1958-16], 70.

[43-6] Fulmer, R. H., and T. F. Ruane, Nuclear Appl. **3**, 191 (1967).
[43-7] Walker, W. H., C. H. Westcott, T. K. Alexander, Canad. J. Physics **38**, 57 (1960).
[43-8] Bigham, C. B., et al.,
a) AECL-1186,
b) AECL-1350 (1961).
[43-9] Sokolowski, E. K., J. Nuclear Energy **21**, 35 (1967).
[43-10] Fastrup, B., and J. Olsen, Measurement of the Thermal- and Epithermal Neutron Flux in the Reactor DR 1. In: [XV-1], 227.
[43-11] Green, R. E., and C. B. Bigham, Lattice Parameter Measurements in ZED-2. In: [VI-2], 457.
[43-12] Damle, P. P., A. Fabry, H. van den Broeck, BLG 421 (1967).
[43-13] Westcott, C. H., J. Nuclear Energy **12**, 113 (1960).
[43-14] Chidley, B. G., et al., Nuclear Sci. Engng. **16**, 39 (1963)
b) Bigham, C. B., et al., Nuclear Sci. Engng. **16**, 68 (1963)
c) Bigham, C. B., et al., Nuclear Sci. Engng. **16**, 85 (1963).
[43-15] Kay, R. E., and R. E. Green, AECL-2651 (1966).
[43-16] Kobayashi, S., et al., J. Nucl. Sci. Technol. (Tokyo) **4**, 451 (1967).

[44-1] Weise, L., JÜL-414-RX (1966).
[44-2] Jessen, P., M. Bormann, F. Dreyer und H. Neubert, Nuclear Data **A 1**, 103–202 (1966).
[44-3] Grundl, J., and A. Usner, Nuclear Sci. Engng. **8**, 598 (1960).
[44-4] Cranberg, L., et al., Phys. Rev. **103**, 662 (1966).
[44-5] Frye, G. M., et al., LA-1670. Los Alamos Scient. Lab. (1954).
[44-6] McElroy, W. N., R. J. Armani, E. Tochilin, BNWL-SA-2684 (Oct. 1969).
[44-7] Fabry, A., The Monitoring of Radiation Damage Experiments in High Flux Reactor BR 2. In: [XIII] Paper No. 20.
[44-8] Köhler, W., Nukleonik **6**, 24 (1964).
[44-9] Köhler, W. und K. Knopf, FRM-Bericht Nr. 82 (1966).
[44-10] Motte, F., et al., Études caractéristiques nucléaires de BR 2 à l'aide de son modèle BR 02. In: [XXII-1964-3], 33.
[44-11] Ben-David, G., et al., Nuclear. Sci. Engng. **20**, 281 (1964).
[44-12] Arad, B., G. Ben-David, et al., Neutron Flux Measurements in a Pool Type Light-Water-Moderated Research Reactor. In: [XXII-1964-3], 54.
[44-13] Fabry, A., Centre d'Études nucléaires, Mol-Donk, Persönliche Mitteilung (1966).
[44-14] Greim, L., Atomkernenergie **10**, 87 (1965).
[44-15] Dierckx, R., In-Pile Fast Neutron Spectrum Measurements by Threshold Detectors. In: [XV-1], 325.
[44-16] Dierckx, R., EUR-2532.e (1965).
[44-17] Dietrich, O. W., and I. Thomas, Fast Neutron Spectra by Threshold Detector Activation. In: Physics of Fast and Intermediate Reactors. Proc. of the Seminar on the Physics of Fast and Intermediate Reactors, Vienna, IAEA, Vienna, Vol. 1, 377 (1962).
[44-18] Bouvard, P., CEA-N-1172 (1969).
[44-19] Uthe, P. M., WADC-TR-57-3 (1957).
[44-20] Hartmann, S. R., WADL-TR-57-375 (1957).
[44-21] Di Cola, G., and A. Rota,
a) EUR-588.e (1964),
b) Nuclear Sci. Engng. **23**, 344 (1965),
c) EUR-2985.e (1966).
[44-22] Greer, C. L., and J. V. Walker, A Procedure for the Computation of Neutron Flux from Foil Activation Data. In: [XVIII], 270.
[44-23] Greer, C. R., I. A. Halbleib, J. V. Walker, SR-RR-67-746 (1967).
[44-24] a) McElroy, W. N., S. Berg, T. Crockett, R. Hawkins, AFWL-

TR-67-41, Vol. 1 (1967),
b) Berg, S., and W. N. McElroy, AFWL-TR-67-41, Vol. 2 (1967).

[44-25] Berg, S., BNWL-855 (1968).

[44-26] McElroy, W. N., S. Berg, T. B. Crockett, R. J. Tuttle, Nuclear Sci. Engng. 36, 15 (1969).

[44-27] C. Meixner, JÜL-726-RX (1971).

[45-1] Bormann, H. J. und E. Münch, JÜL-456-RE (1967).

[45-2] Cabell, H. J., M. Wilkins, AERE-R 4866 (1965).

[45-3] Clare, D. M., et al., Nuclear Sci. Engng. 18, 448 (1964).

[45-4] May, S., et G. Pinte, Dosimétrie de neutrons rapides basée sur la fission du thorium. In: [XV-2], 425.

[45-5] Smith, A. R., UCRL-17051 (1966).

[45-6] Blanc, D., et al., Mesure de la fluence de neutrons rapides au moyen de jonctions p-n de silicium. In: [XVI], 253.

[45-7] Johnson, R. T., Jr., Nucl. Instruments Methods 77, 189 (1970).

[45-8] Farny, G., CEA-R-3441 (1968).

[45-9] Farinelli, U., Measurement of Integrated Thermal Neutron Doses by the Source-Depletion Method. In: [XV-1], 211.

[45-10] Münch, E., JÜL-712-RE (1970).

[45-11] Martin, W. H., D. M. Clare, Nuclear Sci. Eng. 18, 468 (1964).

[45-12] Martin, W. H., Ibd. 18, 531 (1964).

[45-13] Fabry, A., J. P. Deworm, Use for Natural Iron as a Neutron Flux Integrator. In: [XIII], Paper No. 11.

[45-14] Zijp, W. L., Fluence Measurements with Activation Detectors for Irradiation Experiments in the HFR. In: [XIII], Paper No. 1.

[45-15] Wade, B. O., and E. A. Bailey, AERE-R 5314 (1967).

[45-16] Moret, H., et al., Fast Neutron Dosimetry with Quartz Detectors. In: [XIII], Paper No. 12.

[45-17] Weise, L., JÜL-495-RX (1967).

[45-18] Sharp, J., and F. Wade, AERE EL/R 806 (1951).

[45-19] Comera, J., et R. Lloret, Utilisation de détecteurs par activation pour la mesure de fluence des neutrons rapides dans les dispositifs d'irradiation. In: [XIII]. Paper No. 10.

[45-20] Hasenclever, B., Kerntechnik 9, 216 (1967).

[45-21] International Intercomparison of Calorimeters. Ed.: A. W. Boyd, IAEA-128 (1970).

[45-22] Widell, C.-O., In: [XVI], 417.

[45-23] Bhatt, R. C., AECL-2657 (1960).

[45-24] Meixner, C. und L. Weise, Kerntechnik 15, 314 (1973)

[46-1] Merz, L., Regelung und Instrumentierung von Kernreaktoren. Bd. 1: Grundbegriffe und Grundlagen, Oldenbourg, München (1961).

[46-2] Schultz, M. A., Control of Nuclear Reactors and Power Plants. McGraw Hill, New York (1955).
Deutsch: Steuerung und Regelung von Kernreaktoren und Kernkraftwerken. 2. Auflg., Berliner Union, Stuttgart (1965).

[46-3] Smith, R. J., Nuclear Engng. 3, 155 (1958).

[46-4] Kompanek, A. J., E. C. Tarnuzzer, Nucleonics 20, No. 2, 44 (1962).

[46-5] Spracklen, H. P., IEEE-Trans. Nuclear Sci., 14, No. 1, 271 (1967).

[46-6] Plummer, A. M., Nucleonics 22, No. 4, 84 (1964).

[46-7] Kazachkov, V. I., Comparative Estimate of the Operation of Pulsed and Current Measuring Channels etc. pp. 96–105 of: Upravlenie Yadernymi Energeticheskimi Ustanovkami. B. A. Kuvshinnikov (Ed.), Moscow, Atomizdat. (1966).

[46-8] Schmale, H., W. Schober u. a., Atomwirtschaft 10, 590 (1965).

[46-9] Ettemeyer, R., Atomwirtschaft **10**, 616 (1965).

[46-10] Taurit, R., Kerntechnik **10**, 10 (1968).

[46-11] Schrüfer, E., Tech. Mitt. AEG-Telefunken **58**, 377 (1968).

[46-12] Schallop, B., Nuclear Engng. **13**, 772 (1968).

[46-13] Burkhardt, W. und D. von Haebler, Siemens-Z. **42**, Beih. Kernkrafttechnik, 87 (1968).

[46-14] von Haebler, D. u. a., Die Weiterentwicklung der Kerninstrumentierung von Druckwasserreaktoren. In: [XX], 375.

[46-15] Myren, I., G. Sonesson, H. Tuxen-Meyer, Aspects on Instrumentation, Control and Automation for the MARVIKEN Nuclear Power Plant. In: [XIX].

[46-16] Fuan, J., et al., IEEE-Trans. Nuclear Sci. **14**, No. 1, 233 (1967).

[46-17] von Haebler, D. und E. Klar, Kerntechnik **10**, 437 (1968).

[46-18] Hellmerichs, K. et al., Atom u. Strom **13**, 188 (1967).

[46-19] Doetsch, E. et al., Prozeßrechner. Siemens-Z. **42**, Beih. Kernkrafttechnik, 99 (1968).

[46-20] Takumi, K., T. Taguchi, IEEE-Trans. Nuclear Sci. **15**, No. 1, 87 (1968).

[46-21] Ettemeyer, R., Kerntechnik **10**, 449 (1968).

[46-22] Cohn, C. E., Trans. Amer. Nuclear Soc. **9**, 262 (1966).

[46-23] Bachner, E. et al. Direktanzeigende Flußdichtemessungen am FRJ-2 . . . , JÜL-988-RX (1973)

[46-24] Preussner, A., Kerntechnik **10**, 484 (1968).

[46-25] Oak Ridge National Laboratory, Instrumentation and Controls Division, Annual Reports ORNL-3875 (1965), ORNL-4091 (1966), ORNL-4219 (1967).

[46-26] Stechemesser, H. u. a., Spülkreissysteme für HTR-Bestrahlungsexperimente, in: [XX], 766.

[46-27] Doi, A., et al., J. Nuclear Sci. Technol. (Tokyo) **7**, 387 (1970).

[46-28] Ringeis, W., Atomwirtschaft **13**, 40, ibd. 95 (1968).

[46-29] Schrüfer, E., (AEG-Telefunken, Frankfurt/M), persönliche Mitteilung (1972).

[51-1] Lovas, I., and Z. Zamori, At. Energy Rev. **3**, 60 (1965).

[51-2] Campbell, C. G., G. H. Kinchin, R. D. Smith, Relation between Experiment and Theory in Reactor Physics. In: [VI-1], 29.

[51-3] Kinchin, G. H., Radiation Measurements in Thermal Reactors. In: [XVIII], 3.

[51-4] Smith, R. D., Radiation Measurements in Fast Reactors. In: [XVIII], 8.

[51-5] Kiefhaber, E., Fortschritte bei der Verbesserung der Gruppenkonstanten im Vergleich mit Ergebnissen integraler Experimente. In: [XX], 122.

[51-6] Butler, J., Radiation Measurements in Reactor Shield Design. In: [XVIII], 12.

[51-7] Garells, E., and J. L. Russel, jr., Nuclear Sci. Engng. **16**, 263 (1963).

[51-8] Nuclear Reactors, Vienna, IAEA (1960).

[51-9] Hedemann, H.-J., C. Salander, Atomkernenergie **10**, 154 (1965).

[51-10] Wolff, U., In-core Instrumentation in Large BWRs for the Optimization of the Power Distribution. In: Physics Measurements in Operating Power Reactors. Proc. 1966, Rome Seminar. Organization for Economic Cooperation and Development, Paris, S. 743 (1966).

[51-11] Buba, L. et al., Atomkernenergie **11**, 167 (1966).

[51-12] Rausch, W., K. P. Bachus, C. B. von der Decken, Transact. Amer. Nucl. Soc. 567, No. 2 (1968).

[51-13] Rausch, W., EUR 4237.f.e (1969).

[51-14] Krinninger, H., S. Wiesner, C. Faber, Nucl. Instrum. Methods, **73**, 13 (1969).

[51-15] Thie, J. A., Reactor Noise, Rowman u. Littlefield, New York (1963).
[51-16] Programming and Utilization of Research Reactors. Proc., Vienna Sympos. 1961, IAEA Proc. Ser. (1962).
[51-17] Pollermann, M., Kerntechnik **4**, 541 (1962).
[51-18] Pollermann, M. u. a., Kerntechnik **10**, 307 (1968).
[51-19] Rossin, A. D., Nuclear Sci. Engng. **9**, 137 (1961).
[51-20] Rose, H., W. Cooper, R. B. Tattersall, Use of the Pile Oscillator etc. In: [XXII-1958-16], 34.
[51-21] IAEA – Panel on Reactor Burnup, Vienna, 12–16 July 1971.
[51-22] Thompson, M. W., and S. B. Wright, AERE – R 4701 (1964).

[52-1] Werkstoffe der Kerntechnik. Hrsg. Zentralinstitut für Kernphysik, Rossendorf, B. 1–4 VEB Dt. Verl. der Wissenschaften, Berlin (1963–64).
[52-2] Gebhardt, E. u. a., Reaktorwerkstoffe, Bd. 1. Teubner, Stuttgart (1964).
[52-3] Chapiro, A., Radiation Chemistry of Polymeric Systems. Interscience Publ., New York (1962).
[52-4] Ablitt, J. F., and O. S. Plail, Safety in the Design, Inspection and Testing of a Fissile Irradiation Experiment in a High Flux Reactor. In: Reactor Safety and Hazards Evaluation Techniques, Proc. 1962 Vienna Symp. on Reactor Safety and Hazards Evaluation, IAEA, Vienna Vol. **1**, 297 (1962).
[52-5] Kurtz, D. A., and W. W. Miller, Nuclear Instrum. Methods **53**, 355 (1967).
[52-6] Schnitzer, W., Untersuchung der Eigenschaften von Borkarbid als Neutronenfilter im Reaktor, Ingenieurarbeit, Staatl. Ing. Schule Jülich (1970).
[52-7] Cartwright, D. K., I. A. McKnight and W. Pickering, Measurement of Flux Distribution in the Windscale Advanced Gas-Cooled Reactor etc., In: [XVIII], 48.
[52-8] Collinson, B., E. J. Higham, J. R. Rowbotham, Measurements of Neutron Flux and Fission Rate in Advanced Gas-Cooled Reactor Lattices. In: [XVIII], 54.
[52-9] Utilization of Research Reactors. Vols. **1**, **2** (Proc. IAEA Study Group Meeting, São Paulo) IAEA, Vienna (1963).

[53-1] Lee, M. E., and M. L. Awcock, ^{3}He-Filled Semiconductor Counter for the Measurement of Fast Neutron Spectra. In: [XV-1], 441.
[53-2] Armani, R. J., et al., Improved techniques for low flux measurement of . . . and neutron spectra. In: [VI-1], 227.
[53-3] Krisch, O., JÜL-499-RX (1967).
[53-4] Batchelor, R., et al., Rev. Sci. Instruments **26**, 1037 (1955).
[53-5] Schmidt, K., (KFA Jülich), persönliche Mitteilung (1970).
[53-6] Passell, T. O., The Use of ^{58}Ni and ^{54}Fe as Integrators of Fast Neutron Flux. In: [XV-1], 501.
[53-7] Ringle, I. C., UCRL-10732 (1963).
[53-8] Silk, M. G., and S. B. Wright, AERE – R 6060 (1970).
[53-9] Cloth, P., und R. Hecker, JÜL-522-RG (1968).

Symbolverzeichnis

A	s^{-1}	Aktivität
$a_i \left(= \frac{A}{N_i \tau}\right)$	s^{-1}	Aktivierung pro Atom des Ausgangsnuklids (i)
B	s^{-1}	Quellstärke (von Neutronenquellen)
C_0	F	Parallelkapazität
D		Detektor-Index
D	$J\,kg^{-1}$ (bisher: rd)	Energie-Dosis
$\dot{D}$	$W\,kg^{-1}$ (bisher: rd/h^{-1})	Energiedosisleistung
d	cm	Dicke einer Nachweissubstanz bzw. eines Absorbers, eines Aktivierungsdetektors oder einer Filtersubstanz
$d^{(a)}$ bzw. $d^{(f)}$	cm	Dicke für Absorber- bzw. Filter-Schicht
E	eV	Neutronenenergie
E_0	eV	Quellenenergie (des Neutrons)
$E_{eff}^{(i)}$	eV	Schwellenenergie, effektive (für Reaktion i)
E_F	eV	Filterabschneideenergie (Filter-Durchlaß-Grenzenergie)
E_f	eV	pro Spaltung freigesetzte Energie
E_G	eV	Geschoßteilchenenergie
E_g	eV	Grenzenergie zwischen intermediärem und thermischem Bereich
$E_j \ldots E_{j+1}$	eV	j-tes Energieintervall
E_n	eV	Neutronenenergie, zur n-ten Ordnung der Reflexion an Kristallgitterebene gehörig
E_p	eV	Rückstoßprotonenenergie
E_R	eV	Resonanzenergie
E_{R1}	eV	Resonanzenergie der Ersten Resonanzstelle (Hauptresonanzstelle)
E_s	eV	Sekundärteilchenenergie
E_T	eV	Schwellenenergie
E_t	eV	Rückstoßtritonenergie
$E_{th} = 0{,}0253$	eV	Energie der Neutronen mit $v_0 = 2200$ m/s Geschwindigkeit
E_u	eV	Untere Energiegrenze eines Neutronenenergiebereichs
$\frac{\Delta E}{E}$		Energieauflösung
$e = 1{,}602 \cdot 10^{-19}$	C	Elementarladung, elektrische
F (E)	$cm^{-2}\,s^{-1}\,eV^{-1}\,sr^{-1}$	Vektorflußdichte (identisch mit: Flußdichte-Richtungsverteilung; s. Symbol $\varphi_{E,\Omega}$)

F_{E_j}		Spektraler Korrekturfaktor im j-ten Energieintervall
F_F		Filterkorrekturfaktor (z. B.: F_{Cd} für Cadmium-Filter)
$f(E_s)$		Sekundärteilchenspektrum
G		Flußdichte-Abschirmungskorrekturfaktor
g		Absorptionswahrscheinlichkeit der Neutronen im Absorber
H		Flußdichte-Depressionskorrekturfaktor
$h = 6{,}626 \cdot 10^{-34}$	J s	Planck-Konstante
I	A	Stromstärke
I_{res}	cm^2	Resonanzintegral
$I_{res,act}$	cm^2	Resonanzaktivierungsintegral
i		Nuklid-Index
J		Nachweiseffektanzahl (zeitlich integrale Anzeige des Detektors)
$\dot{J}$	s^{-1}	Nachweiseffektrate
J_V, $\dot{J}_V$	cm^{-3}, $cm^{-3} s^{-1}$	Nachweiseffekt-Anzahl-, -Raten-Dichte
j		Energieintervall-Index
$\vec{j}$	$cm^{-2} s^{-1}$	Stromdichte-Vektor
$K(E, \vec{r}, \mathfrak{K}, \mathfrak{U})$		Flußdichtestörungskorrekturfaktor
$k = 1{,}381 \cdot 10^{-23}$	$J K^{-1}$	Boltzmann-Konstante
$k_M^{(I)}$		Isotopenhäufigkeit des Ausgangsnuklids einer Neutronenreaktion in einem Element
$k_M^{(L)} = \frac{n_M A_M}{M_M}$		Massenkonzentration des Ausgangsnuklids einer Neutronenreaktion in einem Molekül
$k_M^{(M)}$		Massenkonzentration des Ausgangsnuklids einer Neutronenreaktion in einer Mischung bzw. Legierung
$k_M^{(V)}$		Volumenkonzentration des Ausgangsnuklids einer Neutronenreaktion
L	cm	Diffusionslänge
$M \equiv \frac{\xi \Sigma_s}{\Sigma_{ao}}$		Moderationsverhältnis (Moderating ratio)
m	g	Masse
m_D	g	Detektor-Masse
m_x	g	x-Teilchen-Masse
m_n	g	Neutronenmasse
m_s	g	Sekundärteilchenmasse
$N (N_i)$		Anzahl von Atomen (des Nuklids i)
$N_A = 6{,}023 \cdot 10^{23}$	mol^{-1}	Avogadro-Konstante
N_V $(N_{V,i})$	cm^{-3}	Anzahl von Atomen (des Nuklids i) im Volumen V

n	cm^{-3}	Neutronenanzahldichte
n_M		Anzahl der Atome des Ausgangsnuklids einer Reaktion in einem Molekül
P	W	Reaktorleistung
p	at (oder Pa)	Druck
p		Resonanzentkommwahrscheinlichkeit
p_D		Registrierwahrscheinlichkeit
Q	eV	Reaktionsenergie
q	C	Ladung, elektrische
q	$cm^{-3}\ s^{-1}$	Bremsdichte
q_0	$cm^{-3}\ s^{-1}$	Quelldichte
$\dot{q}$	$W\ g^{-1}$	Spezifische Wärmeleistung (Aufheizrate)
R	s^{-1}	Reaktionsrate
R	cm	Sondenradius
R_0	Ω	Ableitwiderstand
R_{Cd}		Cadmium-Verhältnis
R_E	$s^{-1}\ eV^{-1}$	Reaktionsrate, spektrale
R_{ij}	s^{-1}	Energiegruppen-Reaktionsrate der Reaktion i
R_V	$cm^{-3}\ s^{-1}$	Reaktionsratendichte
$R\binom{a,b}{x,0}$ oder $R_{ik}(M, P)$		Doppelverhältnis
r $\left(\text{meist als } r_0 \equiv r\sqrt{\frac{T_n}{T_0}}\right)$		Epithermischer Spektralparameter nach Westcott
$\vec{r}$	cm	Ortsvariable (Radiusvektor)
$\sqrt{\overline{r_E^2}}$	cm	Bremslänge
$r^{(D)}$	s^{-1}	Ansprechintegral für Detektor D
$r_E^{(D)}$	$s^{-1}\ eV^{-1}$	Ansprechfunktion, spektrale, für Detektor D
S		Empfindlichkeit
S_x		Empfindlichkeit für Teilchenart x
$T(E)$		Filterdurchlaßwahrscheinlichkeit (Transmissionsfunktion)
T	K	Absolute Temperatur
$T_0 = 293{,}6$	K	Referenztemperatur im Maxwell-Spektrum zur Referenz-Neutronengeschwindigkeit $v_0 = 2200$ m/s gehörig
T_n	K	Neutronentemperatur
T oder T_u	K	Temperatur eines umgebenden Mediums
t	s	Zeitvariable

$t_{1/2}$	s	Halbwertszeit
t_B	s	Bestrahlungszeit
t_M	s	Meßzeit
t_W	s	Wartezeit
U	V	Elektrisches Spannungssignal, vom Detektor abgegebenes
u	V	(Meß-)Spannungsänderung verursacht durch ein ionisierendes Teilchen
$u \equiv \ln(E_0/E)$		Lethargie (der Neutronen mit Energie E gegenüber der Quellenenergie E_0)
V	V	Elektrische Spannung, an den Detektor angelegte
V_s	V	Elektrische Sättigungsspannung
V	cm^3 (oder m^3)	Volumen
v	$cm\ s^{-1}$	Neutronengeschwindigkeit
$v_0 \begin{cases} = 2\,200 \\ = 220\,000 \end{cases}$	$m\ s^{-1}$ $cm\ s^{-1}$	(Referenz-)Neutronengeschwindigkeit, wahrscheinlichste, im Maxwell-Spektrum bei Neutronentemperatur $T_n = T_0 = 293{,}6$ K
v_T	$cm\ s^{-1}$	Neutronengeschwindigkeit, wahrscheinlichste, im Maxwell-Spektrum
$\overline{v}$	$cm\ s^{-1}$	Neutronengeschwindigkeit, mittlere, im Maxwell-Spektrum
W(E)	cm^2	Strahlen-Schädigungsfunktion
w	eV	zur Erzeugung eines Ionenpaares aufzuwendende Energie
Z		Kernladungszahl
Z	s^{-1}	Spaltrate
Z	s^{-1}	Zählrate (Impulsrate)
Z_p	s^{-1}	Zählrate, Rückstoßprotonen-
Z_{E_p}	$s^{-1}\ eV^{-1}$	Zählrate, Rückstoßprotonen-, spektrale
A	$g\ mol^{-1}$	Masse, molare (oder stoffmengenbezogene), eines homogenen Stoffs
A_M	g	Masse des Ausgangsnuklids einer Neutronenreaktion in einem Molekül (mit molarer Masse M_M)
A_r		Verhältnis der Masse eines Atomkerns (des Nuklids mit molarer Masse A) zur Neutronenmasse (1)
A_r^*		Atomare Massenzahl (2)
$\overline{A}$	g	Masse, molare, mittlere, einer Mischung oder Legierung (3)

(1) A_r ist in guter Näherung gleich der Massenzahl A_r^* oder der Nukleonenanzahl.

(2) Anstelle von $A_r^* \equiv m_a/m_u$ (d. i. relative Atommasse, m_a bezogen auf m_u = 1 u) wird ebenfalls A_r benutzt, denn der zahlenmäßige Unterschied zwischen A_r^* und A_r spielt hier keine Rolle.

(3) bestehend aus n Bestandteilen mit den Massenkonzentrationen $k_M^{(i)}$ (i = 1, . . . , n)

$\dot{D}$	s^{-1}	Strahlenschädigungsrate
$\mathscr{I}_D$		Nachweiseffekt bezogen auf die Nachweisreaktion im Detektor D
$\mathfrak{K}$		Kennzeichnung für einen Körper im Neutronenfeld
M	$g\ mol^{-1}$	Masse, molare, einer Verbindung
$\mathfrak{U}$		Kennzeichnung für die Umgebung des Körpers $\mathfrak{K}$ im Neutronenfeld
$a \equiv \left(\frac{A_r - 1}{A_r + 1}\right)^2$		Maximale relative Energieänderung beim elastischen Stoß
β		Streuwinkel-Cosinus im Schwerpunktsystem
Γ	eV	Resonanzlinienbreite
Γ_{eff}	eV	Effektive Doppler-Resonanzlinienbreite
$\Delta(E)$		Anschlußfunktion
$\delta \equiv d\,\rho$	$cm^{-2}\,g$	Flächenbezogene Masse (Flächengewicht)
ϵ	$cm^2\,eV$	Bremsvermögen, bezogen auf Atomanzahldichte
ϵ		Schnellspaltfaktor
$\epsilon^{(f)}$		Spaltausbeute
ϵ bzw. $\epsilon(E_x)$		Ausbeute (-funktion der Energie E_x gemessener x-Teilchen) eines Detektors
ϵ_{geo}		Geometrischer Ausbeutefaktor
$\zeta \equiv \cos\vartheta$		Breitenwinkel-Cosinus
$\zeta_0 \equiv \cos\vartheta_0$		Streuwinkel-Cosinus im Laborsystem
η		Spaltneutronenausbeute pro Absorption im Brennstoff
ϑ	rad	Neutronenemissionswinkel } im Laborsystem
ϑ_0	rad	Streuwinkel } im Laborsystem
λ	cm	Wellenlänge
λ	s^{-1}	Zerfallskonstante der Aktivität eines Radionuklids
λ_{tr}	cm	Transportweglänge
$\mu = E_g/k\,T_n$		Zahlenfaktor zur Angabe des Verhältnisses der Grenzenergie E_g zur Neutronentemperatur T_n eines Maxwell-Spektrums
$\bar{\nu}$		Mittlere Spaltneutronenausbeute pro Spaltung
ξ		Mittlerer logarithmischer Energieverlust (oder: mittlerer Lethargiegewinn) pro Stoßvorgang
$\xi\,\Sigma_s$	cm^{-1}	Moderationsvermögen (Slowing-down-power)
ρ	$cm^{-3}\,g$	Massendichte
ρ	Ω cm	Spezifischer elektrischer Widerstand

Σ	cm^{-1}	Makroskopischer (oder volumenbezogener) Wirkungsquerschnitt (4)
σ bzw. $\sigma(E)$	cm^2	Atomarer Wirkungsquerschnitt
σ_0	cm^2	Wirkungsquerschnitt bei v_0 = 2200 m/s Neutronengeschwindigkeit („thermischer") (z. B. bei Westcott)
σ_{Rm}	cm^2	Resonanzspitzen-Wirkungsquerschnitt
$\sigma_T(E)$	cm^2	Totaler Wirkungsquerschnitt
$\sigma_a(E)$	cm^2	Absorptionsquerschnitt
$\sigma_{act}(E)$	cm^2	Aktivierungsquerschnitt
$\sigma_f(E)$	cm^2	Wirkungsquerschnitt für Kernspaltung
$\sigma_s(E)$	cm^2	Streuquerschnitt
$\sigma_\gamma(E)$	cm^2	Neutronen-Wirkungsquerschnitt für Strahlungseinfang
$\sigma_\Omega(E)$	$cm^2\ sr^{-1}$	Wirkungsquerschnitt, räumlich differentieller
$\sigma^{(i)}(E)$	cm^2	Wirkungsquerschnitt der Reaktion i
$\bar{\sigma}^{(i)}_{(f)}$	cm^2	Wirkungsquerschnitt der Reaktion i, übers Spaltspektrum gemittelter
$\sigma^{(i)}_j$	cm^2	Wirkungsquerschnitt der Reaktion i für die Energiegruppe j
$\sigma^{(i)}_{max}$	cm^2	Wert des Wirkungsquerschnitts der Schwellenreaktion i im Maximum (auf nahezu konstanter Höhe)
$\hat{\sigma}$	cm^2	Wirkungsquerschnitt, effektiver, nach Westcott
τ		Zeitfaktor (d. i. Faktor enthaltend zeitabhängige Korrekturen)
τ_B		Zeitfaktor für Bestrahlungszeit
Φ	cm^{-2}	Fluenz
Φ_E	$cm^{-2}\ eV^{-1}$	Fluenz, spektrale
Φ_m	cm^{-2}	Meßfluenz
φ	$cm^{-2}\ s^{-1}$	Flußdichte (skalare)
φ_{ep}	$cm^{-2}\ s^{-1}\left(\ln \frac{E_0}{E}\right)^{-1}$	Flußdichte (epithermische), bezogen auf Lethargieintervall
φ_j	$cm^{-2}\ s^{-1}$	Flußdichte der Energiegruppe j
φ_{th}	$cm^{-2}\ s^{-1}$	Flußdichte, thermische, konventionelle oder 2200 m/s –
φ_{wt}	$cm^{-2}\ s^{-1}$	Flußdichte, thermische, über die Maxwell-Verteilung integrierte
$\varphi(E_u)$	$cm^{-2}\ s^{-1}$	Flußdichte, integrale, oberhalb der Energie E_u
$\varphi_f(E_u) \equiv \int_{E_u}^{\infty} \varphi_{E,f}\, dE$	$cm^{-2}\ s^{-1}$	Spaltneutronen-Flußdichte, integrale, oberhalb der Energie E_u

(4) $\Sigma_s(E' \to E)$ bzw. $\Sigma_s(E' \to E, \vec{\Omega}' - \vec{\Omega})$ (Einheit: $cm^{-1}\ eV^{-1}$ bzw. $cm^{-1}\ eV^{-1}\ sr^{-1}$). Makroskopischer Wirkungsquerschnitt für Streuvorgänge, bei denen die Energie der Neutronen sich von E' nach E (bzw. auch ihre Richtung von $\vec{\Omega}'$ nach $\vec{\Omega}$) ändert. Nach dem Stoß liegt die Neutronen-Energie im Energieelement um E (bzw. die Richtung im Raumwinkelelement um $\vec{\Omega}'$).

$\varphi_f^{(i)}(E_u)$	$cm^{-2}\ s^{-1}$	Flußdichte, integrale, oberhalb der Energie E_u unter Annahme des Spaltspektrums (f) mit der Reaktion i gemessen („Äquivalente i-Spaltneutronenflußdichte")
φ_E	$cm^{-2}\ s^{-1}\ eV^{-1}$	Flußdichte, spektrale
$\varphi_{E,\Omega}$	$cm^{-2}\ s^{-1}\ eV^{-1}\ sr^{-1}$	Flußdichte-Richtungsverteilung, spektrale (hier meist kurz als F – Vektorflußdichte – bezeichnet)
$\varphi_E^{(I)}$	$cm^{-2}\ s^{-1}\ eV^{-1}$	Idealisierte Spektraldarstellung für die Flußdichte
$\varphi_{E,f}$	$cm^{-2}\ s^{-1}\ eV^{-1}$	Flußdichte, spektrale, für das Spaltspektrum
$\overline{\varphi}^{\mathfrak{K}}$	$cm^{-2}\ s^{-1}$	Flußdichte, räumlich über einen Körper $\mathfrak{K}$ gemittelte
χ	rad	Azimut
Ψ	$cm^{-2}\ eV$	Energiefluenz
ψ	$cm^{-2}\ s^{-1}\ eV$	Energieflußdichte
ψ	$cm^{-2}\ s^{-1}$	Einflußfunktion (oder Adjungierte Flußdichte)
Ω	sr	Raumwinkel

Sachverzeichnis

Kolibri 360 GmbH
Ferdinand-Jühlke-Straße 7
99095 Erfurt, Deutschland
produktsicherheit@kolibri360.de